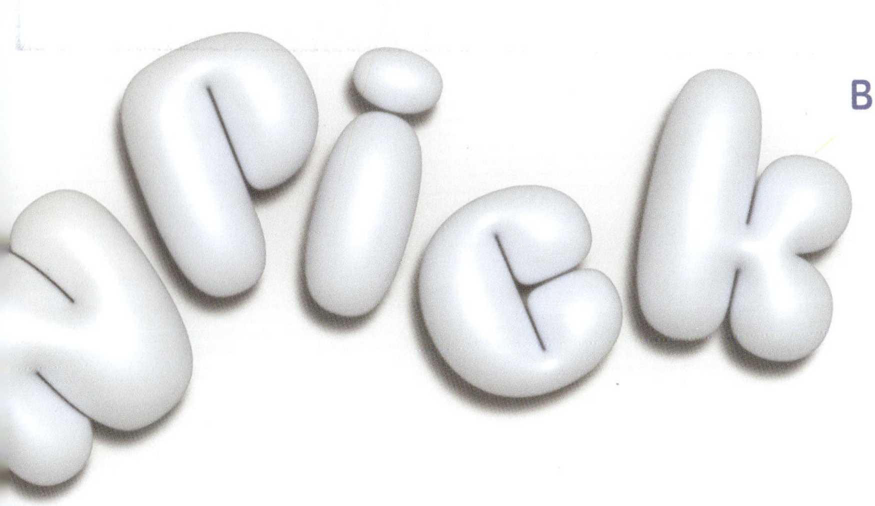

BETTER CONTENT BETTER LIFE

중등 **과학**

1·1

WRITERS

미래엔콘텐츠연구회
No.1 Content를 개발하는 교육 콘텐츠 연구회

조용근 봉일천고등학교 교사 | 서울대학교 물리교육과
장철한 동덕여자중학교 교사 | 서울대학교 화학교육과
김대준 방산고등학교 교사 | 서울대학교 생물교육과
이유진 동덕여자중학교 교사 | 서울대학교 지구과학교육과

REVIEWERS

전규범 노원 쨈과학탐구
최샛별 올타수학과학
김정선 목동 정선과학
박민수 해운대 하이탑학원
김효선 송도 코다수학과학학원
이향화 매쓰몽 김포
박병열 노원 시그마수학과학학원
강정은 가온에듀

COPYRIGHT

인쇄일 2025년 2월 3일(1판2쇄)
발행일 2024년 11월 11일

펴낸이 신광수
펴낸곳 (주)미래엔
등록번호 제16–67호

중고등개발본부장 하남규
개발책임 오진경 **개발** 하인희, 정지현, 배태랑, 심희연

디자인실장 손현지
디자인책임 김병석 **디자인** 다섯글자

CS본부장 장명진
제작책임 강승훈

ISBN 979-11-7311-123-5

내신 만점을 위한 필수 기본서

엔픽

중등 과학

1·1

Mirae N 에듀

엔픽 활용하기

엔픽으로 단계별로 꼼꼼하게
과학을 공부해요!

꼼꼼 개념 학습

꼼꼼한 정리와
확인 문제로
과학 핵심 개념
완전 정복!

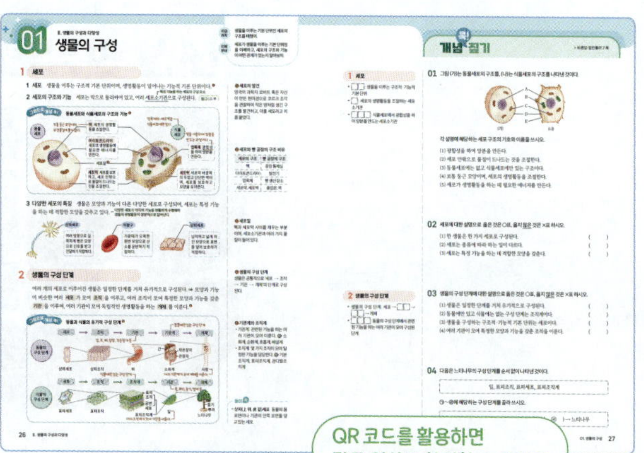

개념 학습 + 개념 콕! 짚기

교과서의 핵심 개념을 다양한 시각
자료와 함께 공부하고, 공부한 내용
을 바로 확인해요.

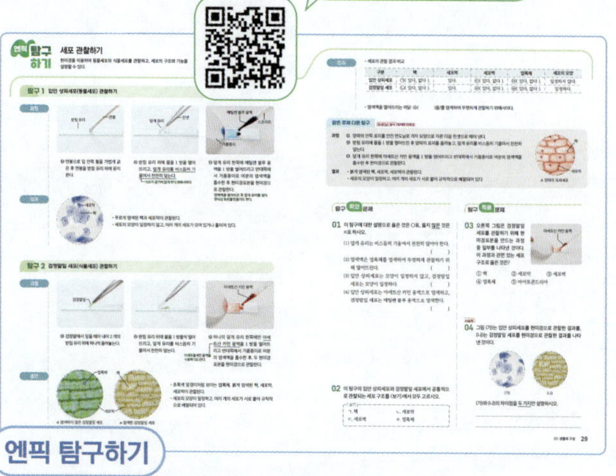

엔픽 탐구하기

시험에 꼭 나오는 탐구를 자세히 알아봐요.

집중! 공략하기

교과서에 나오는 자료들을 놓치지
않고 모두 모아 분석해요.

탄탄 실력 확인

단계별 평가 문제를
차근차근 따라가면
학교 시험 준비 완료!

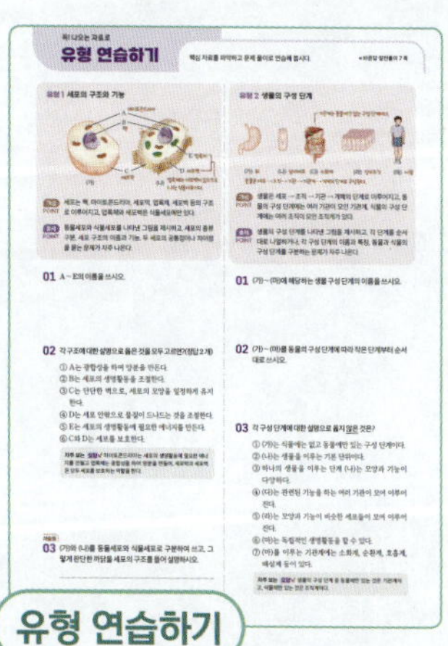

유형 연습하기

시험에 꼭 나오는 핵심 자료를 파악
하고 문제 풀이로 연습해요.

실력 꽉! 잡기 + 서술형 꽉! 잡기

기출 문제로 실력을 확인해요.

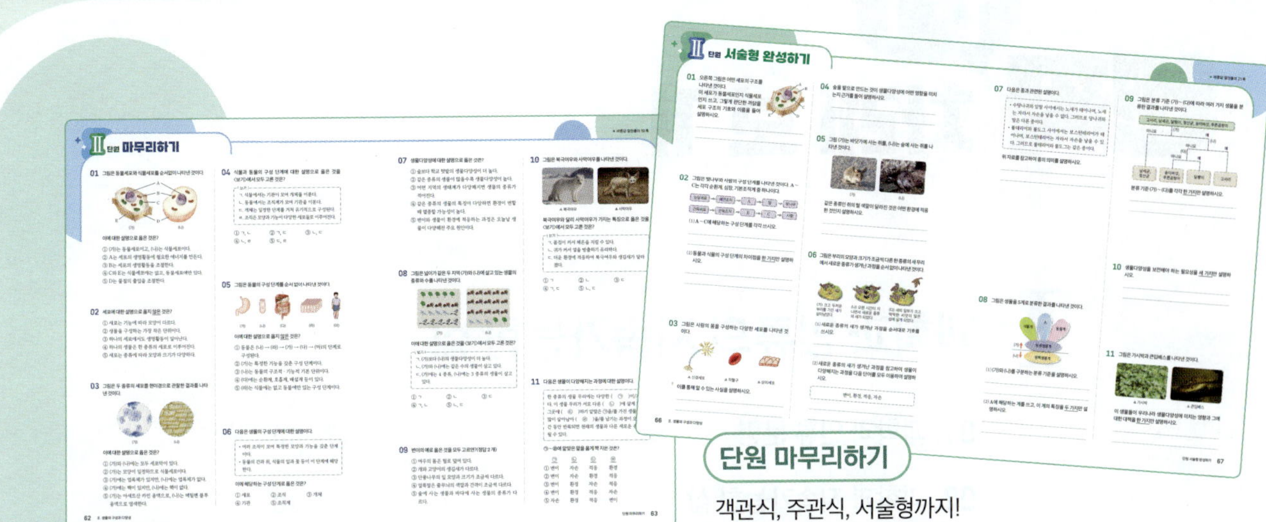

단원 마무리하기

객관식, 주관식, 서술형까지!
학교 시험을 완벽하게 준비해요.

든든
시험 대비

시험 직전 최종 점검!

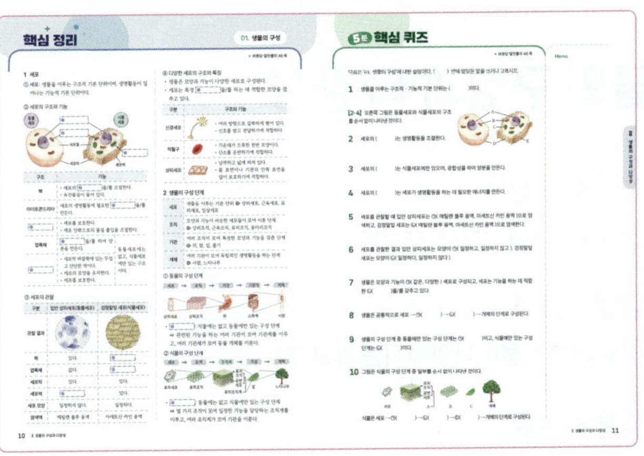

핵심 정리 + 5분 핵심 퀴즈

핵심 개념만 쏙쏙 뽑아 정리하고
핵심 퀴즈로 빠르게 점검해요.

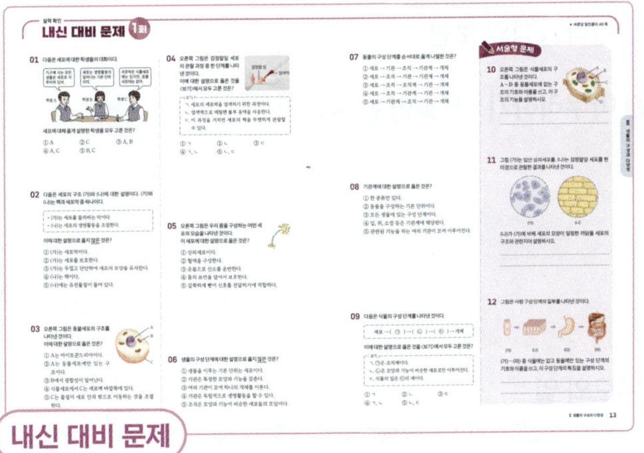

내신 대비 문제

자주 출제되는 유형의 문제로 학교 시험을
대비하고 서술형 문제까지 연습해요.

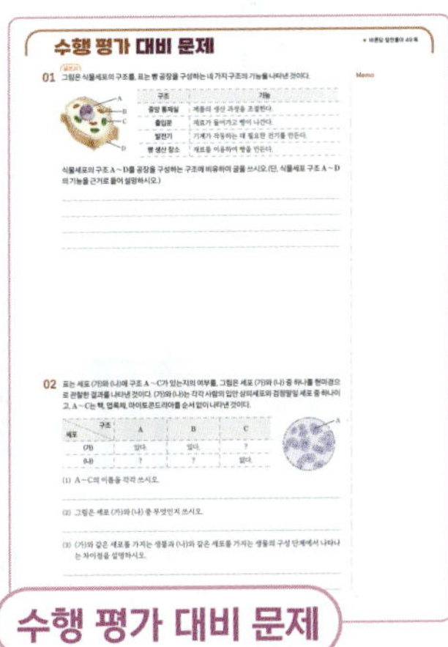

수행 평가 대비 문제

탐구와 다양한 자료를 이용한 문제
로 수행 평가까지 대비할 수 있어요.

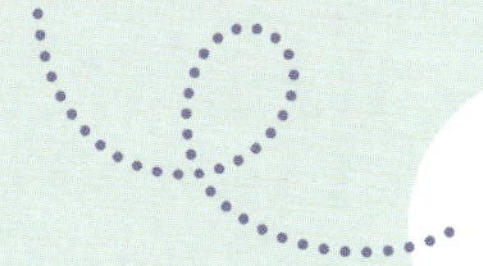

바른답·알찬풀이

엔픽만의 친절하고 자세한 풀이!

엔픽 알맹이

과학 알맹이만 쏙쏙 정리한 미니북으로 핵심 개념 확인!

엔픽 1·1 차례 보기

Ⅳ 물질의 상태 변화

 **1 · 2 미리 보기**

비상교육	천재교과서(임성숙)	천재교과서(정대홍)	동아출판	지학사	와이비엠
13~27	12~21	10~23	12~23	14~27	12~19
28~37	22~29	24~30	24~29	28~37	20~29
41~50	32~43	32~47	32~43	40~51	32~41
51~55	44~51	48~57	44~49	52~57	42~47
56~64	52~57	58~65	50~59	58~63	48~55
65~79	58~71	66~80	60~75	64~79	56~71
83~94	74~85	82~95	78~91	82~95	74~85
95~109	86~105	96~112	92~107	96~113	86~101
113~134	108~127	114~133	110~123	116~135	104~119
135~153	128~147	134~150	124~141	136~149	120~135

I

과학과 인류의 지속가능한 삶

▶▶ 다른 학년과의 연계

이전 학습 내용

기후 변화와 우리 생활, 자원과 에너지
기후 변화는 인간의 활동과 관련되어 있으며, 생활 속에서 기후 변화 대응 방법을 실천해야 한다. 자원과 에너지를 효율적으로 이용하는 방법에도 관심을 갖는다.

이 단원의 학습 내용

과학과 인류의 지속가능한 삶
과학적 탐구를 통해 발전한 과학은 인류 문명의 발달과 미래 사회의 변화에 영향을 미치며, 과학기술은 인류의 지속가능한 삶에 중요한 역할을 한다.

이후 학습 내용

과학과 나의 미래
다양한 직업에 과학이 관련되어 있으며, 과학기술의 발달로 미래 사회의 직업이 변화할 것이다.

01 과학과 인류 문명

지금까지 과학기술은 자원과 에너지의 효율적 이용에 영향을 미친다는 것을 배웠어.

이제부터 문제를 과학적 탐구로 해결하는 방법과 과학의 발전이 인류 문명의 발달에 미친 영향을 알아보자.

1 과학적 탐구 방법 

문제 인식
자연 현상을 관찰하면서 생기는 의문을 명확하고 간결한 질문 형식의 탐구 문제로 나타낸다.

가설 설정
탐구 문제에 대한 잠정적 결론인 +가설을 세운다. 가설은 탐구를 수행하여 확인할 수 있어야 한다.

탐구 설계
가설을 확인하기 위한 실험 준비물과 실험 과정, +변인 통제 등의 구체적인 탐구 계획을 세운다. 

탐구 수행
탐구 계획에 따라 변인을 통제하면서 실험하고, 관찰하거나 측정한 내용을 있는 그대로 기록한다.

자료 해석
실험 결과를 한눈에 알아보기 쉽도록 표나 그래프로 나타내고, 자료 사이의 관계나 규칙을 찾아 분석한다.

결론 도출
해석한 자료로부터 가설이 맞는지 판단하고 탐구 결론을 내린다.
가설과 실험 결과가 다르면 가설을 수정하여 탐구 설계를 다시 한다.

그림으로 개념 쏙! 에이크만이 과학적 탐구 방법으로 각기병에 대해 탐구한 과정 

에이크만은 각기병에 걸렸던 닭이 나은 것을 보고 닭이 나은 까닭에 의문을 가졌다.

닭 모이가 백미에서 현미로 바뀐 것을 알고 '현미에는 각기병 치료 물질이 있을 것이다.'라는 가설을 세웠다.

각기병과 모이의 관계를 알기 위해 닭을 두 무리로 나누고 모이를 다르게 먹이며 관찰하기로 계획했다.

건강한 닭을 두 무리로 나누어 한 무리는 백미만, 다른 한 무리는 현미만 먹이며 관찰했다.

관찰 결과 백미를 먹인 닭만 각기병에 걸렸고, 다시 현미를 먹이면 각기병이 낫는다는 사실을 발견했다.

관찰 결과로부터 '현미에는 각기병을 낫게 하는 물질이 있다.'는 결론을 내렸다.

2 과학의 발전과 인류 문명

1 과학의 발전이 인류 문명에 미친 영향 과학적 탐구로 발견한 원리를 바탕으로 기술이 발달하고 기기가 발명되면서 과학이 발전했고, 이는 인류 문명이 발달하는 데 영향을 미쳤다. 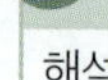

과학적 원리 발견

빛의 굴절 원리 발견

기술의 발달

렌즈를 이용하여 물체를 확대해 볼 수 있는 기술이 발달했다.

기기의 발명

현미경의 발명으로 아주 작은 물체를 확대해 볼 수 있게 되었다.

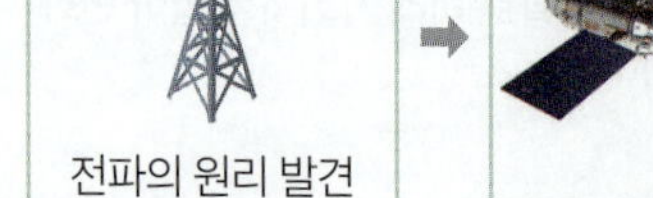
전파의 원리 발견

인공위성 전파 신호로 사용자의 위치를 계산하는 기술이 발달했다.

위성 위치 확인 시스템을 활용한 내비게이션의 발명으로 길을 쉽게 찾을 수 있게 되었다.

---

❶ 과학적 탐구 단계 암기 픽

문 가 설 수 해 출

문제 인식 → 가설 설정 → 탐구 설계 → 탐구 수행 → 자료 해석 → 결론 도출

❷ 변인 통제
실험에서 다르게 해야 할 조건과 같게 해야 할 조건을 통제하는 것이다. 예를 들어 에이크만의 탐구에서 다르게 해야 할 조건은 닭의 모이 종류이고, 같게 해야 할 조건은 닭의 건강 상태, 사육장의 크기나 온도, 모이의 양과 모이를 주는 횟수 등이 있다.

❸ 각기병
바이타민 B_1이 부족하여 걸리는 질병으로, 다리가 붓고 약해져 제대로 걷지 못하는 증상이 나타난다. 네덜란드의 과학자인 에이크만은 연구를 통해 각기병의 원인을 밝혀냈다.

❹ 과학의 발전과 인류 문명의 발달
- 약 170만 년 전: 불의 발견
- B.C. 12 세기: 철기 사용
- 중세: 화약과 금속 활자 발명, 연금술과 태양 중심설 등장
- 17 세기: 만유인력 법칙 발견, 천체 망원경과 현미경 발명
- 18 세기: 증기 기관 발명
- 19 세기: 진화론 발표, 전구 발명, X선 발견, 백신 개발
- 20 세기: 페니실린 발견, 암모니아 합성 기술 개발로 질소 비료 대량 생산, 인공위성과 반도체, 컴퓨터, 인터넷, 스마트폰 개발, 전자 출판 발달
- 21 세기: 인공지능과 빅 데이터 개발, 유전자 지도 완성

용어 픽
+ **가설(假 거짓, 說 말하다)** 어떤 현상을 설명하기 위해 설정한 가정
+ **변인(變 변하다, 因 인하다)** 성질이나 모습이 변하는 원인

1 과학적 탐구 방법

- 과학적 탐구 단계: 문제 인식 → ☐☐ 설정 → 탐구 ☐☐ → 탐구 수행 → 자료 해석 → ☐☐ 도출
- ☐☐☐☐: 실험에서 다르게 해야 할 조건과 같게 해야 할 조건을 통제하는 것

01 과학적 탐구 방법에 대한 설명으로 옳은 것은 ○표, 옳지 <u>않은</u> 것은 ×표 하시오.

(1) 탐구를 수행하여 확인할 수 있는 가설을 설정한다. ( )

(2) 탐구를 수행하기 전에는 가설을 확인하기 위한 실험 준비물, 실험 과정 등의 탐구 계획을 세운다. ( )

(3) 탐구를 수행할 때에는 탐구 계획에 따라 실험하고, 관찰하거나 측정한 내용을 가설에 맞춰 고쳐 기록한다. ( )

02 실험 결과로부터 가설이 맞는지 판단한 이후의 탐구 과정을 선으로 연결하시오.

(1) 실험 결과와 가설이 같을 때 •

(2) 실험 결과와 가설이 다를 때 •

• ㉠ 가설을 수정하여 탐구 설계를 다시 한다.

• ㉡ 탐구 결론을 내리고 탐구 보고서를 작성하여 발표한다.

03 다음은 에이크만이 각기병에 대해 탐구한 과정의 일부이다. ㉠에 해당하는 과학적 탐구 단계는 무엇인지 쓰시오.

> 에이크만은 닭의 모이가 백미에서 현미로 바뀐 뒤 각기병에 걸렸던 닭이 나은 것에 의문을 가지고 ㉠ '현미에는 각기병을 낫게 하는 물질이 있을 것이다.'라고 가정하여 실험을 수행했다.

2 과학의 발전과 인류 문명

- 과학의 발전이 인류 문명에 영향을 미치는 과정: 과학적 ☐☐ 발견 → ☐☐의 발달 → ☐☐의 발명 → 인류 문명 발달

04 다음은 과학의 발전이 인류 문명의 발달에 영향을 미친 사례이다. ( ) 안에 알맞은 말을 쓰시오.

> 과학적 탐구로 ㉠( )이/가 굴절하는 원리를 발견한 뒤, 렌즈를 이용하여 물체를 확대해 볼 수 있는 기술이 발달했다. 이를 바탕으로 아주 작은 물체를 확대해 볼 수 있는 ㉡( )을/를 발명했다.

05 다음은 과학적 원리의 발견으로 발명된 어떤 기기에 대한 설명이다. ( ) 안에 알맞은 말을 쓰시오.

> 과학적 탐구로 전파의 원리를 발견하고 인공위성 전파 신호로 사용자의 위치를 계산하는 기술이 발달했다. 이러한 기술로 ( )을/를 발명하여 길을 쉽고 편리하게 찾을 수 있게 되었다.

2 과학과 다른 분야의 융합이 인류 문명에 미친 영향 과학적 원리와 기술, 공학, 예술, 수학, 의학 등 다양한 분야의 융합으로 인류 문명과 문화는 더욱 발달하고 있다.

기술, 공학	• 증기 기관의 발명으로 제품을 대량 생산할 수 있게 되었고, 교통수단이 발달하여 이동이 편리해졌다.[5] 이후 고속 열차의 개발로 과거보다 더 빠르게 이동할 수 있게 되면서 생활 영역이 넓어졌다. • 인터넷, 인공위성, 스마트폰 등 정보 통신 기술의 발달로 정보를 쉽고 빠르게 접한다. • 발전기, 반도체, 전동기 등의 발명으로 다양한 전기 제품을 개발하여 사용한다.[6] • 건물 구조의 설계와 건축 재료의 발전으로 초고층 건물을 짓는다.
예술	• 사진, 영상, 가상 현실 등의 멀티미디어 기술로 미디어 아트를 만든다. • 각기 다른 물질이 다양한 색깔의 빛을 내는 원리를 이용하여 불꽃놀이를 만든다.
수학	• 과학적 원리를 수식으로 표현하여 과학 현상을 분석하는 데 이용한다. • 감염병의 전파 경로나 확산 속도 등을 수학적으로 예측한다.
의학	• 백신과 항생제를 개발하여 질병의 예방과 치료에 사용한다.[7] 백신, 항생제, X선 등의 개발로 질병을 극복하며 인류의 평균 수명은 크게 늘어났다. • X선을 발견하여 질병의 진단과 치료에 사용한다.

▲ 증기 기관차

▲ 반도체

▲ 미디어 아트

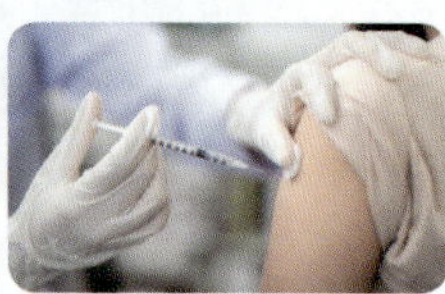

▲ 백신 접종

3 첨단 과학기술과 미래 사회

1 첨단 과학기술의 활용과 미래 사회의 변화[8]

인공지능(AI)	사물 인터넷(IoT)	첨단 바이오
컴퓨터가 인간처럼 학습하고 일을 처리할 수 있게 하는 기술	각종 사물을 무선 통신으로 연결하여 정보를 교환하는 기술	유전정보나 첨단 의료 장비로 질병을 치료하고 예방하는 기술
• 대화나 교육 프로그램에 활용할 수 있다. • 글이나 그림 창작과 언어 번역에 활용할 수 있다. • 로봇, 드론에 활용하여 물건을 옮기거나 길을 안내하게 하고, 위험한 재난 현장에 사람대신 투입할 수 있다. • 목적지까지 스스로 주행하는 자동차에 활용할 수 있다.	• 스마트 기기로 집 안의 가전 제품을 집 밖에서 제어할 수 있다. • 원격으로 농작물의 상태를 확인하고 자동으로 관리할 수 있다. • 무인 상점에서 물건을 살 때 자동으로 결제할 수 있다. • 쓰레기를 자동으로 처리하거나 분리배출할 수 있다.	• 개인의 유전적 특성을 분석해 질병 발생을 예측하고, 맞춤형 치료제를 개발할 수 있다. • 백신을 +나노 크기의 입자에 넣어 몸에 더 효과적으로 작용하게 할 수 있다. • 나노 의료 로봇으로 필요한 곳만 치료할 수 있다. • 인공 장기나 뼈를 만들어 훼손된 부분을 치료할 수 있다.

2 첨단 과학기술의 발달로 발생할 수 있는 문제 첨단 과학기술의 발달로 우리 삶은 편리해지지만, 산업과 직업에 변화가 생기거나 환경 문제가 나타날 수 있다. 기술의 악용, 사생활이나 자율성, 저작권의 침해 등 새로운 문제도 나타날 수 있다. 많은 일자리가 인공지능으로 대체되는 문제도 생긴다.

---

❺ 증기 기관
증기의 압력으로 기계를 움직이는 장치로, 증기 기관의 발명은 산업 혁명에 큰 영향을 미쳤다. 증기 기관을 이용한 기계로 제품을 대량 생산할 수 있게 되었고, 증기 기관차나 증기선으로 많은 물건을 먼 곳까지 옮길 수 있었다.

❻ 전동기 비상 에서만 다뤄요
전류가 흐르면 회전하는 장치로, 모터라고도 한다. 전동기는 선풍기나 세탁기 등에 활용된다.

❼ 백신과 항생제
• 백신: 독소를 약화시킨 병원체로 만든 약물로, 질병에 대한 면역을 높여 준다. 여러 종류의 백신이 개발되어 전염병을 예방하는 데 사용된다.
• 항생제: 세균을 죽이거나 생장을 억제하는 약물로, 미생물의 생성물에서 발견된다. 푸른곰팡이로부터 발견한 최초의 항생제인 페니실린은 폐렴과 같은 질병을 치료하는데 사용된다.

❽ 또 다른 첨단 과학기술을 활용한 사례
• 증강 현실(AR): 실제 현실 사진이나 영상에 가상의 정보를 겹쳐 하나의 영상으로 만드는 기술을 실제 공간에 가상으로 가구들을 배치해 보는 애플리케이션 등에 활용할 수 있다.
• 가상 현실(VR): 시각, 청각, 촉각 등을 느끼면서 가상의 공간과 사물을 실제처럼 체험할 수 있다.
• 양자 컴퓨터: 에너지의 최소량의 단위인 양자의 특성을 이용한 컴퓨터로 복잡한 문제를 기존 컴퓨터보다 빠르게 해결할 수 있다.
• 튜브형 고속 열차: 진공 상태의 튜브로 연결된 출발지와 목적지 사이를 매우 빠른 속력으로 이동하는 고속 열차로 먼 거리를 빠르게 이동할 수 있다.

용어 콕
+ 나노(nano) 10억분의 1을 나타내는 분수

2 과학의 발전과 인류 문명

- 발전기, 반도체 등의 발명으로 다양한 전기 제품을 개발하여 사용한다. ➡ 과학과 ☐☐, 공학의 융합
- 각기 다른 물질이 다양한 색깔의 빛을 내는 원리로 불꽃놀이를 만든다. ➡ 과학과 ☐☐의 융합
- 질병 예방을 위한 백신을 개발하여 인류 수명이 늘어났다. ➡ 과학과 ☐☐의 융합

06 과학과 다른 분야가 융합한 각 사례에 해당하는 분야를 선으로 연결하시오.

(1) X선을 발견하여 질병의 진단과 치료에 사용한다. •

(2) 인터넷, 인공위성 등의 발달로 정보를 쉽고 빠르게 접한다. •

(3) 건물 구조의 설계와 건축 재료의 발전으로 초고층 건물을 짓는다. •

(4) 사진, 영상, 가상 현실 등의 멀티미디어 기술로 미디어 아트를 만든다. •

• ㉠ 기술, 공학

• ㉡ 예술

• ㉢ 의학

07 다음은 과학과 어떤 분야가 융합한 사례인지 쓰시오.

과학적 원리를 수식으로 표현하고 이를 분석한 뒤 과학적 이론으로 발전시킨다. 또 표현한 수식을 이용하여 현상을 예측하기도 한다.

3 첨단 과학기술과 미래 사회

- ☐☐☐☐: 컴퓨터가 인간처럼 학습하고 일을 처리할 수 있게 하는 기술
- ☐☐☐☐☐: 각종 사물을 무선 통신으로 연결하여 정보를 교환하는 기술
- ☐☐☐☐: 유전정보나 첨단 의료 장비로 질병을 치료하고 예방하는 기술

08 다음은 미래 사회의 변화를 가져올 첨단 과학기술을 나타낸 것이다.

사물 인터넷, 인공지능, 증강 현실, 첨단 바이오

각 사례에 해당하는 첨단 과학기술을 골라 쓰시오.

(1) 글이나 그림을 창작하고 언어를 번역하는 데 활용한다.
(2) 인공 장기나 뼈를 만들어 몸의 훼손된 부분을 치료한다.
(3) 스마트 기기로 집 안의 가전제품을 집 밖에서 제어한다.
(4) 실제 공간에 가상으로 가구들을 배치하여 하나의 영상으로 확인한다.

09 첨단 과학기술의 발달로 발생할 수 있는 문제로 옳은 것은 ○표, 옳지 <u>않은</u> 것은 ×표 하시오.

(1) 산업과 직업에 변화가 생길 수 있다. ( )
(2) 기술의 악용이나 환경 문제가 나타날 수 있다. ( )
(3) 사생활이나 자율성이 침해되는 문제가 모두 해결된다. ( )

---

1 과학적 탐구 방법

중요✦

01 과학적 탐구 방법의 각 단계에 대한 설명으로 옳지 <u>않은</u> 것은?

① 문제 인식: 자연 현상을 관찰하면서 생기는 의문을 탐구 문제로 나타내는 과정
② 가설 설정: 탐구 문제에 대한 잠정적인 결론을 설정하는 과정
③ 탐구 설계: 가설을 확인하기 위한 탐구 계획을 세우는 과정
④ 탐구 수행: 탐구 계획에 따라 실험하고 결과를 기록하는 과정
⑤ 결론 도출: 실험 결과를 표나 그래프로 나타내고 분석하는 과정

02 문제를 과학적 탐구로 해결할 때 유의할 점으로 옳은 것을 〈보기〉에서 모두 고르시오.

| 보기 |

ㄱ. 탐구 문제는 명확하고 복잡하게 나타내야 한다.
ㄴ. 가설은 탐구를 수행하여 확인할 수 있어야 한다.
ㄷ. 가설과 실험 결과가 다르면 가설을 수정하여 탐구 설계부터 다시 해야 한다.

03 다음은 에이크만이 각기병에 대해 탐구한 과정을 순서 없이 나타낸 것이다.

(가) '현미에는 각기병을 낫게 하는 물질이 있다.'는 결론을 내렸다.
(나) '현미에는 각기병을 낫게 하는 물질이 있을 것이다.'라는 가설을 세웠다.
(다) 각기병에 걸렸던 닭이 나은 것을 보고 어떻게 병이 나았는지 의문을 가졌다.
(라) 건강한 닭을 두 무리로 나누어 한 무리는 백미만, 다른 한 무리는 현미만 먹이며 관찰했다.
(마) 백미만 먹인 닭은 각기병에 걸렸고, 다시 현미를 먹이면 각기병이 낫는다는 사실을 발견했다.

과학적 탐구 방법의 순서대로 기호를 쓰시오.

---

2 과학의 발전과 인류 문명

04 다음은 과학적 원리를 바탕으로 기술이 발달하고 기기가 발명된 사례에 대한 설명이다.

> 과학적 탐구로 빛이 굴절하는 원리를 발견했다. 이후 렌즈를 이용하여 물체를 확대해 볼 수 있는 기술이 발달함에 따라 이 기기가 발명되어 아주 작은 물체를 확대해 볼 수 있게 되었다.

위 설명에 해당하는 기기로 옳은 것은?

① 발전기   ② 전화기   ③ 현미경
④ 인공위성   ⑤ 스마트폰

중요✦

05 과학적 원리와 기술, 공학이 융합한 사례로 옳지 <u>않은</u> 것은?

① 인터넷의 발달로 정보를 쉽고 빠르게 접한다.
② 증기 기관의 발명으로 교통수단이 발달하게 되었다.
③ 건물 구조의 설계와 건축 재료의 발전으로 초고층 건물을 짓는다.
④ 과학적 원리를 수식으로 표현하여 과학 현상을 분석하는 데 이용한다.
⑤ 발전기, 반도체, 전동기 등의 발명으로 다양한 전기 제품을 개발하여 사용한다.

---

3 첨단 과학기술과 미래 사회

06 다음 설명에 해당하는 첨단 과학기술로 옳은 것은?

> • 사람과 대화하는 프로그램에 활용한다.
> • 목적지까지 스스로 주행하는 자동차에 활용한다.
> • 로봇, 드론에 활용하여 물건을 옮기거나 길을 안내하게 한다.

① 인공지능   ② 가상 현실   ③ 증강 현실
④ 사물 인터넷   ⑤ 첨단 바이오

중요
07
첨단 과학기술의 활용에 따른 미래 사회의 변화에 대한 설명으로 옳지 <u>않은</u> 것은?

① 증강 현실: 실제 현실 사진에 가상 정보를 겹쳐 본다.
② 가상 현실: 무인 상점에서 물건을 살 때 자동으로 결제한다.
③ 첨단 바이오: 개인의 유전적 특성을 분석하여 질병 발생을 예측한다.
④ 사물 인터넷: 원격으로 농작물의 상태를 확인하고 자동으로 관리한다.
⑤ 튜브형 고속 열차: 진공 튜브로 연결된 출발지와 목적지 사이를 매우 빠른 속력으로 이동한다.

만점 도전하기

08
다음은 인류 문명의 발달에 영향을 미친 장치에 대한 설명이다.

> • (　　　　)은/는 산업 혁명에 큰 영향을 미쳐 사회의 모습을 크게 변화시킨 장치이다.
> • 공장에서 (　　　　)을/를 이용한 기계로 제품을 대량 생산할 수 있게 되었다.
> • (　　　　)을/를 이용한 교통수단으로 이동이 편리해졌으며 많은 물건을 먼 곳까지 옮길 수 있게 되었다.

(　　　) 안에 공통으로 들어갈 말을 쓰시오.

09
첨단 과학기술의 발달이 우리 생활에 미치는 영향에 대한 설명으로 옳지 <u>않은</u> 것은?

① 첨단 과학기술의 발달은 우리 삶을 편리하게 한다.
② 첨단 과학기술을 무분별하게 활용하면 환경 문제가 나타날 수 있다.
③ 인공지능의 발달로 사생활이나 자율성이 침해되는 문제가 나타날 수 있다.
④ 사물 인터넷은 우리 생활에서 아직 활용되지 않지만 미래에는 발달될 기술이다.
⑤ 첨단 과학기술의 발달로 기존 직업에 변화가 생기고 사람의 일자리가 줄어들 수 있다.

01
그림은 내비게이션을 사용하는 모습을 나타낸 것이다.

1단계 위 기기의 발명이 우리 생활에 미친 영향을 다음 단어를 모두 이용하여 설명하시오.

> 위성 위치 확인 시스템, 발명, 길

2단계 위 기기의 발명에 영향을 미친 과학적 원리와 기술을 설명하시오.

02
다음은 어떤 첨단 과학기술에 대한 설명이다.

> 생물의 유전정보나 첨단 의료 장비로 질병을 치료하고 예방하는 기술이다.

1단계 위 기술은 어떻게 활용되고 있는지 설명하시오.
개인의 유전적 특성을 분석하여 (　　　　) 발생을 예측하고, 맞춤형 (　　　　)을/를 개발할 수 있다.

2단계 위 기술이 무엇인지 쓰고, 이 기술의 활용으로 미래 사회에 나타날 변화를 한 가지만 설명하시오.

02 과학과 지속가능한 삶

1 과학기술과 지속가능한 삶

1 지속가능한 삶 현재의 인류가 더 나은 환경을 유지하며 풍요로운 사회를 이루고, 미래 세대까지 지속되도록 환경과 자연을 보전하기 위해 고민하고 실천하는 삶 현재 세대 이후에도 이용할 자원을 낭비하거나 훼손하지 않는 삶이다.

2 인류의 지속가능한 삶을 위협하는 문제

에너지 문제	환경 문제	기후 변화
인류 문명의 발달로 석탄, 석유 등의 화석 연료, 지하자원 사용량이 급격하게 증가한다. ➡ 자원의 지나친 채취로 인해 자원이 고갈되어 에너지가 부족해진다.	화석 연료의 지나친 사용과 플라스틱, 일회용품 등의 사용으로 발생한 폐기물로 인해 대기, 수질, 토양오염이 발생한다. ➡ 공기, 물, 흙 등이 오염되어 생태계가 파괴된다.	공장, 자동차 등에서 배출되는 온실 기체와 과도한 개발로 인해 지구 온난화가 심해진다. ➡ 홍수, 가뭄, 폭우 등의 기상 이변이 발생하고 땅이 사막화된다.

3 인류의 지속가능한 삶을 위한 과학기술의 중요성 인류가 직면한 에너지 문제, 환경 문제, 기후 변화 등의 다양한 문제를 해결하는 데 과학기술이 중요한 역할을 한다.

2 지속가능한 삶을 위한 활동 방안

개인 차원의 활동 방안	• 에너지 효율이 높은 전기 제품을 사용하고, 사용하지 않는 전기 제품의 플러그를 뽑는다. • 물을 절약하고 일회용품의 사용과 쓰레기를 줄인다. • 대중교통이나 자전거를 이용하고, 가까운 거리는 도보를 이용한다. • 사용하지 않는 물건은 나누어 쓰고, 재활용품은 자원의 순환을 위해 분리배출한다. ❸
사회 차원의 활동 방안	• 환경 보전 캠페인에 참여하여 사람들이 관심을 가지도록 한다. • 생태 습지나 녹지, 환경 공원을 조성한다. • 친환경 제품을 개발하고 사용을 장려한다. • 재생 가능 에너지원을 개발하고 보급한다. • 국제 협력을 맺고 세계 각국이 협력하여 과학기술을 개발한다.

❶ 신재생 에너지

태양 빛, 바람, 물, 지열, 수소 연료 전지와 같이 고갈될 염려가 적고 지속가능한 에너지를 변환시켜 사용하는 에너지로, 재생이 가능하며 친환경적이다. 신재생 에너지를 사용하면 석탄이나 석유와 같은 화석 연료를 사용할 때보다 이산화 탄소가 적게 발생한다.

천재(임)에서만 다뤄요

❷ 스마트팜

기후 변화로 땅이 사막화되면 농작물의 생산량이 줄어들 수 있다. 스마트팜 기술을 활용하면 농장의 빛, 온도, 습도, 토양의 수분과 영양분 등을 자동으로 적정하게 유지, 관리할 수 있어 농작물의 생산량과 품질을 높일 수 있다.

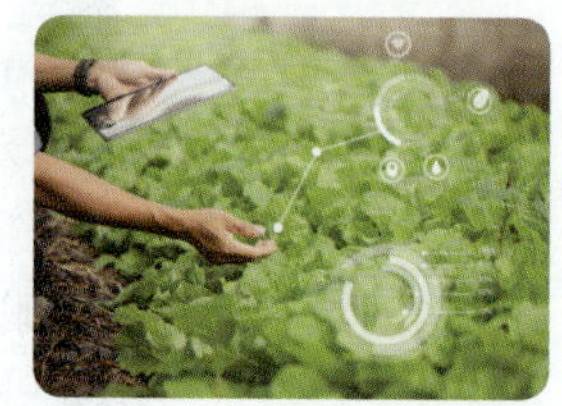

❸ 자원의 순환

폐기물의 양을 줄이기 위해서는 자원의 사용량을 줄여야 한다. 또 버려지는 제품에 가치를 더해 새로운 제품으로 재탄생시키는 업사이클링(upcycling)과 같이 쓰고 난 자원의 재활용, 재사용을 통해 자원을 순환시키는 노력도 필요하다.

▲ 버려지는 병뚜껑으로 만든 열쇠고리와 튜브 짜개

용어 픽

+ **기상 이변**(氣 대기, 象 형상, 異 다르다, 變 변하다) 과거 30 년간의 기상과 아주 다른 기상 현상

1 과학 기술과 지속가능한 삶

- □□□□□□□: 현재의 인류가 더 나은 환경을 유지하며 풍요로운 사회를 이루고, 미래 세대까지 지속되도록 환경과 자연을 보전하기 위해 고민하고 실천하는 삶
- 인류의 지속가능한 삶을 위협하는 문제: □□□ 문제, 환경 문제, □□ 변화
- 인류가 직면한 다양한 문제를 해결하는 데 □□□□□이 활용된다.

01 다음은 인류의 지속가능한 삶을 위협하는 문제에 대한 설명이다. (　　) 안에 알맞은 말을 고르거나 쓰시오.

(1) 인류 문명의 발달로 석탄, 석유 등의 ㉠(수소 연료, 화석 연료) 사용량이 많아져 에너지가 ㉡(부족해진다, 풍부해진다).

(2) 화석 연료의 지나친 사용과 폐기물의 발생으로 인해 공기, 물, 흙 등이 오염되어 (　　　)이/가 파괴된다.

(3) 온실 기체의 배출과 과도한 개발로 인해 (　　　)이/가 심해져 기상 이변이 발생한다.

02 다음은 인류가 직면한 어떤 문제의 해결 방안에 대한 설명이다. (　　) 안에 공통으로 들어갈 말을 쓰시오.

> (　　　)은/는 태양 빛, 바람, 물, 지열, 수소 연료 전지와 같이 지속가능한 에너지를 변환시켜 사용하는 에너지로, 재생이 가능하며 친환경적이다. 과학기술은 (　　　) 개발에 중요한 역할을 하며, (　　　)을/를 사용하면 지구 온난화를 막고 에너지 부족 문제를 해결할 수 있다.

03 다음은 인류의 지속가능한 삶을 위해 활용할 수 있는 과학기술을 나타낸 것이다.

> 스마트팜, 탄소 포집 장치, 해양 폐기물 수거 로봇, 폐플라스틱 재활용 기술

각 설명에 해당하는 과학기술을 골라 쓰시오.

(1) 폐플라스틱을 새로운 자원으로 활용하여 폐기물의 양을 줄인다.

(2) 온실 기체인 이산화 탄소를 포집한 뒤 제거하는 장치를 이용하여 지구 온난화를 막는다.

(3) 육지에서 바다로 흘러 들어가거나 어업 활동으로 발생하여 환경오염을 일으키는 폐기물을 모아서 제거한다.

(4) 농장의 빛, 온도, 습도 등 농작물이 자라는 환경을 자동으로 관리하는 기술로 농작물의 생산량과 품질을 높인다.

2 지속가능한 삶을 위한 활동 방안

- 개인 차원의 활동 방안: 전기나 물을 □□하고 폐기물의 양을 줄이며, 자원을 □□시킨다.
- 사회 차원의 활동 방안: 녹지를 조성하거나 친환경 제품과 □□ 가능 에너지원을 개발하며, 인류의 지속가능한 삶을 위해 세계 각국이 □□한다.

04 인류의 지속가능한 삶을 위한 활동 방안으로 옳은 것은 ○표, 옳지 <u>않은</u> 것은 ×표 하시오.

(1) 위생적인 생활을 위해 일회용품을 자주 사용한다. (　　　)

(2) 사용하지 않는 물건은 나누어 쓰고, 재활용품은 분리배출한다. (　　　)

(3) 환경 보전 캠페인에 참여하여 사람들이 관심을 가지도록 하고, 생태 습지나 환경 공원을 조성한다. (　　　)

(4) 대중교통 대신 자가용을 이용하고 전기 자동차와 같은 친환경 제품을 개발하여 사용을 장려한다. (　　　)

1 과학기술과 지속가능한 삶

01 다음 설명에 해당하는 용어로 옳은 것은?

> 현재의 인류가 더 나은 환경을 유지하며 풍요로운 사회를 이루고, 미래 세대까지 지속되도록 환경과 자연을 보전하기 위해 고민하고 실천하는 삶

① 인류 문명
② 풍요로운 삶
③ 지속가능한 삶
④ 환경을 보전하는 삶
⑤ 첨단 과학기술을 활용하는 삶

02 인류의 지속가능한 삶을 위협하는 에너지 문제에 대한 설명으로 옳은 것을 〈보기〉에서 모두 고른 것은?

> ┤ 보기 ├
> ㄱ. 지나친 채취로 자원이 고갈되어 에너지가 부족해진다.
> ㄴ. 인류 문명의 발달로 석탄, 석유 등이 빠르게 생성되고 있다.
> ㄷ. 인류가 직면한 에너지 문제를 해결하는 데 과학기술이 활용된다.

① ㄱ
② ㄴ
③ ㄷ
④ ㄱ, ㄴ
⑤ ㄱ, ㄷ

중요✦
03 인류가 직면한 환경 문제와 기후 변화에 대한 설명으로 옳지 <u>않은</u> 것은?

① 기후 변화로 홍수나 가뭄이 발생한다.
② 공기, 물, 흙 등이 오염되어 생태계가 파괴된다.
③ 과도한 개발로 인해 지구의 온도가 빠르게 낮아진다.
④ 공장, 자동차 등에서 배출되는 온실 기체로 인해 기상 이변이 발생한다.
⑤ 플라스틱 사용으로 발생한 폐기물이 바다나 강으로 흘러 들어가 환경오염을 일으킨다.

04 인류의 지속가능한 삶을 위해 과학기술이 활용된 사례로 옳은 것을 〈보기〉에서 모두 고르시오.

> ┤ 보기 ├
> ㄱ. 화석 연료로 주행하는 자동차를 개발하여 사용한다.
> ㄴ. 해양 폐기물 수거 로봇을 이용하여 바다로 흘러 들어간 폐기물을 제거한다.
> ㄷ. 농작물이 자라는 환경을 자동으로 관리하는 기술을 활용하여 농작물의 생산량을 높인다.

05 다음은 인류의 지속가능한 삶을 위협하는 문제를 해결하는 데 활용되는 과학기술에 대한 설명이다.

> 화석 연료의 사용 등으로 배출되는 이산화 탄소를 포집한 뒤 제거하는 장치로, 이를 이용하면 지구 온난화를 막는 데 도움이 된다. 

위 설명에 해당하는 과학기술로 옳은 것은?

① 스마트팜
② 전기 자동차
③ 태양광 발전
④ 탄소 포집 장치
⑤ 폐플라스틱 재활용 기술

중요✦
06 신재생 에너지에 대한 설명으로 옳지 <u>않은</u> 것은?

① 재생이 가능한 에너지원이다.
② 화석 연료에 비해 고갈될 염려가 적다.
③ 화석 연료를 사용할 때보다 이산화 탄소가 많이 발생한다.
④ 과학기술을 활용하여 에너지 부족 문제를 해결하는 방안에 해당한다.
⑤ 태양 빛, 바람, 물, 지열과 같은 에너지를 변환시켜 사용하는 에너지이다.

2 지속가능한 삶을 위한 활동 방안

중요
07 다음은 인류의 지속가능한 삶을 위한 개인과 사회 차원의 활동 방안이다.

> (가) 일회용품의 사용을 줄인다.
> (나) 재활용품을 분리배출한다.
> (다) 생태 습지나 녹지, 환경 공원을 조성한다.
> (라) 재생 가능 에너지원을 개발하고 보급한다.
> (마) 에너지 효율이 높은 전기 제품을 사용한다.

개인 차원의 활동 방안과 사회 차원의 활동 방안을 옳게 짝 지은 것은?

	개인 차원	사회 차원
①	(가), (나)	(다), (라), (마)
②	(나), (다)	(가), (라), (마)
③	(가), (나), (마)	(다), (라)
④	(가), (다), (마)	(나), (라)
⑤	(다), (라), (마)	(가), (나)

만점 도전하기

08 인류가 화석 연료를 오랫동안 사용하면서 직면한 문제와 과학기술을 활용하여 문제를 해결하는 방법에 대한 설명으로 옳은 것을 <보기>에서 모두 고른 것은?

> **┤ 보기 ├**
> ㄱ. 화석 연료의 사용량 증가로 자원이 고갈되는 문제를 해결하기 위해 신재생 에너지를 개발한다.
> ㄴ. 화석 연료의 사용으로 대기오염이 발생하는 문제를 해결하기 위해 오염 물질을 효율적으로 제거하는 기술을 개발한다.
> ㄷ. 화석 연료로 주행하는 자동차에서 배출된 이산화 탄소 때문에 기상 이변이 발생하는 문제를 해결하기 위해 전기 자동차를 개발하여 이산화 탄소 배출량을 줄인다.

① ㄱ ② ㄴ ③ ㄱ, ㄴ
④ ㄴ, ㄷ ⑤ ㄱ, ㄴ, ㄷ

단계별 문제로 꼭! 서술형 잡기

01 다음은 인류의 지속가능한 삶을 위협하는 문제에 대한 설명이다.

> 플라스틱은 가볍고 다양한 형태의 물건을 만들 수 있어 우리 생활을 편리하게 하지만, 완전히 분해되기까지 매우 오랜 시간이 걸린다. 따라서 플라스틱 제품이나 일회용품 등의 사용으로 발생한 플라스틱 폐기물은 오랫동안 환경과 생태계에 부정적인 영향을 미친다.

1단계 위 설명에서 인류의 지속가능한 삶을 위협하는 문제가 무엇인지 설명하시오.
플라스틱 폐기물이 오랫동안 (   )되지 않아 (   )에 악영향을 미친다.

2단계 위와 같은 문제를 해결하는 데 활용할 수 있는 과학기술을 설명하시오.

02 그림은 인류의 지속가능한 삶을 위한 개인 차원의 활동 방안과 관련된 내용을 나타낸 것이다.

1단계 위 그림은 어떤 활동 방안과 관련된 것인지 설명하시오.
(   )이/가 가능한 폐기물을 쉽게 (   )하도록 하는 표시이다.

2단계 위 그림과 관련된 활동 방안을 실천해야 하는 까닭을 자원의 순환과 관련지어 설명하시오.

01 다음은 과학적 탐구 방법의 단계를 순서 없이 나타낸 것이다.

> (가) 가설 설정   (나) 자료 해석
> (다) 결론 도출   (라) 문제 인식
> (마) 탐구 설계   (바) 탐구 수행

과학적 탐구 방법의 순서대로 기호를 쓰시오.

[02-03] 다음은 일상생활에서 생긴 의문을 과학적 탐구로 해결하는 과정의 일부를 나타낸 것이다. 물음에 답하시오.

> 여러 사람이 햇빛을 똑같이 받아도 사람마다 등이 따뜻한 정도를 다르게 느끼는 것에 의문을 가졌다. 이러한 차이가 생기는 까닭은 사람마다 입고 있는 옷의 색깔이 다르기 때문이라고 생각했다. 이를 해결하기 위해 ㉠ '물체가 햇빛을 받으면 검은색, 파란색, 흰색 순으로 온도가 높아질 것이다.'라고 예상하고, 컵의 색깔을 다르게 하여 햇빛을 비추며 컵 속 물의 온도 변화를 측정하는 탐구를 설계했다.

02 과학적 탐구 방법 중 ㉠에 해당하는 단계로 옳은 것은?

① 탐구 수행   ② 자료 해석
③ 가설 설정   ④ 문제 인식
⑤ 결론 도출

03 위 내용에 대한 탐구를 수행할 때 다르게 해야 할 조건으로 옳은 것은?

① 컵의 종류
② 컵 속 물의 양
③ 처음 컵 속 물의 온도
④ 컵에 햇빛을 비추는 시간
⑤ 컵을 감싸는 색종이의 색깔

04 과학적 탐구 방법에 대한 설명으로 옳은 것을 〈보기〉에서 모두 고른 것은?

> **보기**
> ㄱ. 탐구 문제는 알아보려는 내용이 복잡하게 드러나도록 나타낸다.
> ㄴ. 가설은 탐구를 수행하여 확인할 수 있도록 설정한다.
> ㄷ. 실험 결과는 한눈에 알아보기 쉽도록 표나 그래프로 나타내 분석한다.
> ㄹ. 처음 설정한 가설과 실험 결과가 달라도 그대로 탐구 결론을 도출한다.

① ㄱ, ㄴ   ② ㄴ, ㄷ   ③ ㄴ, ㄹ
④ ㄷ, ㄹ   ⑤ ㄴ, ㄷ, ㄹ

05 오른쪽 그림은 과학의 발전으로 발명된 현미경을 나타낸 것이다. 이에 대한 설명으로 옳은 것을 〈보기〉에서 모두 고른 것은?

> **보기**
> ㄱ. 전파의 원리를 바탕으로 발명되었다.
> ㄴ. 렌즈로 물체를 확대해 볼 수 있는 기술을 활용했다.
> ㄷ. 현미경의 발명에 과학적 원리의 발견이 영향을 미쳤다.

① ㄱ   ② ㄴ   ③ ㄷ
④ ㄱ, ㄴ   ⑤ ㄴ, ㄷ

06 과학의 발전이 인류 문명과 문화의 발달에 영향을 미친 사례로 옳지 않은 것은?

① X선을 발견하여 질병의 진단에 사용한다.
② 전동기를 발명하여 전기 에너지를 생산한다.
③ 감염병의 확산 속도를 수학적으로 예측한다.
④ 정보 통신 기술의 발달로 정보를 쉽고 빠르게 접한다.
⑤ 사진, 영상, 가상 현실 등의 멀티미디어 기술로 미디어 아트를 만든다.

07 그림 (가)는 어떤 장치의 작동 원리를, (나)는 (가)를 이용한 교통수단을 나타낸 것이다.

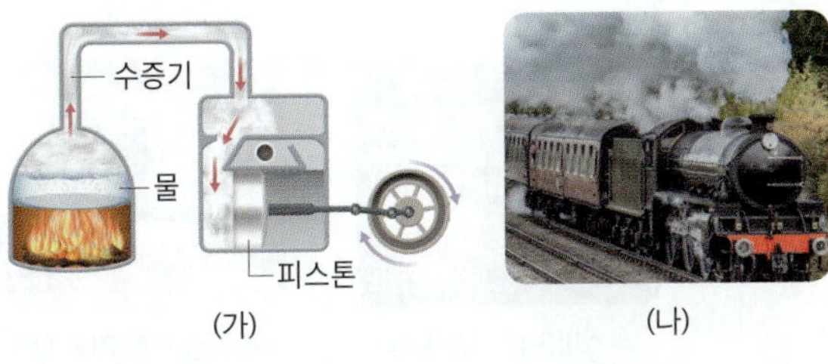

이에 대한 설명으로 옳은 것을 〈보기〉에서 모두 고른 것은?

| 보기 |
ㄱ. (가)를 이용한 기계로 제품을 대량 생산할 수 있게 되었다.
ㄴ. (나)를 이용하여 많은 물건을 먼 곳까지 옮길 수 있게 되었다.
ㄷ. (가)의 발명은 과학적 원리를 수식으로 표현하여 과학 현상을 분석하는 데 영향을 미쳤다.

① ㄱ　　　　② ㄴ　　　　③ ㄱ, ㄴ
④ ㄴ, ㄷ　　　⑤ ㄱ, ㄴ, ㄷ

08 과학과 의학이 융합한 사례로 옳은 것을 〈보기〉에서 모두 고른 것은?

| 보기 |
ㄱ. 항생제의 개발로 세균에 감염되었을 때 치료할 수 있게 되었다.
ㄴ. 전자 출판의 발달로 많은 책을 전자 기기에서 간편하게 볼 수 있게 되었다.
ㄷ. 고강도 콘크리트와 같은 건축 재료의 발전으로 초고층 건물을 지을 수 있게 되었다.
ㄹ. 여러 종류의 백신 개발로 다양한 질병에 대한 면역을 높이고 전염병을 예방할 수 있게 되었다.

① ㄱ, ㄴ　　　② ㄱ, ㄷ　　　③ ㄱ, ㄹ
④ ㄴ, ㄷ　　　⑤ ㄴ, ㄹ

09 다음 설명에 해당하는 첨단 과학기술로 옳은 것은?

- 각종 사물을 무선 통신으로 연결하여 정보를 교환하는 기술이다.
- 이 기술을 활용하면 집 안의 가전제품이나 농장의 환경을 원격으로 제어하고 관리할 수 있다.

① 인공지능　　　② 가상 현실　　　③ 증강 현실
④ 사물 인터넷　　⑤ 첨단 바이오

10 그림은 목적지까지 스스로 주행하는 자동차를 나타낸 것이다.

위와 관련된 첨단 과학기술의 활용에 따른 미래 사회의 변화로 옳은 것은?

① 유전정보로 질병의 발생을 예측한다.
② 무인 상점에서 물건을 살 때 자동으로 결제한다.
③ 컴퓨터가 글이나 그림을 창작하고 언어를 번역한다.
④ 나노 백신을 개발하여 몸에 더 효과적으로 작용하게 한다.
⑤ 시각, 청각, 촉각 등을 느끼면서 가상의 공간을 실제처럼 체험한다.

11 첨단 과학기술의 발달로 발생할 수 있는 문제로 옳은 것을 〈보기〉에서 모두 고른 것은?

| 보기 |
ㄱ. 인공지능을 활용하여 만든 작품이 저작권을 침해할 수 있다.
ㄴ. 첨단 과학기술을 무분별하게 활용하면 환경 문제가 나타날 수 있다.
ㄷ. 로봇이 사람의 역할을 대체하면서 기존 직업에 변화가 생기고 일자리가 줄어들 수 있다.

① ㄱ　　　　② ㄴ　　　　③ ㄷ
④ ㄱ, ㄴ　　　⑤ ㄱ, ㄴ, ㄷ

● 바른답·알찬풀이 4 쪽

12 인류의 지속가능한 삶에 대한 설명으로 옳은 것을 〈보기〉에서 모두 고르시오.

| 보기 |
ㄱ. 미래 세대를 위해 환경과 자연을 보전하도록 노력하는 삶이다.
ㄴ. 미래 세대보다 현재 세대의 삶을 유지하고 발전시킬 때 지속가능한 삶이 가능해진다.
ㄷ. 지속가능한 삶을 위해 현재 인류가 직면한 에너지 문제, 환경 문제, 기후 변화를 해결해야 한다.

13 그림은 현재 인류가 사용하는 자원을 나타낸 것이다.

▲ 석탄

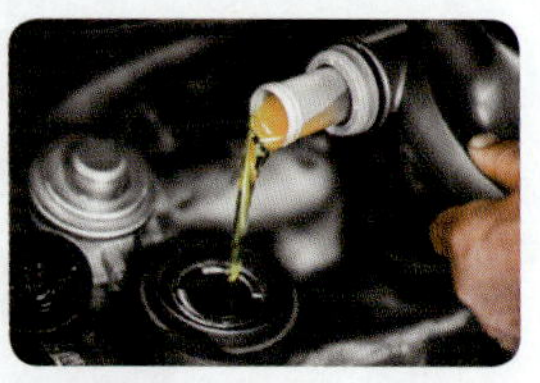
▲ 석유

위 자원의 사용이 인류의 지속가능한 삶에 미치는 영향으로 옳은 것을 〈보기〉에서 모두 고른 것은?

| 보기 |
ㄱ. 고갈될 염려가 적어 안정적으로 사용할 수 있다.
ㄴ. 이산화 탄소가 배출되어 지구 온난화가 심해진다.
ㄷ. 대기오염 물질이 발생하여 공기가 오염되면서 생태계에 영향을 미친다.

① ㄱ   ② ㄱ, ㄴ   ③ ㄱ, ㄷ
④ ㄴ, ㄷ   ⑤ ㄱ, ㄴ, ㄷ

14 인류의 지속가능한 삶을 위협하는 해양 폐기물 문제에 대한 설명으로 옳은 것을 〈보기〉에서 모두 고른 것은?

| 보기 |
ㄱ. 수질오염과 생태계 파괴를 일으킬 수 있다.
ㄴ. 육지에서 바다로 흘러 들어가거나 어업 활동으로 발생한다.
ㄷ. 해양 폐기물 수거 로봇을 이용하면 폐기물을 모아서 제거할 수 있다.

① ㄱ   ② ㄱ, ㄴ   ③ ㄱ, ㄷ
④ ㄴ, ㄷ   ⑤ ㄱ, ㄴ, ㄷ

15 인류가 직면한 기후 변화를 해결하기 위해 과학기술을 활용한 사례가 <u>아닌</u> 것을 〈보기〉에서 모두 고르시오.

| 보기 |

16 인류의 지속가능한 삶을 위해 우리 생활에서 실천할 수 있는 활동 방안으로 옳지 <u>않은</u> 것은?

① 가까운 거리는 걸어서 이동한다.
② 에너지 효율이 높은 전기 제품을 사용한다.
③ 일회용 포장재나 일회용품을 사용하지 않는다.
④ 자원의 순환을 위해 재활용품을 분리배출한다.
⑤ 사용하지 않는 전기 제품의 플러그는 그대로 둔다.

17 인류의 지속가능한 삶을 위한 사회 차원의 활동 방안에 대해 옳게 말한 학생을 모두 고른 것은?

• 학생 (가): 기업에서는 친환경 제품을 개발하고 많이 사용하도록 알려야 해.
• 학생 (나): 세계 각국이 기후 변화 협약과 같은 국제 협력을 맺고 서로 협력해야 해.
• 학생 (다): 개발 비용이 많이 드는 신재생 에너지보다 화석 연료를 더욱 사용해야 해.

① (가)   ② (나)   ③ (다)
④ (가), (나)   ⑤ (가), (다)

Ⅰ단원 서술형 완성하기

01 다음은 일상생활에서 발견한 탐구 문제이다.

> 물에 넣는 얼음의 크기에 따라 물이 차가워지는 빠르기에 차이가 있을까?

(1) 위 탐구 문제로 과학적 탐구를 수행할 때 알맞은 가설을 쓰시오.

(2) (1)에서 설정한 가설을 확인하기 위한 탐구 계획을 세울 때 변인 통제를 해야 할 조건들을 설명하시오.

02 다음은 과학적 원리의 발견이 기술의 발달에 영향을 미친 사례이다.

위와 같은 과정으로 발달한 기술이 인류 문명에 어떤 영향을 미쳤는지 설명하시오.

03 오른쪽 그림은 최초의 항생제인 페니실린을 나타낸 것이다.
페니실린의 개발은 과학과 어떤 분야가 융합한 사례인지 쓰고, 이는 인류 문명에 어떤 영향을 미쳤는지 설명하시오.

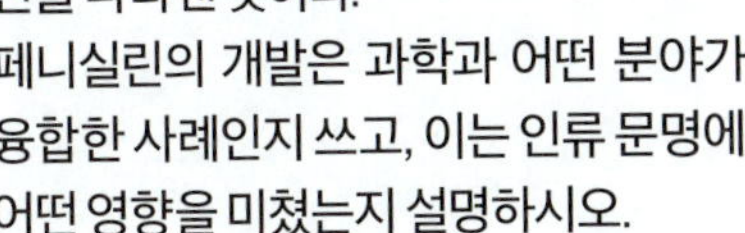
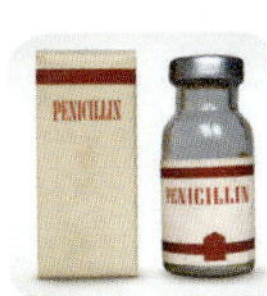

04 그림은 인쇄기로 생활용품이나 기계 부품 등 입체적인 사물을 인쇄할 수 있는 3D 프린팅 기술을 나타낸 것이다.

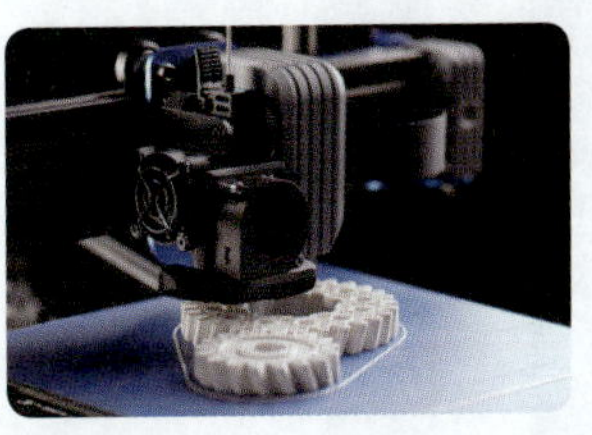

위 기술과 첨단 바이오를 융합한다면 미래 사회에 어떤 변화가 나타날지 한 가지만 설명하시오.

05 다음은 플라스틱 폐기물과 재활용에 대한 설명이다.

> 과학기술의 발달로 우리 삶은 편리해졌으나, 인간의 활동으로 발생한 플라스틱 폐기물은 여러 가지 문제를 일으킨다. 이를 해결하기 위해 버려지는 플라스틱 제품을 재가공하여 새로운 제품으로 만들기도 하는데, 이를 업사이클링(upcycling)이라고 한다.

▲ 버려지는 플라스틱 병뚜껑으로 만든 열쇠고리와 튜브 짜개

(1) 인간의 활동으로 발생한 플라스틱 폐기물은 어떤 문제를 일으키는지 한 가지만 설명하시오.

(2) 인류의 지속가능한 삶을 위해 위와 같은 해결 방법이 어떤 역할을 할지 한 가지만 설명하시오.

II

생물의 구성과 다양성

정답 ❸, ❻, ❼, ❽

>> **다른 학년과의 연계**

이전 학습 내용

다양한 생물과 우리 생활, 생물과 환경
동물과 식물 이외에도 우리 주변에는 세균, 곰팡이, 해캄과 같은 다양한 생물이 있으며, 생태계에서 생물은 환경에 적응하여 살아간다.

이 단원의 학습 내용

생물의 구성과 다양성
생물은 일정한 단계로 구성된다. 생물은 서로 다른 특징이 있어 환경에 적응하는 과정을 통해 다양해지며, 다양한 생물은 크게 5계로 나눌 수 있다.

이후 학습 내용

변화와 다양성
변이와 자연선택의 과정을 통해 생명체가 진화하고 생물다양성이 형성된다.

01 생물의 구성

지금
까지 | 생물을 이루는 기본 단위인 세포의 구조를 배웠어.

이제
부터 | 세포가 생물을 이루는 기본 단위임을 이해하고, 세포의 구조와 기능이 어떤 관계가 있는지 알아보자.

1 세포

1 세포 생물을 이루는 구조적 기본 단위이며, 생명활동이 일어나는 기능적 기본 단위이다. ❶

└ 특정 기능을 하는 세포의 구성 요소

2 세포의 구조와 기능 세포는 막으로 둘러싸여 있고, 여러 세포소기관으로 구성된다. **탐구 28쪽**

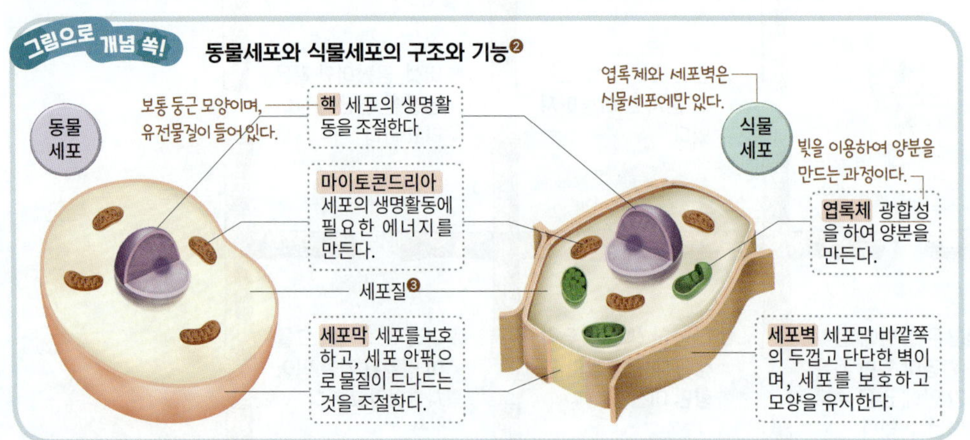

3 다양한 세포의 특징 생물은 모양과 기능이 다른 다양한 세포로 구성되며, 세포는 특정 기능을 하는 데 적합한 모양을 갖추고 있다. ─ 다양한 세포가 각각의 기능을 원활하게 수행해야 생물의 생명활동이 정상적으로 일어난다.

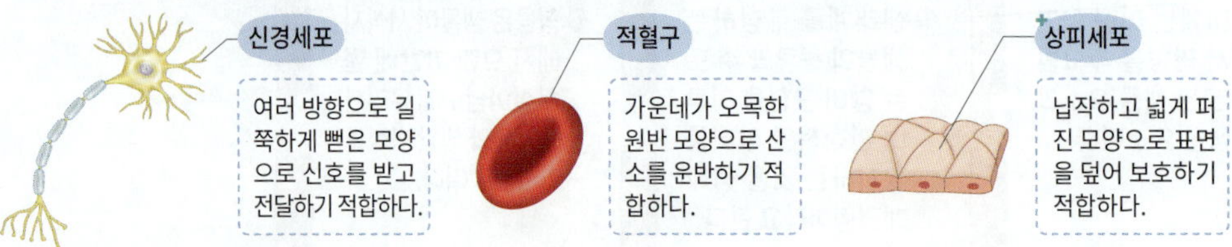

2 생물의 구성 단계

여러 개의 세포로 이루어진 생물은 일정한 단계를 거쳐 유기적으로 구성된다. ➡ 모양과 기능이 비슷한 여러 **세포** 가 모여 **조직** 을 이루고, 여러 조직이 모여 특정한 모양과 기능을 갖춘 **기관** 을 이루며, 여러 기관이 모여 독립적인 생명활동을 하는 **개체** 를 이룬다. ❹

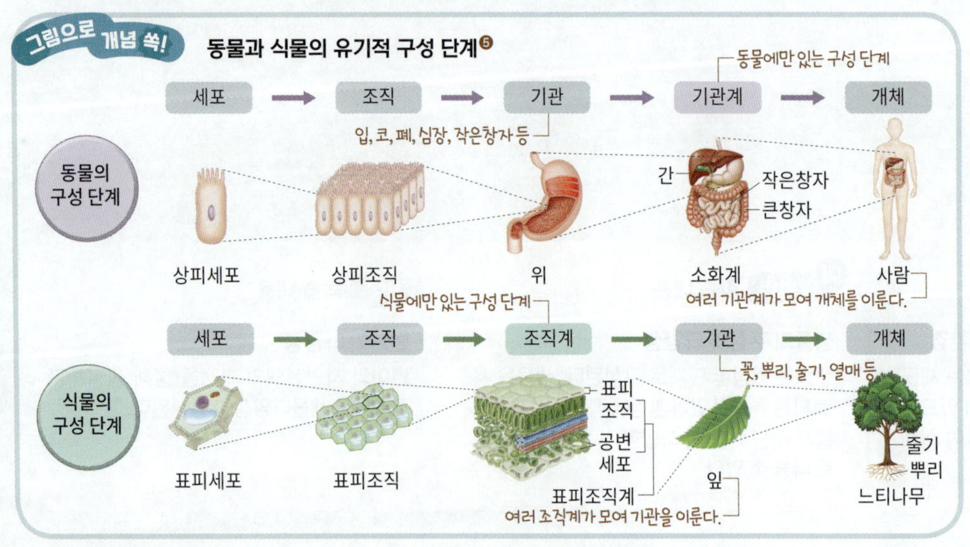

---

❷ 세포와 빵 공장의 구조 비유

세포의 구조	빵 공장의 구조
핵	중앙 통제실
마이토콘드리아	발전기
엽록체	빵 생산 장소
세포막, 세포벽	출입문, 벽

❸ 세포질
핵과 세포막 사이를 채우는 부분이며, 세포소기관과 여러 가지 물질이 들어 있다.

❹ 생물의 구성 단계
생물은 공통적으로 '세포 → 조직 → 기관 → 개체'의 단계로 구성된다.

❺ 기관계와 조직계
• 기관계: 관련된 기능을 하는 여러 기관이 모여 이룬다. 예 소화계, 순환계, 호흡계, 배설계
• 조직계: 몇 가지 조직이 모여 일정한 기능을 담당한다. 예 기본조직계, 표피조직계, 관다발조직계

용어 쏙
＋ 상피(上 위, 皮 겉)세포 동물의 몸 표면이나 기관의 안쪽 표면을 덮고 있는 세포

1 세포

- ☐☐ : 생물을 이루는 구조적·기능적 기본 단위
- ☐ : 세포의 생명활동을 조절하는 세포소기관
- ☐☐☐ : 식물세포에서 광합성을 하여 양분을 만드는 세포소기관

01 그림 (가)는 동물세포의 구조를, (나)는 식물세포의 구조를 나타낸 것이다.

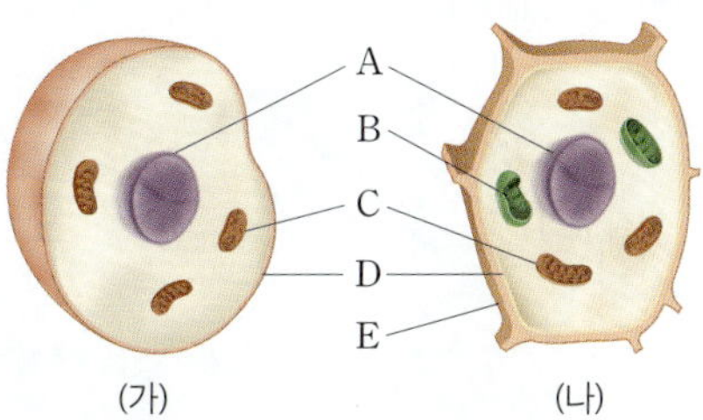

각 설명에 해당하는 세포 구조의 기호와 이름을 쓰시오.

(1) 광합성을 하여 양분을 만든다.
(2) 세포 안팎으로 물질이 드나드는 것을 조절한다.
(3) 동물세포에는 없고 식물세포에만 있는 구조이다.
(4) 보통 둥근 모양이며, 세포의 생명활동을 조절한다.
(5) 세포가 생명활동을 하는 데 필요한 에너지를 만든다.

02 세포에 대한 설명으로 옳은 것은 ○표, 옳지 <u>않은</u> 것은 ×표 하시오.

(1) 한 생물은 한 가지 세포로 구성된다. ( )
(2) 세포는 종류에 따라 하는 일이 다르다. ( )
(3) 세포는 특정 기능을 하는 데 적합한 모양을 갖춘다. ( )

2 생물의 구성 단계

- 생물의 구성 단계: 세포 → ☐☐ → ☐☐ → 개체
- ☐☐☐ : 동물의 구성 단계에서 관련된 기능을 하는 여러 기관이 모여 구성된 단계

03 생물의 구성 단계에 대한 설명으로 옳은 것은 ○표, 옳지 <u>않은</u> 것은 ×표 하시오.

(1) 생물은 일정한 단계를 거쳐 유기적으로 구성된다. ( )
(2) 동물에만 있고 식물에는 없는 구성 단계는 조직계이다. ( )
(3) 생물을 구성하는 구조적·기능적 기본 단위는 세포이다. ( )
(4) 여러 기관이 모여 특정한 모양과 기능을 갖춘 조직을 이룬다. ( )

04 다음은 느티나무의 구성 단계를 순서 없이 나타낸 것이다.

> 잎, 표피조직, 표피세포, 표피조직계

㉠~㉣에 해당하는 구성 단계를 골라 쓰시오.

(㉠) → (㉡) → (㉢) → (㉣) → 느티나무

 탐구하기

세포 관찰하기

현미경을 이용하여 동물세포와 식물세포를 관찰하고, 세포의 구조와 기능을 설명할 수 있다.

● 바른답·알찬풀이 7 쪽

탐구 1 입안 상피세포(동물세포) 관찰하기

과정

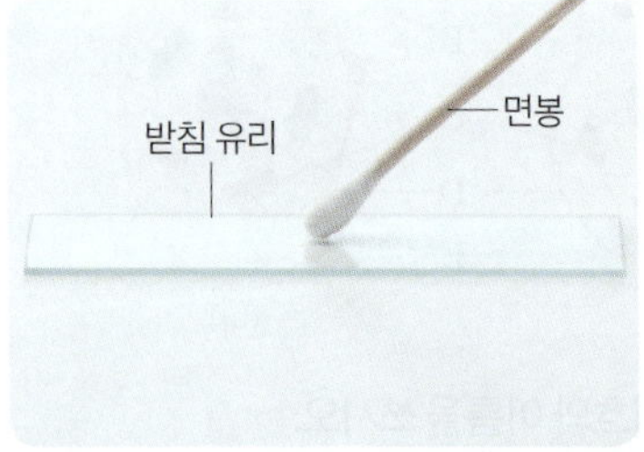

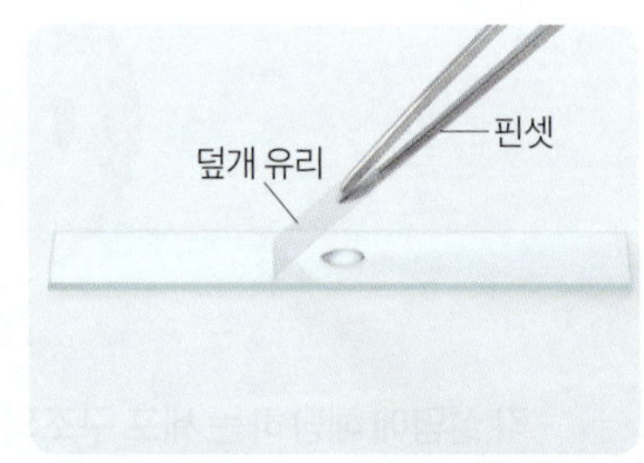

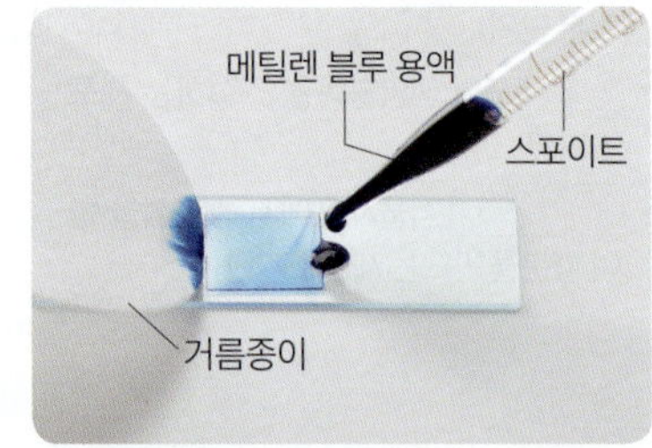

❶ 면봉으로 입 안쪽 볼을 가볍게 긁은 후 면봉을 받침 유리 위에 문지른다.

❷ 받침 유리 위에 물을 1 방울 떨어뜨리고, 덮개 유리를 비스듬히 기울여서 천천히 덮는다.
└ 기포가 생기지 않게 하기 위해서이다.

❸ 덮개 유리 한쪽에 메틸렌 블루 용액을 1 방울 떨어뜨리고 반대쪽에서 거름종이로 여분의 염색액을 흡수한 후 현미경표본을 현미경으로 관찰한다.
염색액을 떨어뜨린 후 덮개 유리를 덮어 현미경 표본을 만들기도 한다.

결과

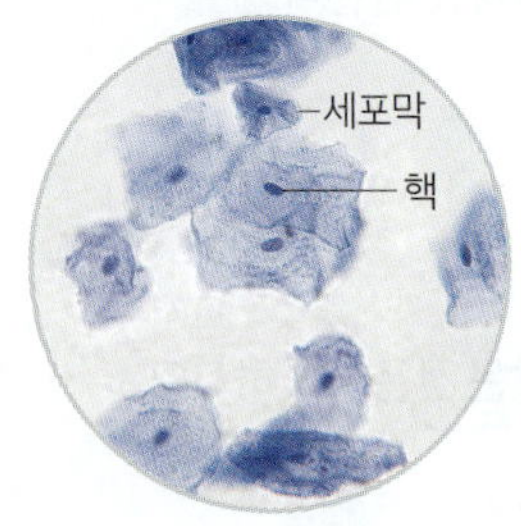

• 푸르게 염색된 핵과 세포막이 관찰된다.
• 세포의 모양이 일정하지 않고, 여러 개의 세포가 모여 있거나 흩어져 있다.

탐구 2 검정말잎 세포(식물세포) 관찰하기

과정

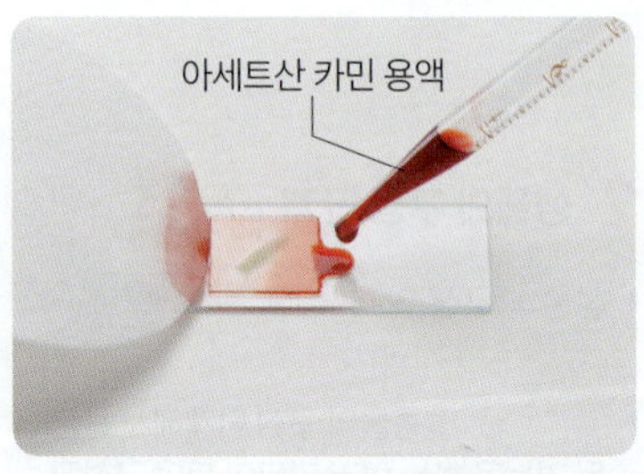

❶ 검정말에서 잎을 떼어 내어 2 개의 받침 유리 위에 하나씩 올려놓는다.

❷ 받침 유리 위에 물을 1 방울씩 떨어뜨리고, 덮개 유리를 비스듬히 기울여서 천천히 덮는다.
아세트올세인 용액을 사용하기도 한다.

❸ 하나의 덮개 유리 한쪽에만 아세트산 카민 용액을 1 방울 떨어뜨리고 반대쪽에서 거름종이로 여분의 염색액을 흡수한 후, 두 현미경 표본을 현미경으로 관찰한다.

결과

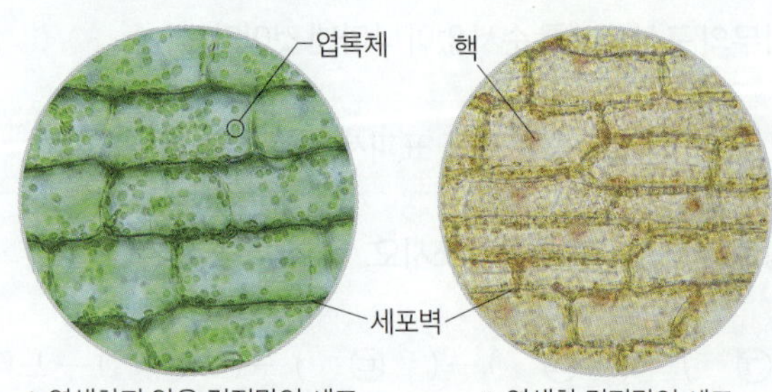

▲ 염색하지 않은 검정말잎 세포   ▲ 염색한 검정말잎 세포

• 초록색 알갱이처럼 보이는 엽록체, 붉게 염색된 핵, 세포막, 세포벽이 관찰된다.
• 세포의 모양이 일정하고, 여러 개의 세포가 서로 붙어 규칙적으로 배열되어 있다.

• 세포의 관찰 결과 비교

구분	핵	세포막	세포벽	엽록체	세포의 모양
입안 상피세포	㉠(있다, 없다).	있다.	㉢(있다, 없다).	㉤(있다, 없다).	일정하지 않다.
검정말잎 세포	㉡(있다, 없다).	있다.	㉣(있다, 없다).	㉥(있다, 없다).	일정하다.

• 염색액을 떨어뜨리는 까닭: ㉠(　　　　　)을/를 염색하여 뚜렷하게 관찰하기 위해서이다.

같은 주제 다른 탐구 　천재(임) 동아 에서만 다뤄요

과정
❶ 양파의 안쪽 표피를 안전 면도날로 격자 모양으로 자른 다음 핀셋으로 떼어 낸다.
❷ 받침 유리에 물을 1 방울 떨어뜨린 후 양파의 표피를 올려놓고, 덮개 유리를 비스듬히 기울여서 천천히 덮는다.
❸ 덮개 유리 한쪽에 아세트산 카민 용액을 1 방울 떨어뜨리고 반대쪽에서 거름종이로 여분의 염색액을 흡수한 후 현미경으로 관찰한다.

결과
• 붉게 염색된 핵, 세포막, 세포벽이 관찰된다.
• 세포의 모양이 일정하고, 여러 개의 세포가 서로 붙어 규칙적으로 배열되어 있다.

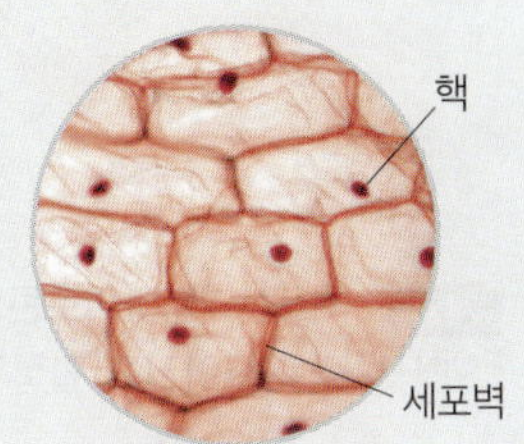

▲ 양파의 표피세포

탐구 확인 문제

01 이 탐구에 대한 설명으로 옳은 것은 ○표, 옳지 <u>않은</u> 것은 ✕표 하시오.

(1) 덮개 유리는 비스듬히 기울여서 천천히 덮어야 한다.
（　　　）

(2) 염색액은 엽록체를 염색하여 뚜렷하게 관찰하기 위해 떨어뜨린다.
（　　　）

(3) 입안 상피세포는 모양이 일정하지 않고, 검정말잎 세포는 모양이 일정하다.
（　　　）

(4) 입안 상피세포는 아세트산 카민 용액으로 염색하고, 검정말잎 세포는 메틸렌 블루 용액으로 염색한다.
（　　　）

02 이 탐구의 입안 상피세포와 검정말잎 세포에서 공통적으로 관찰되는 세포 구조를 〈보기〉에서 모두 고르시오.

| 보기 |
| ㄱ. 핵 　　　　　ㄴ. 세포막 |
| ㄷ. 세포벽 　　　ㄹ. 엽록체 |

탐구 적용 문제

03 오른쪽 그림은 검정말잎 세포를 관찰하기 위해 현미경표본을 만드는 과정 중 일부를 나타낸 것이다. 이 과정과 관련 있는 세포 구조로 옳은 것은?

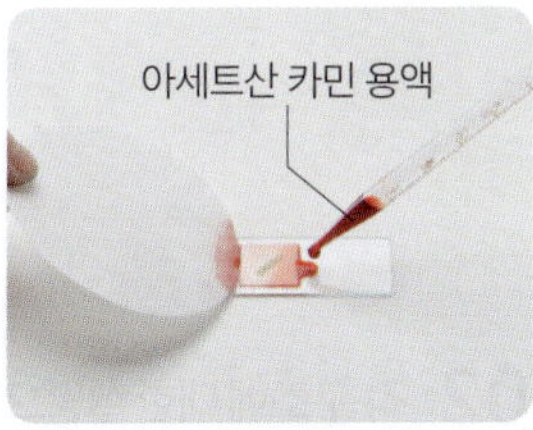

① 핵　　　　② 세포막　　　　③ 세포벽
④ 엽록체　　⑤ 마이토콘드리아

서술형
04 그림 (가)는 입안 상피세포를 현미경으로 관찰한 결과를, (나)는 검정말잎 세포를 현미경으로 관찰한 결과를 나타낸 것이다.

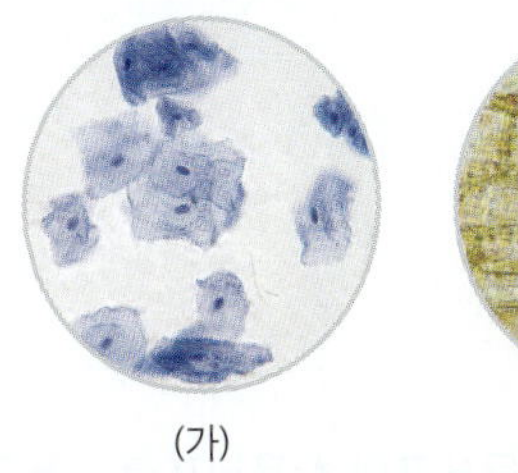

| (가) | (나) |

(가)와 (나)의 차이점을 <u>두 가지</u>만 설명하시오.

유형 연습하기

핵심 자료를 파악하고 문제 풀이로 연습해 봅시다.　　● 바른답·알찬풀이 7 쪽

유형 1 세포의 구조와 기능

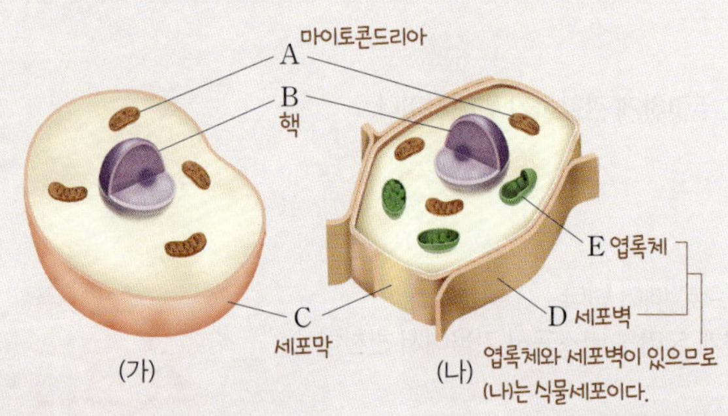

개념 POINT 세포는 핵, 마이토콘드리아, 세포막, 엽록체, 세포벽 등의 구조로 이루어지고, 엽록체와 세포벽은 식물세포에만 있다.

출제 POINT 동물세포와 식물세포를 나타낸 그림을 제시하고, 세포의 종류 구분, 세포 구조의 이름과 기능, 두 세포의 공통점이나 차이점을 묻는 문제가 자주 나온다.

01 A~E의 이름을 쓰시오.

02 각 구조에 대한 설명으로 옳은 것을 모두 고르면?(정답 2개)

① A는 광합성을 하여 양분을 만든다.
② B는 세포의 생명활동을 조절한다.
③ C는 단단한 벽으로, 세포의 모양을 일정하게 유지한다.
④ D는 세포 안팎으로 물질이 드나드는 것을 조절한다.
⑤ E는 세포의 생명활동에 필요한 에너지를 만든다.
⑥ C와 D는 세포를 보호한다.

> **자주 보는 오답✔** 마이토콘드리아는 세포의 생명활동에 필요한 에너지를 만들고 엽록체는 광합성을 하여 양분을 만들며, 세포막과 세포벽은 모두 세포를 보호하는 역할을 한다.

서술형
03 (가)와 (나)를 동물세포와 식물세포로 구분하여 쓰고, 그렇게 판단한 까닭을 세포의 구조를 들어 설명하시오.

유형 2 생물의 구성 단계

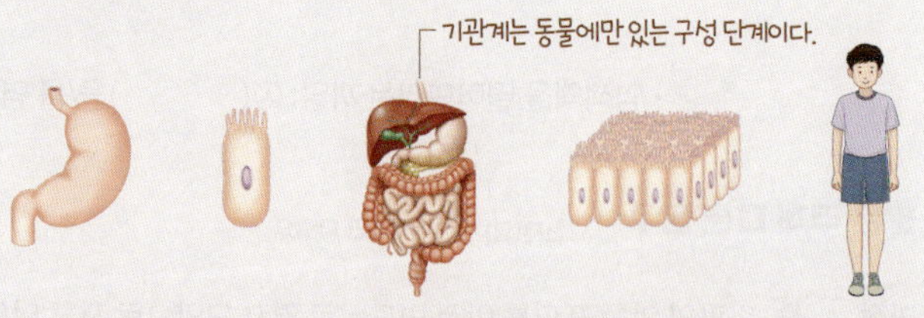

개념 POINT 생물은 세포 → 조직 → 기관 → 개체의 단계로 이루어지고, 동물의 구성 단계에는 여러 기관이 모인 기관계, 식물의 구성 단계에는 여러 조직이 모인 조직계가 있다.

출제 POINT 생물의 구성 단계를 나타낸 그림을 제시하고, 각 단계를 순서대로 나열하거나, 각 구성 단계의 이름과 특징, 동물과 식물의 구성 단계를 구분하는 문제가 자주 나온다.

01 (가)~(마)에 해당하는 생물 구성 단계의 이름을 쓰시오.

02 (가)~(마)를 동물의 구성 단계에 따라 작은 단계부터 순서대로 쓰시오.

03 각 구성 단계에 대한 설명으로 옳지 <u>않은</u> 것은?

① (가)는 식물에는 없고 동물에만 있는 구성 단계이다.
② (나)는 생물을 이루는 기본 단위이다.
③ 하나의 생물을 이루는 단계 (나)는 모양과 기능이 다양하다.
④ (다)는 관련된 기능을 하는 여러 기관이 모여 이루어진다.
⑤ (라)는 모양과 기능이 비슷한 세포들이 모여 이루어진다.
⑥ (마)는 독립적인 생명활동을 할 수 있다.
⑦ (마)를 이루는 기관계에는 소화계, 순환계, 호흡계, 배설계 등이 있다.

> **자주 보는 오답✔** 생물의 구성 단계 중 동물에만 있는 것은 기관계이고, 식물에만 있는 것은 조직계이다.

● 바른답·알찬풀이 8 쪽

1 세포

[01-02] 그림은 동물세포와 식물세포를 순서 없이 나타낸 것이다. 물음에 답하시오.

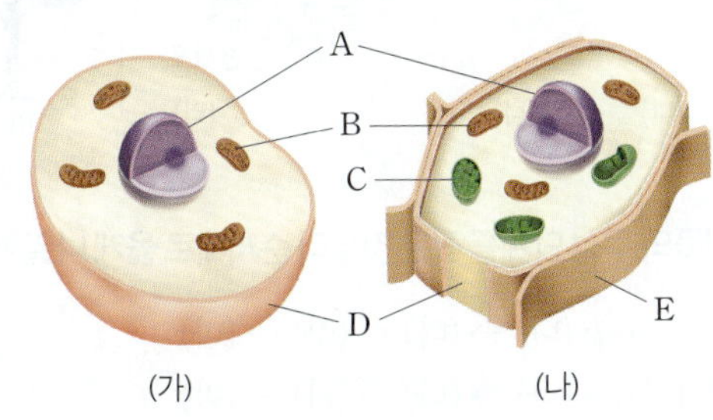

01 각 부분의 이름을 옳게 연결한 것은?

① A – 핵
② B – 엽록체
③ C – 마이토콘드리아
④ D – 세포벽
⑤ E – 세포막

중요
02 이에 대한 설명으로 옳지 <u>않은</u> 것은?

① A는 세포의 생명활동을 조절한다.
② B는 세포의 생명활동에 필요한 에너지를 만든다.
③ C는 광합성을 하여 양분을 만든다.
④ D는 세포의 모양을 일정하게 유지한다.
⑤ C와 E는 동물세포에는 없고 식물세포에만 있다.

중요
03 그림은 여러 종류의 세포를 나타낸 것이다.

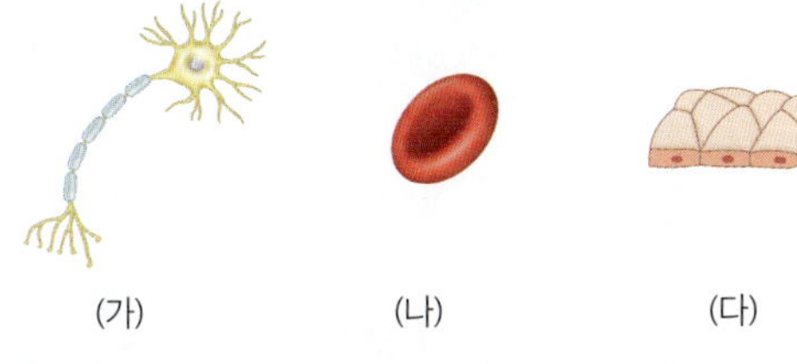

이에 대한 설명으로 옳은 것을 모두 고르면?(정답 2 개)

① (가)는 신호를 전달하기에 적합하다.
② (나)는 피부의 표면을 덮어 보호하기에 적합하다.
③ (다)는 산소를 운반하기에 적합하다.
④ 세포는 기능에 적합한 모양을 갖추고 있다.
⑤ 생물은 모양과 기능이 같은 세포로 이루어진다.

04 세포에 대한 설명으로 옳지 <u>않은</u> 것은?

① 과학자 로버트 훅이 처음 발견했다.
② 모든 세포는 세포벽으로 둘러싸여 있다.
③ 생물을 구성하는 구조적 기본 단위이다.
④ 생명활동이 일어나는 기능적 기본 단위이다.
⑤ 핵, 마이토콘드리아 등 여러 세포소기관으로 구성된다.

05 그림은 검정말잎 세포를 현미경으로 관찰하기 위한 실험 과정을 순서 없이 나타낸 것이다.

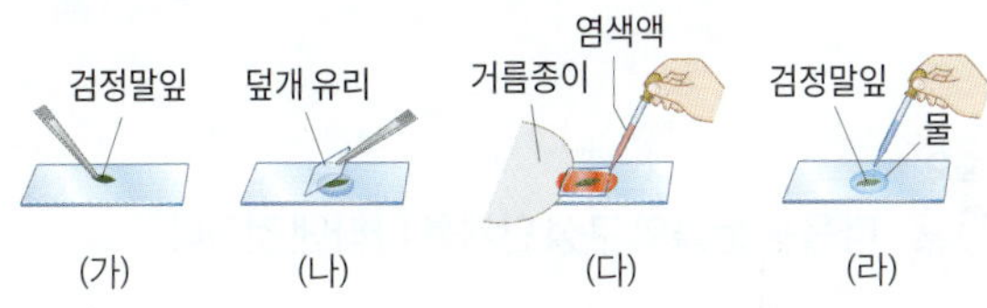

이에 대한 설명으로 옳지 <u>않은</u> 것은?

① 실험 순서는 (가) → (라) → (나) → (다)이다.
② (나)에서 덮개 유리는 비스듬히 기울여서 천천히 덮어야 한다.
③ (다)는 세포막을 뚜렷하게 관찰하기 위한 과정이다.
④ (다)에서 염색액은 아세트산 카민 용액을 사용한다.
⑤ 현미경으로 관찰하면 모양이 일정한 세포를 볼 수 있다.

중요
06 그림은 검정말잎 세포와 입안 상피세포를 현미경으로 관찰한 결과를 순서 없이 나타낸 것이다.

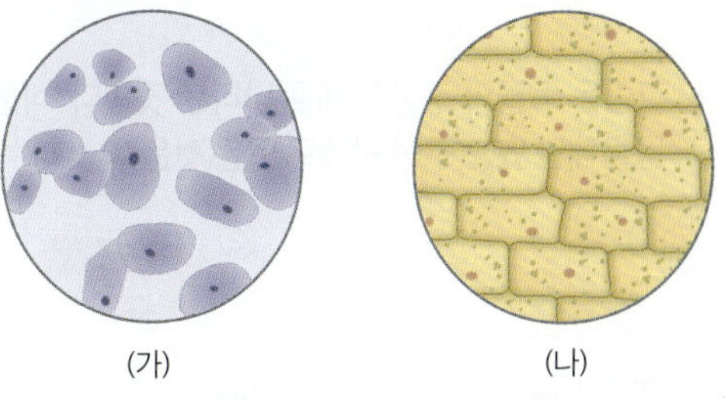

이에 대한 설명으로 옳은 것은?

① (가)는 식물세포이고, (나)는 동물세포이다.
② (가)와 (나)에서 모두 핵이 관찰된다.
③ (가)와 (나)에서 모두 세포벽이 관찰된다.
④ (가)에는 엽록체가 있지만, (나)에는 엽록체가 없다.
⑤ (가)는 모양이 일정하고, (나)는 모양이 일정하지 않다.

2 생물의 구성 단계

07 생물의 구성 단계에 대한 설명으로 옳지 <u>않은</u> 것은?

① 세포는 가장 작은 구성 단계이다.
② 기능이 다른 여러 세포가 모여 조직을 이룬다.
③ 여러 기관이 모여 독립된 생물인 개체가 된다.
④ 생물은 일정한 단계를 거쳐 유기적으로 구성된다.
⑤ 여러 조직이 모여 특정 기능을 하는 기관을 이룬다.

중요
08 다음은 동물의 구성 단계를 나타낸 것이다.

세포 → (㉠) → (㉡) → (㉢) → 개체

이에 대한 설명으로 옳지 <u>않은</u> 것은?

① ㉠은 모양과 기능이 비슷한 세포로 이루어진다.
② ㉡은 생명활동이 일어나는 기능적 기본 단위이다.
③ ㉡과 같은 구성 단계에는 위, 작은창자 등이 있다.
④ ㉢은 관련된 기능을 하는 여러 ㉡으로 구성된다.
⑤ ㉢과 같은 구성 단계에는 소화계, 순환계, 호흡계 등이 있다.

09 그림은 동물의 구성 단계를 나타낸 것이다. 식물에는 없고 동물에만 있는 구성 단계로 옳은 것은?

① 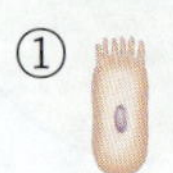
② 
③ 
④ 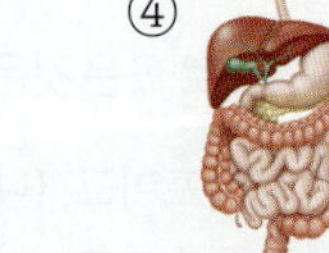
⑤ 

[10-11] 그림은 식물의 구성 단계를 순서 없이 나타낸 것이다. 물음에 답하시오.

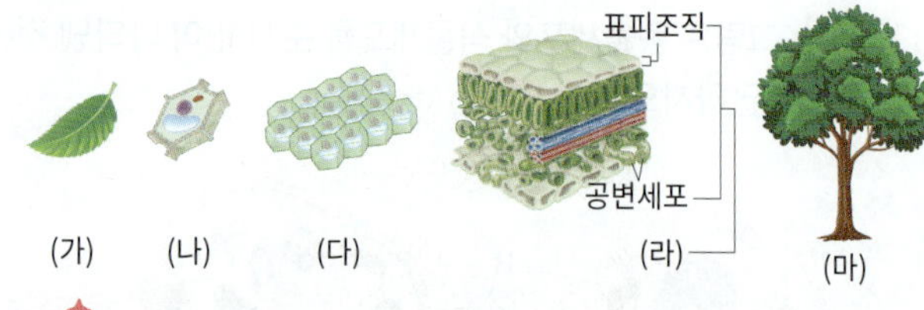

중요
10 식물의 구성 단계를 작은 것부터 순서대로 옳게 나열한 것은?

① (가) → (나) → (다) → (라) → (마)
② (나) → (라) → (다) → (가) → (마)
③ (나) → (다) → (라) → (가) → (마)
④ (라) → (다) → (나) → (가) → (마)
⑤ (라) → (나) → (다) → (가) → (마)

중요
11 이에 대한 설명으로 옳은 것은?

① (가)는 기관계이다.
② (가)는 동물에는 없고 식물에만 있는 구성 단계이다.
③ (나)와 같은 구성 단계에는 해면조직, 울타리조직 등이 있다.
④ 몇 가지 (다)가 모여 일정한 기능을 담당하는 (라)를 이룬다.
⑤ (마)는 가장 작은 구성 단계이다.

12 다음과 같은 식물의 구조가 해당하는 구성 단계로 옳은 것은?

잎, 꽃, 줄기, 뿌리

① 세포   ② 조직   ③ 조직계
④ 기관   ⑤ 개체

만점 도전하기

13 그림은 빵을 만드는 공장의 구조를 나타낸 것이다.

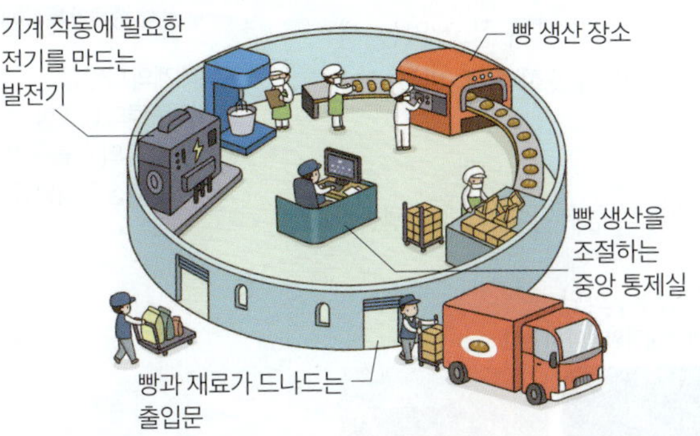

빵 공장의 구조를 식물세포의 구조에 비유하여 옳게 설명한 학생을 모두 고르시오.

- 학생 (가): 발전기는 기계가 작동하는 데 꼭 필요하니까 생명활동을 조절하는 핵과 비슷해.
- 학생 (나): 중앙 통제실은 빵의 생산 과정을 조절하니까 마이토콘드리아에 비유할 수 있어.
- 학생 (다): 빵 생산 장소는 광합성을 하여 양분을 만드는 엽록체와 기능이 비슷해.
- 학생 (라): 출입문은 빵과 재료가 드나들므로 물질의 출입을 조절하는 세포막에 비유할 수 있어.

14 그림은 동물과 식물의 구성 단계를 나타낸 것이다.

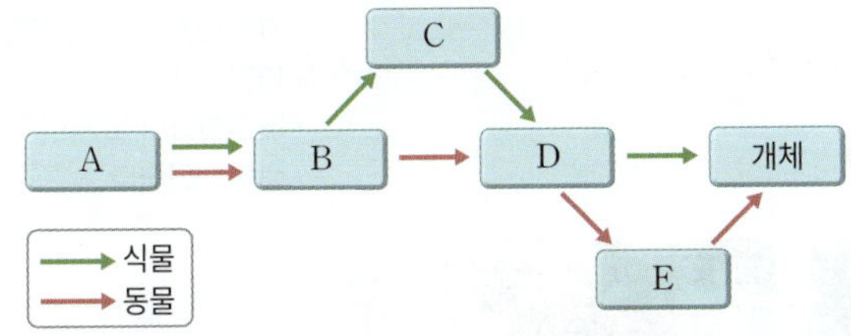

이에 대한 설명으로 옳은 것을 모두 고르면?(정답 2 개)

① A의 모양은 기능과 관계 없이 다양하다.
② A, B, D는 생물의 공통 구성 단계이다.
③ C는 관련된 기능을 하는 기관들로 이루어진다.
④ D의 예로는 동물의 위와 식물의 잎이 있다.
⑤ E는 조직들이 모여 특정한 기능을 하는 단계이다.

01 그림은 입안 상피세포와 검정말잎 세포를 현미경으로 관찰한 결과를 순서 없이 나타낸 것이다.

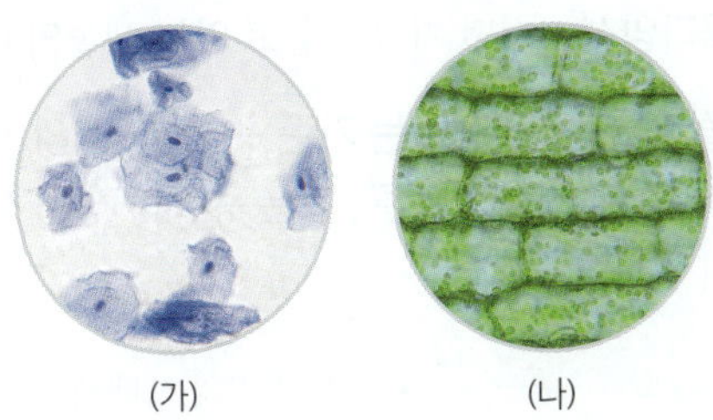

1단계 (가)와 (나) 중 식물세포인 것의 기호를 쓰고, 그렇게 판단한 까닭을 설명하시오.

((가), (나)), 식물세포에는 (핵, 엽록체)이/가 있기 때문이다.

2단계 (가)와 (나)를 동물세포와 식물세포로 구분하여 쓰고, 그렇게 판단한 까닭을 <u>두 가지만</u> 설명하시오.

02 그림은 동물의 구성 단계를 나타낸 것이다.

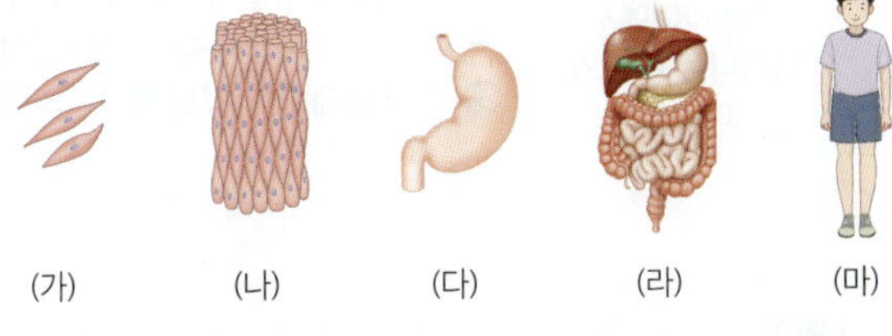

1단계 (라) 단계의 이름을 쓰고, 특징을 설명하시오.

(　　　　), 관련된 기능을 하는 여러 (　　　　)이/가 모여 이루어지며, (동물, 식물)에만 있는 구성 단계이다.

2단계 식물에는 없고 동물에만 있는 구성 단계의 기호와 이름을 쓰고, 해당 단계의 구성상의 특징을 설명하시오.

02 생물다양성

지금까지 생태계에서 생물이 환경에 적응하여 살아간다는 것을 배웠어.

이제부터 생물다양성이 무엇이며, 변이와 생물다양성이 어떤 관계가 있는지 알아보자.

1 생물다양성

1 생물다양성   어떤 지역에 살고 있는 생물의 다양한 정도이다.

2 생물다양성을 결정하는 기준   어떤 지역의 생태계가 다양할수록, 한 생태계에 살고 있는 생물의 종류가 다양할수록, 같은 종류의 생물 사이에서 나타나는 특징이 다양할수록 생물다양성이 높다.❶

생태계의 다양함❷	• 어떤 지역의 생태계가 다양할수록 살아가는 생물의 종류가 다양해져 생물다양성이 높다. • 생태계의 종류: 숲, 습지, 갯벌, 바다, 초원, 사막, 논, 화단 등 ┗논, 화단 등 사람이 만든 생태계보다 숲, 갯벌 등 자연의 생태계가 생물다양성이 더 높다.     ▲ 숲 ▲ 갯벌 ▲ 바다 ▲ 사막
생물 종류의 다양함	• 한 생태계에 살고 있는 생물의 종류가 많을수록 생물다양성이 높다. • 두 지역에 같은 수의 생물이 살더라도 생물의 종류가 많고, 각 종류의 생물이 고르게 분포하는 곳의 생물다양성이 높다. 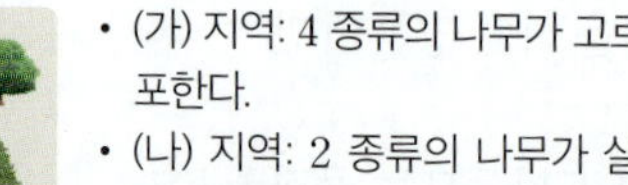 **[생물다양성 비교하기]**  (가) 지역 (나) 지역 • (가) 지역: 4 종류의 나무가 고르게 분포한다. • (나) 지역: 2 종류의 나무가 살고 있고, 그중 한 종류의 나무가 더 많이 분포한다. ➡ (가) 지역이 (나) 지역보다 생물다양성이 더 높다.
같은 종류의 생물 사이에서 나타나는 특징의 다양함	같은 종류의 생물이라도 크기, 생김새 등의 특징이 조금씩 다르게 나타날수록 생물다양성이 높다. **예** 무당벌레마다 겉날개의 색깔과 무늬가 다르다. 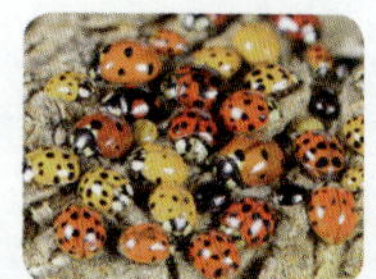 ▲ 무당벌레의 겉날개

2 변이

1 ⁺변이   같은 종류의 생물 사이에서 나타나는 서로 다른 특징이다.❸

바지락 껍데기의 무늬와 색깔이 조금씩 다르다.

무궁화 꽃잎의 색깔이 다양하다.

얼룩말 줄무늬의 색깔과 간격이 조금씩 다르다.

사람마다 눈 색깔, 피부 색깔과 같은 생김새가 다르다.

암기 필

❶ 생물다양성의 결정 기준

생태 종류가 특징이야

• 생태계의 다양함
• 생물 종류의 다양함
• 같은 종류의 생물 사이에서 나타나는 특징의 다양함

❷ 생태계

• 생물이 일정한 장소에서 빛, 물, 온도 등과 같은 환경 및 다른 생물과 영향을 주고받으며 살아가는 체계이다. 각 생태계에는 그 환경에 알맞은 다양한 종류의 생물이 살고 있다.
• 논, 밭, 화단, 연못과 같이 사람이 만든 것도 하나의 생태계이다.

❸ 변이의 또 다른 예

• 사람의 지문이 다르다.
• 호랑이의 줄무늬가 다르다.
• 고양이의 털 색깔과 무늬가 다르다.
• 단풍나무의 잎 모양과 크기가 다르다.
• 코스모스, 분꽃의 꽃잎 색깔이 다양하다.
• 배추흰나비 날개의 무늬와 색깔이 다양하다.

용어 필

⁺변이(變 변하다, 異 다르다) 같은 종류의 생물 사이에서 서로 다른 특징이 나타나는 것

1 생물다양성

- ☐☐☐☐☐ : 어떤 지역에 살고 있는 생물의 다양한 정도
- 생물다양성을 결정하는 기준: ☐☐의 다양함, 생물 ☐☐의 다양함, 같은 종류의 생물 사이에서 나타나는 ☐☐의 다양함

01 다음은 생물다양성에 대한 설명이다. ( ) 안에 알맞은 말을 쓰시오.

> 어떤 지역에 살고 있는 생물의 다양한 정도를 ㉠( )(이)라고 한다. 생물이 살아가는 다양한 ㉡( )이/가 있고, 그 속에 다양한 종류의 생물이 살고 있으며, 같은 종류의 생물이라도 ㉢( )이/가 다양하게 나타날 때 생물다양성이 높다.

02 생물다양성을 결정하는 기준에 대한 설명으로 옳은 것은 ○표, 옳지 <u>않은</u> 것은 ×표 하시오.

(1) 어떤 지역의 생태계가 다양할수록 생물다양성이 높다. ( )

(2) 어떤 지역의 생태계가 다양하면 생물의 종류가 많아진다. ( )

(3) 한 생태계에 한 종류의 생물이 많을수록 생물다양성이 높다. ( )

(4) 어떤 지역에 여러 종류의 생물이 고르게 분포할수록 생물다양성이 높다. ( )

(5) 같은 종류의 생물에서 크기, 생김새 등의 특징이 비슷하게 나타날수록 생물다양성이 높다. ( )

03 오른쪽 그림은 논과 숲 생태계를 나타낸 것이다.
두 생태계 중 생물다양성이 더 높은 곳의 이름을 쓰시오.

▲ 논

▲ 숲

2 변이

- ☐☐ : 같은 종류의 생물 사이에서 나타나는 서로 다른 특징

04 변이에 대한 설명으로 옳은 것은 ○표, 옳지 <u>않은</u> 것은 ×표 하시오.

(1) 무궁화와 코스모스의 생김새가 서로 다른 것은 변이의 예이다. ( )

(2) 바지락 껍데기의 무늬와 색깔이 조금씩 다른 것은 변이의 예이다. ( )

(3) 같은 종류의 생물 사이에서 특징이 서로 다르게 나타나는 것이다. ( )

2 환경과 변이

① 변이는 생물이 물, 빛, 온도, 먹이 등 환경에 +적응하면서 크게 차이 날 수 있다.

> 예 밝은색 모래가 많은 바닷가에 사는 올드필드쥐는 털 색깔이 밝고, 어두운색 흙이 많은 숲에 사는 올드필드쥐는 털 색깔이 어둡다.
> ➡ 올드필드쥐는 같은 종류라도 서로 다른 환경에 적응하여 털 색깔이 크게 차이 난다.

▲ 밝은색 모래가 많은 곳에 사는 올드필드쥐　　▲ 어두운색 흙이 많은 곳에 사는 올드필드쥐

② 변이가 다양한 생물 무리에는 환경이 급격하게 변해도 살아남는 생물이 있을 가능성이 높다. ❹
➡ 변이가 다양한 생물 무리는 환경이 급격하게 변해도 멸종할 가능성이 낮다.
환경이 달라지면 살아남기에 유리한 변이도 달라진다.

3 생물이 다양해지는 과정

1 새로운 종류의 출현과 생물다양성

다양한 변이가 있는 한 종류의 생물 무리가 오랜 시간 동안 환경에 적응하면 새로운 종류가 나타날 수 있으며, 이 과정을 통해 생물다양성이 높아진다.

> 예 추운 환경에 적응하여 몸집에 비해 귀가 작은 북극여우와 더운 환경에 적응하여 북극여우보다 몸집이 작고 귀가 큰 사막여우로 생물이 다양해졌다.
> 귀와 같은 말단 부위가 작으면 추운 곳에서 체온을 지키기 유리하고, 귀와 같은 말단 부위가 크면 더운 곳에서 열을 방출하기 유리하다.

▲ 북극여우　　▲ 사막여우

2 생물이 다양해지는 과정 ❺ 자료! 공략 38 쪽

한 종류의 생물 무리에 다양한 변이가 있다.	▶ 생물 무리의 일부가 서로 다른 환경에 살게 되면 그중 각 환경에 적응하기 알맞은 변이를 가진 생물이 더 많이 살아남아 자손을 남긴다.	▶ 이 과정이 오랜 시간 동안 반복되면 생물 무리 사이에 차이가 커져 원래의 생물과 다른 새로운 종류의 생물이 나타날 수 있다.

자손을 남기는 과정에서 살아남은 생물의 특징이 자손에게 전달된다.

그림으로 개념 쏙!　한 종류의 핀치에서 새로운 종류의 핀치가 나타난 과정 ❻

---

❹ 감자의 변이와 생물다양성

아일랜드에서는 주된 식량으로 한 종류의 감자만 재배했고, 1840년대에 감자역병이 아일랜드 전역에 발생하여 감자가 부족해졌다. 여러 종류의 감자를 재배했다면 감자역병에 살아남는 것이 있어 식량 부족을 예방할 수 있었을 것이다.

❺ 목이 긴 갈라파고스땅거북이 나타난 과정 천재(정)에서만 다뤄요

> 목의 길이가 조금씩 다른 한 종류의 갈라파고스땅거북 무리 중 일부가 키 큰 선인장이 자라는 섬으로 옮겨 살게 되었다.
> ▼
> 목이 긴 거북이 키 큰 선인장을 먹을 수 있어 목이 짧은 거북보다 더 많이 살아남아 자손을 남겼다.
> ▼
> 이 과정이 오랜 시간 동안 반복되어 목이 긴 갈라파고스땅거북이 되었다.

❻ 갈라파고스 제도의 핀치

갈라파고스 제도에는 여러 종류의 핀치가 떨어져 살고 있다. 이 핀치 무리는 원래 한 종류였지만 환경이 조금씩 다른 여러 섬에 흩어져 살게 되었고, 오랜 시간이 지난 후 원래의 생물과 다른 여러 종류의 핀치가 되었다.

용어 픽

+ 적응(滴 따르다, 應 응하다) 환경에 따라 생물의 구조와 기능, 생활 모습 등이 변하는 현상

2 변이

• 환경과 변이: 변이는 생물이 ☐☐에 ☐☐하면서 크게 차이 날 수 있다.

05 다음은 환경과 변이에 대한 설명이다. ( ) 안에 알맞은 말을 쓰거나 고르시오.

(1) 변이는 생물이 빛, 온도와 같은 ( )에 적응하면서 크게 차이 날 수 있다.

(2) 올드필드쥐는 밝은색 모래가 많은 곳에 사는 것은 털 색깔이 ㉠(밝고, 어둡고), 어두운색 흙이 많은 곳에 사는 것은 털 색깔이 ㉡(밝다, 어둡다).

(3) 변이가 ㉠(다양한, 적은) 생물 무리에는 환경이 급격하게 변해도 살아남는 생물이 있을 가능성이 ㉡(높다, 낮다).

3 생물이 다양해지는 과정

• 생물이 다양해지는 과정: 다양한 ☐☐가 있는 한 종류의 생물 무리가 환경에 ☐☐하는 과정을 통해 생물의 종류가 다양해질 수 있다.

06 다음은 생물이 다양해지는 과정에 대한 설명이다. ( ) 안에 알맞은 말을 쓰시오.

한 종류의 생물 무리에는 다양한 ㉠( )이/가 있다. 이 무리 중 일부가 서로 다른 환경에 살게 되면 각 환경에 ㉡( )하기에 알맞은 ㉠을/를 가진 생물이 더 많이 살아남아 ㉢( )을/를 남긴다. 이 과정이 오랜 시간 동안 반복되면 원래의 생물과 다른 새로운 종류가 나타날 수 있다.

07 그림은 핀치의 종류가 다양해지는 과정을 나타낸 것이다.

이에 대한 설명으로 옳은 것은 ○표, 옳지 않은 것은 ×표 하시오.

(1) 원래 한 종류였던 핀치 사이에 변이가 있었다. ( )

(2) 먹이의 종류에 적응하여 핀치의 종류가 다양해졌다. ( )

(3) 부리가 크고 두꺼운 핀치는 선인장이 많은 섬에 적응하기 알맞았다. ( )

(4) 각 섬에 적응하기 알맞은 변이를 가진 핀치가 더 많이 살아남아 오랜 시간 후 새로운 종류의 핀치가 되었다. ( )

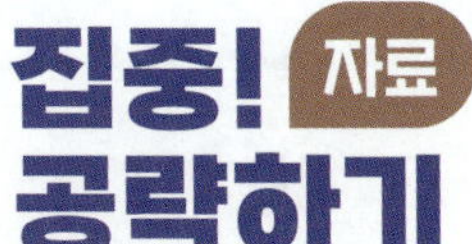

집중! 공략하기 자료

생물이 다양해지는 과정

한 종류의 생물 무리에서 나타나는 변이가 무엇인지, 생물 무리가 나뉘어 살게 되었을 때
각 환경이 어떻게 차이 나는지 파악하면 생물이 다양해지는 과정을 쉽게 설명할 수 있다.

● 바른답·알찬풀이 10 쪽

부리 모양과 크기가 다양한 새 무리에서 새로운 종류가 나타나는 과정

부리의 모양과 크기가 다양한 한 종류의 새 무리 중
일부가 서로 다른 섬으로 날아들었다.

씨를 깰 수 있는 크고 두꺼운 부리를
가진 새가 더 많이 살아남아 자손을
남겼다.

나무 껍질을 파서 곤충을 먹을 수
있는 길고 단단한 부리를 가진 새가
더 많이 살아남아 자손을 남겼다.

이 과정이 오랜 시간 동안 반복되어
크고 두꺼운 부리를 가진 새로운
종류의 새가 되었다.

이 과정이 오랜 시간 동안 반복되어
길고 단단한 부리를 가진 새로운
종류의 새가 되었다.

털 색깔이 다양한 토끼 무리에서 새로운 종류가 나타나는 과정

털 색깔이 다양한 한 종류의 토끼 무리의 서식지에 강이 생겨 두 무리로 나누어
살게 되었다.

털 색깔이 밝은 토끼가 천적의
눈에 잘 띄지 않아 더 많이 살아
남아 자손을 남겼다.

털 색깔이 어두운 토끼가 천적의
눈에 잘 띄지 않아 더 많이 살아
남아 자손을 남겼다.

이 과정이 오랜 시간 동안 반복
되어 털 색깔이 밝은 새로운 종류
의 토끼가 되었다.

이 과정이 오랜 시간 동안 반복
되어 털 색깔이 어두운 새로운
종류의 토끼가 되었다.

---

01 이 생물 무리가 가진 변이는 무엇인지 쓰시오.

02 이 생물 무리가 두 섬에서 적응한 환경은 무엇인지 쓰시오.

서술형
03 위 자료에서 한 종류의 새 무리에서 새로운 종류가 나타난
과정을 설명하시오.

04 이 생물 무리가 가진 변이는 무엇인지 쓰시오.

05 이 생물 무리가 두 서식지에서 적응한 환경은 무엇인지 쓰
시오.

서술형
06 위 자료에서 한 종류의 토끼 무리에서 새로운 종류가 나타
난 과정을 설명하시오.

유형 연습하기

핵심 자료를 파악하고 문제 풀이로 연습해 봅시다.　　● 바른답·알찬풀이 10 쪽

유형 1　생물다양성을 결정하는 기준

(가)	(나)	(다)
생태계에 따라 생물의 종류가 다르므로 생태계가 다양할수록 생물다양성이 높다.	한 생태계에 살고 있는 생물의 종류가 많을수록 생물다양성이 높다.	같은 종류의 생물이라도 특징이 조금씩 다양하게 나타날수록 생물다양성이 높다.

개념 POINT 생물다양성은 생태계의 다양함, 생물 종류의 다양함, 같은 종류의 생물 사이에서 나타나는 특징의 다양함에 따라 결정된다.

출제 POINT 생물다양성을 결정하는 기준을 그림으로 제시하고, 각 그림이 의미하는 기준, 각 기준에서 생물다양성이 높아지는 경우에 대해 묻는 문제가 자주 나온다.

01 (가)~(다)가 의미하는 생물다양성을 결정하는 기준을 각각 쓰시오.

02 다음은 (가)~(다) 중 어느 기준에 해당하는 예인지 기호를 쓰시오.

> • 사람마다 생김새가 다르다.
> • 무궁화 꽃잎의 색깔이 다양하다.
> • 바지락 껍데기의 색깔과 무늬가 조금씩 다르다.

03 이에 대한 설명으로 옳지 <u>않은</u> 것은?

① 숲, 강, 초원은 생태계에 속한다.
② (가)에서 생태계가 다양하면 생물의 종류가 많아진다.
③ (나)에서 생물의 종류가 많을수록 생물다양성이 높다.
④ (나)에서는 생물의 종류보다 생물의 수가 생물다양성에 더 큰 영향을 미친다.
⑤ (다)는 변이에 해당한다.
⑥ (다)에서 특징이 다양할수록 환경 변화에 살아남는 생물이 있을 가능성이 높다.

> **자주 보는 오답 ✔** 한 생태계에 살고 있는 생물의 종류가 많을수록 생물다양성이 높으며, 한 종류의 생물이 많을 때보다 여러 종류의 생물이 고르게 분포할 때 생물다양성이 높다.

유형 2　생물이 다양해지는 과정

한 종류의 생물 무리에 변이가 다양함. → 환경에 적응하기 알맞은 변이를 가진 생물이 더 많이 살아남아 자손을 남김. → 이 과정이 오랜 시간 동안 반복되어 새로운 종류의 생물이 됨.

개념 POINT 다양한 변이가 있는 한 종류의 생물 무리가 서로 다른 환경에 떨어져 오랜 시간 동안 적응하면 새로운 종류가 나타날 수 있다.

출제 POINT 생물의 종류가 다양해지는 과정을 그림으로 제시하고, 생물 무리에서 나타난 변이의 종류, 각 생물 무리가 적응한 환경, 생물의 종류가 다양해진 과정에 대해 묻는 문제가 자주 나온다.

01 새의 종류가 다양해지는 데 영향을 준 환경은 무엇인지 쓰시오.

02 이에 대한 설명으로 옳은 것을 모두 고르면?(정답 2개)

① 이 과정을 거쳐 생물다양성이 낮아진다.
② 한 종류의 새 무리는 모두 생김새가 같았다.
③ 한 종류의 새 무리에 다양한 변이가 있었다.
④ 각 섬에서 부리가 가장 튼튼한 새가 살아남았다.
⑤ 원래 한 종류였던 새가 다른 환경에 적응하여 서로 다른 종류가 되었다.
⑥ 특징이 차이 나는 한 종류의 생물 무리가 서로 다른 환경에 오랜 시간 동안 살면 차이가 작아진다.

> **자주 보는 오답 ✔** 한 종류의 생물 무리 중 환경에 적응하기 알맞은 변이를 가진 생물이 더 많이 살아남아 자손을 남기는 과정이 오랜 시간 동안 반복되면 새로운 종류가 나타나 생물다양성이 높아진다.

서술형

03 위 과정을 바탕으로 생물이 다양해지는 과정을 다음 단어를 모두 이용하여 설명하시오.

> 변이, 환경, 적응, 자손

---

1 생물다양성

중요
01 생물다양성에 대한 설명으로 옳지 <u>않은</u> 것은?

① 어떤 지역에 살고 있는 생물의 다양한 정도이다.
② 생태계에 따라 살고 있는 생물의 종류가 다르다.
③ 어떤 지역의 생태계가 다양할수록 생물다양성이 높다.
④ 한 생태계에 살고 있는 생물의 수가 많을수록 생물 다양성이 높다.
⑤ 같은 종류의 생물 사이에서 나타나는 특징이 다양 할수록 생물다양성이 높다.

[02-03] 그림은 생물다양성을 결정하는 세 가지 기준을 나타 낸 것이다. 물음에 답하시오.

중요
02 (가)~(다)에서 표현한 기준을 옳게 짝 지은 것은?

	(가)	(나)	(다)
①	생태계의 다양함	생물 종류의 다양함	생물 특징의 다양함
②	생태계의 다양함	생물 특징의 다양함	생물 종류의 다양함
③	생물 종류의 다양함	생태계의 다양함	생물 특징의 다양함
④	생물 종류의 다양함	생물 특징의 다양함	생태계의 다양함
⑤	생물 특징의 다양함	생물 종류의 다양함	생태계의 다양함

03 (다)의 예로 옳은 것을 〈보기〉에서 모두 고르시오.

보기
ㄱ. 사람마다 피부 색깔이 다르다.
ㄴ. 생태계에는 강, 숲, 바다 등이 있다.
ㄷ. 사막에는 낙타, 선인장, 사막여우 등이 산다.

04 생태계에 대한 설명으로 옳은 것을 〈보기〉에서 모두 고른 것은?

보기
ㄱ. 갯벌보다 배추밭의 생물다양성이 더 높다.
ㄴ. 생태계에서 다양한 생물이 환경과 영향을 주고받 으며 살아간다.
ㄷ. 어떤 지역의 생태계가 다양할수록 살아가는 생물 의 종류가 다양해진다.

① ㄱ   ② ㄷ   ③ ㄱ, ㄴ
④ ㄴ, ㄷ   ⑤ ㄱ, ㄴ, ㄷ

05 그림은 넓이가 같은 두 지역에 살고 있는 생물의 종류와 수 를 나타낸 것이다.

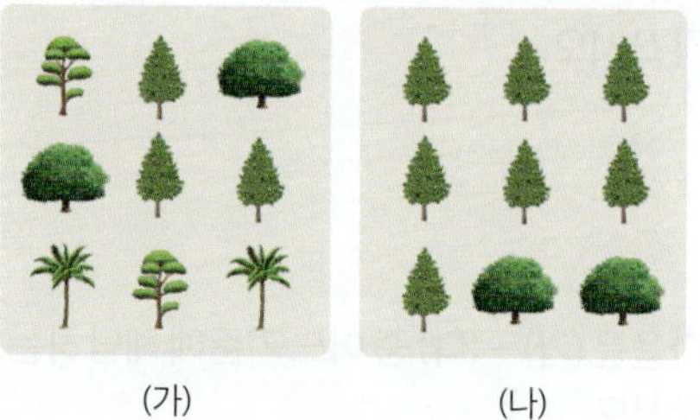

이에 대한 설명으로 옳지 <u>않은</u> 것은?

① (가)에는 여러 종류의 생물이 고르게 분포한다.
② (나)에는 한 종류의 생물이 대부분을 차지한다.
③ (가)는 (나)보다 생물다양성이 더 낮다.
④ (가)는 (나)보다 생물의 종류가 더 많다.
⑤ (가)와 (나)에는 같은 수의 생물이 살고 있다.

2 변이

06 변이에 대한 설명으로 옳은 것을 모두 고르면?(정답 2 개)

① 같은 종류의 생물 사이에서 나타난다.
② 변이가 다양할수록 생물다양성이 낮다.
③ 변이가 다양한 생물은 멸종할 가능성이 높다.
④ 부모가 같은 자손 사이에는 변이가 나타나지 않는다.
⑤ 변이는 생물이 환경에 적응하면서 크게 차이 날 수 있다.

중요+
07 변이의 예로 옳지 <u>않은</u> 것은?

① 사람마다 눈 색깔이 다르다.
② 무궁화 꽃잎의 색깔이 다양하다.
③ 고래와 상어는 생김새가 서로 다르다.
④ 얼룩말 줄무늬의 색깔과 간격이 조금씩 다르다.
⑤ 무당벌레 겉날개의 색깔과 무늬가 조금씩 다르다.

08 오른쪽 그림은 바지락의 모습을 나타낸 것이다.
이에 대한 설명으로 옳은 것을 〈보기〉에서 모두 고른 것은?

┤ 보기 ├
ㄱ. 껍데기의 무늬와 색깔에 변이가 있다.
ㄴ. 껍데기의 무늬와 색깔이 다양하면 생물다양성이 높다.
ㄷ. 껍데기의 무늬와 색깔이 다양하면 환경 변화에 살아남기 유리하다.

① ㄱ　　　　② ㄷ　　　　③ ㄱ, ㄴ
④ ㄴ, ㄷ　　　⑤ ㄱ, ㄴ, ㄷ

중요+
09 다음은 올드필드쥐에 대한 설명이다.

올드필드쥐는 같은 종류라도 사는 곳에 따라 털 색깔에 차이가 크다. 밝은색 모래가 많은 바닷가에 사는 올드필드쥐는 털 색깔이 밝고, 어두운색 흙이 많은 숲에 사는 올드필드쥐는 털 색깔이 어둡다.

이에 대한 설명으로 옳은 것을 〈보기〉에서 모두 고른 것은?

┤ 보기 ├
ㄱ. 올드필드쥐는 털 색깔에 변이가 있다.
ㄴ. 사는 곳의 색깔에 적응하여 털 색깔에 차이가 커졌다.
ㄷ. 환경이 변해도 적응하기 알맞은 변이는 변하지 않는다.

① ㄱ　　　　② ㄴ　　　　③ ㄷ
④ ㄱ, ㄴ　　　⑤ ㄴ, ㄷ

3　생물이 다양해지는 과정

10 생물이 다양해지는 과정에 대한 설명으로 옳은 것을 〈보기〉에서 모두 고르시오.

┤ 보기 ├
ㄱ. 변이와 환경에 적응하는 과정은 생물이 다양해지는 주요 원인이다.
ㄴ. 새로운 종류의 생물이 나타나는 과정을 통해 생물다양성이 낮아진다.
ㄷ. 다양한 변이가 있는 한 종류의 생물이 다른 환경에 적응하면 새로운 종류의 생물이 될 수 있다.

11 그림은 북극여우와 사막여우를 나타낸 것이다.

▲ 북극여우　　　　　　▲ 사막여우

북극여우와 사막여우의 생김새가 다른 것은 서로 다른 어떤 환경에 적응한 결과인가?

① 물　　　　② 공기　　　　③ 온도
④ 먹이　　　⑤ 토양

중요+
12 다음은 생물이 다양해지는 과정을 순서 없이 나타낸 것이다.

(가) 한 종류의 생물 무리에 다양한 변이가 있다.
(나) 원래의 생물과 다른 새로운 종류의 생물이 된다.
(다) 살아남은 생물이 자손을 남기는 과정이 오랜 시간 동안 반복된다.
(라) 한 종류의 생물 무리에서 환경에 적응하기 알맞은 변이를 가진 생물이 더 많이 살아남는다.

순서대로 옳게 나열한 것은?

① (가) → (나) → (다) → (라)
② (가) → (라) → (다) → (나)
③ (가) → (라) → (나) → (다)
④ (다) → (라) → (나) → (가)
⑤ (다) → (가) → (라) → (나)

● 바른답·알찬풀이 11 쪽

13 그림은 갈라파고스 제도의 여러 섬에 살고 있는 다양한 종류의 핀치를 나타낸 것이다.

종류에 따라 핀치의 부리 모양이 다른 까닭으로 옳은 것은?

① 각 섬에서 온도가 다르기 때문에
② 각 섬에서 천적의 종류가 다르기 때문에
③ 각 섬에서 집을 짓는 재료가 다르기 때문에
④ 각 섬에서 핀치의 번식 방법이 다르기 때문에
⑤ 각 섬에서 풍부한 먹이의 종류가 다르기 때문에

14 그림은 한 종류였던 새 무리에서 새로운 종류의 새가 생겨난 과정을 나타낸 것이다.

이에 대한 설명으로 옳지 **않은** 것은?

① 한 종류의 새 무리에는 부리의 모양과 크기에 다양한 변이가 있었다.
② 나무 속에 작은 곤충이 많은 섬에서는 크고 두꺼운 부리를 가진 새가 더 많이 살아남았다.
③ 각 섬에서 더 많이 살아남은 새가 자손을 남기는 과정이 반복되었다.
④ 원래 한 종류였던 새들이 각각 다른 환경에 적응하면서 서로 다른 특징을 가진 새가 되었다.
⑤ 이와 같은 과정을 통해 생물다양성이 높아진다.

만점 도전하기

15 다음은 아일랜드와 페루의 감자에 대한 설명이다.

> • 아일랜드 사람들은 감자를 주된 식량으로 먹었고, '럼퍼'라는 한 종류의 감자만 재배했다. 1840 년대에 감자역병이 아일랜드 전역에 발생했고, 이 병에 매우 약한 럼퍼 감자가 대부분 썩어 식량이 부족해졌다.
> • 페루에서 재배하는 감자의 종류는 약 4000 가지이며, 종류마다 모양, 색깔, 맛이 다양하다.

이에 대한 설명으로 옳은 것을 〈보기〉에서 모두 고른 것은?

┤ 보기 ├

ㄱ. 페루의 감자가 아일랜드의 감자보다 변이가 다양하다.
ㄴ. 변이가 다양하지 않은 생물 무리는 급격한 환경 변화에 멸종할 가능성이 높다.
ㄷ. 페루에서는 아일랜드와 같은 감자역병이 발생해도 살아남는 감자가 있을 가능성이 높다.

① ㄱ   ② ㄷ   ③ ㄱ, ㄴ
④ ㄴ, ㄷ   ⑤ ㄱ, ㄴ, ㄷ

16 그림은 목의 길이가 조금씩 다른 한 종류의 갈라파고스땅거북 무리에서 목이 긴 갈라파고스땅거북이 생겨난 과정 중 일부를 순서 없이 나타낸 것이다.

이에 대한 설명으로 옳은 것을 모두 고르면?(정답 2 개)

① (나) → (가) → (다) 순으로 일어났다.
② 같은 섬에 사는 거북 무리에는 변이가 없었다.
③ 키가 큰 선인장이 많은 환경에서는 목이 짧은 거북이 살아남기에 유리했다.
④ 먹이 환경에 적응하여 목이 긴 새로운 종류의 거북이 되었다.
⑤ 살아남은 거북의 특징이 자손에게 전달되었다.

01 그림은 생물다양성을 결정하는 세 가지 기준을 나타낸 것이다.

1단계 생물다양성을 결정하는 세 가지 기준을 설명하시오.

(　　　)의 다양함, (　　　)의 다양함, 같은 종류의 생물 사이에서 나타나는 (　　　)의 다양함에 따라 생물다양성이 결정된다.

2단계 생물다양성이 높아지는 조건을 다음 단어를 모두 이용하여 설명하시오.

생태계, 생물의 종류, 특징

02 그림은 넓이가 같은 두 지역 (가)와 (나)에 살고 있는 생물의 종류와 수를 나타낸 것이다.

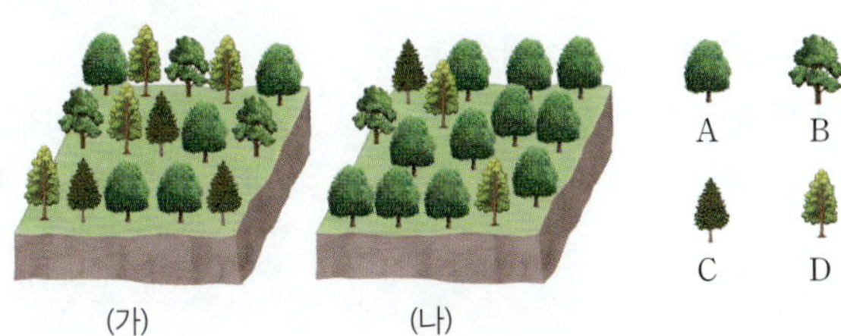

1단계 (가)와 (나) 중 생물다양성이 더 높은 지역은 어디인지 설명하시오.

((가), (나)) 지역이 ((가), (나)) 지역보다 생물다양성이 더 높다.

2단계 (가)와 (나) 중 생물다양성이 더 높은 지역의 기호를 쓰고, 그렇게 판단한 까닭을 설명하시오.

03 그림은 북극여우와 사막여우를 나타낸 것이다.

▲ 북극여우　　　　　　▲ 사막여우

1단계 북극여우와 사막여우의 생김새가 달라진 까닭을 다음 단어를 모두 이용하여 설명하시오.

환경, 적응

2단계 북극여우와 사막여우의 생김새가 달라진 과정을 환경 요인과 관련지어 설명하시오.(단, 여우의 귀와 몸집의 크기를 포함하여 설명하시오.)

04 그림은 토끼의 종류가 다양해진 과정을 나타낸 것이다.

1단계 이를 통해 알 수 있는 생물이 다양해지는 과정을 설명하시오.

다양한 (　　　)이/가 있는 한 종류의 생물 무리가 서로 다른 환경에 떨어져 오랜 시간 동안 (　　　)하면 새로운 종류가 될 수 있다.

2단계 토끼의 종류가 다양해진 과정을 환경 요인을 포함하여 설명하시오.

03 생물의 분류

1 생물의 분류 방법

1 생물분류   다양한 생물을 일정한 기준을 세워 공통의 특징을 가지는 것끼리 무리 지어 나누는 것이다.❶

2 생물분류의 기준   생물의 구조, 번식 방법, 광합성 여부 등 고유한 특징을 기준으로 정한다.❷❸

3 생물분류의 목적   생물을 체계적으로 분류하면 생물다양성을 이해하는 데 도움이 된다.
① 생물들 사이의 멀고 가까운 관계를 알 수 있다.
② 새로운 생물을 발견했을 때 어느 무리에 속하는지 판단할 수 있다.

2 생물의 분류체계

1 생물의 분류 단계

```
        가장 작은 단위                    가장 큰 단위
        종 < 속 < 과 < 목 < 강 < 문 < 계
```

① 종
• 생물을 분류할 때 가장 기본이 되는 단위이다.
• 자연 상태에서 짝짓기를 하여 번식 능력이 있는 자손을 낳을 수 있는 생물 무리이다.

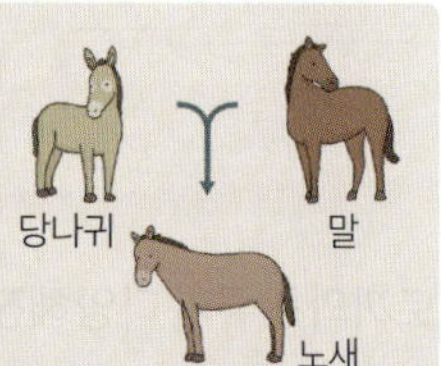

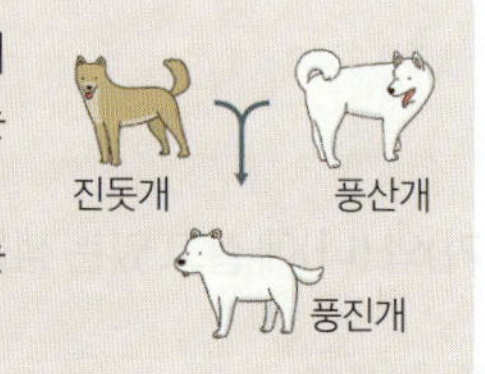

② 서로 다른 여러 종에서 공통의 특징을 가진 것을 무리 지어 속으로 분류하고, 여러 속에서 공통의 특징을 가진 것을 무리 지어 과로 분류한다. 이와 같이 점차 더 큰 분류 단위로 무리 지어 계까지 나타낼 수 있다.

그림으로 개념 쏙! 고양이의 분류 단계❹

종에서 계로 갈수록 큰 단위이며, 한 분류 단계에 많은 생물이 속한다.

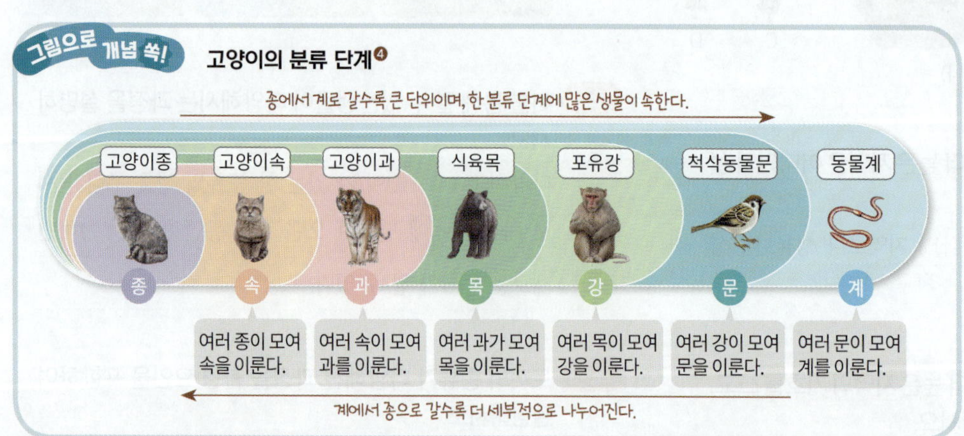

2 계 수준에서의 생물분류

① 지구의 다양한 생물은 원핵생물계, 원생생물계, 균계, 식물계, 동물계의 5계로 분류할 수 있다.
② 분류 기준: 핵의 유무, 세포벽의 유무, 광합성 여부, 몸을 이루는 세포의 수 등

---

❶ 생물분류의 과정
생물의 고유한 특징을 관찰한다. → 생물 사이의 공통점과 차이점을 찾는다. → 분류 기준을 정한다. → 분류 기준에 따라 공통점을 가진 생물끼리 무리 지어 나눈다.

❷ 생물의 분류 기준
• 편의에 따른 분류 기준: 생물이 사는 곳, 사람이 먹을 수 있는 생물, 집에서 키울 수 있는 생물 등 ➡ 분류하는 사람마다 결과가 달라질 수 있다.
• 생물 고유의 특징에 따른 분류 기준: 생물의 구조, 번식 방법 등 ➡ 분류 결과가 항상 같다.

❸ 가상 생물 분류하기

둥근 모양 몸		사각형 몸	
입 있음.	입 없음.	더듬이 있음.	더듬이 없음.
(가)	(라)	(다), (마)	(나)

❹ 분류 단계와 생물의 멀고 가까운 관계
분류 단계에서 작은 단위에 같이 속할수록 생물 사이의 관계가 가깝다.
예 고양이, 호랑이, 개의 관계

식육목	고양이, 호랑이, 개
고양이과	고양이, 호랑이

고양이는 호랑이와 같은 과에 속하지만, 개와는 같은 목에 속한다. 따라서 고양이는 개보다 호랑이와 더 가까운 관계이다.

---

1 생물의 분류 방법

- □□□□ : 다양한 생물을 일정한 기준을 세워 무리 지어 나누는 것
- 생물분류의 목적: 생물을 분류하면 생물 사이의 □□□□□ 관계를 알 수 있다.

01 생물분류에 대한 설명으로 옳은 것은 ○표, 옳지 <u>않은</u> 것은 ×표 하시오.

(1) 일정한 기준에 따라 다양한 생물을 무리 지어 나누는 것이다. ( )

(2) 생물을 분류하려면 생물 사이의 공통점과 차이점을 찾아야 한다. ( )

(3) 생물을 분류하면 생물들 사이의 멀고 가까운 관계를 알 수 있다. ( )

(4) 생물의 고유한 특징으로 생물을 분류하면 사람마다 분류 결과가 달라질 수 있다.

( )

02 생물의 고유한 특징에 따른 분류 기준으로 옳은 것은 ○표, 옳지 <u>않은</u> 것은 ×표 하시오.

(1) 세포벽이 있는 생물과 세포벽이 없는 생물 ( )

(2) 새끼를 낳는 생물과 새끼를 낳지 않는 생물 ( )

(3) 집에서 키울 수 있는 생물과 키울 수 없는 생물 ( )

(4) 사람이 먹을 수 있는 생물과 먹을 수 없는 생물 ( )

2 생물의 분류체계

- □ : 생물을 분류하는 기본 단위
- 5계: □□생물계, 원생생물계, 균계, □□계, 동물계

03 다음은 생물의 분류 단계를 나타낸 것이다. ( ) 안에 알맞은 분류 단위를 쓰시오.

㉠( ) < 속 < ㉡( ) < ㉢( ) < 강 < 문 < ㉣( )

04 수탕나귀와 암말 사이에서 태어난 노새는 번식 능력이 없다. 당나귀와 말이 같은 종인지, 다른 종인지 쓰시오.

05 다음은 생물의 분류 단계에 대한 설명이다. ( ) 안에 알맞은 말을 쓰거나 고르시오.

(1) 분류 단계에서 가장 작은 단위는 ( )이다.

(2) 하나의 ㉠(문, 계)에는 여러 개의 ㉡(문, 계)이/가 속한다.

(3) 같은 ㉠(과, 목)에 속하는 생물은 모두 같은 ㉡(과, 목)에 속한다.

(4) 작은 분류 단위에 같이 속할수록 생물 사이의 관계가 (멀다, 가깝다).

3 생물의 5계[5][6]　　　　　　　　　　탐구 48 쪽

구분	특징	생물 예
원핵생물계	• 세포에 핵이 없고, 세포벽이 있다. ─핵막이 없다. • 대부분 1 개의 세포로 이루어져 있다.[7] └여러 개가 모여 하나의 덩어리를 이루기도 한다. • 대부분 광합성을 하지 않지만, 광합성을 하는 생물도 있다.	대장균, 젖산균, 폐렴균, 포도상구균, 남세균 ─광합성을 한다. 대장균　포도상구균
원생생물계	• 세포에 핵이 있다. ─핵은 핵막으로 둘러싸여 있다. • 대부분 1 개의 세포로 이루어져 있지만, 여러 개의 세포로 이루어져 있는 것도 있다. ─기관이 발달하지 않았다. • 엽록체를 가지고 광합성을 하는 것도 있다. └유글레나, 미역, 다시마 • 핵이 있는 생물 중 균계, 식물계, 동물계에 속하지 않는 생물 무리이다.	아메바, 짚신벌레, 유글레나, 미역, 다시마 ─여러 개의 세포로 이루어져 있다. 아메바　미역
균계	• 세포에 핵과 세포벽이 있다. • 대부분 여러 개의 세포로 이루어져 있다. • 버섯과 곰팡이는 세포벽이 있는 여러 개의 세포로 이루어진 +균사라는 구조를 가진다. • 광합성을 하지 못해 대부분 죽은 생물이나 배설물을 분해하여 양분을 얻는다.	표고버섯, 송이버섯, 푸른곰팡이, 효모 ─1 개의 세포로 이루어져 있다. 표고버섯　푸른곰팡이
식물계	• 세포에 핵과 세포벽이 있다. • 여러 개의 세포로 이루어져 있다. • 광합성을 하여 스스로 양분을 만든다. • 대부분 뿌리, 줄기, 잎과 같은 기관이 발달했다. └운동성이 없다.	우산이끼, 고사리, 진달래, 소나무, 해바라기 우산이끼　진달래
동물계	• 세포에 핵이 있고, 세포벽이 없다. • 여러 개의 세포로 이루어져 있다. • 광합성을 하지 못하여 다른 생물을 먹이로 먹어 양분을 얻는다. • 대부분 기관이 발달했고, 운동성이 있다. └동물은 대부분 이동과 먹이 섭취 등에 필요한 조직과 기관이 발달했다.	해파리, 달팽이, 붕어, 꿀벌, 갈매기, 호랑이, 사람 해파리　꿀벌

[생물 5계의 특징 비교]

구분	핵	세포벽	몸을 이루는 세포의 수	광합성	운동성
원핵생물계	없다.	있다.	1 개	대부분 못 한다.	있는 생물도 있고, 없는 생물도 있다.
원생생물계	있다.	있는 생물도 있고, 없는 생물도 있다.	1 개 또는 여러 개	하는 생물도 있고, 못 하는 생물도 있다.	
균계		있다.	대부분 여러 개	못 한다.	없다.
식물계			여러 개	한다.	
동물계		없다.		못 한다.	대부분 있다.

---

❺ 생물의 5계 분류

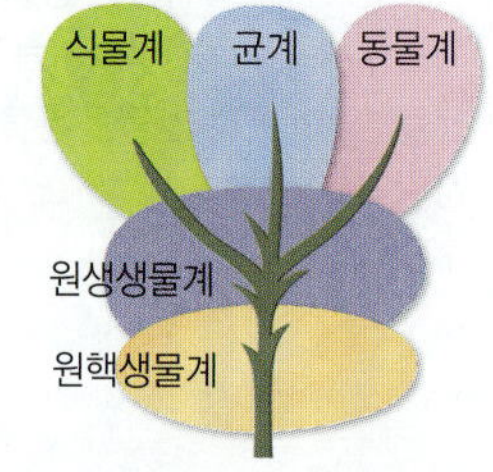

─1 개의 세포로 이루어져 있다.

❻ 린네
스웨덴의 식물학자이며, 18 세기에 생물을 크게 동물계와 식물계로 분류하는 체계를 최초로 제안했다. 그가 제안한 분류 방법은 오늘날 생물분류학의 기초가 되었다.

❼ 몸을 이루는 세포 수에 따른 생물 구분
• 단세포생물: 몸이 1 개의 세포로 이루어져 있는 생물이다.
　예 대장균, 아메바, 효모
• 다세포생물: 몸이 여러 개의 세포로 이루어져 있는 생물이다.
　예 표고버섯, 해바라기, 호랑이

용어 팁
➕ 균사(菌 버섯, 絲 실) 버섯, 곰팡이의 몸을 이루는 실 모양의 구조

3 생물의 5계

- ☐☐생물계: 세포에 핵이 없는 생물 무리
- ☐계: 세포에 핵과 세포벽이 있으며, 죽은 생물이나 배설물을 분해하여 양분을 얻는 생물 무리
- ☐☐계: 세포에 핵이 있고 세포벽이 없으며, 먹이를 먹어 양분을 얻는 생물 무리

06 생물의 5계에 대한 설명으로 옳은 것은 ○표, 옳지 <u>않은</u> 것은 ×표 하시오.

(1) 균계에는 엽록체를 가지고 광합성을 하는 생물들이 속한다. ( )

(2) 원생생물계에 속하는 생물은 핵이 없는 세포로 이루어져 있다. ( )

(3) 동물계에 속하는 생물은 운동성이 있고, 먹이를 먹어 양분을 얻는다. ( )

(4) 원핵생물계에 속하는 생물은 세포벽이 있는 세포로 이루어져 있다. ( )

(5) 식물계와 동물계에 속하는 생물은 모두 여러 개의 세포로 이루어져 있다. ( )

07 각 생물계에 해당하는 생물을 선으로 연결하시오.

(1) 원핵생물계 •　　　　　　• ㉠ 사람, 갈매기, 해파리

(2) 원생생물계 •　　　　　　• ㉡ 미역, 아메바, 짚신벌레

(3) 균계　　　 •　　　　　　• ㉢ 소나무, 진달래, 우산이끼

(4) 식물계　　•　　　　　　• ㉣ 대장균, 남세균, 포도상구균

(5) 동물계　　•　　　　　　• ㉤ 효모, 송이버섯, 푸른곰팡이

08 오른쪽 그림은 생물을 5 가지 계로 분류한 결과를 나타낸 것이다.
각 설명에 해당하는 분류 기준으로 옳은 것을 〈보기〉에서 모두 고르시오.

보기
ㄱ. 핵의 유무　　　　ㄴ. 세포벽의 유무
ㄷ. 광합성의 여부　　ㄹ. 운동성의 유무

(1) 원핵생물계와 나머지 생물계를 구분하는 분류 기준 (가)

(2) 식물계와 균계를 구분하는 분류 기준 (나)

09 오른쪽 그림은 표고버섯과 달팽이를 나타낸 것이다.
두 생물의 공통점으로 옳은 것은 ○표, 옳지 <u>않은</u> 것은 ×표 하시오.

▲ 표고버섯　　　　▲ 달팽이

(1) 운동성이 있다. ( )

(2) 세포에 핵이 있다. ( )

(3) 균사 구조를 가진다. ( )

(4) 여러 개의 세포로 이루어져 있다. ( )

생물을 계 수준에서 분류하기

다양한 생물을 분류할 수 있는 특징을 찾고, 생물을 계 수준에서 분류할 수 있다.

● 바른답·알찬풀이 14 쪽

과정 및 결과

❶ 그림은 생물을 5계로 분류하는 순서도를 나타낸 것이다. 분류 기준에 따라 원핵생물계, 원생생물계, 균계, 식물계, 동물계를 분류하여 (   ) 안에 써 보자.

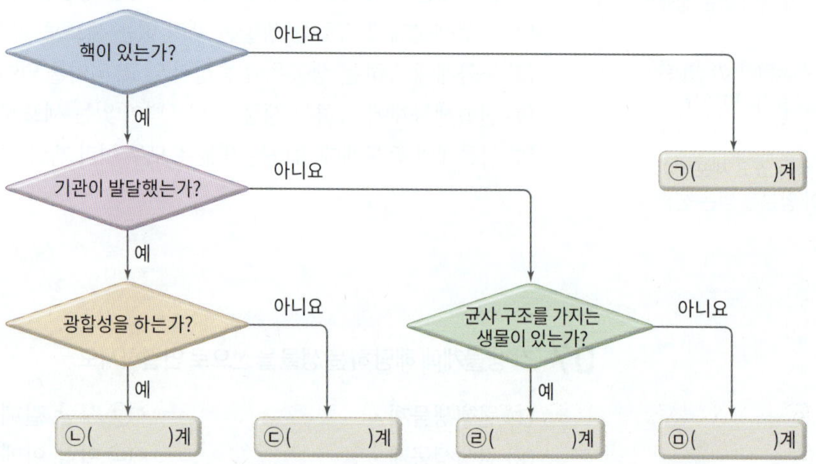

❷ 생물 카드에 있는 각 생물의 특징에 따라 5계 중 어느 것에 속하는지 분류하여 (   ) 안에 써 보자.

젖산균	짚신벌레	푸른곰팡이	고사리	해파리
• 핵이 없다. • 기관이 발달하지 않았다. • 균사 구조를 가지지 않는다. • 광합성을 하지 못한다.	• 핵이 있다. • 기관이 발달하지 않았다. • 균사 구조를 가지지 않는다. • 광합성을 하지 못한다.	• 핵이 있다. • 기관이 발달하지 않았다. • 균사 구조를 가진다. • 광합성을 하지 못한다.	• 핵이 있다. • 기관이 발달했다. • 균사 구조를 가지지 않는다. • 광합성을 한다.	• 핵이 있다. • 기관이 발달했다. • 균사 구조를 가지지 않는다. • 광합성을 하지 못한다.
㉠( )계	㉡( )계	㉢( )계	㉣( )계	㉤( )계

정리

• 다양한 생물은 핵의 유무, 기관의 발달 여부, 균사의 유무, 광합성의 여부에 따라 원핵생물계, ㉠(   ), 균계, 식물계, 동물계로 분류할 수 있다.

• 광합성을 하고 기관이 발달한 생물은 ㉡(   )로 분류한다.

탐구 **확인** 문제

01 이 탐구에 대한 설명으로 옳은 것은 ○표, 옳지 <u>않은</u> 것은 ×표 하시오.

(1) 동물계에 속하는 생물은 기관이 발달했고 광합성을 하지 못한다. (   )

(2) 짚신벌레와 고사리는 스스로 양분을 만드는 생물 무리에 속한다. (   )

(3) 세포에 핵이 있고 균사 구조를 가지는 생물은 원핵생물계에 속한다. (   )

(4) 원생생물계를 동물계 또는 식물계와 구분하는 분류 기준은 기관의 발달 여부가 될 수 있다. (   )

탐구 **적용** 문제

02 그림은 생물을 5계로 분류하는 순서도를 나타낸 것이다.

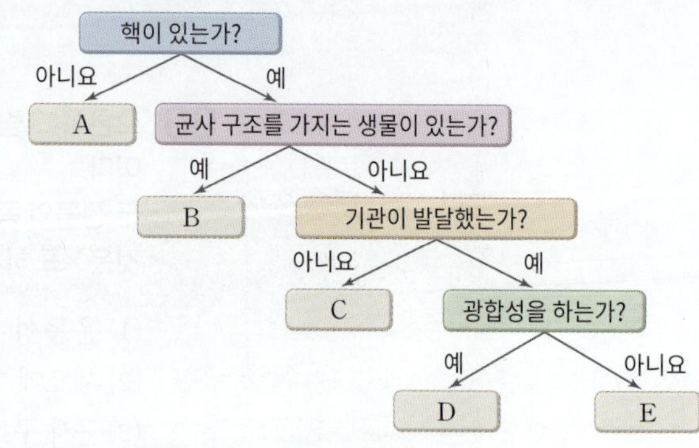

A ∼ E에 해당하는 생물계의 이름을 쓰시오.

유형 연습하기

핵심 자료를 파악하고 문제 풀이로 연습해 봅시다.

● 바른답·알찬풀이 14 쪽

유형 1 생물의 분류 단계

분류 단계	고양이	호랑이	개
계	동물계	동물계	동물계
문	척삭동물문	척삭동물문	척삭동물문
강	포유강	(가)	포유강
목	식육목	식육목	식육목
과	고양이과	고양이과	개과
속	고양이속	표범속	개속
종	고양이	호랑이	개

└ 고양이와 호랑이는 고양이과에 속하고, 개는 개과에 속한다.
→ 고양이는 호랑이와 같은 과에 속하지만, 개와 다른 과에 속한다.
→ 고양이는 개보다 호랑이와 더 가까운 관계이다.

개념 POINT 생물의 분류 단계에서 작은 단위에 함께 속하는 생물일수록 가까운 관계이다.

출제 POINT 여러 생물의 분류 단계를 제시하고, 생물 사이의 멀고 가까운 관계, 두 생물이 함께 속하는 분류 단계, 각 생물이 속하는 분류 단계를 묻는 문제가 자주 나온다.

01 세 생물의 분류 단계에서 가장 많은 종류의 생물이 속하는 것을 쓰시오.

서술형

02 호랑이가 속하는 강의 이름 (가)를 쓰고, 그렇게 판단한 까닭을 설명하시오.

....

....

03 이에 대한 설명으로 옳은 것을 모두 고르면? (정답 2개)

① 고양이와 호랑이는 같은 속에 속한다.
② 고양이, 호랑이, 개는 같은 과에 속한다.
③ 식육목은 포유강보다 더 큰 분류 단위이다.
④ 고양이는 개보다 호랑이와 더 가까운 관계이다.
⑤ 고양이과에는 고양이속보다 많은 종류의 생물이 속한다.
⑥ 호랑이와 개는 짝짓기를 하여 번식 능력이 있는 자손을 낳을 수 있다.

자주 보는 오답 ✔ 종 → 속 → 과 → 목 → 강 → 문 → 계로 갈수록 큰 분류 단위이며, 각 단계에 속하는 생물의 종류가 많아진다.

유형 2 계 수준에서의 생물 분류

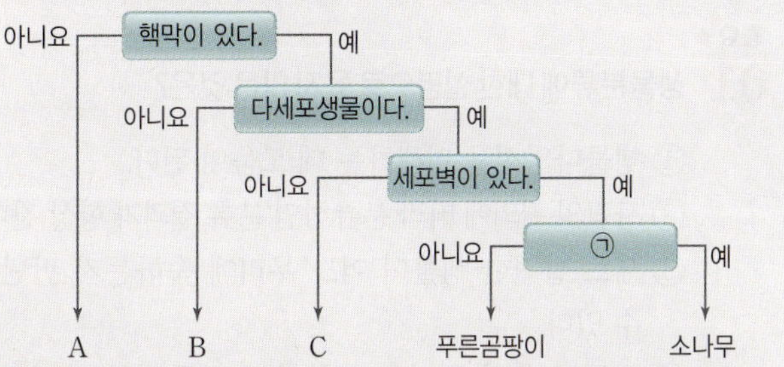

개념 POINT 다양한 생물은 핵의 유무, 몸을 이루는 세포의 수, 세포벽의 유무, 균사의 유무, 광합성의 여부 등에 따라 원핵생물계, 원생생물계, 균계, 식물계, 동물계로 구분할 수 있다.

출제 POINT 몇 가지 생물을 분류하거나 생물의 5계를 분류하는 순서도를 제시하고, 분류 결과, 분류 기준, 각 생물이나 계의 특징을 묻는 문제가 자주 나온다.

01 아메바, 젖산균, 호랑이를 위 순서도에 따라 분류할 때 A~C에 해당하는 생물의 이름을 쓰시오.

서술형

02 ㉠에 해당하는 생물의 분류 기준을 한 가지만 설명하시오.

....

....

03 이에 대한 설명으로 옳지 않은 것은?

① 푸른곰팡이는 균계에 속한다.
② 미역, 다시마는 소나무와 같은 계에 속한다.
③ A는 원핵생물계에 속한다.
④ B는 세포에 핵이 있는 생물 중 균계, 식물계, 동물계를 제외한 나머지 생물을 모아 놓은 무리에 속한다.
⑤ C는 먹이를 먹어 양분을 얻는다.
⑥ B와 C는 기관의 발달 여부에 따라서도 구분할 수 있다.

자주 보는 오답 ✔ 미역, 다시마는 엽록체가 있어 광합성을 하지만 기관이 발달해 있지 않고, 원생생물계에 속한다.

1 생물의 분류 방법

중요
01 생물분류에 대한 설명으로 옳지 <u>않은</u> 것은?

① 생물다양성을 이해하는 데 도움이 된다.
② 사람의 편의에 따라 분류하면 분류 결과가 항상 같다.
③ 새로 발견한 생물이 어느 무리에 속하는지 판단할 수 있다.
④ 생물 고유의 특징을 관찰하여 공통점과 차이점을 찾아 무리 짓는다.
⑤ 생물을 체계적으로 분류하면 생물들 사이의 멀고 가까운 관계를 알 수 있다.

02 생물의 고유한 특징을 기준으로 분류한 것을 모두 고르면? (정답 2 개)

① 알을 낳는 동물과 새끼를 낳는 동물
② 꽃이 피는 식물과 꽃이 피지 않는 식물
③ 땅 위에서 사는 생물과 물속에서 사는 생물
④ 집에서 키울 수 있는 생물과 키울 수 없는 생물
⑤ 사람이 먹을 수 있는 생물과 먹을 수 없는 생물

2 생물의 분류체계

03 생물의 분류 단계를 옳게 나열한 것은?

① 계＜문＜강＜목＜과＜속＜종
② 계＜문＜과＜목＜강＜속＜종
③ 종＜속＜강＜목＜과＜문＜계
④ 종＜속＜과＜목＜강＜문＜계
⑤ 종＜속＜과＜문＜강＜목＜계

04 종에 대한 설명으로 옳은 것을 〈보기〉에서 모두 고른 것은?

│ 보기 │
ㄱ. 생물을 분류하는 가장 작은 단위이다.
ㄴ. 생김새와 생활 모습이 비슷하면 같은 종으로 분류한다.
ㄷ. 공통의 특징을 가진 여러 종을 무리 지어 속으로 분류한다.

① ㄱ   ② ㄷ   ③ ㄱ, ㄴ
④ ㄱ, ㄷ   ⑤ ㄴ, ㄷ

중요
05 다음은 노새와 풍진개에 대한 설명이다.

• 수탕나귀와 암말이 짝짓기를 하여 태어난 노새는 번식 능력이 없다.
• 진돗개와 풍산개가 짝짓기를 하여 태어난 풍진개는 번식 능력이 있다.

이에 대한 설명으로 옳은 것을 〈보기〉에서 모두 고른 것은?

│ 보기 │
ㄱ. 당나귀와 말은 같은 종이다.
ㄴ. 진돗개와 풍산개는 같은 종이다.
ㄷ. 자연 상태에서 짝짓기를 하여 자손을 낳을 수 있으면 같은 종이다.

① ㄱ   ② ㄴ   ③ ㄷ
④ ㄱ, ㄴ   ⑤ ㄴ, ㄷ

중요
06 생물의 분류 단계에 대한 설명으로 옳은 것은?

① 과는 목보다 작은 분류 단위이다.
② 하나의 강에는 여러 개의 문이 속한다.
③ 같은 속에 속하는 생물은 모두 같은 종에 속한다.
④ 생물을 분류할 때 가장 기본이 되는 단위는 계이다.
⑤ 서로 다른 두 종이 큰 분류 단위에 함께 속할수록 가까운 관계이다.

중요 07 표는 고양이, 호랑이, 사람의 분류 단계를 나타낸 것이다.

분류 단계	고양이	호랑이	사람
계	동물계	동물계	동물계
문	척삭동물문	척삭동물문	척삭동물문
강	포유강	포유강	포유강
목	식육목	식육목	영장목
과	고양이과	고양이과	사람과
속	고양이속	표범속	사람속
종	고양이	호랑이	사람

이에 대한 설명으로 옳은 것은?

① 고양이와 사람은 공통된 특징이 없다.
② 고양이와 호랑이는 같은 목에 속한다.
③ 고양이는 호랑이보다 사람과 더 가까운 관계이다.
④ 종에서 속 → 과 → 목의 단계로 갈수록 속하는 생물
의 종류가 적어진다.
⑤ 고양이와 호랑이는 자연 상태에서 짝짓기를 하여 번
식 능력이 있는 자손을 낳을 수 있다.

3 생물의 5계

중요 08 생물을 5계로 분류했을 때 각 계의 특징에 대한 설명으로
옳지 <u>않은</u> 것은?

① 원생생물계 – 세포에 핵이 있다.
② 식물계 – 광합성을 하며, 기관이 발달했다.
③ 균계 – 광합성을 하지 못하여 먹이를 먹어 양분을
얻는다.
④ 동물계 – 여러 개의 세포로 이루어져 있으며, 운동
성이 있다.
⑤ 원핵생물계 – 핵이 없고 세포벽이 있는 세포로 이루
어져 있다.

09 생물을 계 수준에서 분류했을 때 각 계에 속하는 생물의 예
를 옳게 짝 지은 것은?

① 균계 – 젖산균
② 식물계 – 표고버섯
③ 동물계 – 짚신벌레
④ 원핵생물계 – 효모
⑤ 원생생물계 – 다시마

중요 10 오른쪽 그림은 생물을 5 가지
계로 분류한 결과를 나타낸
것이다.
이에 대한 설명으로 옳지 <u>않은</u>
것은?

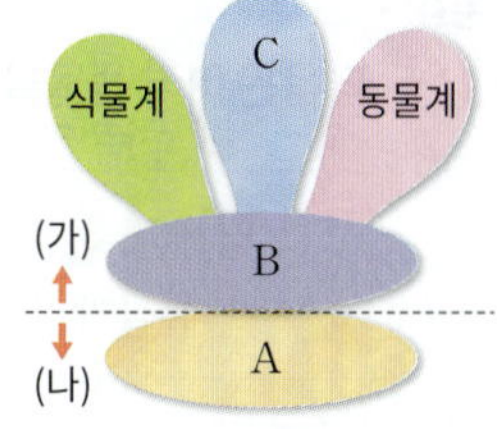

① (가)와 (나)를 구분하는
기준은 핵의 유무이다.
② 식물계와 동물계에 속한 생물은 기관이 발달했다.
③ A에 속한 생물은 모두 여러 개의 세포로 이루어져
있다.
④ 유글레나는 B에 속한다.
⑤ C에 속한 생물은 광합성을 하지 못한다.

11 다음은 생물의 5계 중 하나에 대한 설명이다.

- 세포에 핵이 있다.
- 먹이를 먹어 양분을 얻는다.
- 여러 개의 세포로 이루어져 있고, 대부분 기관이 발
달했다.

이에 속하는 생물의 예를 옳게 짝 지은 것은?

① 대장균, 남세균
② 소나무, 고사리
③ 해파리, 갈매기
④ 효모, 해바라기
⑤ 송이버섯, 푸른곰팡이

12 그림은 생물의 5계 중 하나에 속하는 생물들을 나타낸 것
이다.

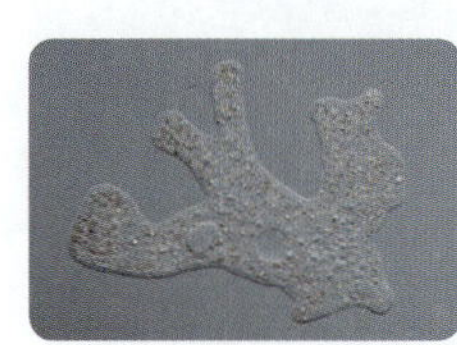
▲ 아메바

▲ 미역

이 생물들의 공통점으로 옳은 것은?

① 광합성을 한다.
② 운동성이 있다.
③ 기관이 발달했다.
④ 세포에 핵이 있다.
⑤ 여러 개의 세포로 이루어져 있다.

중요+
13 다음은 여러 생물을 두 무리로 분류한 결과이다.

남세균, 진달래, 유글레나	달팽이, 대장균, 송이버섯
(가)	(나)

(가)와 (나)로 분류한 기준으로 옳은 것은?

① 핵의 유무
② 광합성의 여부
③ 세포벽의 유무
④ 운동성의 유무
⑤ 몸을 이루는 세포의 수

[14-15] 그림은 생물을 5계로 분류하는 순서도를 나타낸 것이다. 물음에 답하시오.

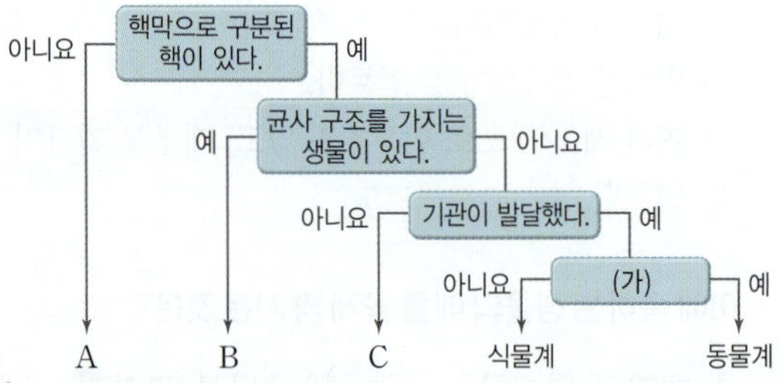

중요+
14 (가)에 해당하는 분류 기준으로 옳은 것을 모두 고르면?
(정답 2 개)

① 운동성이 있다.
② 광합성을 한다.
③ 세포에 세포벽이 있다.
④ 먹이를 먹어 양분을 얻는다.
⑤ 여러 개의 세포로 이루어져 있다.

15 A~C에 속하는 생물을 옳게 짝 지은 것은?

	A	B	C
①	효모	우산이끼	해파리
②	폐렴균	효모	우산이끼
③	해파리	표고버섯	아메바
④	포도상구균	아메바	표고버섯
⑤	포도상구균	표고버섯	아메바

만점 도전하기

16 그림은 가상 생물 (가)~(마)의 모습을 나타낸 것이다. (가)~(마)는 분류 단계에서 모두 같은 목에 속한다.

이에 대한 설명으로 옳은 것을 〈보기〉에서 모두 고른 것은?

| 보기 |

ㄱ. (가)~(마)는 서로 다른 강에 속한다.
ㄴ. 입의 모양은 (가)~(마)를 분류하는 기준이 될 수 있다.
ㄷ. 더듬이의 유무는 (가)~(마)를 분류하는 기준이 될 수 있다.
ㄹ. 몸의 모양을 기준으로 (가), (라)와 (나), (다), (마)로 분류할 수 있다.

① ㄱ, ㄴ
② ㄱ, ㄷ
③ ㄴ, ㄷ
④ ㄴ, ㄹ
⑤ ㄷ, ㄹ

17 그림은 여러 가지 생물을 몇 가지 기준에 따라 분류한 결과를 나타낸 것이다. (가), (다), (라)는 5계 중 하나이며, (나)에는 여러 가지 계가 포함된다.

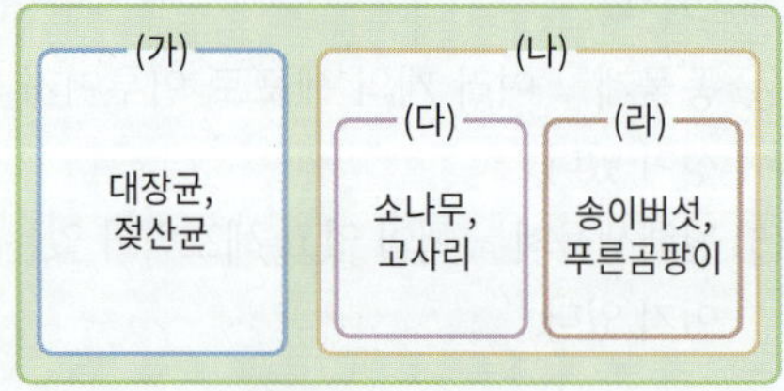

이에 대한 설명으로 옳지 않은 것은?

① (가)와 (나)의 분류 기준은 세포벽의 유무이다.
② (다)는 식물계이다.
③ (라)의 송이버섯과 푸른곰팡이는 균사 구조를 가진다.
④ (다)와 (라)에 속하는 생물은 모두 핵을 가진다.
⑤ (다)와 (라)의 분류 기준은 광합성의 여부가 될 수 있다.

01 그림은 수탕나귀와 암말 사이에서 태어난 노새를 나타낸 것이다. 노새는 번식 능력이 없다.

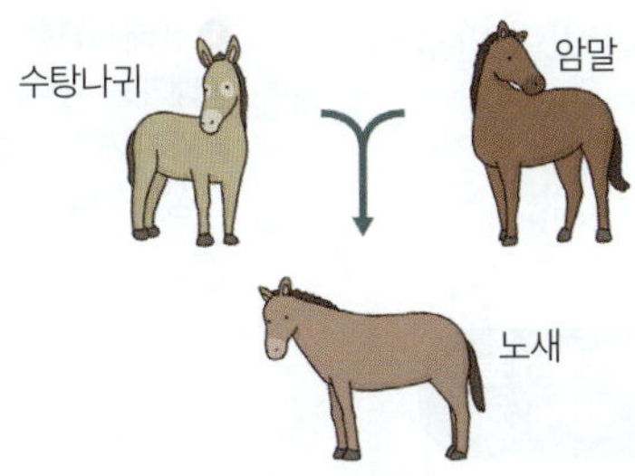

1단계 당나귀와 말을 다른 종으로 판단하는 까닭을 다음 단어를 모두 이용하여 설명하시오.

> 자연 상태, 짝짓기, 자손, 번식 능력

2단계 당나귀와 말은 같은 종인지, 다른 종인지 쓰고, 그렇게 판단한 까닭을 종의 개념과 관련지어 설명하시오.

02 표는 생물의 분류 단계를 나타낸 것이다.

분류 단계	목	과	속	종
개	식육목	개과	개속	개
호랑이	식육목	고양이과	표범속	호랑이
고양이	식육목	고양이과	고양이속	고양이

1단계 개, 호랑이, 고양이의 멀고 가까운 관계를 설명하시오.
고양이는 (개, 호랑이)보다 (개, 호랑이)와 더 가까운 관계이다.

2단계 고양이는 개와 호랑이 중 어느 동물과 더 가까운 관계인지 쓰고, 그렇게 판단한 까닭을 설명하시오.

03 표는 여러 생물을 두 무리로 분류한 결과이다.

(가) 무리	(나) 무리
진달래, 소나무, 우산이끼	미역, 아메바, 짚신벌레

1단계 (가) 무리와 (나) 무리가 각각 5계 중 어느 것에 속하는지 설명하시오.

2단계 생물을 (가) 무리와 (나) 무리로 분류한 기준을 <u>한 가지만</u> 설명하시오.

04 그림은 미역, 꿀벌, 폐렴균, 표고버섯, 해바라기를 여러 기준에 따라 분류하는 순서도를 나타낸 것이다.

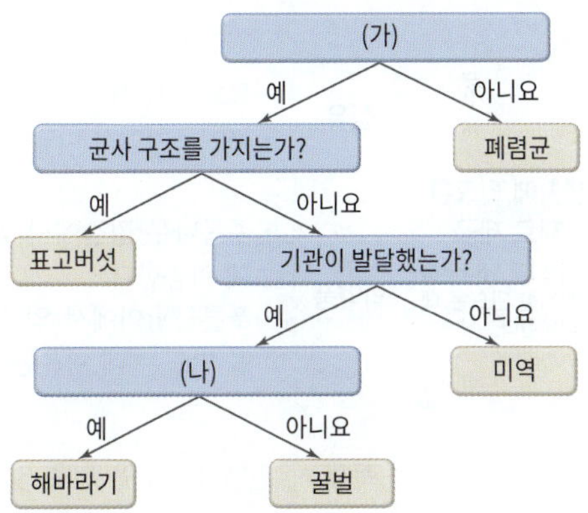

1단계 (가)에 해당하는 분류 기준을 설명하시오.
세포에 핵이 (있는, 없는) 폐렴균과 세포에 핵이 (있는, 없는) 미역, 꿀벌, 표고버섯, 해바라기로 분류했다.

2단계 (나)에 해당하는 분류 기준을 <u>두 가지만</u> 설명하시오.

04 생물다양성의 보전

지금까지 우리 주변에 다양한 생물이 산다는 것을 배웠어.

이제부터 생물다양성보전의 필요성과 생물다양성을 유지하기 위한 방안을 알아보자.

1 생물다양성보전의 필요성

1 생태계의 안정적 유지 생물다양성이 높은 생태계는 먹이그물이 복잡하게 얽혀 있어 안정적으로 유지된다.❶

❶ 생태계평형
생태계를 이루는 환경, 생물의 종류와 수가 크게 변하지 않는 안정된 상태이다.

그림으로 개념 쏙! 생물다양성이 낮은 생태계와 높은 생태계의 먹이 관계 비교❷

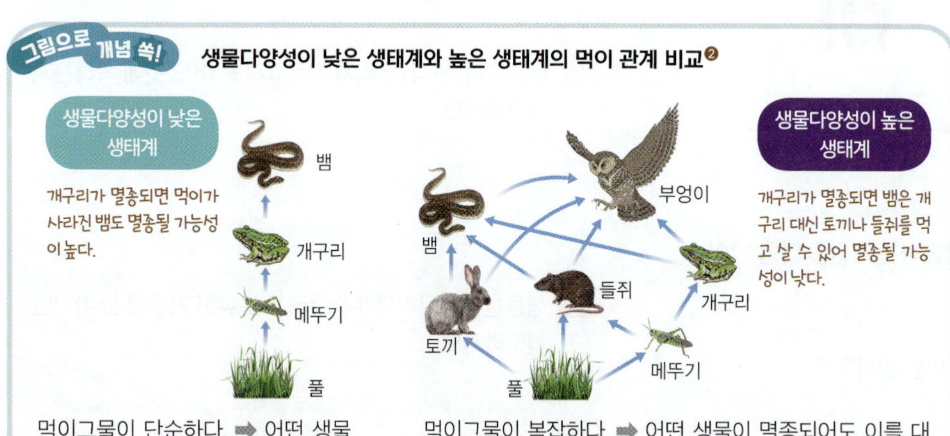

먹이그물이 단순하다. ➡ 어떤 생물이 *멸종되면 그 생물을 먹이로 하는 다른 생물도 멸종될 수 있다.

먹이그물이 복잡하다. ➡ 어떤 생물이 멸종되어도 이를 대신할 수 있는 생물이 있어, 생물이 연속적으로 멸종될 위험이 줄어들므로 생태계가 안정적으로 유지될 수 있다.

❷ 먹이 관계
생태계를 구성하는 생물 사이의 먹고 먹히는 관계이며, 먹이사슬과 먹이그물이 있다.
• 먹이사슬: 먹고 먹히는 관계가 사슬처럼 연결된 것
• 먹이그물: 여러 생물의 먹이사슬이 서로 그물처럼 복잡하게 얽혀 있는 것

2 살아가는 데 필요한 자원 제공❸❹

생활에 필요한 재료 제공 └ 이 외에 닥나무로 한지를 만드는 데 이용한다.	식량	벼, 보리, 밀 등을 식량으로 이용한다.	벼
	섬유	• 목화에서 면섬유를 얻는다. • 누에고치에서 비단을 얻는다.	목화
	의약품	• 주목나무 껍질에서 얻은 성분을 항암제를 만드는 데 이용한다. • 푸른곰팡이에서 얻은 성분을 항생제인 페니실린을 만드는 데 이용한다.	주목나무
	목재	편백나무 등을 건축 및 산업용 재료로 이용한다.	편백나무
휴식과 여가 활동을 위한 공간 제공		숲, 휴양림 등에서 쉬거나 여가 활동을 할 수 있다.	숲
산업용 아이디어 제공		생물의 생김새나 생활 모습에서 아이디어를 얻어 유용한 도구를 발명한다. 예 도꼬마리 열매의 생김새를 보고 만든 벨크로, 고양이의 눈에서 아이디어를 얻어 만든 도로 반사판	도꼬마리

❸ 생물자원
식량, 섬유, 의약품 등과 같이 사람이 생물에서 얻어 살아가는 데 이용하는 자원이다.

❹ 생태계의 환경 조절 기능
생물다양성이 보전된 생태계는 맑은 공기, 깨끗한 물, 비옥한 토양 등 환경을 생물이 살아가기 알맞게 조절하며, 환경오염 물질을 흡수하거나 분해하고 기후 변화의 방어막이 되기도 한다.

3 생명의 가치 모든 생물은 생태계 구성원으로서 살아갈 권리가 있고, 그 자체로 소중한 가치를 지닌다.

용어 쏙

+ 보전(保 보호하다, 全 온전하다) 온전하게 보호하여 유지하는 것
+ 멸종(滅 다하다, 種 씨) 생태계에서 특정 생물종이 사라지는 것

● 바른답·알찬풀이 17 쪽

1 생물다양성보전의 필요성

- 생물다양성과 먹이 관계: 생물다양성이 □□은 생태계는 먹이그물이 □□하여 안정적으로 유지된다.
- 다양한 생물이 제공하는 자원: □□, 섬유, □□□, 목재 등을 제공한다.

01 다음은 생물다양성과 생태계에 대한 설명이다. ( ) 안에 알맞은 말을 고르시오.

(1) 생물다양성이 (높을수록, 낮을수록) 먹이그물이 복잡하다.

(2) 먹이그물이 (복잡할수록, 단순할수록) 생태계가 안정적으로 유지된다.

(3) 먹이그물이 (복잡하면, 단순하면) 어떤 생물이 멸종되어도 이를 대신할 수 있는 다른 생물이 있다.

02 그림은 생태계 (가)와 (나)의 먹이 관계를 나타낸 것이다.

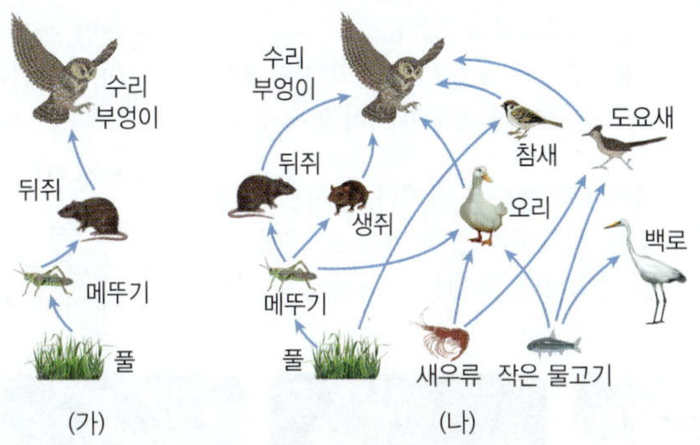

(가)와 (나) 중 더 안정적으로 유지되는 생태계의 기호를 쓰시오.

03 다양한 생물이 사람에게 제공하는 자원과 그 예를 선으로 연결하시오.

(1) 식량 제공 · · ㉠ 벼, 보리

(2) 섬유 제공 · · ㉡ 숲, 휴양림

(3) 의약품 제공 · · ㉢ 목화, 누에고치

(4) 휴식 공간 제공 · · ㉣ 주목나무, 푸른곰팡이

(5) 산업용 아이디어 제공 · · ㉤ 도꼬마리 열매의 생김새

04 생물다양성을 보전해야 하는 필요성에 대한 설명으로 옳은 것은 ○표, 옳지 않은 것은 ×표 하시오.

(1) 생물에서 식량, 의약품 등을 얻을 수 있기 때문이다. ( )

(2) 생물다양성이 높을수록 생태계가 안정적으로 유지되기 때문이다. ( )

(3) 모든 생물은 생명이 있어 그 자체로 소중한 가치가 있기 때문이다. ( )

(4) 숲에서 여가 활동을 하는 것은 다양한 생물에서 얻는 자원이 아니다. ( )

2 생물다양성의 감소 원인

생물다양성의 감소 원인		사례
+서식지파괴	사람이 자연을 개발하면서 서식지가 파괴되고, 그 결과 서식지를 잃은 생물이 사라질 수 있다. 생물다양성을 위협하는 가장 심각한 원인이다.	• 도로의 건설로 산양이 멸종 위기에 처했다. • 열대우림의 개발로 보르네오오랑우탄이 멸종 위기에 처했다.
외래종의 유입⑤	외래종은 천적이 없으면 지나치게 번성하여 토종 생물의 생존을 위협할 수 있다.	• 큰입배스는 토종 물고기를 잡아먹는다. • 가시박은 나무를 뒤덮어 광합성을 방해한다.
기후 변화와 환경오염⑥	• 기후 변화로 기온과 수온이 상승하고 서식 환경이 달라지면 그곳에 살던 생물이 사라질 수 있다. • 물, 대기, 토양 등이 오염되면 환경오염에 특히 약한 생물이 사라질 수 있다.	┌ 바다의 수온이 높아지면 산호와 같이 사는 └ 조류가 죽어 산호도 죽게 된다. • 바다의 수온이 높아져 산호가 죽는다. • 해양 쓰레기로 인해 바다거북의 생존이 위협받는다.
불법 포획 및 +남획	불법으로 생물을 잡거나, 번식으로 개체 수를 회복하지 못할 정도로 특정 생물을 남획하면 그 생물이 사라질 수 있다.	• 무분별한 사냥으로 우리나라에서 대륙사슴이 멸종되었다. • 나도풍란은 무분별한 채취로 야생에서 거의 볼 수 없게 되었다.

*대부분 인간의 활동과 관련이 있다.

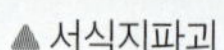
▲ 서식지파괴

▲ 큰입배스

▲ 바다거북과 해양 쓰레기

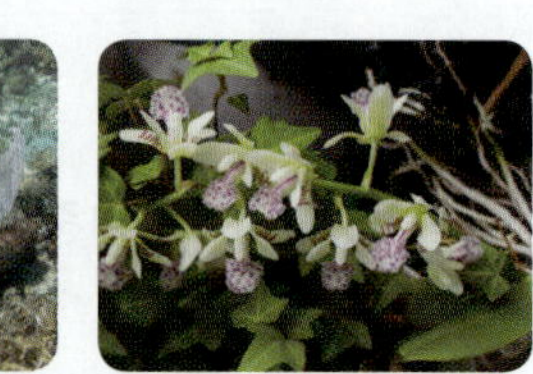
▲ 멸종 위기의 나도풍란

3 생물다양성 유지 방안

1 개인적 차원의 방안 나무 심기, 쓰레기 줍기, 가까운 거리는 걷기, 다회용품 사용하기, 재활용품 분리배출하기, 외래종 발견 시 신고하기, 야생 동물을 함부로 기르지 않기 등

2 사회적 차원의 방안 외래종 제거, 생태통로 건설, 국립 공원 지정 및 보호, 멸종 위기 생물 지정 및 복원, 생물다양성보전의 중요성 알리기, 야생 생물 보호 및 관리에 관한 법률 제정 등⑦⑧

▲ 생태통로 건설

▲ 국립 공원 지정

▲ 따오기 복원 사업

▲ 생물다양성보전의 중요성 알리기

3 국제적 차원의 방안 생물다양성을 유지하기 위해 국가 간에 협약을 맺어 실천한다.
① 람사르협약: 서식지로 중요한 습지 보호에 관한 협약
② 생물다양성협약: 생물의 멸종을 막기 위해 동식물 및 천연자원을 보전하기 위한 협약
③ 멸종 위기에 처한 야생 동식물 종의 국제 거래에 관한 협약(CITES): 멸종 위기에 처한 야생 동식물의 무질서한 국제 거래 및 포획을 금지하는 협약

---

⑤ 외래종(외래생물)
원래 살던 곳을 벗어나 새로운 곳에서 자리를 잡고 사는 생물이다.
예 가시박, 큰입배스, 뉴트리아

▲ 가시박　　▲ 뉴트리아

⑥ 기후 변화와 생물다양성
북극곰은 바다가 얼어서 생긴 해빙에서 생활하며 먹이를 사냥하는데, 기후 변화로 기온이 높아져 해빙이 녹으면서 서식지를 잃어 가고 있다. 이산화 탄소와 같은 온실기체의 증가는 기후 변화의 원인이 되므로, 다회용품을 사용하고 가까운 거리는 걷는 등 탄소 배출을 줄이기 위해 노력해야 한다.

⑦ 생태통로
도로 건설 등으로 하나였던 서식지가 둘로 나뉘었을 때 동물이 두 서식지를 안전하게 건너다닐 수 있게 만든 통로이다. 서식지가 파괴되어 이동 통로가 끊어지면 동물찻길 사고가 발생할 수 있다.

⑧ 종자 은행 천재(임) 에서만 다뤄요
고유 식물의 종자(씨앗)를 모아 오랫동안 보존하고 저장하는 곳이다. 종자를 저장하면 멸종 위기의 식물을 복원하는 데 사용할 수 있다.

용어 픽
+ **서식지**(棲 깃들이다, 息 숨쉬다, 地 땅) 강, 산과 같이 생물이 자리를 잡고 살아가는 장소
+ **남획**(濫 넘치다, 獲 얻다) 사람이 생물을 마구 잡는 것

05 생물다양성의 감소 원인에 대한 설명으로 옳은 것은 ○표, 옳지 <u>않은</u> 것은 ×표 하시오.

(1) 기후 변화와 환경오염에 의해 서식지의 면적이 증가한다. ( )

(2) 사람의 개발로 서식지가 파괴되면 생물다양성이 감소한다. ( )

(3) 가시박은 자라면서 주변 식물을 뒤덮어 잘 자라지 못하게 한다. ( )

(4) 특정 생물을 번식으로 개체수를 회복하지 못할 만큼 마구 잡으면 생물다양성이 감소한다. ( )

06 오른쪽 그림은 다른 나라에서 들어와 토종 생물의 생존을 위협하는 생물을 나타낸 것이다.
이러한 생물을 무엇이라고 하는지 쓰시오.

▲ 큰입배스　　　　▲ 가시박

07 생물다양성을 유지하기 위한 방안 중 개인적 차원, 사회적 차원, 국제적 차원에 해당하는 방안을 〈보기〉에서 모두 고르시오.

보기
ㄱ. 쓰레기 줍기　　　　ㄴ. 국립 공원 지정
ㄷ. 재활용품 분리배출　　　　ㄹ. 멸종 위기 생물 지정
ㅁ. 생물다양성협약 체결　　　　ㅂ. 야생동물 함부로 기르지 않기

(1) 개인적 차원의 방안

(2) 사회적 차원의 방안

(3) 국제적 차원의 방안

08 생물다양성을 유지하기 위한 방안에 대한 설명으로 옳은 것은 ○표, 옳지 <u>않은</u> 것은 ×표 하시오.

(1) 일회용품을 사용하면 환경오염을 줄일 수 있다. ( )

(2) 람사르협약은 서식지로 중요한 습지를 보호하기 위한 협약이다. ( )

(3) 멸종 위기에 처한 야생 생물을 기르면 생물다양성을 유지할 수 있다. ( )

(4) 도로 건설 등으로 서식지가 나뉘면 생태통로를 설치하여 동물의 이동을 돕는다. ( )

(5) 나무를 심고 가까운 거리는 걸어 다니는 등 일상생활에서도 생물다양성을 유지하기 위해 노력할 수 있다. ( )

유형 연습하기

핵심 자료를 파악하고 문제 풀이로 연습해 봅시다.

● 바른답·알찬풀이 17쪽

유형 1 생태계가 안정적으로 유지되는 조건

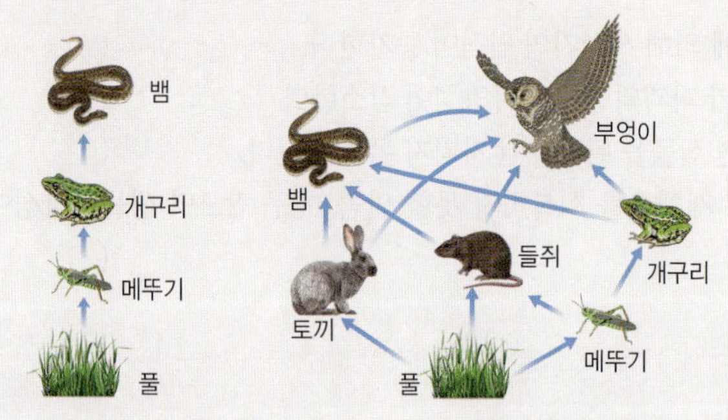

뱀의 먹이는 개구리뿐이다.　뱀의 먹이는 토끼, 들쥐, 개구리이다.

➡ 개구리가 멸종되어도 안정적으로 유지되는 생태계는 (나)이다.

개념 POINT 생물다양성이 높아 먹이그물이 복잡하게 얽혀 있을 때 생태계가 안정적으로 유지된다.

출제 POINT 먹이그물이 단순한 생태계와 복잡한 생태계를 그림으로 제시하고, 더 안정적으로 유지되는 생태계, 더 생물다양성이 높은 생태계를 고르거나, 한 종류의 생물이 멸종되었을 때 먹이그물에서 나타나는 변화를 묻는 문제가 출제된다.

01 (가)와 (나) 중 생물다양성이 더 높은 생태계의 기호를 쓰시오.

02 이에 대한 설명으로 옳지 <u>않은</u> 것은?

① (가)보다 (나)의 먹이그물이 복잡하다.

② (가)에서 뱀이 멸종되면 개구리의 수가 증가할 것이다.

③ (나)에서 풀이 멸종되면 토끼도 멸종될 수 있다.

④ 개구리가 멸종되었을 때 뱀이 멸종될 가능성이 높은 것은 (나)이다.

⑤ (나)에서 뱀이 멸종되어도 부엉이는 토끼, 들쥐, 개구리를 잡아먹으며 살 수 있다.

> **자주 보는 오답 ✔** 먹이그물이 복잡한 생태계에서는 어떤 생물이 멸종되면 이를 대신할 수 있는 생물이 있어 멸종된 생물을 먹이로 하는 생물이 연속적으로 멸종될 가능성이 낮다.

서술형

03 (가)와 (나) 중 개구리가 멸종되어도 안정적으로 유지되는 생태계의 기호를 쓰고, 그렇게 판단한 까닭을 먹이 관계를 들어 설명하시오.

유형 2 생물다양성의 감소 원인

(가) 서식지파괴

(나) 외래종의 유입

(다) 환경오염

(라) 불법 포획

개념 POINT 서식지파괴, 외래종의 유입, 기후 변화와 환경오염, 불법 포획 및 남획에 의해 생물다양성이 감소할 수 있다.

출제 POINT 생물다양성의 감소 원인을 제시하고, 이에 대한 전반적인 설명, 해당하는 사례, 각 원인에 맞는 생물다양성의 유지 방안을 묻는 문제가 출제된다.

01 다음 사례에 해당하는 원인의 기호를 쓰시오.

> • 보르네오오랑우탄은 열대우림의 개발로 멸종 위기에 처했다.
> • 산양은 도로 건설 등으로 숲이 파괴되어 멸종 위기에 처했다.

02 이에 대한 설명으로 옳지 <u>않은</u> 것은?

① (가)는 생물다양성 감소의 가장 큰 원인이다.

② (가)에 의한 생물다양성 감소를 예방하려면 국립 공원 같은 보호 구역을 지정해야 한다.

③ (나)에 의해 토종 생물의 생존이 위협받는다.

④ (나)에 의한 생물다양성 감소를 예방하려면 생태통로를 건설해야 한다.

⑤ (다)에 의한 생물다양성 감소를 예방하려면 다회용품을 사용해야 한다.

⑥ (라)에 의한 생물다양성 감소를 예방하려면 멸종 위기 생물을 지정하여 보호해야 한다.

> **자주 보는 오답 ✔** 생태통로는 도로 건설 등으로 하나였던 서식지가 둘로 나뉘었을 때 동물이 안전하게 건너다닐 수 있게 만든 통로이다.

● 바른답·알찬풀이 17 쪽

1 생물다양성보전의 필요성

01 생물다양성을 보전해야 하는 필요성으로 옳은 것을 〈보기〉에서 모두 고르시오.

┌ 보기 ├
ㄱ. 모든 생명은 그 자체로 소중하기 때문이다.
ㄴ. 인간은 다양한 생물로부터 생활에 필요한 자원을 얻기 때문이다.
ㄷ. 생물다양성을 유지해야 생태계가 안정적으로 유지되기 때문이다.

중요 ✦
02 그림은 생태계 (가)와 (나)의 먹이 관계를 나타낸 것이다.

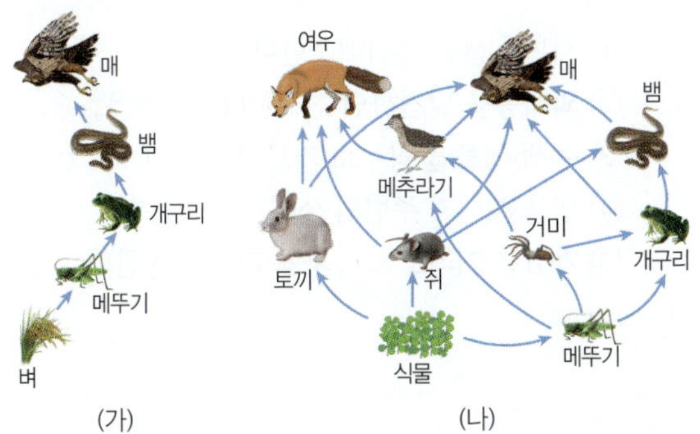

이에 대한 설명으로 옳은 것을 〈보기〉에서 모두 고른 것은?

┌ 보기 ├
ㄱ. (가)보다 (나)가 안정된 생태계이다.
ㄴ. 개구리가 멸종되었을 때 뱀이 멸종될 가능성이 더 높은 것은 (가)이다.
ㄷ. (나)에서 메뚜기가 멸종되면 거미의 수가 증가할 것이다.

① ㄱ   ② ㄷ   ③ ㄱ, ㄴ
④ ㄱ, ㄷ   ⑤ ㄴ, ㄷ

03 생물을 이용하는 사례를 옳게 짝 지은 것은?

① 벼 – 식량 제공
② 목화 – 목재 제공
③ 도꼬마리 – 비단의 재료
④ 누에고치 – 항암제의 원료
⑤ 주목나무 – 산업용 아이디어 제공

중요 ✦
04 생물다양성이 잘 보전된 생태계에서 얻는 자원으로 옳지 않은 것은?

① 맑은 공기와 비옥한 토양을 얻을 수 있다.
② 휴식과 여가 활동을 위한 공간을 제공받는다.
③ 생물에게서 과거에 없던 새로운 질병을 얻을 수 있다.
④ 다양한 생물에서 식량, 섬유, 의약품 등에 필요한 재료를 제공받는다.
⑤ 생물의 생김새나 생활 모습을 보고 아이디어를 얻어 유용한 도구를 발명할 수 있다.

2 생물다양성의 감소 원인

중요 ✦
05 생물다양성이 감소하는 원인으로 옳지 않은 것은?

① 갯벌을 농경지로 바꾼다.
② 나무를 심고, 식물을 함부로 꺾지 않는다.
③ 큰입배스와 같은 외래종을 다른 나라에서 들여온다.
④ 숲이나 습지를 없애고 도로를 최대한 많이 건설한다.
⑤ 번식으로 개체수를 회복하지 못할 만큼 생물을 많이 잡는다.

06 다음 설명과 관련 있는 생물다양성의 감소 원인으로 옳은 것은?

• 생물다양성을 감소시키는 가장 심각한 원인이다.
• 도로 건설 등으로 생물의 서식지가 줄어들어 그곳에 살던 생물이 사라질 수 있다.

① 환경오염   ② 기후 변화
③ 서식지파괴   ④ 외래종의 유입
⑤ 불법 포획 및 남획

중요 07 그림은 우리나라에서 발견되는 생물들을 나타낸 것이다.

▲ 큰입배스

▲ 뉴트리아

이 생물들의 공통점에 대한 설명으로 옳은 것을 〈보기〉에서 모두 고른 것은?

| 보기 |
ㄱ. 우리나라의 생물다양성을 증가시킨다.
ㄴ. 우리나라 토종 생물의 생존을 위협한다.
ㄷ. 먹이 관계에 변화를 일으켜 생태계를 안정적으로 유지하는 데 도움을 준다.

① ㄱ　　　② ㄴ　　　③ ㄷ
④ ㄱ, ㄷ　　⑤ ㄴ, ㄷ

08 다음은 생물다양성이 감소한 사례이다.

(가) 바다의 수온이 높아져 산호가 죽었다.
(나) 도로 건설 등으로 산양이 멸종 위기에 처했다.
(다) 나도풍란은 무분별한 채취로 야생에서 거의 볼 수 없게 되었다.

각 사례의 원인을 〈보기〉에서 고르시오.

| 보기 |
ㄱ. 남획　　　ㄴ. 기후 변화　　　ㄷ. 서식지파괴

3　생물다양성 유지 방안

중요 09 생물다양성을 유지하기 위한 방안으로 옳지 <u>않은</u> 것은?

① 생물다양성보전의 중요성에 대해 교육한다.
② 국가 간에 협약을 맺어 생물다양성을 보전한다.
③ 농작물에 피해를 주는 참새, 멧돼지 등을 없앤다.
④ 멸종 위기 생물을 지정하고 복원 사업을 실시한다.
⑤ 야생 생물이 많이 사는 지역을 국립 공원으로 지정하여 보호한다.

10 생물다양성의 감소 원인에 대한 대책을 옳게 연결한 것은?

① 남획 – 다회용품을 사용한다.
② 외래종의 유입 – 나무를 심는다.
③ 환경오염 – 생태통로를 건설한다.
④ 기후 변화 – 쓰레기를 태워서 없앤다.
⑤ 서식지파괴 – 지나친 개발을 자제한다.

중요 11 생물다양성을 유지하기 위해 개인이 실천할 수 있는 방안으로 옳지 <u>않은</u> 것은?

① 재활용품을 분리배출한다.
② 외래종을 발견하면 신고한다.
③ 야생 생물을 함부로 기르지 않는다.
④ 생물 서식지 주변의 쓰레기를 줍는다.
⑤ 가까운 거리도 자동차를 타고 이동한다.

12 그림은 도로를 건설하면서 설치한 생태통로를 나타낸 것이다.

이에 대한 설명으로 옳지 <u>않은</u> 것은?

① 분리된 서식지를 이어 준다.
② 서식지파괴에 대한 대책이다.
③ 동물의 찻길 사고를 방지할 수 있다.
④ 외래종이 지나치게 번성하는 것을 막는다.
⑤ 한쪽 서식지에서 특정 생물이 사라지는 것을 방지한다.

만점 도전하기

13 다음은 어느 생태계에서 나타난 변화에 대한 설명이다.

> 1926 년 미국의 한 국립 공원에서는 늑대에 의한 가축의 피해를 막기 위해 늑대를 모두 사냥하여 없앴다. 그 결과 늑대의 먹이인 엘크의 수가 증가했고, 엘크의 먹이인 식물이 줄어들어 이 식물을 먹이로 하는 비버와 새들도 사라졌다.

이에 대한 설명으로 옳지 <u>않은</u> 것은?

① 사람의 활동으로 생물다양성이 감소했다.
② 늑대 사냥으로 생태계가 안정적으로 유지되었다.
③ 비버가 사라진 것은 식물이 줄어들었기 때문이다.
④ 이 생태계에는 식물 → 엘크 → 늑대의 먹이 관계가 있다.
⑤ 생태계에서 한 생물의 수가 변하면 다른 생물의 수나 양도 변할 수 있다.

14 그림 (가)는 어떤 지역의 숲을 가로질러 도시를 개발한 모습을, (나)는 이를 보완한 모습을 나타낸 것이다.

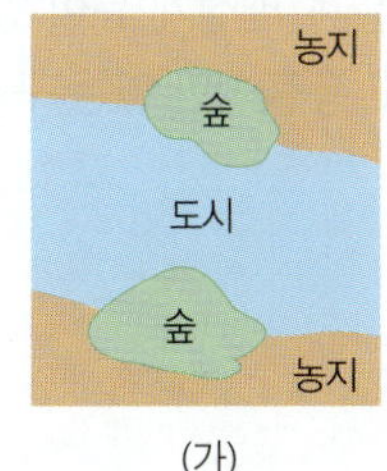

이에 대한 설명으로 옳은 것을 〈보기〉에서 모두 고른 것은?

| 보기 |
ㄱ. (가)보다 (나)에서 숲의 생물다양성이 더 높다.
ㄴ. (가)에서는 (나)에서보다 동물 찻길 사고가 발생할 가능성이 높다.
ㄷ. (가)보다 (나)의 숲에서 특정 생물의 수가 계속 감소할 가능성이 높다.

① ㄱ   ② ㄷ   ③ ㄱ, ㄴ
④ ㄱ, ㄷ   ⑤ ㄴ, ㄷ

---

01 그림은 생태계 (가)와 (나)의 먹이 관계를 나타낸 것이다.

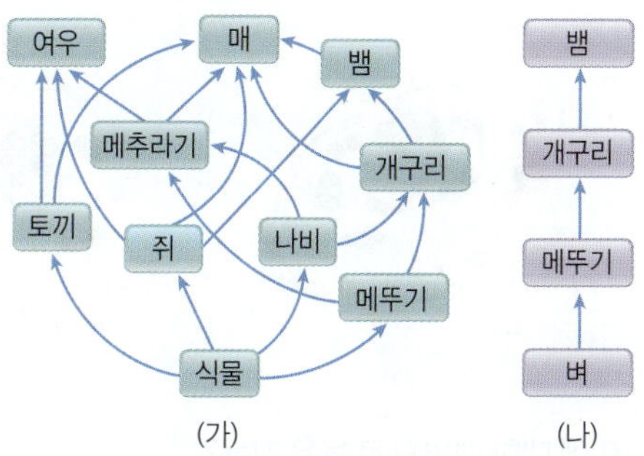

1단계 (가)와 (나) 중 어느 생태계가 더 안정적으로 유지되는지 설명하시오.

((가), (나))가 생태계를 구성하는 생물의 종류가 더 (많으므로, 적으므로) 안정적으로 유지된다.

2단계 (가)와 (나) 중 메뚜기가 멸종되어도 안정적으로 유지되는 생태계의 기호를 쓰고, 그렇게 판단한 까닭을 설명하시오.

02 북극곰은 바다가 얼어서 생긴 해빙에서 생활하며 먹이를 사냥하는데, 지구의 평균 기온이 높아져 해빙이 녹으면서 북극곰의 수가 줄어들고 있다.

1단계 북극곰의 수가 줄어든 까닭을 설명하시오.

북극곰은 (   )에 의해 (   )이/가 감소하여 수가 줄어들었다.

2단계 북극곰의 수가 줄어든 까닭을 쓰고, 그에 대한 대책을 <u>두 가지만</u> 설명하시오.

01 그림은 동물세포와 식물세포를 순서없이 나타낸 것이다.

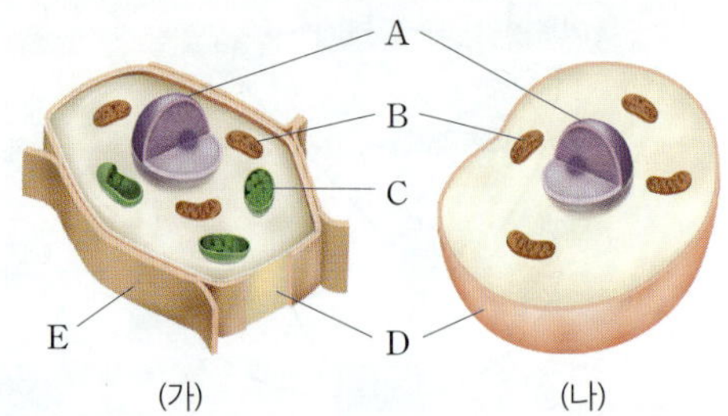

이에 대한 설명으로 옳은 것은?

① (가)는 동물세포이고, (나)는 식물세포이다.
② A는 세포의 생명활동에 필요한 에너지를 만든다.
③ B는 세포의 생명활동을 조절한다.
④ C와 E는 식물세포에는 없고, 동물세포에만 있다.
⑤ D는 물질의 출입을 조절한다.

02 세포에 대한 설명으로 옳지 <u>않은</u> 것은?

① 세포는 기능에 따라 모양이 다르다.
② 생물을 구성하는 가장 작은 단위이다.
③ 하나의 세포에서도 생명활동이 일어난다.
④ 하나의 생물은 한 종류의 세포로 이루어진다.
⑤ 세포는 종류에 따라 모양과 크기가 다양하다.

03 그림은 두 종류의 세포를 현미경으로 관찰한 결과를 나타낸 것이다.

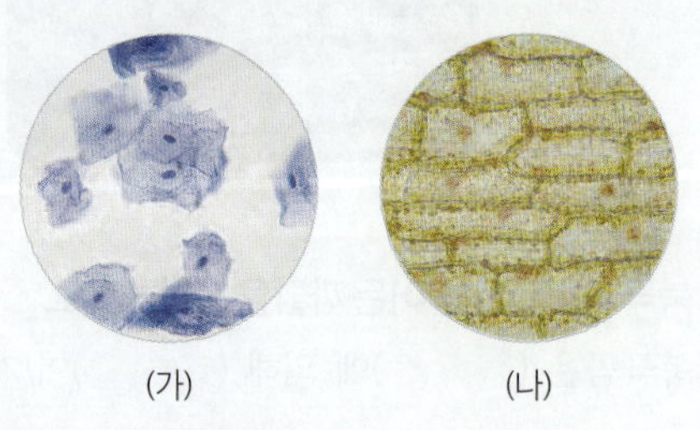

이에 대한 설명으로 옳은 것은?

① (가)와 (나)에는 모두 세포막이 있다.
② (가)는 모양이 일정하므로 식물세포이다.
③ (가)에는 엽록체가 있지만, (나)에는 엽록체가 없다.
④ (가)에는 핵이 있지만, (나)에는 핵이 없다.
⑤ (가)는 아세트산 카민 용액으로, (나)는 메틸렌 블루 용액으로 염색한다.

04 식물과 동물의 구성 단계에 대한 설명으로 옳은 것을 〈보기〉에서 모두 고른 것은?

> **보기**
> ㄱ. 식물에서는 기관이 모여 개체를 이룬다.
> ㄴ. 동물에서는 조직계가 모여 기관을 이룬다.
> ㄷ. 개체는 일정한 단계를 거쳐 유기적으로 구성된다.
> ㄹ. 조직은 모양과 기능이 다양한 세포들로 이루어진다.

① ㄱ, ㄴ   ② ㄱ, ㄷ   ③ ㄴ, ㄷ
④ ㄴ, ㄹ   ⑤ ㄷ, ㄹ

05 그림은 동물의 구성 단계를 순서 없이 나타낸 것이다.

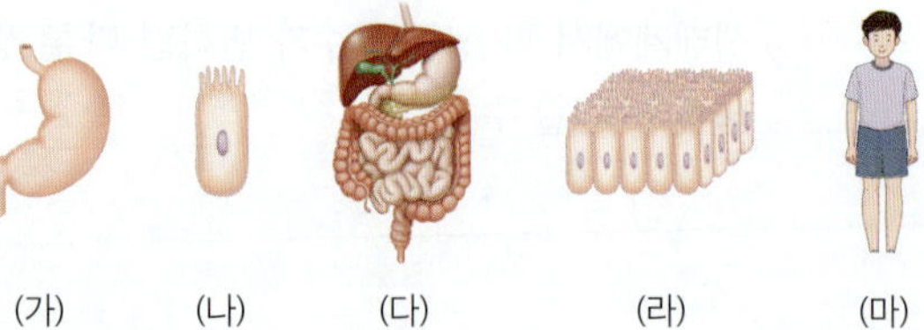

이에 대한 설명으로 옳지 <u>않은</u> 것은?

① 동물은 (나) → (라) → (가) → (다) → (마)의 단계로 구성된다.
② (가)는 특정한 기능을 갖춘 구성 단계이다.
③ (나)는 동물의 구조적·기능적 기본 단위이다.
④ (다)에는 순환계, 호흡계, 배설계 등이 있다.
⑤ (라)는 식물에는 없고 동물에만 있는 구성 단계이다.

06 다음은 생물의 구성 단계에 대한 설명이다.

> • 여러 조직이 모여 특정한 모양과 기능을 갖춘 단계이다.
> • 동물의 간과 위, 식물의 잎과 꽃 등이 이 단계에 해당한다.

이에 해당하는 구성 단계로 옳은 것은?

① 세포   ② 조직   ③ 개체
④ 기관   ⑤ 조직계

07 생물다양성에 대한 설명으로 옳은 것은?

① 숲보다 학교 텃밭의 생물다양성이 더 높다.
② 같은 종류의 생물이 많을수록 생물다양성이 높다.
③ 어떤 지역의 생태계가 다양해지면 생물의 종류가 적어진다.
④ 같은 종류의 생물의 특징이 다양하면 환경이 변할 때 멸종할 가능성이 높다.
⑤ 변이와 생물이 환경에 적응하는 과정은 오늘날 생물이 다양해진 주요 원인이다.

08 그림은 넓이가 같은 두 지역 (가)와 (나)에 살고 있는 생물의 종류와 수를 나타낸 것이다.

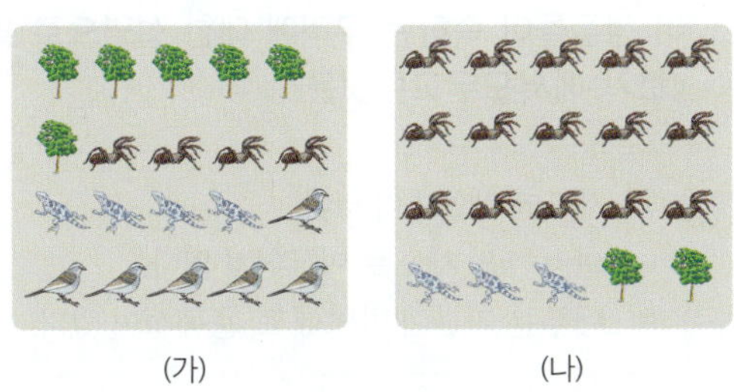

(가)   (나)

이에 대한 설명으로 옳은 것을 〈보기〉에서 모두 고른 것은?

| 보기 |
ㄱ. (가)보다 (나)의 생물다양성이 더 높다.
ㄴ. (가)와 (나)에는 같은 수의 생물이 살고 있다.
ㄷ. (가)에는 4 종류, (나)에는 3 종류의 생물이 살고 있다.

① ㄱ   ② ㄴ   ③ ㄷ
④ ㄱ, ㄴ   ⑤ ㄴ, ㄷ

09 변이의 예로 옳은 것을 모두 고르면?(정답 2 개)

① 여우의 몸은 털로 덮여 있다.
② 개와 고양이의 생김새가 다르다.
③ 단풍나무의 잎 모양과 크기가 조금씩 다르다.
④ 얼룩말은 줄무늬의 색깔과 간격이 조금씩 다르다.
⑤ 숲에 사는 생물과 바다에 사는 생물의 종류가 다르다.

10 그림은 북극여우와 사막여우를 나타낸 것이다.

▲ 북극여우   ▲ 사막여우

북극여우와 달리 사막여우가 가지는 특징으로 옳은 것을 〈보기〉에서 모두 고른 것은?

| 보기 |
ㄱ. 몸집이 커서 체온을 지킬 수 있다.
ㄴ. 귀가 커서 열을 방출하기 유리하다.
ㄷ. 더운 환경에 적응하여 북극여우와 생김새가 달라졌다.

① ㄱ   ② ㄴ   ③ ㄷ
④ ㄱ, ㄷ   ⑤ ㄴ, ㄷ

11 다음은 생물이 다양해지는 과정에 대한 설명이다.

한 종류의 생물 무리에는 다양한 (㉠)이/가 있다. 이 생물 무리가 서로 다른 (㉡)에 살게 되고, 그곳에 (㉢)하기 알맞은 ㉠을/를 가진 생물이 더 많이 살아남아 (㉣)을/를 남기는 과정이 오랜 시간 동안 반복되면 원래의 생물과 다른 새로운 종류가 될 수 있다.

㉠~㉣에 알맞은 말을 옳게 짝 지은 것은?

	㉠	㉡	㉢	㉣
①	변이	자손	적응	환경
②	변이	자손	환경	적응
③	변이	환경	자손	적응
④	변이	환경	적응	자손
⑤	자손	환경	적응	변이

12 그림은 핀치의 종류가 다양해지는 과정을 나타낸 것이다.

이에 대한 설명으로 옳은 것을 〈보기〉에서 모두 고르시오.

┤ 보기 ├
ㄱ. 변이는 생물의 생존에 영향을 주지 않는다.
ㄴ. 각 섬에서 핀치는 다른 먹이 환경에 적응했다.
ㄷ. 한 종류의 핀치 무리에 먹이가 조금씩 다른 변이가 있었다.
ㄹ. 변이와 환경에 적응하는 과정을 통해 생물다양성이 높아졌다.

13 생물의 분류와 분류 단계에 대한 설명으로 옳은 것을 모두 고르면?(정답 2개)

① 과보다 속이 더 큰 분류 단위이다.
② 하나의 과에는 여러 개의 목이 속한다.
③ 생물을 분류하는 기본 단위는 종이다.
④ 특징이 비슷한 문끼리 묶어 강으로 분류한다.
⑤ 고유한 특징을 기준으로 분류하면 생물 사이의 멀고 가까운 관계를 알 수 있다.

14 표는 생물의 분류 단계를 나타낸 것이다.

강	목	과	속	종
포유강	식육목	개과	개속	개
포유강	영장목	사람과	사람속	사람
포유강	식육목	고양이과	고양이속	고양이

이에 대한 설명으로 옳지 <u>않은</u> 것은?

① 개와 고양이는 같은 문에 속한다.
② 사람과 고양이는 같은 계에 속한다.
③ 고양이는 사람보다 개와 더 가까운 관계이다.
④ 식육목보다 고양이과에 속하는 생물의 종류가 더 많다.
⑤ 개와 고양이는 짝짓기를 하여 번식 능력이 있는 자손을 낳을 수 없다.

15 다음은 어떤 생물 무리에 대한 설명이다.

• 세포에 핵이 없고, 세포벽이 있다.
• 대부분 1개의 세포로 이루어져 있다.
• 대장균, 포도상구균 등이 이 무리에 속한다.

생물의 5계 중 이에 해당하는 계로 옳은 것은?

① 균계　　　② 동물계　　　③ 식물계
④ 원생생물계　　　⑤ 원핵생물계

16 다음은 생물의 5계 중 한 무리에 속하는 생물이다.

참새, 해파리, 지렁이, 고양이

이 생물들이 속하는 무리에 대한 설명으로 옳은 것을 〈보기〉에서 모두 고른 것은?

┤ 보기 ├
ㄱ. 세포에 세포벽이 있다.
ㄴ. 여러 개의 세포로 이루어져 있다.
ㄷ. 대부분 기관이 발달했고, 운동성이 있다.

① ㄱ　　　② ㄷ　　　③ ㄱ, ㄴ
④ ㄴ, ㄷ　　　⑤ ㄱ, ㄴ, ㄷ

17 그림은 버섯과 옥수수의 공통점과 차이점을 나타낸 것이다. ㉠~㉢은 생물이 가지는 특징이다.

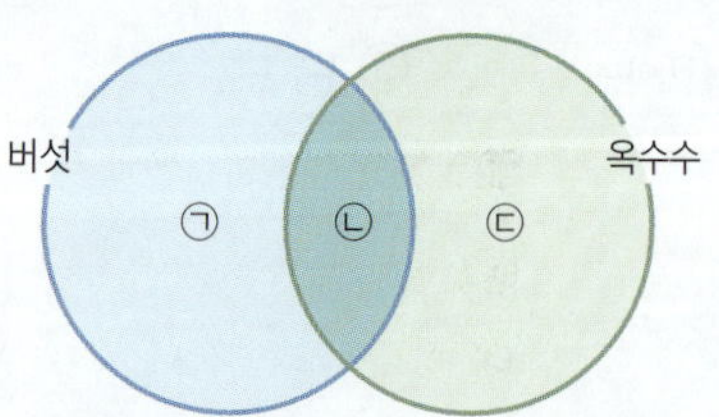

이에 대한 설명으로 옳은 것을 〈보기〉에서 모두 고른 것은?

┤ 보기 ├
ㄱ. '기관이 발달하지 않았다.'는 ㉠에 해당한다.
ㄴ. '1개의 세포로 이루어져 있다.'는 ㉡에 해당한다.
ㄷ. '광합성을 할 수 있다.'는 ㉢에 해당한다.

① ㄱ　　　② ㄴ　　　③ ㄷ
④ ㄱ, ㄴ　　　⑤ ㄱ, ㄷ

18 그림은 생물을 5계로 분류하는 순서도를 나타낸 것이다.

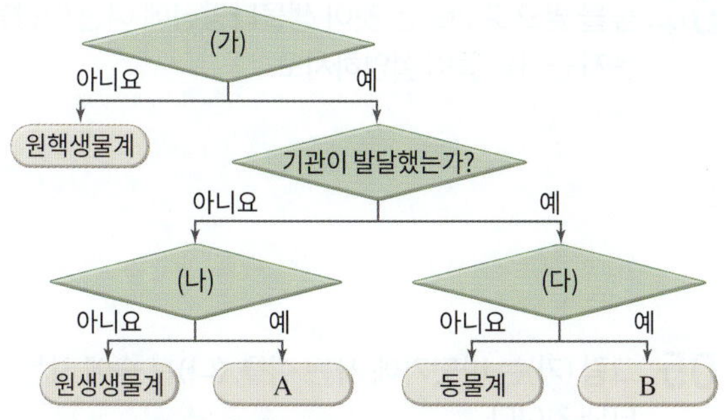

이에 대한 설명으로 옳지 <u>않은</u> 것은?

① A는 균계이다.
② 다시마는 B에 속한다.
③ '세포에 핵이 있는가?'는 (가)에 해당한다.
④ '균사 구조를 가지는 생물이 있는가?'는 (나)에 해당한다.
⑤ '스스로 양분을 만들 수 있는가?'는 (다)에 해당한다.

19 그림은 두 생태계의 먹이 관계를 나타낸 것이다.

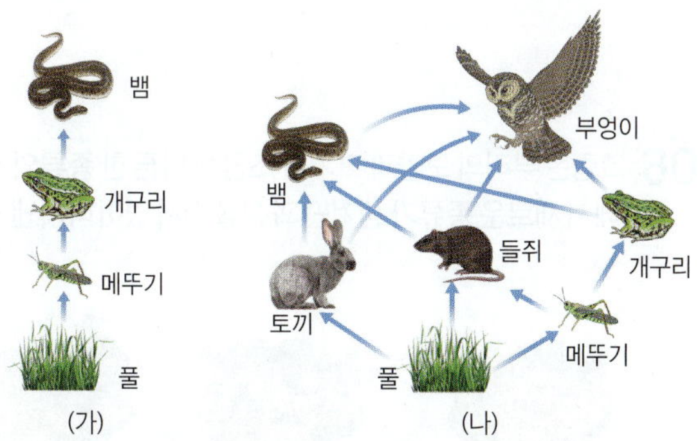

이에 대한 설명으로 옳은 것을 〈보기〉에서 모두 고르시오.

| 보기 |
ㄱ. (나)보다 (가)의 생물다양성이 더 높다.
ㄴ. 환경이 변하면 (나)보다 (가)가 안정적으로 유지된다.
ㄷ. (나)에서 들쥐가 멸종되면 메뚜기의 수가 늘어날 것이다.
ㄹ. 개구리가 멸종되었을 때 뱀이 멸종될 가능성은 (가)가 (나)보다 높다.

20 다양한 생물에서 얻는 자원으로 옳지 <u>않은</u> 것은?

① 목재
② 식량
③ 휴식 공간
④ 새로운 해충
⑤ 산업용 아이디어

21 생물다양성이 감소하는 사례로 옳지 <u>않은</u> 것은?

① 쓰레기는 모두 태워서 없앤다.
② 건물을 짓기 위해 숲을 개발한다.
③ 바닷가에 버려진 쓰레기를 줍는다.
④ 집에서 기르던 외래종을 야생에 풀어 준다.
⑤ 관상용으로 사용하기 위해 야생의 나도풍란을 채취한다.

22 그림은 생태통로를 나타낸 것이다.

이는 생물다양성 감소 원인 중 어떤 것에 대한 대책인가?

① 환경오염
② 기후 변화
③ 서식지파괴
④ 외래종의 유입
⑤ 불법 포획 및 남획

23 생물다양성 유지 방안을 개인적, 사회적, 국제적 차원의 방안으로 구분하여 옳게 설명한 것을 모두 고르면?

(정답 2 개)

① 개인적 차원 – 멸종 위기 생물을 지정하고 복원한다.
② 사회적 차원 – 다회용품을 사용하고 재활용품을 분리배출한다.
③ 사회적 차원 – 야생 생물이 많이 사는 지역을 국립공원으로 지정하고 보호한다.
④ 국제적 차원 – 숲이나 습지를 없애고 도로와 철도를 최대한 많이 건설한다.
⑤ 국제적 차원 – 생물의 멸종을 막기 위해 동식물을 보전하기 위한 협약을 맺어 실천한다.

01 오른쪽 그림은 어떤 세포의 구조를 나타낸 것이다.
이 세포가 동물세포인지 식물세포인지 쓰고, 그렇게 판단한 까닭을 세포 구조의 기호와 이름을 들어 설명하시오.

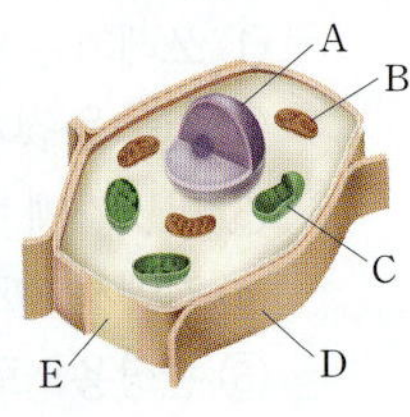

02 그림은 벚나무와 사람의 구성 단계를 나타낸 것이다. A∼C는 각각 순환계, 심장, 기본조직계 중 하나이다.

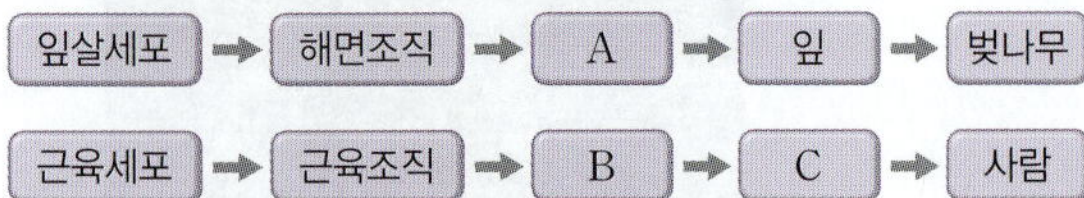

(1) A∼C에 해당하는 구성 단계를 각각 쓰시오.

(2) 동물과 식물의 구성 단계의 차이점을 한 가지만 설명하시오.

03 그림은 사람의 몸을 구성하는 다양한 세포를 나타낸 것이다.

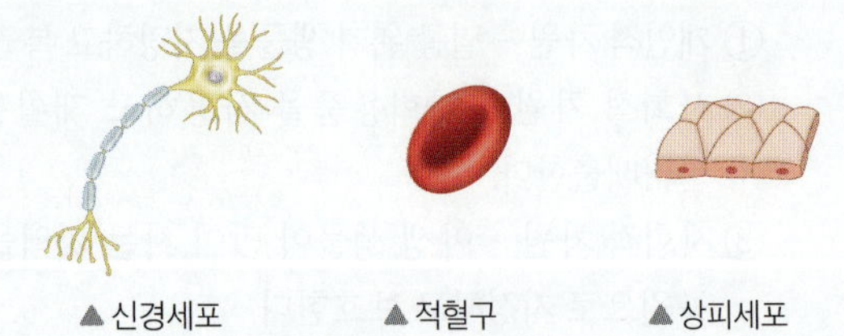

이를 통해 알 수 있는 사실을 설명하시오.

04 숲을 밭으로 만드는 것이 생물다양성에 어떤 영향을 미치는지 근거를 들어 설명하시오.

05 그림 (가)는 바닷가에 사는 쥐를, (나)는 숲에 사는 쥐를 나타낸 것이다.

(가)　　　　　(나)

같은 종류인 쥐의 털 색깔이 달라진 것은 어떤 환경에 적응한 것인지 설명하시오.

06 그림은 부리의 모양과 크기가 조금씩 다른 한 종류의 새 무리에서 새로운 종류가 생겨난 과정을 순서 없이 나타낸 것이다.

(가) 크고 두꺼운 부리를 가진 새가 살아남았다.

(나) 오랜 시간이 지나면서 새로운 종류의 새가 되었다.

(다) 새의 일부가 크고 딱딱한 씨앗이 많은 섬에 살게 되었다.

(1) 새로운 종류의 새가 생겨난 과정을 순서대로 기호를 쓰시오.

(2) 새로운 종류의 새가 생겨난 과정을 참고하여 생물이 다양해지는 과정을 다음 단어를 모두 이용하여 설명하시오.

> 변이, 환경, 적응, 자손

07 다음은 종과 관련된 설명이다.

> • 수탕나귀와 암말 사이에서는 노새가 태어나며, 노새는 자라서 자손을 낳을 수 없다. 그러므로 당나귀와 말은 다른 종이다.
> • 불테리어와 불도그 사이에서는 보스턴테리어가 태어나며, 보스턴테리어는 자라서 자손을 낳을 수 있다. 그러므로 불테리어와 불도그는 같은 종이다.

위 자료를 참고하여 종의 의미를 설명하시오.

08 그림은 생물을 5계로 분류한 결과를 나타낸 것이다.

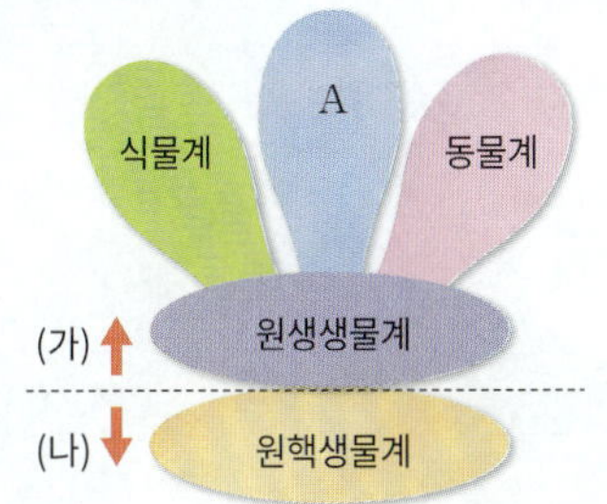

(1) (가)와 (나)를 구분하는 분류 기준을 설명하시오.

(2) A에 해당하는 계를 쓰고, 이 계의 특징을 두 가지만 설명하시오.

09 그림은 분류 기준 (가)~(다)에 따라 여러 가지 생물을 분류한 결과를 나타낸 것이다.

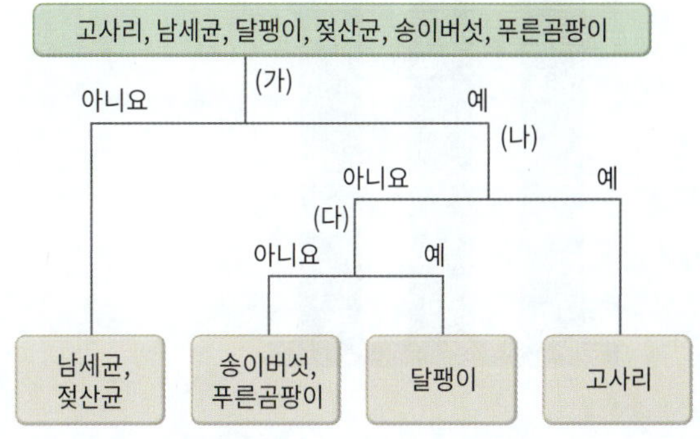

분류 기준 (가)~(다)를 각각 한 가지만 설명하시오.

10 생물다양성을 보전해야 하는 필요성을 세 가지만 설명하시오.

11 그림은 가시박과 큰입배스를 나타낸 것이다.

▲ 가시박 　　　▲ 큰입배스

이 생물들이 우리나라 생물다양성에 미치는 영향과 그에 대한 대책을 한 가지만 설명하시오.

Ⅲ

열

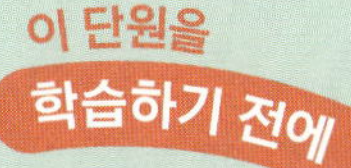

이전 학습 내용에 대한 설명 중 옳은 것을 따라 길을 찾아보자.

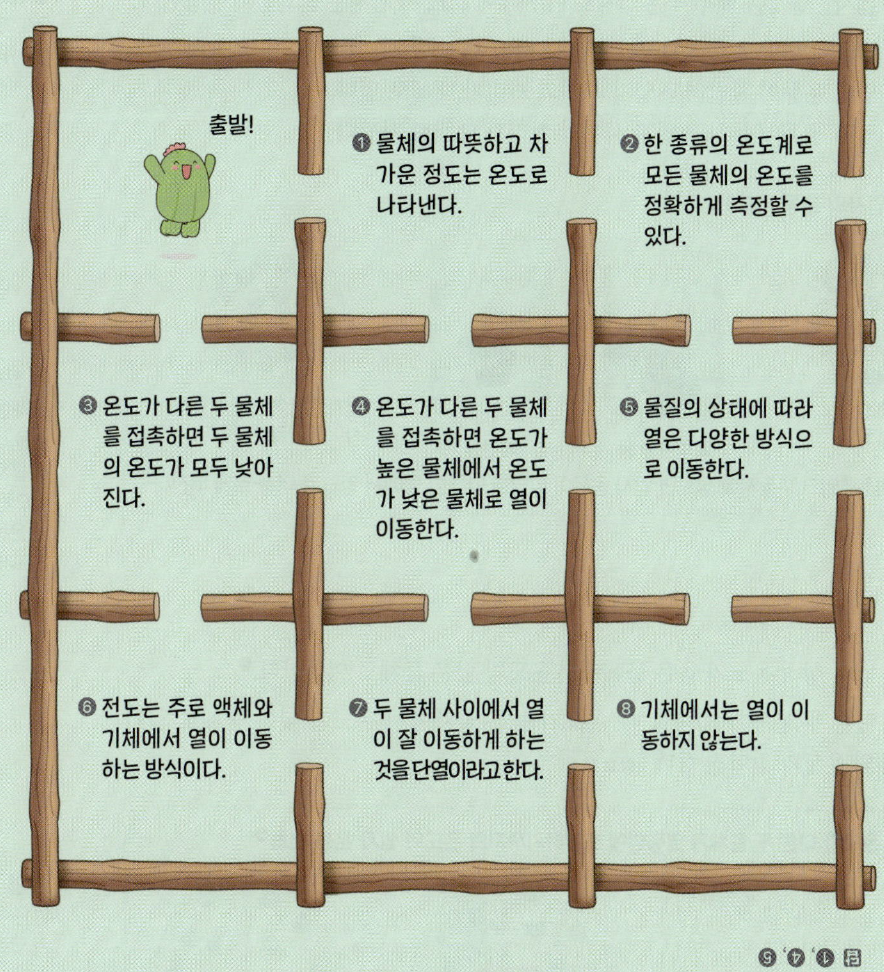

▶▶ 다른 학년과의 연계

이전 학습 내용

열과 우리 생활

물체의 따뜻하고 차가운 정도는 온도로 표현하며, 물질의 상태에 따라 열은 다양한 방식으로 이동한다.

이 단원의 학습 내용

열

물질의 온도에 따라 입자의 운동이 다르다. 물질의 종류에 따라 열을 받을 때 온도가 달라지는 정도나 부피 변화 정도가 다르다.

이후 학습 내용

열과 에너지

열에 의해 물질의 상태와 에너지가 변할 수 있다. 열기관은 열을 일로 전환하며, 모든 열이 일로 전환되지는 않는다.

01 온도와 열

Ⅲ. 열

1 온도와 입자 운동

1 물질을 구성하는 *입자 물질은 매우 작은 입자로 이루어져 있고, 이 입자는 끊임없이 운동한다.

2 온도 물체를 구성하는 입자 운동이 활발한 정도를 나타낸다.❶❷

① 온도가 높을수록 입자 운동이 활발하고 입자 사이의 거리가 대체로 멀다.

② 온도가 낮을수록 입자 운동이 둔하고 입자 사이의 거리가 대체로 가깝다.

[온도에 따른 물 입자의 운동 비교하기]

입자 운동이 활발하고 입자 사이의 거리가 멀다.

▲ 따뜻한 물　▲ 찬물

입자 운동이 둔하고 입자 사이의 거리가 가깝다.

➡ 따뜻한 물과 찬물에 잉크를 동시에 넣으면 입자 운동이 활발한 따뜻한 물에서 잉크가 더 빠르게 퍼진다.

❶ **온도의 단위**
온도의 단위로는 ℃(섭씨도)나 K(켈빈) 등을 사용한다.

❷ **입자 운동을 변화시킬 때 물체의 온도 변화**
손을 비비거나 고무줄을 튕기는 등 물체에 충격을 주거나 마찰을 일으키면 물체를 구성하는 입자의 운동이 활발해지면서 물체의 온도가 높아진다.

2 열평형

1 열의 이동 방향 열은 항상 온도가 높은 물체에서 온도가 낮은 물체로 이동한다.❸

2 열평형 온도가 다른 두 물체가 접촉할 때, 온도가 높은 물체에서 온도가 낮은 물체로 열이 이동하여 두 물체의 온도가 같아진 상태 **탐구** 74 쪽

그림으로 개념 쏙! 온도가 다른 두 물체가 열평형에 도달하기까지의 온도와 입자 운동 변화❹

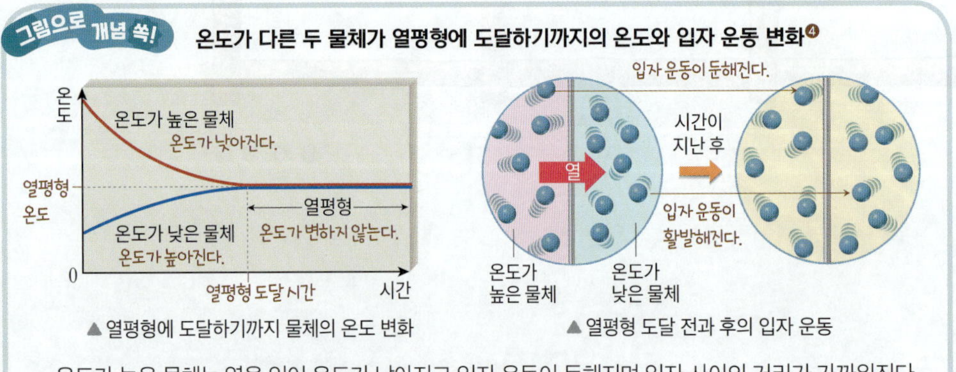

* 온도가 높은 물체는 열을 잃어 온도가 낮아지고 입자 운동이 둔해지며 입자 사이의 거리가 가까워진다.
* 온도가 낮은 물체는 열을 얻어 온도가 높아지고 입자 운동이 활발해지며 입자 사이의 거리가 멀어진다.
* 열평형에 도달하면 두 물체의 온도가 같아지고 시간이 지나도 물체의 온도가 변하지 않는다. ➡ 두 물체의 입자 운동이 활발한 정도가 같아진다.

천재(정) 지학사 에서만 다뤄요

❸ **열**
열은 온도가 높은 물체에서 온도가 낮은 물체로 이동하는 에너지이다.

❹ **온도가 다른 두 물체 사이에서 이동하는 열의 양**
두 물체의 온도 차가 클수록 이동하는 열의 양이 많다. 열평형에 도달하기까지 온도 차는 점차 작아지므로 이동하는 열의 양도 적어진다.

3 열평형을 이용하는 예

찬물에 삶은 달걀을 넣으면 달걀은 식고 물은 따뜻해진다.

냉장고에 음식을 넣으면 음식을 차갑게 보관할 수 있다.

접촉식 온도계로 물체의 온도를 측정한다.

용어 쏙
+ **입자**(粒 낟알, 子 자식) 물질을 구성하는 매우 작은 크기의 알갱이

1 열

- ☐☐ : 물체를 구성하는 입자의 운동이 활발한 정도
- 온도와 입자 운동: 물체의 온도가 높을수록 입자 운동이 ☐☐하다.

01 다음은 온도와 열에 대한 설명이다. ( ) 안에 알맞은 말을 고르시오.

(1) 물체의 온도가 (높을수록, 낮을수록) 입자 운동이 활발하다.
(2) 물체의 온도를 낮추면 물체를 구성하는 입자 운동이 (활발해진다, 둔해진다).
(3) 온도가 높은 물체는 온도가 낮은 물체보다 입자 사이의 거리가 대체로 (멀다, 가깝다).

02 그림은 같은 물질로 이루어진 어떤 물체를 구성하는 입자가 운동하는 모습을 나타낸 것이다. (가)~(다) 중 온도가 가장 높은 것의 기호를 쓰시오.

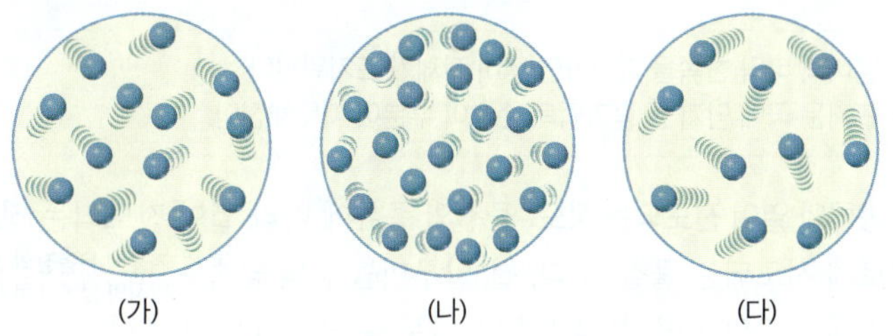

2 열평형

- ☐☐☐ : 온도가 높은 물체에서 낮은 물체로 열이 이동하여 두 물체의 온도가 같아진 상태

03 다음은 열평형에 대한 설명이다. ( ) 안에 알맞은 말을 쓰시오.

> 온도가 서로 다른 두 물체를 접촉하면 온도가 ㉠( ) 물체에서 온도가 ㉡( ) 물체로 열이 이동하여 두 물체의 온도가 같아진다.

04 오른쪽 그림과 같이 온도가 50 ˚C인 물체 A와 10 ˚C인 물체 B를 접촉했다. 이에 대한 설명으로 옳은 것은 ○표, 옳지 <u>않은</u> 것은 ✕표 하시오.

(1) 열은 A에서 B로 이동한다. ( )
(2) 시간이 지나면 A와 B의 온도는 같아진다. ( )
(3) A는 입자 운동이 활발해지고, B는 입자 운동이 둔해진다. ( )

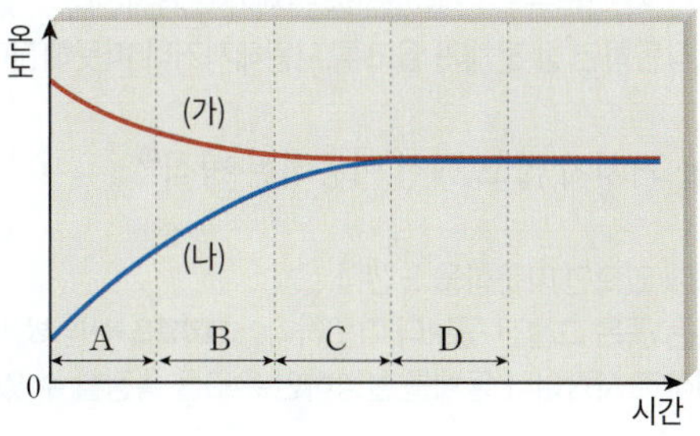

05 그림은 물체 (가)와 (나)를 접촉했을 때 온도 변화를 나타낸 것이다. A~D 중 열평형에 해당하는 구간의 기호를 쓰시오.

3 열의 이동 방식 [5]

1 전도 물체를 구성하는 입자의 운동이 이웃한 입자에 차례로 전달되어 열이 이동하는 방식
— 주로 입자가 자유롭게 이동하기 어려운 고체에서 일어난다.

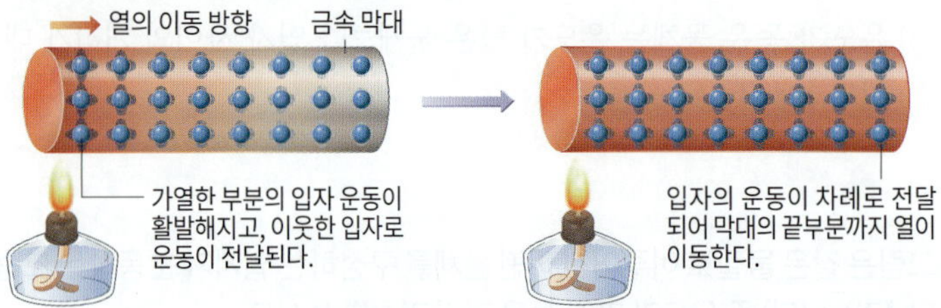

▲ 금속 막대를 가열할 때 열의 전도

> **예** • 냄비의 바닥 한쪽을 가열하면 냄비 전체가 뜨거워진다.
> • 뜨거운 국에 담가 둔 숟가락의 손잡이 부분이 따뜻해진다.

① **물질의 종류와 열이 전도되는 정도**: 물질의 종류에 따라 열이 전도되는 정도가 다르다.
• 열이 빠르게 전도되는 물질: 구리, 철, 알루미늄 등의 금속 — 겨울에 운동장의 철봉과 나무 의자를 손으로
만지면 철봉이 더 차갑게 느껴진다.
• 열이 느리게 전도되는 물질: 플라스틱, 나무 등 금속이 아닌 물질

[여러 가지 물질에서 열이 전도되는 정도 비교하기] [6]

철, 구리, 유리 막대의 한쪽 끝을 가열하며 열화상 카메라 [7]로 촬영하면 열이 빠르게 전도되는 막대부터 색깔이 빠르게 변한다. ➡ 열이 전도되는 빠르기: 구리 > 철 > 유리

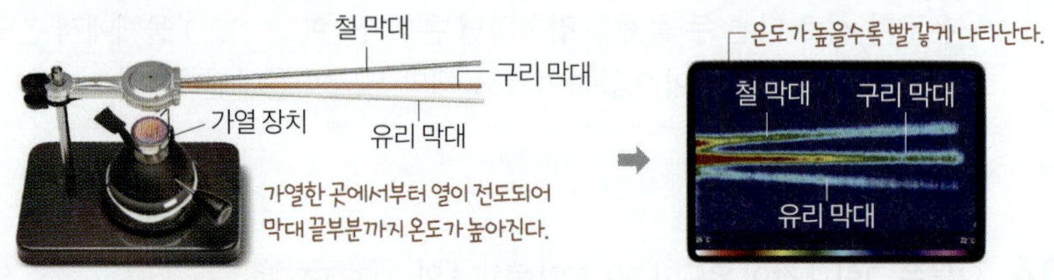

② **열이 전도되는 정도 차이의 활용**: 조리 기구의 바닥 부분은 열이 빠르게 전도되도록 금속으로 만들고, 손잡이는 덜 뜨겁도록 열이 느리게 전도되는 플라스틱, 나무 등으로 만든다.

2 대류 액체나 기체 물질을 구성하는 입자가 직접 이동하면서 열을 전달하는 방식

▲ 물을 가열할 때 열의 대류

> **예** • 물을 넣은 주전자 아래쪽을 가열하면 물 전체가 뜨거워진다.
> • 냉난방기를 작동하면 방 전체가 골고루 시원해지거나 따뜻해진다. [8]

3 복사 열이 물질을 거치지 않고 직접 이동하는 방식 [9]

> **예** • 난로 가까이에 있으면 따뜻함을 느낀다.
> • 햇빛이 비치는 곳은 그늘진 곳보다 따뜻하다. — 태양열은 복사의 방식으로 지구에 전달된다.
> • 열화상 카메라로 사람이나 물체를 촬영하면 온도를 측정할 수 있다. — 사람이나 물체는 복사의 방식으로 열을 내보낸다.

---

[5] 실제 열의 이동
열은 전도, 대류, 복사 중 한 가지 방식으로만 이동하는 것이 아니라 동시에 여러 방식으로 이동하는 경우가 많다.

비상 에서만 다뤄요
[6] 열 변색 붙임딱지를 이용하여 열이 전도되는 정도 비교하기
뜨거운 물이 담긴 비커에 열 변색 붙임딱지를 붙인 구리판, 유리판, 철판을 담그면 아래쪽부터 색깔이 변한다. 이때 열이 빠르게 전도되는 물질일수록 색깔이 더 빠르게 변한다.

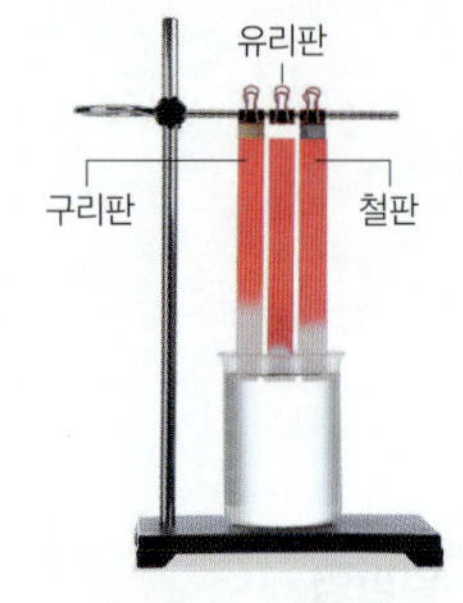

[7] 열화상 카메라
열화상 카메라는 물체에서 복사의 형태로 나오는 열을 감지하여 영상으로 보여 준다.

[8] 냉난방기의 설치
대류에 의해 난방기 주변에서 따뜻해진 공기는 위로, 냉방기에서 나온 차가운 공기는 아래로 이동한다. 따라서 난방기는 아래쪽에, 냉방기는 위쪽에 설치하는 것이 효율적이다.

[9] 전도, 대류, 복사 비유하기

• 전도: 자리에 그대로 서서 공을 뒷사람에게 전달한다.
• 대류: 공을 가지고 사람이 직접 이동한다.
• 복사: 멀리 있는 사람에게 공을 던진다.
사람은 입자, 공의 이동은 열의 이동에 해당한다.

3 열의 이동 방식

- ☐☐ : 입자의 운동이 이웃한 입자에 차례로 전달되어 열이 이동하는 방식
- ☐☐ : 액체나 기체 물질을 구성하는 입자가 직접 이동하면서 열을 전달하는 방식
- ☐☐ : 열이 물질을 거치지 않고 직접 이동하는 방식

06 다음 설명에 해당하는 열의 이동 방식을 선으로 연결하시오.

(1) 입자의 운동이 이웃한 입자에 전달된다. •   • ㉠ 복사
(2) 입자가 직접 이동하여 열을 전달한다. •   • ㉡ 전도
(3) 열이 물질을 거치지 않고 직접 이동한다. •   • ㉢ 대류

07 열의 이동에 대한 설명으로 옳은 것은 ○표, 옳지 <u>않은</u> 것은 ×표 하시오.

(1) 물질의 종류에 따라 열이 전도되는 정도가 다르다.   (   )
(2) 대류는 액체에서만 일어난다.   (   )
(3) 복사는 주변에 물질이 없으면 일어나지 않는다.   (   )
(4) 열은 동시에 여러 가지 방식으로 이동하기도 한다.   (   )

08 오른쪽 그림은 가열 장치를 이용하여 철, 구리, 유리 막대의 왼쪽 끝부분을 가열한 후 열화상 카메라로 세 막대의 온도 변화를 촬영한 것이다. 철, 구리, 유리 중 열이 가장 빠르게 전도되는 것을 쓰시오.

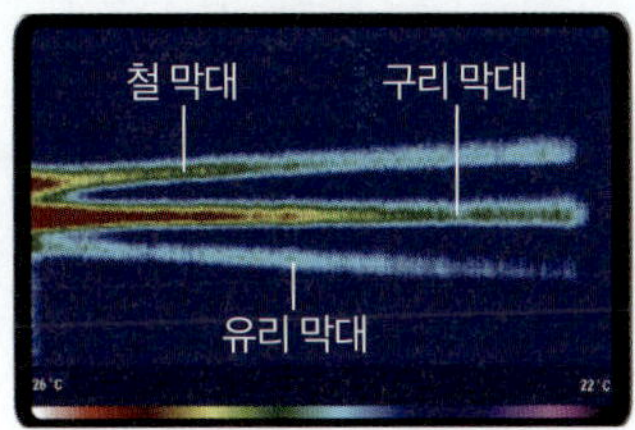

09 오른쪽 그림은 냄비 속의 물이 끓고 있는 모습이다. (   )안에 들어갈 알맞은 말을 고르시오.

(1) 뜨거워진 물은 ㉠(위쪽, 아래쪽)으로 이동하고, 차가운 물은 ㉡(위쪽, 아래쪽)으로 이동한다.
(2) 이와 같은 열의 이동 방식을 (대류, 복사)라고 한다.
(3) 이러한 열의 이동은 주로 (고체, 액체나 기체)에서 일어난다.

10 다음은 열의 이동 방식을 나타낸 것이다.

> 전도, 대류, 복사

각 현상과 관련된 열의 이동 방식을 골라 쓰시오.

(1) 냉방기를 켜면 방 전체가 시원해진다.
(2) 난로 가까이에 있으면 따뜻함을 느낄 수 있다.
(3) 뜨거운 국에 담가 둔 숟가락의 손잡이 부분이 따뜻해진다.
(4) 열화상 카메라로 사람을 촬영하면 체온을 측정할 수 있다.
(5) 물이 담긴 주전자 아래쪽을 가열하면 물 전체가 뜨거워진다.

탐구하기

온도가 다른 두 물체를 접촉할 때의 온도 변화 관찰하기

온도가 다른 두 물체가 열평형에 도달하는 과정을 시간-온도 그래프로 분석하고, 입자 운동으로 설명할 수 있다.

● 바른답·알찬풀이 23 쪽

과정

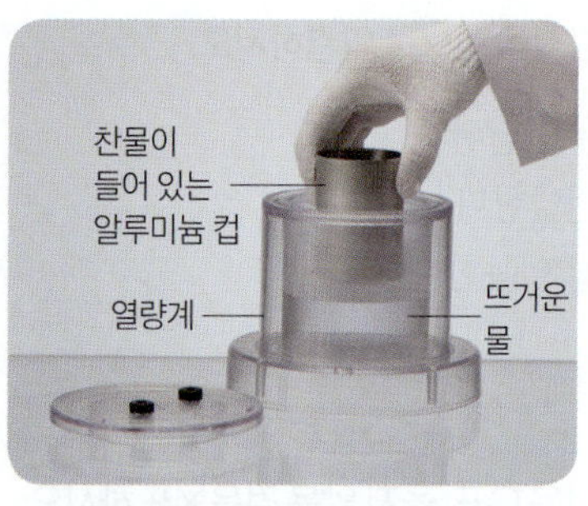

❶ 열량계에 뜨거운 물을 부은 후 찬물이 들어 있는 알루미늄 컵을 넣는다.

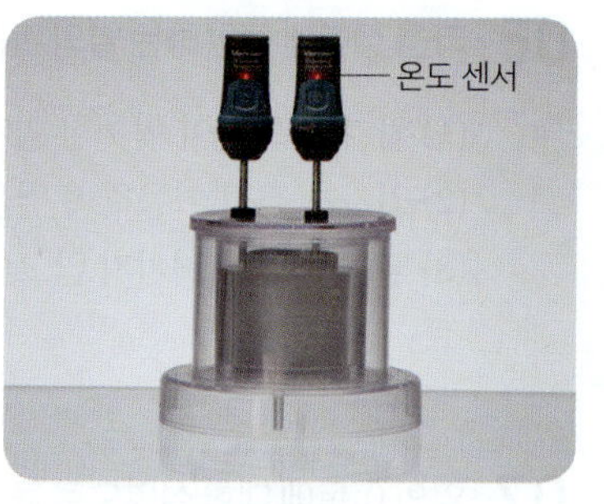

❷ 열량계 뚜껑을 닫고 온도 센서를 뜨거운 물과 찬물에 각각 꽂는다.

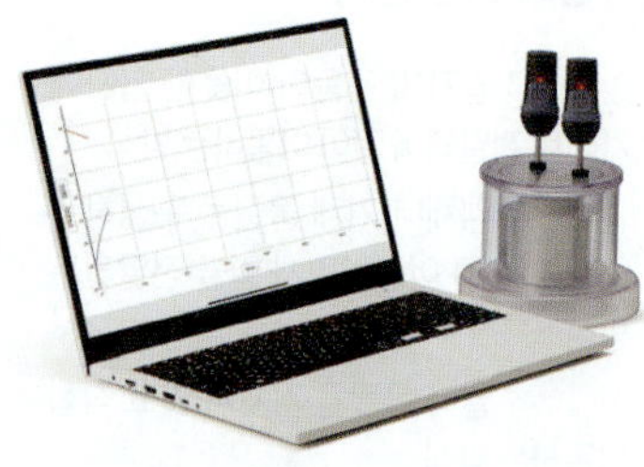

❸ 온도 센서를 스마트 기기의 프로그램과 연결한 후 뜨거운 물과 찬물의 온도 변화를 관찰한다.

결과

시간에 따른 온도 변화

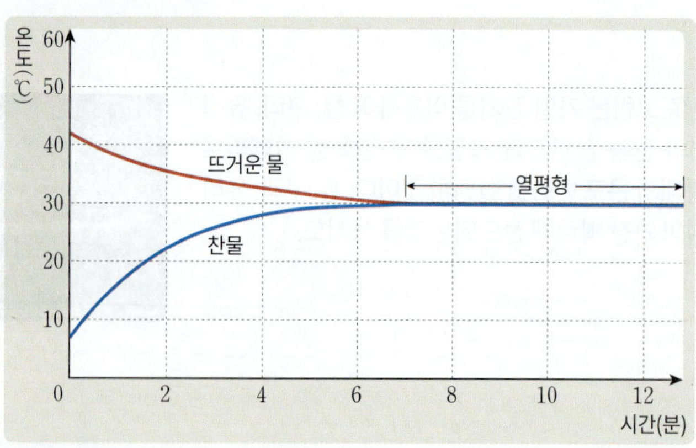

- 온도 변화: 시간이 지남에 따라 뜨거운 물의 온도는 낮아지고 찬물의 온도는 높아진다.
  ➡ 약 7 분 후 뜨거운 물과 찬물의 온도가 같아지고, 더 이상 온도가 변하지 않는 열평형에 도달한다.
- 입자 운동 변화: 시간이 지남에 따라 뜨거운 물의 입자 운동은 점점 둔해지고 입자 사이의 거리는 가까워진다. 반면 찬물의 입자 운동은 점점 활발해지고 입자 사이의 거리는 멀어진다.

정리

- 시간이 지남에 따라 뜨거운 물의 온도는 ㉠(높아지고, 낮아지고) 찬물의 온도는 ㉡(높아져서, 낮아져서) 물의 온도가 같아지는 ㉢(   )에 도달한다.
- 시간이 지남에 따라 ㉣(   )의 입자 운동은 둔해지고, ㉤(   )의 입자 운동은 활발해진다.

탐구 확인 문제

01 이 탐구에 대한 설명으로 옳은 것은 ○표, 옳지 않은 것은 ×표 하시오.

(1) 열은 찬물에서 뜨거운 물로 이동한다. (   )

(2) 시간이 지남에 따라 뜨거운 물의 입자 운동은 둔해진다. (   )

(3) 시간이 지남에 따라 뜨거운 물과 찬물의 온도가 같아진다. (   )

(4) 처음 온도를 측정한 후 약 5 분이 지나면 열평형에 도달한다. (   )

(5) 시간이 지나도 뜨거운 물과 찬물의 입자 사이의 거리는 변하지 않는다. (   )

탐구 적용 문제

02 온도가 높은 물체 A와 온도가 낮은 물체 B를 접촉했을 때, 시간에 따른 두 물체의 온도 변화를 나타낸 그래프로 옳은 것은?

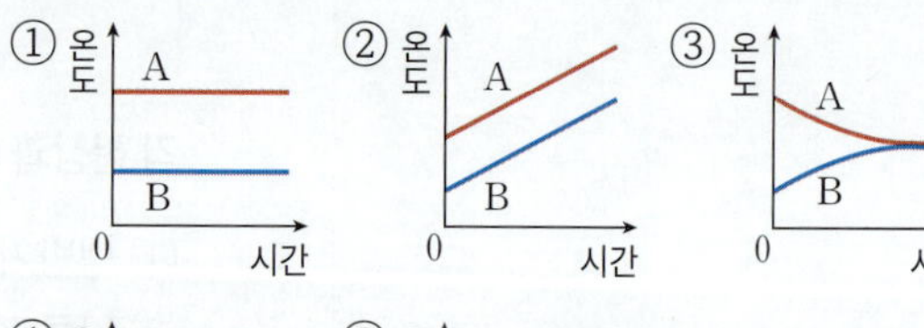

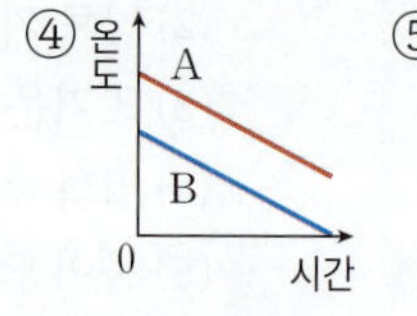

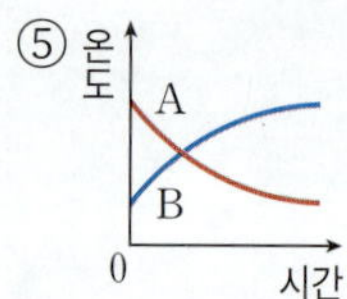

유형 연습하기

핵심 자료를 파악하고 문제 풀이로 연습해 봅시다.

● 바른답·알찬풀이 23쪽

유형 1 열평형에 도달하는 과정

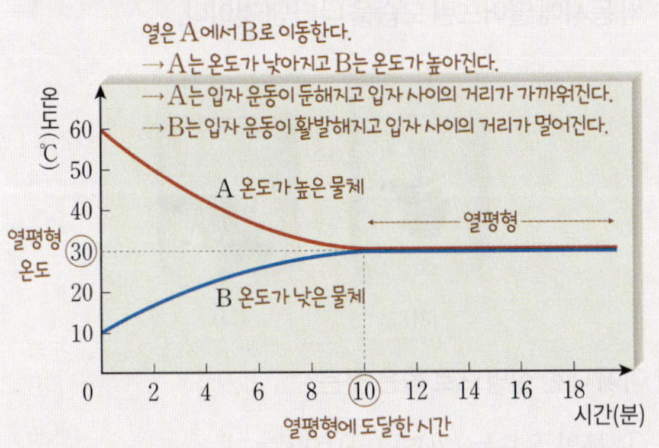

개념 POINT 온도가 다른 두 물체가 접촉하고 충분한 시간이 지나면 온도가 높은 물체에서 낮은 물체로 열이 이동하여 두 물체의 온도가 같아지는 열평형에 도달한다.

출제 POINT 두 물체의 시간에 따른 온도 변화 그래프를 제시하고 열평형에 도달한 시간과 온도, 열평형 과정에서 열의 이동 방향과 입자 운동의 변화를 묻는 문제가 자주 나온다.

01 열평형에 도달한 시간은 처음으로부터 몇 분 후인지 쓰시오.

02 이에 대한 설명으로 옳은 것을 〈보기〉에서 모두 고른 것은?

> **보기**
> ㄱ. 열은 A에서 B로 이동한다.
> ㄴ. 8 분까지 A의 입자 운동은 활발해진다.
> ㄷ. 열평형에 도달했을 때 B의 온도는 30 ℃이다.

① ㄱ 　② ㄴ 　③ ㄱ, ㄷ
④ ㄴ, ㄷ 　⑤ ㄱ, ㄴ, ㄷ

자주 보는 오답 ✔ 열평형에 도달하는 과정에서 온도가 높은 물체는 열을 잃어 온도가 낮아지며 입자 운동이 둔해진다.

서술형
03 위 그림을 통해 알 수 있는 사실을 다음 단어를 모두 이용하여 설명하시오.

> 열, 이동, 온도, 입자 운동

유형 2 열의 이동 방식

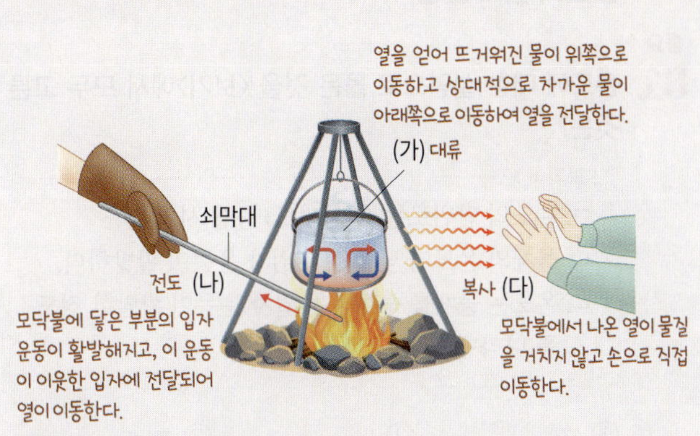

개념 POINT 열은 입자의 운동이 이웃한 입자에 전달되는 전도, 입자가 직접 이동하며 열을 전달하는 대류, 열이 물질을 거치지 않고 직접 이동하는 복사의 방식으로 이동한다.

출제 POINT 복합적인 열의 이동이 일어나는 상황을 제시하고 열의 이동 방식을 판단하거나 같은 방식으로 열이 이동하는 예를 찾는 문제가 자주 나온다.

01 (가)~(다)에 해당하는 열의 이동 방식을 옳게 짝 지은 것은?

	(가)	(나)	(다)
①	대류	복사	전도
②	대류	전도	복사
③	복사	대류	전도
④	복사	전도	대류
⑤	전도	대류	복사

02 이에 대한 설명으로 옳은 것을 〈보기〉에서 모두 고른 것은?

> **보기**
> ㄱ. (가)의 방식은 주로 고체에서 일어난다.
> ㄴ. (나)에서 열은 화살표 방향으로 이동한다.
> ㄷ. (다)에서 열은 햇빛 아래에 있으면 따뜻함을 느끼는 것과 같은 방식으로 이동한다.

① ㄱ 　② ㄷ 　③ ㄱ, ㄴ
④ ㄴ, ㄷ 　⑤ ㄱ, ㄴ, ㄷ

서술형
03 (나)와 같은 방식으로 열이 이동하는 예를 한 가지만 설명하시오.

---

1 온도와 입자 운동

중요
01 온도에 대한 설명으로 옳은 것을 〈보기〉에서 모두 고른 것은?

| 보기 |
> ㄱ. 온도의 단위로는 ℃(섭씨도) 등을 사용한다.
> ㄴ. 물체의 온도가 낮을수록 입자 운동이 활발하다.
> ㄷ. 온도는 물체를 구성하는 입자 운동이 활발한 정도를 나타낸다.

① ㄱ ② ㄴ ③ ㄱ, ㄷ
④ ㄴ, ㄷ ⑤ ㄱ, ㄴ, ㄷ

02 다음 중 입자 운동이 가장 활발한 것은?

① 10 ℃ 물 100 g
② 10 ℃ 물 200 g
③ 20 ℃ 물 200 g
④ 20 ℃ 물 400 g
⑤ 30 ℃ 물 100 g

중요
03 그림은 어떤 물질의 온도에 따른 입자 운동을 나타낸 것이다.

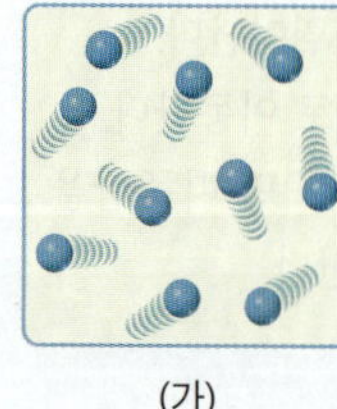 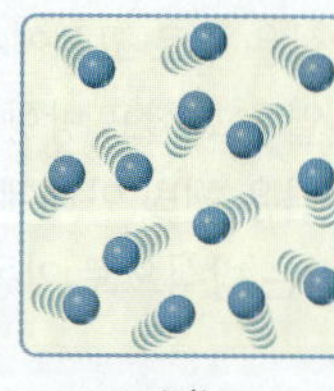 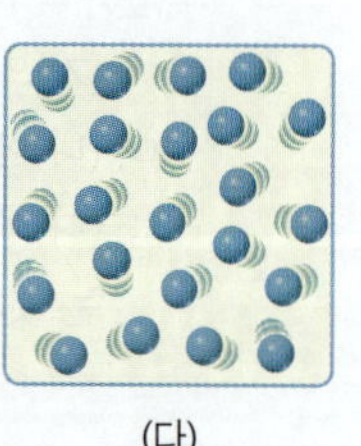
(가) (나) (다)

이에 대한 설명으로 옳은 것을 〈보기〉에서 모두 고른 것은?

| 보기 |
> ㄱ. 입자 운동은 (다)가 가장 활발하다.
> ㄴ. 온도를 비교하면 (가) > (나) > (다)이다.
> ㄷ. 입자 사이의 거리가 가까울수록 온도가 높다.

① ㄱ ② ㄴ ③ ㄱ, ㄷ
④ ㄴ, ㄷ ⑤ ㄱ, ㄴ, ㄷ

04 그림은 온도가 다른 물이 담긴 비커에 각각 잉크를 한 방울씩 동시에 떨어뜨린 모습을 나타낸 것이다.

(가) (나)

이에 대한 설명으로 옳은 것은?

① 물의 온도는 (가)가 (나)보다 높다.
② 잉크는 (나)보다 (가)에서 빠르게 퍼진다.
③ 물 입자 사이의 거리는 (가)가 (나)보다 멀다.
④ 물 입자의 운동은 (가)보다 (나)에서 활발하다.
⑤ 물 입자는 운동하지 않고 잉크 입자만 운동한다.

2 열평형

중요
05 온도와 열에 대한 설명으로 옳지 않은 것은?

① 열을 얻은 물체는 온도가 높아진다.
② 물체가 열을 얻으면 입자 운동이 둔해진다.
③ 열은 온도가 높은 물체에서 온도가 낮은 물체로 이동한다.
④ 열은 온도가 다른 물체 사이에서 이동하는 에너지이다.
⑤ 접촉한 두 물체의 온도 차가 클수록 이동하는 열의 양이 많다.

06 그림은 온도가 다른 물체 A~D를 접촉했을 때 열의 이동 방향을 화살표로 나타낸 것이다.

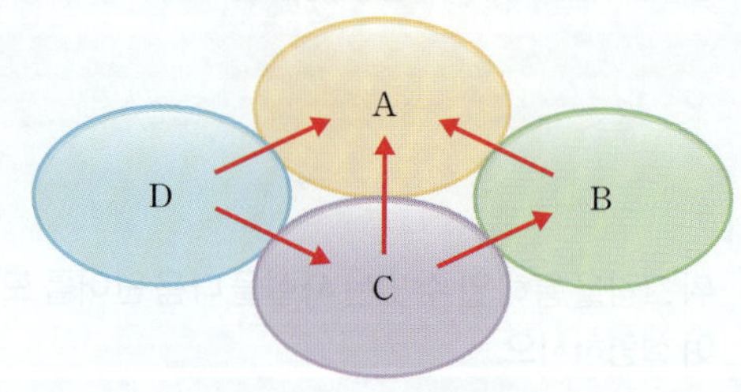

A~D의 처음 온도를 옳게 비교한 것은?

① A > B > C > D ② B > A > C > D
③ C > B > D > A ④ D > B > A > C
⑤ D > C > B > A

중요 07 같은 물질로 이루어진 두 물체 A, B를 그림과 같이 접촉했다.

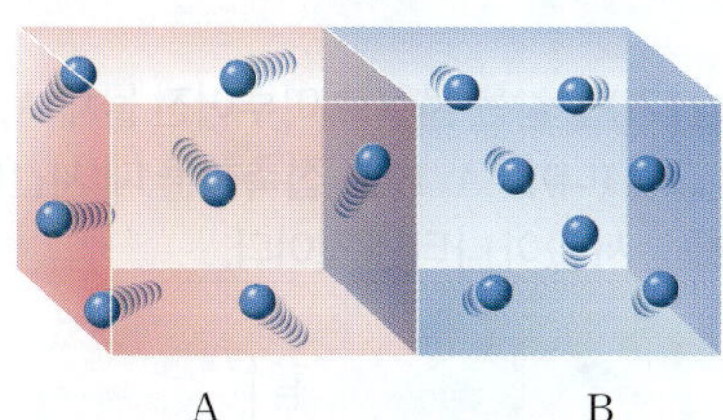

이에 대한 설명으로 옳은 것을 〈보기〉에서 모두 고른 것은?(단, 열은 A와 B 사이에서만 이동한다.)

| 보기 |
ㄱ. 온도는 A가 B보다 높다.
ㄴ. 열은 B에서 A로 이동한다.
ㄷ. 시간이 지나면 B의 온도는 처음보다 높아진다.

① ㄱ　　　　② ㄴ　　　　③ ㄱ, ㄷ
④ ㄴ, ㄷ　　　⑤ ㄱ, ㄴ, ㄷ

중요 08 표는 온도가 다른 두 물체 A, B를 접촉했을 때 시간에 따른 A와 B의 온도 변화를 나타낸 것이다.

시간(분)		0	1	2	3	4	5	6
온도 (℃)	A	25	31	36	38	39	40	40
	B	50	46	43	42	41	40	40

이에 대한 설명으로 옳은 것을 〈보기〉에서 모두 고른 것은?

| 보기 |
ㄱ. A는 열을 얻었다.
ㄴ. 열평형 온도는 40 ℃이다.
ㄷ. 1 분~3 분 동안 B의 입자 운동은 점점 둔해진다.

① ㄱ　　　　② ㄷ　　　　③ ㄱ, ㄴ
④ ㄴ, ㄷ　　　⑤ ㄱ, ㄴ, ㄷ

09 일상생활에서 열평형을 이용하는 예로 옳은 것을 모두 고르면?(정답 2 개)

① 냉방기는 높은 곳에 설치한다.
② 국자의 손잡이를 나무로 만든다.
③ 수박을 시원한 물에 넣어 차갑게 한다.
④ 접촉식 온도계로 음식의 온도를 측정한다.
⑤ 뜨거운 냄비를 잡을 때 주방용 장갑을 사용한다.

3 열의 이동 방식

중요 10 열의 이동 방식에 대한 설명으로 옳은 것은?

① 전도는 주로 액체, 기체에서 일어난다.
② 태양열은 대류의 방식으로 지구에 전달된다.
③ 전도는 입자가 직접 이동하여 열을 전달하는 방식이다.
④ 복사는 열이 물질을 거치지 않고 직접 이동하는 방식이다.
⑤ 대류는 물질을 구성하는 입자의 운동이 이웃한 입자에 전달되어 열이 이동하는 방식이다.

11 그림은 열의 이동 방식을 비유하여 나타낸 것이다.

A~C에 해당하는 열의 이동 방식을 옳게 짝 지은 것은?

	A	B	C
①	대류	복사	전도
②	대류	전도	복사
③	복사	대류	전도
④	복사	전도	대류
⑤	전도	대류	복사

중요 12 그림은 금속 막대의 한쪽 끝을 가열하는 모습이다.

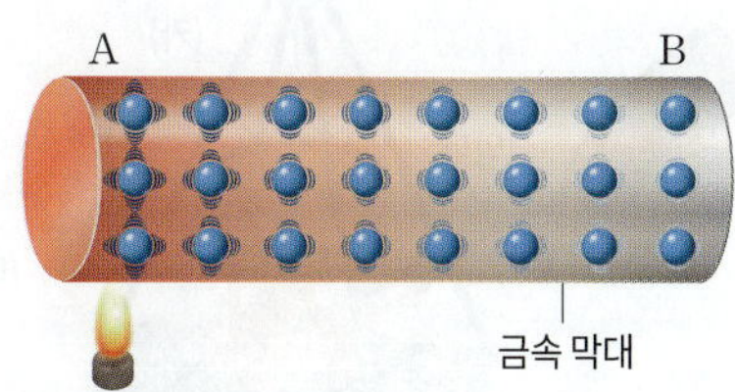

이에 대한 설명으로 옳은 것을 〈보기〉에서 모두 고른 것은?

| 보기 |
ㄱ. 열은 A → B 방향으로 이동한다.
ㄴ. 열은 복사와 대류에 의해 이동한다.
ㄷ. 입자 운동은 B 쪽부터 활발해진다.

① ㄱ　　　　② ㄴ　　　　③ ㄱ, ㄷ
④ ㄴ, ㄷ　　　⑤ ㄱ, ㄴ, ㄷ

13 그림 (가)는 철, 구리, 유리 막대의 한쪽 끝을 가열 장치로 가열하는 모습을, 그림 (나)는 이를 열화상 카메라로 촬영한 모습을 나타낸 것이다.

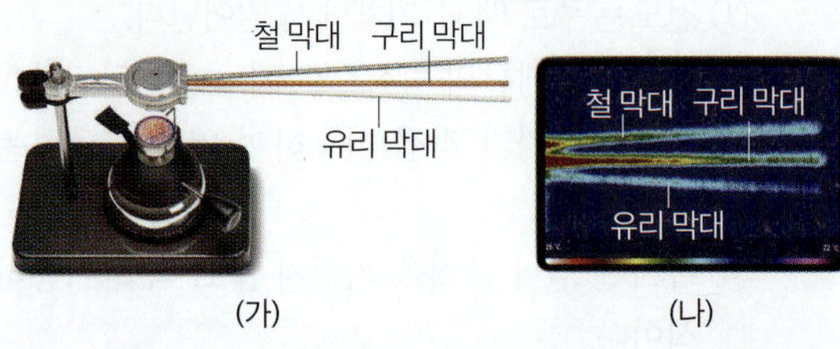

(가)　　　　　(나)

이에 대한 설명으로 옳은 것을 〈보기〉에서 모두 고른 것은?

| 보기 |

ㄱ. 유리보다 구리에서 열이 빠르게 전도된다.
ㄴ. 물질의 종류에 따라 열이 전도되는 정도는 다르다.
ㄷ. 온도는 구리 막대-철 막대-유리 막대 순으로 빠르게 높아진다.

① ㄱ　　　　② ㄴ　　　　③ ㄱ, ㄷ
④ ㄴ, ㄷ　　　⑤ ㄱ, ㄴ, ㄷ

14 난로 가까이에 앉아 있으면 따뜻함을 느낄 수 있다. 이와 같은 방식으로 열이 이동하는 예로 옳은 것은?

① 뜨거운 돌판에 고기를 익힌다.
② 열화상 카메라로 체온을 측정한다.
③ 따뜻한 물에 담긴 컵을 잡으면 손이 따뜻해진다.
④ 물이 담긴 주전자 아래쪽을 가열해 물을 끓인다.
⑤ 추운 겨울에 철봉은 나무 의자보다 차갑게 느껴진다.

15 그림은 열이 다양한 방식으로 이동하는 모습이다.

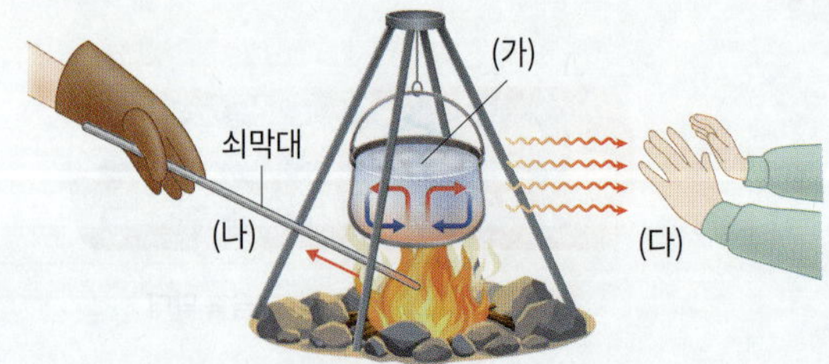

이에 대한 설명으로 옳은 것은?

① (가)는 전도에 해당한다.
② (가)에서 뜨거워진 물은 아래로 내려간다.
③ (나)는 주로 액체에서 열이 이동하는 방식이다.
④ (다)는 물질이 없는 진공 상태에서도 일어난다.
⑤ 열은 항상 (가)~(다)의 방식 중 한 가지 방식으로만 이동한다.

16 그림 (가)는 같은 물질로 이루어진 물체 A, B의 입자 운동을, 그림 (나)는 A, B를 접촉했을 때 시간에 따른 온도 변화를 순서 없이 나타낸 것이다.

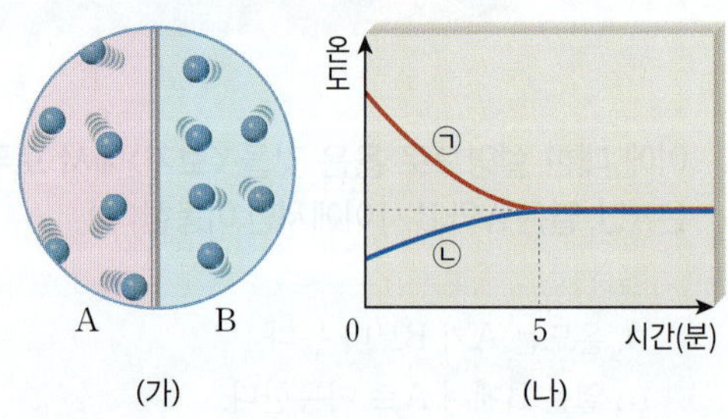

(가)　　　　　(나)

이에 대한 설명으로 옳은 것을 〈보기〉에서 모두 고른 것은?

| 보기 |

ㄱ. 접촉하기 전 물체의 온도는 B가 A보다 높다.
ㄴ. (나)에서 ㉠은 A의 온도 변화를 나타낸 것이다.
ㄷ. 5 분 후 A와 B의 입자 운동이 활발한 정도는 같다.

① ㄱ　　　　② ㄴ　　　　③ ㄱ, ㄷ
④ ㄴ, ㄷ　　　⑤ ㄱ, ㄴ, ㄷ

17 그림 (가)는 주전자 속 물이 끓는 모습을, 그림 (나)는 프라이팬에서 달걀을 익히는 모습을 나타낸 것이다.

(가)　　　　　(나)

(가), (나)와 같은 방식으로 열이 이동하는 현상을 〈보기〉에서 골라 옳게 짝 지은 것은?

| 보기 |

ㄱ. 햇빛이 드는 곳은 그늘진 곳보다 따뜻하다.
ㄴ. 방 안에서 냉방기를 작동하면 방 전체가 시원해진다.
ㄷ. 감자에 쇠젓가락을 끼워 불에 구우면 속까지 더 빠르게 익는다.

	(가)	(나)		(가)	(나)
①	ㄱ	ㄴ	②	ㄱ	ㄷ
③	ㄴ	ㄱ	④	ㄴ	ㄷ
⑤	ㄷ	ㄴ			

01 그림은 온도가 다른 물 (가)와 (나)의 입자 운동을 나타낸 것이다.

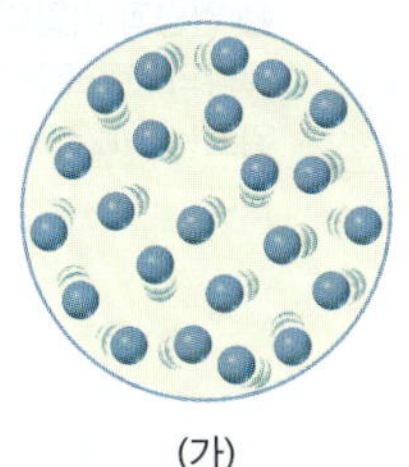 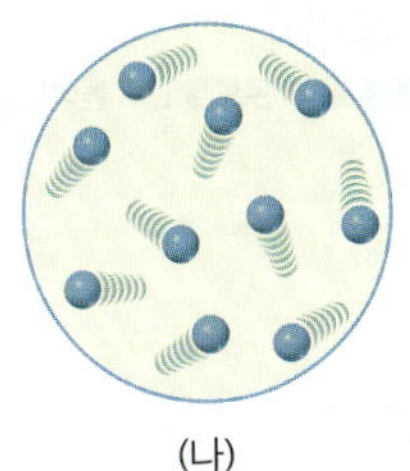

(가)   (나)

1단계 (가)에서 (나)가 될 때 나타나는 변화를 다음 단어를 모두 이용하여 설명하시오.

> 온도, 입자 운동, 입자 사이 거리

2단계 (가)와 (나) 중 같은 양의 잉크를 떨어뜨렸을 때 더 빠르게 퍼져 나가는 것의 기호를 쓰고, 그 까닭을 설명하시오.

02 오른쪽 그림은 찬물에 갓 삶은 달걀을 넣어 식히는 모습을 나타낸 것이다.(단, 열은 달걀과 물 사이에서만 이동한다.)

1단계 달걀과 물 사이에서 열이 이동하는 방향 및 달걀과 물의 온도 변화를 설명하시오.

열은 (   )에서 (   )로 이동하므로 달걀의 온도는 (   )지고 물의 온도는 (   )진다.

2단계 충분한 시간이 지난 후 달걀과 물의 온도 변화를 설명하고, 이러한 상태를 무엇이라고 하는지 쓰시오.

03 오른쪽 그림과 같이 금속과 플라스틱으로 만들어진 냄비를 가열했더니 냄비 전체가 뜨거워졌지만, 손잡이 부분은 덜 뜨거웠다.

1단계 냄비 전체가 뜨거워지는 것과 관련 있는 열의 이동 방식을 쓰고, 그 과정을 설명하시오.

(   ), 물질을 구성하는 입자의 (   )이/가 이웃한 입자에 (   )되어 열이 이동한다.

2단계 냄비의 손잡이를 나무나 플라스틱으로 만드는 까닭을 열의 이동 방식과 관련지어 설명하시오.

04 그림은 가정에서 냉난방기를 이용하는 모습을 나타낸 것이다.

▲ 냉방기   ▲ 난방기

1단계 냉난방기를 작동할 때 공기의 이동을 설명하시오.

따뜻해진 공기는 (   )쪽으로 이동하고, 차가운 공기는 (   )쪽으로 이동한다.

2단계 열의 이동 방식과 관련지어 냉난방기를 설치하기에 적절한 위치를 각각 설명하시오.

02 비열과 열팽창

> 지금까지 열의 이동과 물체의 온도 변화에 대해 배웠어.
>
> 이제부터 비열과 비열의 활용, 열팽창과 열팽창의 활용에 대해 알아보자.

1 비열

1 열량 온도가 다른 물체 사이에서 이동하는 열의 양 [단위: kcal(킬로칼로리)]
└ 1 kcal는 순수한 물 1 kg의 온도를 1 ℃ 높이는 데 필요한 열량이다.

2 열량, 질량, 온도 변화의 관계

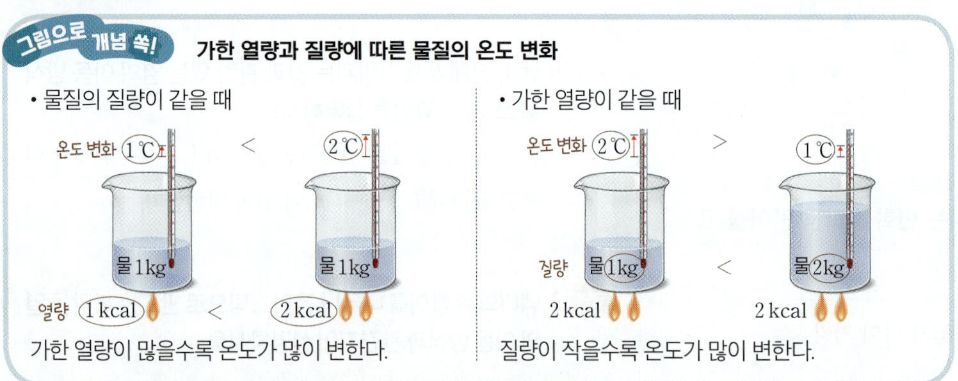

그림으로 개념 쏙! 가한 열량과 질량에 따른 물질의 온도 변화

3 비열 어떤 물질 1 kg의 온도를 1 ℃ 높이는 데 필요한 열량 [단위: kcal/(kg·℃)] ❶❷

① 비열과 온도 변화, 열량의 관계: 비열이 큰 물질일수록 온도가 잘 변하지 않고, 온도를 높이는 데 많은 열량이 필요하다. **탐구** 84쪽

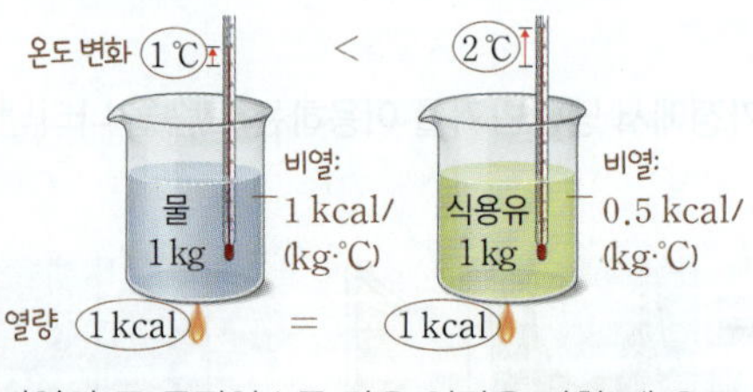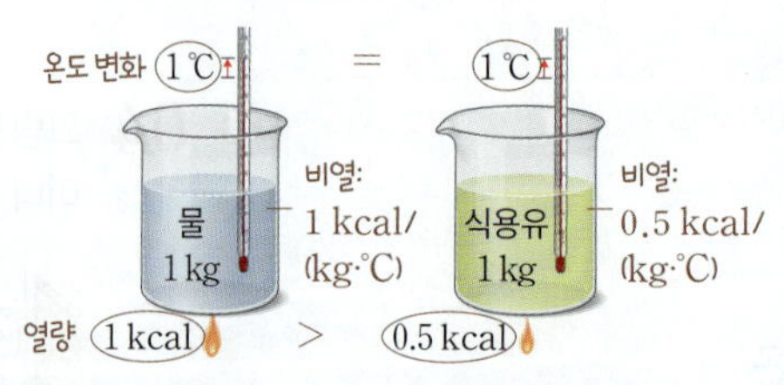

그림으로 개념 쏙! 질량이 같은 물과 식용유를 가열할 때 온도 변화와 열량

② 물질의 종류와 비열: 비열은 물질의 종류에 따라 다르다. ➡ 비열은 물질을 구별하는 특성이다. ❸

③ 비열에 의한 현상

• 여름철 한낮의 바닷가에서 모래사장의 온도는 바닷물보다 높다. ❹ ─ 비열: 모래 < 물

• 사람은 몸의 약 70 %가 비열이 큰 물로 이루어져 있어 체온이 쉽게 변하지 않는다.

4 비열을 활용하는 예

비열이 큰 물질의 활용			비열이 작은 물질의 활용	
찜질 팩	자동차 냉각수	뚝배기	프라이팬	난방용 온수관
따뜻한 물을 넣어 오랫동안 따뜻하게 사용한다.	물이 많이 포함되어 엔진이 과열되는 것을 막는다.	음식을 오랫동안 따뜻하게 유지한다.	열을 가하면 빠르게 뜨거워져 음식을 익힌다.	온수가 지나가면 바닥에 빠르게 열을 전달한다.

동아 에서만 다뤄요

❶ **열량과 비열의 단위**
열량의 단위로는 J(줄), 비열의 단위로는 J/(kg·℃)를 사용하기도 한다.

❷ **비열과 열량**

$$비열 = \frac{열량}{질량 \times 온도\ 변화}$$
$$열량 = 비열 \times 질량 \times 온도\ 변화$$

❸ **여러 가지 물질의 비열**
(단위: kcal/(kg·℃))

물질	비열
구리	0.09
철	0.11
모래	0.19
알루미늄	0.21
얼음	0.50
에탄올	0.57
물	1.00

❹ **물의 비열**
물은 비열이 1 kcal/(kg·℃)로 다른 물질에 비해 매우 크다. 따라서 온도가 잘 변하지 않는다.

용어 픽

✦ 냉각수(차다 冷, 물리치다 却, 물 水) 높은 열을 내는 기계를 차게 식힐 때 쓰는 물

● 바른답·알찬풀이 26 쪽

1 비열

- ☐☐ : 온도가 다른 물체 사이에서 이동하는 열의 양
- ☐☐ : 어떤 물질 1 kg의 온도를 1 ℃ 높이는 데 필요한 열량
- 비열이 큰 물질일수록 같은 열량을 가할 때 온도 변화가 ☐다.

01 열량과 비열에 대한 설명으로 옳은 것은 ○표, 옳지 <u>않은</u> 것은 ×표 하시오.

(1) 열량은 온도가 같은 물체 사이에서 이동하는 열의 양이다. ( )
(2) 어떤 물질 1 kg의 온도를 1 ℃ 높이는 데 필요한 열량을 비열이라고 한다. ( )
(3) 비열의 단위로는 ℃, K 등을 사용한다. ( )
(4) 비열은 물질의 종류에 따라 다르므로 물질을 구별하는 특성이 된다. ( )

02 다음은 비열에 대한 설명이다. ( ) 안에 알맞은 말을 고르시오.

(1) 물은 비열이 (커서, 작아서) 온도가 잘 변하지 않는다.
(2) 비열이 (큰, 작은) 물질일수록 온도를 높이는 데 필요한 열량이 많다.
(3) 질량이 같은 두 물질에 같은 열량을 가하면 비열이 (큰, 작은) 물질의 온도가 더 많이 변한다.

03 오른쪽 그림 (가)와 (나)는 질량이 각각 1 kg인 물과 식용유의 온도를 1 ℃ 높이는 데 필요한 열량을 나타낸 것이다. 이때 물과 식용유의 비열을 등호(=) 또는 부등호(>, <)를 이용하여 비교하시오.

물 ( ) 식용유

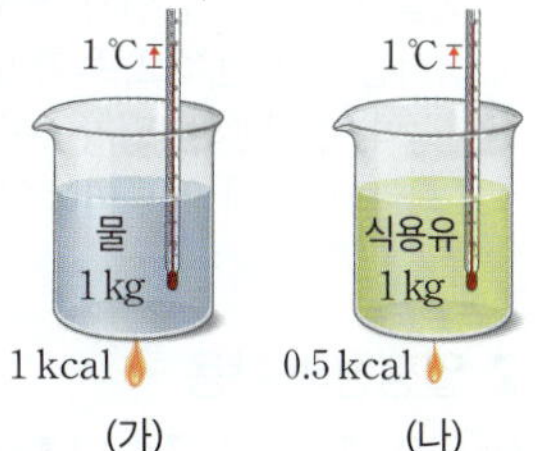

04 표는 물질 A~D의 비열을 나타낸 것이다. A~D의 질량이 모두 같을 때 같은 열량을 가하면 온도가 가장 많이 변하는 물질의 기호를 쓰시오.

물질	A	B	C	D
비열(kcal/(kg·℃))	1.0	0.2	0.5	0.7

05 다음은 비열을 활용한 예이다. ( ) 안에 알맞은 말을 쓰시오.

  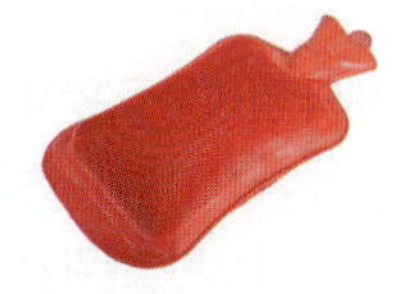

비열이 ㉠( ) 물질로 만든 프라이팬을 사용하여 음식을 빠르게 익힌다.

비열이 ㉡( ) 물질로 만든 뚝배기는 음식을 오랫동안 따뜻하게 유지한다.

비열이 ㉢( ) 물을 찜질 팩에 넣어 오랫동안 따뜻하게 사용한다.

2 열팽창

1 열팽창 물체가 열을 받아 부피가 커지는 현상

① 열팽창이 일어나는 까닭: 물체가 열을 받으면 물체를 구성하는 입자의 운동이 활발해지며 입자 사이의 거리가 멀어지기 때문이다.

② 물질의 상태에 따라 열팽창 정도가 다르다. ➡ 일반적으로 열팽창 정도는 고체<액체이다.

③ 물질의 종류에 따라 열팽창 정도가 다르다. ─ 고체, 액체의 경우이며, 기체는 물질의 종류에 관계없이 열팽창 정도가 같다.

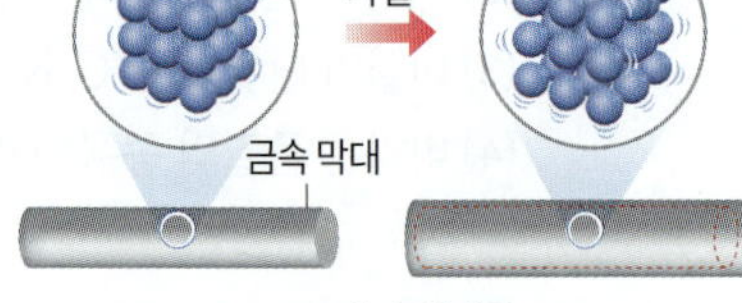

길이가 같은 종이와 알루미늄박을 붙인 후 알루미늄박이 안쪽으로 가게 접어 가열하면 알루미늄박이 더 많이 팽창하여 바깥쪽으로 휘어진다. ➡ 종이보다 알루미늄의 열팽창 정도가 크다.

같은 양의 물과 에탄올이 담긴 삼각 플라스크의 입구에 유리관을 꽂고 뜨거운 물에 넣었을 때 처음과 나중의 높이 차는 에탄올이 더 크다. ➡ 물보다 에탄올의 열팽창 정도가 크다.

2 열팽창의 활용

① 바이메탈: 두 금속의 열팽창 정도 차이를 이용한 것으로, 전기 기구의 온도 조절 장치나 화재경보기의 스위치로 활용한다.

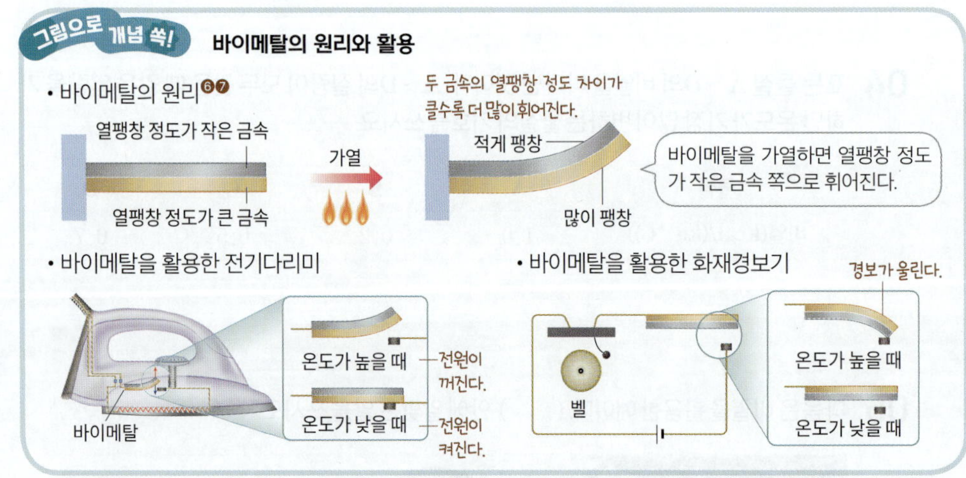

② 고체의 열팽창을 활용하는 예 ❽❾

• 여름철 가스관이 파손되는 것을 막기 위해 구부러진 부분을 만든다.
• 여름철 철로나 다리가 휘어지거나 갈라지는 것을 막기 위해 중간에 틈을 둔다.
• 충치 치료에 사용하는 충전재는 치아와 열팽창 정도가 비슷한 재료를 사용한다.
• 실험 기구나 조리 기구는 열팽창 정도가 작은 내열 유리로 만들어 깨지지 않게 한다.
• 열팽창 정도가 비슷한 철근과 콘크리트를 사용하여 건물에 균열이 생기는 것을 막는다.

---

❺ 금속의 열팽창 정도 비교

열팽창 실험 장치에 금속 막대를 놓고 가열하면 막대의 길이가 늘어나 막대와 연결된 바늘이 회전한다. 이때 열팽창 정도가 클수록 바늘이 많이 회전해 영점으로부터 더 멀어진다. ➡ 열팽창 정도: 알루미늄>구리>철

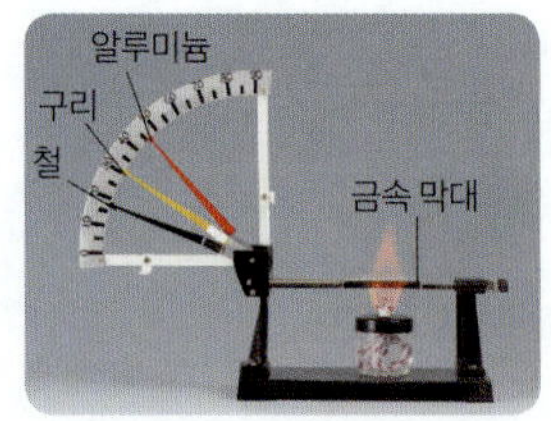

❻ 바이메탈을 냉각할 때

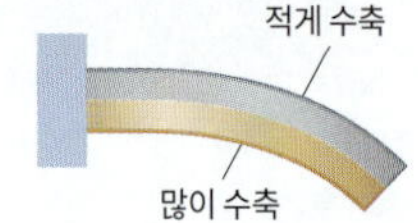

바이메탈을 냉각하면 열팽창 정도가 큰 금속이 더 많이 수축하므로 열팽창 정도가 큰 금속 쪽으로 휘어진다.

암기 팁

❼ 바이메탈이 휘어지는 방향

바이메탈은 **냉큼 가작!**
　　　　　　　냉각 열 음

냉각하면 열팽창 정도가 **큰** 쪽, 가열하면 **작**은 쪽으로 휘어진다.

❽ 고체의 열팽창에 의해 나타나는 현상

• 겨울에는 팽팽한 전깃줄이 여름에는 늘어진다.
• 철로 만든 에펠탑은 겨울보다 여름에 높이가더 높아진다.

❾ 액체의 열팽창을 활용하는 예

• 알코올 온도계나 수은 온도계는 온도계 속 액체의 부피가 온도 변화에 비례하여 팽창하는 것을 이용해 온도를 측정한다.
• 음료수 병이 터지는 것을 막기 위해 병에 음료수를 가득 채우지 않는다.

용어 팁

+ **바이메탈(bimetal)** 바이(bi)는 둘, 메탈(metal)은 금속이라는 뜻으로 열팽창 정도가 다른 두 종류의 얇은 금속판을 붙인 것

2 열팽창

- $\boxed{}$: 물체가 열을 받아 부피가 커지는 현상
- 열팽창이 일어나는 까닭: 물체가 열을 받으면 물체를 구성하는 입자 사이의 거리가 $\boxed{}$지기 때문이다.
- 열팽창의 활용: 열팽창 정도가 다른 두 금속을 붙인 $\boxed{}$을 전기 기구 등에 활용한다.

06 다음은 물체의 열팽창에 대한 설명이다. ( ) 안에 알맞은 말을 고르시오.

> 물체에 열을 가하면 입자의 운동이 ㉠(활발해지고, 둔해지고) 입자 사이의 거리가 멀어져 부피가 ㉡(팽창한다, 수축한다).

07 열팽창에 대한 설명으로 옳은 것은 ○표, 옳지 않은 것은 ×표 하시오.

(1) 일반적으로 액체가 고체보다 열팽창 정도가 더 크다. ( )
(2) 모든 물질은 종류에 관계없이 열팽창 정도가 같다. ( )
(3) 물체의 온도가 높아질 때 입자의 개수가 증가하기 때문에 나타나는 현상이다. ( )

08 오른쪽 그림은 같은 양의 물과 식용유를 넣은 플라스크를 뜨거운 물이 담긴 수조에 넣었을 때 두 액체의 높이가 변한 모습을 나타낸 것이다. 물과 식용유 중 열팽창 정도가 더 큰 것을 쓰시오.

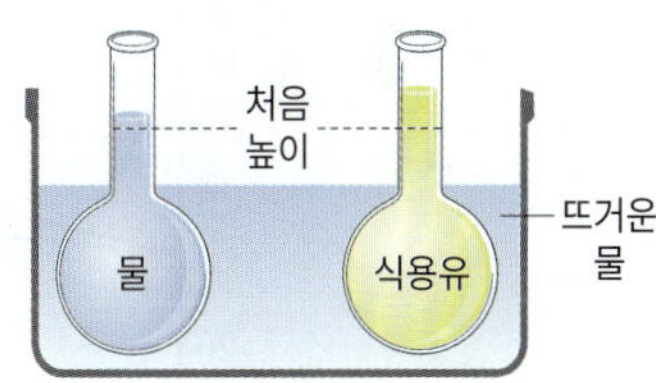

09 그림은 열팽창 정도가 다른 금속 A~C를 각각 두 개씩 붙여 만든 바이메탈을 가열한 모습을 나타낸 것이다. A~C의 열팽창 정도를 등호(=) 또는 부등호(>, <)를 이용하여 비교하시오.

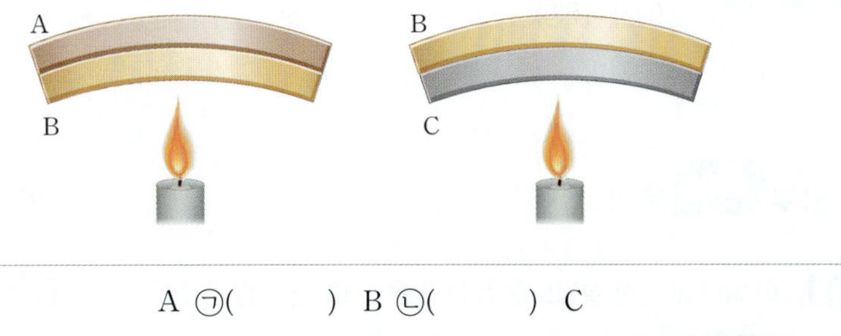

> A ㉠( ) B ㉡( ) C

10 일상생활에서 열팽창을 활용하는 예로 옳은 것은 ○표, 옳지 않은 것은 ×표 하시오.

(1) 냉장고 안에 음식을 넣어 음식을 차갑게 보관한다. ( )
(2) 실험 기구나 조리 기구는 내열 유리로 만들어 깨지지 않게 한다. ( )
(3) 여름철 철로나 다리가 휘어지거나 갈라지는 것을 막기 위해 중간에 틈을 둔다. ( )
(4) 자동차에 물이 많이 포함된 냉각수를 넣어 엔진이 지나치게 뜨거워지는 것을 막는다. ( )

탐구하기

여러 가지 액체의 비열 비교하기

질량이 같은 액체를 가열할 때 온도 변화를 측정하여 두 액체의 비열을 비교할 수 있다.

실험 동영상

● 바른답·알찬풀이 26 쪽

과정

❶ 금속 비커 2 개에 각각 물과 식용유를 200 g씩 넣고 온도 센서를 고정한다.

❷ 온도 센서를 스마트 기기와 연결하고 5 분 동안 비커를 가열한다.

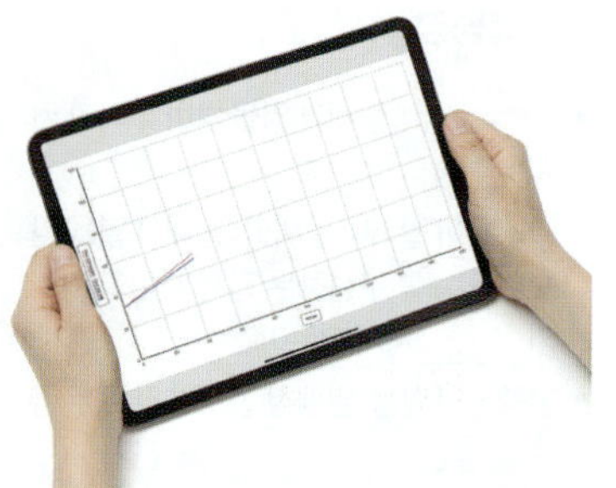

❸ 스마트 기기로 시간에 따른 두 액체의 온도 변화를 관찰한다.

결과

• 시간에 따른 온도 변화

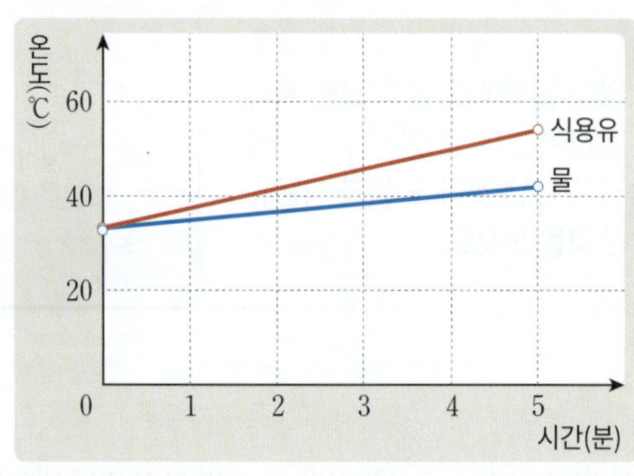

• 온도 변화 비교

물질	처음 온도(℃)	5 분 후 온도(℃)	온도 변화(℃)
물	32	42	10
식용유	32	54	22

같은 시간 동안 온도 변화는 식용유가 물보다 크다. ➡ 물의 비열이 식용유보다 크다.

그래프의 기울기는 같은 시간 동안의 온도 변화를 나타낸다. 즉, 그래프의 기울기가 큰 물질일수록 비열이 작은 물질이다.

정리

같은 열량을 가할 때 온도 변화가 작은 물의 비열이 식용유보다 ㉠(크다, 작다). ➡ 같은 온도만큼 높이는 데 필요한 열량은 ㉡(   )이/가 더 많다.

탐구 확인 문제

01 이 탐구에 대한 설명으로 옳은 것은 ○표, 옳지 <u>않은</u> 것은 ×표 하시오.

(1) 비열은 식용유가 물보다 크다. (   )

(2) 같은 시간 동안 식용유와 물이 받은 열량은 같다. (   )

(3) 같은 시간 동안 온도 변화는 물이 식용유보다 크다. (   )

(4) 40 ℃가 될 때까지 걸린 시간은 식용유가 물보다 짧다. (   )

(5) 같은 온도만큼 높이는 데 필요한 열량은 물이 식용유보다 많다. (   )

탐구 적용 문제

02 그림은 질량이 같은 액체 A ~ C에 같은 열량을 가할 때 시간에 따른 온도 변화를 나타낸 것이다.

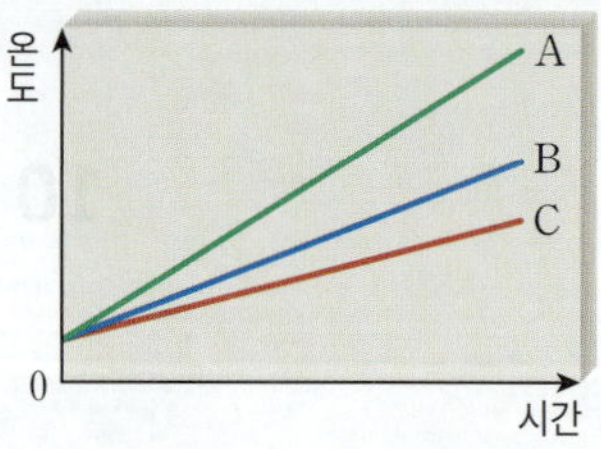

A ~ C의 비열을 옳게 비교한 것은?

① A>B>C   ② A>C>B   ③ B>A>C

④ C>A>B   ⑤ C>B>A

유형 연습하기

핵심 자료를 파악하고 문제 풀이로 연습해 봅시다.

● 바른답·알찬풀이 27 쪽

유형 1 물질의 비열 비교

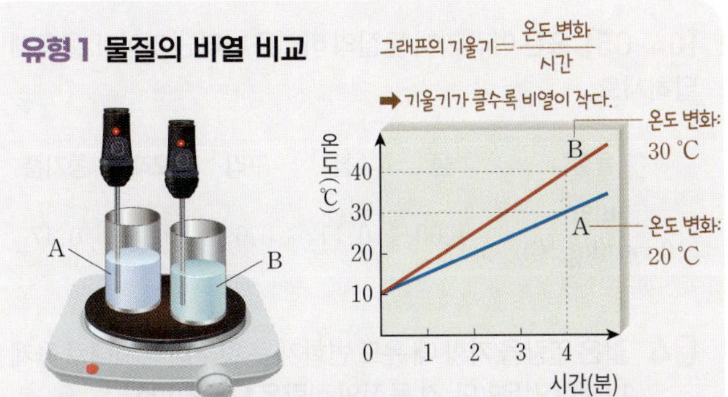

같은 기구로 가열하므로 같은 시간 동안 가한 열량은 같다.

개념 POINT 질량이 같은 두 물질에 같은 열량을 가할 때 온도 변화가 큰 물질일수록 비열이 작다. ➡ 물질의 질량과 가한 열량이 같을 때 비열은 온도 변화에 반비례한다.

출제 POINT 두 물질의 시간에 따른 온도 변화 그래프를 제시하고 물질의 온도 변화와 비열을 비교하거나 두 물질의 비열 또는 비열 비를 계산하는 문제가 자주 나온다.

01 이에 대한 설명으로 옳은 것을 〈보기〉에서 모두 고른 것은?

| 보기 |
ㄱ. 비열이 더 큰 물질은 B이다.
ㄴ. 같은 시간 동안 온도 변화는 A가 B보다 작다.
ㄷ. 두 물질을 같은 온도까지 높이는 데 걸리는 시간은 A가 더 길다.

① ㄱ
② ㄷ
③ ㄱ, ㄴ
④ ㄴ, ㄷ
⑤ ㄱ, ㄴ, ㄷ

자주 보는 오답✔ 물질의 질량과 가한 열량이 같을 때 온도 변화가 큰 물질일수록 비열이 작다.

02 A와 B의 비열 비(A : B)로 옳은 것은?

① 1 : 1
② 1 : 3
③ 2 : 3
④ 3 : 1
⑤ 3 : 2

서술형

03 이 실험을 통해 알 수 있는 비열과 온도 변화의 관계를 다음 단어를 모두 이용하여 설명하시오.

비열, 열량, 질량, 온도 변화

유형 2 액체의 열팽창 정도 비교

같은 수조에 넣었으므로 세 액체가 받은 열량은 같다.

개념 POINT 물체가 열을 받아 온도가 높아지면 입자 사이의 거리가 멀어져 부피가 팽창한다. 이때 부피가 팽창하는 정도는 물질의 종류에 따라 다르다.

출제 POINT 액체의 열팽창 정도를 비교하는 실험 결과를 제시하고 액체의 부피가 변한 까닭을 묻거나 여러 가지 액체의 열팽창 정도를 비교하는 문제가 자주 나온다.

01 물, 식용유, 에탄올의 열팽창 정도를 비교한 것으로 옳은 것은?

① 물 > 에탄올 > 식용유
② 물 > 식용유 > 에탄올
③ 에탄올 > 물 > 식용유
④ 에탄올 > 식용유 > 물
⑤ 식용유 > 에탄올 > 물

02 이에 대한 설명으로 옳은 것을 〈보기〉에서 모두 고른 것은?

| 보기 |
ㄱ. 액체는 종류에 관계없이 열팽창 정도가 같다.
ㄴ. 액체가 열을 받으면 입자의 크기가 커져 부피가 커진다.
ㄷ. 실험 결과로 음료수 병에 음료수를 가득 채우지 않는 까닭을 설명할 수 있다.

① ㄱ
② ㄷ
③ ㄱ, ㄴ
④ ㄴ, ㄷ
⑤ ㄱ, ㄴ, ㄷ

자주 보는 오답✔ 액체는 열을 받으면 부피가 커지며, 이때 물질의 종류에 따라 열팽창 정도가 다르다. 물질이 열을 받아도 입자의 크기나 개수는 변하지 않는다.

03 다음은 이 실험에서 액체의 높이가 변한 까닭에 대한 설명이다. (   ) 안에 알맞은 말을 쓰시오.

액체의 온도가 높아지면 입자의 운동이 ㉠(   ) 해지고 입자 사이의 거리가 ㉡(   )져서 부피가 커지므로 액체의 높이는 ㉢(   )진다.

1 비열

중요✦

01 열량과 비열에 대한 설명으로 옳지 <u>않은</u> 것은?

① 열량의 단위는 kcal 등을 사용한다.
② 물질의 질량이 2 배가 되면 비열도 2 배가 된다.
③ 비열이 큰 물질일수록 온도가 잘 변하지 않는다.
④ 열량은 온도가 다른 물체 사이에서 이동하는 열의 양이다.
⑤ 비열은 어떤 물질 1 kg의 온도를 1 °C 높이는 데 필요한 열량이다.

02 질량이 2 kg인 어떤 물질에 4 kcal의 열량을 가했더니 온도가 10 °C 높아졌다. 이 물질의 비열은 몇 kcal/(kg·°C)인가?

① 0.1 kcal/(kg·°C)　　② 0.2 kcal/(kg·°C)
③ 0.4 kcal/(kg·°C)　　④ 0.8 kcal/(kg·°C)
⑤ 1.0 kcal/(kg·°C)

중요✦

03 표는 질량이 같은 물질 A~C에 같은 양의 열을 가하기 전과 후의 온도를 나타낸 것이다.

구분	A	B	C
처음 온도(°C)	13	17	19
나중 온도(°C)	23	35	32

A~C의 비열을 옳게 비교한 것은?

① A>B>C　　② A>C>B　　③ B>C>A
④ C>A>B　　⑤ C>B>A

[04-05] 표는 여러 가지 물질의 비열을 나타낸 것이다. 물음에 답하시오.

물질	물	철	구리	모래	콩기름
비열 (kcal/(kg·°C))	1.00	0.11	0.09	0.19	0.47

04 같은 열량을 가할 때 온도 변화가 큰 것부터 순서대로 옳게 나열한 것은?(단, 각 물질의 질량은 모두 같다.)

① 물-철-구리-모래-콩기름
② 철-구리-콩기름-물-모래
③ 구리-물-철-모래-콩기름
④ 구리-철-모래-콩기름-물
⑤ 콩기름-모래-구리-철-물

중요✦

05 이에 대한 설명으로 옳은 것을 〈보기〉에서 모두 고른 것은?

| 보기 |
ㄱ. 비열은 물질을 구분하는 특성이다.
ㄴ. 여름철 한낮에 바닷가에서 바닷물이 모래보다 빠르게 뜨거워진다.
ㄷ. 물질의 질량이 모두 같을 때 온도를 10 °C 높이기 위해 필요한 열량은 구리가 가장 많다.

① ㄱ　　　　② ㄴ　　　　③ ㄱ, ㄷ
④ ㄴ, ㄷ　　⑤ ㄱ, ㄴ, ㄷ

중요✦

06 그림은 질량이 각각 100 g인 물과 액체 A를 같은 가열 기구로 가열했을 때 온도 변화를 나타낸 것이다.

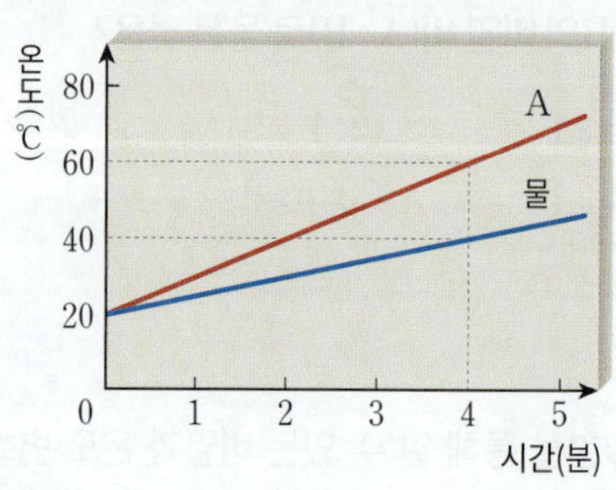

A의 비열은 몇 kcal/(kg·°C)인가?(단, 물의 비열은 1 kcal/(kg·°C)이다.)

① 0.1 kcal/(kg·°C)　　② 0.2 kcal/(kg·°C)
③ 0.5 kcal/(kg·°C)　　④ 1.0 kcal/(kg·°C)
⑤ 1.5 kcal/(kg·°C)

07 표는 질량이 같은 액체 A, B를 같은 가열 기구로 동시에 가열하면서 측정한 온도를 나타낸 것이다.

시간(분)	1	2	3	4	5
A의 온도(℃)	20	24	28	32	36
B의 온도(℃)	20	22	24	26	28

이에 대한 설명으로 옳은 것을 〈보기〉에서 모두 고른 것은?

┤ 보기 ├
ㄱ. A는 B보다 많은 양의 열을 받았다.
ㄴ. 같은 시간 동안 온도 변화는 A가 B보다 크다.
ㄷ. 같은 온도까지 높이는 데 필요한 열량은 B가 A보다 많다.

① ㄱ　　　　② ㄴ　　　　③ ㄱ, ㄷ
④ ㄴ, ㄷ　　　⑤ ㄱ, ㄴ, ㄷ

08 뚝배기에 조리한 음식은 알루미늄 냄비에 조리한 음식보다 오랫동안 온기가 유지된다. 그 까닭으로 옳은 것은?

① 뚝배기가 알루미늄 냄비보다 무거우므로
② 뚝배기의 비열이 알루미늄 냄비보다 크므로
③ 알루미늄 냄비의 비열이 뚝배기보다 크므로
④ 뚝배기가 알루미늄 냄비보다 온도가 높으므로
⑤ 뚝배기가 알루미늄 냄비보다 열이 빠르게 전도되므로

09 비열과 관련된 현상이 <u>아닌</u> 것은?

① 자동차의 냉각수에는 물이 많이 포함되어 있다.
② 전깃줄은 겨울에는 팽팽하지만 여름에는 늘어져 있다.
③ 우리 몸은 물이 많이 포함되어 있어 체온이 쉽게 변하지 않는다.
④ 금속으로 만든 프라이팬을 이용하면 음식을 빠르게 익힐 수 있다.
⑤ 난방용 온수관은 온수가 지나가면 빠르게 뜨거워져 바닥을 데운다.

2 열팽창

10 열팽창에 대한 설명으로 옳지 <u>않은</u> 것은?

① 온도 변화가 클수록 부피 변화가 크다.
② 열팽창 정도는 대체로 고체가 액체보다 크다.
③ 온도에 따라 물체의 부피가 변하는 현상이다.
④ 물체에 열을 가해도 입자의 수는 변하지 않는다.
⑤ 물체가 열을 받으면 물질을 구성하는 입자 사이의 거리가 멀어지기 때문에 나타나는 현상이다.

11 오른쪽 그림은 같은 양의 액체 A, B를 담은 플라스크를 뜨거운 물에 넣은 후 액체의 온도가 더 이상 변하지 않을 때의 모습을 나타낸 것이다.

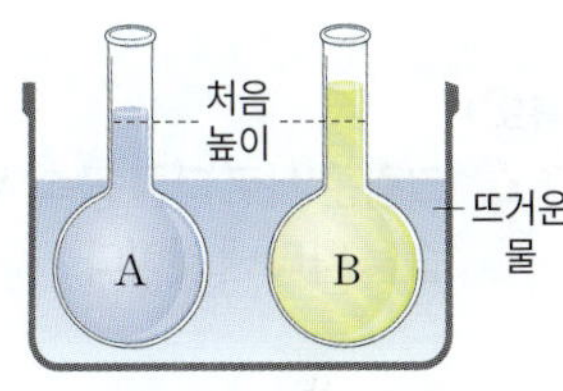

이에 대한 설명으로 옳은 것을 〈보기〉에서 모두 고른 것은?

┤ 보기 ├
ㄱ. B의 온도는 A보다 높다.
ㄴ. B가 A보다 열팽창 정도가 크다.
ㄷ. A와 B 모두 처음보다 입자 운동이 활발해졌다.

① ㄱ　　　　② ㄴ　　　　③ ㄱ, ㄷ
④ ㄴ, ㄷ　　　⑤ ㄱ, ㄴ, ㄷ

12 그림 (가), (나)는 종이와 알루미늄박을 붙인 후 종이가 바깥쪽으로 가도록 접어 가열했을 때의 변화를 나타낸 것이다.

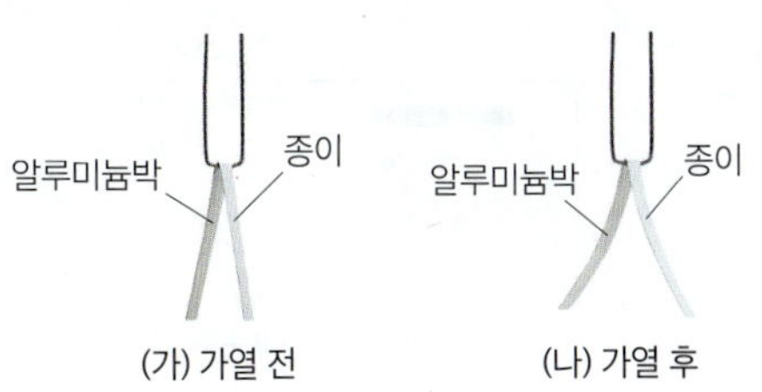

이에 대한 설명으로 옳은 것은?

① 알루미늄박의 부피는 작아졌다.
② 열팽창 정도는 종이가 알루미늄보다 크다.
③ 알루미늄박을 이루는 입자의 크기가 커졌다.
④ 물질에 열을 가하면 팽창하는 정도는 모두 같다.
⑤ 접는 방향을 반대로 하고 가열하면 휘어지는 방향이 달라질 것이다.

중요 13 열팽창을 이용하는 예로 옳은 것을 〈보기〉에서 모두 고른 것은?

┤ 보기 ├

ㄱ. 찜질 팩 안에 물을 넣어서 사용한다.
ㄴ. 철근과 콘크리트를 이용해 건물을 짓는다.
ㄷ. 냄비의 손잡이를 나무나 플라스틱으로 만든다.
ㄹ. 다리나 철로의 중간에 틈을 두어 휘어지거나 파손되는 것을 막는다.

① ㄱ, ㄴ   ② ㄱ, ㄷ   ③ ㄴ, ㄷ
④ ㄴ, ㄹ   ⑤ ㄷ, ㄹ

중요 14 그림은 서로 다른 금속 A, B를 붙여서 만든 바이메탈의 모습을 나타낸 것이다.

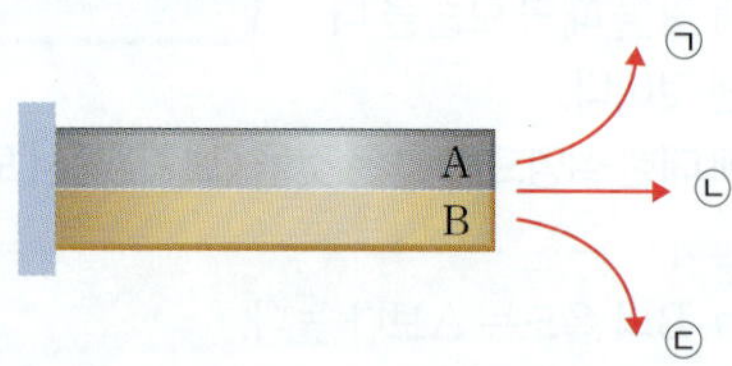

바이메탈을 가열하거나 냉각할 때 휘어지는 방향을 순서대로 옳게 짝지은 것은?(단, 열팽창 정도는 A가 B보다 크다.)

① ㉠, ㉡   ② ㉠, ㉢   ③ ㉡, ㉢
④ ㉢, ㉠   ⑤ ㉢, ㉡

15 그림은 바이메탈을 이용한 화재경보기의 구조를 나타낸 것이다.

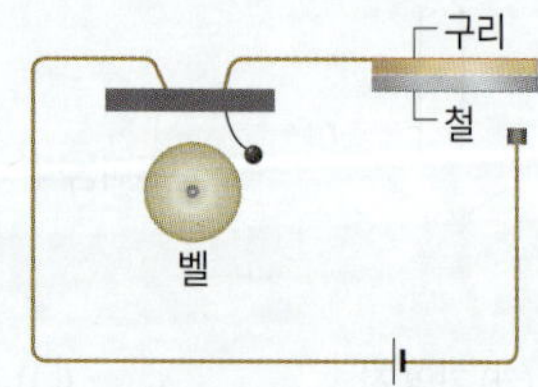

이에 대한 설명으로 옳은 것을 〈보기〉에서 모두 고른 것은?

┤ 보기 ├

ㄱ. 열팽창 정도는 구리가 철보다 크다.
ㄴ. 불이 나면 바이메탈이 아래쪽으로 휘어진다.
ㄷ. 바이메탈은 화재경보기의 스위치 역할을 한다.

① ㄱ   ② ㄴ   ③ ㄱ, ㄷ
④ ㄴ, ㄷ   ⑤ ㄱ, ㄴ, ㄷ

---

16 그림은 질량이 같은 액체 A와 B를 접촉했을 때, 두 액체의 시간에 따른 온도 변화를 나타낸 것이다.

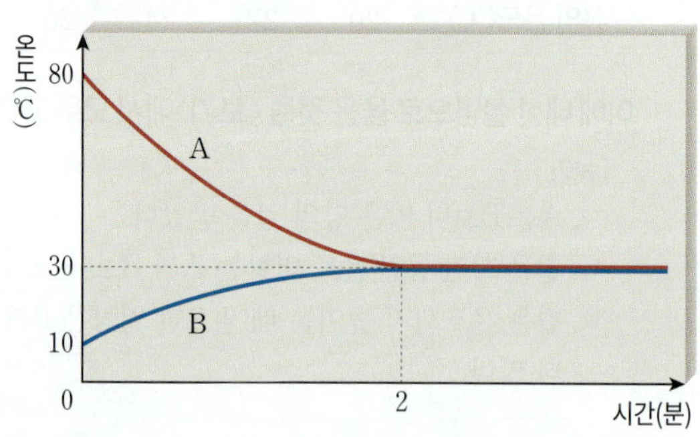

A와 B의 비열 비(A : B)로 옳은 것은?(단, 열은 A와 B 사이에서만 이동한다.)

① 1 : 2   ② 2 : 1
③ 2 : 3   ④ 2 : 5
⑤ 5 : 2

17 그림은 두 금속 A, B를 가열할 때 온도에 따른 전체 길이 변화를 나타낸 것이다.

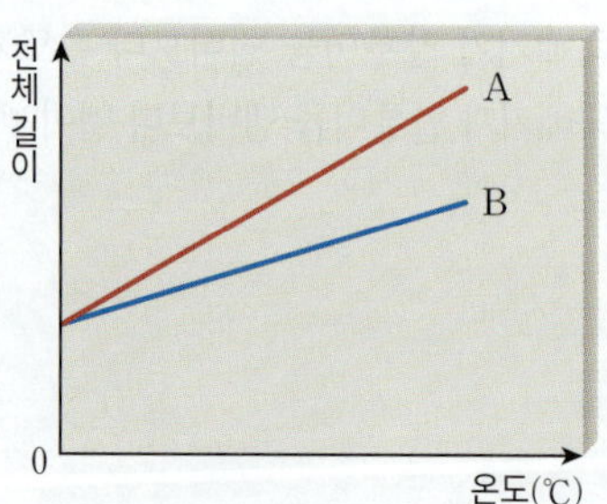

이에 대한 설명으로 옳은 것을 〈보기〉에서 모두 고른 것은?(단, 현재 A, B의 길이는 같다.)

┤ 보기 ├

ㄱ. A는 B보다 열팽창 정도가 크다.
ㄴ. A와 B로 만든 바이메탈의 온도를 높이면 A 쪽으로 휘어진다.
ㄷ. A와 B로 만든 바이메탈의 온도를 낮추면 B 쪽으로 휘어진다.

① ㄱ   ② ㄴ   ③ ㄱ, ㄷ
④ ㄴ, ㄷ   ⑤ ㄱ, ㄴ, ㄷ

01 그림은 질량이 같은 액체 A∼C에 같은 열량을 가할 때 시간에 따른 온도 변화를 나타낸 것이다.

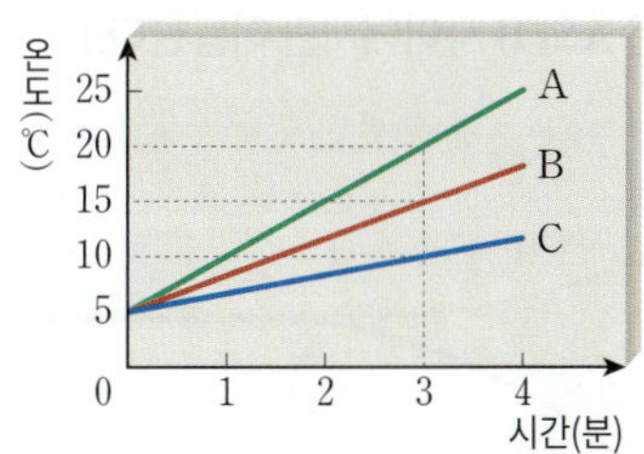

1단계 A∼C의 비열을 비교하여 설명하시오.

질량과 가한 열량이 같을 때 온도 변화가 (　　　)수록 비열이 작으므로 비열은 (　　)>(　　)>(　　)이다.

2단계 A, B, C의 비열 비(A : B : C)를 풀이 과정과 함께 설명하시오.

02 그림은 여름철 낮과 밤에 바닷물과 모래사장의 온도를 나타낸 것이다.

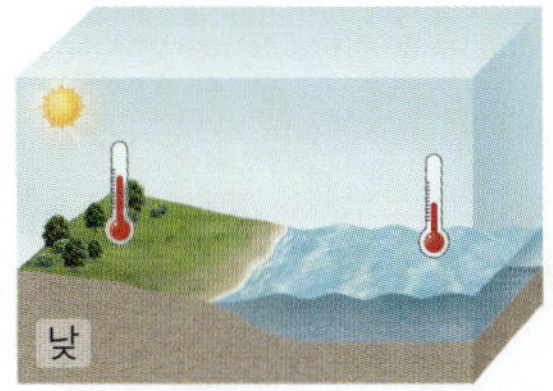

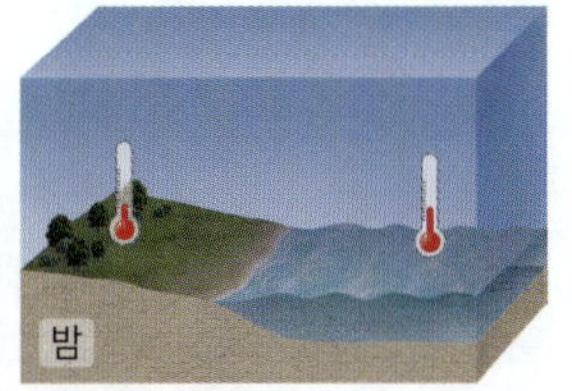

1단계 이와 같은 현상이 나타나는 까닭을 다음 단어를 모두 이용하여 서술하시오.

모래, 물, 비열

2단계 이와 관련된 물의 특징을 서술하시오.

03 그림은 플라스크에 부피가 같은 네 종류의 액체를 넣고 뜨거운 물에 담갔을 때 액체의 높이 변화를 나타낸 것이다.

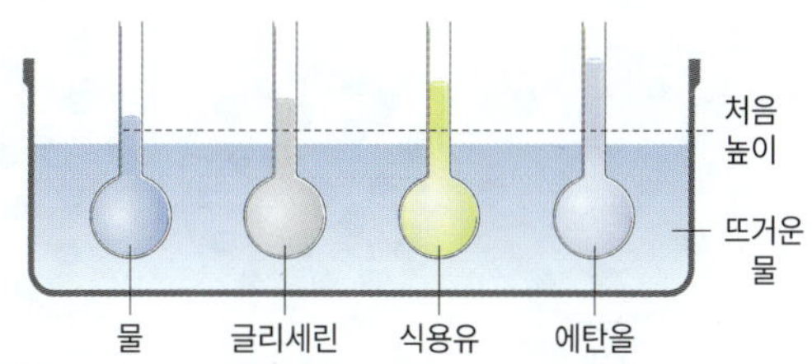

1단계 액체의 부피 변화를 비교하여 설명하시오.

액체의 부피는 모두 (커졌고, 작아졌고), 부피가 변한 정도는 (　　)>(　　)>(　　)>(　　)이다.

2단계 이 실험을 통해 알 수 있는 사실을 <u>두</u> 가지만 설명하시오.

04 그림은 여름과 겨울에 전봇대 사이의 전선 모양을 나타낸 것이다.

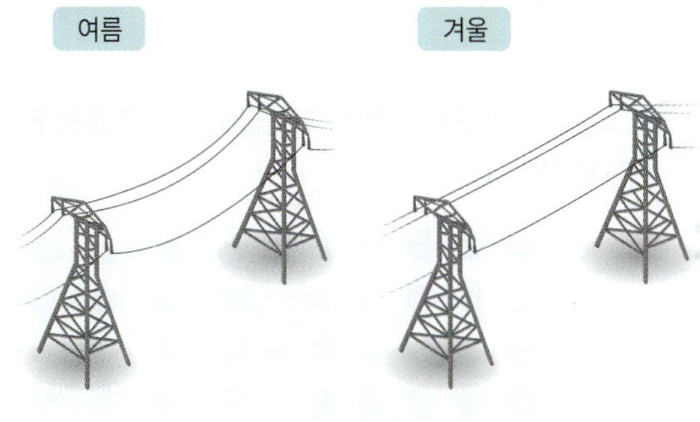

1단계 여름과 겨울에 전선의 길이가 차이 나는 까닭을 설명하시오.

물체가 열을 받으면 입자 사이의 거리가 (　　　) 부피가 커지는 (　　　)이/가 일어나기 때문이다.

2단계 이와 같은 원리로 나타나는 현상을 <u>한</u> 가지만 설명하시오.

01 그림 (가)~(다)는 어떤 물질의 온도에 따른 입자 운동을 나타낸 것이다.

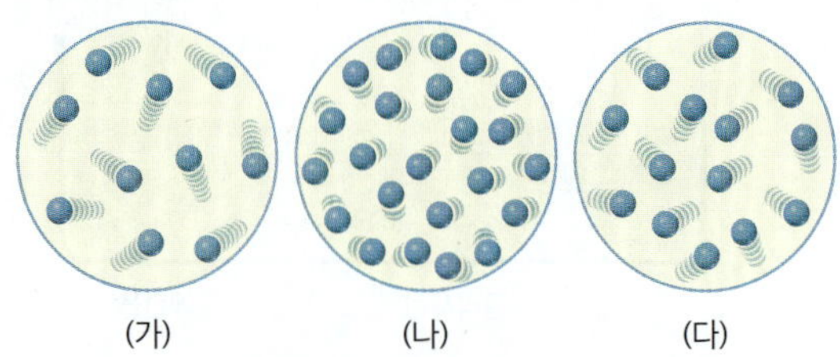

(가)   (나)   (다)

(가)~(다)의 온도를 옳게 비교한 것은?

① (가)>(나)>(다)   ② (가)>(다)>(나)
③ (나)>(가)>(다)   ④ (나)>(다)>(가)
⑤ (다)>(나)>(가)

02 비커에 담긴 물을 가열할 때 일어나는 현상으로 옳은 것을 〈보기〉에서 모두 고른 것은?

| 보기 |
ㄱ. 입자의 크기가 커진다.
ㄴ. 입자 운동이 활발해진다.
ㄷ. 입자 사이의 거리가 멀어진다.

① ㄱ   ② ㄷ   ③ ㄱ, ㄴ
④ ㄴ, ㄷ   ⑤ ㄱ, ㄴ, ㄷ

03 그림은 어떤 물체 A와 접촉한 금속의 입자 운동 변화를 나타낸 것이다.

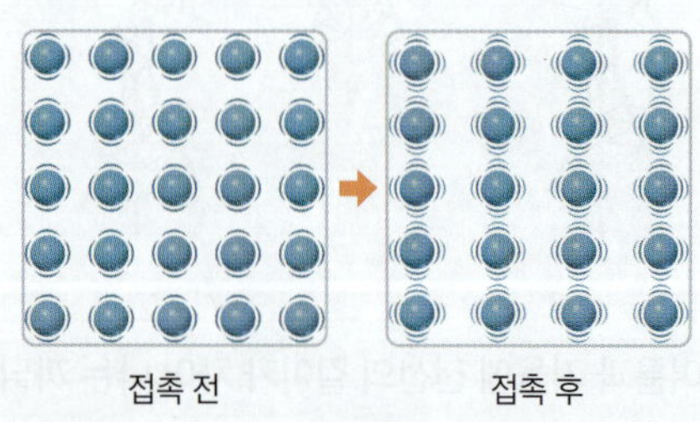

접촉 전   접촉 후

이에 대한 설명으로 옳은 것을 〈보기〉에서 모두 고른 것은? (단, 열은 A와 금속 사이에서만 이동한다.)

| 보기 |
ㄱ. 금속은 열을 잃었다.
ㄴ. A는 온도가 낮아졌다.
ㄷ. 금속의 입자 운동이 활발해졌다.

① ㄱ   ② ㄷ   ③ ㄱ, ㄴ
④ ㄴ, ㄷ   ⑤ ㄱ, ㄴ, ㄷ

[04-05] 그림은 질량이 같은 물체 (가)와 (나)를 접촉했을 때 시간에 따른 두 물체의 온도 변화를 나타낸 것이다. 물음에 답하시오.(단, 열은 A와 B 사이에서만 이동한다.)

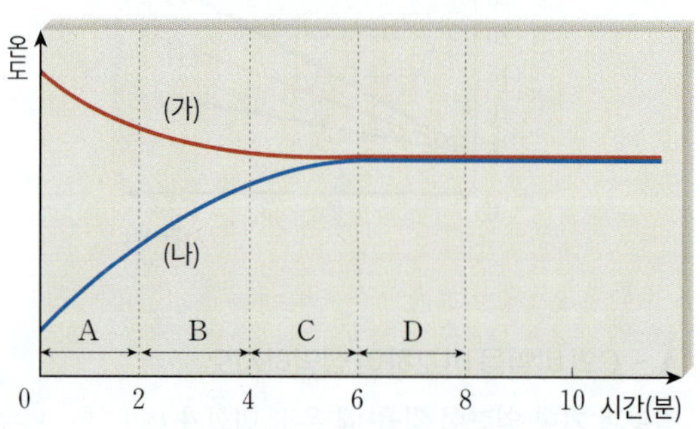

04 A~D 중 가장 많은 양의 열이 이동하는 구간을 쓰시오.

05 이에 대한 설명으로 옳은 것을 〈보기〉에서 모두 고른 것은?

| 보기 |
ㄱ. 열은 (나)에서 (가)로 이동한다.
ㄴ. 6 분 후 두 물체는 열평형에 도달한다.
ㄷ. 2 분~4 분 동안 (나)의 입자 운동은 활발해진다.

① ㄱ   ② ㄷ   ③ ㄱ, ㄴ
④ ㄴ, ㄷ   ⑤ ㄱ, ㄴ, ㄷ

06 그림과 같이 온도가 다른 물체 A, B를 접촉했다.

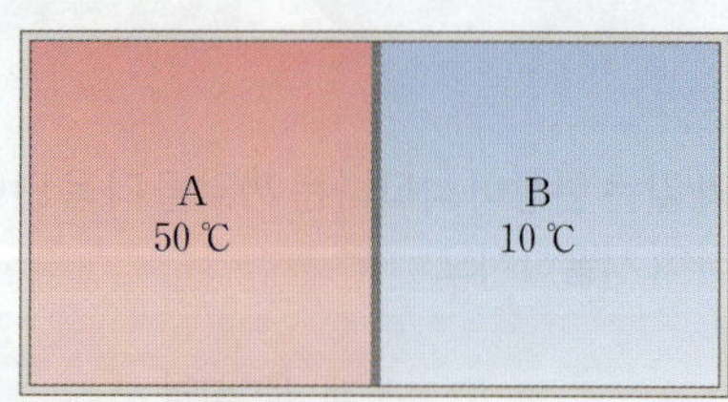

이에 대한 설명으로 옳은 것을 〈보기〉에서 모두 고른 것은? (단, 열은 A와 B 사이에서만 이동한다.)

| 보기 |
ㄱ. A에서 B로 열이 이동한다.
ㄴ. A는 입자 운동이 둔해진다.
ㄷ. 충분한 시간이 지나면 B의 온도는 A보다 높아진다.

① ㄱ   ② ㄷ   ③ ㄱ, ㄴ
④ ㄴ, ㄷ   ⑤ ㄱ, ㄴ, ㄷ

07 전도에 대한 설명으로 옳은 것은?

① 주로 액체, 기체에서 일어난다.
② 입자가 직접 이동하며 열을 전달한다.
③ 물질을 거치지 않고 열이 직접 이동한다.
④ 태양열이 지구에 전달되는 방식에 해당한다.
⑤ 물질을 이루는 입자의 운동이 이웃한 입자에 차례로 전달되어 열이 이동한다.

[08-09] 그림은 열 변색 붙임딱지를 붙인 철판, 구리판, 유리판을 동시에 뜨거운 물에 넣었을 때의 변화를 나타낸 것이다. 물음에 답하시오.(단, 열 변색 붙임딱지는 온도가 높아지면 흰색으로 변한다.)

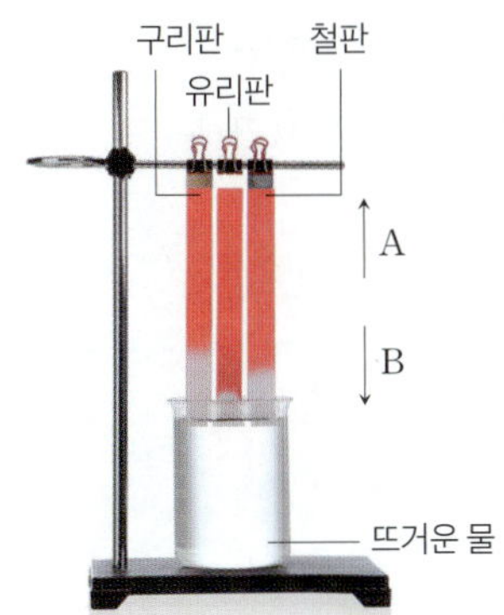

08 A, B 중 세 판에서 열이 이동하는 방향의 기호를 쓰시오.

09 이에 대한 설명으로 옳은 것을 〈보기〉에서 모두 고른 것은?

| 보기 |

ㄱ. 유리판이 받은 열의 양이 가장 적다.
ㄴ. 열이 가장 빠르게 전도되는 것은 구리이다.
ㄷ. 세 판에서 열은 전도의 방식으로 이동한다.
ㄹ. 온도가 가장 느리게 높아지는 것은 철판이다.

① ㄱ, ㄴ　　　② ㄱ, ㄷ　　　③ ㄴ, ㄷ
④ ㄴ, ㄹ　　　⑤ ㄷ, ㄹ

10 오른쪽 그림은 주전자 안의 물이 끓는 모습을 나타낸 것이다. 이에 대한 설명으로 옳은 것을 〈보기〉에서 모두 고른 것은?

| 보기 |

ㄱ. 대류에 의해 물 전체가 뜨거워진다.
ㄴ. 이와 같은 열의 이동은 액체에서만 일어난다.
ㄷ. 뜨거워진 물은 아래로, 차가운 물은 위로 이동한다.

① ㄱ　　　② ㄴ　　　③ ㄱ, ㄷ
④ ㄴ, ㄷ　　　⑤ ㄱ, ㄴ, ㄷ

11 열이 물질을 거치지 않고 이동하는 예로 옳은 것을 모두 고르면?(정답 2 개)

① 난로를 켜면 방 전체가 따뜻해진다.
② 뜨거운 프라이팬에 올려 놓은 달걀이 익는다.
③ 햇빛이 비치는 곳에 있으면 몸이 따뜻해진다.
④ 냄비 바닥을 가열하면 냄비 전체가 뜨거워진다.
⑤ 열화상 카메라로 사람을 찍으면 체온을 측정할 수 있다.

12 다음은 다양한 방식으로 열이 이동함에 따라 나타나는 현상이다.

(가) 태양열이 지구에 전달된다.
(나) 효율적인 냉방을 위해 냉방기를 천장에 설치한다.
(다) 따뜻한 물이 담긴 컵을 손으로 잡으면 손이 따뜻해진다.

(가)~(다)와 관련된 열의 이동 방식을 옳게 짝지은 것은?

	(가)	(나)	(다)
①	대류	복사	전도
②	대류	전도	복사
③	복사	전도	대류
④	복사	대류	전도
⑤	전도	복사	대류

13 비열에 대한 설명으로 옳은 것을 〈보기〉에서 모두 고른 것은?

| 보기 |
ㄱ. 비열의 단위로는 kcal를 사용한다.
ㄴ. 비열은 물질을 구분하는 특성이 된다.
ㄷ. 질량이 같은 두 물질에 같은 열량을 가할 때, 비열이 큰 물질의 온도 변화가 더 크다.

① ㄱ ② ㄴ ③ ㄱ, ㄷ
④ ㄴ, ㄷ ⑤ ㄱ, ㄴ, ㄷ

[14-15] 표는 물질 A~E의 비열을 나타낸 것이다. 물음에 답하시오.(단, A~E의 질량은 모두 같다.)

물질	A	B	C	D	E
비열 (kcal/(kg·℃))	0.47	1.00	0.11	0.19	0.21

14 같은 열량을 가할 때 온도 변화가 가장 큰 물질과 가장 작은 물질을 옳게 짝 지은 것은?

	가장 큰 물질	가장 작은 물질
①	A	B
②	B	C
③	C	B
④	D	B
⑤	E	D

15 A~E의 온도가 모두 15 ℃일 때, 같은 가열 기구를 이용해 온도를 30 ℃까지 높이는 데 걸리는 시간이 가장 짧은 물질부터 순서대로 나열하시오.

16 그림은 같은 질량의 물과 식용유를 접촉했을 때 시간에 따른 온도 변화를 나타낸 것이다.

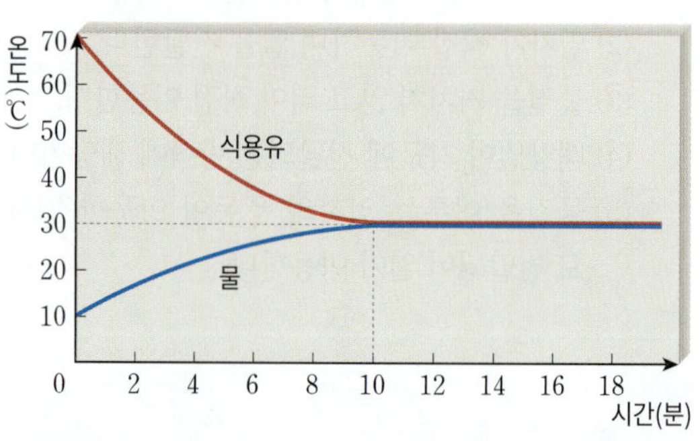

이에 대한 설명으로 옳은 것을 〈보기〉에서 모두 고른 것은? (단, 열은 물과 식용유 사이에서만 이동한다.)

| 보기 |
ㄱ. 물의 비열은 식용유보다 크다.
ㄴ. 10 분 이후 물과 식용유의 온도는 같다.
ㄷ. 열평형에 도달하기까지 온도 변화는 물이 식용유보다 크다.

① ㄱ ② ㄷ ③ ㄱ, ㄴ
④ ㄴ, ㄷ ⑤ ㄱ, ㄴ, ㄷ

17 그림은 질량이 같은 물질 A, B를 같은 가열 기구로 가열할 때 시간에 따른 온도 변화를 나타낸 것이다.

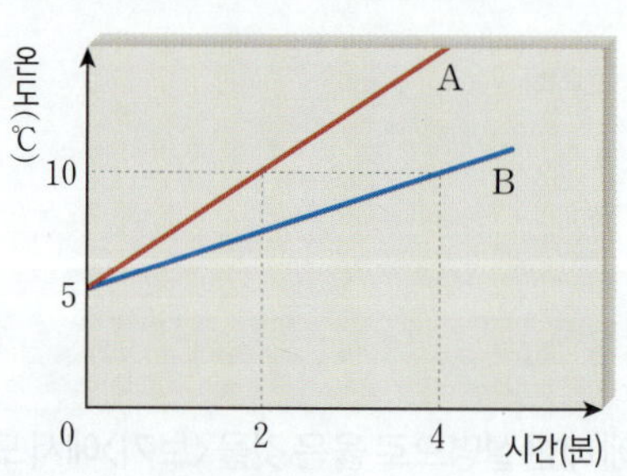

이에 대한 설명으로 옳은 것은?

① A와 B는 같은 물질이다.
② 비열은 A가 B보다 크다.
③ 같은 시간 동안 받은 열량은 B가 A보다 크다.
④ 같은 시간 동안 온도 변화는 A가 B보다 크다.
⑤ A, B를 같은 온도까지 가열한 후 같은 조건에서 냉각하면 B의 온도가 더 빠르게 낮아진다.

18 비열의 활용에 대한 설명으로 옳은 것을 〈보기〉에서 모두 고른 것은?

| 보기 |
ㄱ. 뚝배기는 비열이 큰 물질로 만들어 물을 빠르게 끓일 수 있다.
ㄴ. 프라이팬은 비열이 작은 금속으로 만들어 빠르게 뜨거워진다.
ㄷ. 찜질 팩에 비열이 큰 물을 넣으면 오랫동안 따뜻하게 사용할 수 있다.

① ㄱ   ② ㄴ   ③ ㄱ, ㄷ
④ ㄴ, ㄷ   ⑤ ㄱ, ㄴ, ㄷ

19 물체가 열을 받으면 부피가 커지는 까닭으로 옳은 것은?

① 물체를 이루는 입자의 크기가 커지기 때문이다.
② 물체를 이루는 입자의 개수가 증가하기 때문이다.
③ 물체를 이루는 입자의 질량이 증가하기 때문이다.
④ 물체를 이루는 입자의 운동이 둔해지기 때문이다.
⑤ 물체를 이루는 입자 사이의 거리가 멀어지기 때문이다.

20 그림은 철, 구리, 알루미늄 막대 끝을 각각 바늘에 연결한 후 가열했을 때 바늘이 오른쪽으로 돌아간 모습을 나타낸 것이다.

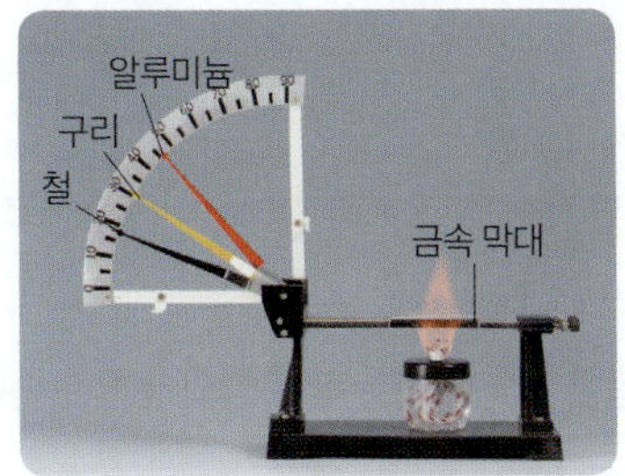

이에 대한 설명으로 옳은 것을 〈보기〉에서 모두 고른 것은?

| 보기 |
ㄱ. 금속 막대의 길이가 길어졌다.
ㄴ. 알루미늄은 철보다 열팽창 정도가 크다.
ㄷ. 금속이 열을 받으면 입자 사이의 거리가 멀어진다.

① ㄱ   ② ㄴ   ③ ㄱ, ㄷ
④ ㄴ, ㄷ   ⑤ ㄱ, ㄴ, ㄷ

21 오른쪽 그림과 같이 찬물을 넣은 삼각 플라스크에 유리관을 꽂은 후 뜨거운 물이 담긴 수조에 넣고 변화를 관찰했다. 이에 대한 설명으로 옳은 것을 〈보기〉에서 모두 고른 것은?

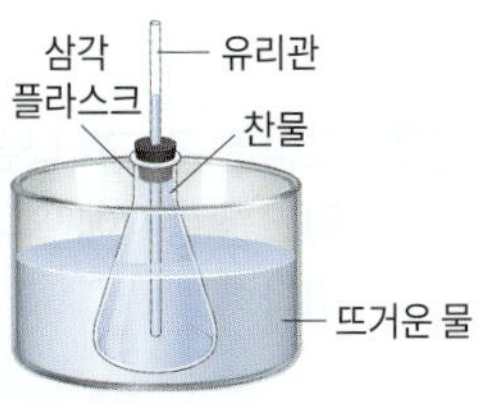

| 보기 |
ㄱ. 유리관 안의 물의 높이는 높아진다.
ㄴ. 삼각 플라스크 안의 물 입자 운동은 둔해진다.
ㄷ. 삼각 플라스크 안에 다른 액체를 넣어도 높이가 변하는 정도는 같다.

① ㄱ   ② ㄴ   ③ ㄱ, ㄷ
④ ㄴ, ㄷ   ⑤ ㄱ, ㄴ, ㄷ

22 오른쪽 그림은 다리의 이음매 부분에 틈을 둔 모습을 나타낸 것이다.
이와 관련 있는 현상이 <u>아닌</u> 것은?

① 철탑의 높이는 겨울보다 여름에 더 높다.
② 여름철 전봇대에 연결된 전선이 늘어진다.
③ 여름철 한낮에 모래사장은 바닷물보다 뜨겁다.
④ 조리 기구에 사용하는 내열 유리는 뜨거운 물을 부어도 쉽게 깨지지 않는다.
⑤ 다리미에는 과열을 방지하기 위해 온도에 따라 전원을 자동으로 차단하는 바이메탈이 들어 있다.

23 크기가 같은 세 종류의 금속 A~C를 각각 두 개씩 붙여 만든 바이메탈을 가열하였더니 그림과 같이 휘어졌다.

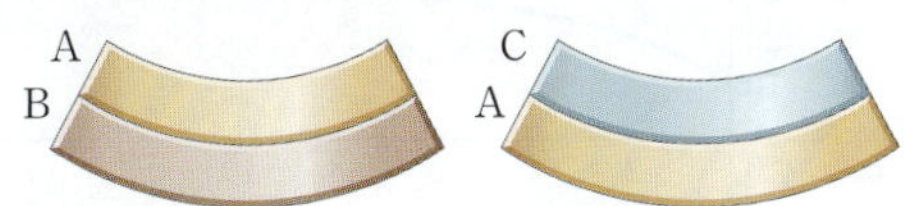

이에 대한 설명으로 옳은 것을 〈보기〉에서 모두 고른 것은?

| 보기 |
ㄱ. A는 B보다 열팽창 정도가 크다.
ㄴ. 같은 온도까지 냉각했을 때 가장 많이 수축하는 것은 C이다.
ㄷ. B와 C로 바이메탈을 만들면 가열했을 때 가장 많이 휘어진다.

① ㄱ   ② ㄷ   ③ ㄱ, ㄴ
④ ㄴ, ㄷ   ⑤ ㄱ, ㄴ, ㄷ

01 그림은 온도가 다른 물이 담긴 비커 (가), (나)에 같은 양의 잉크를 동시에 떨어뜨린 후 잉크가 퍼진 모습을 나타낸 것이다.

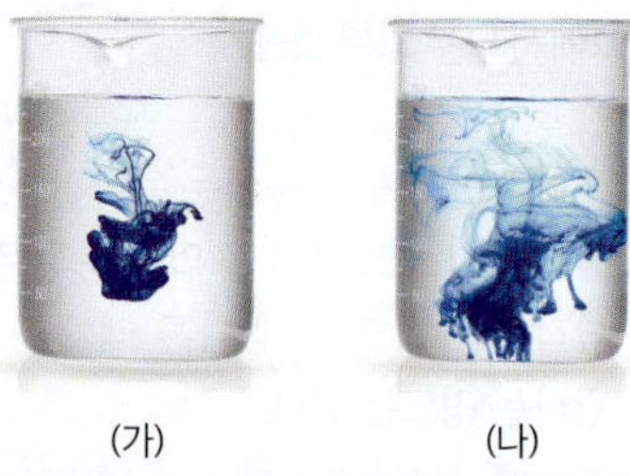

(가)　　　　(나)

(가), (나) 중 물의 온도가 더 높은 것의 기호를 쓰고, 그렇게 판단한 까닭을 입자 운동과 관련지어 설명하시오.

---

02 그림은 뜨거운 물이 든 비커를 찬물이 든 수조에 넣었을 때 시간에 따른 두 물의 온도 변화를 나타낸 것이다.(단, 외부와의 열 출입은 없다.)

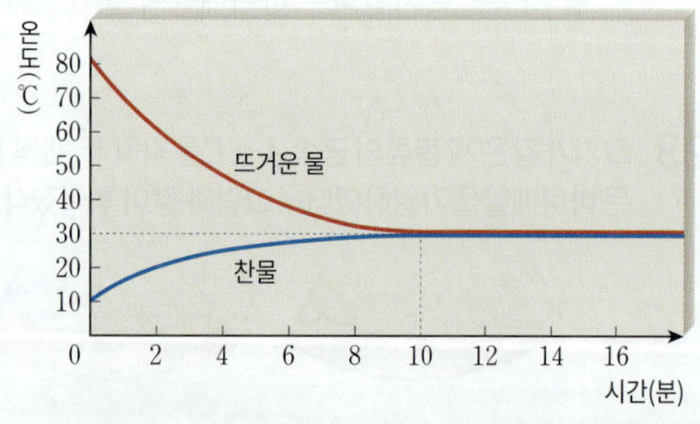

(1) 열평형에 도달할 때까지 뜨거운 물과 찬물의 입자 운동 변화를 각각 설명하시오.

---

(2) 열평형에 도달할 때까지 뜨거운 물과 찬물이 얻거나 잃은 열의 양을 비교하여 설명하시오.

---

03 그림 (가)는 유리 막대의 **A** 부분을 가열하는 모습을 나타낸 것이고, 그림 (나)는 **B** 부분의 입자 운동 변화를 순서 없이 나타낸 것이다.

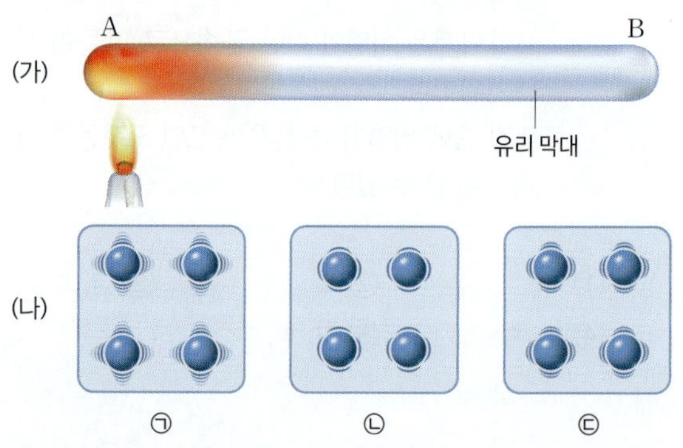

㉠~㉢을 시간 순서대로 나열하고, 그 까닭을 막대에서 열이 이동하는 방식과 관련지어 설명하시오.

---

04 겨울에 맨손으로 운동장에 있는 철봉과 나무 의자를 만지면 철봉이 더 차갑게 느껴지는 까닭을 설명하시오.

---

05 다음은 사막에 사는 유목민의 생활 모습에 대한 설명이다.

> 베두인족은 검은 천으로 된 헐렁한 옷을 입고 산다. 검은 천으로 된 옷이 햇빛을 받으면 따뜻해진 옷 속의 공기가 위로 올라가면서 밖으로 빠져나가서 시원해진다.

밑줄 친 내용과 같은 방식으로 열이 이동하는 예를 한 가지만 설명하시오.

---

06 그림은 질량이 각각 **1 kg**인 액체 **A, B**를 같은 가열 기구로 동시에 가열하면서 온도를 측정한 결과를 나타낸 것이다.

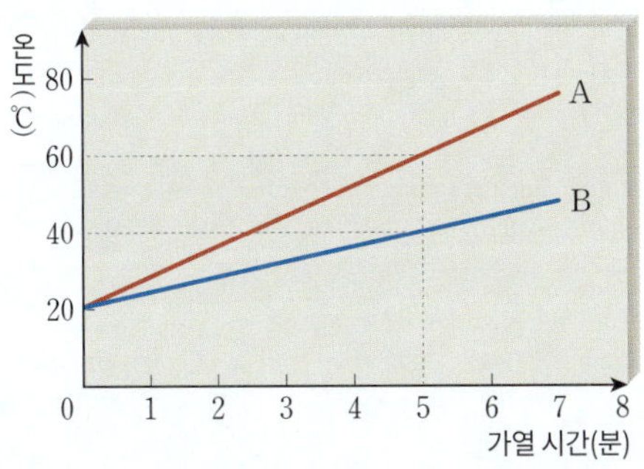

(1) **A, B**가 같은 물질인지 아닌지 판단하여 까닭과 함께 설명하시오.

(2) **5** 분 동안 가한 열량이 **20 kcal**일 때, **A**와 **B**의 비열은 각각 몇 **kcal/(kg·℃)**인지 쓰시오.

07 다음은 액체 **A ∼ D**의 비열을 나타낸 것이다.

액체	A	B	C	D
비열 (kcal/(kg·℃))	1.00	0.58	0.51	0.43

A ∼ D 중 찜질 팩 속에 넣어 오랫동안 따뜻하게 사용하기에 가장 적절한 것의 기호를 쓰고, 그 까닭을 설명하시오.

08 일상생활에서 비열이 작은 물질을 이용하는 예를 <u>한 가지만</u> 설명하시오.

09 오른쪽 그림과 같이 금속 고리보다 약간 커서 금속 고리를 통과하지 못하는 금속 구가 있다. 온도를 변화시켜 금속 구가 금속 고리를 통과하게 하는 방법을 <u>두 가지만</u> 설명하시오.

10 그림과 같이 음료수 병의 윗부분에는 빈 공간이 있다.

이처럼 병에 음료수를 가득 채워 넣지 않는 까닭을 액체의 부피 변화와 관련지어 설명하시오.

11 그림은 여름철 가스관이 파손되는 것을 막기 위해 중간에 구부러진 부분을 만든 모습이다.

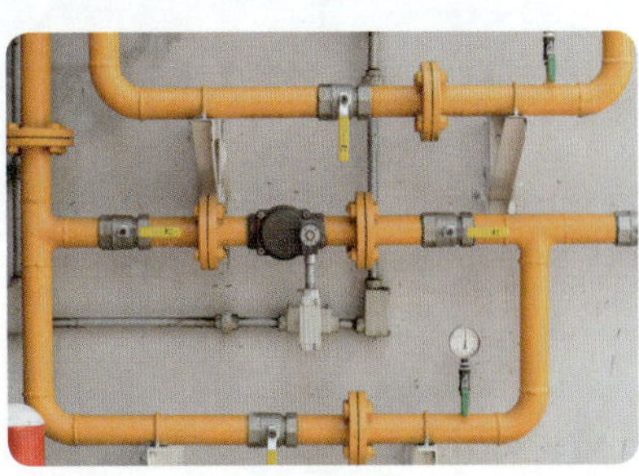

일상생활에서 이와 같은 원리를 활용하는 예를 <u>한 가지만</u> 설명하시오.

IV

물질의 상태 변화

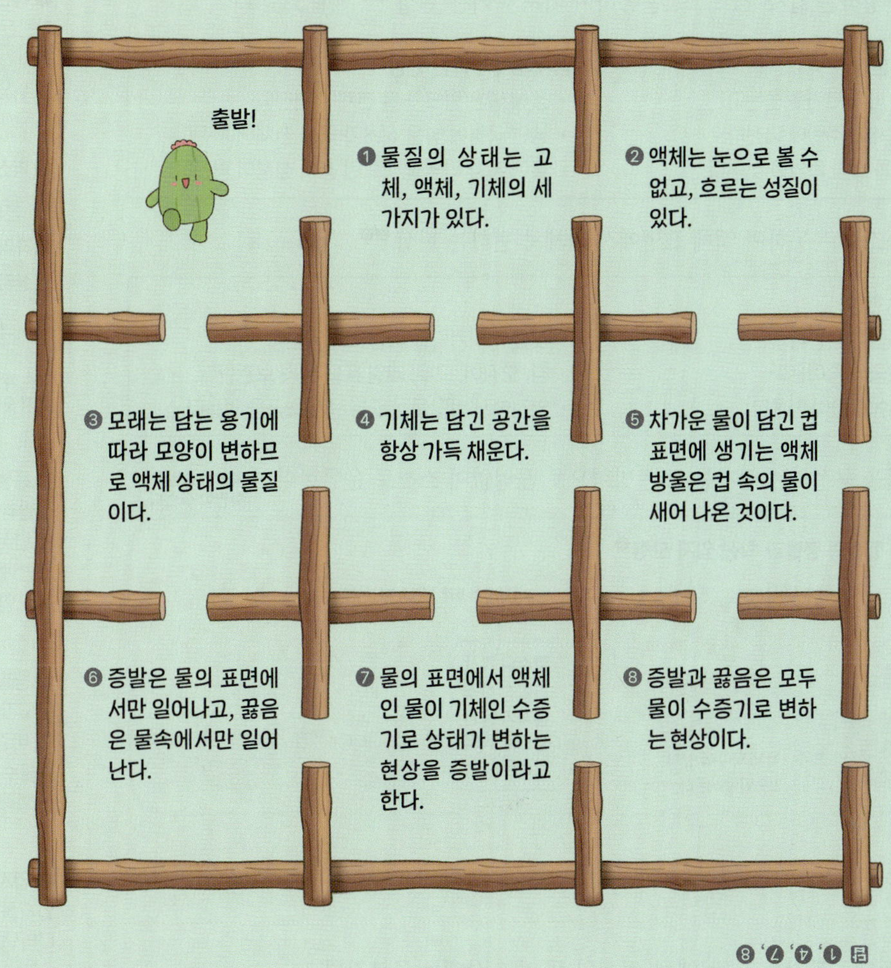

>> 다른 학년과의 연계

이전 학습 내용

물의 상태 변화
물은 고체, 액체, 기체의 세 가지 상태로 변할 수 있으며, 물의 상태가 변할 때 부피가 변한다.

이 단원의 학습 내용

물질의 상태 변화
물질의 상태가 변할 때 물질을 구성하는 입자의 배열과 운동성, 입자 사이의 거리가 달라지며, 열에너지가 흡수되거나 방출된다.

이후 학습 내용

물질의 세 가지 상태
물질의 상태는 온도와 압력에 따라 변하며, 물질은 입자 사이의 상호작용에 따라 기체, 액체, 고체 상태로 존재한다.

01 입자의 운동과 물질의 상태

지금까지 물이 고체, 액체, 기체의 세 가지 상태로 변한다는 것을 배웠어.

이제부터 여러 가지 물질의 상태가 변할 때 입자의 배열과 운동성이 어떻게 달라지는지 알아보자.

1 입자의 운동

1 확산 물질을 구성하는 입자가 스스로 운동하여 퍼져 나가는 현상 ❶❷ [탐구 102 쪽]

기체에서의 확산 현상	액체에서의 확산 현상
• 전기 모기향을 피워 모기를 쫓는다. • 향수와 향초 냄새가 주변에 퍼진다. • 탐지견이 냄새를 맡아 마약을 찾는다.	• 물에 넣은 잉크가 물 전체에 퍼진다. • 냉면 국물에 넣은 식초가 국물 전체에 퍼진다. • 물에 홍차 티백을 넣으면 홍차 성분이 퍼진다.

2 증발 입자가 스스로 운동하여 액체 표면에서 기체로 변하는 현상 ❸❹ [탐구 102 쪽]

우리 주변의 증발 현상	
• 젖은 빨래나 우산이 마른다. • 어항의 물이 조금씩 줄어든다. • 물웅덩이나 호수의 물이 마른다.	• 젖은 머리카락을 바람으로 말린다. • 감, 오징어, 고추, 과일 등을 말려 보관한다. • *염전에서 바닷물을 증발시켜 소금을 얻는다.

3 입자 운동 물질을 구성하는 입자는 모든 방향으로 끊임없이 스스로 운동한다. —확산과 증발로 확인할 수 있다.

그림으로 개념 쏙!

향수의 증발과 확산 입자 모형 ❺

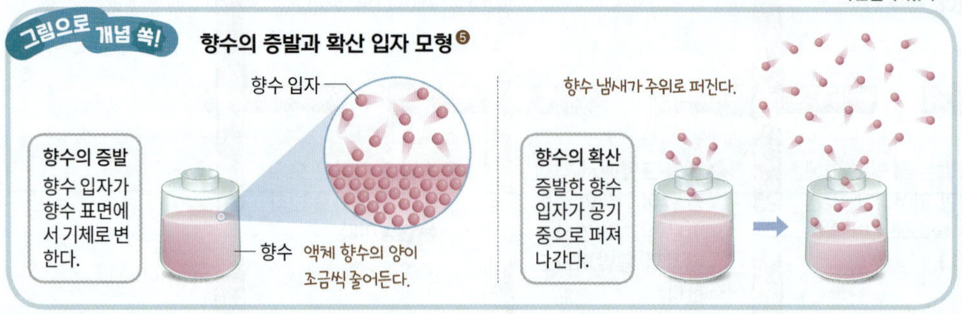

2 물질의 상태

1 물질의 세 가지 상태 물질은 고체, 액체, 기체의 세 가지 상태로 구분한다.

구분	고체 —돌, 얼음	액체 —물, 주스	기체 —공기, 수증기
모양과 부피	담는 용기에 관계없이 모양과 부피가 일정하다.	담는 용기에 따라 모양이 변하지만, 부피는 일정하다.	담는 용기에 따라 모양과 부피가 변한다.
특징	단단하고, 흐르는 성질이 없다.	흐르는 성질이 있다.	흐르는 성질과 사방으로 퍼지는 성질이 있다.

2 물질의 상태에 따른 입자 모형과 특징 물질의 상태에 따라 입자 사이의 거리, 입자의 배열과 운동성이 다르므로 고체, 액체, 기체의 특징이 서로 다르다.

구분	고체	액체	기체
입자 모형			
입자 사이의 거리	매우 가깝다.	고체보다 멀다.	매우 멀다. ❻
입자의 배열	규칙적이다.	고체보다 불규칙적이다.	매우 불규칙적이다.
입자의 운동성	제자리에서만 운동한다.	고체보다 활발하다.	매우 자유롭고 활발하다.

[동아] 에서만 다뤄요

❶ 확산이 일어나는 곳
확산은 기체와 액체뿐만 아니라 공기가 없는 진공 속에서도 일어날 수 있다.

❷ 확산이 잘 일어나는 조건

온도	높을수록
입자의 질량	작을수록
물질의 상태	고체＜액체＜기체
일어나는 곳	액체 속＜기체 속＜진공 속

온도가 높고, 입자의 질량이 작을수록 입자 운동이 활발해지기 때문이다.

❸ 증발과 끓음
증발과 끓음은 모두 액체가 기체로 변하는 현상인데, 증발은 액체 표면에서만 일어나고 끓음은 액체 표면과 액체 속에서 일어난다.

❹ 증발이 잘 일어나는 조건
온도가 높을수록, 습도가 낮을수록, 바람이 많이 불수록, 표면적이 넓을수록 증발이 잘 일어나며, 이는 빨래가 잘 마르는 조건과 같다.

❺ 입자 모형
입자를 이해하기 쉽게 모형으로 나타낸 것이다.

❻ 기체의 부피 변화

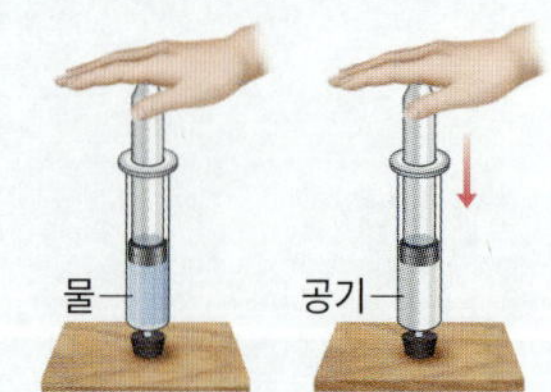

주사기에 물과 공기를 각각 넣고 피스톤을 누르면 물을 넣은 쪽의 피스톤은 들어가지 않지만, 공기를 넣은 쪽의 피스톤은 들어간다. 기체는 입자 사이의 거리가 매우 멀기 때문에 힘을 가하면 입자 사이의 거리가 가까워지면서 쉽게 압축되기 때문이다.

용어 픽

+ 염전(鹽 소금, 田 밭) 소금을 만들기 위하여 바닷물을 모아 막아 놓은 곳

1 입자의 운동

- ☐☐ : 물질을 구성하는 입자가 스스로 운동하여 퍼져 나가는 현상
- 증발: 입자가 스스로 ☐☐하여 액체 ☐☐에서 ☐☐로 변하는 현상

01 확산과 증발에 대한 설명으로 옳은 것은 ○표, 옳지 <u>않은</u> 것은 ×표 하시오.

(1) 확산은 기체 속에서만 일어난다. ( )
(2) 확산은 입자가 퍼져 나가는 현상이다. ( )
(3) 증발은 액체 내부에서 액체가 기체로 변하는 현상이다. ( )
(4) 확산과 증발은 입자가 스스로 운동하기 때문에 일어나는 현상이다. ( )

02 확산 현상에 해당하는 것에는 '확산'을, 증발 현상에 해당하는 것에는 '증발'을 쓰시오.

(1) 어항의 물이 조금씩 줄어든다. ( )
(2) 전기 모기향을 피워 모기를 쫓는다. ( )
(3) 감, 오징어, 고추, 과일 등을 말려 보관한다. ( )
(4) 물에 홍차 티백을 넣으면 홍차 성분이 퍼진다. ( )
(5) 탐지견이 냄새를 맡아 마약이나 불법 축산물을 찾는다. ( )

03 다음은 입자 운동에 대한 설명이다. ( ) 안에 알맞은 말을 쓰거나 고르시오.

> 물질을 구성하는 입자는 ㉠(한, 모든) 방향으로 끊임없이 스스로 운동한다. 입자 운동 때문에 일어나는 현상에는 확산, ㉡( )이/가 있다.

2 물질의 상태

- 물질의 세 가지 상태: 물질은 ☐☐, ☐☐, ☐☐의 세 가지 상태로 구분한다.
- 입자 사이의 거리는 ☐☐ 상태일 때 가장 가깝고, ☐☐ 상태일 때 가장 멀다.

04 설명에 해당하는 물질의 상태를 선으로 연결하시오.

(1) 담는 용기에 관계없이 모양이 일정하다. • • ㉠ 고체
(2) 담는 용기에 따라 모양과 부피가 변한다. • • ㉡ 액체
(3) 담는 용기에 관계없이 부피가 일정하고, 흐르는 성질이 있다. • • ㉢ 기체

05 물질의 상태에 따른 특징을 등호(=) 또는 부등호(>, <)를 이용하여 비교하시오.

(1) 입자 사이의 거리: 액체 ( ) 기체
(2) 입자 운동이 활발한 정도: 고체 ( ) 액체
(3) 입자의 배열이 규칙적인 정도: 고체 ( ) 기체

06 그림은 물질의 세 가지 상태를 입자 모형으로 나타낸 것이다.

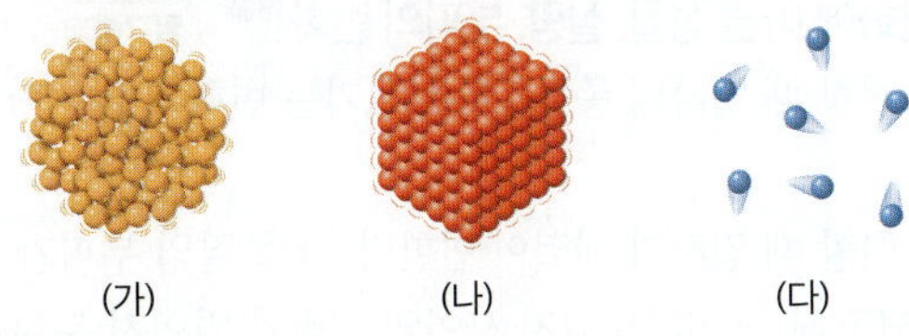

힘을 가했을 때 쉽게 압축되는 물질의 상태의 기호를 쓰시오.

3 물질의 상태 변화

1 상태 변화 물질의 상태가 변하는 것

2 상태 변화의 원인 주로 온도에 따라 물질의 상태가 변한다. ─ 압력에 따라 상태가 변하기도 한다.

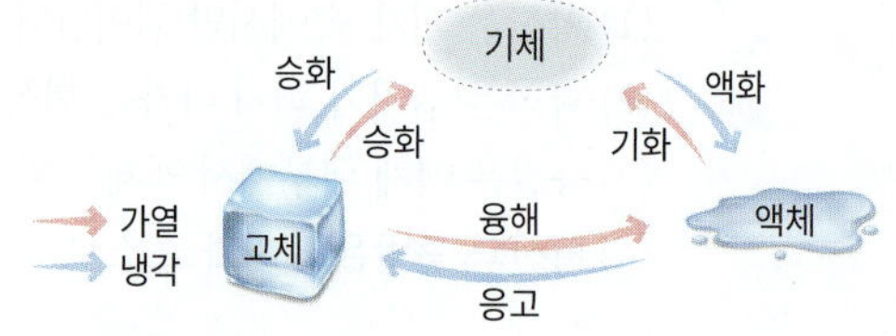

3 상태 변화의 종류와 예

① 가열할 때 일어나는 상태 변화

융해	고체가 액체로 변하는 현상

- 초가 녹아 촛농이 된다.
- 버터나 아이스크림이 녹는다.
- +용광로에서 철이 녹아 쇳물이 된다.

기화	액체가 기체로 변하는 현상

- 젖은 빨래가 마른다.
- 물이 끓어 수증기가 된다.❼
- 손에 뿌린 손 소독제가 마른다.

승화	고체가 기체로 변하는 현상❽

- 포장용 드라이아이스가 작아진다.
- 영하의 기온에서 언 명태가 마른다.
- 추운 겨울 그늘에 있던 눈사람이 작아진다.

② 냉각할 때 일어나는 상태 변화

응고	액체가 고체로 변하는 현상

- 촛농이 굳어 초가 된다. ─ 촛농이 심지 끝에서 기체가 되는 것은 기화이다.
- 물이 얼어 고드름이 생긴다.
- 주스를 얼려 아이스크림을 만든다.

액화	기체가 액체로 변하는 현상

- 안경에 김이 서린다.
- 이른 새벽 풀잎에 이슬이 맺힌다.
- 차가운 컵 표면에 물방울이 맺힌다.

승화	기체가 고체로 변하는 현상

- 겨울철 나뭇잎에 서리가 생긴다.
- 겨울철 유리창에 성에가 생긴다.
- 겨울철 높은 산의 나무에 +상고대가 생긴다.

4 상태 변화와 입자 배열의 변화

1 물질의 상태 변화에 따른 입자 배열의 변화 물질의 상태가 변할 때 입자의 운동성이 변하므로 입자의 배열이 변한다.

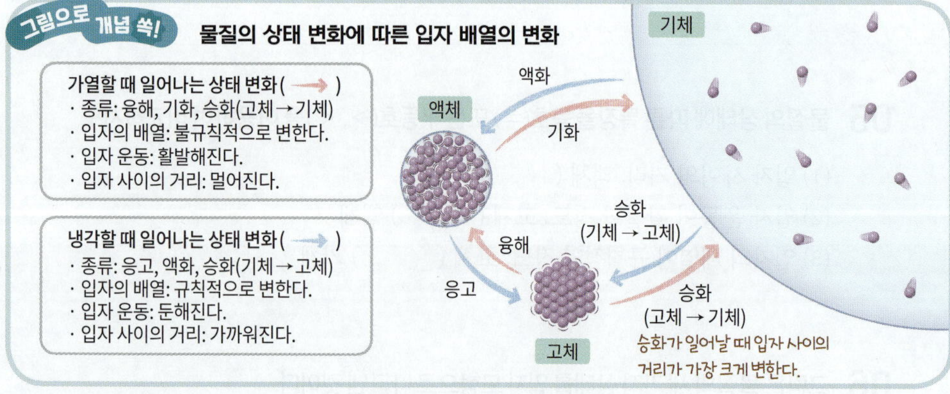

2 물질의 상태 변화에 따른 성질, 질량, 부피의 변화❾❿ **탐구** 103 쪽, 104 쪽

① 물질의 상태가 변할 때 입자의 종류, 개수, 크기는 변하지 않는다. ➡ 물질의 성질과 질량이 변하지 않는다.

② 물질의 상태가 변할 때 입자의 배열이 변한다. ➡ 물질의 부피가 변한다.❶

- 융해, 기화, 승화(고체 → 기체): 입자 사이의 거리가 멀어져 부피가 증가한다.(물은 예외❶❷)
- 응고, 액화, 승화(기체 → 고체): 입자 사이의 거리가 가까워져 부피가 감소한다.(물은 예외)

---

❼ 수증기와 김

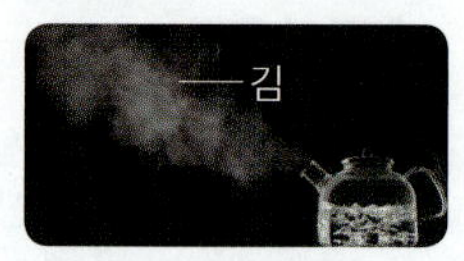

물을 끓일 때 생기는 김은 수증기가 응결되어 생긴 작은 물방울로, 액체 상태이다. 수증기는 기체 상태로, 눈에 보이지 않는다.

❽ 승화성 물질
고체에서 기체로 쉽게 승화하는 물질로, 드라이아이스, 나프탈렌, 아이오딘 등이 있다. 드라이아이스나 나프탈렌을 실온에 두면 승화하여 점점 작아진다.

❾ 질량
물체의 고유한 양으로, 단위는 그램(g), 킬로그램(kg) 등을 사용한다.

암기 픽
❿ 물질의 상태가 변할 때 변하는 것과 변하지 않는 것

변하는 동열이를 거부해.

변하는 것	변하지 않는 것
· 입자 운동	· 입자의 종류
· 입자의 배열	· 입자의 개수
· 입자 사이의 거리	· 입자의 크기
	· 물질의 성질
· 물질의 부피	· 물질의 질량

❶ 물질의 상태 변화에 따른 부피 변화의 예
- 녹았던 양초가 굳으면 표면이 움푹 들어간다. ➡ 촛농의 응고
- 옥수수 알갱이가 팝콘이 될 때 크기가 커진다. ➡ 옥수수 속 수분(물)의 기화

❷ 물이 응고할 때의 부피 변화
대부분의 물질과 달리 물은 응고할 때 부피가 증가한다. ➡ 물이 응고할 때 빈 공간이 많은 육각형 구조로 배열되기 때문이다.

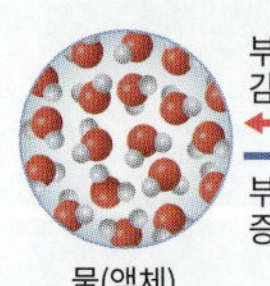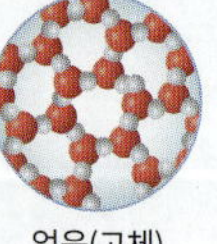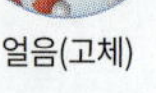

용어 픽
+**상고대** 서리가 나무나 풀에 내려 눈처럼 된 것

3 물질의 상태 변화

- ▢▢▢▢: 물질의 상태가 변하는 것
- 융해: ▢▢가 ▢▢로 변하는 현상
- 액화: ▢▢가 ▢▢로 변하는 현상

07 설명에 해당하는 상태 변화를 선으로 연결하시오.

(1) 고체가 기체로 변하는 현상 •   • ㉠ 응고

(2) 액체가 고체로 변하는 현상 •   • ㉡ 기화

(3) 액체가 기체로 변하는 현상 •   • ㉢ 승화

08 그림은 물질의 상태 변화 종류를 나타낸 것이다.

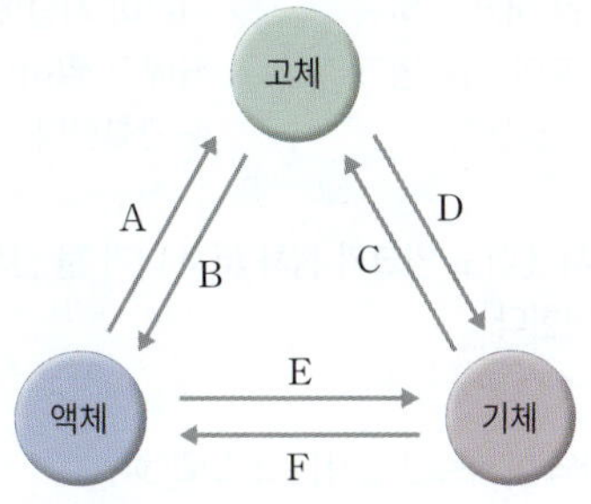

A~F 중 각 예에 해당하는 상태 변화의 기호를 쓰시오.

(1) 초가 녹아 촛농이 된다.
(2) 물이 얼어 고드름이 된다.
(3) 손에 뿌린 손 소독제가 마른다.
(4) 이른 새벽 풀잎에 이슬이 맺힌다.
(5) 포장용 드라이아이스가 작아진다.
(6) 추운 겨울 유리창에 성에가 생긴다.

4 상태 변화와 입자 배열의 변화

- 물질의 상태가 변할 때 변하는 것: 입자 운동, 입자의 ▢▢, 입자 사이의 거리 등
- 물질의 상태가 변할 때 변하지 않는 것: 입자의 ▢▢, 입자의 개수, 입자의 크기 등

09 다음 설명에 해당하는 상태 변화를 〈보기〉에서 모두 고르시오.(단, 물은 고려하지 않는다.)

보기
ㄱ. 융해　　　ㄴ. 응고　　　ㄷ. 기화
ㄹ. 액화　　　ㅁ. 승화(고체 → 기체)　　　ㅂ. 승화(기체 → 고체)

(1) 물질의 부피가 감소한다.
(2) 물질의 부피가 증가한다.
(3) 입자 사이의 거리가 가까워진다.
(4) 입자의 배열이 불규칙적으로 변한다.

10 물질의 상태 변화에 대한 설명으로 옳은 것은 ◯표, 옳지 <u>않은</u> 것은 ✕표 하시오.

(1) 물질의 상태가 변할 때 입자의 종류가 변한다. 　　　　　　　　　(　　　)

(2) 물질의 상태가 변할 때 물질의 성질은 변하지 않는다. 　　　　　(　　　)

(3) 물질의 상태가 변할 때 입자의 배열이 변하므로 물질의 부피가 변한다. 　(　　　)

(4) 물질의 상태가 변할 때 입자의 개수가 변하므로 물질의 질량이 변한다. 　(　　　)

확산 현상과 증발 현상 관찰하기

확산 현상과 증발 현상을 관찰하여 입자가 운동하고 있다는 것을 추론할 수 있다.

실험 동영상　　실험 동영상

● 바른답·알찬풀이 33 쪽

탐구 1　확산 현상 관찰하기

과정 및 결과

1. 잉크의 확산

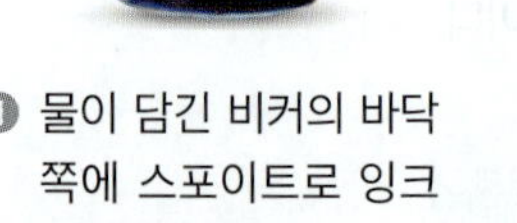

❶ 물이 담긴 비커의 바닥 쪽에 스포이트로 잉크를 천천히 넣는다.

❷ 시간이 지남에 따라 비커에서 일어나는 변화를 관찰한다.

➡ 물을 젓지 않아도 잉크가 점차 퍼져 나가 물 전체가 잉크 색깔로 변한다.

2. 아세트산의 확산

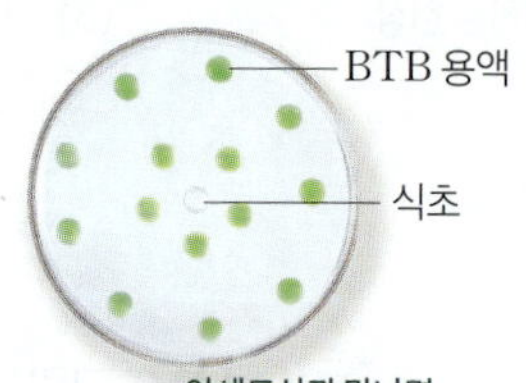

❶ BTB 용액을 일정한 간격으로 떨어뜨린 페트리 접시의 중앙에 식초를 떨어뜨린다. _{아세트산이 포함되어 있다.}

_{아세트산과 만나면 노란색으로 변한다.}

❷ 뚜껑을 닫고 페트리 접시 안에서 일어나는 변화를 관찰한다.

➡ 페트리 접시의 중앙인 식초를 떨어뜨린 곳과 가까운 곳의 BTB 용액부터 순차적으로 색깔이 변한다.

정리

- 잉크 입자와 아세트산 입자는 스스로 ㉠(　　　　)하여 사방으로 퍼져 나간다.
- 잉크와 아세트산의 ㉡(　　　　) 현상을 통해 입자가 스스로 운동한다는 것을 알 수 있다.

탐구 2　증발 현상 관찰하기

과정 및 결과

❶ 전자저울에 거름종이를 올린 페트리 접시를 놓고 영점을 맞춘다.

❷ 거름종이 위에 손 소독제를 조금 펴 바르고, 시간이 지남에 따라 질량이 어떻게 변하는지 관찰한다.

➡ 시간이 지남에 따라 저울에 표시되는 손 소독제의 질량이 감소하다가 0이 된다. _{손 소독제 입자가 증발하여 공기 중으로 날아가기 때문이다.}

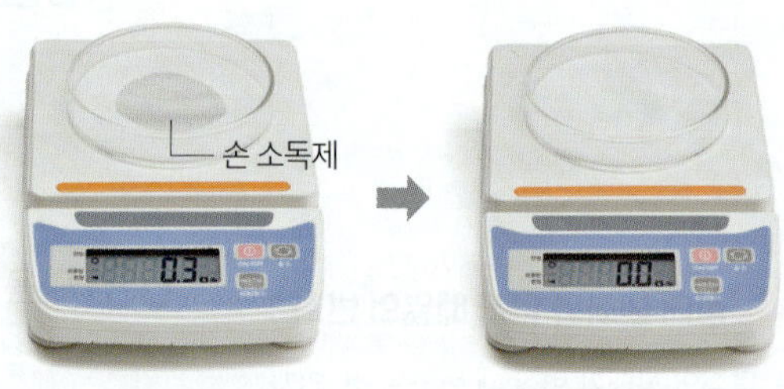

정리

- 손 소독제 입자는 스스로 ㉢(　　　　)하여 기체가 되어 공기 중으로 날아간다.
- 손 소독제의 ㉣(　　　　) 현상을 통해 입자가 스스로 운동한다는 것을 알 수 있다.

탐구 **확인** 문제

01 이 탐구에 대한 설명으로 옳은 것은 ○표, 옳지 <u>않은</u> 것은 ×표 하시오.

(1) **탐구 1**의 1에서 잉크 입자는 스스로 운동하여 퍼져 나간다. (　　　)

(2) **탐구 1**의 2에서 식초 속 아세트산 입자가 스스로 운동하여 BTB 용액의 색깔을 변화시킨다. (　　　)

(3) **탐구 2**에서 거름종이에 펴 바른 손 소독제는 거름종이에 흡수되어 사라진다. (　　　)

탐구 **적용** 문제

서술형

02 오른쪽 그림과 같이 학생이 교실의 한 곳에서 향수를 뿌린 다음, 눈을 감은 다른 학생들이 향수 냄새를 맡는 즉시 손을 드는 활동을 할 때 학생 A, B, C가 손을 드는 순서를 쓰고, 그 까닭을 설명하시오.

물질의 상태 변화 관찰하기

여러 가지 물질의 상태 변화를 관찰하고, 물질의 상태가 변해도 물질의 성질이 변하지 않는다는 것을 설명할 수 있다.

● 바른답·알찬풀이 33 쪽

실험 동영상   실험 동영상

탐구 1　물의 상태 변화 관찰하기

과정 및 결과

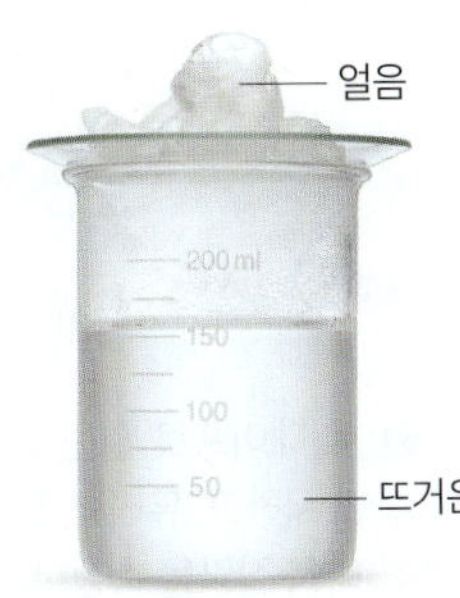

❶ 뜨거운 물이 들어 있는 비커 위에 얼음이 담긴 시계 접시를 올려놓고 변화를 관찰한다.

➡ 시계 접시 윗면에서는 얼음이 녹아 물이 되고, 아랫면에는 액체 방울이 맺힌다.

❷ 비커에 든 물과 시계 접시 아랫면에 생긴 액체 방울에 각각 푸른색 염화 코발트 종이를 대 보고, 색깔 변화를 관찰한다.

➡ 푸른색 염화 코발트 종이가 모두 붉은색으로 변한다.

푸른색 염화 코발트 종이는 물을 흡수하면 붉은색으로 변한다.

정리

• 시계 접시 아랫면에 맺힌 액체 방울은 물이 기화하여 생긴 수증기가 액화하여 물이 된 것이다.
• 푸른색 염화 코발트 종이의 색깔 변화를 통해 물질의 상태가 변해도 물질의 ㉠(　　　　)이/가 변하지 않는다는 것을 알 수 있다.

탐구 2　드라이아이스의 상태 변화 관찰하기

과정 및 결과

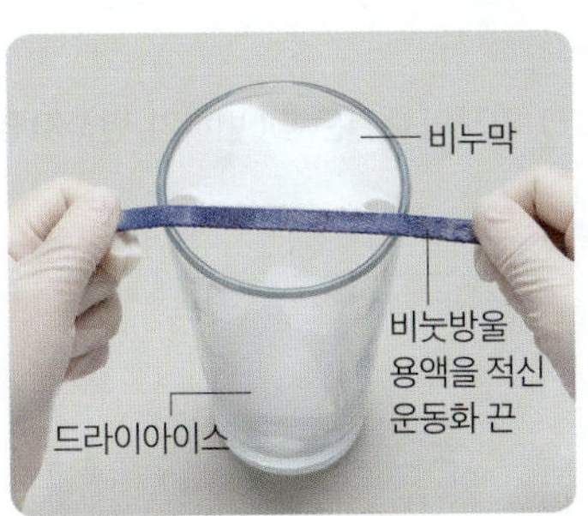

❶ 투명한 유리컵에 드라이아이스를 넣은 다음, 비눗방울 용액을 적신 운동화 끈을 양손으로 팽팽하게 잡고 컵 입구를 지나가면서 비누막을 만든다.

❷ 시간이 지남에 따라 컵 입구에 생긴 비누막이 어떻게 달라지는지 관찰한다.

➡ 비누막이 점점 부풀어 올라 크기가 커진다.

정리

• 비누막이 부풀어 오르는 것을 통해 고체 드라이아이스가 ㉡(　　　　) 상태로 변하면서 부피가 증가했다는 것을 알 수 있다.

탐구 ⟨확인⟩ 문제

01 다음은 이 탐구에 대한 설명이다. (　　　) 안에 알맞은 말을 고르시오.

(1) **탐구 1**에서 시계 접시 윗면에 물이 생기는 것은 얼음이 (융해, 승화)했기 때문이다.

(2) **탐구 1**에서 얼음이 담긴 시계 접시 아랫면에 생긴 액체 방울에 푸른색 염화 코발트 종이를 대면 종이의 색깔이 (변한다, 변하지 않는다).

(3) **탐구 2**의 투명한 유리컵 안에서는 드라이아이스가 (융해, 승화)한다.

탐구 ⟨적용⟩ 문제

서술형

02 다음은 초콜릿의 상태 변화에 따른 맛의 변화를 관찰한 내용이다.

> 초콜릿을 맛본 뒤 이를 물중탕으로 녹여서 다시 맛보았더니 ㉠ 초콜릿이 녹기 전과 후의 맛이 같았다.

㉠에서 알 수 있는 사실을 설명하시오.

물질의 상태가 변할 때 질량과 부피 변화 측정하기

물질의 상태가 변할 때 질량과 부피를 측정하고, 질량과 부피 변화를 입자 모형으로 설명할 수 있다.

● 바른답·알찬풀이 33쪽

과정

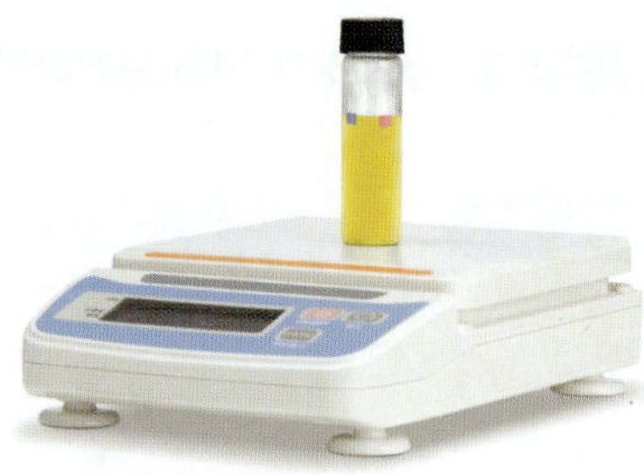

❶ 유리병에 올리브유를 넣고 뚜껑을 닫은 다음 색 테이프로 올리브유의 부피를 표시하고 질량을 측정한다.

❷ ❶의 유리병을 얼음과 소금을 섞은 비커에 넣어 올리브유를 얼린다.

얼음과 소금을 섞으면 얼음만 사용할 때보다 온도가 더 낮아진다.

❸ 색 테이프로 얼린 올리브유의 부피를 표시하고, 유리병 표면의 물기를 닦은 다음 질량을 측정한다.

결과

- 올리브유가 응고할 때 올리브유의 질량은 변하지 않는다.
  └ 올리브유가 응고할 때 올리브유 입자의 종류와 개수가 변하지 않기 때문이다.

- 올리브유가 응고할 때 올리브유의 부피는 감소한다.
  └ 올리브유가 응고할 때 올리브유 입자 사이의 거리가 가까워지기 때문이다.

정리

- 물질의 상태가 변할 때 질량은 변하지 않고, 부피는 변한다.
  ➡ 물질의 상태가 변할 때 입자의 종류와 개수는 ㉠(변하고, 변하지 않고), 입자의 배열은 ㉡(변하기, 변하지 않기) 때문이다.

같은 주제 다른 탐구 [비상]

과정
❶ 비닐 주머니에 아세톤을 넣고 비닐 주머니에서 공기를 뺀 뒤 입구를 막는다.
❷ 비닐 주머니를 감압 장치에 넣고 장치 속 공기를 뺀 뒤 질량을 측정한다.
❸ 뜨거운 물이 담긴 수조에 감압 장치를 넣고 변화를 관찰한 뒤, 아세톤의 상태가 모두 변하면 표면의 물기를 닦고 질량을 측정한다.
  └ 액체 아세톤이 사라지고, 비닐 주머니가 부푼다.

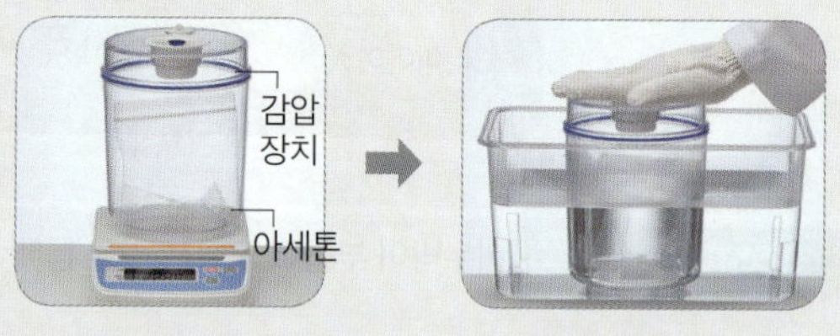

결과
- 아세톤의 상태가 변할 때 질량은 변하지 않고, 부피는 변한다.

탐구 확인 문제

01 이 탐구에 대한 설명으로 옳은 것은 ○표, 옳지 <u>않은</u> 것은 ×표 하시오.

(1) 액체 올리브유가 응고할 때 부피가 증가한다.
( )

(2) 고체 올리브유가 융해할 때 입자 운동이 활발해진다.
( )

(3) 액체 올리브유가 응고할 때 입자의 크기는 변하지 않는다.
( )

탐구 적용 문제

02 다음은 아세톤의 상태 변화에 따른 질량 변화를 측정하는 탐구 과정이다.

> (가) 아세톤을 넣은 비닐 주머니를 감압 장치에 넣어 공기를 뺀 다음 질량을 측정한다.
> (나) (가)의 감압 장치를 뜨거운 물에 넣어 아세톤이 모두 기화한 다음 질량을 측정한다.

(가)와 (나)에서 측정한 질량을 비교하여 쓰시오.

유형 연습하기

핵심 자료를 파악하고 문제 풀이로 연습해 봅시다.　　●바른답·알찬풀이 33 쪽

유형 1　윗접시저울에서의 증발 현상

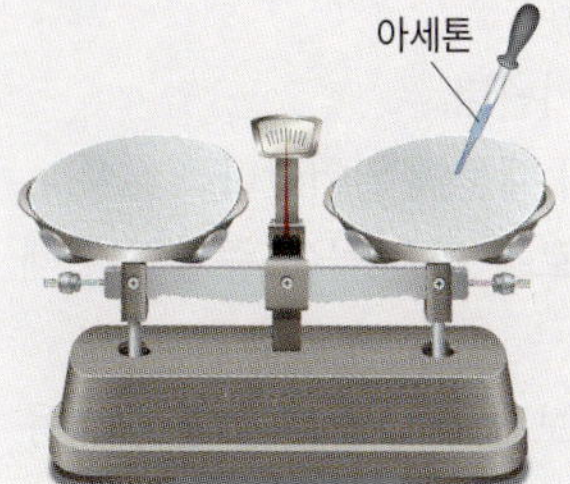

거름종이를 올리고 수평을 맞춘 윗접시저울의 한쪽 거름종이에 아세톤을 떨어뜨리면 저울이 아세톤을 떨어뜨린 쪽으로 기울어졌다가 시간이 지나면 다시 수평이 된다. → 아세톤 입자가 증발했기 때문이다. → 입자가 스스로 운동한다는 증거이다.

 **개념 POINT**　액체 표면에서 기체로 변하는 현상을 증발이라고 하며, 이는 입자가 스스로 운동하기 때문에 일어나는 현상이다.

 **출제 POINT**　윗접시저울의 한쪽에 액체 물질을 떨어뜨리는 탐구 과정을 그림으로 제시하고, 실험 결과를 입자의 운동으로 설명하거나 실험과 같은 원리로 설명할 수 있는 현상을 찾는 문제가 자주 나온다.

01 위 그림과 같은 실험 장치의 오른쪽 거름종이에 아세톤을 떨어뜨리고 변화를 관찰했다. 이에 대한 설명으로 옳은 것을 모두 고르면?(정답 2 개)

① 아세톤 입자의 개수가 점점 감소한다.
② 아세톤 입자의 크기가 점점 작아진다.
③ 아세톤을 떨어뜨린 거름종이가 점점 마른다.
④ 온도를 높이면 거름종이가 더 느리게 마른다.
⑤ 저울이 오른쪽으로 기울었다가 왼쪽으로 기운다.
⑥ 저울이 수평으로 있다가 서서히 왼쪽으로 기운다.
⑦ 실험을 통해 아세톤 입자가 스스로 운동한다는 것을 알 수 있다.

> **자주 보는 오답 ✔** 아세톤의 상태가 변해도 아세톤 입자의 개수나 크기는 변하지 않는다.

02 위 실험의 결과와 같은 원리로 설명할 수 있는 현상이 <u>아닌</u> 것은?

① 염전에서 소금을 얻는다.
② 젖은 빨래나 우산이 마른다.
③ 어항의 물이 조금씩 줄어든다.
④ 감, 고추, 과일을 말려서 보관한다.
⑤ 젖은 머리카락을 바람으로 말린다.
⑥ 물에 홍차 티백을 넣으면 홍차 성분이 퍼진다.

유형 2　물질의 상태 변화와 입자 모형

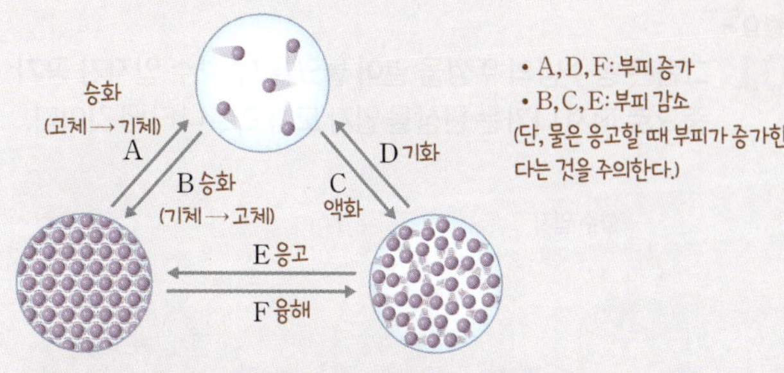

개념 POINT　물질의 상태가 변할 때 입자가 서로 가까워지면 부피가 감소하고, 입자가 서로 멀어지면 부피가 증가한다.

출제 POINT　물질의 상태 변화를 입자 모형으로 제시하고, 부피가 증가하거나 감소하는 상태 변화를 찾거나 상태가 변할 때 변하는 것과 변하지 않는 것을 묻는 문제가 자주 나온다.

01 A ~ F 중 액화에 해당하는 것의 기호를 쓰시오.

02 A ~ F 중 물질의 부피가 감소하는 상태 변화의 기호를 모두 쓰시오.(단, 물은 고려하지 않는다.)

03 A ~ F에 대한 설명으로 옳은 것은?

① A가 일어나면 물질의 부피가 감소한다.
② B가 일어나면 물질의 질량이 감소한다.
③ C가 일어나면 물질의 부피가 증가한다.
④ D가 일어나면 입자의 종류가 변한다.
⑤ E가 일어나면 입자 운동이 둔해진다.
⑥ F가 일어나면 입자 사이의 거리가 가까워진다.

서술형

04 A ~ F 중 녹았던 양초가 굳으면 표면이 움푹 들어가는 현상과 관련 있는 상태 변화의 기호를 쓰고, 이러한 현상이 나타나는 까닭을 다음 단어를 모두 이용하여 설명하시오.

> 상태, 입자, 거리, 부피

1 입자의 운동

중요
01 그림은 향수병의 뚜껑을 열어 놓았을 때 향수 입자가 공기 중으로 퍼져 나가는 현상을 입자 모형으로 나타낸 것이다.

이에 대한 설명으로 옳은 것을 〈보기〉에서 모두 고른 것은?

> 보기
> ㄱ. 온도가 높을수록 잘 일어난다.
> ㄴ. 향수 입자는 위쪽 방향으로만 퍼져 나간다.
> ㄷ. 향수 입자가 스스로 운동하여 퍼져 나간다.

① ㄴ　　　　② ㄷ　　　　③ ㄱ, ㄴ
④ ㄱ, ㄷ　　　⑤ ㄱ, ㄴ, ㄷ

02 오른쪽 그림과 같이 BTB 용액을 일정한 간격으로 떨어뜨린 페트리 접시의 중앙에 식초를 1 방울 떨어뜨린 다음 뚜껑을 덮고 변화를 관찰했다.
이에 대한 설명으로 옳지 <u>않은</u> 것은?

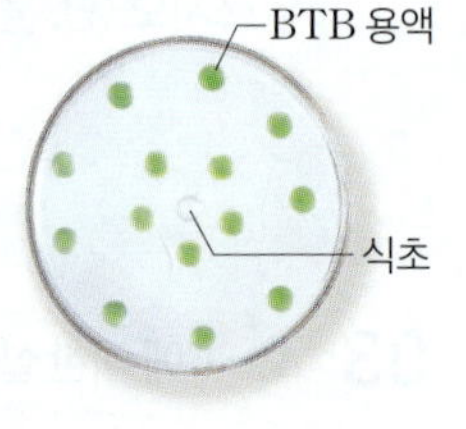

① 식초 속 아세트산 입자가 퍼져 나간다.
② 식초에서 먼 쪽의 BTB 용액부터 색깔이 변한다.
③ 식초 속 아세트산 입자가 스스로 운동한다는 것을 확인할 수 있다.
④ 식초 속 아세트산 입자가 모든 방향으로 운동한다는 것을 확인할 수 있다.
⑤ 빵집 주변에서 빵 냄새가 나는 것을 이 실험과 같은 원리로 설명할 수 있다.

03 확산의 예로 옳은 것을 〈보기〉에서 모두 고르시오.

> 보기
> ㄱ. 안경에 김이 서린다.
> ㄴ. 젖은 머리카락을 바람으로 말린다.
> ㄷ. 탐지견이 냄새를 맡아 마약을 찾는다.

04 증발에 대한 설명으로 옳지 <u>않은</u> 것은?

① 액체의 내부에서 일어난다.
② 온도가 높을수록 잘 일어난다.
③ 입자가 스스로 운동하기 때문에 일어난다.
④ 젖은 빨래나 우산이 마르는 것은 물이 증발하기 때문이다.
⑤ 오징어나 과일을 말려 보관하는 것은 증발을 이용한 예이다.

중요
05 오른쪽 그림과 같이 전자저울 위에 거름종이가 놓인 페트리 접시를 올려놓고 영점을 맞춘 다음, 거름종이에 손 소독제를 몇 방울 떨어뜨리고 변화를 관찰했다.
이에 대한 설명으로 옳은 것은?

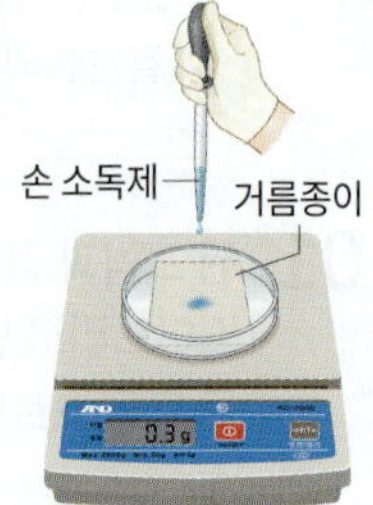

① 기체 손 소독제가 액체 상태로 변한다.
② 전자저울에 표시되는 숫자가 점점 커진다.
③ 손 소독제 입자가 거름종이에 흡수되어 사라진다.
④ 전자저울 근처에서 손 소독제 냄새를 맡을 수 있다.
⑤ 온도를 낮추면 전자저울에 표시되는 숫자가 더 빨리 작아진다.

06 오른쪽 그림과 같이 윗접시저울에 거름종이를 올려 수평을 맞춘 다음, 오른쪽 거름종이에 아세톤을 몇 방울 떨어뜨리고 변화를 관찰했다.
이에 대한 설명으로 옳은 것을 〈보기〉에서 모두 고른 것은?

> 보기
> ㄱ. 입자가 스스로 운동한다는 것을 확인할 수 있다.
> ㄴ. 저울은 오른쪽으로 기울었다가 시간이 지나면 수평으로 돌아온다.
> ㄷ. 시간이 지나면 거름종이에 있는 액체 아세톤 입자의 개수가 감소한다.

① ㄱ　　　　② ㄴ　　　　③ ㄱ, ㄷ
④ ㄴ, ㄷ　　　⑤ ㄱ, ㄴ, ㄷ

07 다음은 우리 주변에서 볼 수 있는 몇 가지 현상이다.

> (가) 염전에서 소금을 얻는다.
> (나) 전기 모기향을 피워 모기를 쫓는다.
> (다) 비가 온 뒤 운동장에 고여 있던 물이 마른다.
> (라) 냉면 국물에 식초를 넣으면 국물 전체에 퍼진다.

확산에 의한 현상과 증발에 의한 현상을 옳게 짝 지은 것은?

	확산	증발
①	(가), (나)	(다), (라)
②	(가), (다)	(나), (라)
③	(나), (다)	(가), (라)
④	(나), (라)	(가), (다)
⑤	(다), (라)	(가), (나)

2 물질의 상태

08 다음 설명에 해당하는 물질의 상태가 무엇인지 쓰시오.

> • 담는 용기에 따라 모양이 변한다.
> • 물질의 세 가지 상태 중 물질을 구성하는 입자 사이의 거리가 가장 멀다.

중요
09 그림은 물질의 세 가지 상태를 입자 모형으로 나타낸 것이다.

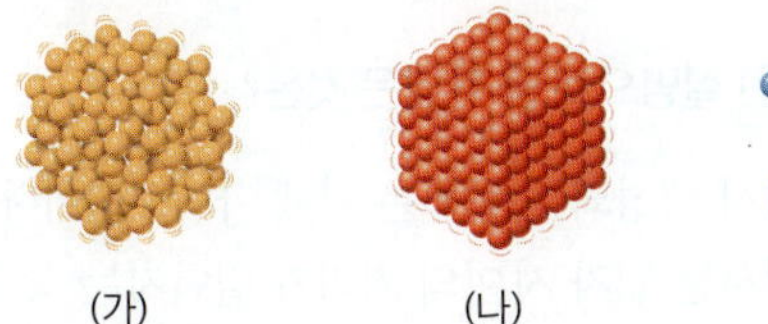

이에 대한 설명으로 옳은 것은?

① (가)는 입자의 배열이 가장 규칙적이다.
② (나)는 흐르는 성질이 있다.
③ (다)는 힘을 가해도 압축되지 않는다.
④ 입자 사이의 거리는 (다)<(가)<(나)이다.
⑤ 입자 운동이 활발한 정도는 (나)<(가)<(다)이다.

3 물질의 상태 변화

[10-11] 그림은 물질의 상태 변화를 입자 모형으로 나타낸 것이다. 물음에 답하시오.

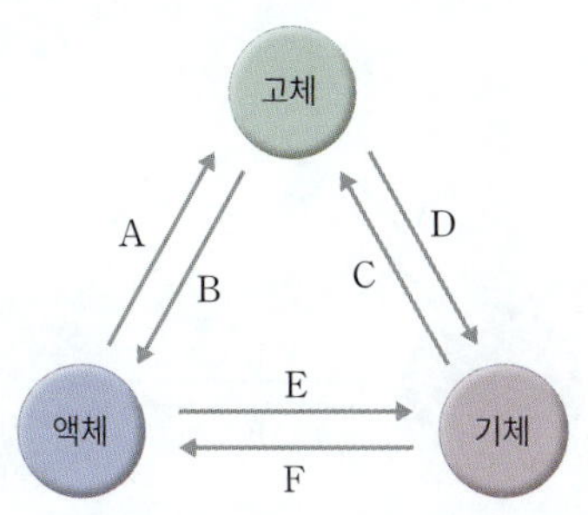

10 A~E에 해당하는 상태 변화의 종류를 옳게 짝 지은 것은?

① A – 융해　　　② B – 승화
③ C – 액화　　　④ D – 응고
⑤ E – 기화

중요
11 A~F에 해당하는 예를 짝 지은 것으로 옳지 <u>않은</u> 것은?

① A – 추운 겨울 유리창에 성에가 생긴다.
② B – 버터가 녹는다.
③ D – 포장용 드라이아이스가 작아진다.
④ E – 손에 뿌린 손 소독제가 마른다.
⑤ F – 차가운 컵 표면에 물방울이 맺힌다.

12 오른쪽 그림과 같이 뜨거운 물이 담긴 비커 위에 얼음이 담긴 시계 접시를 올려놓았더니 시계 접시 아랫면에 액체 방울이 맺혔다.
이에 대한 설명으로 옳은 것을 〈보기〉에서 모두 고른 것은?

> **보기**
> ㄱ. 시계 접시 윗면에서 얼음이 승화한다.
> ㄴ. 비커에 든 물 표면에서 기화가 일어난다.
> ㄷ. 시계 접시 아랫면에 생성된 물질에 푸른색 염화 코발트 종이를 대면 색깔이 변하지 않는다.

① ㄴ　　　　② ㄷ　　　　③ ㄱ, ㄴ
④ ㄱ, ㄷ　　　⑤ ㄱ, ㄴ, ㄷ

4 상태 변화와 입자 배열의 변화

중요 13 그림은 물질의 상태 변화를 입자 모형으로 나타낸 것이다.

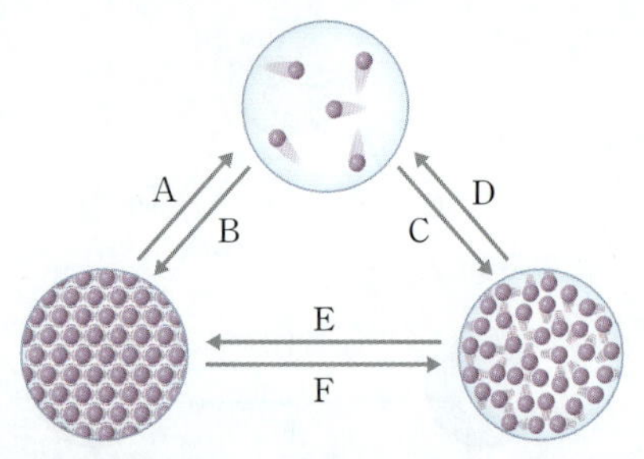

이에 대한 설명으로 옳은 것은?(단, 물은 고려하지 않는다.)

① 가열할 때 일어나는 상태 변화는 B, C, E이다.

② 물질의 부피가 증가하는 상태 변화는 A, D, F이다.

③ 입자 운동이 가장 크게 활발해지는 상태 변화는 E 이다.

④ 물질의 질량이 가장 크게 증가하는 상태 변화는 B 이다.

⑤ 입자의 배열이 가장 크게 불규칙해지는 상태 변화 는 D이다.

14 그림과 같이 실온, 1 기압에서 비닐 주머니에 얼음과 드라이아이스를 넣고 변화를 관찰했다.

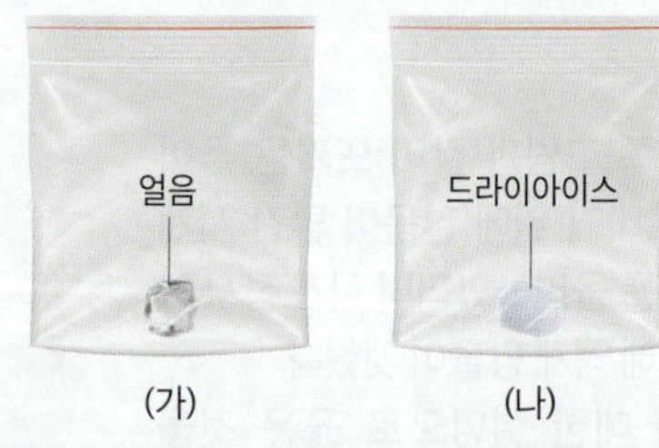

이에 대한 설명으로 옳은 것을 〈보기〉에서 모두 고른 것은?

| 보기 |

ㄱ. (가)에서 얼음이 물로 변한다.

ㄴ. (나)에서 드라이아이스가 융해한다.

ㄷ. (가)와 (나)에서 모두 물질의 부피가 증가하는 상 태 변화가 일어난다.

① ㄱ   ② ㄴ   ③ ㄱ, ㄷ

④ ㄴ, ㄷ   ⑤ ㄱ, ㄴ, ㄷ

만점 도전하기

15 오른쪽 그림과 같이 고무마개가 연결된 유리관에 페놀프탈레인 용액을 묻힌 솜을 끼우고, 암모니아수가 들어 있는 시험관에 넣어 고무마개를 닫은 다음 변화를 관찰했다.

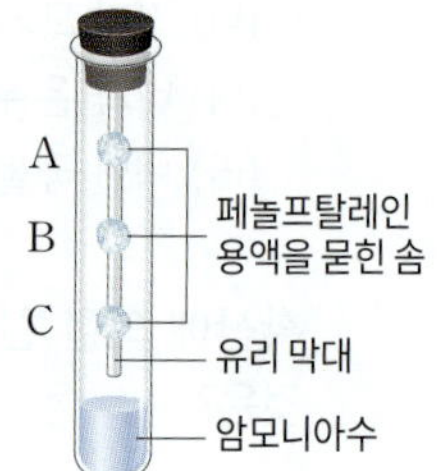

이에 대한 설명으로 옳은 것을 〈보기〉에서 모두 고른 것은?(단, 페놀프탈레인 용액은 암모니아와 만나면 붉은색으로 변한다.)

| 보기 |

ㄱ. C의 색깔이 가장 먼저 변한다.

ㄴ. 온도를 높이면 솜의 색깔이 더 빨리 변한다.

ㄷ. 암모니아 입자는 위쪽 방향으로만 퍼져 나간다.

① ㄱ   ② ㄷ   ③ ㄱ, ㄴ

④ ㄴ, ㄷ   ⑤ ㄱ, ㄴ, ㄷ

중요 16 그림과 같이 고체 아이오딘이 들어 있는 비커 위에 찬물이 들어 있는 둥근바닥 플라스크를 올려놓고 서서히 가열하면서 변화를 관찰했다.

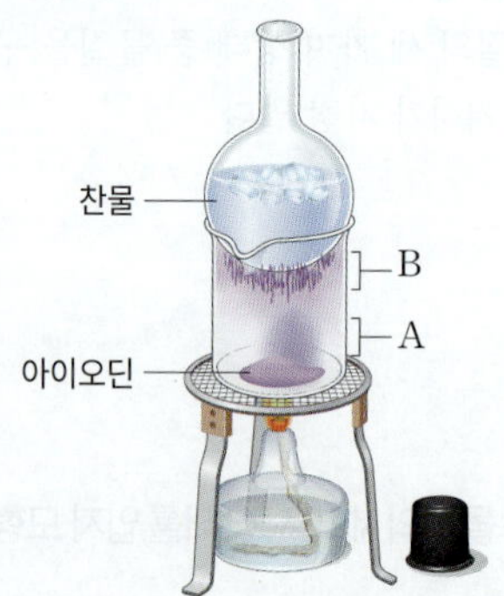

이에 대한 설명으로 옳지 <u>않은</u> 것은?

① A에서 생성되는 물질은 기체 아이오딘이다.

② A에서는 입자 사이의 거리가 멀어지는 상태 변화가 일어난다.

③ B에서는 물질의 부피가 감소하는 상태 변화가 일어난다.

④ B에서는 입자의 배열이 규칙적으로 변하는 상태 변화가 일어난다.

⑤ A에서 생성되는 물질과 B에서 생성되는 물질은 서로 다른 종류의 물질이다.

01 그림은 뚜껑을 열어 놓은 향수병에서 일어나는 현상을 입자 모형으로 나타낸 것이다.

1단계 (가)의 모형이 나타내는 현상의 이름을 쓰고, 이 현상이 일어나는 까닭을 설명하시오.

(　　　　), (　　　　)이/가 일어나는 까닭은 향수 입자가 스스로 (　　　　)하기 때문이다.

2단계 (나)의 모형이 나타내는 현상의 이름을 쓰고, 이 현상이 일어나는 까닭을 설명하시오.

____

____

02 그림과 같이 소량의 아세톤을 넣은 비닐봉지의 입구를 묶고 수조에 넣은 다음 뜨거운 물을 부었더니 비닐봉지가 부풀었다.

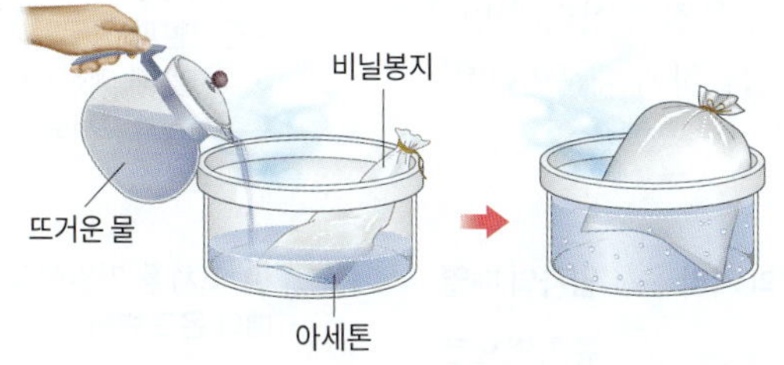

1단계 아세톤이 기화할 때 입자 사이의 거리가 어떻게 변하는지 설명하시오.

아세톤이 기화할 때 입자 사이의 거리가 (멀어진다, 가까워진다).

2단계 위 실험에서 비닐봉지가 부푼 까닭을 입자의 관점에서 설명하시오.

____

____

03 다음은 금속 활자에 대한 설명이다.

> 금속 활자를 만들 때는 글자를 새겨 넣은 주조 틀에 ㉠금속을 녹인 액체를 부어 굳히는데, ㉡주조 틀의 크기는 만들고자 하는 활자의 크기보다 조금 크게 만든다.

1단계 ㉠에서 일어나는 상태 변화의 이름과 ㉠에서 입자 사이의 거리가 어떻게 변하는지 설명하시오.

(　　　　), 금속을 녹인 액체가 (　　　　)할 때 입자 사이의 거리가 (　　　　).

2단계 ㉡의 까닭을 입자의 관점에서 설명하시오.

____

____

04 그림과 같이 액체 올리브유의 질량을 측정하고, 올리브유를 얼린 다음 다시 질량을 측정했다.

1단계 올리브유가 액체 상태에서 고체 상태로 될 때 입자의 종류와 개수 변화를 설명하시오.

올리브유가 액체 상태에서 고체 상태로 될 때 입자의 종류는 (변하고, 변하지 않고), 입자의 개수는 (변한다, 변하지 않는다).

2단계 고체 올리브유와 액체 올리브유의 질량을 비교하고, 그 까닭을 입자의 관점에서 설명하시오.

____

____

02 상태 변화와 열에너지

지금까지 물을 끓이거나 얼리면 물의 상태가 변한다는 것을 배웠어.

이제부터 물질의 상태가 변할 때 열에너지의 출입과 온도 변화를 알아보자.

1 열에너지를 흡수하는 상태 변화

1 물질을 가열할 때의 온도 변화 물질을 가열하면 온도가 높아지다가 물질의 상태가 변하는 동안에는 일정하게 유지된다. ➡ 흡수한 열에너지가 모두 상태 변화에 사용되기 때문이다.❶

탐구 114 쪽

2 열에너지를 흡수하는 상태 변화와 입자 배열 변화❷

상태 변화의 종류	열에너지	입자 운동	입자 사이의 거리	입자의 배열
융해, 기화, 승화(고체 → 기체)	흡수한다.	활발해진다.	멀어진다.	불규칙적으로 변한다.

그림으로 개념 쏙! 물질을 가열할 때의 온도 변화와 상태 변화

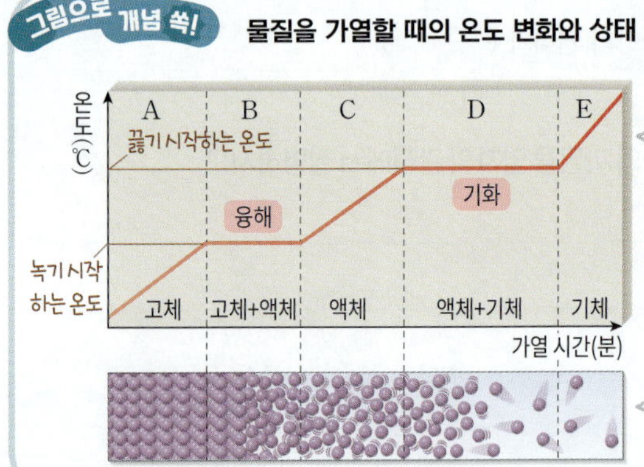

온도 변화
• 구간 A, C, E: 물질이 흡수한 열에너지가 온도 변화에 사용된다. ➡ 온도가 높아진다.
• 구간 B, D: 물질이 흡수한 열에너지가 상태 변화에 사용된다. ➡ 온도가 일정하게 유지된다.

상태 변화
물질을 가열하면 물질이 열에너지를 흡수하여 입자 운동이 활발해진다. ➡ 계속 가열하면 입자 운동이 더 활발해지고 입자 사이의 거리가 멀어진다. ➡ 융해, 기화, 승화(고체 → 기체)의 상태 변화가 일어난다.

2 열에너지를 방출하는 상태 변화

1 물질을 냉각할 때의 온도 변화 물질을 냉각하면 온도가 낮아지다가 물질의 상태가 변하는 동안에는 일정하게 유지된다. ➡ 상태 변화가 일어날 때 열에너지를 방출하기 때문이다.❸❹

탐구 116 쪽

2 열에너지를 방출하는 상태 변화와 입자 배열 변화

상태 변화의 종류	열에너지	입자 운동	입자 사이의 거리	입자의 배열
응고, 액화, 승화(기체 → 고체)	방출한다.	둔해진다.	가까워진다.	규칙적으로 변한다.

그림으로 개념 쏙! 물질을 냉각할 때의 온도 변화와 상태 변화❺❻

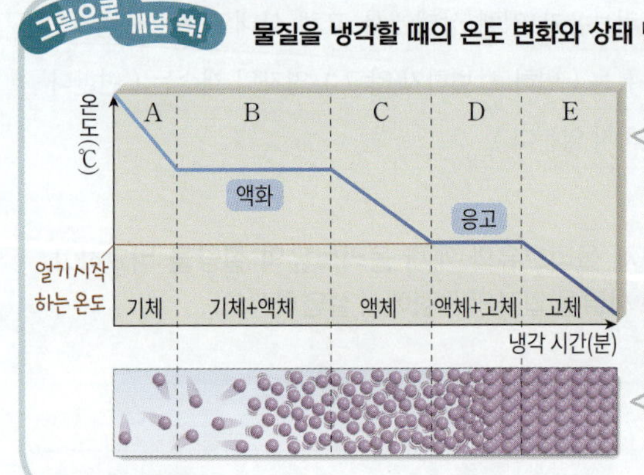

온도 변화
• 구간 A, C, E: 물질이 열에너지를 잃는다. ➡ 온도가 낮아진다.
• 구간 B, D: 물질이 상태 변화 할 때 열에너지를 방출한다. ➡ 온도가 일정하게 유지된다.

상태 변화
물질을 냉각하면 물질이 열에너지를 잃으면서 입자 운동이 둔해진다. ➡ 계속 냉각하면 입자 운동이 더 둔해지고 입자 사이의 거리가 가까워진다. ➡ 응고, 액화, 승화(기체 → 고체)의 상태 변화가 일어난다.

---

❶ 열에너지
온도가 다른 두 물체 사이에서 이동하는 에너지로, 물질의 온도나 상태를 변화시킨다.

암기 픽

❷ 열에너지를 흡수하는 상태 변화

융기고기흡

융해, 기화, 승화(고체 → 기체)가 일어날 때 열에너지를 흡수한다.

❸ 상태 변화에 걸리는 시간에 영향을 주는 요인
• 물질의 양이 많을수록 끓거나 어는 데까지 걸리는 시간이 길어진다.
└ 물질이 끓거나 얼기 시작하는 온도는 변하지 않는다.
• 물질을 가열하는 불의 세기가 셀수록 녹거나 끓는 데까지 걸리는 시간이 짧아진다.
└ 물질이 녹거나 끓기 시작하는 온도는 변하지 않는다.

❹ 물질이 흡수하거나 방출하는 열에너지의 종류
• 융해할 때: 융해열 흡수
• 기화할 때: 기화열 흡수
• 고체에서 기체로 승화할 때: 승화열 흡수
• 응고할 때: 응고열 방출
• 액화할 때: 액화열 방출
• 기체에서 고체로 승화할 때: 승화열 방출

❺ 고체를 가열했다가 냉각할 때의 온도 변화

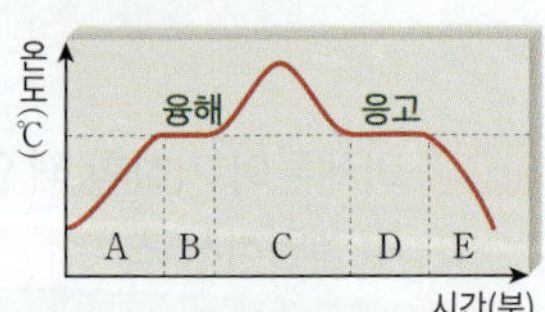

고체가 액체로 융해하는 B 구간의 온도와 액체가 고체로 응고하는 D 구간의 온도는 서로 같다.

❻ 가열 곡선과 냉각 곡선
물질을 가열할 때 시간에 따른 온도 변화를 그래프로 나타낸 것을 가열 곡선이라 하고, 물질을 냉각할 때 시간에 따른 온도 변화를 그래프로 나타낸 것을 냉각 곡선이라고 한다.

1 열에너지를 흡수하는 상태 변화

• 열에너지를 흡수하는 상태 변화에는
☐☐, ☐☐, 승화(고체 → 기체)가
있다.

01 다음은 열에너지를 흡수하는 상태 변화에 대한 설명이다. (　　) 안에 알맞은 말을 고르시오.

(1) 입자 운동이 (둔해진다, 활발해진다).
(2) 입자 사이의 거리가 (멀어진다, 가까워진다).
(3) 입자의 배열이 (규칙적, 불규칙적)으로 변한다.

[02-03] 그림은 어떤 고체 물질을 가열할 때 시간에 따른 온도 변화를 나타낸 것이다. 물음에 답하시오.

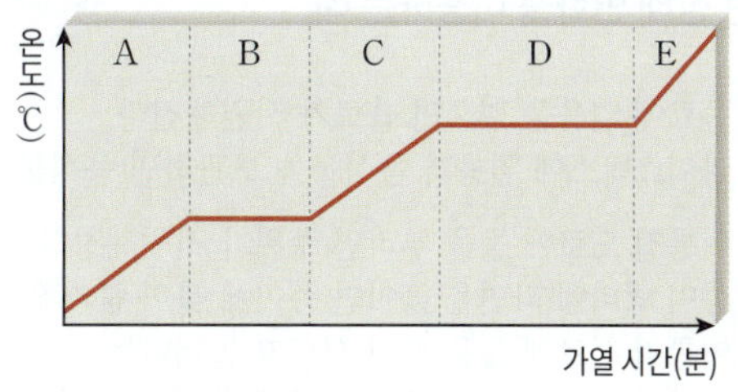

02 A～E 구간에서 물질의 상태를 각각 쓰시오.

03 A～E 중 상태 변화가 일어나는 구간의 기호를 모두 쓰시오.

2 열에너지를 방출하는 상태 변화

• 열에너지를 방출하는 상태 변화에는 응고, ☐☐, 승화(☐☐→☐☐)가
있다.

04 다음은 열에너지를 방출하는 상태 변화에 대한 설명이다. (　　) 안에 알맞은 말을 고르시오.

(1) 입자 운동이 (둔해진다, 활발해진다).
(2) 입자 사이의 거리가 (멀어진다, 가까워진다).
(3) 입자의 배열이 (규칙적, 불규칙적)으로 변한다.

[05-06] 오른쪽 그림은 어떤 액체 물질을 냉각할 때 시간에 따른 온도 변화를 나타낸 것이다. 물음에 답하시오.

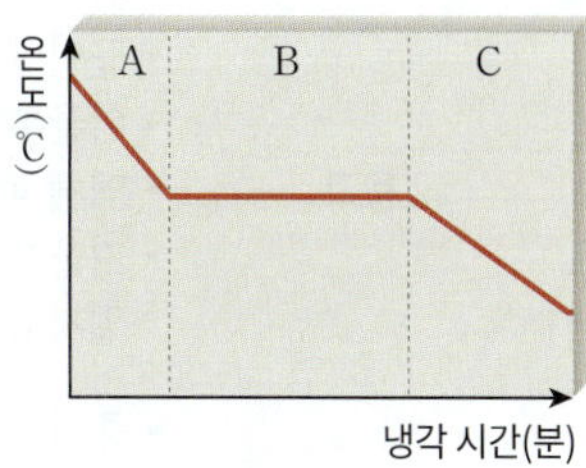

05 A～C 구간에서 물질의 상태를 각각 쓰시오.

06 A～C 중 상태 변화가 일어나는 구간의 기호를 쓰시오.

3 상태 변화와 열에너지의 이용

1 상태 변화가 일어날 때 주위의 온도 변화 물질의 상태가 변할 때 열에너지를 흡수하거나 방출하므로 주위의 온도가 변한다.

구분	열에너지를 흡수하는 상태 변화	열에너지를 방출하는 상태 변화
종류	융해, 기화, 승화(고체 → 기체)	응고, 액화, 승화(기체 → 고체)
주위의 온도 변화	낮아진다. ➡ 물질이 상태 변화 할 때 주위의 열에너지를 흡수하기 때문이다.	높아진다. ➡ 물질이 상태 변화 할 때 주위로 열에너지를 방출하기 때문이다.

2 열에너지를 흡수하는 상태 변화를 이용하는 예

융해	• 음료에 얼음을 넣으면 음료가 시원해진다. • 아이스박스에 얼음과 음식물을 보관하면 음식물이 시원하게 유지된다.
기화	• 여름철 도로에 물을 뿌리면 주위가 시원해진다. • 종이 냄비에 라면을 끓이면 종이에 불이 붙지 않는다. • 여름철 선로에 물을 뿌려 선로가 늘어나는 것을 막는다. • 사막에서 물을 시원하게 유지하기 위해 양가죽 물주머니에 보관한다. • 여름철 인공 안개 장치로 물방울을 분사하면 주위의 온도가 낮아진다. • 땀샘이 발달하지 않은 캥거루는 팔과 다리에 침을 묻혀 체온을 낮춘다. • 열이 날 때 물수건을 몸에 올리거나 물수건으로 몸을 닦아 체온을 낮춘다. • 항아리 냉장고의 모래에 물을 뿌려 항아리 속 음식물을 시원하게 보관한다. • 에어컨의 실내기에서 냉매가 기화하면서 열에너지를 흡수하여 실내의 온도를 낮게 유지한다.[7] • 냉장고의 증발기에서 냉매가 기화하면서 열에너지를 흡수하여 냉장고 안의 온도를 낮게 유지한다.[8]
승화 (고체 → 기체)	• 백신을 수송할 때 드라이아이스를 이용해 백신의 변질을 막는다. • 아이스크림을 포장할 때 드라이아이스를 함께 넣으면 아이스크림이 잘 녹지 않는다.

매우 작은 구멍이 있어 물이 조금씩 스며 나와 기화된다.

드라이아이스가 승화하면서 열에너지를 흡수한다.

3 열에너지를 방출하는 상태 변화를 이용하는 예

응고	• 꽃이나 과일나무에 물을 뿌려 냉해를 막는다. • 이글루 내부에 물을 뿌려 내부를 따뜻하게 한다. • 액체 파라핀을 이용하여 아픈 곳을 따뜻하게 찜질한다. • 겨울철 과일 창고에 물이 담긴 그릇을 놓아두면 과일이 얼지 않는다.
액화	• 증기 오븐으로 음식을 익힌다. • 증기 난방기로 실내를 따뜻하게 한다.[9] • 커피 기계에서 뿜어져 나오는 증기를 이용해 우유를 데운다.
승화 (기체 → 고체)	• 겨울에 눈이 내릴 때 날씨가 포근해진다.

액체 파라핀이 응고하면서 열에너지를 방출한다.

❼ 에어컨의 원리

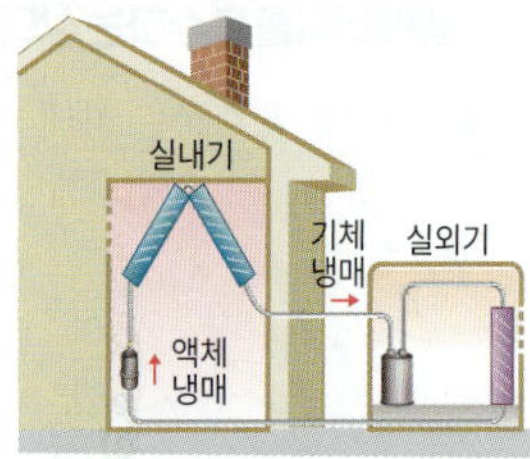

실내기(증발기)에서 액체 냉매가 기화하면서 열에너지를 흡수하므로 실내가 시원해진다. 기화한 냉매는 실외기(응축기)에서 다시 액화하면서 열에너지를 방출한다.

❽ 냉장고의 원리

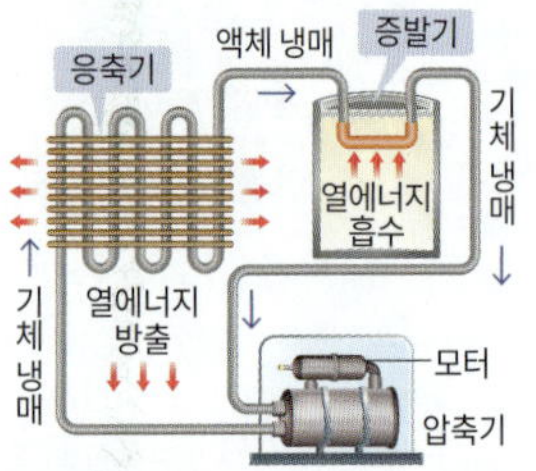

증발기에서 액체 냉매가 기화하면서 열에너지를 흡수하므로 냉장고 내부의 온도가 낮아진다. 기화한 냉매는 냉장고 뒤쪽의 응축기에서 다시 액화하면서 열에너지를 방출하므로 냉장고 뒤쪽의 온도가 높아진다.

❾ 증기 난방기의 원리

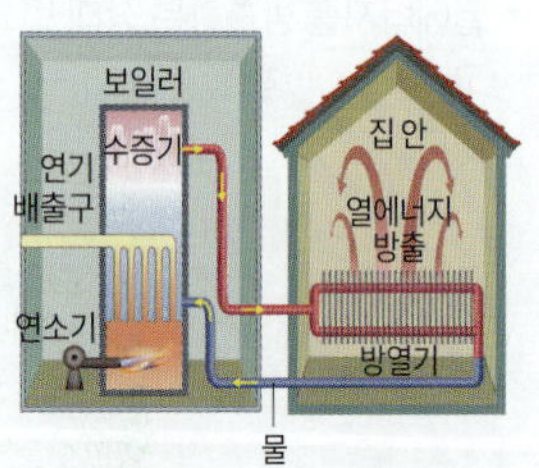

연소기에서 물이 수증기로 기화하고, 수증기가 방열기를 지나면서 액화하여 열에너지를 방출하므로 집 안이 따뜻해진다.

용어 픽

+ **냉매**(冷 차다, 媒 매개) 액화하거나 기화하면서 열에너지를 흡수하거나 방출하는 물질

+ **냉해**(冷 차다, 害 해롭다) 낮은 기온 때문에 생기는 농작물의 피해

3 상태 변화와 열에너지의 이용

- 열에너지를 흡수하는 상태 변화가 일어날 때 주위의 온도가 ⬚⬚⬚⬚.
- 열에너지를 방출하는 상태 변화가 일어날 때 주위의 온도가 ⬚⬚⬚⬚.

[07-08] 그림은 물질의 상태 변화를 입자 모형으로 나타낸 것이다. 물음에 답하시오.

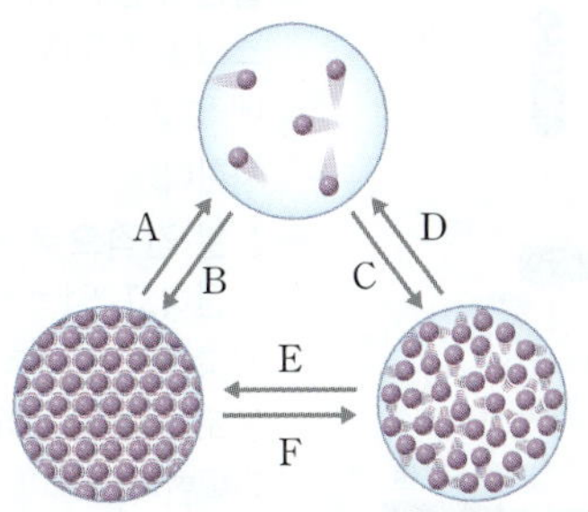

07 A~F 중 각 설명에 해당하는 상태 변화의 기호를 모두 쓰시오.

(1) 상태 변화가 일어날 때 열에너지를 흡수한다.
(2) 상태 변화가 일어날 때 열에너지를 방출한다.
(3) 상태 변화가 일어날 때 주위의 온도가 높아진다.
(4) 상태 변화가 일어날 때 주위의 온도가 낮아진다.

08 A~F 중 각 현상에서 이용하는 상태 변화의 기호를 쓰시오.

(1) 증기 오븐으로 음식을 익힌다.
(2) 과일나무에 물을 뿌려 냉해를 막는다.
(3) 백신을 수송할 때 드라이아이스를 이용한다.
(4) 사막에서 양가죽 물주머니에 물을 보관한다.
(5) 아이스박스에 얼음과 음식물을 함께 보관한다.
(6) 이글루 내부에 물을 뿌려 이글루 내부를 따뜻하게 한다.

09 상태 변화가 일어날 때 열에너지를 흡수하는 경우는 '흡수'를, 방출하는 경우는 '방출'을 쓰시오.

(1) 겨울에 눈이 내릴 때 날씨가 포근해진다. ( )
(2) 음료에 얼음을 넣으면 음료가 차가워진다. ( )
(3) 여름철 도로에 물을 뿌리면 주위가 시원해진다. ( )
(4) 겨울철 과일 창고에 물이 담긴 그릇을 놓아둔다. ( )

10 상태 변화가 일어날 때 주위 온도가 낮아지는 경우는 '낮'을, 높아지는 경우는 '높'을 쓰시오.

(1) 여름철 선로에 물을 뿌린다. ( )
(2) 액체 파라핀으로 찜질을 한다. ( )
(3) 몸에 열이 날 때 물수건으로 몸을 닦는다. ( )
(4) 커피 기계에서 나오는 증기로 우유를 데운다. ( )
(5) 여름철 인공 안개 장치로 물방울을 분사한다. ( )
(6) 아이스크림을 포장할 때 드라이아이스를 함께 넣는다. ( )

얼음이 녹고 물이 끓을 때의 온도 측정하기

얼음이 녹고 물이 끓을 때의 온도를 측정하여 그래프로 나타낼 수 있다.

● 바른답·알찬풀이 36 쪽

과정

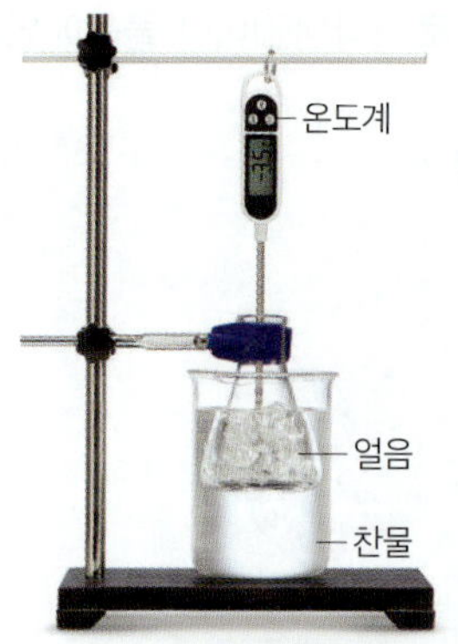

❶ 얼음이 담긴 삼각 플라스크를 찬물이 든 비커에 넣고 그림과 같이 장치한다.

❷ 1 분 간격으로 온도를 측정하고, 얼음이 녹기 시작하면 5 분 정도 더 온도를 측정하여 표에 기록한다.

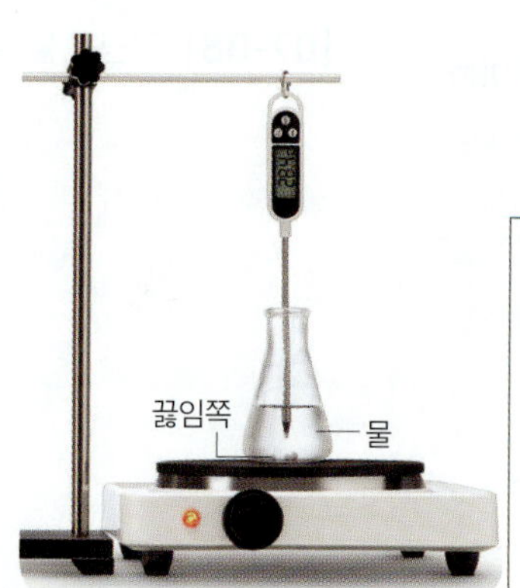

❸ 다른 삼각 플라스크에 물(증류수)을 $\frac{1}{3}$ 정도 담고, 끓임쪽을 2 개∼3 개 넣은 다음 그림과 같이 장치한다.

❹ 가열 장치로 가열하면서 1 분 간격으로 물의 온도를 측정하고, 물이 끓기 시작하면 5 분 정도 더 온도를 측정하여 표에 기록한다.

액체가 갑자기 끓어오르는 것을 막기 위해 넣는 돌이나 유리 조각 등의 물체이다.

결과 및 정리

1. 물질의 온도 측정 결과

얼음이 녹을 때

시간(분)	0	1	2	3	4	5	6	7	8	9	10	11
온도(℃)	−2.8	−1.8	−1.0	−0.5	−0.1	0	0	0	0	0.2	0.5	0.9

고체 상태인 얼음으로 존재한다. · 얼음이 점점 녹으면서 액체 상태인 물이 된다. · 액체 상태인 물로 존재한다.

물이 끓을 때

시간(분)	0	1	2	3	4	5	6	7	8	9	10	11
온도(℃)	32.3	40.9	48.2	56.4	64.9	77.1	82.0	88.2	100	100	100	100

액체 상태인 물로 존재한다. · 물이 끓으면서 기체 상태인 수증기가 되어 날아가므로 물의 양이 점점 줄어든다.

2. 시간에 따른 물질의 온도 변화 그래프

얼음이 녹을 때

물이 끓을 때

- A 구간: 얼음의 온도가 점점 높아진다.
  └ 흡수한 열에너지가 얼음의 온도를 높이는 데 사용된다.
- B 구간: 약 0 ℃가 되면 얼음이 녹기 시작하여 모두 녹을 때까지 온도가 일정하게 유지된다.
  └ 흡수한 열에너지가 상태 변화에 사용되므로 온도가 일정하게 유지된다.
- C 구간: 물의 온도가 점점 높아진다.
  └ 흡수한 열에너지가 물의 온도를 높이는 데 사용된다.

- D 구간: 물의 온도가 점점 높아진다.
  └ 흡수한 열에너지가 물의 온도를 높이는 데 사용된다.
- E 구간: 약 100 ℃가 되면 물이 끓기 시작하여 모두 끓을 때까지 온도가 일정하게 유지된다.
  └ 흡수한 열에너지가 상태 변화에 사용되므로 온도가 일정하게 유지된다.

➡ 물질을 가열하면 온도가 높아지다가, 물질의 상태가 변하는 동안에는 흡수한 열에너지가 상태 변화에 사용되므로 온도가 (　　　)하게 유지된다.

과정
❶ 액체 상태의 에탄올을 물중탕하여 가열하면서 에탄올의 온도와 상태를 1분 간격으로 관찰하여 기록한다.
❷ 기록한 내용을 바탕으로 액체 상태의 에탄올을 가열할 때의 온도 변화를 그래프로 나타낸다.

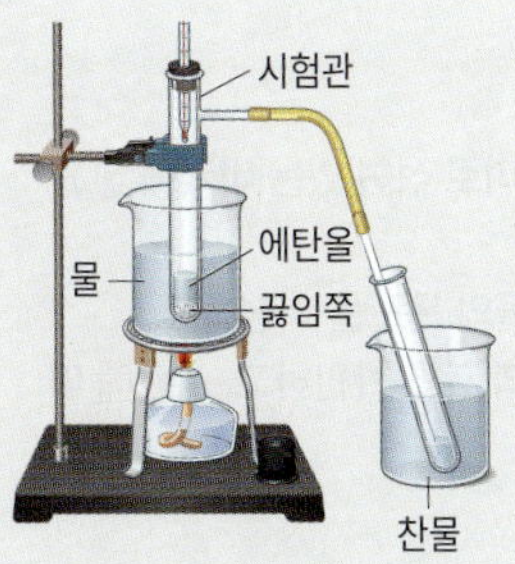

결과
• 에탄올을 가열하면 온도가 높아지다가 에탄올의 상태가 변하는 동안에는 온도가 일정하게 유지된다.
  └ 가해 준 열에너지가 상태 변화에 사용되므로 온도가 일정하게 유지된다.

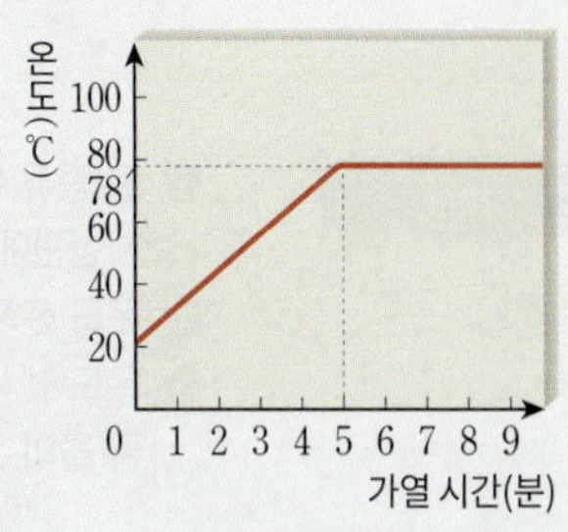

탐구 확인 문제

01 이 탐구에 대한 설명으로 옳은 것은 ○표, 옳지 <u>않은</u> 것은 ×표 하시오.

(1) 과정 ❷에서 처음에는 얼음의 온도가 서서히 높아진다. ( )
(2) 과정 ❷에서 얼음이 녹기 시작하면 얼음의 온도가 급격하게 높아진다. ( )
(3) 과정 ❸에서 물을 가열할 때 끓임쪽을 넣는 것은 갑자기 끓어오르는 것을 막기 위함이다. ( )
(4) 과정 ❹에서 물의 온도는 서서히 높아지다가 일정해진다. ( )

02 이 탐구에 대한 설명으로 옳지 <u>않은</u> 것은?

① 그래프의 A 구간에서는 얼음이 존재한다.
② 그래프의 B 구간에서 얼음이 융해한다.
③ 그래프의 C 구간에서는 물이 존재한다.
④ 그래프의 D 구간에서 가해 준 열에너지는 상태 변화에 사용된다.
⑤ 그래프의 E 구간에서 물은 두 가지 상태로 존재한다.

03 다음은 이 탐구로 알 수 있는 사실에 대한 설명이다. ( ) 안에 알맞은 말을 고르시오.

> 물을 가열하면 물의 온도가 서서히 ㉠(높아지다가, 낮아지다가) 물이 수증기로 상태가 변하는 동안에는 온도가 ㉡(높아진다, 일정하게 유지된다). 이는 물이 ㉢(흡수, 방출)한 열에너지가 상태 변화에 사용되기 때문이다.

탐구 적용 문제

04 그림 (가)와 같이 에탄올을 물중탕하여 가열했을 때 에탄올의 온도 변화가 그림 (나)와 같았다.

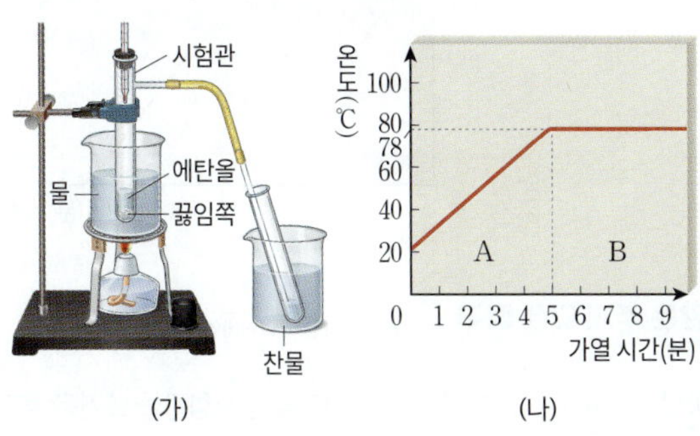

이에 대한 설명으로 옳은 것을 〈보기〉에서 모두 고른 것은?

┤ 보기 ├
ㄱ. A 구간에서 가해 준 열에너지는 에탄올의 온도를 높이는 데 사용된다.
ㄴ. B 구간에서 에탄올 입자 사이의 거리가 멀어진다.
ㄷ. B 구간에서 에탄올은 액체에서 기체로 상태가 변한다.

① ㄴ   ② ㄷ   ③ ㄱ, ㄴ
④ ㄱ, ㄷ   ⑤ ㄱ, ㄴ, ㄷ

서술형

05 표는 어떤 액체 물질을 가열하면서 1분 간격으로 온도를 측정한 결과이다.

시간(분)	0	1	2	3	4	5
온도(℃)	53.4	62.9	71.3	78.0	78.0	78.0

물질의 상태가 변하는 구간을 쓰고, 그렇게 판단한 까닭을 설명하시오.

엔픽 탐구하기

물이 얼 때의 온도 측정하기

물이 얼 때의 온도를 측정하여 그래프로 나타낼 수 있다.

실험 동영상

과정

① 물(증류수)이 든 시험관을 얼음과 소금이 3 : 1의 질량비로 섞여 있는 비커에 넣고, 시험관에 온도 센서를 꽂아 그림과 같이 장치한다.

② 온도 센서를 스마트 기기의 프로그램과 연결한 다음 물의 온도를 측정한다.

③ 온도 센서와 연결된 프로그램에서 물의 온도 변화 그래프를 확인하고, 시간에 따른 물의 온도 변화 그래프를 그린다.

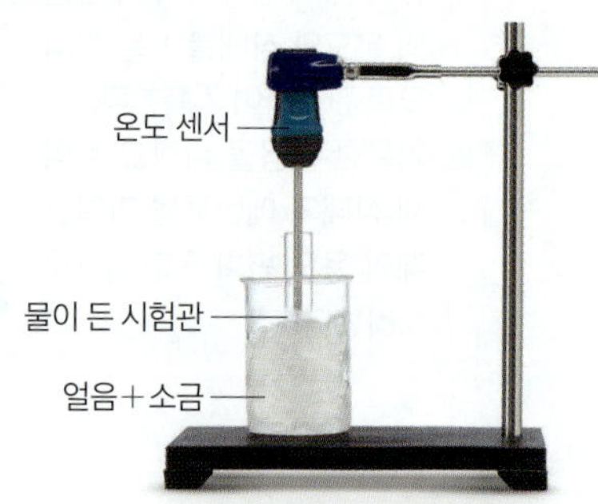

결과 및 정리

물이 얼 때 시간에 따른 물질의 온도 변화 그래프

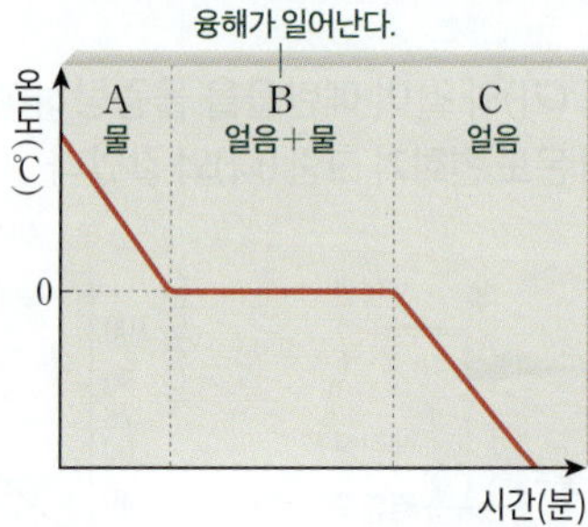

- A 구간: 물의 온도가 점점 낮아진다.
  └ 물이 열에너지를 잃어 온도가 낮아진다.
- B 구간: 약 0 ℃가 되면 물이 얼기 시작하여 모두 얼 때까지 온도가 일정하게 유지된다.
  └ 물이 얼음으로 상태가 변하는 동안 열에너지를 방출하므로 온도가 일정하게 유지된다.
- C 구간: 얼음의 온도가 점점 낮아진다.
  └ 얼음이 열에너지를 잃어 온도가 낮아진다.

➡ 물질을 냉각하면 온도가 낮아지다가, 물질의 (　　　　)이/가 변하는 동안에는 열에너지를 방출하므로 온도가 일정하게 유지된다.

같은 주제 다른 탐구 동아 | 비상 | 와이비엠

과정

① 로르산이 $\frac{1}{3}$ ～ $\frac{1}{2}$ 정도 담긴 시험관을 뜨거운 물이 담긴 비커에 넣어 로르산을 모두 녹인다.

② 로르산이 모두 녹으면 비커에서 시험관을 꺼낸 다음, 온도계의 끝이 액체 로르산에 잠기도록 온도계를 시험관에 넣어 고정한다.

③ 일정한 간격으로 로르산의 온도를 측정하고, 로르산이 응고하기 시작하면 5 분 정도 더 온도를 측정한다.

결과

- 로르산을 냉각하면 온도가 낮아지다가 로르산의 상태가 변하는 동안에는 온도가 일정하게 유지된다.
  └ 로르산이 액체에서 고체로 상태가 변하는 동안 열에너지를 방출하므로 온도가 일정하게 유지된다.

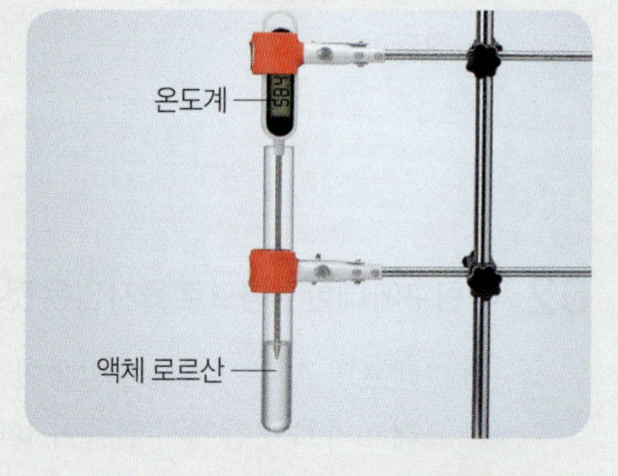

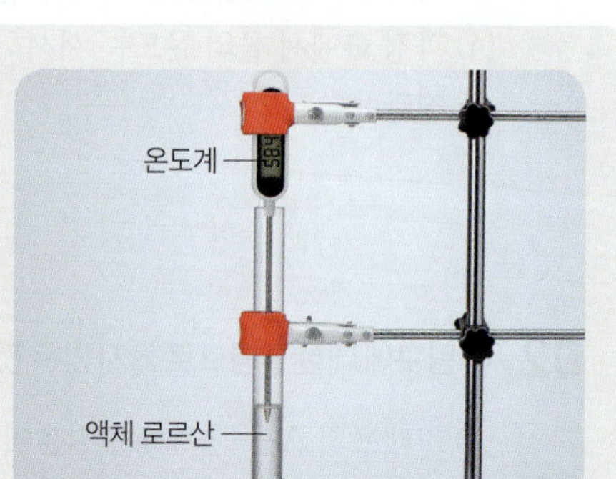

탐구 확인 문제

01 이 탐구에 대한 설명으로 옳은 것은 ○표, 옳지 않은 것은 ×표 하시오.

(1) 그래프의 A 구간에서 물이 열에너지를 흡수한다.
(　　　)

(2) 그래프의 A 구간에서 물의 온도가 점점 낮아진다.
(　　　)

(3) 그래프의 B 구간에서 물이 한 가지 상태로 존재한다.
(　　　)

(4) 액체가 응고할 때 열에너지를 방출하는 것을 확인할 수 있다.
(　　　)

탐구 적용 문제

02 오른쪽 그림은 어떤 액체 물질을 냉각할 때 시간에 따른 온도 변화를 나타낸 것이다.
이에 대한 설명으로 옳은 것을 〈보기〉에서 모두 고르시오.

| 보기 |

ㄱ. A 구간에서는 액체 상태의 물질만 존재한다.

ㄴ. B 구간에서 응고가 일어난다.

ㄷ. C 구간에서 온도가 낮아지는 까닭은 상태 변화가 일어나면서 열에너지를 흡수하기 때문이다.

유형 연습하기

핵심 자료를 파악하고 문제 풀이로 연습해 봅시다.

● 바른답·알찬풀이 37 쪽

유형 1 고체 물질의 가열 곡선

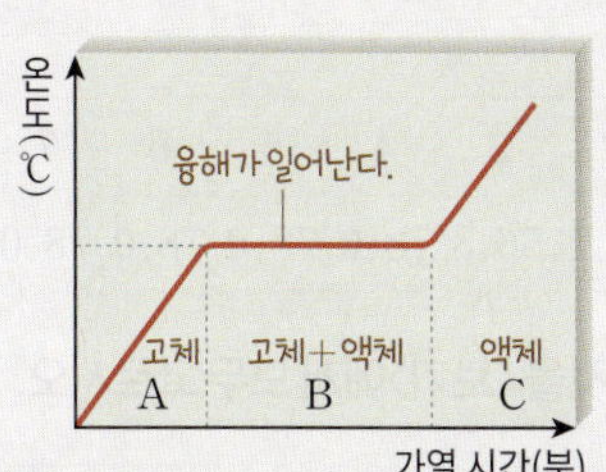

- A 구간: 고체의 온도가 높아진다.
- B 구간: 고체에서 액체로 상태가 변한다. ➡ 흡수한 열에너지가 상태 변화에 사용되므로 가열해도 물질의 온도가 일정하게 유지된다.
- C 구간: 액체의 온도가 높아진다.

개념 POINT 물질을 가열하면 온도가 높아지다가 상태 변화가 일어나는 동안에는 온도가 일정하게 유지된다.

출제 POINT 물질을 가열할 때 시간에 따른 온도 변화 그래프를 제시하고, 물질의 상태가 변하는 구간을 찾거나 물질의 상태가 변할 때 열에너지를 흡수하는지 방출하는지 묻는 문제가 자주 나온다.

01 A～C 중 상태 변화가 일어나는 구간의 기호를 쓰시오.

02 이에 대한 설명으로 옳지 <u>않은</u> 것은?

① A 구간에서 물질의 온도가 높아진다.
② A 구간에서 물질은 고체 상태로 존재한다.
③ B 구간에서 물질은 고체 상태와 액체 상태로 존재한다.
④ B 구간에서 열에너지를 방출하는 상태 변화가 일어난다.
⑤ C 구간에서 물질은 액체 상태로 존재한다.
⑥ 입자 운동이 활발한 정도는 A＜B＜C이다.

자주 보는 오답 ✔ 융해, 기화, 승화(고체 → 기체)가 일어날 때는 열에너지를 흡수한다.

서술형
03 B 구간에서 온도가 일정한 까닭을 다음 단어를 모두 이용하여 설명하시오.

> 열에너지, 상태, 변화, 온도

유형 2 액체 물질의 냉각 곡선

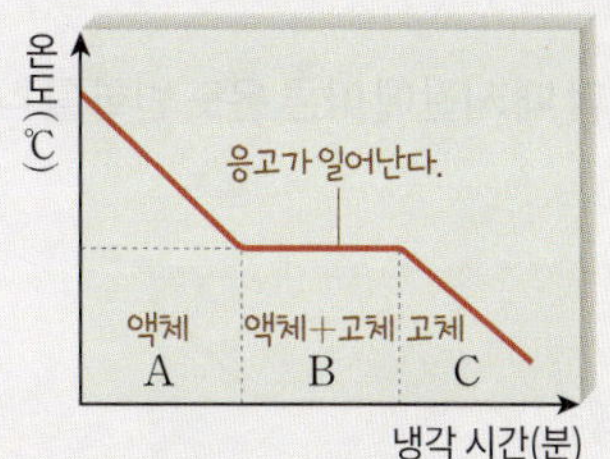

- A 구간: 액체의 온도가 낮아진다.
- B 구간: 액체에서 고체로 상태가 변한다. ➡ 상태 변화가 일어날 때 열에너지가 방출되므로 냉각해도 물질의 온도가 일정하게 유지된다.
- C 구간: 고체의 온도가 낮아진다.

개념 POINT 물질을 냉각하면 온도가 낮아지다가 상태 변화가 일어나는 동안에는 온도가 일정하게 유지된다.

출제 POINT 물질을 냉각할 때 시간에 따른 온도 변화 그래프를 제시하고, 물질의 상태가 변하는 구간을 찾거나 물질의 상태가 변할 때 열에너지를 흡수하는지 방출하는지 묻는 문제가 자주 나온다.

01 A～C 중 고체 물질만 존재하는 구간의 기호를 쓰시오.

02 이에 대한 설명으로 옳은 것을 모두 고르면?(정답 2 개)

① A 구간에서 물질은 고체 상태로 존재한다.
② B 구간에서 물질의 온도가 일정하게 유지된다.
③ B 구간에서 열에너지를 방출하는 상태 변화가 일어난다.
④ C 구간에서 물질은 고체 상태와 액체 상태로 존재한다.
⑤ 입자 운동이 가장 활발한 구간은 B이다.
⑥ 입자의 배열이 가장 불규칙적인 구간은 C이다.

자주 보는 오답 ✔ 물질의 상태가 변하는 구간에서는 두 가지 상태의 물질이 함께 존재한다.

03 다음은 위 그래프를 보고 알 수 있는 사실에 대한 설명이다. (   ) 안에 알맞은 말을 쓰거나 고르시오.

> 액체 상태의 물질을 냉각하면 온도가 ㉠(높아지다가, 낮아지다가) 물질의 상태가 변하는 동안에는 온도가 일정하게 유지된다. 이는 물질이 액체에서 ㉡(   ) (으)로 상태가 변하는 동안 열에너지를 ㉢(   ) 하기 때문이다.

1 열에너지를 흡수하는 상태 변화

[01-02] 그림은 얼음을 가열할 때 시간에 따른 온도 변화를 나타낸 것이다. 물음에 답하시오.

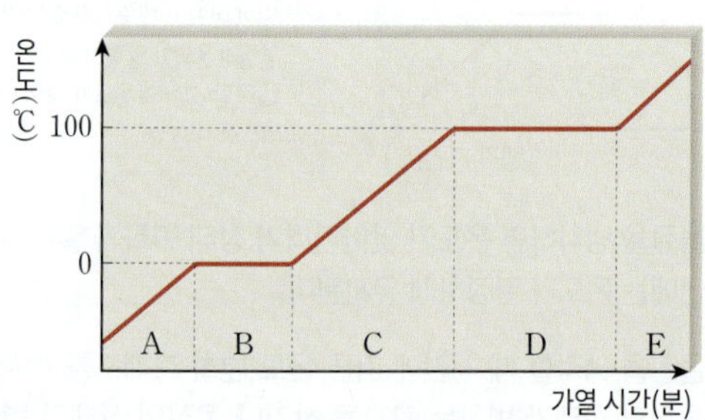

01 이에 대한 설명으로 옳은 것은?

① A 구간에서는 물이 존재한다.
② B 구간에서 응고가 일어난다.
③ C 구간에서는 물과 수증기가 함께 존재한다.
④ D 구간에서 열에너지를 방출하는 상태 변화가 일어난다.
⑤ 입자 사이의 거리가 가장 먼 구간은 E이다.

02 상태 변화가 일어나는 구간을 모두 고른 것은?

① B   ② A, C   ③ B, D
④ D, E   ⑤ A, C, E

중요
03 그림은 물질의 상태 변화를 입자 모형으로 나타낸 것이다.

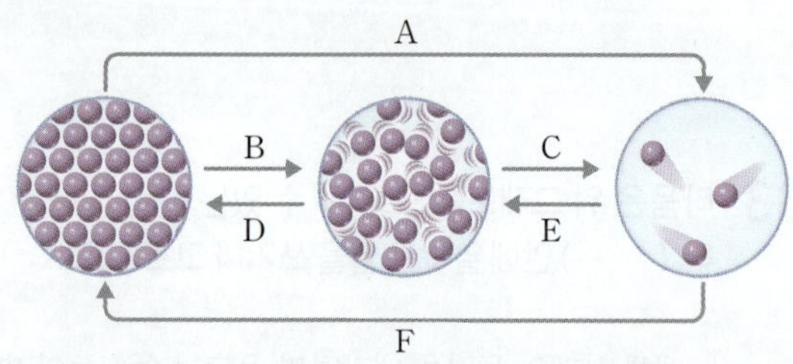

열에너지를 흡수하는 상태 변화를 모두 고른 것은?

① A, B, C   ② A, B, F
③ B, C, E   ④ C, D, E
⑤ D, E, F

04 표는 어떤 액체 물질을 가열하면서 **1** 분 간격으로 온도를 측정한 결과이다.

시간(분)	0	1	2	3	4	5	6	7
온도(℃)	25.0	34.7	45.1	56.8	78.0	78.0	78.0	78.0

이에 대한 설명으로 옳은 것을 〈보기〉에서 모두 고르시오.

┤ 보기 ├
ㄱ. 0 분~3 분 사이에 물질은 액체 상태로 존재한다.
ㄴ. 0 분~3 분 사이에 물질이 기화한다.
ㄷ. 4 분 이후에 물질의 온도가 일정한 것은 가해 준 열에너지가 상태 변화에 사용되기 때문이다.

2 열에너지를 방출하는 상태 변화

[05-06] 그림은 어떤 액체 물질을 냉각할 때 시간에 따른 온도 변화를 나타낸 것이다. 물음에 답하시오.

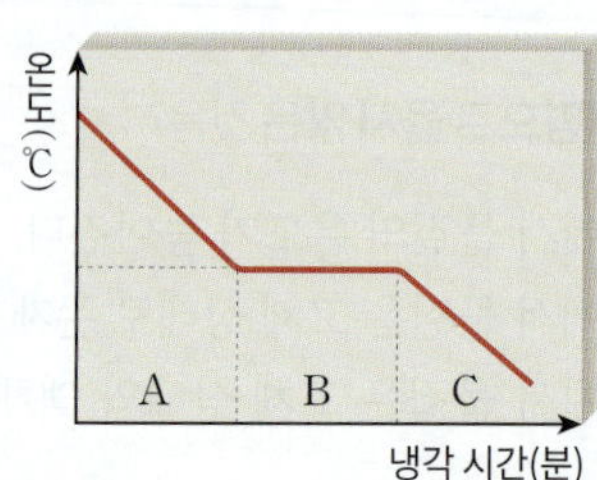

중요
05 이에 대한 설명으로 옳은 것을 〈보기〉에서 모두 고른 것은?

┤ 보기 ├
ㄱ. A 구간에서 물질은 액체 상태로 존재한다.
ㄴ. B 구간에서 물질은 두 가지 상태로 존재한다.
ㄷ. C 구간에서 물질의 상태가 고체로 변하기 시작한다.

① ㄴ   ② ㄷ   ③ ㄱ, ㄴ
④ ㄱ, ㄷ   ⑤ ㄱ, ㄴ, ㄷ

06 A와 C 구간에서 물질의 상태를 나타내는 입자 모형의 기호를 각각 쓰시오.

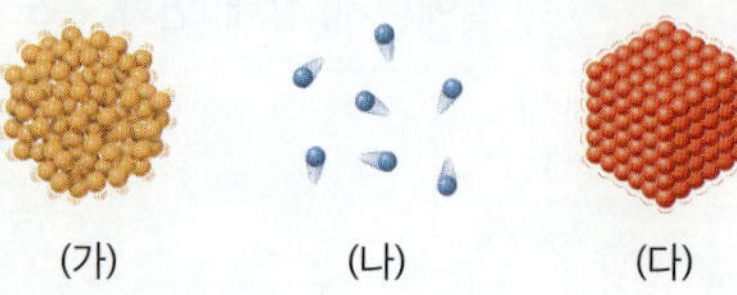

07 표는 어떤 액체 물질을 냉각하면서 2 분 간격으로 온도를 측정한 결과이다.

시간(분)	0	2	4	6	8	10	12
온도(℃)	12.0	7.9	4.0	4.0	4.0	3.7	1.3

이에 대한 설명으로 옳지 <u>않은</u> 것은?

① 0 분~2 분 사이에 물질은 액체 상태로 존재한다.
② 0 분~2 분 사이에 온도가 낮아지는 것은 물질이 열에너지를 흡수하기 때문이다.
③ 4 분~8 분 사이에 물질은 액체와 고체 상태로 존재한다.
④ 4 분~8 분 사이에 온도가 일정한 것은 물질의 상태가 변하는 동안 열에너지를 방출하기 때문이다.
⑤ 입자 사이의 거리는 10 분~12 분 사이에서가 0 분~2 분 사이에서보다 더 가깝다.

[08-09] 그림은 어떤 고체 물질을 가열한 다음 다시 냉각할 때 시간에 따른 온도 변화를 나타낸 것이다. 물음에 답하시오.

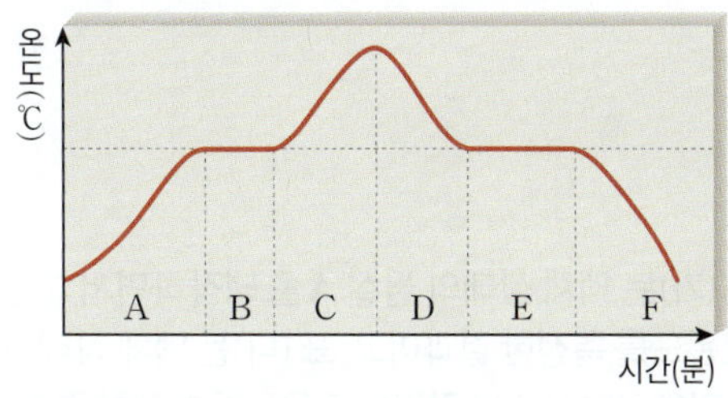

08 열에너지를 방출하는 상태 변화가 일어나는 구간으로 옳은 것은?

① A   ② B   ③ C
④ D   ⑤ E

09 이에 대한 설명으로 옳은 것을 모두 고르면?(정답 2 개)

① A 구간과 F 구간에서 물질의 상태가 같다.
② B 구간에서 물질은 두 가지 상태로 존재한다.
③ D 구간에서 물질은 고체 상태로 존재한다.
④ 입자 운동이 활발한 정도는 D < E < F이다.
⑤ 입자의 배열이 규칙적인 정도는 A < B < C이다.

중요 **10** 그림은 어떤 액체 물질을 가열할 때 시간에 따른 온도 변화를 나타낸 것이다.

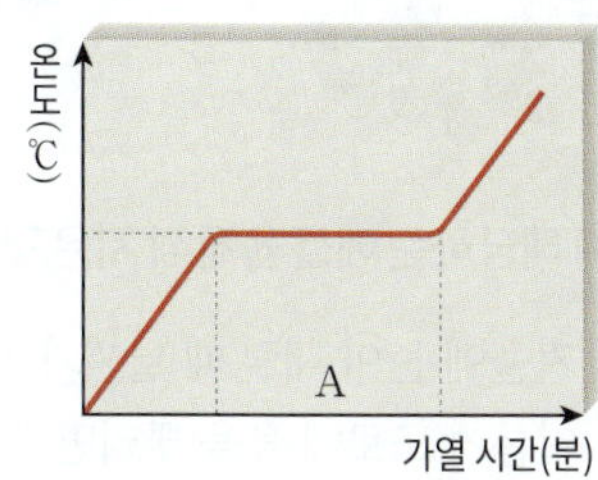

A 구간에서 일어나는 상태 변화를 이용한 예를 <보기>에서 모두 고른 것은?

| 보기 |
ㄱ. 여름철 도로에 물을 뿌린다.
ㄴ. 증기 오븐으로 음식을 익힌다.
ㄷ. 겨울에 과일나무에 물을 뿌린다.
ㄹ. 몸에 열이 날 때 물수건으로 몸을 닦는다.

① ㄱ, ㄷ   ② ㄱ, ㄹ   ③ ㄴ, ㄷ
④ ㄱ, ㄴ, ㄹ   ⑤ ㄴ, ㄷ, ㄹ

11 다음은 일상생활에서 상태 변화를 이용하는 두 가지 예이다.

- 이글루 내부에 물을 뿌려 이글루 내부의 온도를 조절한다.
- 부상을 입은 부위를 액체 파라핀에 담갔다가 빼서 찜질한다.

주어진 예에서 공통적으로 일어나는 현상으로 옳지 <u>않은</u> 것은?

① 열에너지를 방출한다.
② 주위의 온도가 높아진다.
③ 입자 운동이 활발해진다.
④ 입자의 배열이 규칙적으로 변한다.
⑤ 물질의 상태가 액체에서 고체로 변한다.

12 상태 변화가 일어날 때 주위의 온도가 낮아지는 경우를 <보기>에서 고르시오.

| 보기 |
ㄱ. 기화   ㄴ. 액화
ㄷ. 응고   ㄹ. 승화(기체 → 고체)

13 그림은 물질의 상태 변화를 입자 모형으로 나타낸 것이다.

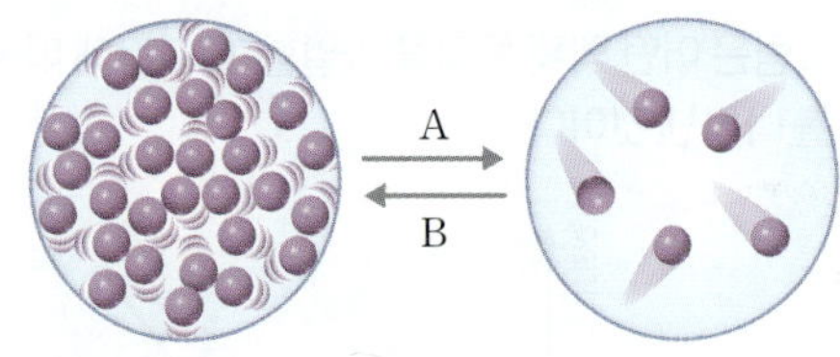

A와 B에 해당하는 예를 옳게 짝 지은 것은?

① A – 겨울에 눈이 내릴 때 날씨가 포근해진다.
② A – 여름에 도로에 물을 뿌리면 주위가 시원해진다.
③ A – 겨울에 과일 창고에 물이 담긴 그릇을 놓아두면 과일이 얼지 않는다.
④ B – 음료에 얼음을 넣으면 음료가 차가워진다.
⑤ B – 백신을 수송할 때 드라이아이스를 이용한다.

중요
14 열에너지의 출입 방향이 나머지와 <u>다른</u> 하나는?

① 이글루 내부에 물을 뿌린다.
② 아이스박스에 얼음과 음식물을 보관한다.
③ 사막에서 물을 양가죽 물주머니에 보관한다.
④ 여름에 인공 안개 장치로 물방울을 분사한다.
⑤ 아이스크림을 포장할 때 드라이아이스를 이용한다.

15 그림은 증기 난방기의 구조를 나타낸 것이다.

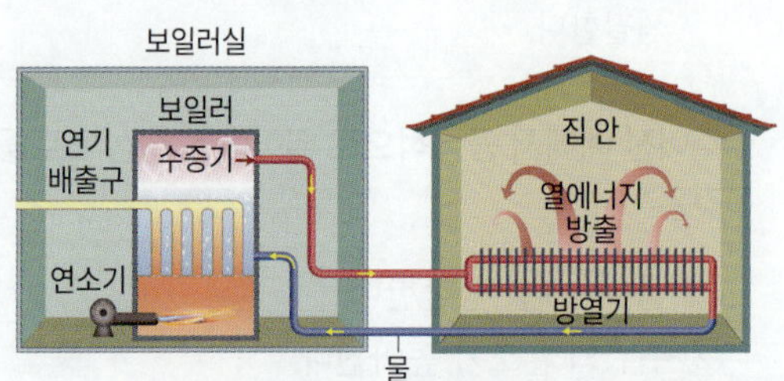

이에 대한 설명으로 옳은 것을 〈보기〉에서 모두 고른 것은?

보기
ㄱ. 보일러에서 물의 기화가 일어난다.
ㄴ. 방열기에서 입자 사이의 거리가 가까워지는 상태 변화가 일어난다.
ㄷ. 방열기에서 겨울에 눈이 내릴 때 날씨가 포근해지는 현상과 같은 방향의 열에너지 출입이 일어난다.

① ㄱ ② ㄴ ③ ㄱ, ㄷ
④ ㄴ, ㄷ ⑤ ㄱ, ㄴ, ㄷ

만점 **도전하기**

16 그림은 액체 상태의 물질 A, B를 가열할 때 시간에 따른 온도 변화를 나타낸 것이다.

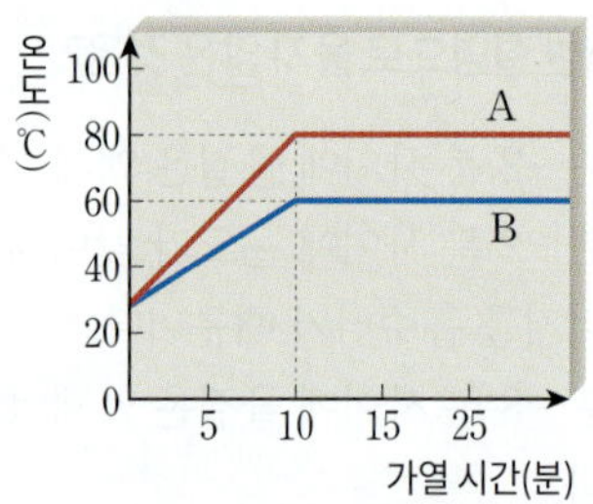

이에 대한 설명으로 옳은 것을 〈보기〉에서 모두 고른 것은?

보기
ㄱ. A가 B보다 더 높은 온도에서 끓기 시작한다.
ㄴ. 0 분~10 분 사이에서 A와 B는 모두 액체 상태로 존재한다.
ㄷ. 10 분 이후 A와 B 모두 열에너지를 방출하는 상태 변화를 한다.

① ㄱ ② ㄷ ③ ㄱ, ㄴ
④ ㄴ, ㄷ ⑤ ㄱ, ㄴ, ㄷ

17 표 (가)는 액체 상태의 물질 A를 냉각하면서 5 분 간격으로 온도를 측정한 결과이고, 표 (나)는 액체 상태의 물질 B를 가열하면서 5 분 간격으로 온도를 측정한 결과이다.

(가)	시간(분)	0	5	10	15	20
	온도(°C)	25.0	12.7	5.5	5.5	3.7

(나)	시간(분)	0	5	10	15	20
	온도(°C)	25.0	51.3	77.9	100.0	100.0

이에 대한 설명으로 옳지 <u>않은</u> 것은?

① 물질 A는 10 °C에서 액체 상태로 존재한다.
② 물질 B가 끓기 시작하는 온도는 100 °C이다.
③ 물질 A와 B 모두 25 °C에서 액체 상태로 존재한다.
④ (가)에서 입자 운동은 20 분일 때가 5 분일 때보다 더 활발하다.
⑤ (나)의 15 분~20 분 사이에 물질 B는 액체 상태와 기체 상태가 함께 존재한다.

01 그림은 어떤 고체 물질을 가열한 다음 다시 냉각할 때 시간에 따른 온도 변화를 나타낸 것이다.

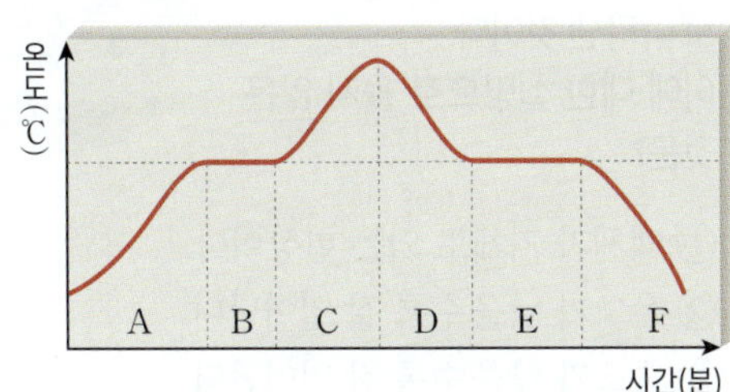

1단계 **B** 구간에서 물질의 온도가 일정한 까닭을 **B** 구간에서 일어나는 상태 변화와 관련지어 설명하시오.
B 구간에서 (   )이/가 일어날 때 물질이 (   )한 열에너지를 모두 사용하기 때문이다.

2단계 **E** 구간에서 물질의 온도가 일정한 까닭을 **E** 구간에서 일어나는 상태 변화와 관련지어 설명하시오.

02 그림은 물질의 상태 변화를 입자 모형으로 나타낸 것이다.

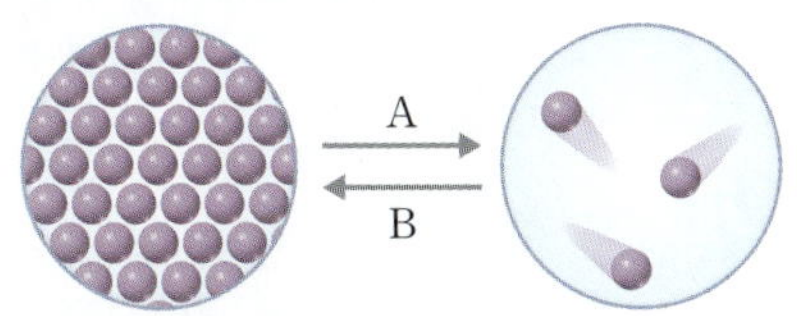

1단계 상태 변화 **A**가 일어날 때 주위의 온도 변화를 다음 단어를 모두 이용하여 설명하시오.

> 고체, 기체, 승화, 온도, 열에너지

2단계 상태 변화 **B**가 일어날 때 주위의 온도 변화를 상태 변화가 일어날 때의 열에너지 출입과 관련지어 설명하시오.

03 그림과 같이 마른 휴지와 물을 적신 휴지로 온도가 같은 음료수 캔 두 개를 각각 감싸고, (나)에 감싼 휴지가 마를 때까지 (가)와 (나)를 부채질한 다음 온도를 측정했다.

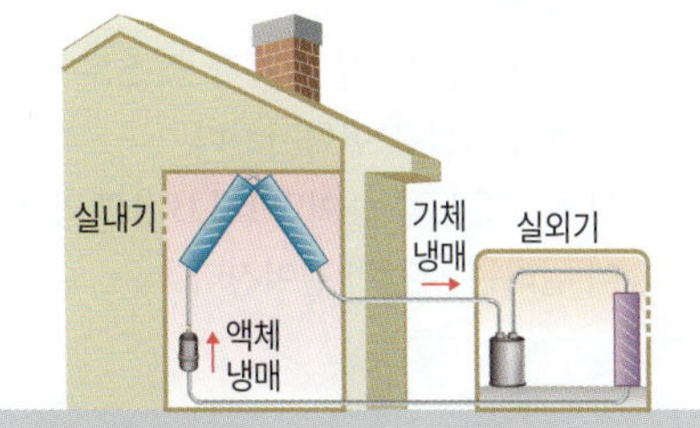

1단계 (나)의 물을 적신 휴지에서 일어나는 상태 변화의 이름과 이때 열에너지의 출입 방향을 설명하시오.
(나)의 물을 적신 휴지에서는 (   )이/가 일어나며, 이때 열에너지를 (   )한다.

2단계 (가)와 (나)의 나중 온도를 비교하고, 그 까닭을 물질의 상태 변화가 일어날 때의 열에너지 출입과 관련지어 설명하시오.

04 그림은 에어컨의 작동 원리를 나타낸 것이다.

1단계 에어컨 실외기에서 일어나는 상태 변화의 이름과 이때 열에너지의 출입 방향을 설명하시오.
에어컨 실외기에서 (   )이/가 일어나며, 이때 열에너지를 (   )한다.

2단계 에어컨으로 실내 온도를 낮추는 원리를 에어컨 실내기에서 일어나는 상태 변화와 관련지어 설명하시오.

01 입자 운동에 대한 설명으로 옳은 것을 〈보기〉에서 모두 고른 것은?

| 보기 |
ㄱ. 입자는 스스로 끊임없이 운동한다.
ㄴ. 입자는 주로 위쪽 방향으로 운동한다.
ㄷ. 입자가 운동하기 때문에 증발과 확산이 일어난다.

① ㄱ 　　② ㄴ 　　③ ㄱ, ㄷ
④ ㄴ, ㄷ 　　⑤ ㄱ, ㄴ, ㄷ

02 그림과 같이 BTB 용액을 일정한 간격으로 떨어뜨린 페트리 접시의 중앙에 식초를 1 방울 떨어뜨리고 뚜껑을 닫았더니 식초와 가까운 용액부터 차례로 노란색으로 변했다.

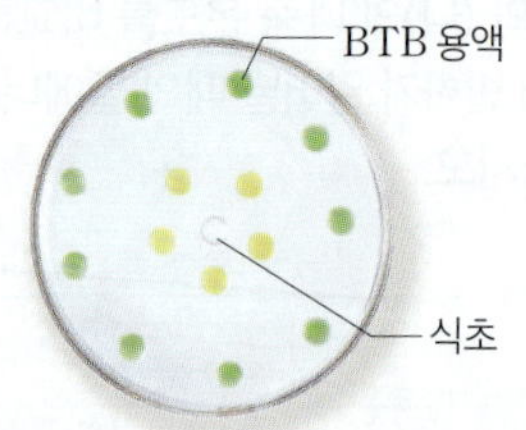

이에 대한 설명으로 옳은 것을 〈보기〉에서 모두 고른 것은?

| 보기 |
ㄱ. 식초 속 아세트산 입자가 모든 방향으로 운동한다는 것을 알 수 있다.
ㄴ. 식초 속 아세트산 입자가 스스로 운동하여 BTB 용액의 색깔을 변화시킨다.
ㄷ. 식초의 온도를 높이면 BTB 용액의 색깔이 변하는 데 걸리는 시간이 길어진다.

① ㄱ 　　② ㄷ 　　③ ㄱ, ㄴ
④ ㄴ, ㄷ 　　⑤ ㄱ, ㄴ, ㄷ

03 오른쪽 그림과 같이 물이 든 비커의 바닥에 파란색 잉크를 떨어뜨렸다.
이에 대한 설명으로 옳지 <u>않은</u> 것은?

① 잉크의 증발을 알아보는 실험이다.
② 잉크 입자의 운동을 확인할 수 있다.
③ 잉크 입자가 모든 방향으로 퍼져 나간다.
④ 물의 온도를 높이면 잉크가 더 빨리 퍼진다.
⑤ 시간이 지나면 물 전체가 파란색으로 변한다.

04 오른쪽 그림은 액체 표면에서 일어나는 현상을 입자 모형으로 나타낸 것이다.
이에 대한 설명으로 옳지 <u>않은</u> 것은?

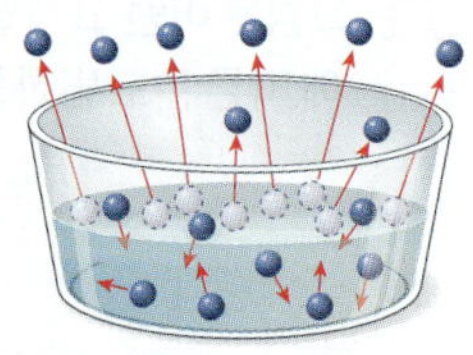

① 액체가 기체로 되는 현상이다.
② 온도가 낮을수록 잘 일어난다.
③ 습도가 낮을수록 잘 일어난다.
④ 바람이 많이 불수록 잘 일어난다.
⑤ 입자가 스스로 운동하기 때문에 일어나는 현상이다.

05 확산과 증발에 대한 설명으로 옳은 것은?

① 액체의 내부에서 증발이 일어난다.
② 액체 속에서는 확산이 일어나지 않는다.
③ 낮은 온도에서는 증발이 일어나지 않는다.
④ 기체의 확산은 한쪽 방향으로만 일어난다.
⑤ 온도가 높아지면 확산과 증발이 모두 활발해진다.

06 표는 실온에서 몇 가지 물질을 상태에 따라 분류한 것이다.

A	B	C
소금, 철	질소, 산소	물, 식초

C의 특징으로 옳은 것은?

① 단단하다.
② 모양이 일정하다.
③ 흐르는 성질이 있다.
④ 용기에 따라 부피가 변한다.
⑤ 용기를 가득 채우는 성질이 있다.

07 오른쪽 그림과 같이 주사기에 공기를 넣고 주사기 끝을 고무마개로 막은 다음 피스톤을 눌렀더니 피스톤이 아래로 움직였다.
이에 대한 설명으로 옳은 것을 〈보기〉에서 모두 고른 것은?

| 보기 |

ㄱ. 주사기 속 공기 입자의 개수가 감소한다.
ㄴ. 주사기 속 공기 입자의 크기가 작아진다.
ㄷ. 주사기 속 공기 입자 사이의 거리가 가까워진다.

① ㄴ 　　② ㄷ 　　③ ㄱ, ㄴ
④ ㄱ, ㄷ 　　⑤ ㄱ, ㄴ, ㄷ

08 그림 (가)~(다)는 상자에 구슬을 넣은 모형으로 물질의 세 가지 상태를 나타낸 것이다.

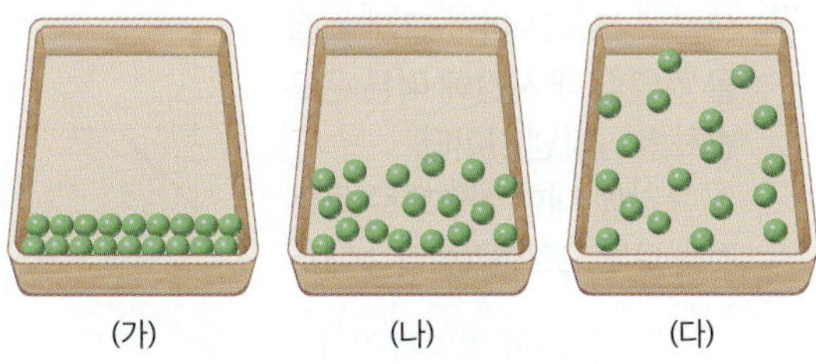

(가)　　　　(나)　　　　(다)

(가)~(다) 중 입자 운동이 가장 활발한 상태의 기호를 쓰시오.

09 다음은 우리 주변에서 볼 수 있는 두 가지 현상이다.

(가) 손에 뿌린 손 소독제가 마른다.
(나) 용광로에서 철이 녹아 쇳물이 된다.

(가)와 (나)에서 일어나는 상태 변화를 옳게 짝 지은 것은?

	(가)	(나)
①	기화	응고
②	기화	융해
③	융해	기화
④	액화	응고
⑤	액화	융해

10 오른쪽 그림과 같이 드라이아이스를 넣은 유리컵 입구에 비누막을 만들었더니 비누막이 점점 부풀어 올라 크기가 커졌다. 비누막이 부풀어 오른 까닭으로 옳은 것은?

① 드라이아이스의 성질이 변하기 때문이다.
② 드라이아이스의 질량이 증가하기 때문이다.
③ 드라이아이스의 입자 운동이 둔해지기 때문이다.
④ 드라이아이스 입자의 개수가 많아지기 때문이다.
⑤ 드라이아이스 입자 사이의 거리가 멀어지기 때문이다.

[11-12] 오른쪽 그림과 같이 뜨거운 물이 들어 있는 비커 위에 얼음이 담긴 시계 접시를 올려놓았더니 시계 접시 아랫면에 액체 방울이 맺혔다. 물음에 답하시오.

11 비커 속 물의 표면에서 일어나는 상태 변화의 예로 옳은 것은?

① 새벽에 풀잎에 이슬이 맺힌다.
② 겨울철에 유리창에 성에가 생긴다.
③ 젖은 머리카락을 바람으로 말린다.
④ 뜨거운 고깃국이 식으면 기름이 굳는다.
⑤ 뜨거운 프라이팬 위에서 버터가 녹는다.

12 시계 접시 아랫면에 생성된 액체 방울에 푸른색 염화 코발트 종이를 대어 보았더니 붉은색으로 변했다. 이에 대한 설명으로 옳은 것을 〈보기〉에서 모두 고른 것은?

| 보기 |

ㄱ. 시계 접시 아랫면에서 수증기가 승화한다.
ㄴ. 시계 접시 아랫면에 생성된 액체는 물이다.
ㄷ. 시계 접시 아랫면에서 액체가 생성될 때 입자의 종류는 변하지 않는다.

① ㄱ 　　② ㄷ 　　③ ㄱ, ㄴ
④ ㄴ, ㄷ 　　⑤ ㄱ, ㄴ, ㄷ

13 그림은 물질의 상태 변화를 입자 모형으로 나타낸 것이다.

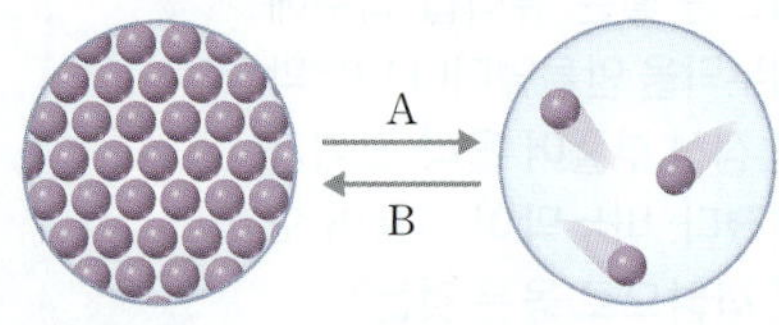

이에 대한 설명으로 옳은 것을 〈보기〉에서 모두 고른 것은?

| 보기 |
ㄱ. A의 상태 변화가 일어날 때 입자의 개수가 증가한다.
ㄴ. A의 상태 변화가 일어날 때 입자 사이의 거리가 멀어진다.
ㄷ. B의 상태 변화가 일어날 때 입자 운동이 활발해진다.

① ㄴ   ② ㄷ   ③ ㄱ, ㄴ
④ ㄱ, ㄷ   ⑤ ㄱ, ㄴ, ㄷ

[14-15] 그림은 물질의 세 가지 상태를 입자 모형으로 나타낸 것이다. 물음에 답하시오.

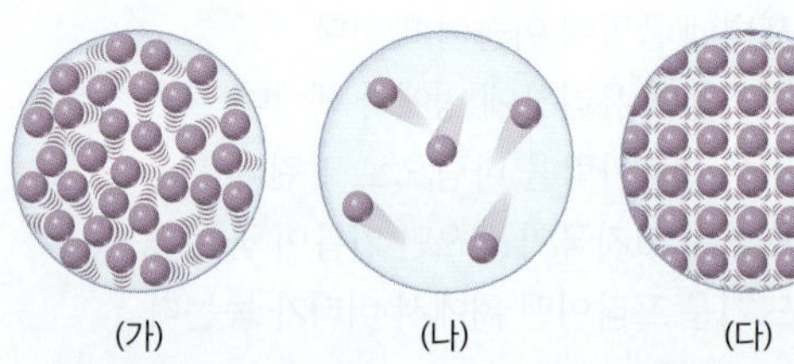

(가)   (나)   (다)

14 얼음물이 담긴 유리컵 표면에 물방울이 맺힐 때 일어나는 상태 변화를 (가)~(다)를 이용하여 옳게 나타낸 것은?

① (가) → (나)   ② (가) → (다)
③ (나) → (가)   ④ (나) → (다)
⑤ (다) → (가)

15 옷장 속 나프탈렌의 크기가 점점 작아질 때 일어나는 상태 변화를 (가)~(다)와 화살표(→)를 이용하여 쓰시오.

16 오른쪽 그림은 얼음을 넣은 삼각 플라스크를 찬물이 든 비커에 넣은 다음 온도를 측정하는 모습이다.
이에 대한 설명으로 옳은 것을 〈보기〉에서 모두 고른 것은?

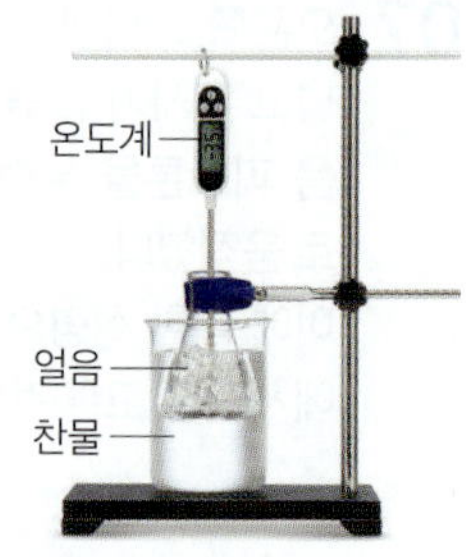

| 보기 |
ㄱ. 얼음이 녹을 때 열에너지를 방출한다.
ㄴ. 얼음이 녹는 동안 입자 운동이 둔해진다.
ㄷ. 얼음이 녹는 동안 온도가 일정하게 유지된다.

① ㄱ   ② ㄷ   ③ ㄱ, ㄴ
④ ㄴ, ㄷ   ⑤ ㄱ, ㄴ, ㄷ

17 오른쪽 그림은 어떤 고체 물질을 가열할 때 시간에 따른 온도 변화를 나타낸 것이다.
A 구간에 대한 설명으로 옳은 것을 모두 고르면?(정답 2 개)

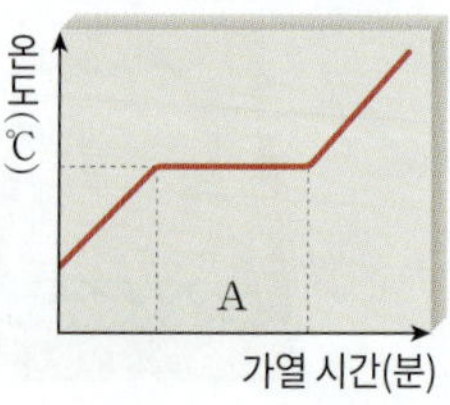

① 입자 운동이 활발해진다.
② 입자의 배열이 규칙적으로 변한다.
③ 열에너지를 흡수하여 온도가 높아진다.
④ 열에너지를 방출하여 온도가 높아진다.
⑤ 흡수한 열에너지가 상태 변화에 사용된다.

18 액체 물질을 가열하여 기체로 상태가 변할 때 온도가 일정하게 유지되는 까닭으로 옳은 것은?

① 열에너지가 상태 변화에 사용되기 때문이다.
② 열에너지가 입자의 크기를 크게 하기 때문이다.
③ 상태가 변할 때 열에너지를 방출하기 때문이다.
④ 상태가 변할 때 입자의 개수가 변하기 때문이다.
⑤ 상태가 변할 때 입자 사이의 거리가 가까워지기 때문이다.

19 오른쪽 그림은 어떤 액체 물질을 냉각할 때 시간에 따른 온도 변화를 나타낸 것이다.
A 구간에 대한 설명으로 옳은 것을 〈보기〉에서 모두 고른 것은?

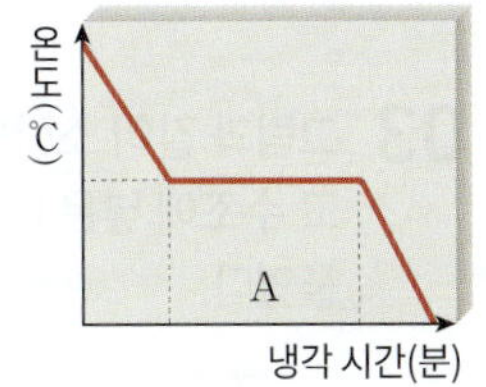

| 보기 |
ㄱ. 입자 운동이 활발해진다.
ㄴ. 입자의 배열이 규칙적으로 변한다.
ㄷ. 열에너지를 방출하는 상태 변화가 일어난다.

① ㄱ ② ㄷ ③ ㄱ, ㄴ
④ ㄴ, ㄷ ⑤ ㄱ, ㄴ, ㄷ

22 오른쪽 그림은 여름철 실내에 얼음 조각을 전시한 모습이다.
이에 대한 설명으로 옳은 것을 〈보기〉에서 모두 고른 것은?

| 보기 |
ㄱ. 얼음 조각 주위의 온도가 낮아진다.
ㄴ. 얼음 조각이 녹는 동안 열에너지를 방출한다.
ㄷ. 얼음 조각이 녹는 동안 얼음의 온도는 계속 높아진다.

① ㄱ ② ㄴ ③ ㄱ, ㄷ
④ ㄴ, ㄷ ⑤ ㄱ, ㄴ, ㄷ

[20-21] 그림은 어떤 고체 물질을 가열할 때 시간에 따른 온도 변화를 나타낸 것이다. 물음에 답하시오.

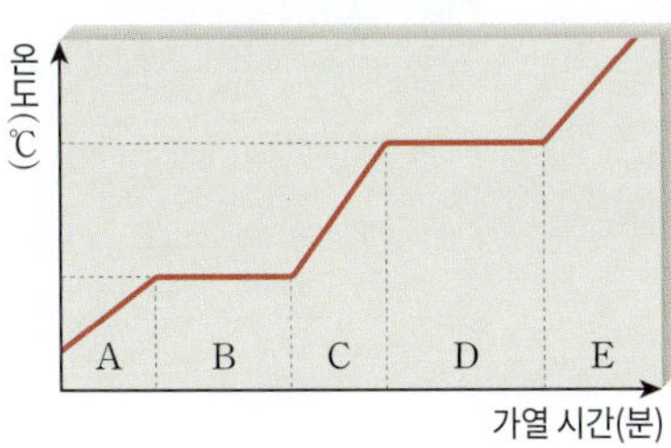

20 상태 변화가 일어나는 구간을 모두 골라 기호와 이름을 쓰시오.

21 이에 대한 설명으로 옳은 것을 모두 고르면?(정답 2개)

① A 구간에서 열에너지가 상태 변화에 사용된다.
② B 구간에서 입자의 배열이 불규칙적으로 변한다.
③ C 구간에서 물질은 고체와 액체 상태로 존재한다.
④ D 구간에서 열에너지를 방출하는 상태 변화가 일어난다.
⑤ E 구간에서 입자 운동이 매우 활발하다.

[23-24] 그림은 물질의 상태 변화를 입자 모형으로 나타낸 것이다. 물음에 답하시오.

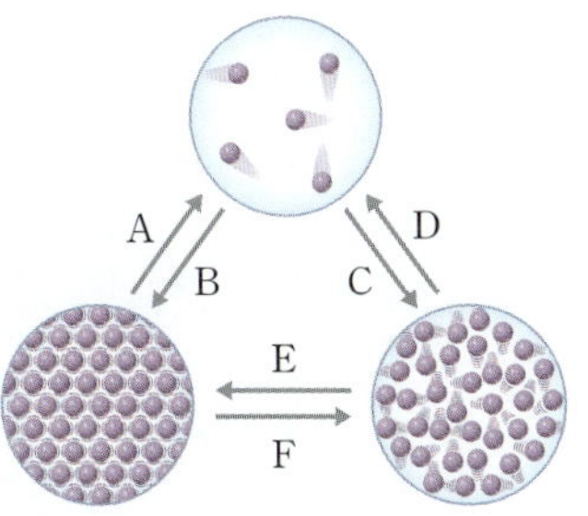

23 B, C, E의 상태 변화가 일어날 때 나타나는 공통적인 특징으로 옳지 않은 것은?

① 열에너지를 방출한다.
② 입자 운동이 둔해진다.
③ 입자의 개수가 일정하다.
④ 주위의 온도가 낮아진다.
⑤ 입자 사이의 거리가 가까워진다.

24 A의 상태 변화가 일어날 때 출입하는 열에너지를 이용한 예로 옳은 것은?

① 여름철 산책길에 인공 안개를 분사한다.
② 몸에 열이 날 때 미지근한 물로 몸을 닦는다.
③ 아이스박스에 얼음과 음료수를 함께 보관한다.
④ 아이스크림을 포장할 때 드라이아이스를 함께 넣는다.
⑤ 사과꽃이 필 때 갑자기 추워지면 냉해 방지를 위해 사과나무에 물을 뿌린다.

01 그림과 같이 전자저울 위에 거름종이를 올려놓고 영점을 맞춘 다음 거름종이 위에 아세톤을 몇 방울 떨어뜨렸다.

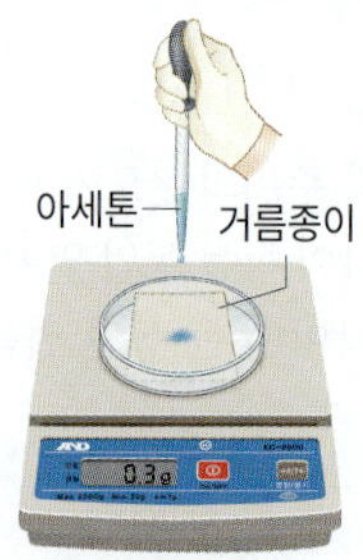

(1) 시간이 지남에 따라 저울에 표시되는 아세톤의 질량이 어떻게 변하는지 쓰시오.

(2) (1)의 까닭을 설명하시오.

02 그림은 주사기에 같은 양의 물과 공기를 각각 넣고 피스톤을 누르는 모습을 나타낸 것이다.

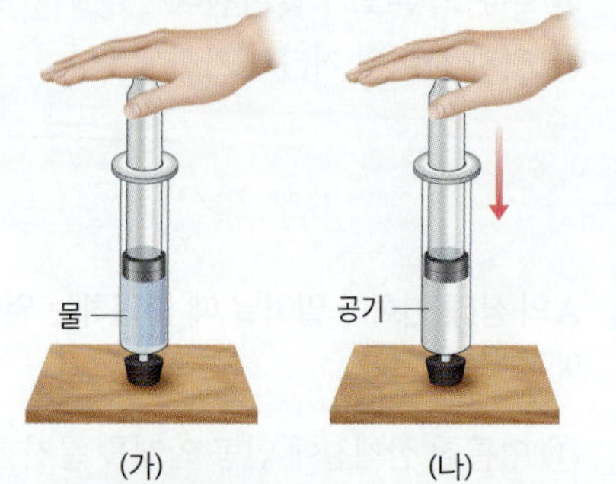

(가)는 거의 압축되지 않는 반면, (나)는 압축되는 까닭을 입자의 관점에서 설명하시오.

03 그림과 같이 소량의 아세톤을 넣은 비닐봉지의 입구를 묶고 수조에 넣은 다음 뜨거운 물을 부었더니 비닐봉지가 부풀었다.

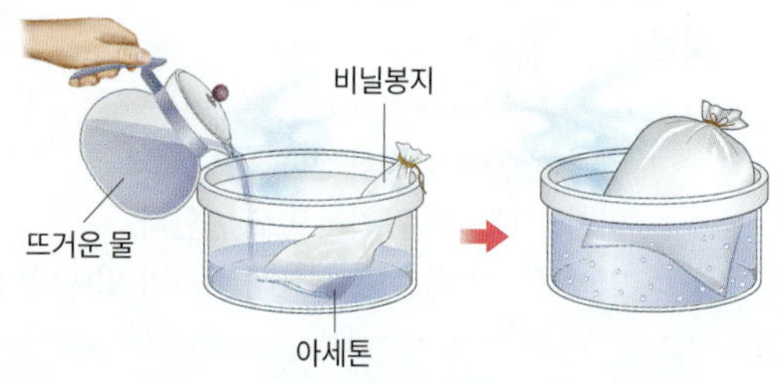

비닐봉지가 부푼 까닭을 다음 단어를 모두 이용하여 설명하시오.

> 입자, 거리, 부피

04 그림은 물질의 상태 변화를 입자 모형으로 나타낸 것이다.

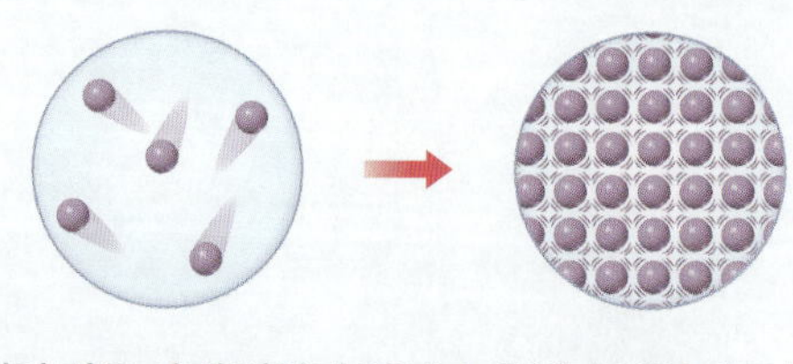

(1) 이와 같은 상태 변화가 일어날 때 입자 배열의 규칙성과 입자의 운동성이 어떻게 변하는지 설명하시오.

(2) 이와 같은 상태 변화의 예를 두 가지만 설명하시오.

05 팝콘용 옥수수를 높은 온도에서 가열하면 부풀어 올라 팝콘이 된다.

팝콘이 만들어질 때 옥수수가 부풀어 오르는 까닭을 옥수수 속 물의 상태 변화와 관련지어 설명하시오.

06 그림 (가)는 액체 물질을 냉각할 때 시간에 따른 온도 변화를, 그림 (나)는 액체 물질을 가열할 때 시간에 따른 온도 변화를 나타낸 것이다.

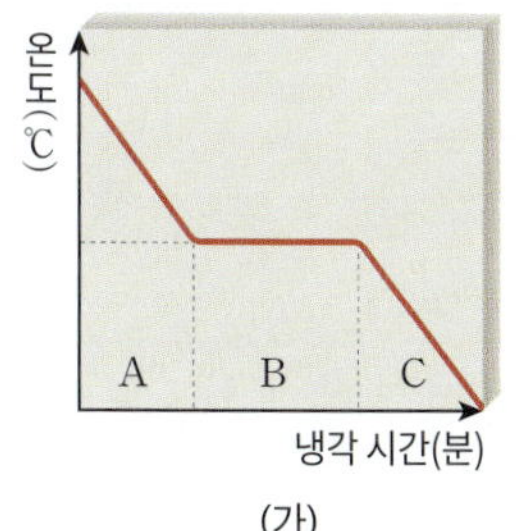

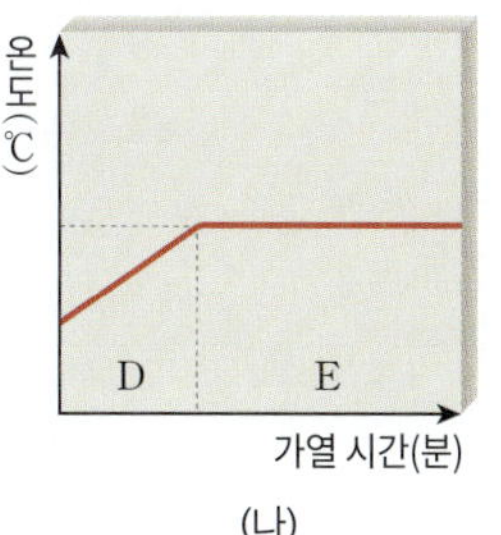

(가)   (나)

(1) A ~ E 구간에서 물질의 상태를 각각 쓰시오.

(2) B 구간과 E 구간에서 온도가 일정한 까닭을 각각 설명하시오.

07 그림은 날씨가 추울 때 사과나무에 물을 뿌려 사과꽃의 냉해를 방지하는 모습을 나타낸 것이다.

(1) 사과나무에 물을 뿌려서 사과꽃의 냉해를 방지할 수 있는 까닭을 다음 단어를 모두 이용하여 설명하시오.

> 응고, 열에너지

(2) 이와 같은 상태 변화를 이용하는 예를 한 가지만 설명하시오.

08 전기냉장고를 이용할 수 없는 지역에서는 그림과 같이 큰 항아리 안에 작은 항아리를 넣고, 그 사이를 모래로 채운 뒤 물을 뿌린 '항아리 냉장고'를 이용해 음식물을 보관하기도 한다.

항아리 냉장고에 음식물을 시원하게 보관할 수 있는 까닭을 상태 변화가 일어날 때의 열에너지 출입과 관련지어 설명하시오.

MEMO

꼼꼼한 개념 학습

꼭 알아야 할 교과서 핵심 개념을 필수 탐구와 자료로 꼼꼼하게 익히자!

기출 적응 훈련

꼭 출제되는 문제 유형을 단계별 문제를 풀며 완벽하게 적응하자!

반복 실전 훈련

다양한 문제 유형으로 반복하며 실전에 자신 있게 다가가자!

미래엔이 PICK한 개념과 유형으로 실력 PEAK에 도달하세요.

고등학교 내신과 수능을 다 잡는
필수 개념 기본서

사회	통합사회1, 통합사회2*, 한국사1, 한국사2*
과학	통합과학1, 통합과학2, 물리학*, 화학*, 생명과학*, 지구과학*

*2025년 상반기 출간 예정

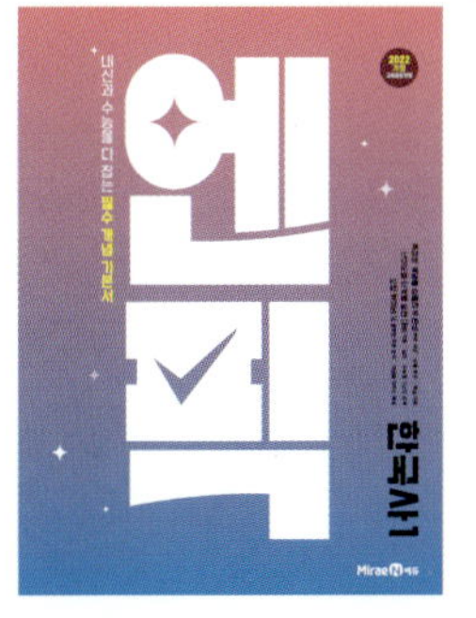

내신 만점을 위한 **필수 기본서**

엔픽

중등 과학

1·1

시험대비편

내신 만점을 위한
학습 Flow

개념을 쉽게!
필수 탐구와 자료로
개념 확인

시험을 자신 있게!
개념 통합, 자료 융합
문제 풀이

풀이를 정확하게!
꼼꼼한 자료 분석,
친절한 해설

Mirae N 에듀

엔픽
중등 과학
1·1

시험 대비편

● 바른답·알찬풀이 43 쪽

1 과학적 탐구 방법

문제 인식	자연 현상을 관찰하면서 생기는 의문을 탐구 문제로 나타낸다.
가설 설정	탐구 문제에 대한 잠정적 결론인 가설을 세운다.
❶	가설을 확인하기 위한 탐구 계획을 세운다.
탐구 수행	탐구 계획에 따라 변인을 통제하면서 실험한다.
❷	실험 결과를 표나 그래프로 나타내고, 자료 사이의 관계나 규칙을 찾아 분석한다.
결론 도출	해석한 자료로부터 가설이 맞는지 판단하고 탐구 결론을 내린다. ➡ 가설과 실험 결과가 다르면 가설을 수정하여 탐구 설계를 다시 한다.

2 과학의 발전과 인류 문명

① 과학의 발전이 인류 문명에 미친 영향: 과학적 탐구로 원리 발견 → ❸ 의 발달 → 기기의 발명 → 과학의 발전 → 인류 문명의 발달

② 과학과 다른 분야의 융합이 인류 문명에 미친 영향

과학과 기술, 공학의 융합	• 증기 기관의 발명으로 제품을 대량 생산할 수 있게 되었고, 교통수단이 발달했다. • 인터넷, 인공위성 등 정보 통신 기술의 발달로 정보를 쉽고 빠르게 접한다.
과학과 ❹ 의 융합	사진, 영상, 가상 현실 등의 멀티미디어 기술로 미디어 아트를 만든다.
과학과 수학의 융합	과학적 원리를 수식으로 표현하여 과학 현상을 분석하거나 예측하는 데 이용한다.
과학과 ❺ 의 융합	백신과 항생제를 개발하고 X선을 발견하여 질병의 예방과 치료, 진단에 사용한다.

3 첨단 과학기술과 미래 사회

① 첨단 과학기술의 활용과 미래 사회의 변화

• 인공지능: 컴퓨터가 인간처럼 학습하고 일을 처리할 수 있게 하는 기술

➡ 대화나 교육 프로그램, 글이나 그림 창작, 언어 번역, 로봇이나 드론, 자율주행 자동차에 활용한다.

• ❻ : 각종 사물을 무선 통신으로 연결하여 정보를 교환하는 기술

➡ 가전제품을 집 밖에서 원격 제어한다. 농작물을 자동으로 관리하거나, 무인 상점에서 자동으로 결제한다.

• 첨단 바이오: ❼ (이)나 첨단 의료 장비로 질병을 치료하고 예방하는 기술

➡ 개인의 유전적 특성을 분석하여 질병 발생을 예측하고, 맞춤형 치료제를 개발한다. 나노 백신을 개발하거나 인공 장기를 만들어 치료에 활용한다.

• 그 외: 증강 현실, 가상 현실, 양자 컴퓨터, 튜브형 고속 열차 등

② 첨단 과학기술의 발달로 발생할 수 있는 문제

• 직업에 변화가 생기거나 환경 문제가 나타날 수 있다.

• 기술의 악용, 사생활이나 자율성, 저작권의 침해 등 새로운 문제가 나타날 수 있다.

4 과학기술과 지속가능한 삶

① 지속가능한 삶: 현재의 인류가 더 나은 환경을 유지하며 풍요로운 사회를 이루고, ❽ 까지 지속되도록 환경과 자연을 보전하기 위해 고민하고 실천하는 삶이다.

② 인류의 지속가능한 삶을 위협하는 문제

• 에너지 문제: 화석 연료, 지하자원 사용량의 급격한 증가로 자원이 고갈되어 에너지가 부족해진다.

• 환경 문제: 화석 연료의 지나친 사용과 폐기물 발생으로 인해 환경이 오염되어 ❾ 이/가 파괴된다.

• 기후 변화: 온실 기체 배출과 과도한 개발로 인해 지구 온난화가 심해져 ❿ 이변이 발생한다.

③ 인류의 지속가능한 삶을 위한 과학기술의 활용

• 신재생 에너지를 개발하여 에너지 부족 문제를 해결한다.

• 폐플라스틱 재활용 기술이나 해양 폐기물 수거 로봇을 활용하여 폐기물의 양을 줄이고 환경오염을 개선한다.

• 탄소 포집 장치로 이산화 탄소를 제거하거나, 전기 자동차를 개발하여 이산화 탄소 배출량을 줄여 지구 온난화를 막는다.

5 지속가능한 삶을 위한 활동 방안

개인 차원의 활동 방안	• 에너지 효율이 높은 전기 제품을 사용하고, 사용하지 않는 전기 제품의 플러그를 뽑는다. • 물을 절약하고 쓰레기를 줄인다. • 대중교통이나 자전거, 도보를 이용한다. • 재활용품은 ⓫ 한다.
사회 차원의 활동 방안	• 환경 보전 ⓬ 에 참여하고, 생태 습지나 녹지, 환경 공원을 조성한다. • 친환경 제품을 개발하고 사용을 장려한다. • 재생 가능 에너지원을 개발하고 보급한다. • 세계 각국이 협력하여 과학기술을 개발한다.

● 바른답·알찬풀이 43 쪽

다음은 '01. 과학과 인류 문명, 02. 과학과 지속가능한 삶'에 대한 설명이다. (　　) 안에 알맞은 말을 쓰거나 고르시오.

1 문제를 과학적 탐구로 해결할 때에는 탐구 문제를 정하여 가설을 세우고, 가설을 확인하기 위한 탐구 (　　　)을/를 세워 탐구를 수행한 뒤 실험으로 얻은 결과를 해석하여 (　　　)을/를 도출한다.

2 탐구를 수행할 때에는 실험에서 다르게 해야 할 조건과 같게 해야 할 조건인 (　　　)을/를 통제하면서 실험한다.

3 가설과 실험 결과가 다르면 가설을 수정하여 탐구 (　　　)을/를 다시 한다.

4 과학적 탐구로 발견한 원리를 바탕으로 (　　　)이/가 발달하고 (　　　)이/가 발명되면서 과학이 발전했고, 이는 인류 문명이 발달하는 데 영향을 미쳤다.

5 과학적 원리와 기술, (　　　), 예술, 수학, 의학 등의 (　　　)(으)로 인류 문명과 문화는 더욱 발달하고 있다.

6 인공지능, 사물 인터넷, 첨단 바이오와 같은 (　　　　)의 발달로 우리 삶은 편리해지지만 직업의 변화와 환경 문제, 기술의 악용, 사생활이나 자율성 (　　　) 등의 문제가 나타날 수 있다.

7 인류 문명의 발달로 ㉠(정보, 에너지) 부족, 환경 ㉡(오염, 개발), 기후 변화 등의 문제가 발생하여 인류의 지속가능한 삶을 위협한다.

8 고갈될 염려가 적고 재생이 가능하며 화석 연료를 사용할 때보다 이산화 탄소가 적게 발생하는 (　　　　)을/를 개발하고 있다.

9 탄소 포집 장치는 온실 기체인 (산소, 이산화 탄소)를 포집한 뒤 제거하여 지구 온난화를 막는 과학기술이다.

10 인류의 지속가능한 삶을 위해서는 (　　　)와/과 사회 차원의 활동 방안을 실천하는 노력이 필요하다.

내신 대비 문제 

01 문제를 과학적 탐구로 해결하는 방법에 대한 설명으로 옳지 <u>않은</u> 것은?

① 탐구 문제는 명확하고 간결하게 나타낸다.
② 탐구를 계획할 때에는 다양한 변인을 고려한다.
③ 탐구를 수행할 때에는 탐구 계획에 따라 변인을 통제하면서 실험한다.
④ 실험하면서 관찰하거나 측정한 내용이 예상과 다르다면 고쳐서 기록한다.
⑤ 실험으로 얻은 결과를 표나 그래프로 나타내고, 자료 사이의 관계나 규칙을 찾아 분석한다.

02 다음 설명에 해당하는 과학적 탐구 방법의 단계로 옳은 것은?

> 자연 현상을 관찰하면서 생기는 의문을 탐구 문제로 정한 뒤의 단계로, 이미 알고 있는 지식이나 경험을 바탕으로 탐구 문제에 대한 잠정적인 결론을 내리는 과정이다.

① 자료 해석
② 결론 도출
③ 탐구 설계
④ 탐구 수행
⑤ 가설 설정

03 '음료수에 넣은 얼음이 녹는 데 걸리는 시간은 음료수의 종류에 따라 다를 것이다.'라는 가설을 세우고 탐구 설계를 할 때 같게 해야 할 조건으로 옳은 것을 〈보기〉에서 모두 고른 것은?

> **보기**
> ㄱ. 음료수의 종류
> ㄴ. 음료수에 넣는 얼음의 개수
> ㄷ. 얼음을 넣기 전 음료수의 온도

① ㄱ
② ㄴ
③ ㄱ, ㄴ
④ ㄴ, ㄷ
⑤ ㄱ, ㄴ, ㄷ

04 과학의 발전과 인류 문명에 대한 설명으로 옳지 <u>않은</u> 것은?

① 인류는 과학적 탐구로 새로운 과학적 원리를 계속 발견해 왔다.
② 인류는 자연 현상을 관찰하고 과학적 원리를 발견하며 과학을 발전시켰다.
③ 과학의 발전은 인류 문명의 발달에 큰 영향을 미쳤고 우리 삶을 편리하게 한다.
④ 수많은 과학적 원리, 기술, 기기는 서로 영향을 주지 않고 개별적으로 발전해 왔다.
⑤ 과학적 원리와 기술, 공학, 예술, 수학 등 여러 분야의 융합으로 인류 문명은 더욱 발달하고 있다.

05 다음은 과학과 다른 분야가 융합한 사례이다.

> (가) X선을 발견하여 질병의 진단과 치료에 사용한다.
> (나) 발전기, 전동기 등의 발명으로 다양한 전기 제품을 개발하여 사용한다.

(가), (나)에서 과학과 융합된 분야를 옳게 짝 지은 것은?

	(가)	(나)
①	수학	예술
②	수학	의학
③	의학	기술, 공학
④	의학	수학
⑤	예술	기술, 공학

06 인공지능의 활용으로 변화될 미래 사회의 모습으로 옳은 것은?

① 나노 의료 로봇으로 필요한 곳만 치료한다.
② 로봇이 스스로 음식을 옮기거나 길을 안내한다.
③ 개인의 유전적 특성을 분석하여 질병 발생을 예측한다.
④ 스마트 기기로 집 안의 가전제품을 집 밖에서 제어한다.
⑤ 애플리케이션으로 실제 공간에 가상으로 가구들을 배치하여 하나의 영상으로 본다.

07 인류의 지속가능한 삶을 위협하는 문제로 옳지 <u>않은</u> 것은?

① 기후 변화로 가뭄이나 폭우 등의 기상 이변이 발생한다.
② 지구 온난화로 땅이 비옥해져 농작물의 생산량이 증가한다.
③ 플라스틱이나 일회용품 등의 사용으로 폐기물 발생량이 증가한다.
④ 공장에서 배출되는 온실 기체와 과도한 개발로 인해 지구 온난화가 심해진다.
⑤ 화석 연료, 지하자원의 지나친 채취로 자원이 고갈되어 에너지가 부족해진다.

08 인류의 지속가능한 삶을 위한 과학기술의 활용 사례로 옳은 것을 〈보기〉에서 모두 고른 것은?

> ┤ 보기 ├
> ㄱ. 스마트팜 기술로 에너지 부족 문제를 해결한다.
> ㄴ. 전기 자동차를 개발하여 화석 연료 사용을 줄인다.
> ㄷ. 탄소 포집 장치로 온실 기체인 이산화 탄소를 제거하여 지구 온난화를 막는다.
> ㄹ. 폐플라스틱 재활용 기술로 폐플라스틱을 새로운 자원으로 활용하여 폐기물의 양을 줄인다.

① ㄱ, ㄴ ② ㄴ, ㄷ ③ ㄷ, ㄹ
④ ㄱ, ㄴ, ㄹ ⑤ ㄴ, ㄷ, ㄹ

09 다음은 인류의 지속가능한 삶을 위한 활동 방안이다.

> • 자가용보다 대중교통을 이용한다.
> • 사용하지 않는 전기 제품의 플러그를 뽑는다.
> • 물을 절약하고 일회용품의 사용과 쓰레기를 줄인다.

위와 같은 차원의 활동 방안이 <u>아닌</u> 것은?

① 재활용품은 분리배출한다.
② 사용하지 않는 물건은 나누어 쓴다.
③ 에너지 효율이 높은 전기 제품을 사용한다.
④ 재생 가능 에너지원을 개발하고 보급한다.
⑤ 자전거와 같은 친환경 운송 수단을 이용한다.

10 다음은 일상생활에서 생긴 궁금증을 과학적 탐구로 해결하는 과정의 일부를 나타낸 것이다.

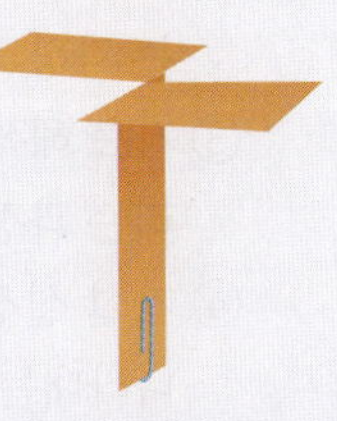

> 여러 개의 종이 헬리콥터를 같은 높이에서 날렸을 때 떨어지는 시간이 다른 까닭이 궁금했다. 이에 '종이 헬리콥터의 날개 길이에 따라 바닥에 떨어지는 데 걸리는 시간이 다를 것이다.'라는 가설을 세우고 탐구를 수행했더니 종이 헬리콥터의 날개 길이가 길수록 떨어지는 데 걸리는 시간이 길어진다는 것을 알게 되었다.

위 과정 이후의 탐구 과정에 대해 쓰고, 그렇게 생각한 까닭을 설명하시오.

11 오른쪽 그림은 증기 기관으로 만든 기차를 나타낸 것이다.
증기 기관의 발명이 인류 문명의 발달에 미친 영향을 <u>한 가지</u>만 설명하시오.

12 다음은 인류가 직면한 어떤 문제에 대한 설명이다.

> 인류 문명의 발달로 화석 연료 사용량이 급격하게 증가하면서 화석 연료가 고갈되고, 화석 연료의 사용으로 배출된 이산화 탄소로 인해 기후 변화가 발생한다.

과학기술을 활용하여 위 문제를 해결할 수 있는 방안을 <u>두 가지</u>만 설명하시오.

내신 대비 문제 2회

01 과학적 탐구 방법의 각 단계에 대한 설명으로 옳은 것은?

① 결론 도출: 탐구를 수행하여 얻은 결과를 분석하는 과정
② 문제 인식: 탐구 문제에 대한 잠정적인 결론을 세우는 과정
③ 자료 해석: 가설이 맞는지 판단하여 탐구 결론을 내리는 과정
④ 가설 설정: 자연 현상에 대한 의문을 탐구 문제로 나타내는 과정
⑤ 탐구 설계 및 수행: 가설을 확인하기 위한 탐구 계획을 세우고 계획에 따라 실험하는 과정

02 과학적 탐구 방법에서 유의할 점에 대한 설명으로 옳은 것을 〈보기〉에서 모두 고른 것은?

┤ 보기 ├
ㄱ. 탐구 문제는 나만 이해할 수 있도록 어렵고 복잡하게 나타낸다.
ㄴ. 탐구를 설계할 때에는 실험에서 같게 해야 할 조건과 다르게 해야 할 조건을 고려한다.
ㄷ. 탐구를 수행한 뒤 실험 결과를 한눈에 알아보기 쉽도록 표나 그래프로 바꾸어 분석한다.

① ㄱ ② ㄴ ③ ㄷ
④ ㄱ, ㄴ ⑤ ㄴ, ㄷ

03 다음은 에이크만이 과학적으로 탐구한 과정의 일부이다.

에이크만은 각기병에 걸렸다가 나은 닭을 관찰한 뒤 ㉠ 현미에 각기병을 낫게 하는 물질이 있다고 예상했다. 이를 확인하기 위해 ㉡ 건강한 닭을 두 무리로 나누어 각각 백미와 현미만 주었다. 백미만 먹은 닭은 각기병에 걸렸고 현미만 먹은 닭은 건강했으며, 각기병에 걸린 닭에게 현미를 주었더니 다시 건강해졌다.

㉠, ㉡에 해당하는 과학적 탐구 단계를 옳게 짝 지은 것은?

	㉠	㉡
①	문제 인식	탐구 설계
②	가설 설정	탐구 수행
③	가설 설정	자료 해석
④	탐구 설계	자료 해석
⑤	탐구 설계	결론 도출

04 다음은 과학적 원리의 발견으로 기술이 발달하고 기기가 발명된 사례이다.

과학적 탐구로 빛이 (㉠)하는 원리를 발견했다. 이후 (㉡)을/를 이용하여 물체를 확대해 볼 수 있는 기술이 발달했고, (㉢)을/를 발명하여 아주 작은 물체를 확대해 볼 수 있게 되었다.

㉠~㉢에 알맞은 말을 옳게 짝 지은 것은?

	㉠	㉡	㉢
①	반사	렌즈	망원경
②	반사	거울	현미경
③	굴절	거울	망원경
④	굴절	렌즈	현미경
⑤	굴절	렌즈	망원경

05 과학적 원리와 기술, 공학이 융합한 사례로 옳은 것을 〈보기〉에서 모두 고르시오.

┤ 보기 ├
ㄱ. 건물 구조의 설계와 건축 재료의 발전으로 초고층 건물을 짓는다.
ㄴ. 과학적 원리를 수식으로 표현하여 과학 현상을 분석하는 데 이용한다.
ㄷ. 인터넷, 인공위성 등의 발달로 세계 여러 나라의 정보를 쉽고 빠르게 접한다.
ㄹ. 각기 다른 물질이 다양한 색깔의 빛을 내는 원리를 이용하여 불꽃놀이를 만든다.

06 다음 설명에 해당하는 첨단 과학기술로 옳은 것은?

유전정보나 첨단 의료 장비로 질병을 치료하고 예방하는 기술로, 이 기술을 활용하여 나노 백신을 개발하거나 나노 의료 로봇으로 필요한 곳만 치료하며 인공 장기를 만들어 몸의 훼손된 부분을 치료하기도 한다.

① 인공지능 ② 증강 현실
③ 첨단 바이오 ④ 사물 인터넷
⑤ 양자 컴퓨터

07 지속가능한 삶에 대한 설명으로 옳지 <u>않은</u> 것은?

① 지구 환경을 보전해야 인류의 지속가능한 삶이 가능하다.
② 과학기술은 인류의 지속가능한 삶에 중요한 역할을 한다.
③ 미래 세대를 위해 현재 세대의 생활은 발전을 제한하는 삶이다.
④ 인류의 지속가능한 삶을 위해 개인과 사회의 노력이 필요하다.
⑤ 과학의 발전으로 인류 문명은 발달했지만 지속가능한 삶을 위협하는 문제가 발생한다.

08 오른쪽 그림은 전기 자동차를 나타낸 것이다.
인류의 지속가능한 삶을 위해 이와 같은 자동차를 개발해야 하는 까닭으로 옳은 것은?

① 목적지까지 스스로 주행할 수 있기 때문이다.
② 폐기물을 재활용하여 자원을 순환시킬 수 있기 때문이다.
③ 화석 연료 사용과 이산화 탄소 배출량을 줄일 수 있기 때문이다.
④ 토양 사막화에 대비하여 농작물의 생산량을 높일 수 있기 때문이다.
⑤ 이산화 탄소를 포집한 뒤 제거하여 지구 온난화를 막을 수 있기 때문이다.

09 인류의 지속가능한 삶을 위한 활동 방안으로 옳은 것을 〈보기〉에서 모두 고르시오.

| 보기 |
ㄱ. 친환경 제품을 개발하고 사용을 장려한다.
ㄴ. 쓰레기를 줄이고 재활용품은 분리배출한다.
ㄷ. 사람들이 환경 문제에 관심을 가지도록 환경 보전 캠페인에 참여한다.
ㄹ. 에너지 효율이 낮은 전기 제품을 사용하고, 사용하지 않는 전기 제품의 플러그는 뽑는다.

서술형 문제

10 다음은 일상생활에서 발견한 문제를 과학적 탐구로 해결하는 과정의 일부를 나타낸 것이다.

> 같은 크기와 같은 모양의 모래시계가 측정하는 시간이 각각 다른 것을 발견했다. 이러한 차이가 생기는 까닭을 알기 위해 '모래시계 속 모래의 양에 따라 모래시계가 측정하는 시간이 달라질 것이다.'라고 예상하고 탐구 계획을 세웠다.

위 탐구 문제를 해결하기 위한 탐구 설계를 할 때 변인 통제를 해야 할 조건들을 설명하시오.

11 오른쪽 그림은 푸른곰팡이 주변에서 세균이 자라지 못하는 현상으로부터 개발된 약물을 나타낸 것이다.
이 약물의 개발이 인류 문명에 미친 영향을 설명하시오.

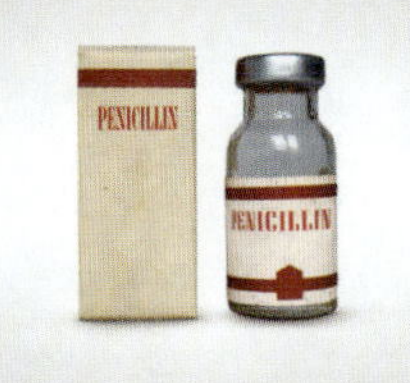

12 다음은 전기를 생산하는 방법에 대한 설명이다.

> (가) 석탄을 연소시켜 물을 끓인 뒤 발생하는 수증기로 터빈을 회전시켜 전기를 생산한다.
> (나) 해안가와 같이 강한 바람이 부는 곳에서 바람으로 터빈을 회전시켜 전기를 생산한다.

(가), (나) 중 인류의 지속가능한 삶에 더 적합한 방법의 기호를 쓰고, 그렇게 생각한 까닭을 설명하시오.

01 표는 같은 컵 3개에 같은 온도와 같은 양의 물을 넣은 뒤 얼음을 넣지 않았을 때와 작은 얼음을 넣었을 때, 큰 얼음을 넣었을 때의 물 온도를 각각 3분 간격으로 측정한 결과를 나타낸 것이다.

온도(°C) \ 시간(분)	0	3	6	9	12	15
얼음을 넣지 않았을 때	19	19	19	19	19	19
작은 얼음을 넣었을 때	19	14	10	7	7	5
큰 얼음을 넣었을 때	19	15	12	11	10	10

(1) 과학적 탐구 방법에서 위와 같이 실험 결과를 표로 나타내어 자료 사이의 관계나 규칙을 찾아 분석하는 단계를 무엇이라고 하는지 쓰시오.

(2) 위 실험 결과에서 자료 사이에 어떤 관계나 규칙이 있는지 분석하여 설명하시오.

(3) (2)에서 분석한 결과로부터 도출할 수 있는 탐구 결론을 설명하시오.

02 다음은 첨단 과학기술인 인공지능을 다양한 분야에 활용한 사례이다.

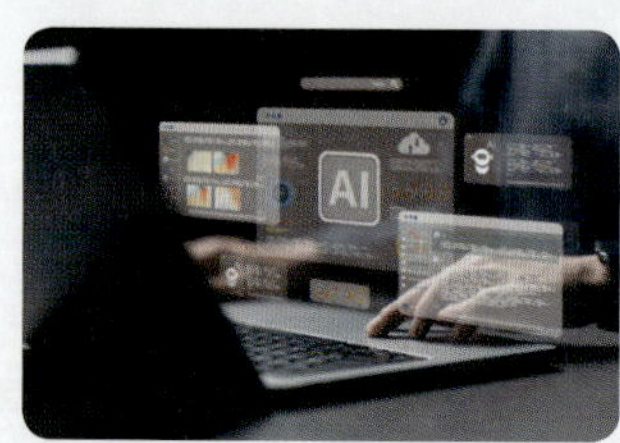

인공지능이 기존의 정보를 학습하여 새로운 글과 그림을 창작한다.

인공지능이 농장의 환경을 조절하고 농작물을 자동으로 수확한다.

인공지능이 물품을 자동으로 분류하고 무거운 것을 쉽게 옮긴다.

(1) 위와 같은 첨단 과학기술을 활용하면 우리 생활에 어떤 변화가 나타날지 설명하시오.

(2) 위와 같은 첨단 과학기술의 발달로 발생할 수 있는 문제점을 두 가지만 설명하시오.

글쓰기

03 다음은 우리 생활에서 널리 사용되는 플라스틱에 대한 학생 (가)~(라)의 대화이다.

Memo

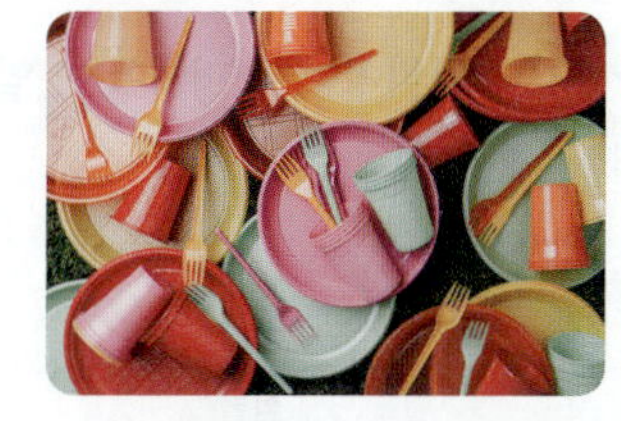

- 학생 (가): 우리는 일상생활에서 플라스틱으로 만든 물건을 많이 사용하고 있어.
- 학생 (나): 맞아. 플라스틱은 가공이 쉽고 가벼워서 그릇이나 학용품, 각종 도구 등 다양한 용도로 많이 활용되는 소재야.
- 학생 (다): 플라스틱을 사용하면 천연 소재보다 저렴한 가격에 많은 양의 제품을 생산할 수 있기도 하지.
- 학생 (라): 많은 제품이 생산되는 만큼 플라스틱 폐기물의 발생량도 많아. 플라스틱은 완전히 분해되는 데 오랜 시간이 걸리는 소재이기도 해.

위 대화를 바탕으로 플라스틱의 사용이 인류의 지속가능한 삶에 미치는 부정적인 영향과 이를 해결하기 위해 우리 생활에서 실천할 수 있는 활동 방안을 설명하는 글을 쓰시오.

창의적 문제 해결

04 그림은 '종이비행기가 크면 더 잘 날 수 있을까?'라는 의문을 과학적 탐구로 해결하는 코딩 과정 중 일부를 나타낸 것이다.

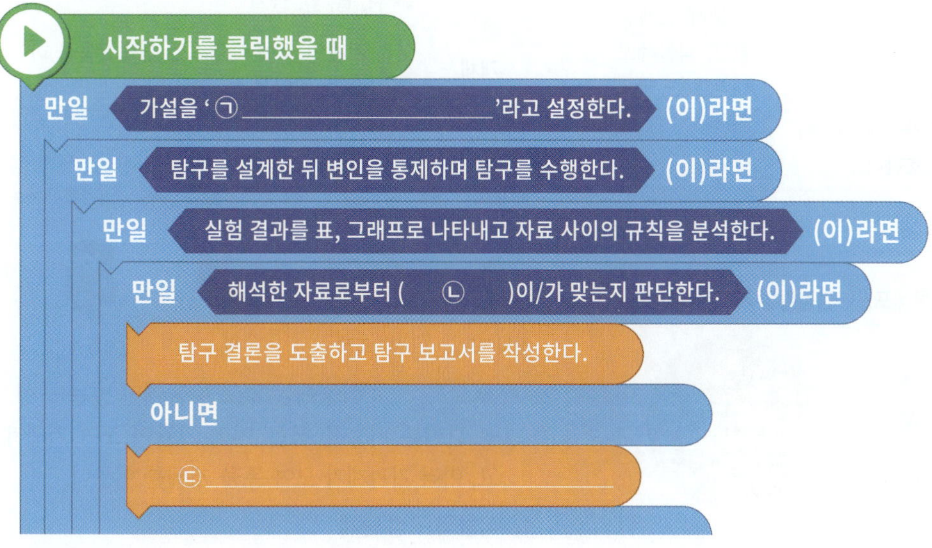

(1) 위 탐구 문제에 대한 가설인 ㉠에 들어갈 내용을 설명하시오.

(2) ㉡에 들어갈 말을 쓰고, ㉡이 맞는지 판단한 이후의 과정인 ㉢에 들어갈 내용을 설명하시오.

● 바른답·알찬풀이 46 쪽

1 세포

① 세포: 생물을 이루는 구조적 기본 단위이며, 생명활동이 일어나는 기능적 기본 단위이다.

② 세포의 구조와 기능

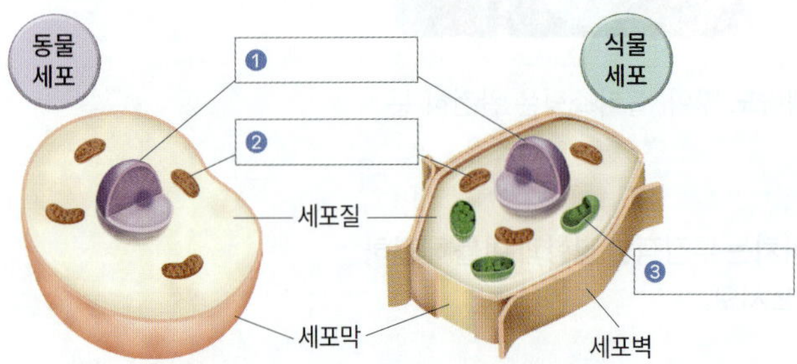

구조	기능
핵	• 세포의 ④ [　　　]을/를 조절한다. • 유전물질이 들어 있다.
마이토콘드리아	세포의 생명활동에 필요한 ⑤ [　　　]을/를 만든다.
⑥ [　　　]	• 세포를 보호한다. • 세포 안팎으로의 물질 출입을 조절한다.
엽록체	⑦ [　　　]을/를 하여 양분을 만든다.
⑧ [　　　]	• 세포막 바깥쪽에 있는 두껍고 단단한 벽이다. • 세포의 모양을 유지한다. • 세포를 보호한다.

동물세포에는 없고, 식물세포에만 있는 구조이다.

③ 세포의 관찰

구분	입안 상피세포(동물세포)	검정말잎 세포(식물세포)
관찰 결과	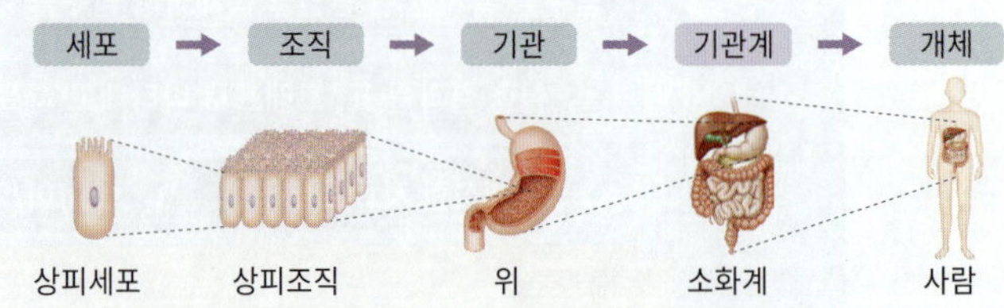	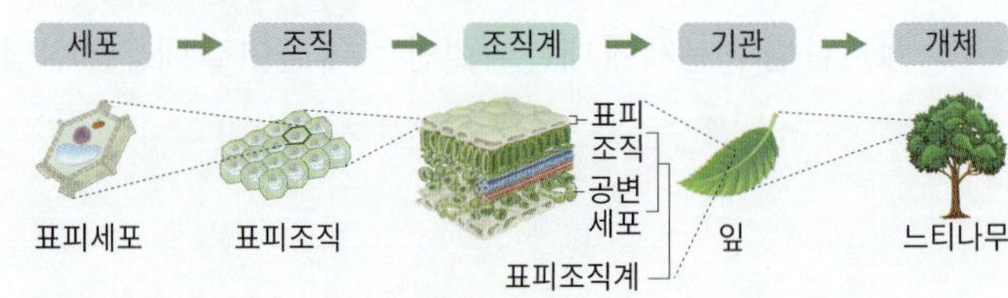
핵	있다.	⑨ [　　　].
엽록체	없다.	⑩ [　　　].
세포막	있다.	있다.
세포벽	⑪ [　　　].	있다.
세포 모양	일정하지 않다.	일정하다.
염색액	메틸렌 블루 용액	아세트산 카민 용액

④ 다양한 세포의 구조와 특징

• 생물은 모양과 기능이 다양한 세포로 구성된다.
• 세포는 특정 ⑫ [　　　]을/를 하는 데 적합한 모양을 갖추고 있다.

구분	구조와 기능
신경세포	• 여러 방향으로 길쭉하게 뻗어 있다. • 신호를 받고 전달하기에 적합하다.
적혈구	• 가운데가 오목한 원반 모양이다. • 산소를 운반하기에 적합하다.
상피세포	• 납작하고 넓게 퍼져 있다. • 몸 표면이나 기관의 안쪽 표면을 덮어 보호하기에 적합하다.

2 생물의 구성 단계

세포	생물을 이루는 기본 단위 예 상피세포, 근육세포, 표피세포, 잎살세포
조직	모양과 기능이 비슷한 세포들이 모여 이룬 단계 예 상피조직, 근육조직, 표피조직, 울타리조직
기관	여러 조직이 모여 특정한 모양과 기능을 갖춘 단계 예 위, 팔, 잎, 줄기
개체	여러 기관이 모여 독립적인 생명활동을 하는 단계 예 사람, 느티나무

① 동물의 구성 단계

세포 ➡ 조직 ➡ 기관 ➡ 기관계 ➡ 개체

상피세포 　상피조직 　위 　소화계 　사람

• ⑬ [　　　]: 식물에는 없고 동물에만 있는 구성 단계
➡ 관련된 기능을 하는 여러 기관이 모여 기관계를 이루고, 여러 기관계가 모여 동물 개체를 이룬다.

② 식물의 구성 단계

세포 ➡ 조직 ➡ 조직계 ➡ 기관 ➡ 개체

표피세포 　표피조직 　표피조직계 　표피조직·공변세포 　잎 　느티나무

• ⑭ [　　　]: 동물에는 없고 식물에만 있는 구성 단계
➡ 몇 가지 조직이 모여 일정한 기능을 담당하는 조직계를 이루고, 여러 조직계가 모여 기관을 이룬다.

● 바른답·알찬풀이 46 쪽

다음은 '01. 생물의 구성'에 대한 설명이다. (　　　) 안에 알맞은 말을 쓰거나 고르시오.

1 생물을 이루는 구조적·기능적 기본 단위는 (　　　)이다.

[2-4] 오른쪽 그림은 동물세포와 식물세포의 구조를 순서 없이 나타낸 것이다.

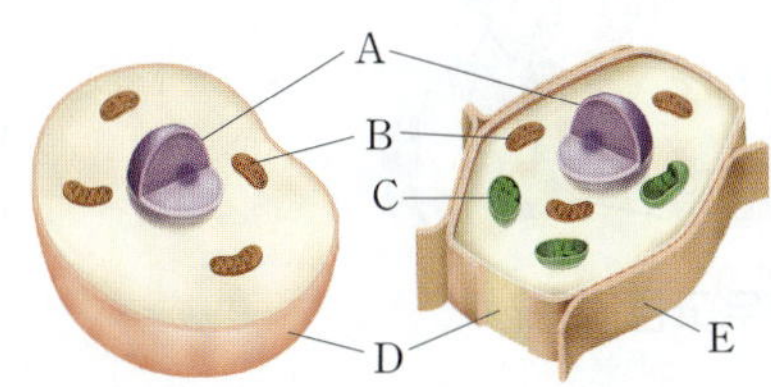

2 세포의 (　　　)는 생명활동을 조절한다.

3 세포의 (　　　)는 식물세포에만 있으며, 광합성을 하여 양분을 만든다.

4 세포의 (　　　)는 세포가 생명활동을 하는 데 필요한 에너지를 만든다.

5 세포를 관찰할 때 입안 상피세포는 ㉠(메틸렌 블루 용액, 아세트산 카민 용액)으로 염색하고, 검정말잎 세포는 ㉡(메틸렌 블루 용액, 아세트산 카민 용액)으로 염색한다.

6 세포를 관찰한 결과 입안 상피세포는 모양이 ㉠(일정하고, 일정하지 않고), 검정말잎 세포는 모양이 ㉡(일정하다, 일정하지 않다).

7 생물은 모양과 기능이 ㉠(같은, 다양한) 세포로 구성되고, 세포는 기능을 하는 데 적합한 ㉡(　　　)을/를 갖추고 있다.

8 생물은 공통적으로 세포 → ㉠(　　　) → ㉡(　　　) → 개체의 단계로 구성된다.

9 생물의 구성 단계 중 동물에만 있는 구성 단계는 ㉠(　　　)이고, 식물에만 있는 구성 단계는 ㉡(　　　)이다.

10 그림은 식물의 구성 단계 중 일부를 순서 없이 나타낸 것이다.

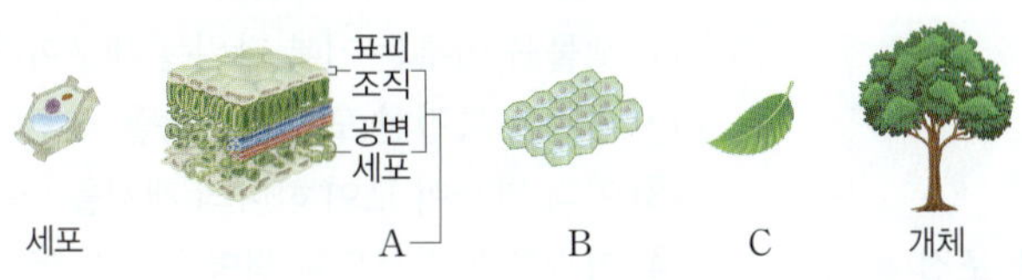

식물은 세포 → ㉠(　　　) → ㉡(　　　) → ㉢(　　　) → 개체의 단계로 구성된다.

내신 대비 문제 

01 다음은 세포에 대한 학생들의 대화이다.

세포에 대해 옳게 설명한 학생을 모두 고른 것은?

① A ② C ③ A, B
④ A, C ⑤ B, C

02 다음은 세포의 구조 (가)와 (나)에 대한 설명이다. (가)와 (나)는 핵과 세포막 중 하나이다.

> • (가)는 세포를 둘러싸는 막이다.
> • (나)는 세포의 생명활동을 조절한다.

이에 대한 설명으로 옳지 <u>않은</u> 것은?

① (가)는 세포막이다.
② (가)는 세포를 보호한다.
③ (가)는 두껍고 단단하여 세포의 모양을 유지한다.
④ (나)는 핵이다.
⑤ (나)에는 유전물질이 들어 있다.

03 오른쪽 그림은 동물세포의 구조를 나타낸 것이다.
이에 대한 설명으로 옳은 것은?

① A는 마이토콘드리아이다.
② A는 동물세포에만 있는 구조이다.
③ B에서 광합성이 일어난다.
④ 식물세포에서 C는 세포벽 바깥쪽에 있다.
⑤ C는 물질이 세포 안과 밖으로 이동하는 것을 조절한다.

04 오른쪽 그림은 검정말잎 세포의 관찰 과정 중 한 단계를 나타낸 것이다.
이에 대한 설명으로 옳은 것을 〈보기〉에서 모두 고른 것은?

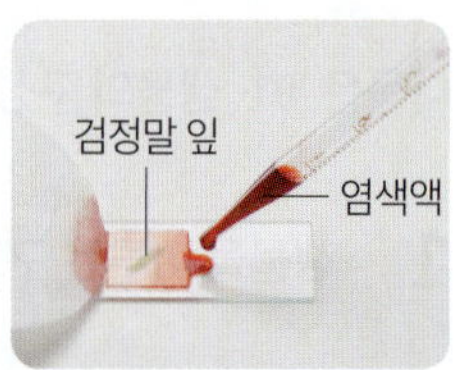

> ┤ 보기 ├
> ㄱ. 세포의 세포벽을 염색하기 위한 과정이다.
> ㄴ. 염색액으로 메틸렌 블루 용액을 사용한다.
> ㄷ. 이 과정을 거치면 세포의 핵을 뚜렷하게 관찰할 수 있다.

① ㄱ ② ㄴ ③ ㄷ
④ ㄱ, ㄴ ⑤ ㄴ, ㄷ

05 오른쪽 그림은 우리 몸을 구성하는 어떤 세포의 모습을 나타낸 것이다.
이 세포에 대한 설명으로 옳은 것은?

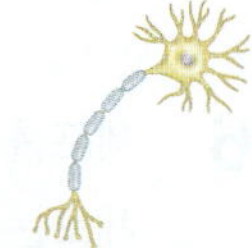

① 상피세포이다.
② 혈액을 구성한다.
③ 온몸으로 산소를 운반한다.
④ 몸의 표면을 덮어서 보호한다.
⑤ 길쭉하게 뻗어 신호를 전달하기에 적합하다.

06 생물의 구성 단계에 대한 설명으로 옳지 <u>않은</u> 것은?

① 생물을 이루는 기본 단위는 세포이다.
② 기관은 특정한 모양과 기능을 갖춘다.
③ 여러 기관이 모여 하나의 개체를 이룬다.
④ 기관은 독립적으로 생명활동을 할 수 있다.
⑤ 조직은 모양과 기능이 비슷한 세포들의 모임이다.

07 동물의 구성 단계를 순서대로 옳게 나열한 것은?

① 세포 → 기관 → 조직 → 기관계 → 개체
② 세포 → 조직 → 기관 → 기관계 → 개체
③ 세포 → 조직 → 조직계 → 기관 → 개체
④ 세포 → 조직 → 기관계 → 기관 → 개체
⑤ 세포 → 기관계 → 조직 → 기관 → 개체

08 기관계에 대한 설명으로 옳은 것은?

① 한 종류만 있다.
② 동물을 구성하는 기본 단위이다.
③ 모든 생물에 있는 구성 단계이다.
④ 입, 위, 소장 등은 기관계에 해당된다.
⑤ 관련된 기능을 하는 여러 기관이 모여 이루어진다.

09 다음은 식물의 구성 단계를 나타낸 것이다.

세포 → (㉠) → (㉡) → (㉢) → 개체

이에 대한 설명으로 옳은 것을 〈보기〉에서 모두 고른 것은?

보기
ㄱ. ㉠은 조직계이다.
ㄴ. ㉡은 모양과 기능이 비슷한 세포로만 이루어진다.
ㄷ. 식물의 잎은 ㉢의 예이다.

① ㄱ   ② ㄴ   ③ ㄷ
④ ㄱ, ㄴ   ⑤ ㄴ, ㄷ

10 오른쪽 그림은 식물세포의 구조를 나타낸 것이다.
A~D 중 동물세포에 없는 구조의 기호와 이름을 쓰고, 이 구조의 기능을 설명하시오.

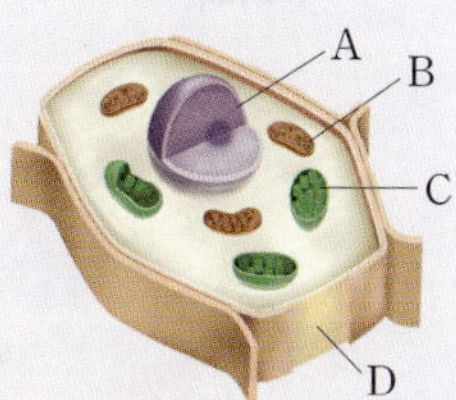

11 그림 (가)는 입안 상피세포를, (나)는 검정말잎 세포를 현미경으로 관찰한 결과를 나타낸 것이다.

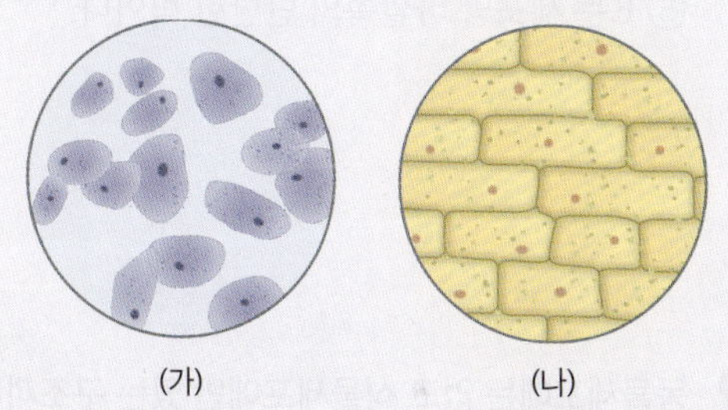

(나)가 (가)에 비해 세포의 모양이 일정한 까닭을 세포의 구조와 관련지어 설명하시오.

12 그림은 사람 구성 단계의 일부를 나타낸 것이다.

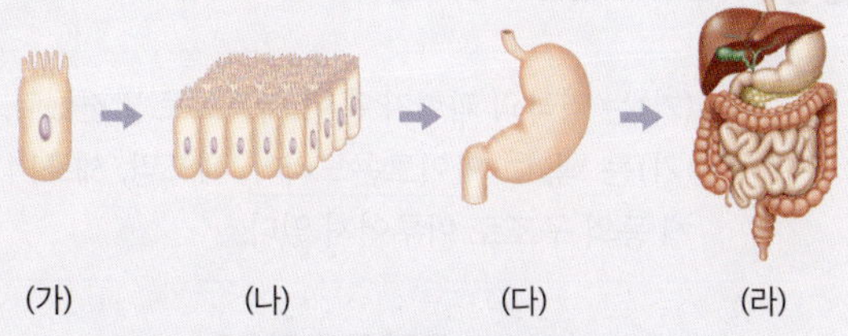

(가)~(라) 중 식물에는 없고 동물에만 있는 구성 단계의 기호와 이름을 쓰고, 이 구성 단계의 특징을 설명하시오.

내신 대비 문제 2회

01 그림은 동물세포와 식물세포의 구조를 순서 없이 나타낸 것이다.

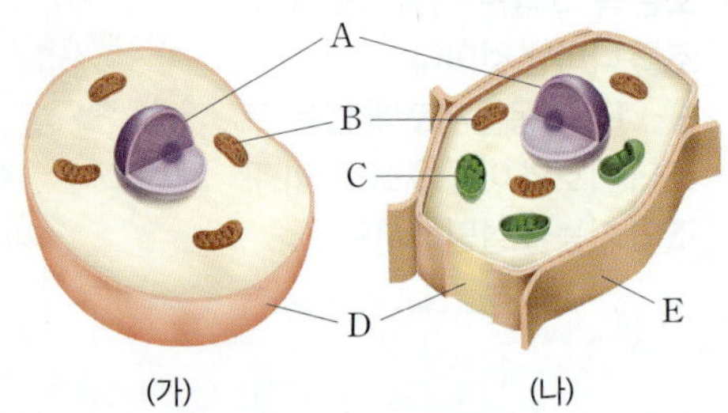

이에 대한 설명으로 옳지 <u>않은</u> 것은?

① A에는 유전물질이 들어 있다.
② B는 생명활동에 필요한 에너지를 만든다.
③ C는 동물세포에는 없고, 식물세포에만 있다.
④ D는 세포의 모양을 유지한다.
⑤ E는 세포막 바깥쪽의 단단한 벽이다.

02 동물세포에는 없고 식물세포에만 있는 구조끼리 옳게 짝 지은 것은?

① 핵, 세포막
② 엽록체, 세포막
③ 엽록체, 세포벽
④ 세포막, 세포벽
⑤ 핵, 마이토콘드리아

03 다음은 생물을 구성하는 (가)에 대한 설명이다.

> • (가)는 영국의 과학자 훅이 처음으로 발견했다.
> • (가)는 핵, ㉠ 마이토콘드리아, 세포막, 세포벽, 엽록체 등의 구조로 이루어져 있다.

이에 대한 설명으로 옳지 <u>않은</u> 것은?

① (가)는 세포이다.
② (가)에서 생명활동이 일어난다.
③ (가)는 생물을 이루는 기본 단위이다.
④ ㉠은 (가)의 생명활동에 필요한 에너지를 만든다.
⑤ 사람의 몸을 구성하는 (가)는 모양과 기능이 같다.

[04-05] 그림은 입안 상피세포를 현미경으로 관찰하기 위한 실험 과정을 순서 없이 나타낸 것이다. 물음에 답하시오.

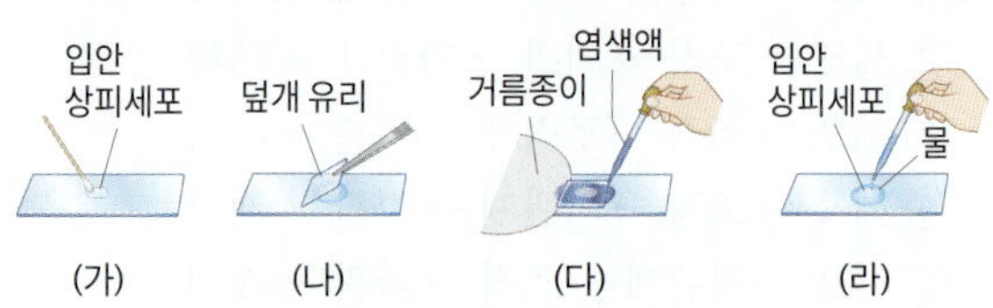

04 실험 과정을 순서대로 옳게 나열한 것은?

① (가) → (나) → (다) → (라)
② (가) → (라) → (나) → (다)
③ (가) → (라) → (다) → (나)
④ (라) → (가) → (나) → (다)
⑤ (라) → (나) → (다) → (가)

05 이에 대한 설명으로 옳은 것을 모두 고르면?(정답 2개)

① (나)에서 덮개 유리는 빠르게 덮어야 한다.
② (다)에서 메틸렌 블루 용액을 사용한다.
③ (다)는 세포막을 뚜렷하게 관찰하기 위한 과정이다.
④ 현미경으로 관찰하면 핵을 볼 수 있다.
⑤ 현미경으로 관찰하면 모양이 일정한 세포를 볼 수 있다.

06 그림은 우리 몸을 구성하는 세포들을 나타낸 것이다.

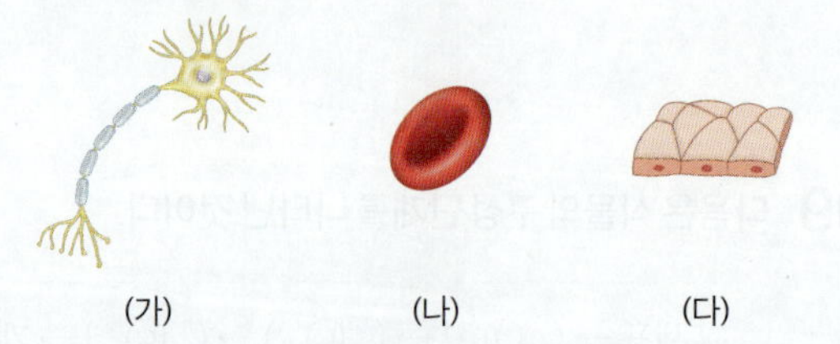

이에 대한 설명으로 옳은 것을 〈보기〉에서 모두 고른 것은?

> **보기**
> ㄱ. (가)는 신경세포이다.
> ㄴ. (나)는 몸속 기관의 안쪽 표면을 덮어서 보호한다.
> ㄷ. (다)는 우리 몸 곳곳으로 신호를 전달한다.
> ㄹ. 세포는 특정 기능을 하는 데 적합한 모양을 갖춘다.

① ㄱ, ㄴ
② ㄱ, ㄹ
③ ㄴ, ㄷ
④ ㄴ, ㄹ
⑤ ㄷ, ㄹ

07 표는 생물의 구성 단계 (가)~(다)의 특징을 나타낸 것이다. (가)~(다)는 각각 기관, 개체, 조직 중 하나이다.

구분	특징
(가)	독립적인 생명활동을 한다.
(나)	특정한 모양과 기능을 갖춘다.
(다)	모양과 기능이 비슷한 세포가 모여 있다.

이에 대한 설명으로 옳지 <u>않은</u> 것은?

① (가)는 개체이다.
② (가)는 여러 종류의 (나)로 구성된다.
③ 사람의 심장은 (나)의 예이다.
④ (나)는 여러 종류의 (다)로 구성된다.
⑤ 식물의 기본조직계는 (다)의 예이다.

08 다음은 느티나무 구성 단계의 예를 순서 없이 나타낸 것이다.

(가) 잎	(나) 느티나무　(다) 표피세포
(라) 표피조직	(마) 표피조직계

구성 단계를 작은 것부터 순서대로 옳게 나열한 것은?

① (가) → (나) → (다) → (라) → (마)
② (가) → (다) → (라) → (마) → (나)
③ (다) → (라) → (마) → (가) → (나)
④ (다) → (라) → (마) → (나) → (가)
⑤ (라) → (다) → (마) → (가) → (나)

09 그림 (가)는 동물의 구성 단계를, (나)는 식물의 구성 단계를 나타낸 것이다.

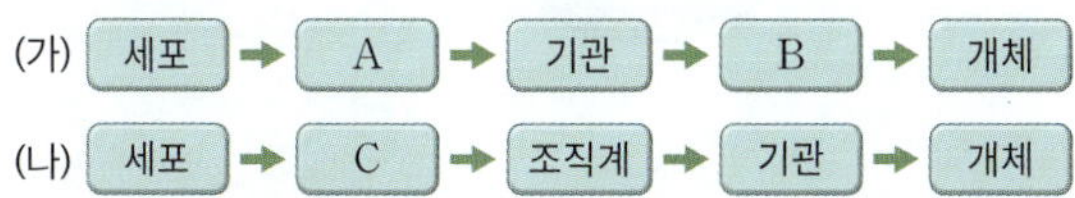

이에 대한 설명으로 옳은 것을 〈보기〉에서 모두 고른 것은?

보기
ㄱ. 소화계는 A에 해당된다.
ㄴ. B는 식물에는 없는 구성 단계이다.
ㄷ. C는 모양과 기능이 비슷한 세포들의 모임이다.

① ㄱ　　　　② ㄴ　　　　③ ㄷ
④ ㄱ, ㄴ　　⑤ ㄴ, ㄷ

10 표는 세포의 구조 A~C의 기능을 나타낸 것이다. A~C는 세포벽, 엽록체, 마이토콘드리아 중 하나이다.

구조	기능
A	광합성을 하여 양분을 만든다.
B	세포의 생명활동에 필요한 에너지를 만든다.
C	?

A~C의 이름을 각각 쓰고, C의 기능을 설명하시오.

11 다음은 생물의 구성 단계 중 하나에 해당하는 예이다.

위, 작은창자, 잎, 뿌리, 줄기

이 구성 단계의 이름을 쓰고, 특징을 설명하시오.

12 그림은 식물의 구성 단계를 나타낸 것이다.

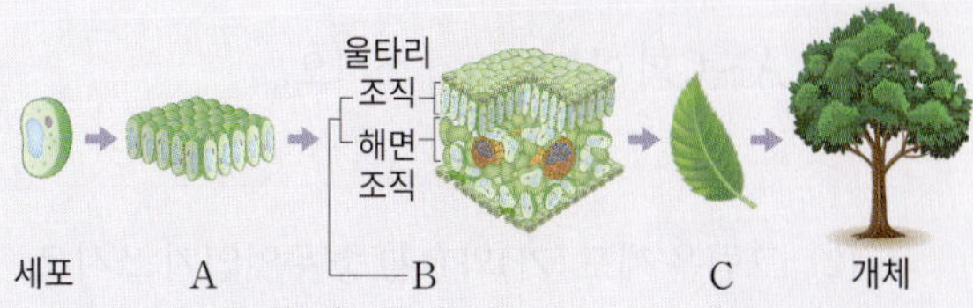

A~C의 이름을 각각 쓰고, 구성 단계 B의 특징을 설명하시오.

Memo

글쓰기

01 그림은 식물세포의 구조를, 표는 빵 공장을 구성하는 네 가지 구조의 기능을 나타낸 것이다.

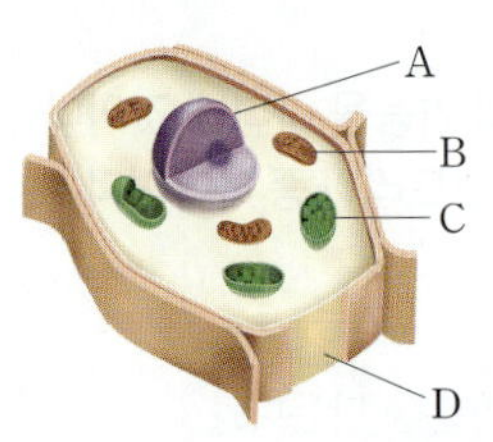

구조	기능
중앙 통제실	제품의 생산 과정을 조절한다.
출입문	재료가 들어가고 빵이 나간다.
발전기	기계가 작동하는 데 필요한 전기를 만든다.
빵 생산 장소	재료를 이용하여 빵을 만든다.

식물세포의 구조 A~D를 공장을 구성하는 구조에 비유하여 글을 쓰시오.(단, 식물세포 구조 A~D
의 기능을 근거로 들어 설명하시오.)

02 표는 세포 (가)와 (나)에 구조 A~C가 있는지의 여부를, 그림은 세포 (가)와 (나) 중 하나를 현미경으
로 관찰한 결과를 나타낸 것이다. (가)와 (나)는 각각 사람의 입안 상피세포와 검정말잎 세포 중 하나이
고, A~C는 핵, 엽록체, 마이토콘드리아를 순서 없이 나타낸 것이다.

세포＼구조	A	B	C
(가)	있다.	있다.	?
(나)	?	?	없다.

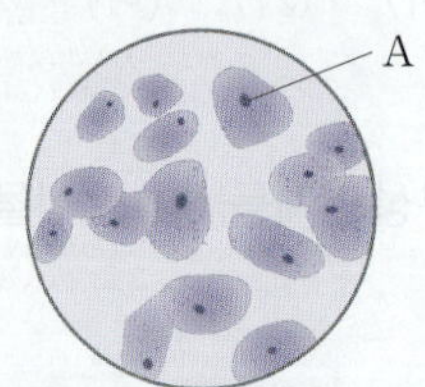

(1) A~C의 이름을 각각 쓰시오.

(2) 그림은 세포 (가)와 (나) 중 무엇인지 쓰시오.

(3) (가)와 같은 세포를 가지는 생물과 (나)와 같은 세포를 가지는 생물의 구성 단계에서 나타나
는 차이점을 설명하시오.

● 바른답·알찬풀이 49 쪽

1 생물다양성

① 생물다양성: 어떤 지역에 살고 있는 생물의 다양한 정도

② 생물다양성을 결정하는 기준: 어떤 지역의 생태계가 다양할수록, 한 생태계에 살고 있는 생물의 ❶ [　　　]이/가 다양할수록, 같은 종류의 생물 사이에서 나타나는 특징이 다양할수록 생물다양성이 높다.

생태계의 다양함

생물 종류의 다양함

생물 특징의 다양함

생태계의 다양함	• 생태계가 다양할수록 생물의 종류가 다양해져 생물다양성이 높다. • 생태계의 종류: 숲, 습지, 갯벌, 바다, 사막, 논, 화단 등
생물 종류의 다양함	• 한 생태계에 살고 있는 생물의 종류가 많을수록 생물다양성이 ❷ [　　]. • 어떤 두 지역에 같은 수의 생물이 살더라도 생물의 종류가 많고, 여러 종류의 생물이 고르게 분포하는 곳의 생물다양성이 더 높다.
같은 종류의 생물 사이에서 나타나는 특징의 다양함	같은 종류의 생물이라도 크기, 생김새 등의 ❸ [　　]이/가 조금씩 다르게 나타날수록 생물다양성이 높다.

2 변이

① ❹ [　　] : 같은 종류의 생물 사이에서 나타나는 서로 다른 특징

② 변이의 예
• 무궁화 꽃잎의 색깔이 다양하다.
• 무당벌레마다 겉날개의 색깔과 무늬가 다르다.
• 얼룩말 줄무늬의 색깔과 간격이 조금씩 다르다.
• 바지락 껍데기의 무늬와 색깔이 조금씩 다르다.
• 사람마다 눈 색깔, 피부 색깔과 같은 생김새가 다르다.

▲ 무궁화 꽃잎의 색깔 변이

▲ 무당벌레 겉날개의 색깔과 무늬 변이

▲ 얼룩말 줄무늬의 색깔과 간격 변이

③ 환경과 변이

• 변이는 생물이 물, 빛, 온도, 먹이 등 환경에 ❺ [　　　]하면서 크게 차이 날 수 있다.

　예 올드필드쥐는 같은 종류라도 사는 곳에 따라 털 색깔이 다르다.

• 변이가 다양한 생물 무리에는 환경이 급격하게 변해도 살아남는 생물이 있을 가능성이 ❻ [　　].

3 생물이 다양해지는 과정

① 새로운 종의 출현과 생물다양성: 변이가 다양한 한 종류의 생물 무리가 오랜 시간 동안 환경에 적응하면 새로운 종류가 나타날 수 있으며, 이 과정을 통해 ❼ [　　]이/가 높아진다.

　예 서로 다른 온도 환경에 적응하여 북극여우와 사막여우로 생물이 다양해졌다.

▲ 북극여우

▲ 사막여우

② 생물이 다양해지는 과정

한 종류의 생물 무리에 다양한 ❽ [　　]이/가 있다.

▼

그 무리에서 ❾ [　　]에 ❿ [　　]하기에 알맞은 변이를 가진 생물이 더 많이 살아남아 자손을 남긴다.

▼

이 과정이 오랜 시간 동안 반복되면 원래의 생물과 다른 새로운 종류의 생물이 나타날 수 있다.

예 핀치의 종류가 다양해지는 과정

● 바른답·알찬풀이 49 쪽

다음은 '02. 생물다양성'에 대한 설명이다. (   ) 안에 알맞은 말을 쓰거나 고르시오.

1 어떤 지역에 살고 있는 생물의 다양한 정도를 (   )(이)라고 한다.

2 생물다양성은 어떤 지역의 ㉠(   )이/가 다양할수록, 한 생태계에 살고 있는 생물의 ㉡(   )이/가 다양할수록, 같은 종류의 생물 사이에서 나타나는 특징이 다양할수록 ㉢(높다, 낮다).

3 어떤 두 지역에 같은 수의 생물이 살더라도 생물의 종류가 ㉠(많고, 적고), 여러 종류의 생물이 고르게 분포하는 곳의 생물다양성이 더 ㉡(높다, 낮다).

4 같은 종류의 생물 사이에서 크기, 생김새 등의 (   )이/가 다르게 나타나는 것을 변이라고 한다.

5 사람마다 눈 색깔과 같은 생김새가 다르고, 바지락 껍데기의 무늬와 색깔이 조금씩 다른 것은 (   )의 예이다.

6 변이는 생물이 빛, 온도, 먹이 등 (   )에 적응하면서 크게 차이 날 수 있다.

7 변이가 (다양한, 적은) 생물 무리에는 환경이 급격하게 변해도 살아남는 생물이 있을 가능성이 높다.

8 북극여우와 사막여우는 서식지의 (온도, 먹이)에 적응하여 생김새가 달라졌다.

9 다양한 ㉠(   )이/가 있는 한 종류의 생물 무리가 오랜 시간 동안 환경에 ㉡(   )하면 새로운 종류가 나타날 수 있다.

10 부리의 모양과 크기가 다양한 한 종류의 새 무리가 먹이의 종류가 다른 섬에 떨어져 오랜 시간 동안 살게 되면 각 섬의 먹이에 ㉠(   )하여 부리의 모양과 크기가 서로 ㉡(같은, 다른) 새로운 종류의 새가 될 수 있다.

내신 대비 문제 1회

● 바른답·알찬풀이 49 쪽

01 생물다양성에 대한 설명으로 옳은 것을 〈보기〉에서 모두 고른 것은?

| 보기 |
ㄱ. 어떤 지역에 살고 있는 생물의 다양한 정도를 의미한다.
ㄴ. 어떤 지역의 생태계가 다양하고 생물의 종류가 많을수록 생물다양성이 높다.
ㄷ. 한 생태계에 크기, 생김새 등의 특징이 같은 생물이 많이 살수록 생물다양성이 높다.

① ㄱ ② ㄷ ③ ㄱ, ㄴ
④ ㄴ, ㄷ ⑤ ㄱ, ㄴ, ㄷ

02 생태계에 대한 설명으로 옳은 것을 〈보기〉에서 모두 고른 것은?

| 보기 |
ㄱ. 생태계에는 그 환경에 알맞은 다양한 종류의 생물이 살고 있다.
ㄴ. 연못, 학교 화단과 같이 사람이 인공적으로 만든 것도 생태계에 속한다.
ㄷ. 생물이 일정한 장소에서 환경 및 다른 생물과 영향을 주고받으며 살아가는 체계이다.

① ㄱ ② ㄷ ③ ㄱ, ㄷ
④ ㄴ, ㄷ ⑤ ㄱ, ㄴ, ㄷ

03 그림은 넓이가 같은 두 지역 (가)와 (나)에 살고 있는 생물의 종류와 수를 나타낸 것이다.

(가)　　　　(나)

이에 대한 설명으로 옳은 것을 〈보기〉에서 모두 고른 것은?

| 보기 |
ㄱ. (가)에 살고 있는 생물의 수는 (나)보다 많다.
ㄴ. (가)에 살고 있는 생물의 종류는 (나)보다 많다.
ㄷ. (나)보다 (가)의 생물다양성이 더 높다.

① ㄱ ② ㄷ ③ ㄱ, ㄷ
④ ㄴ, ㄷ ⑤ ㄱ, ㄴ, ㄷ

04 변이에 대한 설명으로 옳은 것을 〈보기〉에서 모두 고른 것은?

| 보기 |
ㄱ. 같은 부모에서 태어난 자손 사이에는 변이가 없다.
ㄴ. 변이가 다양한 생물 무리는 멸종될 가능성이 낮다.
ㄷ. 같은 종류의 생물 사이에서 나타나는 서로 다른 특징이다.

① ㄱ ② ㄴ ③ ㄱ, ㄷ
④ ㄴ, ㄷ ⑤ ㄱ, ㄴ, ㄷ

05 변이의 예로 옳은 것을 모두 고르면?(정답 2개)

① 고양이의 털 색깔과 무늬가 다르다.
② 호랑이와 얼룩말의 줄무늬가 다르다.
③ 사람의 성별은 남자와 여자로 구분한다.
④ 은행나무와 소나무의 잎 모양이 다르다.
⑤ 무당벌레마다 겉날개의 색깔과 무늬가 다르다.

06 생물의 종류가 다양해지는 과정에 대한 설명으로 옳은 것을 〈보기〉에서 모두 고른 것은?

| 보기 |
ㄱ. 생물은 물, 빛, 온도 등의 환경에 적응한다.
ㄴ. 같은 종류의 생물 무리에서는 변이가 나타나지 않는다.
ㄷ. 생물의 변이 및 생물이 환경에 적응하는 과정을 통해 생물다양성이 높아진다.

① ㄱ ② ㄴ ③ ㄷ
④ ㄱ, ㄷ ⑤ ㄴ, ㄷ

07 그림은 목이 긴 갈라파고스땅거북이 된 과정을 나타낸 것이다.

목의 길이가 조금씩 다른 한 종류의 거북 무리가 있었다.

거북 무리의 일부가 키가 큰 선인장이 많은 섬에서 살게 되었다.

목이 긴 거북이 더 많이 살아남아 자손을 남겼다.

목이 긴 갈라파고스땅거북이 되는 데 영향을 준 환경으로 옳은 것은?

① 물　　　　② 온도　　　　③ 섬의 면적
④ 먹이의 종류　　⑤ 거북의 크기

08 그림은 한 종류의 새 무리 중 일부가 다른 섬에서 오랜 시간 동안 살면서 서로 다른 새로운 종류가 된 결과를 나타낸 것이다.

이에 대한 설명으로 옳지 <u>않은</u> 것은?

① 원래 한 종류였던 새 무리에는 변이가 없었다.
② 각 섬에 풍부한 먹이의 종류가 달랐다.
③ 먹이의 종류에 적응하여 새로운 종류가 되었다.
④ (가)에서는 크고 두꺼운 부리를 가진 새가 더 많이 살아남았다.
⑤ (나)에서는 길고 단단한 부리를 가진 새가 환경에 더 잘 적응했다.

서술형 문제

09 그림은 배추밭과 숲을 나타낸 것이다.

  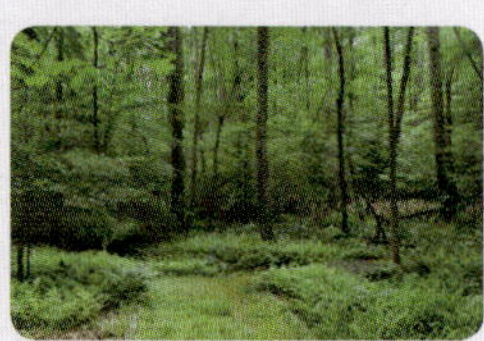

▲ 배추밭　　　　　　▲ 숲

배추밭과 숲 중 생물다양성이 더 큰 곳을 쓰고, 그렇게 판단한 까닭을 설명하시오.

10 그림은 기온이 서로 다른 지역에 사는 여우를 나타낸 것이다.

(가)　　　　　　　(나)

(가)와 (나) 중 더 추운 지역에 사는 여우의 기호를 쓰고, 그렇게 판단한 까닭을 설명하시오.

11 다음은 핀치의 종류가 다양해지는 과정에 대한 설명이다.

> 변이가 다양한 한 종류의 핀치 무리 중 일부가 선인장이 많은 섬에 살게 되었다. → (㉠) → 오랜 시간 동안 이 과정이 반복되어 이 섬에 길고 뾰족한 부리를 가진 핀치가 살게 되었다.

㉠에 알맞은 과정을 다음 단어를 모두 이용하여 설명하시오.

> 환경, 적응, 부리, 자손

내신 대비 문제 2회

● 바른답·알찬풀이 51 쪽

01 그림은 생물다양성을 결정하는 세 가지 기준을 나타낸 것이다.

이에 대한 설명으로 옳은 것을 〈보기〉에서 모두 고른 것은?

| 보기 |
ㄱ. (가)에서 어떤 지역의 생태계가 다양할수록 생물다양성이 높다.
ㄴ. (나)는 한 생태계에 살고 있는 생물 종류의 다양함을 의미한다.
ㄷ. (다)에서 특징이 다양할수록 급격한 환경 변화에도 생물이 멸종할 가능성이 낮다.

① ㄱ　　　　② ㄷ　　　　③ ㄱ, ㄴ
④ ㄴ, ㄷ　　　⑤ ㄱ, ㄴ, ㄷ

02 그림 (가)는 논을, (나)는 갯벌을 나타낸 것이다.

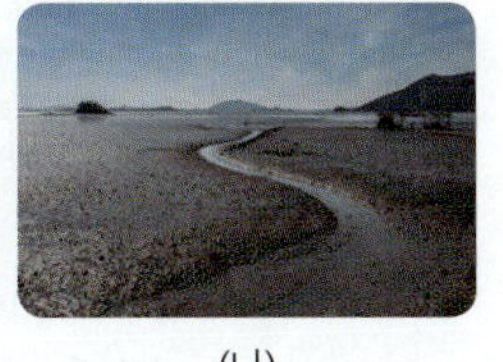

이에 대한 설명으로 옳지 <u>않은</u> 것은?

① 생물다양성은 생태계에 따라 차이가 있다.
② (가)와 (나)는 환경이 서로 다르다.
③ (가)보다 (나)에 사는 생물의 종류가 더 다양하다.
④ (나)를 개간하여 (가)로 만들면 생물다양성이 높아진다.
⑤ (가)는 급격한 날씨 변화나 병충해에 피해를 크게 입을 수 있다.

03 그림 (가)는 무궁화 꽃잎의 색깔이 다양한 것을, (나)는 얼룩말 줄무늬의 색깔과 간격이 조금씩 다른 것을 나타낸 것이다.

이에 대한 설명으로 옳은 것을 〈보기〉에서 모두 고른 것은?

| 보기 |
ㄱ. 변이의 예이다.
ㄴ. 같은 종류의 생물 사이에 나타나는 서로 다른 특징이다.
ㄷ. 생물다양성을 결정하는 기준 중 생물 종류의 다양함과 가장 관련이 깊다.

① ㄱ　　　　② ㄴ　　　　③ ㄷ
④ ㄱ, ㄴ　　　⑤ ㄴ, ㄷ

04 다음은 서로 다른 두 지역에 사는 같은 종류의 쥐에 대한 설명이다.

(가) 어두운색 흙이 많은 숲에 사는 쥐는 털 색깔이 어둡다.
(나) 밝은색 모래가 많은 바닷가에 사는 쥐는 털 색깔이 밝다.

이에 대한 설명으로 옳지 <u>않은</u> 것은?

① 털 색깔이 변이가 있었다.
② 서식지의 먹이 환경에 적응했다.
③ 환경이 다르면 적응하기 알맞은 변이도 다르다.
④ 변이는 생물이 환경에 적응하면서 크게 차이 날 수 있다.
⑤ 밝은색 모래가 많은 바닷가에서는 털 색깔이 밝은 쥐가 살아남기에 유리했다.

05 그림은 갈라파고스 제도의 여러 섬에 사는 핀치의 서식지와 먹이를 나타낸 것이다.

처음에는 핀치의 부리 모양이 비슷했지만 현재는 위 그림과 같이 다양하게 변했다. 이에 대한 설명으로 옳은 것을 〈보기〉에서 모두 고른 것은?

| 보기 |

ㄱ. 핀치의 천적이 다양해져 부리 모양이 변했다.
ㄴ. 서식지와 먹이의 종류에 따라 핀치의 부리 모양이 변했다.
ㄷ. 먹이의 종류에 따라 먹이를 먹기에 알맞은 부리의 모양이 다르다.

① ㄱ　　　　② ㄴ　　　　③ ㄷ
④ ㄱ, ㄴ　　　⑤ ㄴ, ㄷ

06 다음은 토끼의 종류가 다양해지는 과정을 순서대로 나타낸 것이다.

(가) 털 색깔이 (㉠) 한 종류의 토끼 무리가 풀 색깔이 다른 서식지에 나누어 살게 되었다.
(나) 털 색깔이 밝은 토끼가 풀 색깔이 밝은 서식지에 (㉡)하여 더 (㉢) 살아남아 자손을 남겼다.
(다) 이 과정이 오랜 시간 동안 반복되어 새로운 종류의 토끼가 되었다.

㉠~㉢에 알맞은 말을 옳게 짝 지은 것은?

	㉠	㉡	㉢
①	똑같은	환경	많이
②	똑같은	적응	적게
③	다양한	적응	많이
④	다양한	적응	적게
⑤	다양한	환경	많이

서술형 문제

07 생물다양성이 높아지는 조건을 다음 단어를 모두 이용하여 설명하시오.

생태계, 생물의 종류, 특징

08 다음은 서로 다른 두 나라 (가), (나)에서 재배하는 감자에 대한 설명이다.

(가) 럼퍼라는 한 종류의 감자만 재배한다.
(나) 약 4000 종류의 감자를 재배하며, 감자의 모양, 색깔, 맛이 다양하다.

두 나라에 감자를 썩게 하는 전염병이 유행했을 때 감자가 멸종할 가능성이 낮은 곳의 기호를 쓰고, 그렇게 판단한 까닭을 설명하시오.

09 다음은 목이 짧은 갈라파고스땅거북 무리에서 목이 긴 갈라파고스땅거북이 나타난 과정에 대한 설명이다.

(가) 갈라파고스땅거북 무리는 목의 길이가 모두 같았다.
(나) 이중 일부가 키 큰 선인장이 자라는 섬에서 살게 되었다.
(다) 목이 긴 거북이 목이 짧은 거북보다 더 많이 살아남아 자손을 남기는 과정이 오랜 시간 동안 반복되었다.
(라) 목이 긴 갈라파고스땅거북이 되었다.

(가)~(라) 중 틀린 과정의 기호를 쓰고, 옳게 바꾸어 설명하시오.

Memo

창의적 문제 해결

01 표 (가)는 생태계에서 관찰되는 현상을, (나)는 두 종류의 생물과 관련된 현상을 나타낸 것이다.

구분	현상
㉠	무궁화의 꽃 색깔이 다양하다.
㉡	고양이와 호랑이는 털 무늬가 서로 다르다.
㉢	바지락 껍데기의 무늬와 색깔이 서로 다르다.

(가)

구분	현상
ⓐ	같은 종류의 개 사이에서 부모와 털 색깔과 무늬가 다른 강아지가 태어났다.
ⓑ	같은 종류의 달맞이꽃 무리에서 꽃이 큰 개체가 새롭게 나타났다.

(나)

(1) (가)의 ㉠~㉢ 중 변이에 해당하는 것의 기호를 모두 쓰시오.

(2) (나)의 ⓐ와 ⓑ는 각각 변이를 증가시키는 현상인지 감소시키는 현상인지 그렇게 판단한 까닭과 함께 설명하시오.

02 그림은 한 종류의 핀치 무리가 오랫동안 섬 (가)와 (나)에 떨어져 살면서 서로 다른 두 종류의 핀치로 나누어진 과정을 나타낸 것이다.

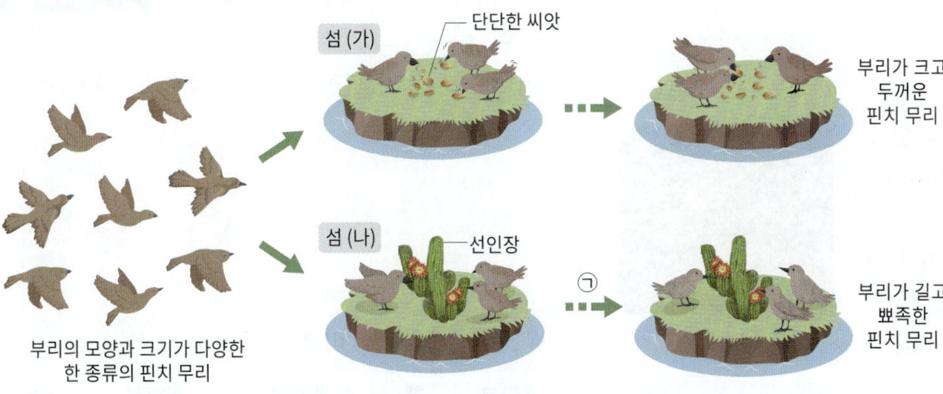

(1) 섬 (가)에서 새가 적응하기에 알맞은 부리 모양과 크기의 변이는 무엇인지 쓰시오.

(2) ㉠ 과정에서 일어난 현상을 다음 단어를 모두 이용하여 설명하시오.

> 먹이, 생존, 자손

● 바른답·알찬풀이 52 쪽

1 생물의 분류 방법

① ⬜1⬜ : 다양한 생물을 일정한 기준을 세워 공통의 특징을 가지는 것끼리 무리 지어 나누는 것

② 생물분류의 기준: 생물의 고유한 특징으로 정한다.

③ 생물분류의 목적
- 생물 사이의 멀고 가까운 관계를 알 수 있다.
- 새로 발견한 생물이 어느 무리에 속하는지 판단할 수 있다.

2 생물의 분류체계

① 생물의 분류 단계

종 < ⬜2⬜ < 과 < 목 < 강 < 문 < 계

② 종: 생물을 분류할 때 가장 기본이 되는 단위
➡ 자연 상태에서 짝짓기를 하여 번식 능력이 있는 자손을 낳을 수 있는 생물 무리이다.

③ ⬜3⬜ 수준에서의 생물 분류
- 생물은 원핵생물계, 원생생물계, 균계, 식물계, 동물계의 5계로 분류할 수 있다.
- 분류 기준: 핵의 유무, 세포벽의 유무, 광합성의 여부, 몸을 이루는 세포의 수 등

▲ 생물의 5계

3 생물의 5계

① ⬜4⬜
- 세포에 핵이 없고, 세포벽이 있다.
- 대부분 1 개의 세포로 이루어져 있다.
- 대부분 광합성을 하지 않지만, 광합성을 하는 생물도 있다.
- 생물 예: 대장균, 포도상구균, 젖산균, 남세균

▲ 대장균

② 원생생물계
- 세포에 핵이 ⬜5⬜ .
- 대부분 1 개의 세포로 이루어져 있다.
- 엽록체를 가지고 광합성을 하는 생물도 있다.
- 핵이 있는 생물 중 균계, 식물계, 동물계에 속하지 않는 생물 무리이다.
- 생물 예: 아메바, 짚신벌레, 유글레나, 미역, 다시마

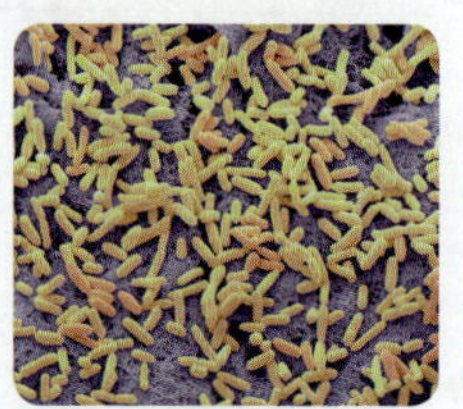
▲ 아메바

③ 균계
- 세포에 핵과 세포벽이 있다.
- 대부분 여러 개의 세포로 이루어져 있다.
- 버섯과 곰팡이는 ⬜6⬜ 구조를 가진다.
- 광합성을 하지 못해 대부분 죽은 생물이나 배설물을 분해하여 양분을 얻는다.
- 생물 예: 표고버섯, 송이버섯, 푸른곰팡이, 효모

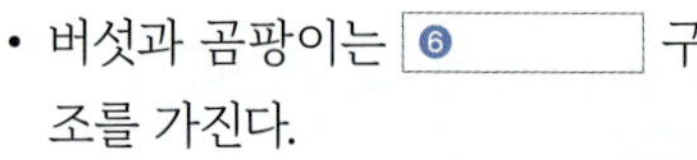
▲ 표고버섯

④ 식물계
- 세포에 핵과 세포벽이 있다.
- 여러 개의 세포로 이루어져 있다.
- ⬜7⬜ 을/를 하여 스스로 양분을 만든다.
- 대부분 뿌리, 줄기, 잎과 같은 기관이 발달해 있다.
- 생물 예: 우산이끼, 고사리, 해바라기, 진달래, 소나무

▲ 우산이끼

⑤ 동물계
- 세포에 핵이 있고, 세포벽은 없다.
- 여러 개의 세포로 이루어져 있다.
- 광합성을 하지 못해 먹이를 먹어 양분을 얻는다.
- 대부분 기관이 발달했고, 운동성이 ⬜8⬜ .
- 생물 예: 꿀벌, 달팽이, 해파리, 갈매기, 호랑이, 사람

▲ 꿀벌

4 생물 5계의 특징 비교

구분	핵	세포벽	광합성	운동성
원핵생물계	없다.	⬜9⬜	대부분 못 한다.	있는 생물도 있고, 없는 생물도 있다.
원생생물계	있다.	있는 생물도 있고, 없는 생물도 있다.	하는 생물도 있고, 못 하는 생물도 있다.	
균계		있다.	⬜10⬜	없다.
식물계			한다.	
동물계		없다.	못 한다.	대부분 있다.

5분 핵심 퀴즈

다음은 '03. 생물의 분류'에 대한 설명이다. (　　) 안에 알맞은 말을 쓰거나 고르시오.

1 다양한 생물을 일정한 (　　　　)을/를 세워 공통의 특징을 가지는 것끼리 무리 지어 나누는 것을 생물분류라고 한다.

2 생물을 분류하는 기본 단위는 (　　　　)이다.

3 진돗개와 풍산개 사이에서 태어난 풍진개는 번식 능력이 있으므로 진돗개와 풍산개는 (같은, 다른) 종이다.

4 서로 다른 여러 종에서 공통의 특징을 가진 것을 무리 지어 (　　　　)(으)로 분류한다.

5 생물의 분류 단계에서 (큰, 작은) 분류 단위에 같이 속할수록 생물 사이의 관계가 가깝다.

6 원핵생물계와 나머지 생물의 계를 구분하는 분류 기준은 세포 (　　　　)의 유무이다.

7 핵이 있는 생물 중 균계, 식물계, 동물계에 속하지 않는 생물 무리를 (　　　　)(이)라고 한다.

8 생물을 5 가지 계로 분류할 때 표고버섯, 푸른곰팡이는 ㉠(　　　　)에 속하고, 우산이끼, 해바라기는 ㉡(　　　　)에 속한다.

9 식물계와 동물계에 속하는 생물은 모두 (하나, 여러 개)의 세포로 이루어져 있다.

10 호랑이는 세포에 핵이 ㉠(있고, 없고) 세포벽이 ㉡(있으며, 없으며), 광합성을 하지 못해 먹이를 먹어 양분을 얻으므로 동물계에 속한다.

Ⅱ
생물의 구성과 다양성

내신 대비 문제 1회

01 다음은 생물분류에 대한 학생들의 대화이다.

> • 학생 A: 생물을 체계적으로 분류하면 생물 사이의 멀고 가까운 관계를 알 수 있어.
> • 학생 B: 새로 발견한 생물이 어느 무리에 속하는지 판단할 수 있어.
> • 학생 C: 생물을 분류할 때에는 생물의 고유한 특징을 기준으로 세워.

옳게 설명한 학생을 모두 고른 것은?

① A ② C ③ A, B
④ B, C ⑤ A, B, C

02 종과 관련된 설명으로 옳지 <u>않은</u> 것은?

① 생물을 분류하는 가장 작은 단위이다.
② 같은 종에 속하는 생물은 같은 목에 속한다.
③ 같은 종에 속하는 생물은 생김새가 비슷하다.
④ 자연 상태에서 짝짓기를 하여 자손을 낳을 수 있으면 같은 종이다.
⑤ 같은 속에 속하는 생물보다 같은 종에 속하는 생물의 관계가 더 가깝다.

03 그림은 생물의 분류 단계를 나타낸 것이다.

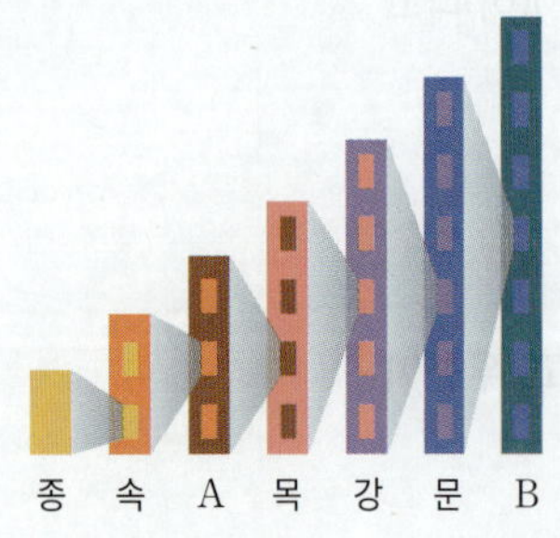

이에 대한 설명으로 옳은 것을 〈보기〉에서 모두 고른 것은?

> **보기**
> ㄱ. A는 과이고, B는 계이다.
> ㄴ. B는 가장 큰 분류 단위이다.
> ㄷ. A가 같은 두 생물은 B가 서로 다를 수 있다.

① ㄱ ② ㄴ ③ ㄷ
④ ㄱ, ㄴ ⑤ ㄴ, ㄷ

04 표는 5계에 속하는 생물의 특징을 나타낸 것이다.

구분	원핵생물계	원생생물계	균계	식물계	동물계
핵	㉠	㉡	있음.	있음.	있음.
세포벽	있음.	–	㉢	있음.	없음.
광합성	–	–	못 함.	함.	㉣

㉠~㉣에 알맞은 말을 옳게 짝 지은 것은?

	㉠	㉡	㉢	㉣
①	있음.	없음.	있음.	함.
②	있음.	있음.	있음.	못 함.
③	없음.	없음.	있음.	함.
④	없음.	있음.	없음.	못 함.
⑤	없음.	있음.	있음.	못 함.

05 표는 여러 가지 생물을 어떤 기준에 따라 무리 (가)와 (나)로 분류하여 나타낸 것이다.

무리	생물
(가)	사람, 꿀벌, 갈매기, 달팽이
(나)	소나무, 고사리, 진달래, 우산이끼

(가)와 (나)로 분류한 기준으로 가장 적절한 것은?

① 기관이 발달했는가?
② 세포에 핵이 있는가?
③ 광합성을 할 수 있는가?
④ 균사 구조를 가지는가?
⑤ 여러 개의 세포로 이루어져 있는가?

06 생물을 5계로 분류했을 때 각 계에 해당하는 생물을 짝 지은 것으로 옳지 <u>않은</u> 것은?

① 원핵생물계 – 젖산균 ② 원생생물계 – 효모
③ 식물계 – 우산이끼 ④ 균계 – 푸른곰팡이
⑤ 동물계 – 해파리

07 그림 (가)는 대장균을, (나)는 짚신벌레를 나타낸 것이다.

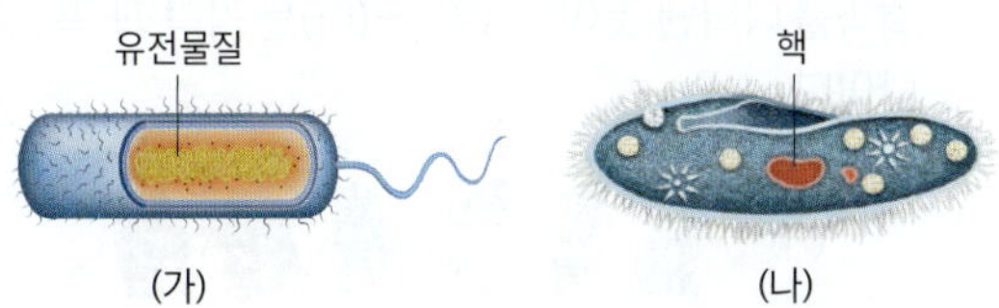

이에 대한 설명으로 옳은 것을 〈보기〉에서 모두 고른 것은?

| 보기 |
ㄱ. (가)에는 세포벽이 있다.
ㄴ. (나)는 원핵생물계에 속한다.
ㄷ. 아메바는 (가)와 (나) 중 (가)와 더 가까운 관계이다.

① ㄱ　　　　② ㄴ　　　　③ ㄱ, ㄴ
④ ㄱ, ㄷ　　　⑤ ㄴ, ㄷ

08 표는 생물의 5계 중 (가)~(다)의 특징을 나타낸 것이다.

계	특징
(가)	핵이 없다.
(나)	핵이 있으며, 미역과 다시마가 속한다.
(다)	죽은 생물이나 배설물을 분해하여 양분을 얻는다.

(가)~(다)에 해당하는 계를 옳게 짝 지은 것은?

	(가)	(나)	(다)
①	균계	원생생물계	동물계
②	식물계	원핵생물계	동물계
③	원핵생물계	원생생물계	균계
④	원핵생물계	원생생물계	동물계
⑤	원생생물계	원핵생물계	식물계

09 다음은 생물의 5계 중 한 무리에 대한 설명이다.

- 엽록체가 있어 광합성을 하여 양분을 만든다.
- 여러 개의 세포로 이루어져 있으며, 기관이 발달했다.

이 무리에 속하는 생물끼리 옳게 짝 지은 것은?

① 아메바, 해파리, 유글레나
② 고사리, 소나무, 우산이끼
③ 효모, 고사리, 푸른곰팡이
④ 진달래, 우산이끼, 송이버섯
⑤ 남세균, 유글레나, 푸른곰팡이

서술형 문제

10 표는 생물의 분류 단계 (가)~(다)에 속한 동물 종을 나타낸 것이다. (가)~(다)는 각각 식육목, 고양이과, 고양이속 중 하나이며, 동물 A~E는 서로 다른 종이다.

단계	(가)	(나)	(다)
속한 종	A, B, C, D	A, B	A, B, C, D, E

(가)~(다) 중 가장 작은 분류 단위의 기호와 이름을 쓰고, A와 가장 가까운 관계인 종이 무엇인지 그렇게 판단한 까닭과 함께 설명하시오.

11 그림은 생물을 5 가지 계로 분류한 결과를 나타낸 것이다.

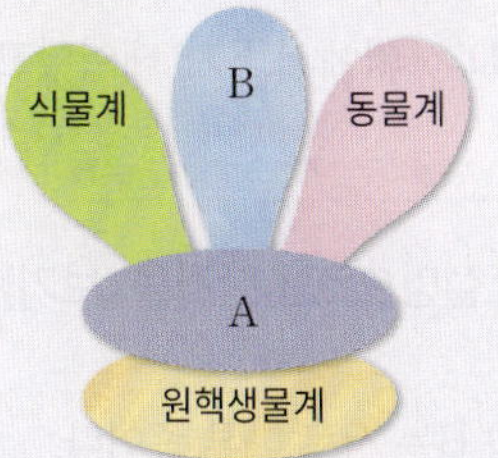

A와 B의 이름을 각각 쓰고, A와 B의 공통점을 한 가지만 설명하시오.

12 그림은 생물 (가)~(다)의 모습을 나타낸 것이다. (가)~(다)는 각각 대장균, 아메바, 푸른곰팡이 중 하나이다.

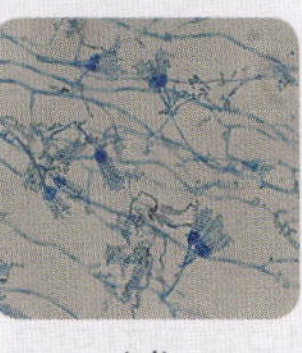

(가)~(다) 중 원핵생물계에 속하는 생물의 기호와 이름을 쓰고, 이 생물의 특징을 두 가지만 설명하시오.

내신 대비 문제 2회

01 생물들을 고유한 특징에 따라 옳게 분류한 것을 〈보기〉에서 모두 고른 것은?

┌ 보기 ├
ㄱ. 고래, 상어, 사람 중 새끼를 낳는 고래와 사람을 같은 무리로 분류했다.
ㄴ. 벼, 송이버섯, 광대버섯 중 사람이 먹을 수 있는 벼와 송이버섯을 같은 무리로 분류했다.
ㄷ. 소나무, 민들레, 푸른곰팡이 중 광합성을 하는 소나무와 민들레를 같은 무리로 분류했다.

① ㄱ ② ㄴ ③ ㄷ
④ ㄱ, ㄷ ⑤ ㄴ, ㄷ

02 다음은 동물 A~E의 관계에 대한 설명이다.

• A와 B 사이에서 C가 태어났다.
• C와 D 사이에서 E가 태어났고, E는 번식 능력이 없다.

이에 대한 설명으로 옳은 것을 〈보기〉에서 모두 고른 것은?

┌ 보기 ├
ㄱ. A와 B는 서로 다른 종이다.
ㄴ. C와 D는 같은 종이다.
ㄷ. B는 D보다 C와 더 가까운 관계이다.

① ㄱ ② ㄷ ③ ㄱ, ㄴ
④ ㄴ, ㄷ ⑤ ㄱ, ㄴ, ㄷ

03 그림은 생물의 분류 단계를 모식적으로 나타낸 것이다.

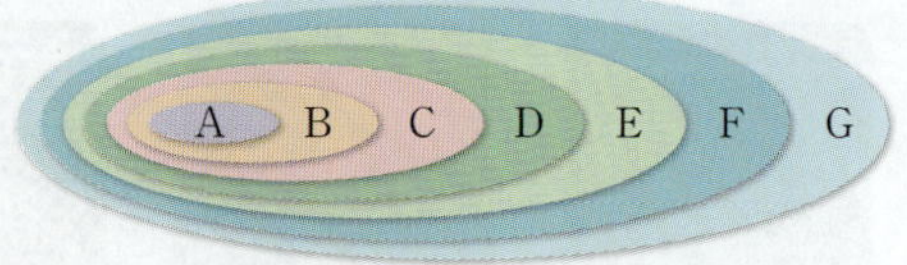

이에 대한 설명으로 옳지 <u>않은</u> 것은?

① A는 종이다.
② A에 속하는 두 생물 사이에서 태어나는 자손은 번식 능력이 있다.
③ 같은 C에 속하는 두 생물은 항상 같은 B에 속한다.
④ 같은 E에 속하는 두 생물은 항상 같은 F에 속한다.
⑤ 사람과 무궁화를 분류하는 가장 큰 단위는 G이다.

04 그림은 동물 A~G를 분류 단계 (가)~(다)에 따라 분류한 결과를 나타낸 것이다. (가)~(다)는 각각 과, 목, 강 중 하나이다.

이에 대한 설명으로 옳은 것은?

① (가)는 강이다.
② B와 D는 같은 과에 속한다.
③ F와 G는 같은 목에 속한다.
④ E는 F보다 G와 더 가까운 관계이다.
⑤ 공통된 특징을 가지는 여러 (다)가 모여 하나의 속을 이룬다.

05 다음 생물들의 공통적인 특징으로 옳은 것은?

대장균, 폐렴균, 남세균

① 세포에 핵이 있다.
② 원생생물계에 속한다.
③ 세포에 세포벽이 있다.
④ 유전물질을 가지고 있지 않다.
⑤ 여러 개의 세포로 이루어져 있다.

06 다음은 생물 5계 중 일부의 특징이다.

(가) 균사 구조를 가진다.
(나) 세포벽이 없으며, 먹이를 먹어 양분을 얻는다.
(다) 핵이 있으며, 균계, 식물계, 동물계에 속하지 않는다.

(가)~(다)에 속하는 생물을 옳게 짝 지은 것은?

	(가)	(나)	(다)
①	효모	꿀벌	포도상구균
②	효모	해파리	아메바
③	아메바	송이버섯	포도상구균
④	아메바	우산이끼	효모
⑤	푸른곰팡이	꿀벌	송이버섯

07 표는 생물의 5계 중 계 (가)~(다)에 속한 생물을 나타낸 것이다.

계	속한 생물
(가)	거미, 해파리, 도마뱀, 코끼리
(나)	고사리, 무궁화, 개나리, 우산이끼
(다)	효모, 송이버섯, 광대버섯, 푸른곰팡이

이에 대한 설명으로 옳지 <u>않은</u> 것은?

① (가)는 동물계이다.
② (가)와 (나)에 속하는 생물은 세포에 세포벽이 있다.
③ (가)~(다)에 속하는 생물은 모두 세포에 핵이 있다.
④ (가)~(다)에 속하는 생물은 양분을 얻는 방식이 서로 다르다.
⑤ '엽록체가 있는가?'의 기준으로 (나)와 (다)를 구분할 수 있다.

08 오른쪽 그림은 대장균, 푸른곰팡이, 고사리의 공통점과 차이점을 나타낸 것이다.
이에 대한 설명으로 옳은 것은?

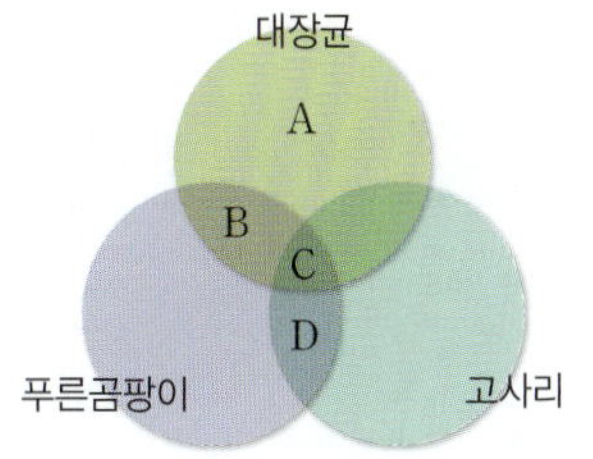

① '여러 개의 세포로 이루어져 있다.'는 A에 해당한다.
② '세포에 핵이 있다.'는 B에 해당한다.
③ '세포에 세포벽이 있다.'는 C에 해당한다.
④ '엽록체가 있어 광합성을 한다.'는 C에 해당한다.
⑤ '균사 구조를 가진다.'는 D에 해당한다.

09 그림은 젖산균, 아메바, 표고버섯의 분류 과정을 나타낸 것이다.

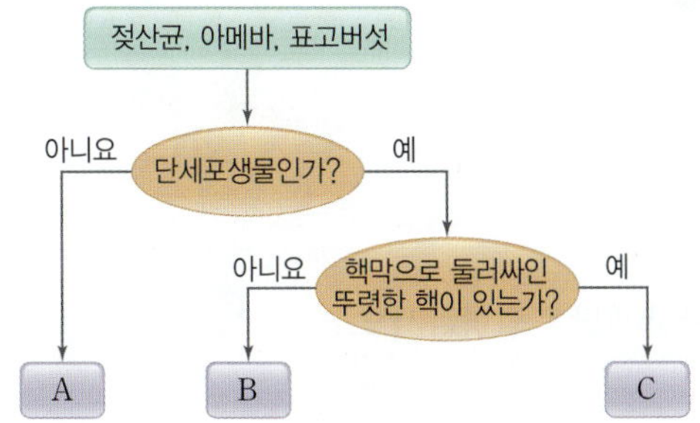

A~C에 해당하는 생물을 각각 쓰시오.

10 다음은 종과 관련된 설명이다.

- 수탕나귀와 암말 사이에서 태어난 노새는 새끼를 낳지 못한다.
- 암컷 불테리어와 수컷 불도그 사이에서 태어난 보스턴테리어는 새끼를 낳을 수 있다.

말, 당나귀, 불테리어, 불도그 중 같은 종에 속하는 두 동물을 쓰고, 그렇게 판단한 까닭을 다음 단어를 모두 이용하여 설명하시오.

자손, 번식

11 다음은 5계에 따라 5 종의 생물을 계 (가)와 (나)에 속한 생물로 분류한 것이다.

벼, 고사리, 민들레	송이버섯, 표고버섯
(가)	(나)

(가)와 (나)에 해당하는 계의 이름을 각각 쓰고, 양분을 얻는 방식에서 (가)와 (나)의 차이점을 설명하시오.

12 그림은 생물 (가)~(다)를 나타낸 것이다. (가)~(다)는 각각 미역, 달팽이, 포도상구균 중 하나이다.

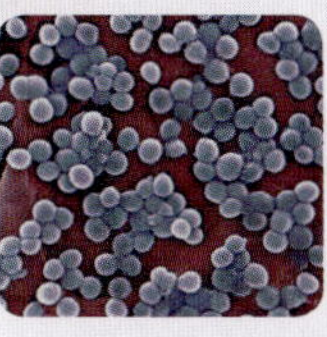

(가)   (나)   (다)

(가)~(다)를 두 무리로 분류하고, 그렇게 분류한 까닭을 설명하시오.

수행 평가 대비 문제

01 그림 (가)는 가상 생물 ⓐ~ⓔ의 모습을, (나)는 가상 생물 ⓐ~ⓔ를 몇 가지 기준에 따라 무리 A~C로 분류한 결과를 나타낸 것이다.

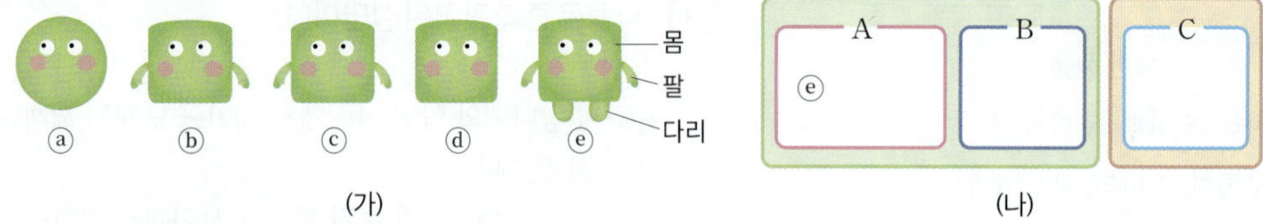

(1) 가상 생물 ⓐ~ⓓ가 무리 A~C 중 어느 것에 속하는지 그렇게 판단한 까닭과 함께 설명하시오.

____

____

(2) 오른쪽 그림은 또 다른 가상 생물의 모습을 나타낸 것이다. 이 가상 생물은 무리 A~C 중 어느 것에 속하는지 그렇게 판단한 까닭과 함께 설명하시오.

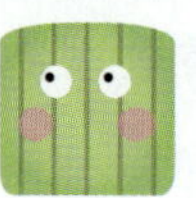

____

____

02 그림은 동물 A~F를 분류 단계 (가)~(다)에 따라 분류한 결과를 나타낸 것이다. (가)~(다)는 각각 과, 목, 강 중 하나이다.

(1) (가)~(다)를 각각 과, 목, 강으로 구분하여 쓰시오.

____

(2) D, E, F 중 B와 가장 먼 관계인 동물의 기호를 쓰고, 그렇게 판단한 까닭을 설명하시오.

____

03 그림 (가)는 폐렴균, 우산이끼, 송이버섯을 분류하는 순서도를, (나)는 어떤 생물의 세포 구조를 나타낸 것이다.

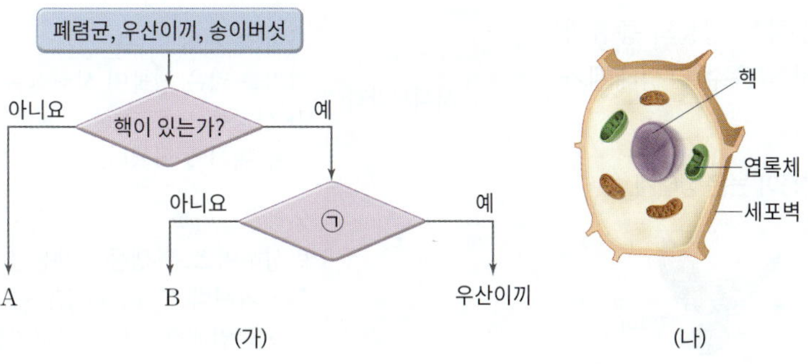

(1) A와 B에 해당하는 생물의 이름을 각각 쓰시오.

(2) ㉠에 들어갈 수 있는 생물의 분류 기준을 <u>한 가지</u>만 설명하시오.

(3) 폐렴균, 우산이끼, 송이버섯 중 (나)의 생물과 가장 가까운 관계인 것을 쓰고, 그렇게 판단한 까닭을 설명하시오.

글쓰기

04 그림은 생물을 5계로 분류하는 과정을 나타낸 것이다. 분류 기준 (가)~(라) 중에 '광합성을 하는가?'와 '핵을 가지며, 균계, 식물계, 동물계에 속하지 않는가?'가 있으며, 대장균은 A에 속한다.

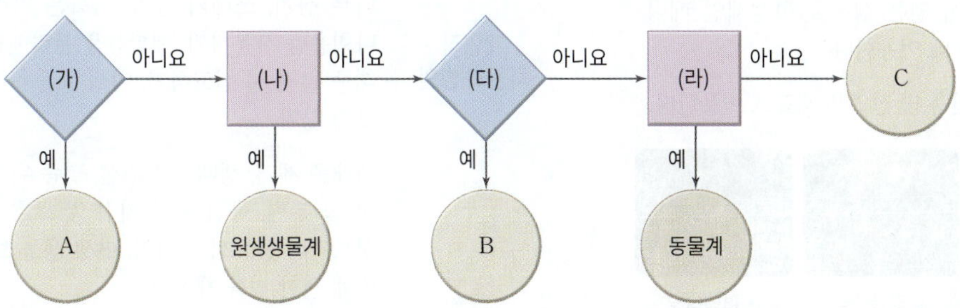

분류 기준 (가)~(라)에 따라 생물을 5계로 분류하는 과정을 A~C에 해당하는 계의 이름을 포함하여 글을 쓰시오.

● 바른답·알찬풀이 55 쪽

1 생물다양성보전의 필요성

① **생태계의 안정적 유지**: 생태계를 구성하는 생물의 종류가 다양하여 먹이그물이 복잡하게 얽혀 있을수록 생태계가 안정적으로 유지된다.

생물다양성이 낮은 생태계	생물다양성이 높은 생태계
뱀 개구리 메뚜기 풀	부엉이 뱀 들쥐 개구리 토끼 풀 메뚜기
먹이그물이 ❶ [　　]. ➡ 어떤 생물이 멸종하면 그 생물을 먹이로 하는 다른 생물도 멸종할 수 있다.	먹이그물이 복잡하다. ➡ 어떤 생물이 멸종해도 다른 생물을 먹고 살 수 있기 때문에 그 생물을 먹이로 하는 생물이 멸종할 위험이 ❷ [　　]. 따라서 생태계가 안정적으로 유지될 수 있다.

② **살아가는 데 필요한 자원 제공**

• 생활에 필요한 재료를 제공한다.

식량	벼, 보리, 밀 등을 식량으로 이용한다.
섬유	• ❸ [　　]에서 면섬유를 얻는다. • 누에고치에서 비단을 얻는다.
❹	• 주목나무 껍질에서 얻은 성분을 항암제를 만드는 데 이용한다. • 푸른곰팡이에서 얻은 성분을 항생제인 페니실린을 만드는 데 이용한다.
목재	편백나무 등을 건축 및 산업용 재료로 이용한다.

▲ 벼　　▲ 목화　　▲ 주목나무　　▲ 편백나무

• 휴식과 여가 활동을 위한 공간이 된다. 예 숲, 휴양림
• 생물의 생김새나 생활 모습에서 아이디어를 얻어 유용한 도구를 개발한다. 예 도꼬마리 열매의 생김새를 보고 벨크로를 만들었다.

③ **생명의 가치**: 모든 생물은 생태계 구성원으로서 살아갈 권리가 있으며, 그 자체로 소중한 가치를 지닌다.

2 생물다양성의 감소 원인

서식지파괴	사람의 개발로 ❺ [　　]이/가 파괴되면 서식지를 잃은 생물이 사라질 수 있다. 예 산양은 도로 건설 등으로 서식지가 파괴되어 멸종 위기에 처했다.
외래종의 유입	외래종은 ❻ [　　]이/가 없으면 지나치게 번성하여 토종 생물의 생존을 위협한다. 예 • 가시박은 나무를 뒤덮어 광합성을 방해한다. • 큰입배스는 토종 물고기를 무분별하게 잡아먹는다. ▲ 가시박　　▲ 큰입배스
기후 변화와 환경오염	• ❼ [　　](으)로 서식 환경이 달라지면 생물이 사라질 수 있다. 예 바다의 수온이 높아져 산호가 죽는다. • 물, 대기, 토양 등이 오염되면 환경오염에 특히 약한 생물이 사라질 수 있다. 예 해양 쓰레기로 바다거북의 생존이 위협받는다.
불법 포획 및 남획	불법으로 생물을 잡거나 특정 생물을 남획하면 그 생물이 사라질 수 있다. 예 무분별한 사냥으로 우리나라에서 대륙사슴이 멸종되었다.

3 생물다양성의 유지 방안

개인적 차원의 방안	나무 심기, 쓰레기 줍기, 가까운 거리는 걷기, 다회용품 사용하기, 재활용품 분리배출하기, 외래종 발견 시 신고하기, 야생 동물을 함부로 기르지 않기
사회적 차원의 방안	외래종 제거, 생태통로 건설, 멸종 위기 생물 지정 및 복원, 국립 공원 지정 및 보호, 생물다양성보전의 중요성 알리기, 야생 생물 보호 및 관리에 관한 법률 제정 ▲ 생태통로 건설　　▲ 국립 공원 지정
❽ [　　] 차원의 방안	생물다양성을 유지하기 위한 국가 간 협약 체결 및 실천 예 생물다양성협약, 람사르협약

● 바른답·알찬풀이 55 쪽

다음은 '04. 생물다양성의 보전'에 대한 설명이다. (　　　) 안에 들어갈 알맞은 말을 쓰거나 고르시오.

1 생물다양성이 낮은 생태계는 먹이그물이 ㉠(단순, 복잡)하고, 생물다양성이 높은 생태계는 먹이그물이 ㉡(단순, 복잡)하다.

2 먹이그물이 (단순, 복잡)하면 생태계가 안정적으로 유지된다.

3 먹이그물이 (단순, 복잡)하면 어떤 생물이 멸종해도 그 생물을 대신할 다른 생물이 있을 가능성이 높다.

4 사람은 다양한 (　　　　)(으)로부터 식량, 섬유, 의약품 등 살아가는 데 필요한 자원을 제공받는다.

5 도로 건설 등으로 (　　　　)이/가 파괴되면 그곳에 살던 생물이 사라질 수 있다.

6 가시박, 큰입배스와 같은 (　　　　)은/는 천적이 없으면 지나치게 번성하여 토종 생물의 생존을 위협한다.

7 개체수를 회복하지 못할 정도로 특정 생물을 남획하면 생물다양성이 (증가, 감소)할 수 있다.

8 사람의 개발로 서식지가 나뉘면 (　　　　)을/를 건설하여 동물이 안전하게 건너다닐 수 있도록 돕는다.

9 나무 심기, 다회용품 사용하기 등은 생물다양성을 유지하기 위한 (개인적, 사회적) 차원의 방안이다.

10 생물다양성을 유지하기 위해 국가 간에 (　　　　)을/를 맺어 실천한다.

내신 대비 문제 

01 생물다양성보전에 대한 설명으로 옳은 것을 〈보기〉에서 모두 고르시오.

┤ 보기 ├
ㄱ. 사람의 활동은 생물다양성보전과 관련이 없다.
ㄴ. 생명은 그 자체로 소중하기 때문에 생물다양성을 보전해야 한다.
ㄷ. 생물다양성을 보전하면 다양한 생물로부터 살아가는 데 필요한 자원을 얻을 수 있다.

02 다음은 생물다양성과 생태계 유지에 대한 설명이다.

생물다양성이 (㉠) 생태계는 먹이 관계가 단순하므로 어떤 생물이 멸종하면 그 생물을 먹고 살아가는 생물도 멸종할 위험이 (㉡). 반면에 생물다양성이 (㉢) 생태계는 먹이 관계가 복잡하므로 어떤 생물이 멸종해도 이를 대신할 수 있는 생물이 있어 생태계가 (㉣)될 수 있다.

㉠~㉣에 알맞은 말을 옳게 짝 지은 것은?

	㉠	㉡	㉢	㉣
①	높은	높다	낮은	파괴
②	높은	낮다	낮은	유지
③	낮은	높다	높은	유지
④	낮은	높다	높은	파괴
⑤	낮은	낮다	높은	유지

03 생물다양성이 높을수록 생태계가 안정적으로 유지되는 까닭으로 옳은 것은?

① 먹이 관계가 단순하기 때문에
② 특정 생물만 많이 번식할 수 있기 때문에
③ 사람이 더 많은 자원을 얻을 수 있기 때문에
④ 한 생물이 잡아먹을 수 있는 먹이의 종류가 적기 때문에
⑤ 한 생물이 멸종해도 대신할 다른 생물이 있을 가능성이 높기 때문에

04 다음은 생태계 (가)와 (나)에 대한 설명이다.

(가) 4 종의 생물 사이에서 먹이사슬만 형성되어 있다.
(나) 9 종의 생물 사이에서 먹이그물이 형성되어 있다.

이에 대한 설명으로 옳은 것을 〈보기〉에서 모두 고른 것은?

┤ 보기 ├
ㄱ. 생물다양성은 (나)가 (가)보다 더 높다.
ㄴ. 먹이 관계는 (가)가 (나)보다 더 복잡하다.
ㄷ. 한 종이 멸종되었을 때 생태계가 안정적으로 유지될 가능성은 (나)가 (가)보다 더 낮다.

① ㄱ　　　　② ㄷ　　　　③ ㄱ, ㄴ
④ ㄱ, ㄷ　　　⑤ ㄴ, ㄷ

05 다양한 생물로부터 얻을 수 있는 자원에 대한 설명으로 옳지 않은 것은?

① 옷을 만드는 데 필요한 재료를 얻는다.
② 벼, 밀, 보리 등을 재배하여 식량을 얻는다.
③ 울창한 숲에서 이산화 탄소가 많이 배출된다.
④ 휴식과 여가 활동을 위한 공간을 제공받을 수 있다.
⑤ 항암제, 항생제 등 의약품을 만드는 데 필요한 원료를 얻는다.

06 다음은 생물다양성 감소와 관련된 요인이다.

(가) 서식지파괴
(나) 천적이 없는 외래종
(다) 기후 변화와 환경오염

이에 대한 설명으로 옳지 않은 것은?

① (가)는 생물의 서식지 면적을 감소시킨다.
② (나)의 예로 나도풍란이 있다.
③ (나)는 토종 생물의 생존을 위협할 수 있다.
④ (다)에 의해 생물이 살아가는 환경이 달라질 수 있다.
⑤ (가)~(다)는 모두 생물다양성을 감소시킬 수 있다.

07 생물다양성과 관련된 설명으로 옳은 것을 〈보기〉에서 모두 고른 것은?

| 보기 |
ㄱ. 생물다양성을 감소시키는 요인은 생태계를 파괴하는 요인이 될 수 있다.
ㄴ. 인공적으로 만든 도시 숲과 옥상 공원은 생물다양성에 영향을 주지 않는다.
ㄷ. 번식으로 개체수를 회복하지 못할 정도로 특정 생물을 남획하면 그 생물이 사라질 수 있다.

① ㄱ ② ㄴ ③ ㄷ
④ ㄱ, ㄴ ⑤ ㄱ, ㄷ

08 생물다양성을 유지하기 위해 개인이 실천할 수 있는 방안으로 옳지 않은 것은?

① 재활용품을 분리배출한다.
② 가까운 거리는 걸어 다닌다.
③ 야생 동물을 함부로 기르지 않는다.
④ 자원을 아끼고 쓰레기 배출을 줄인다.
⑤ 여가 활동을 위해 숲을 개간하여 텃밭을 만든다.

09 생물다양성을 유지하기 위한 사회적 차원의 방안으로 옳은 것을 〈보기〉에서 모두 고른 것은?

| 보기 |
ㄱ. 멸종 위기 생물을 번식시켜 야생으로 돌려보낸다.
ㄴ. 생물다양성을 유지하기 위해 국가 간에 협약을 맺어 실천한다.
ㄷ. 야생 생물이 많이 살고 있어 생물다양성이 높은 지역을 국립 공원으로 지정하여 보호한다.

① ㄱ ② ㄴ ③ ㄷ
④ ㄱ, ㄴ ⑤ ㄱ, ㄷ

서술형 문제

10 그림은 생태계 (가)와 (나)의 먹이 관계를 나타낸 것이다.

(가)와 (나) 중 더 안정적으로 유지되는 생태계의 기호를 쓰고, 그렇게 판단한 까닭을 뱀과 관련된 먹이 관계를 들어 설명하시오.

11 다음은 생물다양성과 관련된 두 가지 요인에 대한 설명이다.

• 도로 건설, 작물 재배 등을 위해 숲의 나무를 벤다.
• 큰입배스와 같은 외래종이 다른 생물을 많이 잡아 먹는다.

이 두 요인의 공통점을 다음 단어를 모두 이용하여 설명하시오.

생물다양성, 먹이 관계

12 오른쪽 그림은 생태통로를 나타낸 것이다.
생태통로를 건설하는 것이 생물다양성에 미치는 영향을 생태통로의 역할을 포함하여 설명하시오.

II 생물의 구성과 다양성

내신 대비 문제 

01 생물다양성을 보전해야 하는 까닭으로 옳지 <u>않은</u> 것은?

① 생태계를 안정적으로 유지하기 위해서이다.
② 사람에게 유용하지 않은 동물을 없애기 위해서이다.
③ 휴식과 여가 활동을 위한 공간을 제공받기 때문이다.
④ 모든 생물은 생태계 구성원으로서 살아갈 권리가 있기 때문이다.
⑤ 식량, 목재, 의약품 등 살아가는 데 필요한 자원을 얻을 수 있기 때문이다.

02 그림은 생태계 (가)와 (나)의 먹이 관계를 나타낸 것이다.

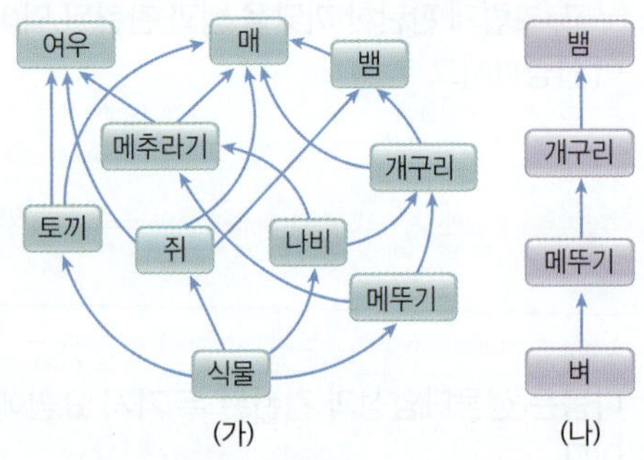

(가)의 특징을 (나)와 비교하여 옳게 설명한 것은?

① 생물다양성이 높다.
② 먹이 관계가 단순하다.
③ 먹이사슬만 형성되어 있다.
④ 생태계가 안정적으로 유지될 가능성이 낮다.
⑤ 개구리가 멸종되면 뱀도 멸종될 가능성이 높다.

03 생물다양성에 대한 설명으로 옳은 것을 〈보기〉에서 모두 고른 것은?

| 보기 |
ㄱ. 생물다양성은 사람의 지속가능한 삶에 영향을 미친다.
ㄴ. 생물다양성이 낮을수록 생태계가 안정적으로 유지된다.
ㄷ. 생물다양성이 보전되면 사람이 살아가기 알맞은 쾌적한 환경을 제공받을 수 있다.

① ㄱ　　　② ㄴ　　　③ ㄷ
④ ㄱ, ㄴ　　⑤ ㄱ, ㄷ

04 표는 다양한 생물로부터 얻는 자원을 나타낸 것이다.

구분	(가)	(나)	(다)	(라)
사람이 얻는 자원	식량	목재	섬유	의약품

(가)~(라)에 해당하는 생물의 예를 옳게 짝 지은 것은?

	(가)	(나)	(다)	(라)
①	벼	편백나무	푸른곰팡이	누에고치
②	벼	편백나무	누에고치	푸른곰팡이
③	벼	푸른곰팡이	누에고치	편백나무
④	누에고치	벼	편백나무	푸른곰팡이
⑤	누에고치	벼	푸른곰팡이	편백나무

05 오른쪽 그림은 벨크로를 나타낸 것이다.
이에 대한 설명으로 옳은 것을 〈보기〉에서 모두 고른 것은?

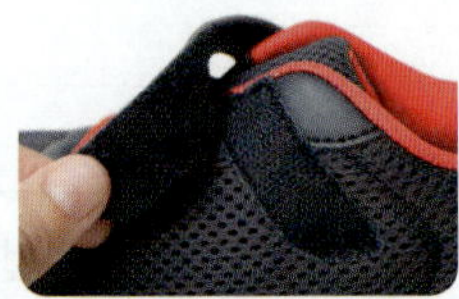

| 보기 |
ㄱ. 생물에서 얻은 자원에 해당한다.
ㄴ. 고양이 눈의 생김새를 모방하여 만든 것이다.
ㄷ. 생물로부터 아이디어를 얻어 생활에 유용한 도구를 개발할 수 있다.

① ㄱ　　　② ㄴ　　　③ ㄷ
④ ㄱ, ㄴ　　⑤ ㄱ, ㄷ

06 생물다양성의 감소 원인에 대한 설명으로 옳은 것을 〈보기〉에서 모두 고른 것은?

| 보기 |
ㄱ. 불법 포획과 남획은 생물다양성 감소의 원인이다.
ㄴ. 서식지파괴는 생물다양성을 위협하는 가장 심각한 원인이다.
ㄷ. 기후 변화로 서식 환경이 달라지면 그곳에 사는 생물이 사라질 수 있다.

① ㄱ　　　② ㄷ　　　③ ㄱ, ㄴ
④ ㄱ, ㄷ　　⑤ ㄱ, ㄴ, ㄷ

07 다음은 생물다양성을 감소시키는 사례이다.

> (가) 빠르게 이동하기 위해 산을 가로질러 도로를 건설했다.
> (나) 대륙사슴은 무분별한 사냥으로 인해 우리나라에서 멸종되었다.
> (다) 기후 변화로 바다의 수온이 높아지면 조류가 살 수 없게 되어 산호도 죽게 된다.

이에 대한 설명으로 옳은 것을 〈보기〉에서 모두 고른 것은?

┤ 보기 ├
ㄱ. (가)로 인해 생물의 서식지 면적이 줄어든다.
ㄴ. (나)로 인해 생태계의 먹이 관계가 복잡해진다.
ㄷ. (다)를 예방하려면 다회용품을 사용하는 것이 좋다.

① ㄱ　　　　② ㄴ　　　　③ ㄷ
④ ㄱ, ㄴ　　　⑤ ㄱ, ㄷ

08 표는 생물다양성 유지 방안을 (가)~(다)로 구분하여 나타낸 것이다.

구분	유지 방안
(가)	국제 협약을 맺어 실천하기
(나)	생태통로 건설하기, 국립 공원 지정하기
(다)	쓰레기 줍기, 가까운 거리 걸어가기

이에 대한 설명으로 옳지 <u>않은</u> 것은?

① (가)는 국제적 차원의 방안이다.
② (나)는 개인적 차원의 방안이다.
③ '생물다양성협약의 체결 및 실천'은 (가)에 해당하는 방안이다.
④ '멸종 위기 생물 복원하기'는 (나)에 해당하는 방안이다.
⑤ '재활용품 분리배출하기'는 (다)에 해당하는 방안이다.

서술형 문제

09 다음은 생태계 A와 B에 대한 설명이다.

> • A에서 부엉이의 먹이는 뱀 한 종류이다.
> • B에서 부엉이는 뱀, 들쥐, 개구리를 모두 먹이로 먹을 수 있다.

A와 B 중 더 안정적으로 유지되는 생태계의 기호를 쓰고, 그렇게 판단한 까닭을 다음 단어를 모두 이용하여 설명하시오.

> 생물다양성, 뱀, 멸종, 가능성

10 외래종인 붉은귀거북은 토종 물고기와 개구리를 마구 잡아먹으며, 왕성하게 번식한다. 붉은귀거북이 우리나라의 생물다양성에 미치는 영향을 설명하시오.

11 다음은 생물다양성을 유지하기 위한 방안이다.

> • 야생 동식물이 많이 살고 있는 지역을 국립 공원으로 지정하여 관리한다.
> • 국가 간의 합의를 통해 생물다양성협약 등 여러 국제 협약을 맺어 실천한다.

이 두 방안을 통해 얻을 수 있는 효과를 다음 단어를 모두 이용하여 설명하시오.

> 생물다양성, 생태계

01 그림은 생태계 (가)와 (나)의 먹이 관계를 나타낸 것이다.

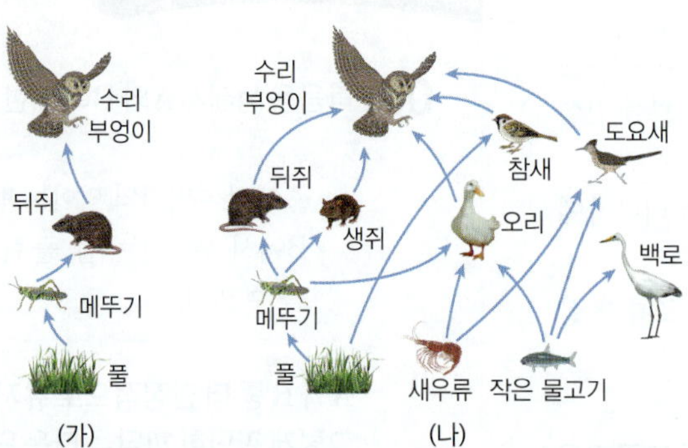

(1) (가)와 (나) 중 뒤쥐가 멸종되었을 때 수리부엉이가 멸종될 가능성이 더 낮은 생태계의 기호를 쓰고, 그렇게 판단한 까닭을 먹이 관계를 포함하여 설명하시오.

(2) 이를 통해 알 수 있는 생물다양성보전의 필요성을 설명하시오.

02 아마존 열대우림은 지구의 열대우림 면적 중 절반 이상을 차지하지만, 사람들의 무분별한 개발로 파괴되고 있다. 그림은 2000 년과 2019 년에 하늘에서 촬영한 아마존 열대우림의 모습을 나타낸 것이다.

(1) 2000 년과 2019 년의 아마존 열대우림의 생물다양성이 어떻게 변했을지 설명하시오.

(2) 이와 같은 변화를 예방하기 위한 방안을 한 가지만 설명하시오.

● 바른답·알찬풀이 57 쪽

03 다음은 어떤 서식지에 대한 설명이다.

(가) 이 서식지에는 처음에 100 종의 생물이 살고 있었다.

(나) 사람의 개발로 서식지가 분리되었고, 이곳에 55 종의 생물만 살아남게 되었다.

(다) 분리된 서식지 사이에 ㉠을 건설한 결과 이곳에 85 종의 생물이 살게 되었다.

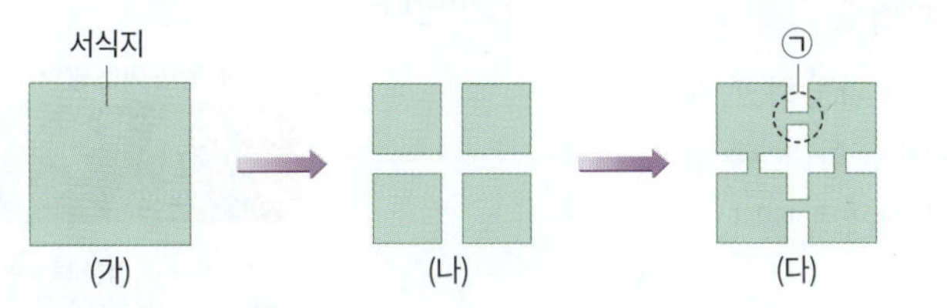

(1) (가) → (나) 과정에서 서식지 면적의 변화를 설명하시오.

(2) 생물다양성의 유지 방안 중 ㉠과 같은 역할을 하는 구조물의 이름을 쓰고, ㉠이 생물다양성에 미치는 영향을 ㉠의 역할과 관련지어 설명하시오.

04 다음은 나도풍란에 대한 설명이다.

나도풍란은 해안가의 암벽과 나무에 붙어 자라는 란이다. 꽃이 매우 아름다워 오래전부터 이를 관상용으로 기르고 싶어 하는 사람들에 의해 무분별하게 채취되었다. 2005 년 이후로 자생지마저 파괴되어 우리나라에서는 멸종했을 가능성이 높다. 나도풍란은 현재 멸종위기 야생 생물 I급에 해당한다.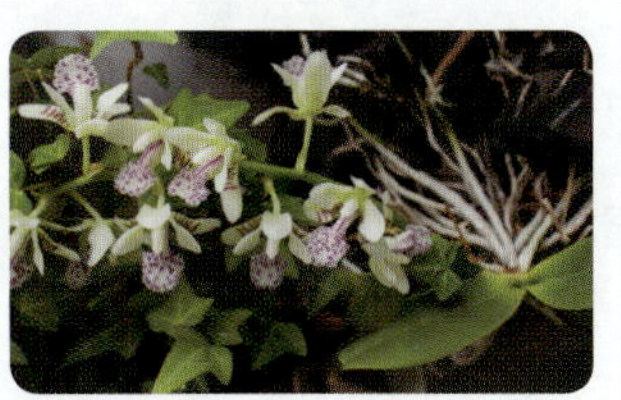

(1) 이와 같은 문제를 예방하기 위한 개인적 차원의 방안을 <u>한 가지</u>만 설명하시오.

(2) 이와 같은 문제를 예방하기 위한 사회적 차원의 방안을 <u>한 가지</u>만 설명하시오.

● 바른답·알찬풀이 58 쪽

1 온도와 입자 운동

① 물질을 구성하는 입자: 물질은 매우 작은 입자로 이루어져 있고, 이 입자는 끊임없이 운동한다.

② 온도: 물체를 구성하는 입자 운동이 활발한 정도

③ 물체의 온도가 **❶**[　　　]수록 입자 운동이 활발하고, 물체의 온도가 **❷**[　　　]수록 입자 운동이 둔하다. ➡ 물체의 온도가 높을수록 입자 사이의 거리가 대체로 멀다.

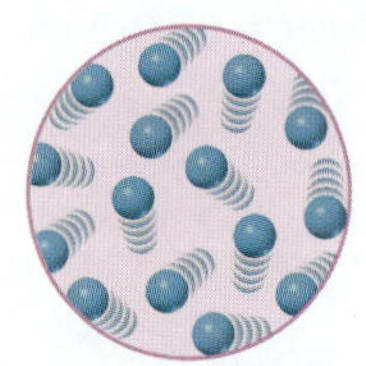
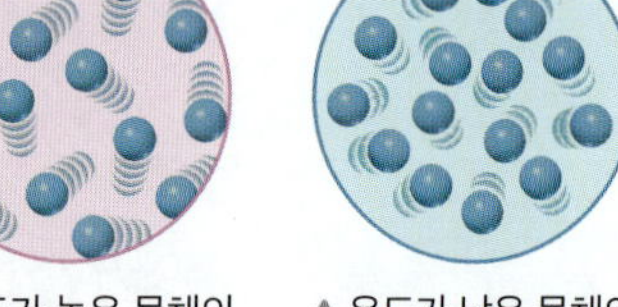

▲ 온도가 높은 물체의　　▲ 온도가 낮은 물체의
　　입자 운동　　　　　　　　입자 운동

2 열평형

① 열의 이동 방향: 열은 항상 온도가 높은 물체에서 온도가 낮은 물체로 이동한다.

② **❸**[　　　]: 온도가 다른 두 물체가 접촉할 때, 온도가 높은 물체에서 낮은 물체로 열이 이동하여 두 물체의 온도가 같아진 상태

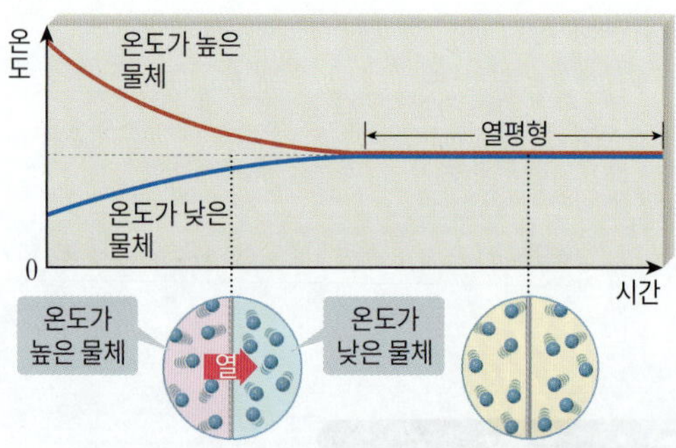

▲ 열평형에 도달하기까지 물체의 온도와 입자 운동 변화

구분	온도가 높은 물체	온도가 낮은 물체
열	잃는다.	얻는다.
온도	낮아진다.	높아진다.
입자 운동	둔해진다.	활발해진다.
열의 양	온도가 높은 물체가 잃은 열의 양과 온도가 낮은 물체가 얻은 열의 양은 **❹**[　　　].	

③ 열평형을 이용하는 예

- 접촉식 온도계로 물체의 온도를 측정한다.
- 냉장고에 음식을 넣으면 음식을 차갑게 보관할 수 있다.
- 찬물에 삶은 달걀을 넣으면 달걀은 식고 물은 따뜻해진다.

3 열의 이동 방식

① 전도: 물체를 구성하는 입자의 **❺**[　　　]이 이웃한 입자에 차례로 전달되어 열이 이동하는 방식 ➡ 주로 고체에서 일어난다.

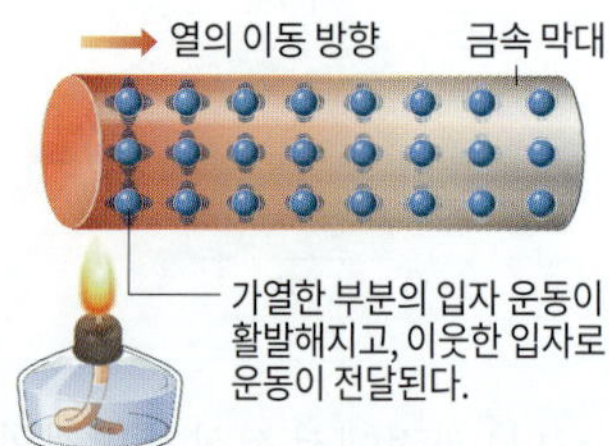

▲ 금속 막대를 가열할 때 열의 전도

예
- 냄비의 바닥 한쪽을 가열하면 냄비 전체가 뜨거워진다.
- 뜨거운 국에 담가 둔 숟가락의 손잡이 부분이 따뜻해진다.

- 물질의 종류에 따라 열이 전도되는 정도가 다르다.

구분	열이 빠르게 전도되는 물질	열이 느리게 전도되는 물질
종류	구리, 철, 알루미늄 등의 금속	플라스틱, 나무 등 금속이 아닌 물질
활용	프라이팬, 냄비 같은 조리 기구의 바닥 부분을 만드는 데 활용한다.	프라이팬, 냄비 같은 조리 기구의 손잡이 부분을 만드는 데 활용한다.

② 대류: 액체나 기체 물질을 구성하는 입자가 직접 이동하면서 열을 전달하는 방식

▲ 물을 가열할 때 열의 대류

예
- 물을 넣은 주전자 아래쪽을 가열하면 물 전체가 뜨거워진다.
- 냉난방기를 작동하면 방 전체가 골고루 시원해지거나 따뜻해진다.

③ 복사: 열이 물질을 거치지 않고 직접 이동하는 방식

예
- 난로 가까이에 있으면 따뜻함을 느낀다.
- 햇빛이 비치는 곳은 그늘진 곳보다 따뜻하다.
- **❽**[　　　]로 사람이나 물체를 촬영하면 온도를 측정할 수 있다.

④ 실제 열은 전도, 대류, 복사 중 한 가지 방식으로만 이동하는 것이 아니라 동시에 여러 방식으로 이동하는 경우가 많다.

● 바른답·알찬풀이 58 쪽

다음은 '01. 온도와 열'에 대한 설명이다. (   ) 안에 들어갈 알맞은 말을 쓰거나 고르시오.

1 물체를 구성하는 입자의 운동이 활발한 정도를 나타낸 것을 (   )(이)라고 한다.

2 물체의 온도가 높을수록 물체를 구성하는 입자의 운동이 (활발하다, 둔하다).

3 물체의 온도가 낮을수록 물체를 구성하는 입자 사이의 거리가 (멀다, 가깝다).

4 온도가 다른 두 물체가 서로 접촉하면 온도가 높은 물체에서 낮은 물체로 ㉠(   ) 이/가 이동하고, 시간이 지나면 두 물체의 온도가 같아지는 ㉡(   )에 도달한다.

5 뜨거운 물과 찬물이 접촉하면 뜨거운 물은 온도가 ㉠(낮아지고, 높아지고), 찬물은 온도가 ㉡(낮아진다, 높아진다).

6 (   )은/는 물질을 구성하는 입자의 운동이 이웃한 입자에 차례로 전달되어 열이 이동하는 방식이다.

7 냄비의 손잡이를 나무나 플라스틱으로 만드는 까닭은 금속보다 나무나 플라스틱에서 열이 (빠르게, 느리게) 전도되기 때문이다.

8 (   )은/는 물질을 구성하는 입자가 직접 이동하면서 열을 전달하는 방식이다.

9 (   )은/는 열이 물질을 거치지 않고 직접 이동하는 방식이다.

10 냉방기는 ㉠(전도, 대류, 복사)를 통해 방 전체를 시원하게 한다. 따라서 방의 ㉡(위쪽, 아래쪽)에 설치하는 것이 효과적이다.

내신 대비 문제 

01 그림은 온도가 다른 물이 담긴 비커에 같은 양의 잉크를 동시에 떨어뜨렸을 때 잉크가 퍼지는 모습을 나타낸 것이다.

(가)　　　　(나)

이에 대한 설명으로 옳은 것을 〈보기〉에서 모두 고른 것은?

| 보기 |
ㄱ. 물의 온도는 (가)가 (나)보다 높다.
ㄴ. 잉크는 (가)보다 (나)에서 빠르게 퍼진다.
ㄷ. 물의 입자 운동은 (나)가 (가)보다 활발하다.

① ㄱ　　　　② ㄷ　　　　③ ㄱ, ㄴ
④ ㄴ, ㄷ　　　⑤ ㄱ, ㄴ, ㄷ

02 온도와 열에 대한 설명으로 옳지 <u>않은</u> 것은?

① 물체가 열을 얻으면 온도가 높아진다.
② 물체가 열을 잃으면 입자 운동이 둔해진다.
③ 물체의 온도가 높을수록 입자 운동이 활발하다.
④ 열은 온도가 낮은 물체에서 온도가 높은 물체로 이동한다.
⑤ 온도가 다른 물체 사이에서 이동하는 에너지를 열이라고 한다.

03 그림과 같이 온도가 다르고 질량이 같은 물체 A와 B를 접촉했을 때 열이 A에서 B로 이동했다.

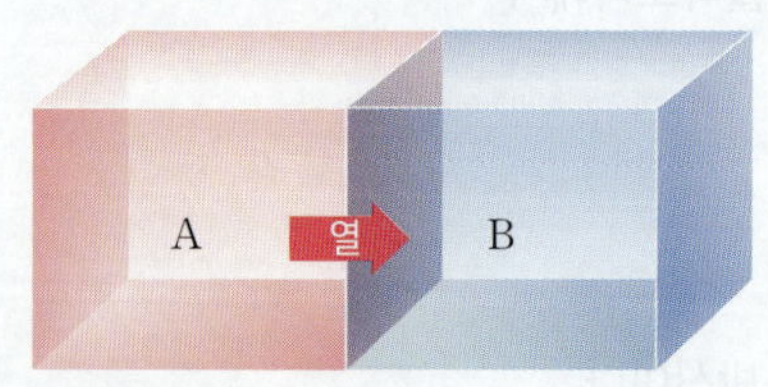

이에 대한 설명으로 옳은 것을 〈보기〉에서 모두 고른 것은?(단, 열은 A와 B 사이에서만 이동한다.)

| 보기 |
ㄱ. 접촉 전 온도는 B가 A보다 높다.
ㄴ. 시간이 지나면 A와 B의 온도가 같아진다.
ㄷ. A와 B를 구성하는 입자의 운동은 모두 둔해진다.

① ㄱ　　　　② ㄴ　　　　③ ㄱ, ㄷ
④ ㄴ, ㄷ　　　⑤ ㄱ, ㄴ, ㄷ

[04-05] 그림 (가)는 뜨거운 물이 담긴 비커를 찬물이 담긴 수조에 넣고 온도를 측정하는 모습을, 그림 (나)는 이때 시간에 따른 뜨거운 물과 찬물의 온도 변화를 나타낸 것이다. 물음에 답하시오.(단, 외부와의 열 출입은 없으며 A, B는 뜨거운 물과 찬물을 순서 없이 나타낸 것이다.)

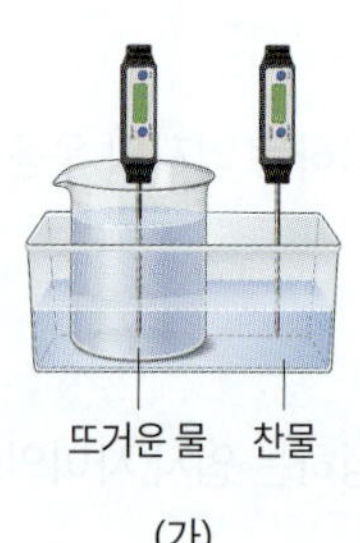 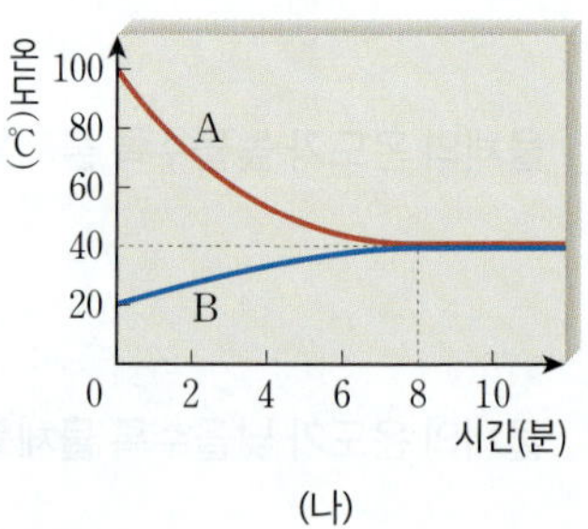

04 이에 대한 설명으로 옳은 것은?

① 열은 B에서 A로 이동한다.
② A는 찬물, B는 뜨거운 물이다.
③ 열평형에 도달했을 때 A의 온도는 40 ℃이다.
④ 8 분까지 B의 입자 사이의 거리는 가까워진다.
⑤ 열평형에 도달할 때까지 A가 얻은 열의 양은 B가 잃은 열의 양보다 많다.

05 처음과 10 분 후 A와 B의 입자 운동 모습을 순서대로 옳게 짝 지은 것은?

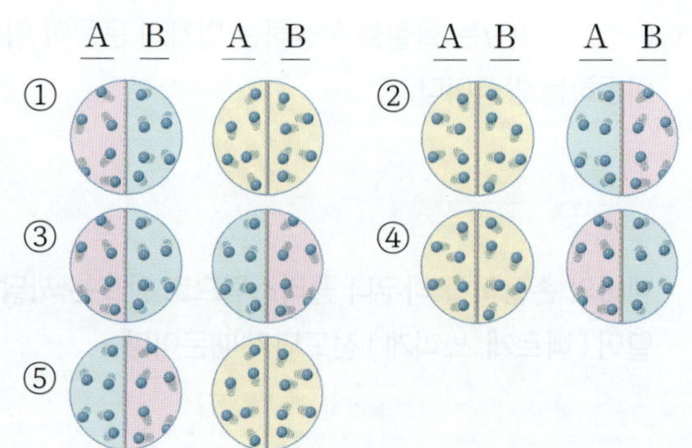

06 열평형과 관련된 현상으로 옳은 것을 〈보기〉에서 모두 고른 것은?

| 보기 |
ㄱ. 냉장고에 음식을 넣어 차갑게 보관한다.
ㄴ. 접촉식 온도계로 물체의 온도를 측정한다.
ㄷ. 겨울철에 운동장에 있는 철봉과 나무 의자를 만지면 철봉이 더 차갑게 느껴진다.

① ㄱ　　　　② ㄷ　　　　③ ㄱ, ㄴ
④ ㄴ, ㄷ　　　⑤ ㄱ, ㄴ, ㄷ

07 그림은 금속 막대의 한쪽 끝을 가열하는 모습을 나타낸 것이다.

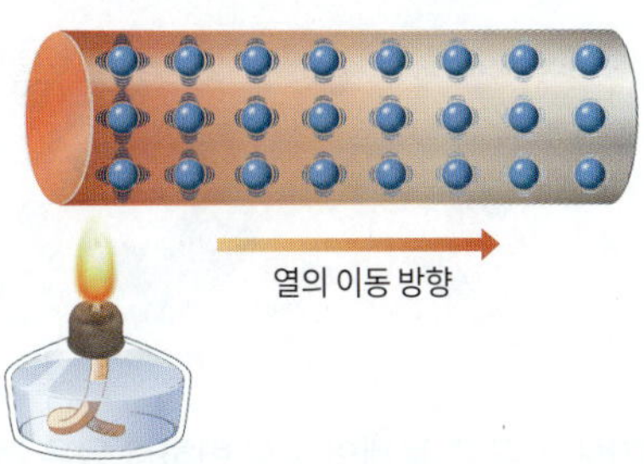

이때 막대에서 열이 이동하는 방식에 대한 설명으로 옳은 것을 〈보기〉에서 모두 고른 것은?

> | 보기 |
> ㄱ. 입자가 직접 이동하면서 열이 이동한다.
> ㄴ. 주로 액체에서 일어나는 열의 이동 방식이다.
> ㄷ. 금속의 종류가 달라지면 열이 막대 끝까지 이동하는 데 걸리는 시간이 달라진다.

① ㄱ ② ㄷ ③ ㄱ, ㄴ
④ ㄴ, ㄷ ⑤ ㄱ, ㄴ, ㄷ

08 오른쪽 그림은 냄비에 물을 넣고 가열할 때 물 전체가 뜨거워져 끓는 모습을 나타낸 것이다.
이와 같은 방식으로 열이 이동하는 현상으로 옳은 것은?

① 태양열이 지구에 전달된다.
② 햇빛이 비치는 곳에 있으면 따뜻함을 느낀다.
③ 프라이팬 바닥을 가열하면 전체가 뜨거워진다.
④ 냉방기를 켜면 실내가 전체적으로 시원해진다.
⑤ 열화상 카메라를 이용하여 사람의 체온을 측정한다.

09 다음은 열의 이동과 관련된 현상을 나타낸 것이다.

> (가) 난방기를 방의 아래쪽에 설치한다.
> (나) 난로에서 조금 떨어져 앉으면 따뜻함이 느껴진다.
> (다) 뜨거운 국에 넣은 숟가락의 손잡이 부분이 뜨거워진다.

(가)~(다)와 관련된 열의 이동 방식을 각각 쓰시오.

10 그림은 얼음 위에 생선을 올려 두어 신선하게 보관하는 모습을 나타낸 것이다.

얼음과 생선 사이에서 열이 이동하는 방향과 시간에 따른 생선의 온도 변화를 설명하시오.

11 한쪽 끝을 모닥불에 넣어 둔 쇠막대를 잡으면 뜨겁게 느껴진다. 이와 같은 방식으로 열이 이동하는 예를 한 가지만 설명하시오.

12 그림은 집안에서 냉방기와 난방기를 설치한 위치를 나타낸 것이다.

위와 같이 냉난방기를 설치하는 것이 효율적인 까닭을 설명하시오.

내신 대비 문제 2회

01 그림 (가), (나)는 온도가 다른 물의 입자 운동을 나타낸 것이다.

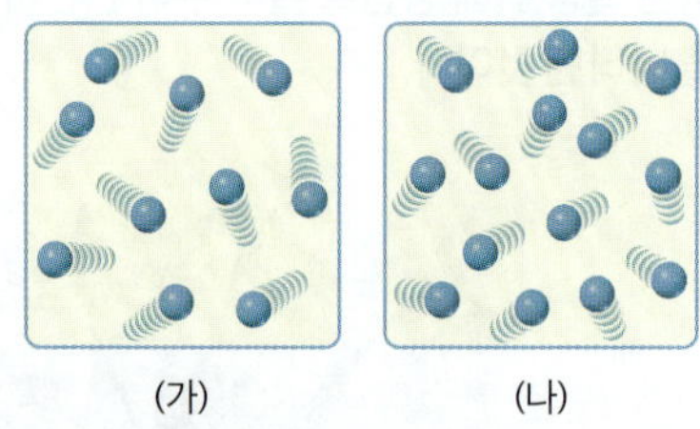

(가)　　　(나)

이에 대한 설명으로 옳은 것은?

① (가)와 (나)의 온도는 같다.
② (가)보다 (나)의 온도가 더 높다.
③ (가)를 가열하면 (나)와 같이 변한다.
④ (나)보다 (가)의 입자 운동이 더 활발하다.
⑤ 두 물을 접촉하면 (나)에서 (가)로 열이 이동한다.

02 온도와 열에 대한 설명으로 옳은 것을 〈보기〉에서 모두 고른 것은?

| 보기 |
ㄱ. 온도가 높을수록 입자 운동이 활발하다.
ㄴ. 물체가 열을 얻으면 입자 운동이 활발해진다.
ㄷ. 열은 온도가 높은 물체에서 낮은 물체로 이동한다.

① ㄱ　　　② ㄷ　　　③ ㄱ, ㄴ
④ ㄴ, ㄷ　　　⑤ ㄱ, ㄴ, ㄷ

03 표는 온도가 다른 두 물체 A, B를 접촉한 후 시간에 따른 A와 B의 온도 변화를 나타낸 것이다.

시간(분)		0	1	2	3	4	5	6
온도 (°C)	A	25	31	36	38	39	40	㉠
	B	50	46	43	42	41	40	㉡

㉠, ㉡으로 알맞은 값을 쓰시오.(단, 열은 A와 B 사이에서만 이동한다.)

04 그림은 같은 물질로 이루어진 두 물체 A, B를 접촉한 모습을 나타낸 것이다.

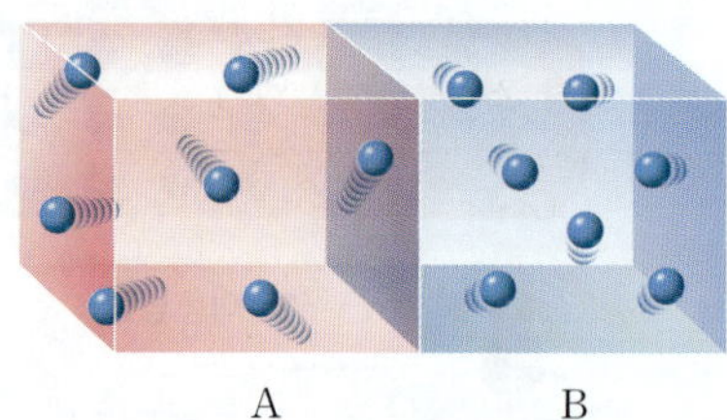

A　　　B

시간에 따른 두 물체의 온도 변화로 옳은 것은?(단, 열은 A와 B 사이에서만 이동한다.)

① 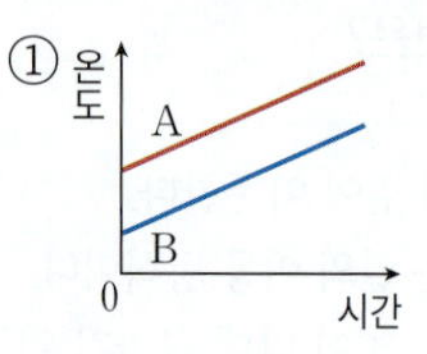
② 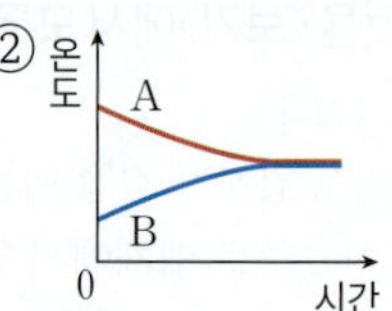
③ 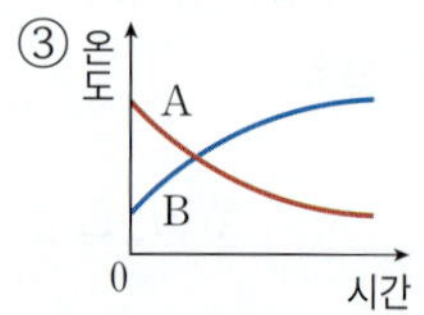
④ 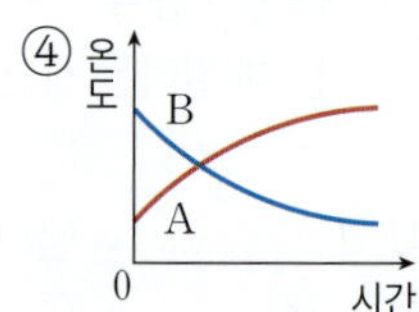
⑤ 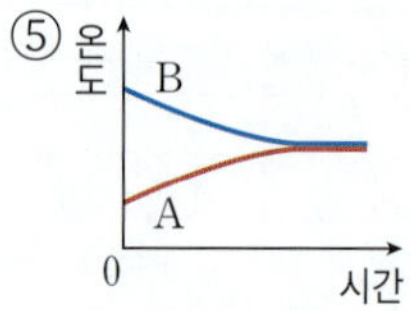

05 그림은 온도계를 이용하여 뜨거운 불판 위에 놓인 음식의 온도를 측정하는 모습을 나타낸 것이다.

온도를 측정하는 원리와 관계있는 현상으로 옳은 것은?

① 냉장고에 음식을 넣어 시원하게 보관한다.
② 열화상 카메라로 사람의 체온을 측정한다.
③ 음료수 병 속에 음료수를 가득 채우지 않는다.
④ 금속 냄비의 손잡이를 나무나 플라스틱으로 만든다.
⑤ 여름철 한낮에 바닷가에서 모래의 온도가 바닷물보다 높다.

06 다음은 열이 이동하는 방식을 설명한 것이다.

> (가) 입자가 직접 이동하며 열을 전달한다.
> (나) 물질을 거치지 않고 열이 직접 이동한다.
> (다) 입자의 운동이 이웃한 입자에 전달되어 열이 이동한다.

(가)~(다)에 해당하는 열의 이동 방식을 옳게 짝지은 것은?

	(가)	(나)	(다)
①	복사	전도	대류
②	복사	대류	전도
③	대류	복사	전도
④	대류	전도	복사
⑤	전도	복사	대류

07 냉방기의 이용에 대한 설명으로 옳은 것을 <보기>에서 모두 고른 것은?

> **보기**
> ㄱ. 냉방기에서 나온 찬 공기는 아래쪽으로 이동한다.
> ㄴ. 방 안에 냉방기를 설치할 때 아래쪽에 설치하는 것이 효과적이다.
> ㄷ. 냉방기를 작동하면 대류에 의해 공기가 이동하면서 방 안을 전체적으로 시원하게 한다.

① ㄱ   ② ㄴ   ③ ㄱ, ㄷ
④ ㄴ, ㄷ   ⑤ ㄱ, ㄴ, ㄷ

08 그림은 열이 다양한 방식으로 이동하는 모습을 나타낸 것이다.

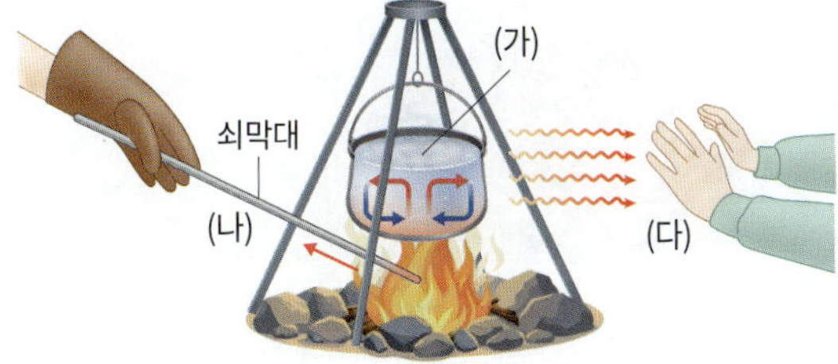

다음 중 (나)와 같은 방식으로 열이 이동하는 것은?

① 햇빛 아래에서 따뜻함을 느낀다.
② 난로를 켜면 방 전체가 골고루 따뜻해진다.
③ 따뜻한 물이 담긴 컵을 잡으면 손이 따뜻해진다.
④ 난로에서 조금 떨어져 있으면 따뜻하게 느껴진다.
⑤ 물을 넣은 주전자 아래쪽을 가열하면 물 전체가 뜨거워진다.

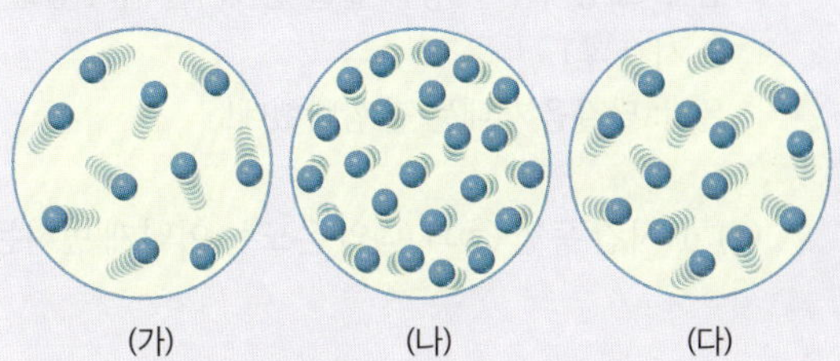

서술형 문제

09 그림 (가)~(다)는 온도가 다른 물 입자의 운동을 나타낸 것이다.

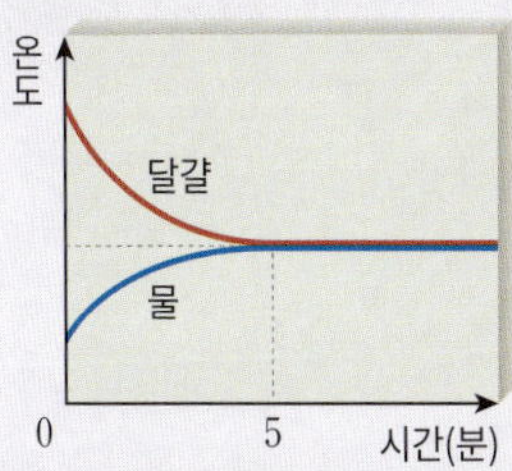

(가)~(다)의 온도를 등호(=) 또는 부등호(>, <)를 이용하여 비교하고, 그 까닭을 설명하시오.

10 그림은 갓 삶은 달걀을 찬물에 넣었을 때 시간에 따른 달걀과 물의 온도 변화를 나타낸 것이다.

처음 5 분 동안과 5 분 이후 물과 달걀을 이루는 입자의 운동을 비교하여 설명하시오.(단, 같은 온도일 때 달걀과 물의 입자 운동은 같다고 가정한다.)

11 뜨거운 국에 크기와 모양이 같은 나무 숟가락과 금속 숟가락을 함께 넣어 두었을 때, 금속 숟가락이 더 뜨겁게 느껴지는 까닭을 설명하시오.

01 다음은 은서와 엄마가 나눈 대화이다.

> 엄마: 은서야, ㉠ 삶은 달걀을 ㉡ 찬물에 좀 넣어 줄래?
> 은서: 알겠어요. 그런데 달걀을 찬물에 넣는 까닭이 뭐예요?
> 엄마: 그냥 두면 나중에 달걀 껍데기를 까기 힘들어지거든.
> (1 시간 후)
> 은서: 달걀을 꺼내는 걸 깜빡했네!

(1) 1 시간 동안 ㉠과 ㉡의 온도는 어떻게 변하는지 설명하시오.

(2) (1)과 같이 온도가 변하는 까닭을 설명하시오.

(3) 이와 같은 현상을 일상생활에서 이용하는 예를 한 가지만 설명하시오.

02 **창의적 문제 해결** 다음은 냉동된 고기를 해동하는 방법에 대한 설명이다.

> 냉동된 고기를 상온에 그대로 두면 녹는 데 시간이 많이 걸린다. 그러나 고기를 빠르게 해동하기 위해 따뜻한 물에 담가 두면 세균이 증식할 수 있다. 냉동된 고기를 상온에서 빠르고 위생적으로 녹이기 위해서는 어떻게 해야 할까? 주방에 있는 금속 냄비 두 개를 이용하면 간단히 해결할 수 있다. 

(1) 금속 냄비 두 개를 이용하여 고기를 빠르게 해동하는 방법을 설명하시오.

(2) (1)의 방법으로 고기를 빠르게 해동할 수 있는 까닭을 열의 이동 방식과 관련지어 설명하시오.

03 그림 (가)는 찬물이 담긴 플라스크를 칸막이로 막아 따뜻한 물이 담긴 플라스크 위에 올려놓은 모습을, 그림 (나)는 같은 방법으로 따뜻한 물이 담긴 플라스크를 찬물이 담긴 플라스크 위에 올려놓은 모습을 나타낸 것이다.

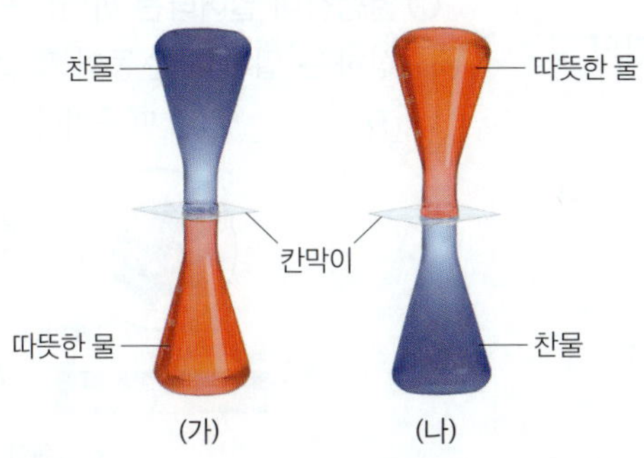

(1) (가)와 (나)에서 칸막이를 치우고 시간이 지나면 찬물과 따뜻한 물이 어떻게 될지 각각 설명하시오.

(2) 실내에 냉방기와 난방기를 설치하려고 한다. (1)의 결과와 관련지어 냉방기와 난방기를 각각 어디에 설치하는 것이 좋을지 설명하시오.

[글쓰기]

04 그림은 우리나라의 전통 난방 방법인 온돌의 구조를 나타낸 것이다. 온돌은 방바닥 아래에 구들장이라는 넓적한 돌을 깔고, 아궁이에 불을 지펴 방바닥을 데운다.

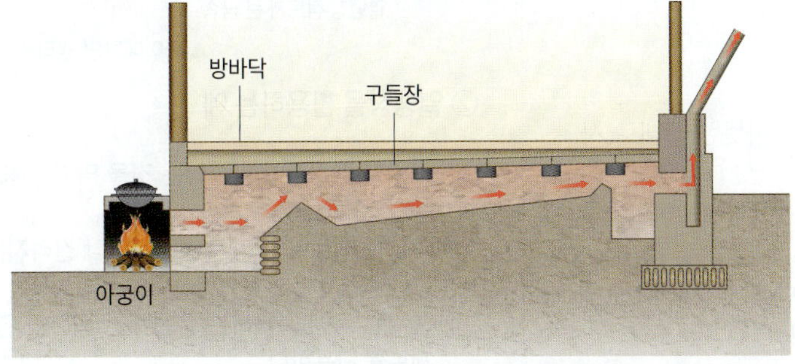

온돌에 의해 방 전체가 따뜻해지는 과정을 전도, 대류, 복사를 이용하여 설명하는 글을 쓰시오.

● 바른답·알찬풀이 61 쪽

1 열량 온도가 다른 물체 사이에서 이동하는 열의 양[단위: kcal]

- 열량, 질량, 온도 변화의 관계: 가한 열량이 많고 물질의 질량이 작을수록 온도 변화가 크다.

2 ❶ ⬚   어떤 물질 1 kg의 온도를 1 ℃ 높이는 데 필요한 열량 [단위: kcal/(kg·℃)]

$$비열 = \frac{열량}{질량 \times 온도 \; 변화}, \quad 열량 = 비열 \times 질량 \times 온도 \; 변화$$

① 비열과 온도 변화, 열량의 관계: 비열이 큰 물질일수록 온도가 잘 변하지 않고, 온도를 높이는 데 많은 열량이 필요하다.

같은 열량을 가할 때	질량이 같은 물질에 같은 열량을 가하면 비열이 큰 물질일수록 온도 변화가 ❷ ⬚.
같은 온도만큼 높일 때	질량이 같은 물질을 같은 온도만큼 높이려면 비열이 ❸ ⬚ 물질일수록 많은 열량이 필요하다.

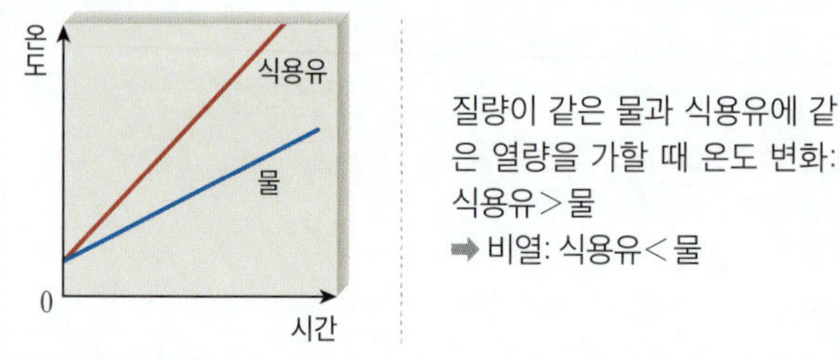

질량이 같은 물과 식용유에 같은 열량을 가할 때 온도 변화: 식용유＞물
➡ 비열: 식용유＜물

② 비열은 물질의 종류에 따라 다르다. ➡ 비열은 물질을 구별하는 특성이다.

③ 비열에 의한 현상

- 여름철 한낮의 바닷가에서 모래사장의 온도는 바닷물보다 ❹ ⬚.
- 사람은 몸의 약 70 %가 비열이 큰 물로 이루어져 있어 체온이 쉽게 변하지 않는다.

3 비열을 활용하는 예

비열이 큰 물질의 활용	• 찜질 팩은 물을 넣어 오랫동안 따뜻한 상태로 사용한다. • 자동차 냉각수는 물이 많이 포함되어 있어 엔진이 지나치게 뜨거워지는 것을 막는다. • 뚝배기는 비열이 큰 물질로 만들어 음식을 오랫동안 따뜻하게 유지할 수 있다.
비열이 작은 물질의 활용	• 프라이팬은 비열이 작은 금속으로 만들어 열을 가하면 빠르게 뜨거워져 음식을 익힌다. • 난방용 온수관은 비열이 작은 물질로 만들어 온수가 지나가면 바닥에 빠르게 열을 전달한다.

4 ❺ ⬚   물체가 열을 받아 부피가 커지는 현상

① 열팽창이 일어나는 까닭: 물체가 열을 받으면 물체를 구성하는 입자의 운동이 활발해지며 입자 사이의 거리가 ❻ ⬚지기 때문이다.

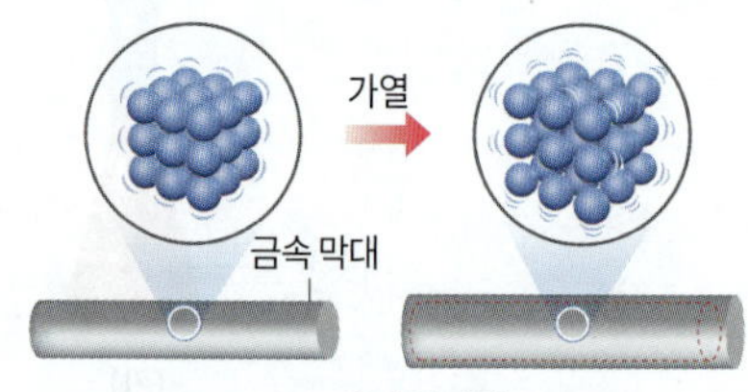

▲ 고체의 열팽창

② 물질의 상태에 따라 열팽창 정도가 다르다. ➡ 일반적으로 열팽창 정도는 고체＜액체이다.

③ 물질의 종류에 따라 열팽창 정도가 다르다.

고체의 열팽창 정도 비교	액체의 열팽창 정도 비교
종이와 알루미늄박을 붙인 후 반으로 접어 가열하면 알루미늄박이 더 많이 팽창하여 종이 쪽으로 휘어진다. ➡ 열팽창 정도: 종이＜알루미늄	같은 양의 물과 에탄올이 담긴 플라스크를 뜨거운 물에 넣었을 때 액체의 높이 변화는 에탄올이 더 크다. ➡ 열팽창 정도: 물 ❼ ⬚ 에탄올

5 열팽창의 활용

① ❽ ⬚: 열팽창 정도가 다른 두 금속을 붙인 것으로, 전기 기구나 화재경보기에 활용한다.

▲ 바이메탈의 원리

② 열팽창을 활용하는 예

- 여름철 가스관이 파손되는 것을 막기 위해 구부러진 부분을 만든다.
- 여름철 철로나 다리가 휘어지거나 갈라지는 것을 막기 위해 중간에 틈을 둔다.
- 충치 치료에 사용하는 충전재는 치아와 열팽창 정도가 비슷한 재료를 사용한다.
- 열팽창 정도가 비슷한 철근과 콘크리트를 사용하여 건물에 균열이 생기는 것을 막는다.
- 알코올 온도계나 수은 온도계는 온도계 속 액체의 부피가 온도 변화에 비례하여 팽창하는 것을 이용해 온도를 측정한다.

● 바른답·알찬풀이 61쪽

다음은 '02. 비열과 열팽창'에 대한 설명이다. (　　　) 안에 들어갈 알맞은 말을 쓰거나 고르시오.

1 온도가 다른 물체 사이에서 이동하는 열의 양을 (　　　)(이)라고 한다.

2 어떤 물질 1 kg의 온도를 (　　　) ℃ 높이는 데 필요한 열량을 비열이라고 한다.

3 오른쪽 그림과 같이 질량이 같은 물과 식용유에 같은 열량을 가할 때 ㉠(물, 식용유)의 온도가 더 빠르게 높아지는 까닭은 식용유의 비열이 물의 비열보다 ㉡(크기, 작기) 때문이다.

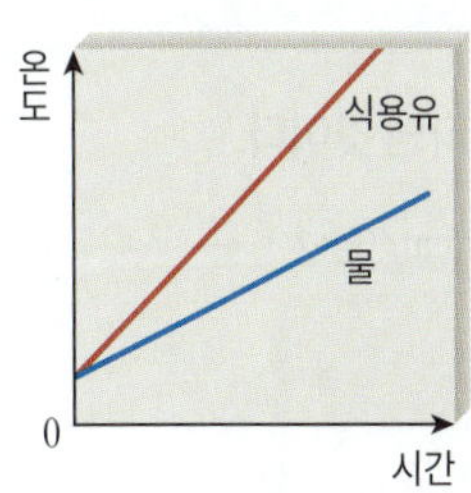

4 질량과 온도가 같은 두 물질의 온도를 같은 온도까지 높이려고 할 때 필요한 열량은 비열이 큰 물질이 더 (많다, 적다).

5 비열이 (　　　) 금속으로 만든 프라이팬을 가열하면 온도가 빠르게 높아지므로 음식을 빠르게 익힐 수 있다.

6 물체가 ㉠(　　　)을/를 받아 부피가 ㉡(커지는, 작아지는) 현상을 열팽창이라고 한다.

7 열팽창이 일어나는 까닭은 물체가 열을 받으면 물체를 구성하는 입자의 운동이 활발해지며 입자 사이의 (　　　)이/가 멀어지기 때문이다.

8 열팽창은 ㉠(고체, 액체, 기체)에서 일어나며, 일반적으로 열팽창 정도는 고체가 액체보다 ㉡(크다, 작다).

9 오른쪽 그림과 같은 바이메탈을 가열하면 ㉠(위쪽, 아래쪽)으로 휘어지고, 냉각하면 ㉡(위쪽, 아래쪽)쪽으로 휘어진다.

10 알코올 온도계나 수은 온도계는 온도계 속 액체의 부피가 온도 변화에 비례하여 (　　　)하는 원리를 이용해 온도를 측정한다.

내신 대비 문제 1회

01 비열에 대한 설명으로 옳은 것은?

① 질량이 클수록 비열이 크다.
② 금속은 대체로 물보다 비열이 크다.
③ 비열이 클수록 온도가 쉽게 변한다.
④ 물질마다 다른 값을 갖는 물질의 특성이다.
⑤ 물질의 온도를 10 ℃ 높이는 데 필요한 열량이다.

02 그림은 여러 가지 물질의 비열을 나타낸 것이다.

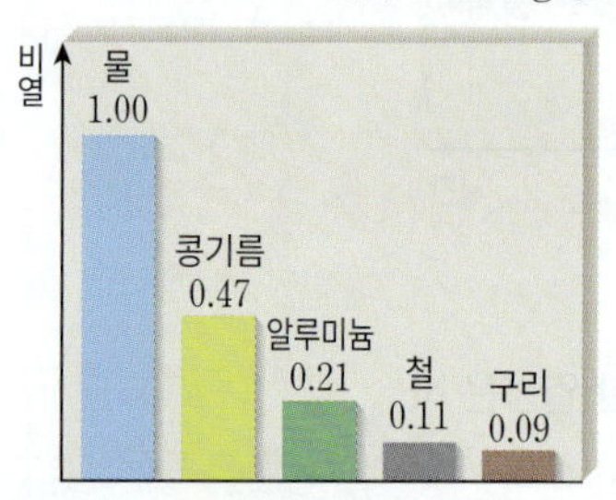

물질의 질량이 모두 같을 때, 같은 열량을 가하면 온도가 가장 많이 변하는 물질로 옳은 것은?

① 물   ② 철   ③ 구리
④ 콩기름   ⑤ 알루미늄

03 그림은 질량이 같은 물질 A와 B를 같은 가열 기구로 가열할 때 시간에 따른 온도 변화를 나타낸 것이다.

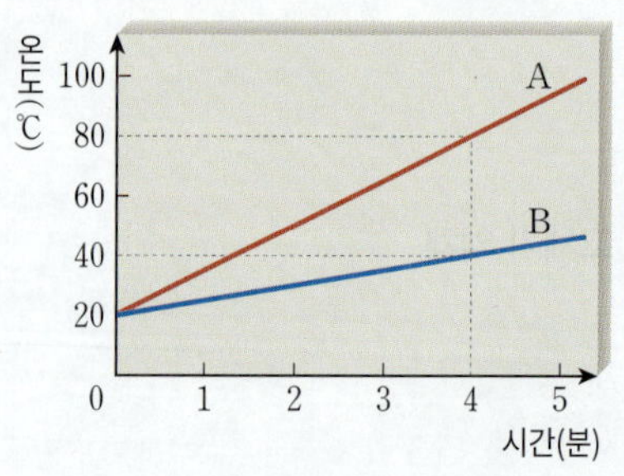

이에 대한 설명으로 옳은 것을 〈보기〉에서 모두 고른 것은?

| 보기 |

ㄱ. B의 비열은 A의 3 배이다.
ㄴ. A와 B가 받은 열량은 같다.
ㄷ. 4 분까지 A의 온도 변화는 B의 2 배이다.

① ㄱ   ② ㄷ   ③ ㄱ, ㄴ
④ ㄴ, ㄷ   ⑤ ㄱ, ㄴ, ㄷ

04 표는 질량이 같은 물질 A∼C를 같은 가열 기구로 같은 시간 가열했을 때, 처음 온도와 나중 온도를 나타낸 것이다.

구분	A	B	C
처음 온도(℃)	24	32	20
나중 온도(℃)	36	38	36

이에 대한 설명으로 옳은 것은?

① 비열은 C가 가장 크다.
② A와 C는 같은 물질이다.
③ 온도를 10 ℃ 높이는 데 필요한 열량은 A가 가장 많다.
④ 온도를 10 ℃ 높이는 데 걸리는 시간은 C가 가장 길다.
⑤ A∼C를 같은 온도까지 가열한 뒤 가열을 멈추면 B가 가장 천천히 식을 것이다.

05 다음은 우리 생활에서 물을 활용하는 예를 나타낸 것이다.

- 찜질 팩에 뜨거운 물을 넣어 두면 오랜 시간 동안 따뜻하게 사용할 수 있다.
- 물이 많이 포함된 냉각수를 이용하여 자동차 엔진의 온도가 지나치게 높아지는 것을 막는다.

이와 관련된 물의 특성으로 옳은 것은?

① 물의 밀도가 다른 물질에 비해 크다.
② 물의 비열이 다른 물질에 비해 크다.
③ 물의 비열이 다른 물질에 비해 작다.
④ 물의 열팽창 정도가 다른 물질에 비해 크다.
⑤ 물의 열팽창 정도가 다른 물질에 비해 작다.

06 물체가 열을 받을 때 입자의 크기와 입자 사이의 거리 변화를 옳게 짝 지은 것은?

	입자의 크기	입자 사이의 거리
①	커진다.	변화 없다.
②	커진다.	가까워진다.
③	작아진다.	멀어진다.
④	변화 없다.	멀어진다.
⑤	변화 없다.	변화 없다.

07 그림 (가)와 같이 종이와 알루미늄박을 붙인 후 반으로 접어 가열했더니 그림 (나)와 같이 변했다.

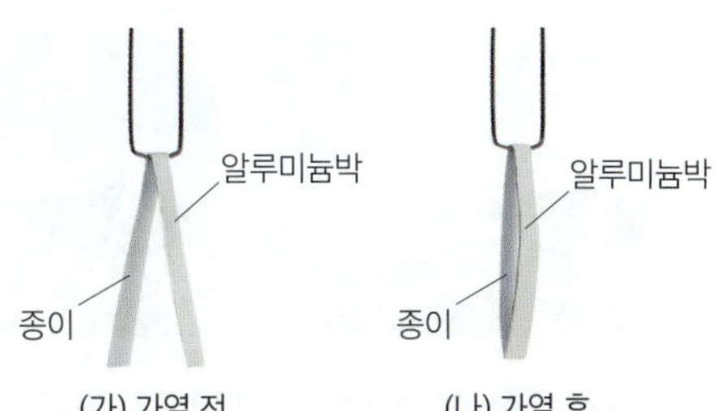

이에 대한 설명으로 옳은 것을 〈보기〉에서 모두 고른 것은?

| 보기 |

ㄱ. 종이는 알루미늄보다 열팽창 정도가 크다.
ㄴ. 종이와 알루미늄박은 모두 부피가 커졌다.
ㄷ. 알루미늄박을 이루는 입자 사이의 거리는 멀어졌다.

① ㄱ   ② ㄷ   ③ ㄱ, ㄴ
④ ㄴ, ㄷ   ⑤ ㄱ, ㄴ, ㄷ

08 그림은 철로 사이에 틈을 둔 모습을 나타낸 것이다.

이에 대한 설명으로 옳지 <u>않은</u> 것은?

① 금속의 열팽창을 고려한 것이다.
② 겨울에는 여름보다 철로의 틈이 넓어진다.
③ 겨울에는 여름보다 철로의 부피가 커진다.
④ 틈이 없이 철로를 만들면 철로가 휘어질 수 있다.
⑤ 가스관을 구부러지게 만드는 것과 같은 원리이다.

09 열팽창과 관련된 현상으로 옳은 것을 〈보기〉에서 모두 고른 것은?

| 보기 |

ㄱ. 철탑의 높이가 계절에 따라 변한다.
ㄴ. 음료수 병에 음료수를 가득 채우지 않는다.
ㄷ. 여름철 한낮에 바닷가에서 모래가 바닷물보다 뜨겁다.

① ㄱ   ② ㄷ   ③ ㄱ, ㄴ
④ ㄴ, ㄷ   ⑤ ㄱ, ㄴ, ㄷ

서술형 문제

10 음식을 오랫동안 따뜻하게 먹기 위해서는 알루미늄 냄비보다 오른쪽 그림과 같은 뚝배기를 사용하는 것이 좋다. 그 까닭을 설명하시오.

11 그림과 같이 찬물을 넣은 삼각 플라스크에 유리관을 꽂고 뜨거운 물이 담긴 수조에 넣었더니 유리관 안의 물의 높이가 높아졌다.

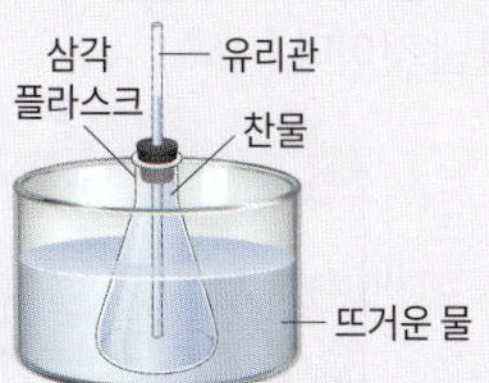

이와 같은 원리로 나타나는 현상을 <u>한 가지만</u> 서술하시오.

12 그림은 구리와 철로 만든 바이메탈을 활용한 화재경보기의 구조를 나타낸 것이다.

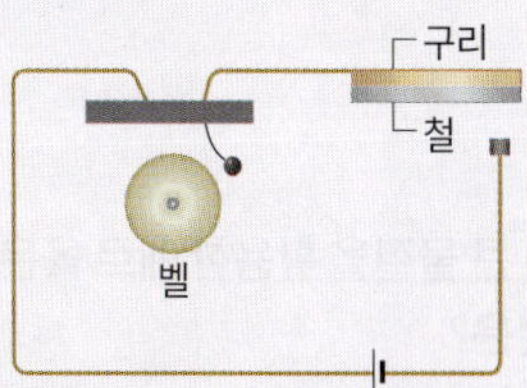

구리와 철 중 열팽창 정도가 더 큰 것을 쓰고, 그렇게 판단한 까닭을 설명하시오.

내신 대비 문제 2회

01 비열에 대한 설명으로 옳은 것을 〈보기〉에서 모두 고른 것은?

| 보기 |
> ㄱ. 비열의 단위로는 ℃, K 등을 사용한다.
> ㄴ. 같은 물질이라도 질량이 달라지면 비열이 달라진다.
> ㄷ. 물질 1 kg의 온도를 1 ℃ 높이는 데 필요한 열량이다.

① ㄱ   ② ㄷ   ③ ㄱ, ㄴ
④ ㄴ, ㄷ   ⑤ ㄱ, ㄴ, ㄷ

02 그림은 질량이 각각 100 g, 100 g, 200 g인 물질 A, B, C를 같은 가열 기구로 가열할 때 가한 열량에 따른 온도 변화를 나타낸 것이다.

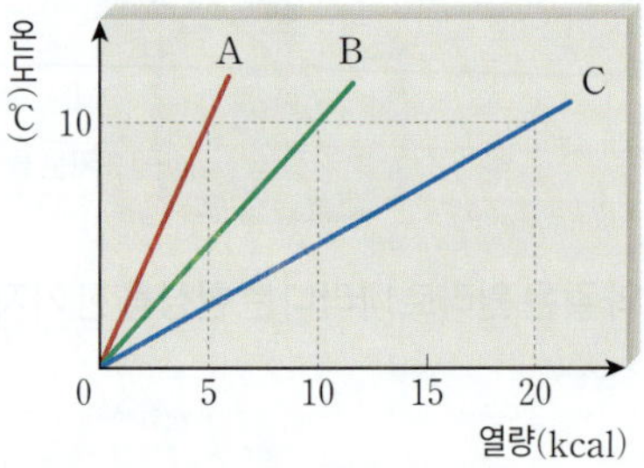

A, B, C의 비열 비(A : B : C)는?

① 1 : 1 : 1   ② 1 : 2 : 2
③ 1 : 4 : 8   ④ 4 : 2 : 1
⑤ 8 : 4 : 1

03 비열이 큰 물질을 활용한 예로 옳은 것을 〈보기〉에서 모두 고른 것은?

| 보기 |
> ㄱ. 찌개를 담는 뚝배기
> ㄴ. 구리로 만든 프라이팬
> ㄷ. 물이 많이 포함된 자동차 냉각수

① ㄱ   ② ㄴ   ③ ㄱ, ㄷ
④ ㄴ, ㄷ   ⑤ ㄱ, ㄴ, ㄷ

04 그림은 여름철 낮과 밤에 바다와 모래사장의 온도를 나타낸 것이다.

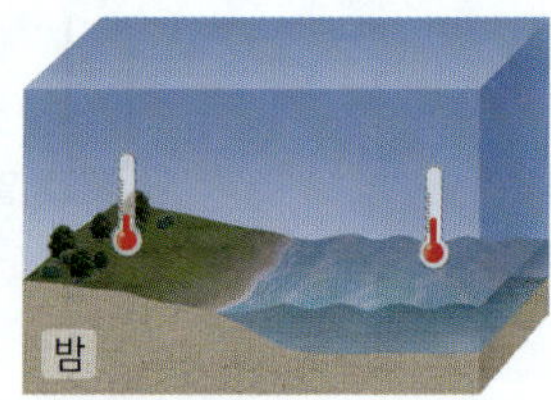

이와 같은 현상이 나타나는 까닭으로 옳은 것은?

① 물의 비열이 모래보다 크기 때문이다.
② 물의 비열이 모래보다 작기 때문이다.
③ 물의 열팽창 정도가 모래보다 크기 때문이다.
④ 물의 열팽창 정도가 모래보다 작기 때문이다.
⑤ 물은 모래보다 입자의 크기가 크기 때문이다.

05 그림은 어떤 금속의 온도가 변할 때 입자의 모습을 나타낸 것이다.

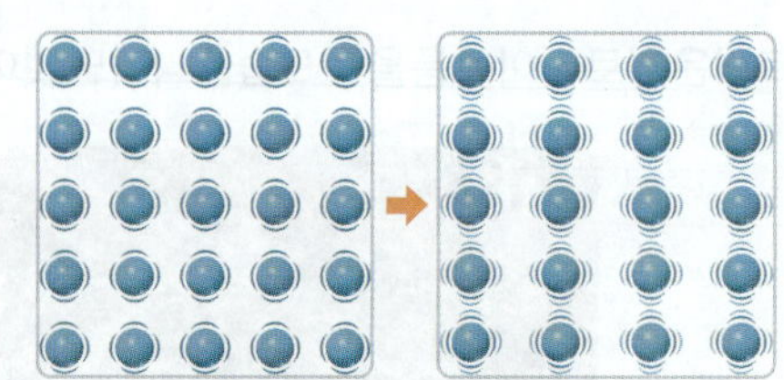

이에 대한 설명으로 옳은 것을 〈보기〉에서 모두 고른 것은?

| 보기 |
> ㄱ. 금속의 온도는 높아진다.
> ㄴ. 금속의 전체 부피는 커진다.
> ㄷ. 금속을 이루는 입자 사이의 거리는 가까워진다.

① ㄱ   ② ㄷ   ③ ㄱ, ㄴ
④ ㄴ, ㄷ   ⑤ ㄱ, ㄴ, ㄷ

06 열팽창에 대한 설명으로 옳은 것을 〈보기〉에서 모두 고른 것은?

| 보기 |
> ㄱ. 물질의 상태에 따라 열팽창 정도가 다르다.
> ㄴ. 고체는 열을 받아도 부피가 커지지 않는다.
> ㄷ. 음료수 병에 음료수를 가득 채우지 않는 것은 액체의 열팽창을 고려한 것이다.

① ㄱ   ② ㄴ   ③ ㄱ, ㄷ
④ ㄴ, ㄷ   ⑤ ㄱ, ㄴ, ㄷ

07 그림은 같은 양의 물과 에탄올을 삼각 플라스크에 넣고 입구에 유리관을 끼워 뜨거운 물이 담긴 수조에 넣었을 때 액체의 높이가 변한 모습을 나타낸 것이다.

이에 대한 설명으로 옳은 것을 〈보기〉에서 모두 고른 것은?

| 보기 |
ㄱ. 물이 열을 받으면 부피가 커진다.
ㄴ. 열팽창 정도는 물이 에탄올보다 크다.
ㄷ. 액체의 종류에 따라 열팽창 정도가 다르다.

① ㄱ　　　　　② ㄴ　　　　　③ ㄱ, ㄷ
④ ㄴ, ㄷ　　　　⑤ ㄱ, ㄴ, ㄷ

08 우리 주변에서 볼 수 있는 현상 중 그 원리가 나머지와 <u>다른</u> 하나는?

① 철탑의 높이가 계절에 따라 다르다.
② 철근과 콘크리트를 이용해 건물을 짓는다.
③ 가스관의 중간에 구부러진 부분을 만든다.
④ 사람의 몸에는 물이 많아 체온이 잘 변하지 않는다.
⑤ 종류가 다른 두 금속을 붙여 만든 바이메탈을 화재 경보기에 사용한다.

09 오른쪽 그림과 같이 열팽창 정도가 다른 금속 A, B로 만든 바이메탈에 열을 가했더니 위쪽으로 휘었다.

A, B 중 열팽창 정도가 더 큰 것과 바이메탈을 냉각할 때 휘어지는 방향을 옳게 짝지은 것은?

	열팽창 정도가 더 큰 것	휘어지는 방향
①	A	위
②	A	아래
③	A	변화 없음.
④	B	위
⑤	B	아래

10 오른쪽 그림은 물을 넣어서 사용하는 찜질 팩의 모습을 나타낸 것이다. 찜질 팩에 물을 넣어 사용하는 까닭을 비열과 관련지어 설명하시오.

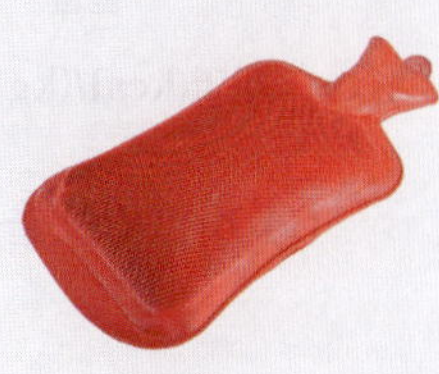

11 오른쪽 그림은 철로 만들어진 에펠탑의 모습을 나타낸 것이다. 에펠탑의 높이는 겨울보다 여름에 약 **10 cm** 높아진다고 한다. 이러한 현상이 일어나는 까닭을 물질을 구성하는 입자와 관련지어 설명하시오.

12 그림은 철, 구리, 알루미늄 막대 끝을 각각 열팽창 실험 장치의 바늘에 연결한 후 막대를 가열했을 때 바늘이 시계 방향으로 돌아간 모습을 나타낸 것이다.

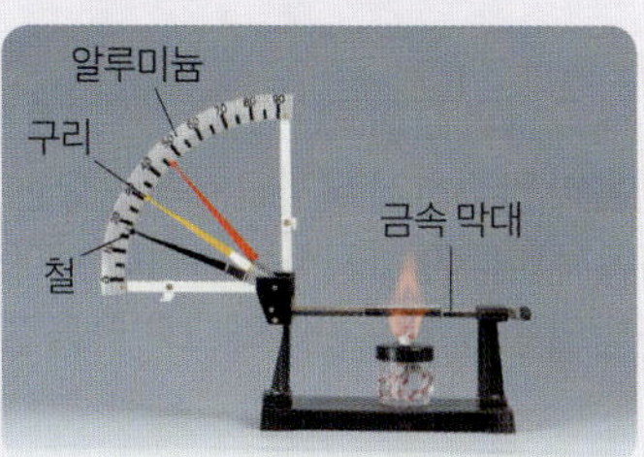

이 실험으로 알 수 있는 것 두 가지를 설명하시오.

01 표는 여러 가지 물질의 비열을 나타낸 것이다.

물질	납	물	철	구리	콩기름	알루미늄
비열(kcal/(kg·℃))	0.03	1.00	0.11	0.09	0.47	0.21

(1) 비열의 뜻을 설명하시오.

(2) 물질의 질량이 모두 같다면 같은 열량을 가할 때 온도가 가장 많이 변하는 것을 쓰시오.

(3) 물질의 질량이 모두 같다면 같은 온도만큼 높이는 데 가장 많은 열량이 필요한 것을 쓰시오.

(4) 구리 냄비와 알루미늄 냄비 중 연료가 한정된 캠핑장에서 빠르게 요리하기에 더 좋은 것을 쓰고, 그 까닭을 설명하시오.

(5) 일상생활에서 비열이 큰 물질을 활용하는 예를 한 가지만 설명하시오.

02 오른쪽 그림과 같이 지구 표면의 약 70 %를 덮고 있는 바다는 지구의 기온이 일정하게 유지되는 데 중요한 역할을 한다.
지구에서 바다가 차지하는 면적이 현재의 절반으로 줄어드는 경우 낮과 밤의 평균 기온 변화와 그 까닭을 설명하는 글을 쓰시오.

03 오른쪽 그림은 찬물이 담긴 삼각 플라스크에 유리관을 꽂아 뜨거운 물이 담긴 수조에 넣은 직후의 모습과 이때 삼각 플라스크 안의 물 입자의 운동을 나타낸 것이다.

10 분 후 유리관 안의 물 높이와 삼각 플라스크 안의 물 입자의 운동을 그림으로 나타내시오.

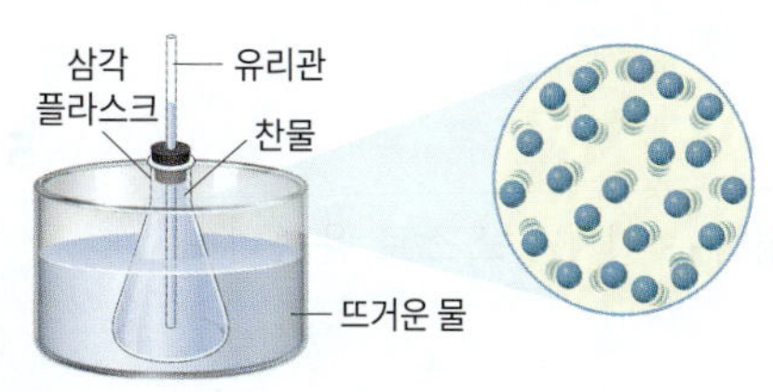

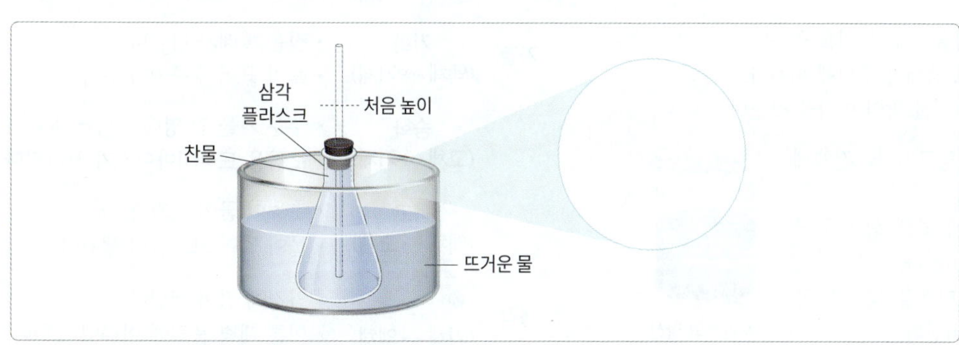

창의적 문제 해결

04 그림과 같이 크기가 비슷한 그릇 두 개가 꽉 끼어 빠지지 않을 때 따뜻한 물과 찬물을 이용하여 빼내려고 한다.

(1) 따뜻한 물과 찬물을 어떻게 이용해야 할지 설명하시오.

(2) (1)과 같은 방법으로 그릇을 빼낼 수 있는 까닭을 설명하시오.

● 바른답·알찬풀이 64 쪽

1 확산

① ⎡**❶**⎤ : 물질을 구성하는 입자가 스스로 운동하여 퍼져 나가는 현상

② 확산의 예

기체에서의 확산	• 전기 모기향을 피워 모기를 쫓는다. • 향수나 향초 냄새가 주변에 퍼진다. • 탐지견이 냄새를 맡아 마약을 찾는다.
액체에서의 확산	• 물에 넣은 잉크가 물 전체에 퍼진다. • 냉면 국물에 넣은 식초가 국물 전체에 퍼진다. • 물에 홍차 티백을 넣으면 홍차 성분이 퍼진다.

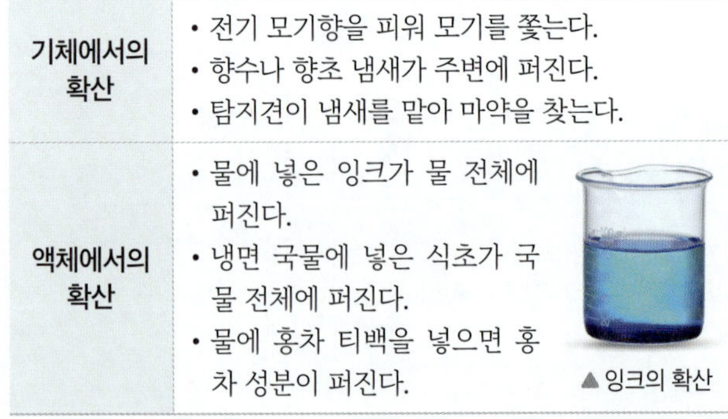
▲ 잉크의 확산

2 증발

① ⎡**❷**⎤ : 입자가 스스로 운동하여 액체 표면에서 기체로 변하는 현상

② 증발의 예

• 염전에서 소금을 얻는다.
• 젖은 빨래나 우산이 마른다.
• 물웅덩이나 호수의 물이 마른다.

3 입자의 운동
물질을 구성하는 입자는 모든 방향으로 끊임없이 스스로 운동한다. ➡ 확산과 증발이 일어난다.

4 물질의 세 가지 상태

구분	고체	액체	⎡**❸**⎤
모양	일정하다.	용기에 따라 변한다.	용기에 따라 변한다.
부피	⎡**❹**⎤.	일정하다.	용기에 따라 변한다.
특징	단단하다.	흐를 수 있다.	흐를 수 있다.
입자 사이의 거리	매우 가깝다.	고체보다 멀다.	매우 멀다.
입자의 배열	규칙적이다.	고체보다 불규칙적이다.	매우 ⎡**❺**⎤.
입자의 운동성	제자리에서만 운동한다.	고체보다 활발하다.	매우 자유롭고 활발하다.

5 상태 변화
물질의 상태가 변하는 것

구분		예
가열	⎡**❻**⎤ (고체 → 액체)	• 초가 녹아 촛농이 된다. • 용광로에서 철이 녹아 쇳물이 된다.
	기화 (액체 → 기체)	• 젖은 빨래가 마른다. • 물이 끓어 수증기가 된다.
	승화 (고체 → 기체)	• 추운 겨울 언 명태가 마른다. • 포장용 드라이아이스가 사라진다.
냉각	응고 (액체 → 고체)	• 촛농이 굳어 초가 된다. • 물이 얼어 고드름이 생긴다.
	⎡**❼**⎤ (기체 → 액체)	• 안경에 김이 서린다. • 이른 새벽 풀잎에 이슬이 맺힌다.
	승화 (기체 → 고체)	• 나뭇잎에 서리가 생긴다. • 추운 겨울 유리창에 성에가 생긴다.

6 물질의 상태 변화에 따른 입자 배열 변화
물질의 상태가 변할 때 입자의 종류, 개수, 크기는 변하지 않고, 입자의 배열만 변한다.

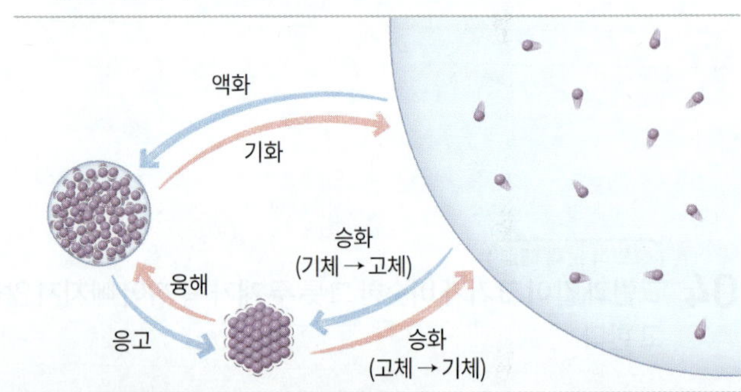

구분	융해, 기화, 승화(고체 → 기체)	응고, 액화, 승화(기체 → 고체)
입자 운동	활발해진다.	⎡**❽**⎤.
입자의 배열	불규칙적으로 변한다.	규칙적으로 변한다.
입자 사이의 거리	⎡**❾**⎤.	가까워진다.

7 물질의 상태가 변할 때 변하는 것과 변하지 않는 것

변하는 것	변하지 않는 것
• 입자 운동 • 입자의 배열 • 입자 사이의 거리 • 물질의 부피	• 입자의 종류 • 입자의 개수 • 입자의 크기 • 물질의 성질 • 물질의 질량

● 바른답·알찬풀이 64 쪽

다음은 '01. 입자의 운동과 물질의 상태'에 대한 설명이다. (　　) 안에 알맞은 말을 쓰거나 고르시오.

1 물질을 구성하는 입자가 스스로 운동하여 퍼져 나가는 현상을 (　　　)(이)라고 한다.

2 향수나 향초 냄새가 주변에 퍼지는 것은 (　　　) 현상의 예이다.

3 입자가 스스로 운동하여 액체 (　　　)에서 기체로 변하는 현상을 증발이라고 한다.

4 물질을 구성하는 입자는 모든 방향으로 끊임없이 스스로 (　　　)한다.

5 (고체, 액체, 기체)는 담는 용기에 따라 모양이 변하고, 부피는 일정하다.

6 기체 상태의 물질은 입자의 배열이 매우 ㉠(규칙적이고, 불규칙적이고), 입자가 매우 ㉡(둔하게, 활발하게) 운동한다.

7 용광로에서 철이 녹아 쇳물이 되는 것은 (융해, 기화, 응고)의 예이다.

8 물이 끓어 ㉠(　　　)이/가 되는 것은 ㉡(액화, 기화, 승화)의 예이다.

9 융해, 기화, 승화(고체 → 기체)가 일어날 때 입자 운동이 ㉠(둔해지고, 활발해지고), 입자의 배열이 ㉡(규칙적으로, 불규칙적으로) 변한다.

10 물질의 상태가 변할 때 입자의 종류와 개수는 ㉠(변하고, 변하지 않고), 입자 운동과 입자의 배열은 ㉡(변한다, 변하지 않는다).

내신 대비 문제 

01 그림과 같이 물이 든 비커의 바닥에 파란색 잉크를 떨어뜨렸더니 시간이 지난 뒤 물 전체가 파란색으로 변했다.

이에 대한 설명으로 옳지 <u>않은</u> 것은?

① 잉크의 확산을 알아보는 실험이다.
② 잉크 입자가 모든 방향으로 운동한다는 것을 알 수 있다.
③ 물 전체가 파란색으로 변한 것은 잉크 입자가 스스로 운동하기 때문이다.
④ 물의 온도를 높이면 물 전체가 파란색으로 변하는 데 걸리는 시간이 짧아진다.
⑤ 잉크 입자는 스스로 운동하지만, 물 입자는 스스로 운동하지 않는다는 것을 알 수 있다.

02 오른쪽 그림은 액체 표면에서 일어나는 어떤 현상을 입자 모형으로 나타낸 것이다.
이에 대한 설명으로 옳은 것을 〈보기〉에서 모두 고른 것은?

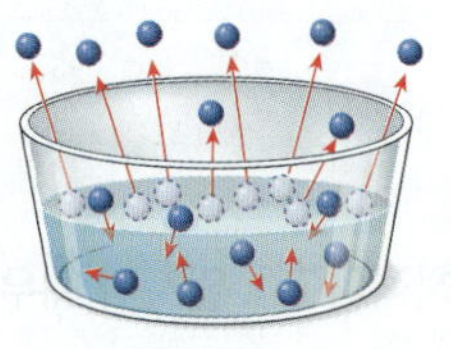

> **보기**
> ㄱ. 온도가 높을수록 더 잘 일어난다.
> ㄴ. 액체의 표면에서 액체가 기체로 변하는 현상이다.
> ㄷ. 입자가 스스로 운동하기 때문에 일어나는 현상이다.

① ㄴ   ② ㄷ   ③ ㄱ, ㄴ
④ ㄱ, ㄷ   ⑤ ㄱ, ㄴ, ㄷ

03 물질을 구성하는 입자에 대한 설명으로 옳은 것을 〈보기〉에서 모두 고른 것은?

> **보기**
> ㄱ. 입자는 끊임없이 운동한다.
> ㄴ. 기체는 입자 사이의 거리가 매우 멀다.
> ㄷ. 온도가 낮을수록 입자 운동이 활발하다.

① ㄱ   ② ㄷ   ③ ㄱ, ㄴ
④ ㄴ, ㄷ   ⑤ ㄱ, ㄴ, ㄷ

04 물질의 세 가지 상태의 특징에 대한 설명으로 옳은 것을 〈보기〉에서 모두 고른 것은?

> **보기**
> ㄱ. 기체는 흐르는 성질이 있다.
> ㄴ. 액체는 모양과 부피가 일정하다.
> ㄷ. 고체는 단단하고 흐르는 성질이 있다.

① ㄱ   ② ㄷ   ③ ㄱ, ㄴ
④ ㄴ, ㄷ   ⑤ ㄱ, ㄴ, ㄷ

05 담는 용기에 따라 모양은 변하지만, 부피는 변하지 않는 물질을 〈보기〉에서 모두 고른 것은?

> **보기**
> ㄱ. 물   ㄴ. 돌   ㄷ. 공기
> ㄹ. 얼음   ㅁ. 주스   ㅂ. 수증기

① ㄱ, ㅁ   ② ㄴ, ㄹ   ③ ㄷ, ㅂ
④ ㄱ, ㄴ, ㅂ   ⑤ ㄷ, ㄹ, ㅁ

[06-07] 그림은 액체 파라핀을 이용하여 찜질을 하는 모습이다. 물음에 답하시오.

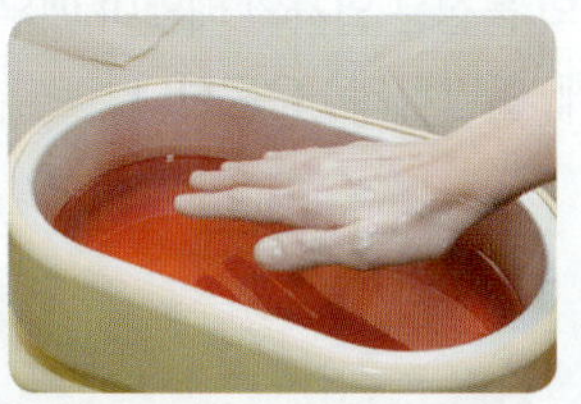

06 액체 파라핀에 담근 손을 밖으로 뺄 때 일어나는 상태 변화로 옳은 것은?

① 융해   ② 응고   ③ 기화
④ 액화   ⑤ 승화

07 이 현상과 같은 종류의 상태 변화가 일어나는 예로 옳은 것은?

① 물이 얼어 고드름이 된다.
② 물이 끓어서 수증기가 된다.
③ 프라이팬 위의 버터가 녹는다.
④ 옷장 속 나프탈렌이 점점 작아진다.
⑤ 추운 겨울철 유리창에 성에가 생긴다.

08 다음은 초콜릿의 상태 변화를 관찰하는 실험 과정이다.

> (가) 초콜릿이 담긴 비닐 주머니를 따뜻한 물이 담긴 그릇에 넣고 초콜릿이 녹을 때까지 기다린다.
> (나) 녹은 초콜릿의 맛을 본다.
> (다) 녹은 초콜릿을 모양 틀에 넣고 굳을 때까지 기다린다.
> (라) 굳은 초콜릿의 맛을 본다.

이에 대한 설명으로 옳지 <u>않은</u> 것은?

① (가)에서 초콜릿이 융해한다.
② (가)에서 초콜릿 입자 사이의 거리가 멀어진다.
③ (다)에서 초콜릿 입자의 개수는 일정하다.
④ (다)에서 초콜릿 입자의 크기가 커지므로 부피가 증가한다.
⑤ (나)와 (라)에서 초콜릿의 맛은 같다.

09 오른쪽 그림과 같이 공기를 뺀 비닐봉지에 드라이아이스 조각을 넣고 입구를 묶은 채로 놓아두었더니 비닐봉지가 부풀어 올랐다.
이에 대한 설명으로 옳은 것을 〈보기〉에서 모두 고른 것은?

> ┤ 보기 ├
> ㄱ. 입자의 개수가 증가한다.
> ㄴ. 입자 사이의 거리가 멀어진다.
> ㄷ. 드라이아이스가 기체로 승화한다.

① ㄱ　　　　② ㄷ　　　　③ ㄱ, ㄴ
④ ㄴ, ㄷ　　　⑤ ㄱ, ㄴ, ㄷ

10 그림은 물질의 상태 변화를 입자 모형으로 나타낸 것이다.

이와 같은 상태 변화의 예로 옳지 <u>않은</u> 것은?

① 풀잎에 이슬이 맺힌다.
② 호수 주변에 안개가 생긴다.
③ 겨울철 유리창에 성에가 생긴다.
④ 차가운 음료수 캔 표면에 물방울이 맺힌다.
⑤ 겨울에 실내로 들어가면 안경이 뿌옇게 흐려진다.

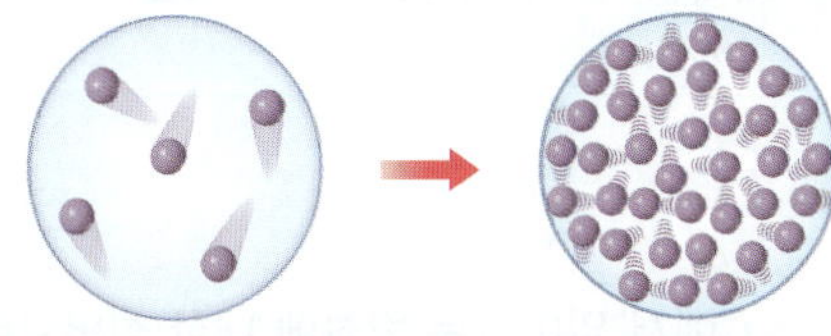

11 그림과 같이 BTB 용액을 일정한 간격으로 떨어뜨린 페트리 접시 중앙에 식초를 1 방울 떨어뜨린 다음 뚜껑을 덮고 변화를 관찰했다.

A, B, C의 색깔이 변하는 순서대로 기호를 쓰고, 그 까닭을 설명하시오.

12 오른쪽 그림은 겨울철 실외에서 실내에 들어갈 때 안경이 뿌옇게 흐려진 모습이다.
이 상태 변화의 이름을 쓰고, 이와 같은 상태 변화의 예를 <u>한</u> 가지만 설명하시오.

13 오른쪽 그림과 같이 고체 아이오딘이 들어 있는 비커 위에 찬물이 들어 있는 둥근바닥 플라스크를 올려놓고 서서히 가열했다.
A에서 일어나는 상태 변화에서 입자의 배열과 운동성이 어떻게 변하는지 설명하시오.

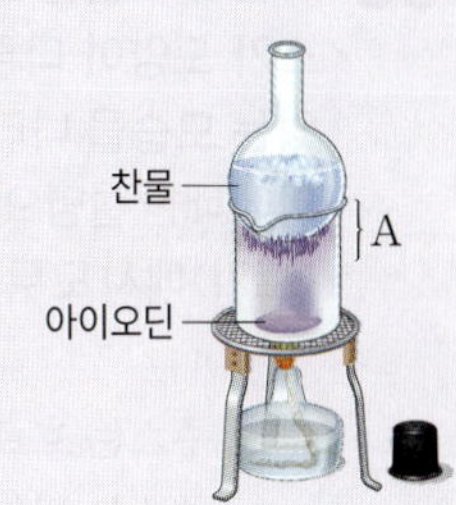

내신 대비 문제 2회

01 오른쪽 그림과 같이 BTB 용액을 일정한 간격으로 떨어뜨린 페트리 접시의 중앙에 식초를 1 방울 떨어뜨린 다음 뚜껑을 덮고 변화를 관찰했다. 이에 대한 설명으로 옳은 것을 〈보기〉에서 모두 고른 것은?

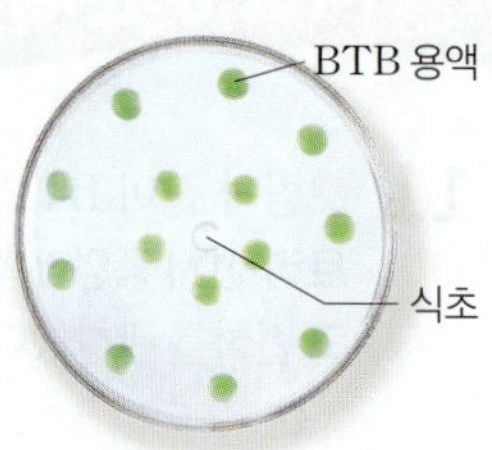

| 보기 |

ㄱ. 식초와 가까운 쪽의 BTB 용액부터 색깔이 변한다.
ㄴ. 식초 속 아세트산 입자가 확산하여 BTB 용액의 색깔을 변화시킨다.
ㄷ. 온도가 낮은 곳에서 실험하면 BTB 용액의 색깔이 더 빠르게 변한다.

① ㄱ   ② ㄷ   ③ ㄱ, ㄴ
④ ㄴ, ㄷ   ⑤ ㄱ, ㄴ, ㄷ

02 다음은 우리 주변에서 볼 수 있는 두 가지 현상이다.

(가) 어항 속의 물이 조금씩 줄어든다.
(나) 꽃을 방 안에 두면 방 전체에서 꽃향기를 맡을 수 있다.

(가), (나)의 현상을 설명하는 용어를 옳게 짝 지은 것은?

	(가)	(나)
①	증발	액화
②	증발	확산
③	확산	증발
④	확산	액화
⑤	액화	확산

03 오른쪽 그림은 같은 양의 주스가 모양이 다른 컵에 들어 있는 모습을 나타낸 것이다. 이에 대한 설명으로 옳은 것을 〈보기〉에서 모두 고른 것은?

| 보기 |

ㄱ. 주스는 흐르는 성질이 있다.
ㄴ. 주스는 담는 용기에 따라 모양이 변한다.
ㄷ. 두 컵에 들어 있는 주스의 부피는 서로 같다.

① ㄱ   ② ㄷ   ③ ㄱ, ㄴ
④ ㄴ, ㄷ   ⑤ ㄱ, ㄴ, ㄷ

04 그림은 물질의 세 가지 상태를 입자 모형으로 나타낸 것이다.

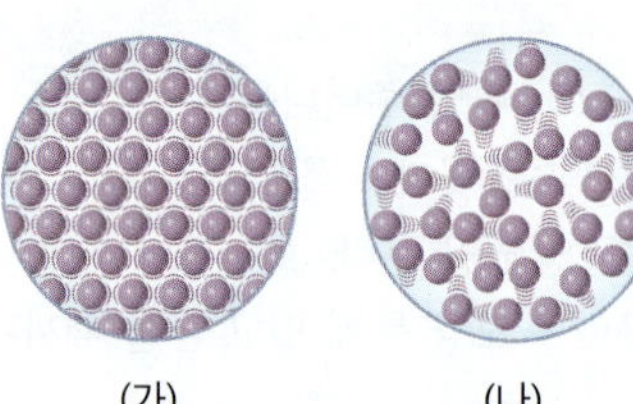
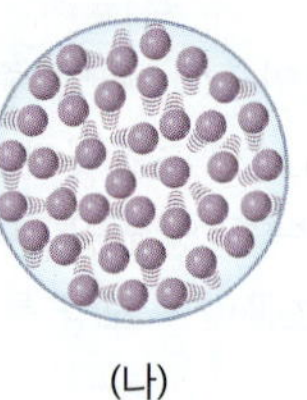
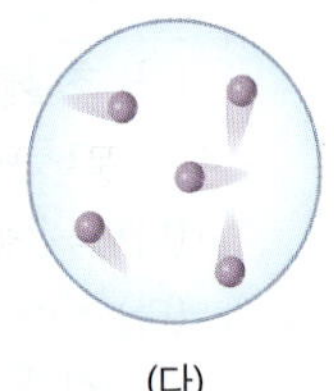

(가)~(다)에 해당하는 예를 옳게 짝 지은 것은?

① (가) - 물   ② (가) - 수증기
③ (나) - 공기   ④ (나) - 주스
⑤ (다) - 드라이아이스

[05-06] 그림과 같이 뜨거운 물이 담긴 비커 위에 얼음이 담긴 시계 접시를 올려놓았더니 시계 접시 아랫면에 액체 방울이 맺혔다. 물음에 답하시오.

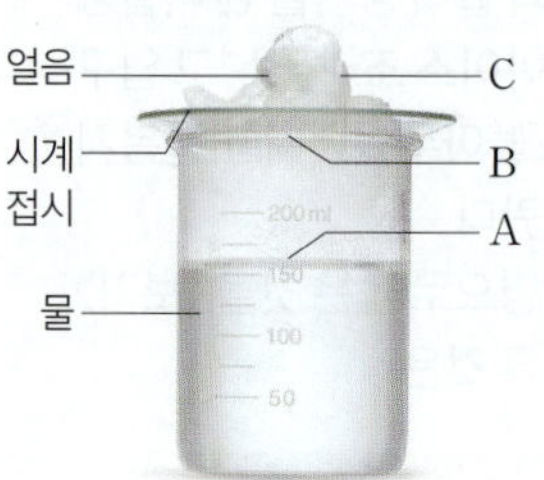

05 A~C에서 일어나는 상태 변화를 옳게 짝 지은 것은?

	A	B	C
①	기화	액화	융해
②	기화	액화	응고
③	기화	응고	융해
④	액화	응고	기화
⑤	액화	기화	응고

06 A~C에서 일어나는 변화에 대한 설명으로 옳지 <u>않은</u> 것은?

① A에서는 입자 사이의 거리가 멀어진다.
② A에서는 입자의 배열이 불규칙적으로 변한다.
③ B에서는 입자 운동이 둔해진다.
④ B에서는 물질의 부피가 감소한다.
⑤ C에서는 물질의 질량이 감소한다.

07 물질의 상태가 변하는 예를 〈보기〉에서 모두 고른 것은?

| 보기 |
ㄱ. 풀잎에 있는 이슬이 점점 사라진다.
ㄴ. 물에 넣은 설탕 알갱이가 점점 녹는다.
ㄷ. 실온에 둔 드라이아이스가 점점 작아진다.

① ㄴ
② ㄷ
③ ㄱ, ㄴ
④ ㄱ, ㄷ
⑤ ㄱ, ㄴ, ㄷ

08 그림과 같이 소량의 아세톤을 넣은 비닐봉지의 입구를 묶고 수조에 넣은 다음 뜨거운 물을 부었더니 비닐봉지가 부풀었다.

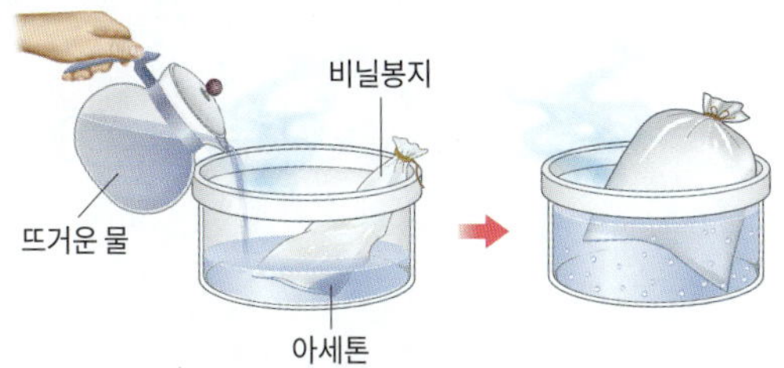

이때 비닐봉지 안에서 일어나는 변화에 대한 설명으로 옳은 것은?

① 입자의 종류가 변한다.
② 입자 운동이 둔해진다.
③ 입자의 개수가 많아진다.
④ 입자 사이의 거리가 멀어진다.
⑤ 입자의 배열이 규칙적으로 변한다.

09 그림은 물질의 상태 변화를 입자 모형으로 나타낸 것이다.

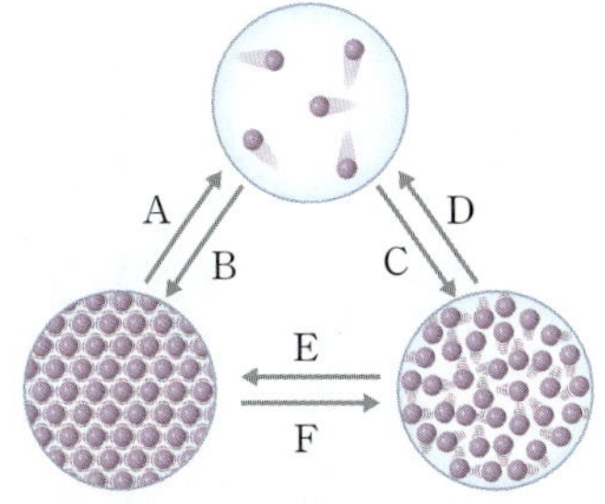

A~F에 해당하는 예를 옳게 짝 지은 것은?

① A - 처마 끝의 고드름이 점점 커진다.
② B - 겨울철 창문에 성에가 생긴다.
③ C - 달군 프라이팬 위의 버터가 녹는다.
④ D - 새벽에 풀잎에 이슬이 맺힌다.
⑤ F - 냉동실 속의 얼음이 점점 작아진다.

서술형 문제

10 오른쪽 그림과 같이 전자저울 위에 거름종이를 올리고 영점을 맞춘 다음, 거름종이에 손 소독제를 몇 방울 떨어뜨리고 시간에 따른 질량 변화를 측정했더니 질량이 점점 감소하다가 0이 되었다.
이러한 현상이 일어난 까닭을 설명하시오.

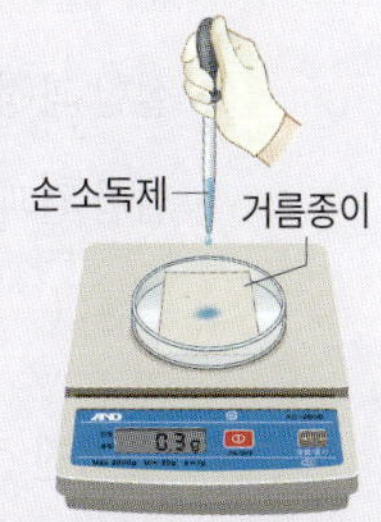

11 오른쪽 그림과 같이 물이 든 삼각 플라스크의 입구를 구멍 뚫린 알루미늄 포일로 덮고 가열한 다음, 물이 끓을 때 알루미늄 포일의 구멍과 가까운 부분에 푸른색 염화 코발트 종이를 대어 보았더니 붉게 변했다.
푸른색 염화 코발트 종이의 색깔이 변한 것으로부터 알 수 있는 사실을 입자의 관점에서 설명하시오.

12 그림과 같이 공기를 모두 빼낸 풍선 속에 잘게 부순 드라이아이스를 넣고 입구를 잘 묶은 다음 잠시 두었더니 풍선이 부풀었다.

풍선이 부푼 까닭을 드라이아이스의 상태 변화 및 입자의 변화와 관련지어 설명하시오.

수행 평가 대비 문제

01 다음은 따뜻한 물과 차가운 물에서 확산의 빠르기를 비교하는 실험 보고서의 일부이다.

- 준비물: 비커 2 개, 스포이트 2 개, 잉크, 따뜻한 물, 차가운 물
- 실험 과정: ________________ ㉠ ________________
- 실험 결과: 따뜻한 물이 있는 비커에서 잉크가 더 빨리 확산된다.
- 결론: (   ) 물에서 확산이 더 빨리 일어난다.

(1) 주어진 준비물을 모두 활용하여 ㉠에 알맞은 실험 과정을 설계하시오.

(2) (   ) 안에 알맞은 말을 쓰시오.

02 다음은 새집 증후군에 대한 설명이다.

건물을 지을 때 사용하는 합판, 바닥재, 접착제, 페인트 등의 건축 재료에는 몸에 해로운 물질이 포함되어 있다. 새로 지은 건물에서 몸에 해로운 물질이 ㉠ 증발하고 ㉡ 확산하여 우리 몸에 해를 끼치는 것을 새집 증후군이라고 한다. 새집 증후군을 예방하기 위해서는 입주 전에 미리 ㉢ 난방을 하면서 환기해야 한다.

(1) ㉠, ㉡의 실생활 속 예를 각각 한 가지씩 설명하시오.

(2) ㉠, ㉡의 공통적인 원인을 입자의 관점에서 설명하시오.

(3) ㉢의 까닭을 설명하시오.

03 그림은 물질의 상태 변화와 관련된 몇 가지 현상에 대한 설명이다.

Memo

(가) 양초에서 촛농이 생겨 흘러내리다가 굳는다.

(나) 주전자의 물이 끓을 때 주전자 입구와 조금 떨어진 곳에서 김이 생긴다.

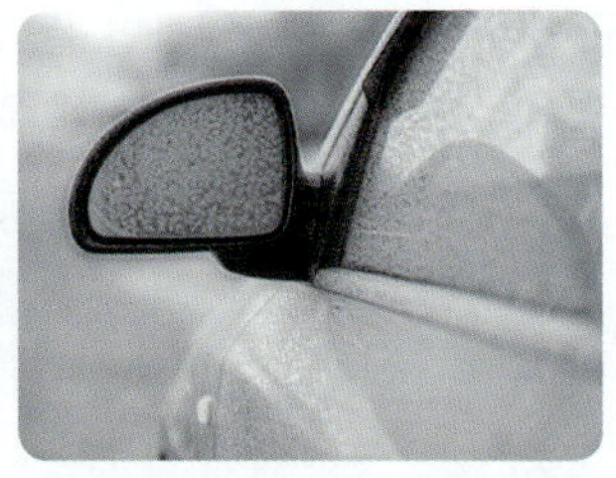

(다) 추운 겨울에 야외에 세워 둔 자동차 유리창에 성에가 생긴다.

(1) (가)에서 일어나는 상태 변화를 모두 쓰시오.

(2) (나)에서 주전자 입구와 조금 떨어진 곳에서 김이 생기는 까닭을 상태 변화와 관련지어 설명하시오.

(3) (다)에서 일어나는 상태 변화와 같은 종류의 상태 변화가 일어나는 예를 <u>한 가지</u>만 설명하시오.

IV 물질의 상태 변화

[글쓰기]

04 그림 (가)는 물이 가득 든 유리병이 얼어 깨진 모습을, (나)는 암석 틈에 스며든 물에 의해 암석이 쪼개지는 모습을 나타낸 것이다.

(가)

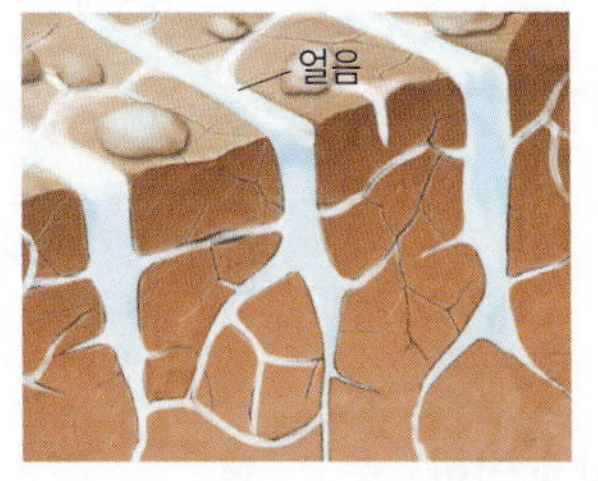

(나)

(가)에서 유리병이 깨진 까닭을 설명하고, 이와 관련지어 (나)의 현상이 생기는 까닭을 설명하는 글을 쓰시오.

● 바른답·알찬풀이 67 쪽

1 물질을 가열할 때의 온도 변화 물질을 가열하면 온도가 높아지다가 상태 변화가 일어날 때는 온도가 일정하게 유지된다.

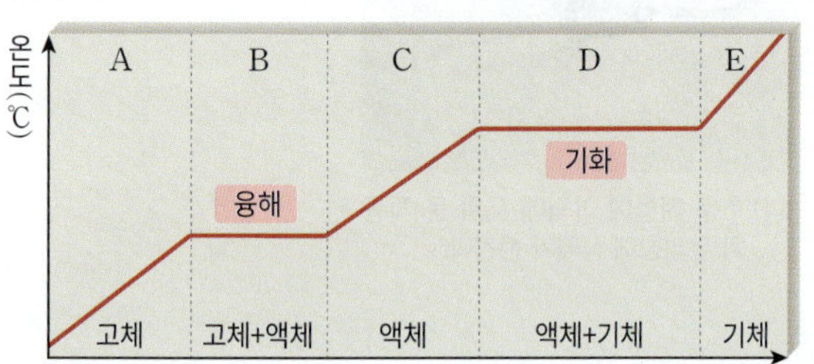

- A, C, E 구간: 온도가 높아진다. ➡ 　❶　한 열에너지가 온도 변화에 사용되기 때문이다.
- B, D 구간: 온도가 일정하게 유지된다. ➡ 흡수한 열에너지가 　❷　에 사용되기 때문이다.

2 열에너지를 흡수하는 상태 변화 　❸　, 기화, 승화 (고체 → 기체)

열에너지	입자 운동	입자 사이의 거리	입자의 배열
흡수한다.	활발해진다.	멀어진다.	불규칙적으로 변한다.

3 물질을 냉각할 때의 온도 변화 물질을 냉각하면 온도가 낮아지다가 상태 변화가 일어날 때는 온도가 일정하게 유지된다.

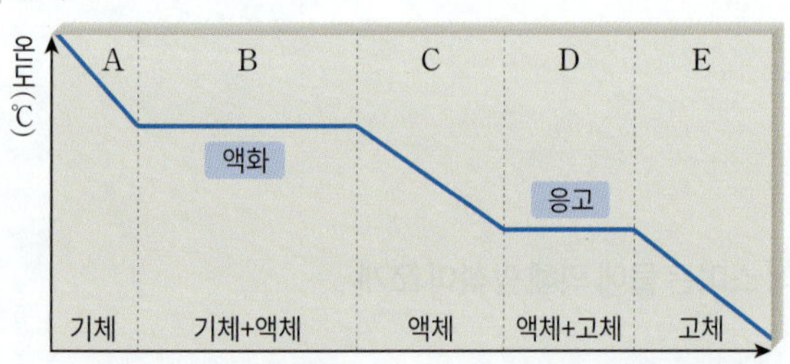

- A, C, E 구간: 온도가 　❹　. ➡ 물질이 열에너지를 잃기 때문이다.
- B, D 구간: 온도가 일정하게 유지된다. ➡ 상태 변화가 일어날 때 열에너지를 　❺　하기 때문이다.

4 열에너지를 방출하는 상태 변화 응고, 　❻　, 승화 (기체 → 고체)

열에너지	입자 운동	입자 사이의 거리	입자의 배열
방출한다.	둔해진다.	가까워진다.	규칙적으로 변한다.

5 상태 변화가 일어날 때 주위의 온도 변화

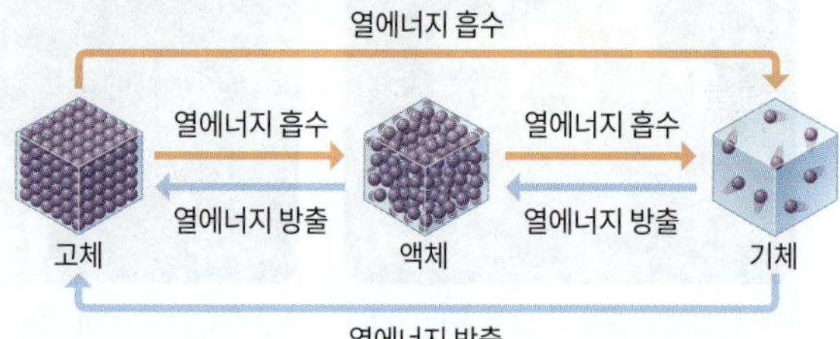

① 열에너지를 흡수하는 상태 변화: 주위의 온도가 　❼　.
② 열에너지를 방출하는 상태 변화: 주위의 온도가 　❽　.

6 물질의 상태 변화를 이용하는 예

① 열에너지를 흡수하는 상태 변화를 이용하는 예

구분	예
융해	• 음료에 얼음을 넣으면 음료가 차가워진다. • 아이스박스에 얼음과 음식물을 함께 보관하면 음식물이 차갑게 유지된다.
❾	• 사막에서 양가죽 물주머니에 물을 보관한다. • 여름철 선로에 물을 뿌려 선로가 늘어나는 것을 막는다. • 여름철 인공 안개 장치로 물방울을 분사하면 주변이 시원해진다. • 에어컨의 실내기에서 액체 냉매가 기화하면서 실내 온도가 낮게 유지된다. • 냉장고의 증발기에서 액체 냉매가 기화하면서 냉장고 안의 온도가 낮게 유지된다.
승화 (고체 → 기체)	• 백신을 수송할 때 드라이아이스를 이용한다. • 아이스크림을 포장할 때 드라이아이스를 함께 넣는다.

② 열에너지를 방출하는 상태 변화를 이용하는 예

구분	예
❿	• 이글루 내부에 물을 뿌린다. • 추울 때 꽃이나 과일나무에 물을 뿌린다. • 액체 파라핀을 이용하여 아픈 곳을 따뜻하게 찜질한다. • 겨울에 과일 창고에 물이 담긴 그릇을 놓아두면 과일이 얼지 않는다.
액화	• 증기 오븐으로 음식을 익힌다. • 증기 난방기로 실내를 따뜻하게 한다. • 커피 기계에서 뿜어져 나오는 증기를 이용해 우유를 데운다.
승화 (기체 → 고체)	• 겨울에 눈이 내릴 때 날씨가 포근해진다.

● 바른답·알찬풀이 67 쪽

Memo

다음은 '02. 상태 변화와 열에너지'에 대한 설명이다. (   ) 안에 알맞은 말을 쓰거나 고르시오.

1 물질을 ㉠(   )하면 온도가 높아지다가 상태 변화가 일어날 때는 온도가 일정하게 유지되는데, 그 까닭은 물질이 흡수한 열에너지가 ㉡(   )에 사용되기 때문이다.

2 열에너지를 흡수하는 상태 변화에는 융해, (   ), 승화(고체 → 기체)가 있다.

3 물질을 ㉠(   )하면 온도가 낮아지다가 상태 변화가 일어날 때는 온도가 일정하게 유지되는데, 그 까닭은 물질의 상태 변화가 일어날 때 열에너지를 ㉡(   )하기 때문이다.

4 열에너지를 방출하는 상태 변화에는 응고, (   ), 승화(기체 → 고체)가 있다.

5 물이 얼음으로 상태가 변할 때는 주위의 온도가 (낮아진다, 높아진다).

6 드라이아이스가 기체로 상태가 변할 때는 주위의 온도가 (낮아진다, 높아진다).

7 음료에 얼음을 넣거나 백신을 수송할 때 드라이아이스를 이용하는 것은 열에너지를 (흡수, 방출)하는 상태 변화를 이용한 예이다.

8 여름철 도로에 물을 뿌리는 것은 (기화, 응고, 액화)를 이용한 예이다.

9 이글루 내부에 물을 뿌리면 실내가 따뜻해지는 까닭은 물이 ㉠(   )할 때 열에너지를 ㉡(흡수, 방출)하기 때문이다.

10 겨울에 눈이 내릴 때 공기 중의 수증기가 얼음(눈)으로 (   )하면서 열에너지를 방출하므로 날씨가 포근해진다.

내신 대비 문제 

01 오른쪽 그림은 얼음을 넣은 삼각 플라스크를 찬물이 든 비커에 넣은 다음 얼음의 온도를 측정하는 모습이다.
이에 대한 설명으로 옳은 것을 〈보기〉에서 모두 고른 것은?

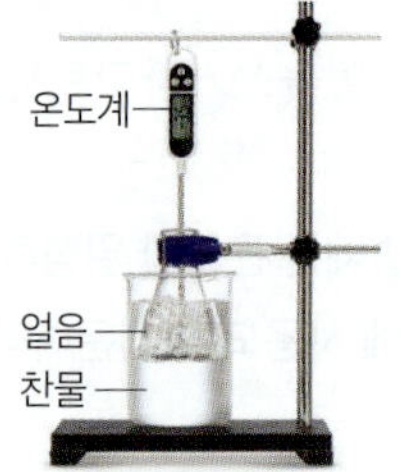

| 보기 |

ㄱ. 처음에는 얼음의 온도가 서서히 높아진다.
ㄴ. 얼음이 녹기 시작하면 온도가 일정하게 유지된다.
ㄷ. 얼음이 녹을 때 열에너지를 방출한다는 것을 알 수 있다.

① ㄱ   ② ㄷ   ③ ㄱ, ㄴ
④ ㄱ, ㄷ   ⑤ ㄴ, ㄷ

02 오른쪽 그림은 어떤 고체 물질을 가열할 때 시간에 따른 온도 변화를 나타낸 것이다.
이에 대한 설명으로 옳지 <u>않은</u> 것은?(단, 고체 물질은 얼음이 아니다.)

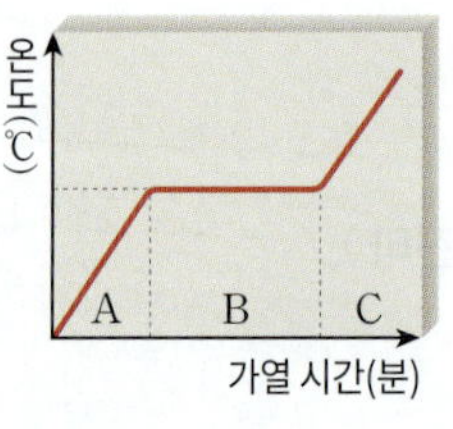

① A 구간에서 물질은 고체 상태로 존재한다.
② B 구간에서 열에너지를 흡수하는 상태 변화가 일어난다.
③ C 구간에서는 열에너지가 물질의 온도 변화에 사용된다.
④ 물질의 부피는 C<B<A이다.
⑤ 입자 운동이 활발한 정도는 A<B<C이다.

03 표는 어떤 고체 물질을 가열하면서 1분 간격으로 물질의 온도를 측정한 결과이다.

시간(분)	0	1	2	3	4	5	6	7	8
온도(℃)	25	30	36	41	43	43	43	47	51

이 물질이 액체 상태로 변하는 온도는 몇 ℃인가?

① 36 ℃   ② 41 ℃   ③ 43 ℃
④ 47 ℃   ⑤ 51 ℃

04 그림은 어떤 액체 물질을 냉각할 때 시간에 따른 온도 변화를 나타낸 것이다.

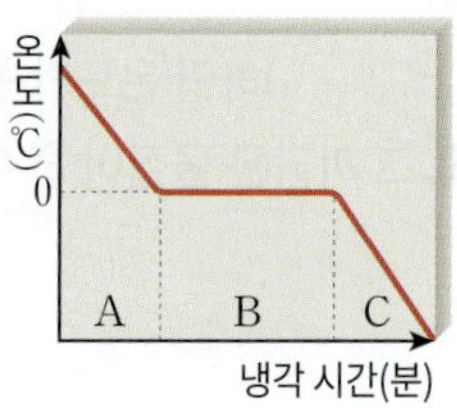

이에 대한 설명으로 옳은 것은?

① 물질의 질량은 A<B<C이다.
② 이 물질은 0 ℃에서 응고가 일어난다.
③ C 구간에서 물질은 흐르는 성질이 있다.
④ 입자의 배열이 불규칙적인 정도는 A<B<C이다.
⑤ B 구간에서 온도가 일정한 까닭은 입자의 크기가 변하기 때문이다.

[05-06] 그림은 어떤 고체 물질을 가열한 다음 다시 냉각할 때 시간에 따른 온도 변화를 나타낸 것이다. 물음에 답하시오.

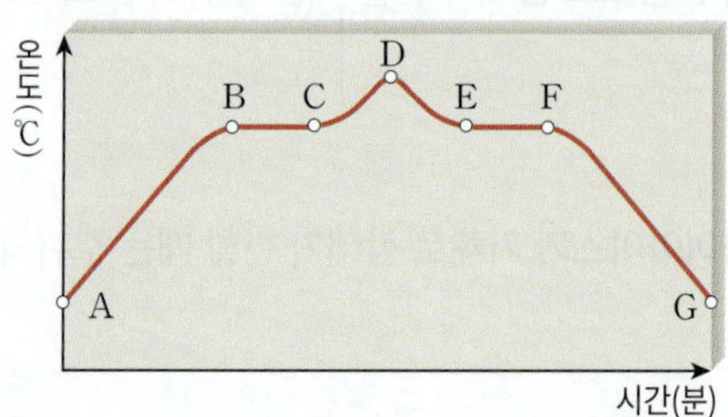

05 상태 변화가 일어나는 구간을 옳게 짝 지은 것은?

① AB, BC   ② AB, FG
③ BC, CD   ④ BC, EF
⑤ CD, DE

06 이에 대한 설명으로 옳은 것은?

① AB 구간에서는 열에너지가 상태 변화에 사용된다.
② BC 구간에서는 입자 사이의 거리가 가까워진다.
③ CD 구간에서는 물질이 고체 상태로 존재한다.
④ DE 구간에서는 입자 운동이 점점 활발해진다.
⑤ EF 구간에서는 물질의 상태가 변하면서 열에너지를 방출한다.

07 그림은 물질의 상태 변화를 입자 모형으로 나타낸 것이다.

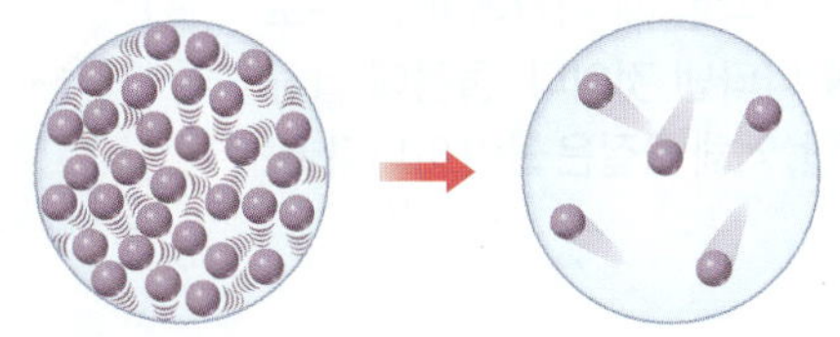

이에 대한 설명으로 옳은 것을 〈보기〉에서 모두 고른 것은?

| 보기 |
ㄱ. 열에너지를 흡수하는 상태 변화이다.
ㄴ. 입자 운동이 활발해지는 상태 변화이다.
ㄷ. 상태 변화가 일어나면 주위의 온도가 높아진다.

① ㄱ 　　② ㄷ 　　③ ㄱ, ㄴ
④ ㄴ, ㄷ 　　⑤ ㄱ, ㄴ, ㄷ

08 다음은 더운 여름철 야외에서 작업할 때 입는 기능성 조끼에 대한 설명이다.

조끼 안에 고체 상태의 냉매를 넣으면 오랫동안 시원함이 유지되는데, 이는 고체 상태인 냉매가 융해하여 (　㉠　) 상태로 변하면서 열에너지를 (　㉡　) 하기 때문이다.

㉠과 ㉡에 알맞은 말을 옳게 짝 지은 것은?

	㉠	㉡
①	고체	흡수
②	액체	흡수
③	액체	방출
④	기체	흡수
⑤	기체	방출

09 다음 중 열에너지의 출입 방향이 나머지와 다른 하나는?

① 꽃에 물을 뿌려 냉해를 막는다.
② 액체 파라핀으로 손을 찜질한다.
③ 증기 난방기로 실내를 따뜻하게 한다.
④ 사막에서 양가죽 물주머니에 물을 보관한다.
⑤ 겨울에 과일 창고에 물이 담긴 그릇을 놓아둔다.

서술형 문제

10 그림은 물질의 상태 변화를 입자 모형으로 나타낸 것이다.

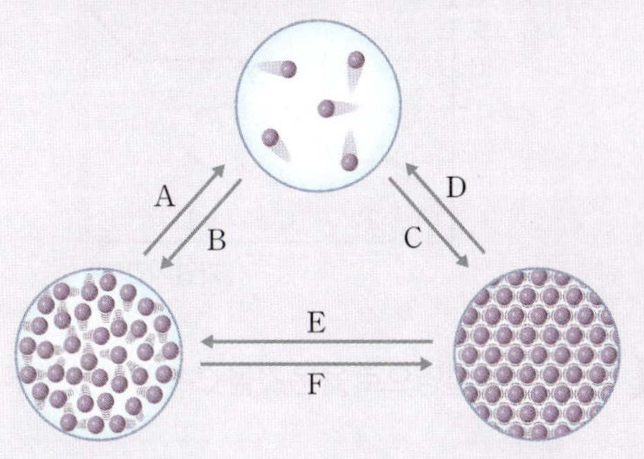

A~F 중 겨울에 눈이 내리면 날씨가 포근해지는 현상과 관련있는 상태 변화의 기호를 쓰고, 이러한 현상이 나타나는 까닭을 설명하시오.

11 오른쪽 그림은 여름철에 인공 안개 장치에서 물방울을 뿌리는 모습이다.
인공 안개 장치로 물방울을 뿌릴 때 주위가 시원해지는 까닭을 상태 변화가 일어날 때의 열에너지 출입과 관련지어 설명하시오.

12 다음은 상태 변화가 일어날 때의 열에너지 출입을 이용한 예를 나타낸 것이다.

아이스크림을 포장할 때 포장 용기에 드라이아이스를 함께 넣어 두면 아이스크림이 잘 녹지 않으므로 오래 보관할 수 있다.

이와 같은 방향의 열에너지 출입이 일어나는 상태 변화를 이용하는 예를 한 가지만 설명하시오.

내신 대비 문제 2회

[01-02] 그림은 어떤 고체 물질을 가열할 때 시간에 따른 온도 변화를 나타낸 것이다. 물음에 답하시오.

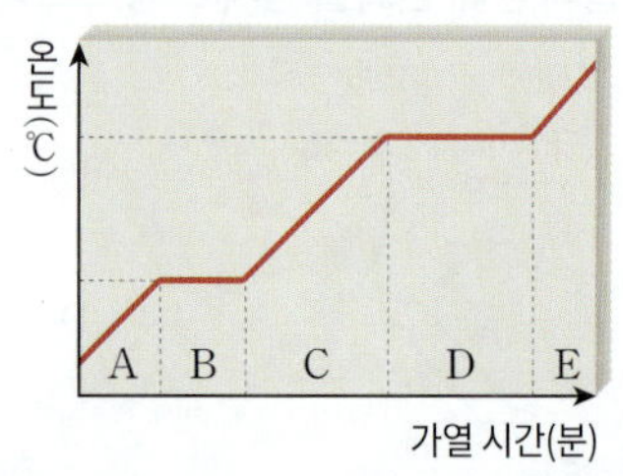

01 이에 대한 설명으로 옳은 것을 <보기>에서 모두 고른 것은?

| 보기 |
ㄱ. A 구간에서 입자들이 규칙적으로 배열되어 있다.
ㄴ. B 구간에서 액화가 일어난다.
ㄷ. E 구간에서 물질은 기체 상태로 존재한다.

① ㄴ   ② ㄷ   ③ ㄱ, ㄴ
④ ㄱ, ㄷ   ⑤ ㄱ, ㄴ, ㄷ

02 B와 D 구간에서 일어나는 상태 변화를 이용하는 예를 짝 지은 것으로 옳지 않은 것은?

① B – 음료에 얼음을 넣으면 음료가 시원해진다.
② B – 아이스크림을 포장할 때 드라이아이스를 함께 넣으면 아이스크림이 잘 녹지 않는다.
③ D – 여름에 도로에 물을 뿌리면 주변이 시원해진다.
④ D – 캥거루는 팔과 다리에 침을 묻혀 체온을 낮춘다.
⑤ D – 종이 냄비에 라면을 끓이면 종이에 불이 붙지 않는다.

03 표는 일정한 양의 액체 물질을 냉각하면서 1 분 간격으로 온도를 측정한 것이다.(단, 액체 물질은 물이 아니다.)

시간(분)	0	1	2	3	4	5	6
온도(℃)	10.1	8.3	6.1	5.5	5.5	5.5	4.3

이에 대한 설명으로 옳은 것을 <보기>에서 모두 고른 것은?

| 보기 |
ㄱ. 3 분~5 분 사이에 물질의 상태가 변한다.
ㄴ. 물질의 부피는 0 분일 때가 6 분일 때보다 크다.
ㄷ. 입자의 배열은 0 분일 때가 6 분일 때보다 불규칙적이다.

① ㄱ   ② ㄷ   ③ ㄱ, ㄴ
④ ㄴ, ㄷ   ⑤ ㄱ, ㄴ, ㄷ

[04-05] 오른쪽 그림은 어떤 액체 물질을 냉각할 때 시간에 따른 온도 변화를 나타낸 것이다. 물음에 답하시오.(단, 액체 물질은 물이 아니다.)

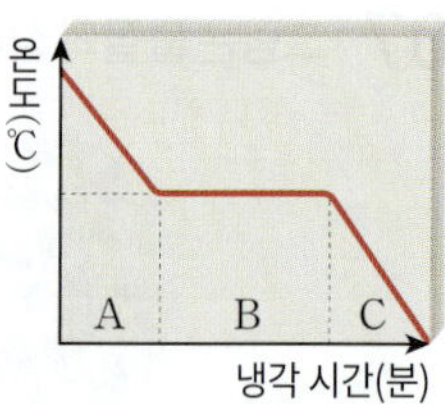

04 이에 대한 설명으로 옳은 것은?

① A 구간에서는 입자들이 불규칙적으로 배열되어 있다.
② B 구간에서는 입자의 개수가 줄어든다.
③ B 구간에서는 입자 운동이 활발해진다.
④ B 구간에서는 열에너지를 흡수하는 상태 변화가 일어난다.
⑤ C 구간에서는 열에너지를 흡수하므로 물질의 온도가 낮아진다.

05 B 구간에서 입자 운동과 물질의 부피 변화 및 열에너지 출입 방향을 옳게 짝 지은 것은?

	입자 운동	물질의 부피	열에너지 출입 방향
①	둔해진다.	증가	방출
②	둔해진다.	증가	흡수
③	둔해진다.	감소	방출
④	활발해진다.	감소	흡수
⑤	활발해진다.	증가	방출

06 그림은 물질의 세 가지 상태를 입자 모형으로 나타낸 것이다.

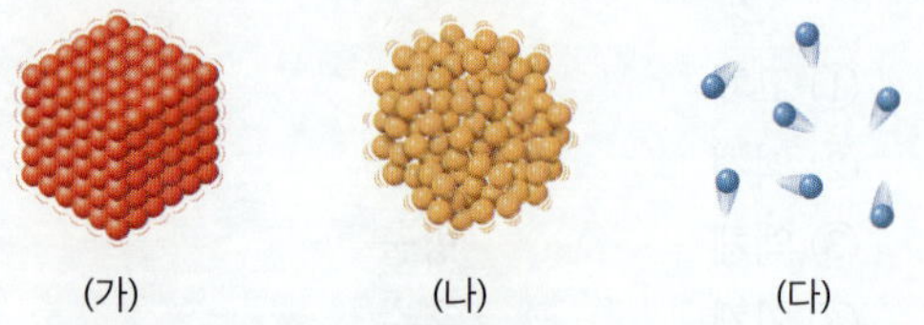

이에 대한 설명으로 옳지 않은 것은?

① (나)에서 (가)로 상태가 변할 때 열에너지를 방출한다.
② (가)에서 (나)로 상태가 변할 때 입자 운동이 활발해진다.
③ (가)에서 (다)로 상태가 변할 때 물질의 부피가 증가한다.
④ (다)에서 (나)로 상태가 변할 때 입자 사이의 거리가 멀어진다.
⑤ (나)에서 (다)로 상태가 변할 때 입자의 배열이 불규칙적으로 변한다.

[07-08] 그림은 물질의 상태 변화를 입자 모형으로 나타낸 것이다. 물음에 답하시오.

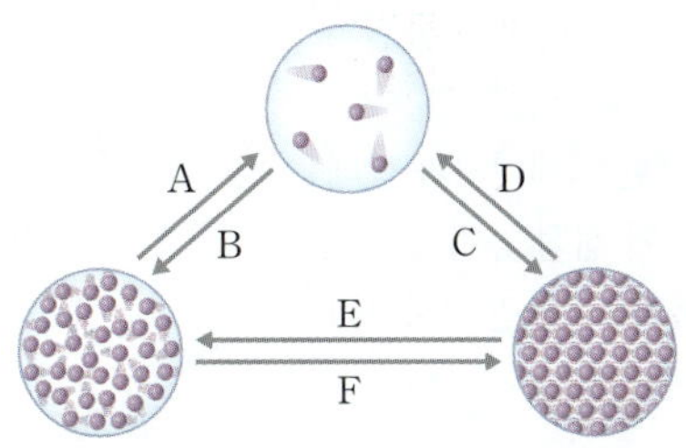

07 열에너지를 방출하는 상태 변화를 모두 고른 것은?

① A, C, F
② A, D, E
③ B, C, F
④ B, D, E
⑤ B, D, F

08 F의 상태 변화가 일어날 때 출입하는 열에너지를 이용하는 예로 옳은 것은?

① 여름철 분수 주변이 시원해진다.
② 여름철 실내에 얼음 조각을 설치한다.
③ 등산할 때 젖은 수건으로 물통을 감싼다.
④ 아이스크림을 포장할 때 드라이아이스를 함께 넣는다.
⑤ 사과꽃이 필 때 추워지면 냉해를 방지하기 위해 사과나무에 물을 뿌린다.

09 오른쪽 그림은 냉장고의 구조를 나타낸 것이다.
냉장고의 증발기에서 일어나는 상태 변화와 열에너지의 출입 방향을 옳게 짝 지은 것은?

	상태 변화	열에너지 출입 방향
①	기화	열에너지 방출
②	기화	열에너지 흡수
③	액화	열에너지 방출
④	액화	열에너지 흡수
⑤	응고	열에너지 방출

10 오른쪽 그림은 물이 든 삼각 플라스크를 가열하면서 물의 온도를 측정하는 모습이다.
물이 끓기 전까지의 온도 변화와 물이 끓을 때의 온도 변화를 그 까닭과 함께 설명하시오.

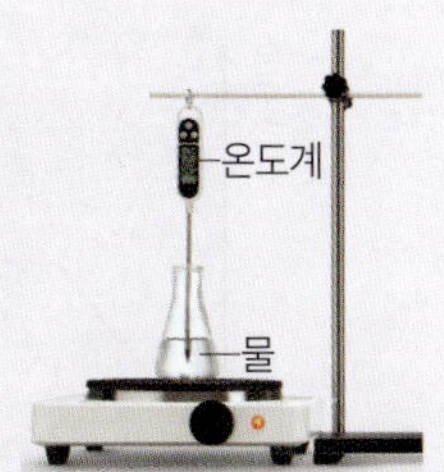

11 오른쪽 그림과 같이 여름철 실내에 얼음 조각을 전시하면 얼음 조각 주위가 시원해진다. 얼음 조각 주위가 시원해지는 까닭을 다음 단어를 모두 이용하여 설명하시오.

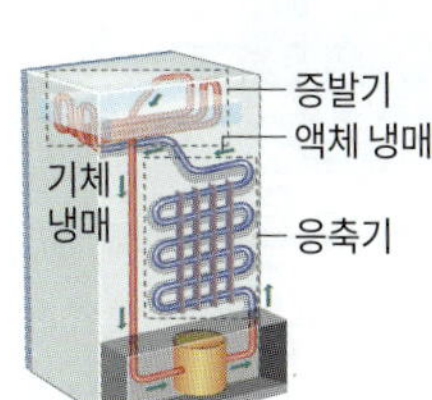

> 융해, 열에너지, 온도

12 오른쪽 그림과 같이 사막에서는 아주 작은 구멍이 있는 양가죽 물주머니에 물을 담아 시원하게 보관한다.
양가죽 물주머니에 물을 보관하면 시원하게 유지되는 까닭을 물의 상태 변화가 일어날 때의 열에너지 출입과 관련지어 설명하시오.

창의적 문제 해결

01 다음은 물을 가열할 때 시간에 따른 온도 변화를 나타낸 그래프와 이에 대한 학생 (가)～(다)의 대화이다.

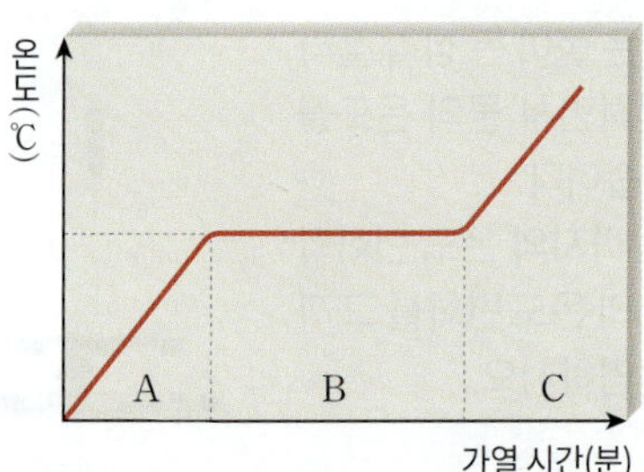

- (가): A 구간에서 물이 흡수한 열에너지는 물질의 온도 변화에 사용되는구나.
- (나): B 구간에서는 물질이 흡수한 열에너지가 상태 변화에 사용되므로 물질의 온도가 점점 높아져.
- (다): 입자 운동은 C 구간에서가 A 구간에서보다 더 활발해.

(1) 학생 (가)～(다) 중 잘못 말한 학생은 누구인지 쓰고, 잘못된 내용을 옳게 고쳐 쓰시오.

(2) B에서 일어나는 상태 변화가 무엇인지 쓰고, 이 상태 변화가 일어날 때의 열에너지 출입을 이용하는 예를 한 가지만 설명하시오.

02 그림은 실내 온도를 높여 주는 증기 난방기의 구조를 나타낸 것이다.

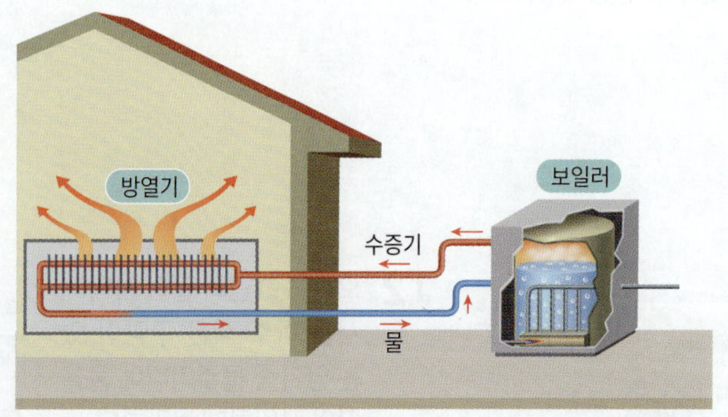

(1) 증기 난방기의 보일러에서는 어떤 상태 변화가 일어나는지 쓰시오.

(2) 증기 난방기가 실내 온도를 높이는 원리를 방열기에서 일어나는 상태 변화와 관련지어 설명하시오.

03 다음은 상태 변화가 일어날 때의 열에너지 출입을 이용한 예를 나타낸 것이다.

(가) 항아리 냉장고는 큰 항아리 안에 작은 항아리를 넣고, 그 사이를 모래로 채운 뒤 물을 뿌려서 만든다. ㉠ 항아리 냉장고에 음식물을 보관하면 음식물이 시원하게 유지된다.

(나) ㉡ 액체 파라핀에 손을 담갔다 빼면 손이 따뜻해지므로 손을 따뜻하게 찜질할 수 있다.

(1) ㉠의 까닭을 물질의 상태 변화와 관련지어 설명하시오.

(2) ㉡의 까닭을 물질의 상태 변화와 관련지어 설명하시오.

04 【글쓰기】 다음은 물의 상태 변화를 이용한 예이다.

(가) 더운 여름에 안개 분사 장치를 이용해 길에 물방울을 뿌린다.

(나) 추운 지방에 사는 이누이트족은 이글루라는 얼음집 안에 물을 뿌린다.

(1) (가)와 (나)에서 주위의 온도 변화를 각각 쓰시오.

(2) (가)와 (나)는 똑같이 물을 뿌리는 상황임에도 주위의 온도가 서로 다르게 변하는데, 그 까닭을 물의 상태 변화와 관련지어 설명하는 글을 쓰시오.

MEMO

Contact Mirae-N

www.mirae-n.com

(우)06532 서울시 서초구 신반포로 321

1800-8890

미래엔 교과서 연계 도서

교과서 예습 복습과 학교 시험 대비까지
한 권으로 완성하는 자율학습서와 실전 유형서

미래엔 교과서 자습서

[2022 개정]
국어 (신유식) 1-1, 1-2*
    (민병곤) 1-1, 1-2*
영어 1
수학 1
사회 ①, ②*
역사 ①, ②*
도덕 ①, ②*
과학 1
기술·가정 ①, ②*
생활 일본어, 생활 중국어, 한문
   *2025년 상반기 출간 예정

[2015 개정]
국어 2-1, 2-2, 3-1, 3-2
영어 2, 3
수학 2, 3
사회 ①, ②
역사 ①, ②
도덕 ①, ②
과학 2, 3
기술·가정 ①, ②
한문

미래엔 교과서 평가 문제집

[2022 개정]
국어 (신유식) 1-1, 1-2*
    (민병곤) 1-1, 1-2*
영어 1-1, 1-2*
사회 ①, ②*
역사 ①, ②*
도덕 ①, ②*
과학 1
   *2025년 상반기 출간 예정

[2015 개정]
국어 2-1, 2-2, 3-1, 3-2
영어 2-1, 2-2, 3-1, 3-2
사회 ①, ②
역사 ①, ②
도덕 ①, ②
과학 2, 3

예비 고1을 위한 고등 도서

비주얼 개념서

이미지 연상으로 필수 개념을 쉽게 익히는
비주얼 개념서

국어　문법
영어　분석독해

문학 입문서

작품 이해에서 문제 해결까지
손쉬운 비법을 담은 문학 입문서

현대 문학, 고전 문학

필수 기본서
엔픽

복잡한 개념은 쉽고, 핵심 문제는 완벽하게!
사회·과학 내신의 필수 개념서

사회　통합사회1, 통합사회2*, 한국사1, 한국사2*
과학　통합과학1, 통합과학2
   *2025년 상반기 출간 예정

여러 번 반복해? 아니! **제대로 한 번에!**

1:1 매칭 학습으로
수학 자신감을 완성하는
개념 기본서

리:피트 개념

1, 2학기 총 6책

한 번의 배움이 지속가능한 실력이 되는
STUDY POINT

1. 꼼꼼 교과서 개념 학습
꼭 알아야 할 교과서 핵심 개념을 필수 탐구 및 자료와
함께 꼼꼼하게 공부할 수 있습니다.

2. 단계별 문제 풀이 학습
시험에 꼭 나오는 유형을 파악하고, 학습한 개념을 단계
별로 문제에 적용하여 익힙니다.

3. 시험 대비 반복 학습
핵심 개념 정리와 함께 학교 시험과 유사한 실전 문제로
반복 연습하여 학교 시험을 완벽하게 준비합니다.

Mirae N 에듀

신뢰받는 미래엔
미래엔은 "Better Content, Better Life" 미션 실행을 위해
탄탄한 콘텐츠의 교과서와 참고서를 발간합니다.

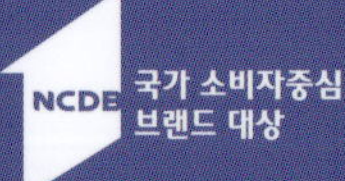

소통하는 미래엔
미래엔의 [도서 오류] [정답 및 해설] [도서 내용 문의] 등은
홈페이지를 통해서 확인이 가능합니다.

Contact Mirae-N
www.mirae-n.com
(우)06532 서울시 서초구 신반포로 321
1800-8890

내신 만점을 위한 **필수 기본서**

연픽

중등 **과학**
1·1

바른답·알찬풀이

Mirae **N** 에듀

바른답 · 알찬풀이

자세하고 친절한 해설

바른답 알찬풀이

개념학습편	2
시험대비편	43

I. 과학과 인류의 지속가능한 삶

01 과학과 인류 문명

개념 콕! 짚기
11쪽, 13쪽

1 ・가설, 설계, 결론 ・변인 통제
2 ・원리, 기술, 기기 ・기술 ・예술 ・의학
3 ・인공지능 ・사물 인터넷 ・첨단 바이오

01 (1) ○ (2) ○ (3) ✕　**02** (1) ㉡ (2) ㉠　**03** 가설 설정　**04** ㉠ 빛, ㉡ 현미경　**05** 내비게이션　**06** (1) ㉢ (2) ㉠ (3) ㉠ (4) ㉡　**07** 수학
08 (1) 인공지능 (2) 첨단 바이오 (3) 사물 인터넷 (4) 증강 현실
09 (1) ○ (2) ○ (3) ✕

01 (1) 탐구 문제에 대한 잠정적 결론인 가설은 탐구를 수행하여 확인할 수 있어야 한다.
(2) 탐구를 수행하기 전에는 실험 준비물과 실험 과정, 변인 통제 등의 탐구 계획을 세운다.
(3) 탐구를 수행할 때에는 탐구 계획에 따라 변인을 통제하면서 실험하고, 관찰하거나 측정한 내용이 가설과 다르더라도 고치지 않고 있는 그대로 기록한다.

02 탐구를 수행하여 얻은 실험 결과와 가설이 같다면 탐구 결론을 내린 뒤 탐구 보고서를 작성하여 발표하고, 실험 결과와 가설이 다르다면 가설을 수정하여 탐구 설계부터 다시 해야 한다.

03 ㉠은 탐구 문제에 대한 잠정적인 결론을 내리는 가설 설정 단계에 해당한다.

04 과학적 탐구로 빛이 굴절하는 원리를 발견한 뒤 렌즈를 이용하여 물체를 확대해 볼 수 있는 기술이 발달했고, 현미경을 발명하여 아주 작은 물체를 확대해 볼 수 있게 되었다.

05 과학적 탐구로 전파의 원리를 발견한 뒤 인공위성 전파 신호로 사용자의 위치를 계산하는 기술이 발달했고, 위성 위치 확인 시스템을 활용한 내비게이션을 발명하여 길을 쉽고 편리하게 찾을 수 있게 되었다.

06 (1) X선을 발견하여 질병의 진단과 치료에 사용하는 것은 과학과 의학이 융합한 사례이다.
(2), (3) 인터넷, 인공위성 등 정보 통신 기술의 발달로 정보를 쉽고 빠르게 접하거나, 건물 구조의 설계와 건축 재료의 발전으로 초고층 건물을 짓는 것은 과학과 기술, 공학이 융합한 사례이다.
(4) 멀티미디어 기술로 미디어 아트를 만드는 것은 과학과 예술이 융합한 사례이다.

07 과학과 수학의 융합으로 자연에서 일어나는 다양한 현상에 대한 과학적 원리를 수학적으로 분석하여 이론으로 발전시키거나 현상을 예측하기도 한다.

08 (1) 인공지능은 컴퓨터가 인간처럼 학습하고 일을 처리할 수 있게 하는 기술이다.
(2) 첨단 바이오는 유전정보나 첨단 의료 장비로 질병을 치료하고 예방하는 기술이다.

(3) 사물 인터넷은 각종 사물을 무선 통신으로 연결하여 정보를 교환하는 기술이다.
(4) 증강 현실은 실제 현실 사진이나 영상에 가상의 정보를 겹쳐 하나의 영상으로 만드는 기술이다.

09 첨단 과학기술의 발달로 우리 삶은 편리해지지만, 산업과 직업에 변화가 생기거나 기술의 악용, 환경 문제가 나타날 수 있다. 또 사생활이나 자율성의 침해와 같은 새로운 문제도 나타날 수 있다.

기출 문제로 실력 꽉! 잡기
14쪽~15쪽

01 ⑤　**02** ㄴ, ㄷ　**03** (다) → (나) → (라) → (마) → (가)
04 ③　**05** ④　**06** ①　**07** ②
만점 도전하기　**08** 증기 기관　**09** ④

01 결론 도출은 실험 결과로부터 가설이 맞는지 판단하고 탐구 결론을 내리는 단계이다. 실험 결과를 표나 그래프로 나타내고 자료 사이의 관계나 규칙을 찾아 분석하는 단계는 자료 해석이다.

02 ㄴ. 탐구 문제에 대한 잠정적 결론인 가설은 탐구를 수행하여 확인할 수 있어야 한다.
ㄷ. 가설과 실험 결과가 같으면 탐구 결론을 내리지만, 가설과 실험 결과가 다르면 가설을 수정하여 탐구 설계를 다시 해야 한다.
오답 피하기 ㄱ. 자연 현상을 관찰하면서 생기는 의문을 탐구 문제로 나타낼 때에는 명확하고 간결한 질문 형식으로 나타내야 한다.

03 (가)는 결론 도출, (나)는 가설 설정, (다)는 문제 인식, (라)는 탐구 설계 및 수행, (마)는 자료 해석 단계이다. 과학적 탐구 방법은 문제 인식(다) → 가설 설정(나) → 탐구 설계 및 수행(라) → 자료 해석(마) → 결론 도출(가)의 과정으로 진행된다.

04 ③ 과학적 탐구로 빛이 굴절하는 원리를 발견한 뒤, 이러한 원리를 바탕으로 렌즈를 이용하여 물체를 확대해 볼 수 있는 기술이 발달했다. 이 기술을 활용하여 아주 작은 물체를 확대해 볼 수 있는 현미경을 발명했다.
오답 피하기 ① 발전기는 전기 에너지를 생산하는 장치이다.
②, ④, ⑤ 전화기, 인공위성, 스마트폰은 정보 통신 기술의 발달로 정보를 쉽고 빠르게 전달할 수 있는 장치이다.

05 과학적 원리를 수식으로 표현하여 과학 현상을 분석하는 데 이용하는 것은 과학과 수학이 융합한 사례이다.

06 인공지능은 컴퓨터가 인간처럼 학습하고 일을 처리할 수 있게 하는 기술로, 대화나 교육 프로그램, 글이나 그림 창작, 언어 번역, 로봇, 드론, 자율주행 자동차 등에 활용한다.
오답 피하기 ② 가상 현실은 시각, 청각, 촉각 등을 느끼면서 가상의 공간과 사물을 실제처럼 체험하는 데 활용한다.

③ 증강 현실은 실제 공간에 가상으로 가구를 배치해 보는 애플리케이션 등에 활용한다.

④ 사물 인터넷은 집 안의 가전제품이나 농장의 환경을 원격으로 제어하거나 무인 상점, 쓰레기 처리 등에 활용한다.

⑤ 첨단 바이오는 질병 발생 예측이나 맞춤형 치료제 개발, 나노 백신 개발, 인공 장기나 뼈 제작 등에 활용한다.

07 가상 현실은 시각, 청각, 촉각 등을 느끼면서 가상의 공간과 사물을 실제처럼 체험하는 기술이다. 무인 상점에서 물건을 살 때 자동으로 결제하는 것은 사물 인터넷을 활용한 사례이다.

08 증기 기관은 물을 끓여 발생시킨 수증기의 압력으로 기계를 움직이는 장치로, 산업 혁명에 큰 영향을 미쳤다. 증기 기관을 이용한 기계로 제품을 대량 생산할 수 있게 되었고, 증기 기관차나 증기선을 개발하여 이동이 편리해졌으며 많은 물건을 먼 곳까지 옮길 수 있게 되었다.

09 많은 일자리가 인공지능으로 대체되어 사람의 일자리가 줄어드는 등 첨단 과학기술의 발달로 산업과 직업에 변화가 생길 수 있다. 또 환경 문제, 기술의 악용, 사생활이나 자율성, 저작권 침해와 같은 새로운 문제가 나타날 수 있다.

오답 피하기 ④ 스마트 기기로 집 안의 가전제품을 집 밖에서 제어하거나, 원격으로 농작물의 상태를 확인하고 자동으로 관리하는 등 사물 인터넷은 이미 우리 생활에서 활용되고 있는 첨단 과학기술이다.

단계별 문제로 서술형 꽉! 잡기   15 쪽

01 1단계 해설 참조   2단계 해설 참조
02 1단계 질병, 치료제   2단계 해설 참조

01 1단계 내비게이션은 위성 위치 확인 시스템이 활용된 기기로, 길을 쉽고 편리하게 찾는 데 이용한다.

예시 답안 위성 위치 확인 시스템을 활용한 내비게이션의 발명으로 길을 쉽게 찾을 수 있게 되었다.

2단계 과학적 탐구로 전파의 원리를 발견한 뒤 인공위성 전파 신호로 사용자의 위치를 계산하는 기술이 발달했고, 이 기술을 활용하여 내비게이션을 발명했다.

예시 답안 전파의 원리를 바탕으로 인공위성 전파 신호로 사용자의 위치를 계산하는 기술이 발달하면서 내비게이션이 발명되었다.

채점 기준	배점(%)
내비게이션의 발명에 영향을 미친 과학적 원리와 기술을 모두 옳게 설명한 경우	100
내비게이션의 발명에 영향을 미친 과학적 원리와 기술 중 하나만 옳게 설명한 경우	40

02 1단계 첨단 바이오는 개인의 유전적 특성을 분석하여 질병 발생을 예측하고, 맞춤형 치료제를 개발하는 데 활용된다.

2단계 예시 답안 첨단 바이오, 나노 백신을 개발하여 몸에 더 효과적으로 작용하게 한다. 나노 의료 로봇으로 필요한 곳만 치료한다. 인공 장기나 뼈를 만들어 몸의 훼손된 부분을 치료한다. 등

채점 기준	배점(%)
첨단 과학기술을 옳게 쓰고, 미래 사회에 나타날 변화도 옳게 설명한 경우	100
첨단 과학기술만 옳게 쓴 경우	30

02 과학과 지속가능한 삶

개념 콕! 짚기   17 쪽

1 • 지속가능한 삶   • 에너지, 기후   • 과학기술
2 • 절약, 순환   • 재생, 협력
01 (1) ㉠ 화석 연료, ㉡ 부족해진다 (2) 생태계 (3) 지구 온난화   **02** 신재생 에너지   **03** (1) 폐플라스틱 재활용 기술 (2) 탄소 포집 장치 (3) 해양 폐기물 수거 로봇 (4) 스마트팜   **04** (1)✕ (2)○ (3)○ (4)✕

01 (1) 인류 문명의 발달로 화석 연료 사용량이 급격하게 증가하여 화석 연료가 고갈되면서 에너지가 부족해진다.

(2) 화석 연료의 지나친 사용과 플라스틱 등의 사용으로 발생한 폐기물로 인해 대기, 수질, 토양오염이 발생한다.

(3) 공장, 자동차 등에서 배출되는 온실 기체와 과도한 개발로 인해 지구 온난화가 심해져 홍수, 가뭄, 폭우 등의 기상 이변이 발생한다.

02 태양 빛, 바람, 물, 지열, 수소 연료 전지와 같이 고갈될 염려가 적고 지속가능한 에너지를 변환시켜 사용하는 에너지를 신재생 에너지라고 한다. 과학기술을 활용하여 신재생 에너지를 개발하면 인류가 직면한 에너지 부족 문제를 해결할 수 있다.

03 (1) 폐플라스틱 재활용 기술은 폐플라스틱을 새로운 자원으로 활용하여 폐기물의 양을 줄이는 기술이다.

(2) 탄소 포집 장치는 온실 기체인 이산화 탄소를 포집한 뒤 제거하는 장치로, 지구 온난화를 막을 수 있는 장치이다.

(3) 해양 폐기물 수거 로봇은 육지에서 바다로 흘러 들어가거나 어업 활동으로 발생한 폐기물을 모아서 제거하는 장치이다.

(4) 스마트팜은 기후 변화로 인한 농작물의 생산량 감소에 대비하여 농작물이 자라는 환경을 자동으로 관리하는 기술이다.

04 (1) 폐기물의 양을 줄이기 위해 일회용품의 사용을 줄여야 한다.

(2) 사용하지 않는 물건은 다른 사람과 나누어 쓰고, 재활용품은 분리배출해야 한다.

(3) 환경 보전 캠페인에 참여하여 환경 문제에 사람들이 관심을 가지도록 하고, 녹지를 조성해야 한다.

(4) 자가용 대신 대중교통을 이용하고, 화석 연료 사용과 이산화 탄소 배출량을 줄일 수 있는 전기 자동차를 개발하여 사용을 장려해야 한다.

기출 문제로 실력 꽉! 잡기 18쪽~19쪽

01 ③ **02** ⑤ **03** ③ **04** ㄴ, ㄷ **05** ④ **06** ③ **07** ③
만점 도전하기 **08** ⑤

01 지속가능한 삶은 현재의 인류가 더 나은 환경을 유지하며 발전하여 풍요로운 사회를 이루면서 이것이 현재 세대 이후에도 지속되도록 생태계와 자연환경을 보전하고 지키는 삶이다.

02 ㄱ. 화석 연료나 지하자원의 사용량이 급격하게 증가하여 자원을 지나치게 채취하면서 에너지가 부족해진다.
ㄷ. 신재생 에너지의 개발과 같이 에너지 부족 문제를 해결하는 데 과학기술이 활용된다.
오답 피하기 ㄴ. 인류 문명의 발달로 석탄, 석유 등의 화석 연료 사용량이 증가하여 화석 연료가 빠르게 고갈되고 있다.

03 ③ 온실 기체 배출과 과도한 개발로 인해 지구의 온도가 빠르게 높아지는 지구 온난화가 심해진다.
오답 피하기 ①, ④ 공장, 자동차 등에서 배출되는 온실 기체로 인해 지구 온난화가 심해지면서 홍수, 가뭄, 폭우 등의 기상 이변이 발생한다.
②, ⑤ 플라스틱이나 일회용품의 사용으로 발생한 폐기물이 바다나 강으로 흘러 들어가면 환경오염이 발생한다. 공기, 물, 흙 등이 오염되면 생태계가 파괴될 수 있다.

04 ㄴ. 해양 폐기물 수거 로봇을 이용하면 바다로 흘러 들어가거나 어업 활동으로 발생한 폐기물을 모아서 제거할 수 있다.
ㄷ. 기후 변화에 대비하여 농작물이 자라는 환경을 자동으로 관리하는 스마트팜 기술을 활용하면 농작물의 생산량과 품질을 높일 수 있다.
오답 피하기 ㄱ. 화석 연료가 아닌 전기로 주행하는 자동차를 개발하여 사용하면 화석 연료 사용과 이산화 탄소 배출량을 줄일 수 있다.

05 ④ 탄소 포집 장치는 화석 연료의 사용 등으로 배출되는 이산화 탄소를 포집한 뒤 제거하는 장치로, 이를 이용하면 지구 온난화를 막을 수 있다.
오답 피하기 ③ 태양광 발전은 고갈될 염려가 적은 태양 빛 에너지를 변환시켜 전기 에너지를 생산하는 것이다.
⑤ 폐플라스틱 재활용 기술은 폐플라스틱을 새로운 자원으로 활용하여 폐기물의 양을 줄이는 기술이다.

06 신재생 에너지는 태양 빛, 바람, 물, 지열, 수소 연료 전지와 같이 고갈될 염려가 적고 지속가능한 에너지를 변환시켜 사용하는 에너지로, 화석 연료를 사용할 때보다 이산화 탄소가 적게 발생한다. 과학기술을 활용하여 이러한 재생 가능 에너지원을 개발하고 있다.

07 일회용품의 사용을 줄이고 자원의 순환을 위해 재활용품을 분리배출하는 것과, 에너지 효율이 높은 전기 제품을 사용하는 것은 개인 차원에서 실천할 수 있는 활동 방안이다. 생태 습지나 녹지, 환경 공원을 조성하거나 재생 가능 에너지원을 개발하고 보급하는 것은 개인 차원에서 실천하기 어려운 사회 차원의 활동 방안이다.

08 ㄱ. 신재생 에너지를 개발하여 자원의 고갈로 인한 에너지 부족 문제를 해결할 수 있다.
ㄴ. 대기오염 물질을 효율적으로 제거하는 기술을 개발하여 화석 연료 사용으로 발생하는 환경오염 문제를 해결할 수 있다.
ㄷ. 화석 연료 대신 전기로 주행하는 자동차를 개발하여 이산화 탄소 배출량을 줄일 수 있다.

단계별 문제로 서술형 꽉! 잡기 19쪽

01 **1단계** 분해, 환경 **2단계** 해설 참조
02 **1단계** 재활용, 분리배출 **2단계** 해설 참조

01 **1단계** 제시된 설명에서 플라스틱 제품이나 일회용품 등의 사용으로 발생한 플라스틱 폐기물이 오랫동안 분해되지 않아 환경에 악영향을 미치는 것이 인류의 지속가능한 삶을 위협하는 문제이다.
2단계 **예시 답안** 폐플라스틱 재활용 기술로 폐플라스틱을 새로운 자원으로 활용하여 폐기물의 양을 줄인다.

채점 기준	배점(%)
플라스틱 폐기물 문제를 해결하기 위한 과학기술에 대해 옳게 설명한 경우	100
플라스틱 폐기물 문제를 해결하기 위한 과학기술의 이름만 옳게 쓴 경우	40

02 **1단계** 그림에서 나타난 재활용품의 종류와 순환하는 모양의 화살표를 통해 재활용품 분리배출에 대한 표시임을 알 수 있다.
2단계 **예시 답안** 재활용품을 분리배출하면 폐기물을 자원으로 활용하여 새로운 제품으로 재탄생시키는 등의 방법으로 자원을 순환시킬 수 있기 때문이다.

채점 기준	배점(%)
분리배출한 재활용품을 새로운 자원으로 활용하여 자원을 순환시킬 수 있다는 것을 설명한 경우	100
분리배출한 재활용품을 자원으로 활용한다는 것만 설명한 경우	50

Ⅰ 단원 마무리하기 20쪽~22쪽

01 (라) → (가) → (마) → (바) → (나) → (다) **02** ③ **03** ⑤
04 ② **05** ⑤ **06** ② **07** ③ **08** ③ **09** ④ **10** ③ **11** ⑤
12 ㄱ, ㄷ **13** ④ **14** ⑤ **15** ㄴ **16** ⑤ **17** ④

01 과학적 탐구를 수행할 때에는 자연 현상을 관찰하면서 생기는 의문을 질문 형식의 탐구 문제로 나타낸 뒤, 탐구 문제에 대한 잠정적 결론인 가설을 설정한다. 가설을 확인하기 위해 실험 준비물과 실험 과정, 변인 통제 등의 탐구 계획을 세우고 탐구를 수행한 뒤 실험 결과를 해석한다. 해석한 자료로부터 가설이 맞는지 판단하고 탐구 결론을 내린다.

02 ㉠은 일상생활에서 생긴 의문을 탐구 문제로 나타낸 뒤 이미 알고 있는 지식이나 경험을 바탕으로 탐구 문제의 결과를 예상하여 잠정적 결론인 가설을 세우는 단계에 해당한다.

03 '물체가 햇빛을 받으면 검은색, 파란색, 흰색 순으로 온도가 높아질 것이다.'라는 가설을 확인하기 위해서는 물체의 색깔에 따라 온도가 높아지는 정도가 다른지를 알아보는 실험을 해야 한다. 따라서 컵을 감싸는 색종이의 색깔만 다르게 하고, 컵의 종류나 처음 컵 속 물의 양과 온도, 컵에 햇빛을 비추는 시간 등은 모두 같게 해야 한다.

04 ㄴ. 가설은 탐구를 수행하여 확인할 수 있어야 한다.
ㄷ. 실험 결과를 한눈에 알아보기 쉽도록 표나 그래프로 나타내고, 자료 사이의 관계나 규칙을 찾아 분석한다.
오답 피하기 ㄱ. 탐구 문제는 알아보려는 내용이 명확하고 간결하게 드러나도록 나타내야 한다.
ㄹ. 처음 설정한 가설과 실험 결과가 다르면 가설을 수정하여 탐구 설계를 다시 해야 한다.

05 과학적 탐구로 빛의 굴절 원리를 발견하고, 렌즈를 이용하여 물체를 확대해 볼 수 있는 기술이 발달했다. 이후 현미경의 발명으로 아주 작은 물체를 확대해 볼 수 있게 되었다.
오답 피하기 ㄱ. 현미경은 빛이 굴절하는 원리를 바탕으로 발명된 기기이다.

06 전동기는 전류가 흐르면 회전하는 장치로, 선풍기나 세탁기 등 다양한 전기 제품을 만드는 데 활용된다. 전기 에너지는 발전기의 발명으로 생산할 수 있게 되었다.

07 (가)는 증기 기관의 작동 원리를, (나)는 증기 기관차를 나타낸 것이다. 증기 기관의 발명은 산업 혁명에 큰 영향을 미쳤다. 증기 기관을 이용한 기계로 제품을 대량 생산할 수 있게 되었고, 증기 기관차나 증기선으로 많은 물건을 먼 곳까지 옮길 수 있게 되었다.
오답 피하기 ㄷ. 과학적 원리를 수식으로 표현하여 과학 현상을 분석하는 데 이용하는 것은 과학과 수학이 융합한 사례이다.

자료 분석하기 ▸

증기 기관의 작동 원리

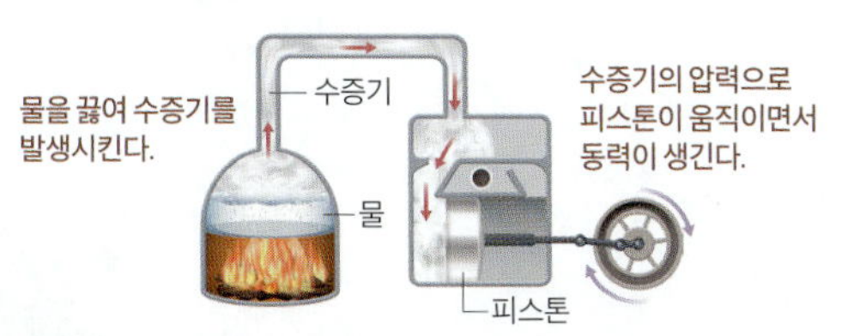

증기 기관은 증기의 압력으로 기계를 움직이는 장치로, 물을 끓여 발생시킨 수증기의 압력을 이용하여 동력을 얻는다.

---

08 ㄱ, ㄹ. 항생제와 백신을 개발하여 질병의 치료와 예방에 사용하는 것은 과학과 의학이 융합한 사례이다.
오답 피하기 ㄴ, ㄷ. 전자 출판 기술이 발달하여 많은 책을 전자 기기에서 간편하게 볼 수 있게 된 것과, 건축 재료의 발전으로 초고층 건물을 지을 수 있게 된 것은 과학과 기술, 공학이 융합한 사례이다.

09 ④ 사물 인터넷은 각종 사물을 무선 통신으로 연결하여 정보를 교환하는 기술이다. 이 기술을 활용하면 스마트 기기로 집 안의 가전제품을 집 밖에서 제어할 수 있고, 원격으로 농작물의 상태를 확인하고 자동으로 관리할 수 있다.
오답 피하기 ① 인공지능은 컴퓨터가 인간처럼 학습하고 일을 처리할 수 있게 하는 기술이다.
② 가상 현실은 시각, 청각, 촉각 등을 느끼면서 가상의 공간과 사물을 실제처럼 체험하는 기술이다.
③ 증강 현실은 실제 현실 사진이나 영상에 가상의 정보를 겹쳐 하나의 영상으로 만드는 기술이다.
⑤ 첨단 바이오는 유전정보나 첨단 의료 장비로 질병을 치료하고 예방하는 기술이다.

10 ③ 자율주행 자동차에는 인공지능이 활용된다. 인공지능을 활용하여 글이나 그림을 창작할 수 있고 언어 번역에도 활용된다.
오답 피하기 ①, ④ 유전정보로 질병의 발생을 예측하는 것과, 나노 백신을 개발하여 몸에 더 효과적으로 작용하게 하는 것은 첨단 바이오를 활용한 사례이다.
② 무인 상점에서 물건을 살 때 자동으로 결제하는 것은 사물 인터넷을 활용한 사례이다.
⑤ 시각, 청각, 촉각 등을 느끼면서 가상의 공간을 실제처럼 체험하는 것은 가상 현실을 활용한 사례이다.

11 첨단 과학기술의 발달로 기술의 악용, 사생활이나 자율성, 저작권 침해와 같은 새로운 문제가 나타날 수 있고, 환경 문제도 나타날 수 있다. 인공지능을 활용한 로봇이 사람의 역할을 대체하면서 많은 일자리가 줄어들 수 있다.

12 ㄱ, ㄷ. 지속가능한 삶은 현재의 인류가 더 나은 환경을 유지하며 풍요로운 사회를 이루고, 미래 세대까지 지속되도록 환경과 자연을 보전하기 위해 고민하고 실천하는 삶이다. 인류의 지속가능한 삶을 위해서는 인류가 직면한 에너지 문제, 환경 문제, 기후 변화 등을 해결해야 한다.
오답 피하기 ㄴ. 현재 세대의 삶을 유지하고 발전시키면서도 이것이 미래 세대까지 지속되도록 노력해야 한다.

13 ㄴ, ㄷ. 인류 문명의 발달로 석탄, 석유 등의 화석 연료 사용량이 급격하게 증가했다. 화석 연료의 사용으로 이산화 탄소가 배출되어 지구 온난화가 심해지고, 대기오염 물질이 발생하여 공기가 오염되면서 생태계가 파괴될 수 있다.
오답 피하기 ㄱ. 화석 연료의 지나친 채취로 화석 연료가 고갈되어 에너지가 부족해진다.

14 육지에서 바다로 흘러 들어가거나 어업 활동으로 발생한 해양 폐기물로 인해 수질오염이 발생하거나 생태계가 파괴될 수 있다. 해양 폐기물 수거 로봇을 이용하여 바다의 폐기물을 모아서 제거하는 방법으로 해결할 수 있다.

15 ㄴ. 증강 현실은 실제 현실 사진이나 영상에 가상의 정보를 겹쳐 하나의 영상으로 만드는 기술로, 미래 사회의 변화를 가져올 첨단 과학기술 중 하나이다.

오답 피하기 ㄱ. 기후 변화로 땅이 사막화되면 스마트팜 기술을 활용하여 농작물의 생산량과 품질을 높일 수 있다.

ㄷ. 전기 자동차를 개발하여 사용하면 화석 연료 사용과 이산화 탄소 배출량을 줄여 지구 온난화를 막을 수 있다.

ㄹ. 태양광 에너지를 사용하면 지구 온난화를 막고 에너지 부족 문제도 해결할 수 있다.

16 사용하지 않는 전기 제품의 플러그를 꽂아 두면 불필요한 전기 에너지가 소비되므로, 전기를 절약하기 위해 전기 제품을 사용하지 않을 때에는 플러그를 뽑는다.

17 신재생 에너지는 태양 빛, 바람, 물, 지열, 수소 연료 전지와 같이 고갈될 염려가 적고 지속가능한 에너지를 변환시켜 사용하는 에너지이다. 신재생 에너지를 사용하면 화석 연료를 사용할 때보다 이산화 탄소가 적게 발생하고 재생이 가능하므로 이러한 에너지원을 더욱 개발하고 사용해야 한다.

Ⅰ단원 서술형 완성하기   23 쪽

01 (1) 지식이나 경험을 바탕으로 탐구 문제에 대한 잠정적 결론인 가설을 세운다. 주어진 탐구 문제의 내용을 바탕으로 얼음의 크기와 물이 차가워지는 빠르기에 대한 가설을 세워야 한다.

예시 답안 얼음의 크기에 따라 물이 차가워지는 빠르기가 다를 것이다.

채점 기준	배점(%)
얼음의 크기와 물이 차가워지는 빠르기를 바탕으로 가설을 쓴 경우	100
얼음의 크기 이외의 내용으로 가설을 쓴 경우	0

(2) 가설을 확인하기 위해서는 얼음의 크기에 따라 물이 차가워지는 빠르기를 비교하는 실험을 해야 한다. 따라서 다르게 해야 할 조건은 물에 넣는 얼음의 크기이고, 나머지 조건은 모두 같게 해야 한다.

예시 답안 물에 넣는 얼음의 크기만 다르게 하고, 처음 물의 양과 온도, 물에 넣는 얼음의 개수 등 나머지 조건은 모두 같게 해야 한다.

채점 기준	배점(%)
실험에서 다르게 해야 할 조건과 같게 해야 할 조건을 모두 옳게 설명한 경우	100
실험에서 다르게 해야할 조건만 옳게 설명한 경우	50

02 과학적 탐구로 발견한 원리를 바탕으로 기술이 발달하고 기기가 발명되면서 과학이 발전했고, 이는 인류 문명이 발달하는 데 영향을 미쳤다.

예시 답안 위성 위치 확인 시스템을 활용한 내비게이션을 발명하여 길을 쉽게 찾을 수 있게 되었다.

채점 기준	배점(%)
위성 위치 확인 시스템을 활용한 내비게이션의 발명과 이것이 인류 문명에 미친 영향을 모두 옳게 설명한 경우	100
내비게이션의 발명만 쓴 경우	50

03 **예시 답안** 페니실린의 개발은 과학과 의학이 융합한 사례이다. 항생제의 개발로 폐렴과 같은 질병을 치료하게 되면서 인류의 수명이 크게 늘어났다.

채점 기준	배점(%)
항생제의 개발은 과학과 의학이 융합한 사례라는 것과 이것이 인류 문명에 미친 영향을 모두 옳게 설명한 경우	100
항생제의 개발은 과학과 의학이 융합한 사례라는 것만 옳게 설명한 경우	50

04 **예시 답안** 3D 프린팅 기술로 인공 장기나 뼈를 만들어 몸의 훼손된 부분을 치료할 수 있다. 개인 맞춤형 의료 기기를 만들어 질병을 치료하는 데 활용할 수 있다. 등

채점 기준	배점(%)
두 기술의 융합이 미래 사회에 가져올 변화를 구체적으로 설명한 경우	100
두 기술의 융합으로 인공 장기나 첨단 의료 기기를 만든다는 정도로만 간단하게 설명한 경우	50

05 (1) **예시 답안** 플라스틱 폐기물로 인해 공기, 물, 흙 등의 환경이 오염된다. 플라스틱 폐기물이 바다로 흘러 들어가 생태계를 위협한다. 등

채점 기준	배점(%)
환경오염이나 생태계 파괴를 언급하여 옳게 설명한 경우	100
환경오염이나 생태계 파괴가 아닌 다른 문제를 설명한 경우	30

(2) **예시 답안** 버려지는 물건을 재활용하여 폐기물의 양을 줄일 수 있다. 자원을 순환시켜 자원의 낭비를 막을 수 있다. 등

채점 기준	배점(%)
폐기물 양의 감소나 자원의 순환을 언급하여 옳게 설명한 경우	100
폐기물 양의 감소나 자원의 순환에 대한 내용이 아닌 것을 설명한 경우	30

Ⅱ. 생물의 구성과 다양성

01 생물의 구성

개념 콕! 짚기 27 쪽

1 • 세포 • 핵 • 엽록체
2 • 조직, 기관 • 기관계
01 (1) B, 엽록체 (2) D, 세포막 (3) B, 엽록체, E, 세포벽 (4) A, 핵 (5) C, 마이토콘드리아 **02** (1) × (2) ○ (3) ○ **03** (1) ○ (2) × (3) ○ (4) × **04** ㉠ 표피세포, ㉡ 표피조직, ㉢ 표피조직계, ㉣ 잎

01 A는 핵, B는 엽록체, C는 마이토콘드리아, D는 세포막, E는 세포벽이다. 핵(A)은 유전물질이 들어 있어 세포의 생명활동을 조절하고, 엽록체(B)는 빛을 이용해 광합성을 하여 양분을 만들며, 마이토콘드리아(C)는 양분을 이용하여 세포가 생명활동을 하는 데 필요한 에너지를 만든다. 세포막(D)은 세포를 둘러싸는 얇은 막으로 세포 안팎으로 물질이 드나드는 것을 조절하며, 식물세포는 세포막 바깥쪽에 세포벽(E)이 있어 세포의 모양이 유지된다. 핵(A), 마이토콘드리아(C), 세포막(D)은 동물세포와 식물세포에 모두 있고, 엽록체(B)와 세포벽(E)은 동물세포에는 없고 식물세포에만 있다.

02 (1) 생물은 모양과 기능이 다른 다양한 세포로 구성된다.
(2), (3) 세포는 종류에 따라 모양과 기능이 다르며, 특정 기능을 하는 데 적합한 모양을 갖추고 있다.

03 (1) 생물은 세포 → 조직 → 기관 → 개체의 단계를 거쳐 유기적으로 구성된다.
(2) 생물의 구성 단계에서 동물에만 있는 것은 기관계, 식물에만 있는 것은 조직계이다.
(3) 세포는 생물을 이루는 구조적 기본 단위이며, 생명활동이 일어나는 기능적 기본 단위이다.
(4) 여러 조직이 모여 특정한 모양과 기능을 갖춘 기관을 이루고, 여러 기관이 모여 독립적인 생명활동을 하는 하나의 개체가 된다.

04 잎은 기관이고, 여러 조직계가 모여 기관을 이룬다. 식물은 세포 → 조직 → 조직계 → 기관 → 개체의 단계로 구성되므로 느티나무는 표피세포(㉠) → 표피조직(㉡) → 표피조직계(㉢) → 잎(㉣) → 느티나무의 단계로 구성된다.

엔픽 탐구하기 29 쪽

정리 ㉠ 있다, ㉡ 있다, ㉢ 없다, ㉣ 있다, ㉤ 없다, ㉥ 있다, ㉦ 핵

탐구 확인 문제 **01** (1) ○ (2) × (3) ○ (4) × **02** ㄱ, ㄴ
탐구 적용 문제 **03** ① **04** 해설 참조

01 (1) 덮개 유리는 비스듬히 기울여서 천천히 덮어야 기포가 생기지 않는다.
(2) 염색액은 핵을 염색하여 뚜렷하게 관찰하기 위해 떨어뜨린다.
(3) 입안 상피세포는 모양이 일정하지 않고 여러 개의 세포가 모여 있거나 흩어져 있고, 검정말잎 세포는 모양이 일정하고 여러 개의 세포가 규칙적으로 배열되어 있다.
(4) 입안 상피세포는 메틸렌 블루 용액으로 염색하고, 검정말잎 세포는 아세트산 카민 용액이나 아세트올세인 용액으로 염색한다.

02 핵과 세포막은 입안 상피세포와 검정말잎 세포에서 모두 관찰되고, 세포벽과 엽록체는 식물세포인 검정말잎 세포에서만 관찰된다.

03 핵을 뚜렷하게 관찰하기 위해 염색액으로 염색하여 관찰한다.

04 (가)는 세포의 모양이 일정하지 않으므로 동물세포인 입안 상피세포를 관찰한 결과이고, (나)는 세포의 모양이 일정하므로 검정말잎 세포를 관찰한 결과이다.
예시 답안 (가)는 모양이 일정하지 않지만, (나)는 모양이 일정하다. (가)는 세포벽이 없지만, (나)는 세포벽이 있다. 등

채점 기준	배점(%)
(가)와 (나)의 차이점을 두 가지 모두 옳게 설명한 경우	100
(가)와 (나)의 차이점을 한 가지만 옳게 설명한 경우	50

꼭! 나오는 자료로 유형 연습하기 30 쪽

유형1 **01** A: 마이토콘드리아, B: 핵, C: 세포막, D: 세포벽, E: 엽록체 **02** ②, ⑥ **03** 해설 참조
유형2 **01** (가) 기관, (나) 세포, (다) 기관계, (라) 조직, (마) 개체 **02** (나) → (라) → (가) → (다) → (마) **03** ①

유형1

01 A는 마이토콘드리아, B는 핵, C는 세포막, D는 세포벽, E는 엽록체이다.

02 ② 핵(B)은 유전물질이 들어 있어 세포의 생명활동을 조절한다.
⑥ 세포막(C)과 세포벽(D)은 세포를 보호한다.
오답 피하기 ① 광합성을 하여 양분을 만드는 것은 엽록체(E)이다.
③ 세포의 모양을 일정하게 유지하는 것은 동물세포에는 없고 식물세포에만 있는 세포벽(D)이다.
④ 세포 안팎으로 물질이 드나드는 것을 조절하는 것은 세포막(C)이다.
⑤ 세포가 생명활동을 하는 데 필요한 에너지를 만드는 것은 마이토콘드리아(A)이다.

03 예시 답안▶ (가)는 동물세포이고, (나)는 식물세포이다. (나)에는 동물세포에는 없고 식물세포에만 있는 세포벽(D)과 엽록체(E)가 있기 때문이다.

채점 기준	배점(%)
(가)는 동물세포, (나)는 식물세포라고 쓰고, 그렇게 판단한 까닭을 세포벽과 엽록체를 들어 옳게 설명한 경우	100
(가)는 동물세포, (나)는 식물세포라고만 옳게 구분하여 쓴 경우	40

유형 2

01 (가)의 위는 기관, (나)의 상피세포는 세포, (다)의 소화계는 기관계, (라)의 상피조직은 조직, (마)의 사람은 개체의 단계에 해당한다.

02 동물은 세포(나) → 조직(라) → 기관(가) → 기관계(다) → 개체(마)의 단계로 구성된다.

03 ① 식물에는 없고 동물에만 있는 구성 단계는 기관계(다)이다.
오답 피하기 ② 생물을 이루는 기본 단위는 세포(나)이다.
③ 생물은 모양과 기능이 다양한 세포(나)로 구성된다.
④ 기관계(다)는 관련된 기능을 하는 여러 기관(가)이 모여 이루어진다.
⑤ 조직(라)은 모양과 기능이 비슷한 여러 세포(나)가 모여 이루어진다.
⑥, ⑦ 소화계, 순환계, 호흡계, 배설계 등의 기관계(다)가 모여 독립적인 생명활동을 하는 하나의 개체(마)가 된다.

기출 문제로 실력 꽉! 잡기

31 쪽~33 쪽

01 ① **02** ④ **03** ①, ④ **04** ② **05** ③ **06** ② **07** ②
08 ② **09** ④ **10** ③ **11** ④ **12** ④
만점 도전하기 **13** (다), (라) **14** ②, ④

01 A는 핵, B는 마이토콘드리아, C는 엽록체, D는 세포막, E는 세포벽이다.

자료 분석하기 •
동물세포와 식물세포의 구조

A
핵
B
마이토콘드리아
C
엽록체
세포막
D
E 세포벽
(가) 동물세포
(나) 식물세포

(나)에만 엽록체와 세포벽이 있으므로 (가)는 동물세포이고 (나)는 식물세포이다.

02 ④ 세포막(D)은 세포를 보호하고, 세포 안팎으로의 물질 출입을 조절한다.

오답 피하기 ① 핵(A)은 유전물질이 들어 있어 세포의 생명활동을 조절한다.
② 마이토콘드리아(B)는 양분을 이용하여 세포가 생명활동을 하는 데 필요한 에너지를 만든다.
③ 엽록체(C)는 빛을 이용해 광합성을 하여 양분을 만든다.
⑤ 엽록체(C)와 세포벽(E)은 동물세포에는 없고 식물세포에만 있다. 식물세포는 세포벽(E)이 있어 모양이 일정하다.

03 (가)는 신경세포이며, 여러 방향으로 길쭉하게 뻗어 신호를 받고 전달하기 적합하다.
(나)는 적혈구이며, 가운데가 오목한 원반 모양으로 산소 운반에 적합하다.
(다)는 상피세포이며, 납작하고 넓게 퍼진 모양으로 몸 표면이나 기관 안쪽 표면을 덮어 보호하기 적합하다.
이와 같이 세포는 모양과 기능이 다양하며, 기능을 하는 데 적합한 모양을 갖추고 있다.
오답 피하기 ⑤ 생물은 모양과 기능이 다른 다양한 세포로 이루어져 있어 여러 가지 생명활동을 할 수 있다.

04 ② 세포벽은 동물세포에는 없고 식물세포에만 있다. 모든 세포는 세포막으로 둘러싸여 있다.
오답 피하기 ① 세포는 과학자인 로버트 훅이 자신이 만든 현미경으로 코르크 조각을 관찰하다가 처음 발견했다.
③, ④ 세포는 생물의 구조적·기능적 기본 단위이다.
⑤ 세포는 핵, 마이토콘드리아 등의 여러 세포소기관으로 구성된다.

05 ③ 세포를 관찰하기 위해 현미경표본을 만들 때 염색액을 사용하는 것은 핵을 염색하여 뚜렷하게 관찰하기 위해서이다. 식물세포를 염색하는 데는 아세트산 카민 용액을 사용할 수 있다.
오답 피하기 ① 세포를 관찰하기 위해 현미경표본을 만들 때에는 받침 유리에 관찰할 세포를 올리고(가) 물을 1 방울 떨어뜨린 후(라) 덮개 유리를 천천히 기울여서 덮는다(나). 이후 덮개 유리 한쪽에 염색액을 떨어뜨리고 다른 쪽에서 거름종이로 여분의 염색액을 흡수한다(다).
⑤ 검정말잎 세포는 식물세포이므로 검정말잎을 현미경으로 관찰하면 모양이 일정한 여러 개의 세포가 서로 붙어 규칙적으로 배열되어 있는 것을 관찰할 수 있다.

06 (가)는 세포의 모양이 일정하지 않으므로 입안 상피세포(동물세포)의 관찰 결과이고, (나)는 세포의 모양이 일정하므로 검정말잎 세포(식물세포)의 관찰 결과이다.
② 핵은 동물세포(가)와 식물세포(나)에서 모두 관찰된다.
오답 피하기 ③, ④ 세포벽과 엽록체는 식물세포인 검정말잎 세포(나)에서만 관찰된다.

07 ② 조직은 모양과 기능이 비슷한 세포들이 모여 이루어진다.
오답 피하기 ① 세포는 생물을 이루는 기본 단위이다.
③, ⑤ 여러 조직이 모여 특정한 모양과 기능을 갖춘 기관을 이루며, 여러 기관이 모여 독립적인 생명활동을 하는 개체를 이룬다.
④ 여러 개의 세포로 이루어진 생물은 세포 → 조직 → 기관 → 개체의 단계를 거쳐 유기적으로 구성된다.

08 ⊙은 조직, ⓒ은 기관, ⓒ은 기관계이다.
② 생명활동이 일어나는 기능적 기본 단위는 세포이다.
오답 피하기 ③ 동물의 기관(ⓒ)에는 위, 간, 작은창자, 큰창자 등이 있다.
④, ⑤ 기관계(ⓒ)는 관련된 기능을 하는 여러 기관(ⓒ)으로 이루어진 구성 단계이며, 동물의 기관계(ⓒ)에는 소화계, 순환계, 호흡계, 배설계 등이 있다.

09 ①은 세포(상피세포), ②는 조직(상피조직), ③은 기관(위), ④는 기관계(소화계), ⑤는 개체(사람)이다.
식물에는 없고 동물에만 있는 구성 단계는 기관계이다.

10 식물은 세포(나) → 조직(다) → 조직계(라) → 기관(가) → 개체(마)의 단계로 구성된다.

> **자료 분석하기** ·
>
> ## 식물의 구성 단계
>
> 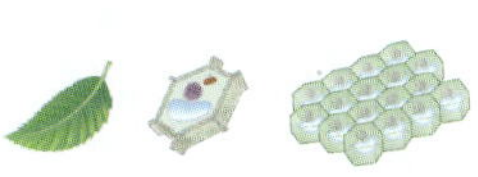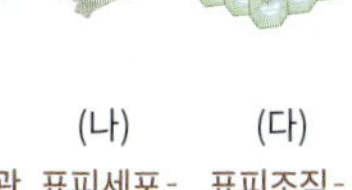
>
>
> | (가) | (나) | (다) | (라) | (마) |
> |---|---|---|---|---|
> | 잎-기관 | 표피세포-세포 | 표피조직-조직 | 표피조직계 -조직계 | 나무-개체 |

11 ④ 식물에서는 몇 가지 조직(다)이 모여 일정한 기능을 담당하는 조직계(라)를 이룬다.
오답 피하기 ① (가)는 특정한 모양과 기능을 갖춘 기관 단계이다. 기관계는 식물에는 없고 동물에만 있는 구성 단계이다.
③ 해면조직, 울타리조직은 조직(다) 단계에 해당한다. 세포(나) 단계에는 표피세포, 잎살세포 등이 해당한다.
⑤ 개체(마)는 가장 큰 구성 단계이다.

12 잎, 줄기, 뿌리는 식물의 영양기관이고, 꽃, 열매는 식물의 생식기관이다.

13 오답 피하기 · 학생 (가): 빵 공장의 발전기는 공장의 기계들이 작동하는 데 필요한 전기를 만들므로 세포의 생명활동에 필요한 에너지를 만드는 마이토콘드리아에 비유할 수 있다.
· 학생 (나): 중앙 통제실은 빵의 생산 과정을 조절하므로 세포의 생명활동을 조절하는 핵에 비유할 수 있다.
[빵 공장 구조에 해당하는 세포의 구조]

빵 공장 구조	세포의 구조
빵 생산을 조절하는 중앙 통제실	핵
빵 생산 장소	엽록체
빵과 재료가 드나드는 출입문	세포막
기계 작동에 필요한 전기를 만드는 발전기	핵

14 A는 세포, B는 조직, C는 조직계, D는 기관, E는 기관계이다.
② 생물의 공통 구성 단계는 세포(A) → 조직(B) → 기관(D) → 개체이다.
오답 피하기 ① 세포(A)는 특정 기능을 하는 데 적합한 모양을 갖춘다. 따라서 세포의 모양은 기능과 관련이 있다.
③, ⑤ 조직계(C)는 몇 가지 조직이 모여 이루어진다. 관련된 기능을 하는 여러 기관으로 이루어지는 것은 기관계(E)이다.

> **단계별 문제로 서술형 꽉! 잡기** 33 쪽
>
> **01** 1단계 (나), 엽록체   2단계 해설 참조
> **02** 1단계 기관계, 기관, 동물   2단계 해설 참조

01 1단계 세포에 엽록체가 있고 모양이 일정한 (나)가 식물세포이다.
2단계 (가)는 모양이 일정하지 않고 세포들이 모여 있거나 흩어져 있으므로 동물세포이고, (나)는 모양이 일정하고 세포들이 서로 붙어 규칙적으로 배열되어 있으며 엽록체가 있으므로 식물세포이다.
예시 답안 (가)는 동물세포이고, (나)는 식물세포이다. (가)는 모양이 일정하지 않지만, (나)는 모양이 일정하기 때문이다. (가)는 엽록체가 없지만, (나)는 엽록체가 있기 때문이다.

채점 기준	배점(%)
(가)와 (나)를 동물세포와 식물세포로 옳게 구분하여 쓰고, 그렇게 판단한 까닭을 세포의 모양과 엽록체를 들어 옳게 설명한 경우	100
(가)와 (나)를 동물세포와 식물세포로만 옳게 구분하여 쓴 경우	40

02 1단계 (가)는 세포, (나)는 조직, (다)는 기관, (라)는 기관계, (마)는 개체에 해당한다. 기관계(라)는 식물에는 없고 동물에만 있는 구성 단계이며, 관련된 기능을 하는 여러 기관이 모여 이루어진다.
2단계 예시 답안 (라), 기관계이다. 기관계는 관련된 기능을 하는 여러 기관이 모여 이루어지며, 여러 기관계가 모여 개체를 이룬다.

채점 기준	배점(%)
(라), 기관계라고 쓰고, 구성상의 특징을 옳게 설명한 경우	100
(라), 기관계라고만 쓴 경우	40

---

02 생물다양성

> **개념 콕! 집기** 35 쪽, 37 쪽
>
> **1** · 생물다양성   · 생태계, 종류, 특징
> **2** · 변이   · 환경, 적응
> **3** · 변이, 적응
> **01** ⊙ 생물다양성, ⓒ 생태계, ⓒ 특징   **02** (1) ○ (2) ○ (3) × (4) ○ (5) ×   **03** 숲   **04** (1) × (2) ○ (3) ○   **05** (1) 환경 (2) ⊙ 밝고, ⓒ 어둡다 (3) ⊙ 다양한, ⓒ 높다   **06** ⊙ 변이, ⓒ 적응, ⓒ 자손   **07** (1) ○ (2) ○ (3) × (4) ○

01 어떤 지역의 생태계가 다양할수록, 한 생태계에 살고 있는 생물의 종류가 다양할수록, 같은 종류의 생물 사이에서 나타나는 특징이 다양할수록 생물다양성이 높다.

02 (3) 한 생태계에 살고 있는 생물의 종류가 많을수록, 각 종류의 생물이 고르게 분포할수록 생물다양성이 높다.
(5) 같은 종류의 생물에서 크기, 생김새 등의 특징이 조금씩 다르게 나타날수록 생물다양성이 높다.

03 논에는 주로 벼가 살지만, 숲에는 다양한 식물과 동물 등이 살고 있다. 따라서 숲은 논보다 생물다양성이 높다.

04 (1) 무궁화와 코스모스는 서로 다른 종류의 생물이다. 변이는 같은 종류의 생물 사이에서 나타나는 서로 다른 특징이다.

05 (2) 밝은색 모래가 많은 바닷가에 사는 올드필드쥐는 밝은색 환경에 적응하여 털 색깔이 밝고, 어두운색 흙이 많은 숲에 사는 올드필드쥐는 어두운색 환경에 적응하여 털 색깔이 어둡다.
(3) 변이가 다양한 생물 무리에는 환경이 급격하게 변해도 살아남는 생물이 있을 가능성이 높아 멸종할 가능성이 낮다.

06 다양한 변이가 있는 한 종류의 생물 무리 중 환경에 적응하기 알맞은 변이를 가진 생물이 더 많이 살아남아 자손을 남기는 과정이 오랜 시간 동안 반복되면 새로운 종류의 생물이 나타날 수 있다.

07 (2) 각 섬에 많은 먹이의 종류에 적응하여 각 섬에 사는 핀치의 종류가 달라졌다.
(3) 선인장이 많은 섬에서는 길고 뾰족한 부리를 가진 핀치가 적응하기에 알맞았다.

자료 집중! 공략하기　38 쪽

01 부리의 다양한 모양과 크기　**02** 먹이의 종류　**03** 해설 참조
04 다양한 털 색깔　**05** 풀 색깔　**06** 해설 참조

01 부리의 모양과 크기가 다양한 한 종류의 새 무리 중 일부가 다른 곳에 살게 되면서 각 환경에 적응하기 알맞은 부리를 가진 새가 살아남았다.

02 각 섬의 먹이 종류에 적응하여 원래의 새와 다른 모양과 크기의 부리를 가진 새로운 종류의 새가 되었다.

03 예시 답안 부리의 모양과 크기가 다양한 한 종류의 새 무리가 먹이의 종류가 다른 두 섬에 떨어져 살게 되면서 각 섬의 먹이에 적응하여 부리의 모양과 크기가 서로 다른 새로운 종류의 새가 되었다.

채점 기준	배점(%)
부리의 다양한 모양과 크기, 각 섬의 먹이 종류, 적응을 포함하여 새로운 종류가 나타난 과정을 설명한 경우	100
각 섬의 먹이 종류가 달라 새로운 종류의 새가 되었다고만 설명한 경우	40

04 털 색깔이 다양한 한 종류의 토끼 무리가 서로 다른 서식지에 나뉘어 살게 되면서 각 환경에 적응하기 알맞은 털 색깔을 가진 토끼가 살아남았다.

05 각 서식지의 풀 색깔에 적응하여 원래의 토끼와 다른 털 색깔을 가진 새로운 종류의 토끼가 되었다.

06 예시 답안 털 색깔이 다양한 한 종류의 토끼 무리가 풀 색깔이 다른 서식지에 떨어져 살게 되면서 각 서식지의 풀 색깔에 적응하여 털 색깔이 서로 다른 새로운 종류의 토끼가 되었다.

채점 기준	배점(%)
다양한 털 색깔, 각 서식지의 풀 색깔, 적응을 포함하여 새로운 종류가 나타난 과정을 설명한 경우	100
각 서식지의 풀 색깔이 달라 새로운 종류가 나타났다고만 설명한 경우	40

꼭! 나오는 자료로 유형 연습하기　39 쪽

유형 1　**01** (가) 생태계의 다양함, (나) 생물 종류의 다양함, (다) 같은 종류의 생물 사이에서 나타나는 특징의 다양함
　　　02 (다)　**03** ④
유형 2　**01** 먹이의 종류　**02** ③, ⑤　**03** 해설 참조

유형 1

01 (가)는 어떤 지역을 이루는 생태계의 다양함을, (나)는 한 생태계를 이루는 생물 종류의 다양함을, (다)는 같은 종류의 생물 사이에서 나타나는 특징의 다양함을 나타낸 것이다.

02 사람마다 생김새가 다르고, 무궁화 꽃잎의 색깔이 다양한 것, 바지락 껍데기의 색깔과 무늬가 조금씩 다른 것 등은 변이의 예이다. 변이는 같은 종류의 생물 사이에서 나타나는 서로 다른 특징이다.

03 ④ 생물의 종류가 많을수록 생물다양성이 높으므로 생물의 수보다 생물의 종류가 생물다양성에 더 큰 영향을 미친다.
오답 피하기 ① (가)의 숲, 강, 초원은 한 지역을 이루는 생태계이다.
② 각 생태계에는 그 환경에 알맞은 다양한 종류의 생물이 살고 있으므로 어떤 지역을 이루는 생태계가 다양하면 생물의 종류가 많아진다.
③ 생물의 종류가 많을수록 생물다양성이 높다.
⑤ 한 종류의 무당벌레 사이에서 겉날개의 색깔과 무늬가 다르게 나타나는 것은 변이의 예이다.
⑥ 변이가 다양한 생물 무리에는 환경이 급격하게 변해도 살아남는 생물이 있을 가능성이 높다.

01 각 섬의 먹이 환경에 적응하여 서로 다른 새로운 종류의 새가 되었다.

02 ③, ⑤ 한 종류의 새 무리에 부리의 모양과 크기가 다양한 변이가 있었다. 이 새 무리 중 일부가 다른 섬에 살게 되면서 각 섬의 먹이 환경에 적응하여 서로 다른 종류가 되었다.

[오답 피하기] ① 다양한 변이가 있는 한 종류의 생물 무리가 환경에 적응하면 새로운 종류가 나타날 수 있으며, 이 과정을 통해 생물다양성이 높아진다.

② 한 종류의 새 무리는 부리의 모양과 크기가 다양했다.

④ 각 섬에서 먹이를 먹기에 알맞은 모양과 크기의 부리를 가진 새가 더 많이 살아남았다.

⑥ 특징이 차이 나는 한 종류의 생물 무리가 물, 빛, 온도, 먹이 등이 서로 다른 환경에 오랜 시간 동안 살면 각 환경에 적응하면서 특징의 차이가 커진다.

03 [예시 답안] 다양한 변이가 있는 한 종류의 생물 무리에서 환경에 적응하기에 알맞은 변이를 가진 생물이 더 많이 살아남아 자손을 남기는 과정이 오랜 시간 동안 반복되면 새로운 종류의 생물이 되어 생물다양성이 높아진다.

채점 기준	배점(%)
단어를 모두 이용하여 생물이 다양해지는 과정을 옳게 설명한 경우	100
환경과 적응만 이용하여 생물이 다양해지는 과정을 설명한 경우	40

40 쪽~42 쪽

01 ④	02 ①	03 ㄱ	04 ④	05 ③	06 ①, ⑤	07 ③
08 ⑤	09 ④	10 ㄱ, ㄷ		11 ③	12 ②	13 ⑤	14 ②

[만점 도전하기] 15 ⑤ 16 ④, ⑤

01 ④ 한 생태계에 살고 있는 생물의 종류가 많을수록 생물다양성이 높다.

[오답 피하기] ① 생물다양성은 어떤 지역에 살고 있는 생물의 다양한 정도이다.

②, ③ 생태계에는 그 환경에 알맞은 생물이 살고 있다. 따라서 생태계에 따라 살고 있는 생물의 종류가 다르므로 어떤 지역의 생태계가 다양할수록 생물다양성이 높다.

⑤ 같은 종류의 생물 사이에서 크기, 생김새와 같은 특징이 조금씩 다르게 나타날수록 생물다양성이 높다.

02 (가)는 어떤 지역을 이루는 생태계의 다양함, (나)는 한 생태계에 살고 있는 생물 종류의 다양함, (다)는 같은 종류의 생물 사이에서 나타나는 특징의 다양함을 나타낸 것이다.

생물다양성을 결정하는 기준

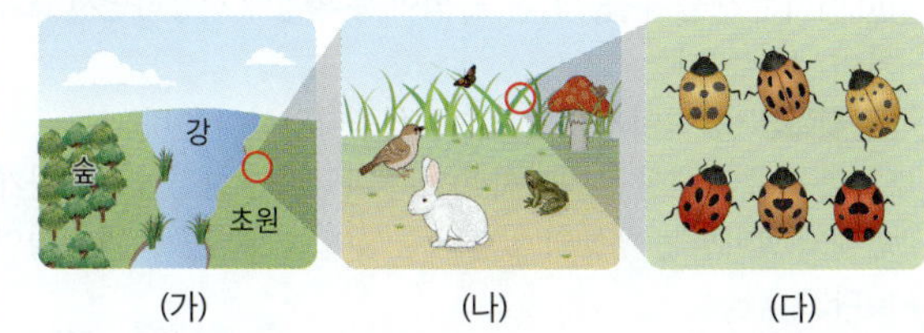

(가) (나) (다)

어떤 지역에 숲, 강, 초원 등 다양한 생태계가 있다.

초원 생태계에 참새, 토끼, 개구리, 무당벌레, 버섯 등의 다양한 생물이 있다.

같은 종류의 무당벌레에서 겉날개의 색깔과 무늬가 다르게 나타난다.

03 ㄱ. 같은 종류의 생물 사이에서 서로 다른 특징이 나타나는 것은 변이이다. 사람마다 피부 색깔과 같은 생김새가 다른 것은 변이의 예이다.

[오답 피하기] ㄴ. 생태계의 다양함(가)을 나타내는 예에 해당한다.

ㄷ. 한 생태계에 살고 있는 생물 종류의 다양함(나)을 나타내는 예에 해당한다.

04 ㄴ. 생태계는 생물이 일정한 장소에서 빛, 물과 같은 환경 및 다른 생물과 영향을 주고받으며 살아가는 체계이다.

ㄷ. 생태계에 따라 살고 있는 생물의 종류가 다르므로 어떤 지역의 생태계가 다양할수록 살아가는 생물의 종류가 다양해진다.

[오답 피하기] ㄱ. 배추밭에는 주로 배추가 많이 살고 있지만, 갯벌에는 다양한 해양 생물이 살고 있으므로 배추밭보다 갯벌의 생물다양성이 더 높다.

05 ③ 두 지역에 같은 수의 생물이 살더라도 생물의 종류가 많고, 각 종류의 생물이 고르게 분포하는 곳의 생물다양성이 높다. (가)와 (나)에는 각각 9 그루의 나무가 살고 있지만 (가)에는 4 종류의 나무가 고르게 분포하고, (나)에는 2 종류의 나무가 살고 한 종류의 나무가 훨씬 많이 있다. 따라서 (가)는 (나)보다 생물다양성이 더 높다.

[오답 피하기] ① (가)에는 4 종류의 나무가 2 그루~3 그루씩 고르게 분포한다.

② (나)에는 한 종류의 나무가 대부분을 차지한다.

④ (가)에는 4 종류, (나)에는 2 종류의 나무가 산다.

생물다양성 비교

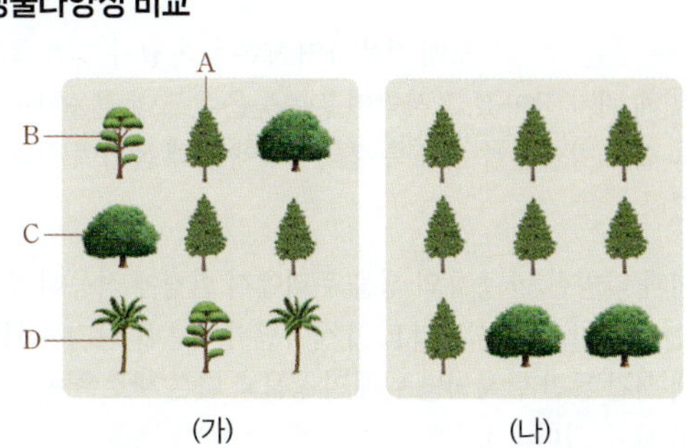

(가)
• 나무 A: 3 그루   • 나무 B: 2 그루
• 나무 C: 2 그루   • 나무 D: 2 그루

(나)
• 나무 A: 7 그루
• 나무 C: 2 그루

(가)에는 나무 A~D의 수가 비교적 비슷하지만, (나)에는 나무 C보다 나무 A의 수가 훨씬 많으므로 (가)가 (나)보다 생물다양성이 더 높다.

06 ① 변이는 같은 종류의 생물 사이에서 나타나는 서로 다른 특징이다.
⑤ 변이는 생물이 물, 빛, 온도, 먹이 등 환경에 적응하면서 크게 차이 날 수 있다.
오답 피하기 ② 변이가 다양할수록 생물다양성이 높다.
③ 한 종류의 생물 무리에서 변이가 다양하면 환경이 급격하게 변해도 살아남는 생물이 있을 가능성이 높아 멸종할 가능성이 낮다.
④ 같은 부모에서 태어난 자손 사이에서도 특징이 다르게 나타날 수 있다. 따라서 부모가 같은 자손 사이에서도 변이가 나타난다.

07 변이는 같은 종류의 생물 사이에서 나타나는 서로 다른 특징이다.
③ 고래와 상어는 서로 다른 종류의 생물이므로 두 생물 사이에서 나타나는 특징의 차이는 변이가 아니다.

08 ㄱ. 바지락 껍데기의 무늬와 색깔이 조금씩 다르므로 변이가 있다.
ㄴ. 바지락 껍데기의 무늬와 색깔이 다양하면 변이가 다양한 것이므로 생물다양성이 높다.
ㄷ. 한 종류의 생물 무리에서 변이가 다양하면 환경이 급격하게 변해도 살아남는 생물이 있을 가능성이 높다.

09 ㄱ. 같은 종류인 올드필드쥐의 털 색깔이 다른 것은 변이에 해당한다.
ㄴ. 밝은 환경에서는 털 색깔이 밝은 올드필드쥐가 천적의 눈에 띄지 않아 살아남을 가능성이 높고, 어두운 환경에서는 털 색깔이 어두운 올드필드쥐가 천적의 눈에 띄지 않아 살아남을 가능성이 높아 변이의 차이가 점점 커져 털 색깔이 달라졌다.
오답 피하기 ㄷ. 밝은 환경에서는 밝은 털 색깔의 올드필드쥐가, 어두운 환경에서는 어두운 털 색깔의 올드필드쥐가 살아남을 가능성이 높은 것처럼 환경이 변하면 그 환경에 적응하기 알맞은 변이도 달라진다.

10 ㄱ, ㄷ. 다양한 변이가 있는 한 종류의 생물 무리가 환경에 적응하여 새로운 종류의 생물이 되기도 하므로 변이와 환경에 적응하는 과정은 생물이 다양해지는 주요 원인이다.
오답 피하기 ㄴ. 새로운 종류의 생물이 나타나면 생물다양성이 높아진다.

11 북극여우는 낮은 온도에 적응하여 체온을 지킬 수 있도록 몸집에 비해 귀가 작아졌고, 사막여우는 높은 온도에 적응하여 몸의 열을 쉽게 방출할 수 있도록 북극여우에 비해 몸집이 작고 귀가 커졌다.

12 변이가 다양한 한 종류의 생물 무리에서 환경에 적응하기 알맞은 변이를 가진 생물이 더 많이 살아남아 자손을 남기는 과정이 오랜 시간 동안 반복되면 원래의 생물과 다른 새로운 종류의 생물이 될 수 있다.

13 먹이의 종류에 따라 부리의 모양과 크기가 다르므로 각 섬의 풍부한 먹이의 종류에 적응하여 부리의 모양과 크기가 다른 새로운 종류의 핀치가 되었다는 것을 알 수 있다.

14 ② 나무 속에 작은 곤충이 많은 섬에서는 길고 단단한 부리를 가진 새가 더 많이 살아남아 자손을 남겼고, 그 결과 길고 단단한 부리를 가진 새로운 종류의 새가 되었다.
오답 피하기 ①, ③, ④, ⑤ 부리의 모양과 크기가 다양한 변이가 있는 한 종류의 새 무리에서 일부가 서로 다른 환경에서 살게 되었고, 각 환경에서 적응하기 알맞은 변이를 가진 새가 더 많이 살아남아 자손을 남기는 과정이 오랜 시간 동안 반복되어 크고 두꺼운 부리를 가진 새와 길고 단단한 부리를 가진 새가 되었다. 이와 같이 새로운 종류의 생물이 나타나는 과정을 통해 생물다양성이 높아진다.

15 ㄱ. 종류가 약 4000 가지이고 종류마다 모양, 맛, 색깔이 다양한 페루의 감자가 아일랜드의 감자보다 변이가 다양하다. 아일랜드에서는 특징이 비슷한 한 종류의 감자만 재배하여 감자역병이 발생했을 때 대부분의 감자가 썩었다.
ㄴ. 한 종류의 생물 무리에 변이가 다양하지 않으면 급격한 환경 변화에 살아남는 생물이 있을 가능성이 낮아 멸종할 가능성이 높다.
ㄷ. 페루에는 재배하는 감자의 종류가 많고, 감자는 종류마다 모양, 색깔, 맛 등 변이가 다양하므로 감자역병이 발생해도 살아남는 감자가 있을 가능성이 높다.

16 ④ 키가 큰 선인장이 많은 섬에서는 목이 긴 거북이 적응하기에 알맞아 더 많이 살아남았다.
⑤ 목이 긴 거북이 더 많이 살아남아 자손을 남기는 과정에서 거북의 특징이 자손에게 전달되고, 이 과정이 오랜 시간 동안 반복되면 목이 긴 새로운 종류의 거북이 될 수 있다.
오답 피하기 ① (나) → (다) → (가)의 순으로 목이 긴 갈라파고스땅거북이 되었다.
② 같은 섬에 사는 한 종류의 거북 사이에 목의 길이가 조금씩 다른 변이가 있었다.
③ 키가 큰 선인장이 많은 환경에서는 목이 긴 거북이 살아남기에 유리했다.

단계별 문제로 서술형 꽉! 잡기 　　43 쪽

01 1단계 생태계, 생물 종류, 특징　2단계 해설 참조
02 1단계 (가), (나)　2단계 해설 참조
03 1단계 해설 참조　2단계 해설 참조
04 1단계 변이, 적응　2단계 해설 참조

01 1단계 생물다양성은 생태계의 다양함, 생물 종류의 다양함, 같은 종류의 생물 사이에서 나타나는 특징의 다양함에 따라 결정된다.

2단계 **예시 답안** 어떤 지역의 생태계가 다양할수록, 한 생태계에 살고 있는 생물의 종류가 많을수록, 같은 종류의 생물 사이에서 특징이 조금씩 다르게 나타날수록 생물다양성이 높다.

채점 기준	배점(%)
주어진 단어를 모두 이용하여 생물다양성이 높아지는 조건을 옳게 설명한 경우	100
주어진 단어를 2개만 이용하여 생물다양성이 높아지는 조건을 설명한 경우	60
주어진 단어를 1개만 이용하여 생물다양성이 높아지는 조건을 설명한 경우	30

02 **1단계** 두 지역에 같은 종류와 수의 생물이 살더라도 각 종류의 생물이 고르게 분포하는 곳의 생물다양성이 더 높다. (가)에는 나무 A~D가 비교적 고르게 분포하지만, (나)에는 나무 A가 대부분을 차지한다.

2단계 **예시 답안** (가), 두 지역에 살고 있는 4종류의 식물이 (나) 지역보다 (가) 지역에서 더 고르게 분포하기 때문이다.

채점 기준	배점(%)
(가)라고 쓰고, 그렇게 판단한 까닭을 옳게 설명한 경우	100
(가)라고만 쓴 경우	30

03 **1단계** **예시 답안** 북극여우는 추운 지역의 환경에 적응했고, 사막여우는 더운 지역의 환경에 적응하여 생김새가 달라졌다.

채점 기준	배점(%)
주어진 단어를 모두 이용하여 생김새가 달라진 까닭을 옳게 설명한 경우	100
적응만 언급하며 생김새가 달라진 까닭을 설명한 경우	40

2단계 **예시 답안** 북극여우는 추운 지역의 낮은 온도에 적응하여 몸집에 비해 귀가 작고, 사막여우는 더운 지역의 높은 온도에 적응하여 북극여우보다 몸집이 작고 귀가 크다.

채점 기준	배점(%)
여우의 귀와 몸집의 크기를 포함하여 생김새가 달라진 과정을 환경 요인과 관련지어 옳게 설명한 경우	100
여우의 귀와 몸집 중 한 가지만 포함하여 생김새가 달라진 과정을 환경 요인과 관련지어 설명한 경우	40

04 **1단계** 다양한 변이가 있는 한 종류의 생물 무리가 서로 다른 환경에 떨어져 오랜 시간 동안 환경에 적응하면 새로운 종류가 나타날 수 있다.

2단계 털 색깔이 다양한 한 종류의 토끼 무리가 서식지가 나누어져 살게 되면서 각 지역에 살기에 알맞은 변이를 가진 토끼가 살아남아 서로 다른 종류의 토끼가 되었다.

예시 답안 털 색깔이 다양한 한 종류의 토끼 무리가 나누어 살게 되면서 털 색깔이 서식지의 풀 색깔과 비슷해 천적의 눈에 잘 띄지 않는 토끼가 더 많이 살아남아 자손을 남기는 과정이 오랜 시간 동안 반복되어 새로운 종류의 토끼가 되었다.

채점 기준	배점(%)
토끼의 종류가 다양해진 과정을 서식지 환경과 천적의 영향을 포함하여 옳게 설명한 경우	100
털 색깔이 다양한 토끼 무리가 서로 다른 서식지에 적응하여 새로운 종류의 토끼가 되었다고만 설명한 경우	40

03 생물의 분류

개념 콕! 짚기
45쪽, 47쪽

1 • 생물분류 • 멀고 가까운
2 • 종 • 원핵, 식물
3 • 원핵 • 균 • 동물

01 (1) ○ (2) △ (3) ○ (4) × **02** (1) ○ (2) ○ (3) × (4) × **03** ㉠ 종, ㉡ 과, ㉢ 목, ㉣ 계 **04** 다른 종 **05** (1) 종 (2) ㉠ 계, ㉡ 문 (3) ㉠ 과, ㉡ 목 (4) 가깝다 **06** (1) × (2) × (3) ○ (4) ○ (5) ○ **07** (1) ㉣ (2) ㉡ (3) ㉤ (4) ㉢ (5) ㉠ **08** (1) ㄱ (2) ㄷ **09** (1) × (2) ○ (3) × (4) ○

01 생물분류는 일정한 기준에 따라 다양한 생물을 무리 지어 나누는 것으로, 생물을 고유한 특징에 따라 분류하면 분류 결과가 항상 같다. 과학에서의 분류는 생물의 고유한 특징을 분류 기준으로 정하며, 이에 따라 생물을 체계적으로 분류하면 생물 사이의 멀고 가까운 관계를 알 수 있다.

02 (1), (2) 세포벽의 유무와 번식 방법은 생물의 고유한 특징에 해당한다.
(3), (4) 집에서 키울 수 있는지와 사람이 먹을 수 있는지는 편의에 따른 분류 기준이므로 이 분류 기준에 따라 분류하면 분류하는 사람에 따라 결과가 달라질 수 있다.

03 생물의 분류 단계에서 범위가 가장 작은 것은 종, 가장 큰 것은 계이다.

04 종은 자연 상태에서 짝짓기를 하여 번식 능력이 있는 자손을 낳을 수 있는 생물 무리이다. 수탕나귀와 암말의 자손인 노새는 번식 능력이 없으므로 당나귀와 말은 서로 다른 종이다.

05 (1) 생물을 분류할 때 가장 기본이 되는 단위는 종이다.
(2) 여러 문에서 공통된 특징을 가진 것을 무리 지어 계로 분류하므로 하나의 계에는 여러 개의 문이 속한다.
(3) 여러 과에서 공통된 특징을 가진 것을 무리 지어 목으로 분류하므로 같은 과에 속하는 생물은 모두 같은 목에 속한다.
(4) 작은 분류 단위에 같이 속할수록 공통점이 많으므로 생물 사이의 관계가 가깝다.

06 (1) 균계에 속하는 생물은 광합성을 하지 못해 대부분 죽은 생물이나 배설물을 분해하여 양분을 얻는다.
(2) 원생생물계에 속하는 생물은 핵이 있는 세포로 이루어져 있다. 핵이 없는 세포로 이루어져 있는 생물은 원핵생물계에 속한다.
(3) 동물계에 속하는 생물은 광합성을 하지 못하여 먹이를 먹어 양분을 얻는다.
(4) 원핵생물계에 속하는 생물은 세포에 세포벽이 있다.
(5) 식물계와 동물계에 속하는 생물은 모두 여러 개의 세포로 이루어져 있으며, 기관이 발달했다.

07 미역과 우산이끼는 모두 여러 개의 세포로 이루어져 있고 광합성을 하지만, 기관이 발달하지 않은 미역은 원생생물계에 속하고, 기관이 발달한 우산이끼는 식물계에 속한다.

08 생물의 5계 중 원핵생물계에 속하는 생물은 세포에 핵이 없고, 원생생물계, 균계, 식물계, 동물계에 속하는 생물은 세포에 핵이 있다. 균계에 속하는 생물은 광합성을 하지 못하고, 식물계에 속하는 생물은 광합성을 한다.

09 표고버섯은 운동성이 없고, 달팽이는 균사 구조를 가지지 않는다.

엔픽 탐구하기 48 쪽

과정 및 결과 ❶ ㉠ 원핵생물, ㉡ 식물, ㉢ 동물, ㉣ 균, ㉤ 원생생물
❷ ㉠ 원핵생물, ㉡ 원생생물, ㉢ 균, ㉣ 식물, ㉤ 동물

정리 ㉠ 원생생물계, ㉡ 식물계

탐구 확인 문제 **01** (1)○ (2)× (3)× (4)○

탐구 적용 문제 **02** A: 원핵생물계, B: 균계, C: 원생생물계, D: 식물계, E: 동물계

01 (2) 짚신벌레는 광합성을 하지 못한다. 고사리는 광합성을 하여 스스로 양분을 만들고, 기관이 발달했으므로 식물계에 속한다.
(3) 원핵생물계에 속하는 생물은 세포에 핵이 없다. 세포에 핵이 있고 균사 구조를 가지는 생물은 균계에 속한다.

02 세포에 핵이 있는 생물 중 균사 구조를 가지는 생물은 균계에 속한다. 원생생물계에 속하는 생물은 기관이 발달하지 않았다.

꼭! 나오는 자료로 유형 연습하기 49 쪽

유형 1 **01** 동물계 **02** 해설 참조 **03** ④, ⑤
유형 2 **01** A: 젖산균, B: 아메바, C: 호랑이 **02** 해설 참조 **03** ②

유형 1

01 생물의 분류 단계에서 종은 가장 작은 단위, 계는 가장 큰 단위이므로 종에서 계로 갈수록 포함하는 생물의 종류가 많아진다.

02 **예시 답안** 포유강, 여러 목에서 공통된 특징을 가진 것을 무리 지어 강으로 분류하며, 고양이와 개의 분류 단계에서 식육목이 포유강에 속하기 때문이다.

채점 기준	배점(%)
포유강이라고 쓰고, 그렇게 판단한 까닭을 옳게 설명한 경우	100
포유강이라고만 쓴 경우	30

03 ④ 고양이는 호랑이와 같은 과에 속하지만 개와는 다른 과에 속하므로 개보다 호랑이와 더 가까운 관계이다.
⑤ 과는 속보다 큰 분류 단위이므로 고양이과에는 고양이속보다 많은 종류의 생물이 속한다.

오답 피하기 ① 고양이는 고양이속, 호랑이는 표범속에 속한다.
② 고양이와 호랑이는 고양이과, 개는 개과에 속한다.
③ 목은 강보다 작은 분류 단위이다.
⑥ 호랑이와 개는 서로 다른 종이므로 짝짓기를 하여 번식 능력이 있는 자손을 낳을 수 없다.

유형 2

01 젖산균은 세포에 핵이 없고, 아메바는 1 개의 세포로 이루어져 있다. 호랑이는 세포에 세포벽이 없다.

02 푸른곰팡이는 광합성을 하지 못해 죽은 생물이나 배설물을 분해하여 양분을 얻지만, 소나무는 광합성을 하여 스스로 양분을 만든다.
예시 답안 광합성을 한다. 엽록체가 있다. 등

채점 기준	배점(%)
생물의 분류 기준을 옳게 설명한 경우	100
그렇지 못한 경우	0

03 ② 소나무는 식물계에 속하고, 미역과 다시마는 원생생물계에 속한다.
오답 피하기 ① 푸른곰팡이는 세포벽이 있는 여러 개의 세포로 이루어진 균사 구조를 가지므로 균계에 속한다.
③ 젖산균(A)은 세포에 핵이 없는 원핵생물계에 속한다.
④ 아메바(B)는 원생생물계에 속한다. 원생생물계는 핵이 있는 생물 중 균계, 식물계, 동물계에 속하지 않는 생물 무리이다.
⑤ 핵이 있고, 여러 개의 세포로 이루어져 있으며 세포벽이 없는 호랑이(C)는 동물계에 속한다. 동물계에 속하는 생물은 광합성을 하지 못하여 먹이를 먹어 양분을 얻는다.
⑥ 원생생물계에 속하는 생물은 기관이 발달하지 않았으므로 아메바(B)와 호랑이(C)는 기관의 발달 여부에 따라서도 구분할 수 있다.

기출 문제로 실력 꼭! 잡기 50 쪽~52 쪽

01 ② **02** ①, ② **03** ④ **04** ④ **05** ② **06** ① **07** ②
08 ③ **09** ⑤ **10** ② **11** ③ **12** ④ **13** ② **14** ①, ④
15 ⑤
만점 도전하기 **16** ⑤ **17** ①

01 ② 생물이 사는 곳, 사람이 먹을 수 있는 생물 등과 같이 사람의 편의에 따라 생물을 분류하면 분류하는 사람마다 결과가 달라질 수 있다.
오답 피하기 ①, ③, ⑤ 생물을 고유한 특징에 따라 체계적으로 분류하면 생물들 사이의 멀고 가까운 관계를 알 수 있고, 새로운 생물을 발견했을 때 어느 무리에 속하는지 판단할 수 있어 생물다양성을 이해하는 데 도움이 된다.
④ 생물을 분류할 때에는 생물의 고유한 특징을 관찰하고, 생물 사이의 공통점과 차이점을 찾아 분류 기준을 정한다. 분류 기준에 따라 공통점을 가진 생물끼리 무리 지어 나눈다.

02 오답 피하기 ③, ④, ⑤ 생물이 사는 곳, 사람이 키우거나 먹을 수 있는가는 사람의 편의에 따른 분류 기준이다.

03 생물의 분류 단계에서 가장 작은 단위는 종, 가장 큰 단위는 계이며, 생물의 분류 단계를 작은 단위부터 순서대로 나열하면 종 < 속 < 과 < 목 < 강 < 문 < 계이다.

04 ㄱ. 종은 생물의 분류 단계에서 범위가 가장 작다.
ㄷ. 서로 다른 여러 종에서 공통의 특징을 가진 것을 무리 지어 속으로 분류한다.
오답 피하기 ㄴ. 생김새와 생활 모습이 비슷하더라도 자연 상태에서 짝짓기를 하여 번식 능력이 있는 자손을 낳을 수 있어야 같은 종으로 분류한다.

05 ㄴ. 진돗개와 풍산개 사이에서 태어난 풍진개는 번식 능력이 있으므로 진돗개와 풍산개는 같은 종이다.
오답 피하기 ㄱ. 수탕나귀와 암말 사이에서 태어난 노새는 번식 능력이 없으므로 당나귀와 말은 다른 종이다.
ㄷ. 종은 자연 상태에서 짝짓기를 하여 번식 능력이 있는 자손을 낳을 수 있는 생물 무리이다.

06 ① 여러 과에서 공통의 특징을 가진 것을 무리 지어 목으로 분류하므로 과는 목보다 작은 분류 단위이다.
오답 피하기 ② 하나의 문에는 여러 개의 강이 속한다.
③ 같은 종에 속하는 생물은 모두 같은 속에 속한다.
④ 생물을 분류할 때 가장 기본이 되는 단위는 종이다.
⑤ 서로 다른 두 종이 작은 분류 단위에 함께 속할수록 가까운 관계이다.

07 ② 고양이와 호랑이는 모두 식육목에 속한다.
오답 피하기 ① 고양이와 사람은 같은 강, 문, 계에 속하므로 공통된 특징이 있다.
③ 고양이와 호랑이는 고양이과에 속하지만, 사람은 사람과에 속한다. 따라서 고양이는 사람보다 호랑이와 더 가까운 관계이다.
④ 종에서 계로 갈수록 속하는 생물의 종류가 많아진다.
⑤ 고양이와 호랑이는 서로 다른 종이므로 자연 상태에서 짝짓기를 하여 번식 능력이 있는 자손을 낳을 수 없다.

08 ③ 균계에 속하는 생물은 광합성을 하지 못해 대부분 죽은 생물이나 배설물을 분해하여 양분을 얻는다.
오답 피하기 ① 원생생물계에 속하는 생물은 핵이 있는 세포로 이루어져 있다.
② 식물계에 속하는 생물은 광합성을 하여 스스로 양분을 만들고, 대부분 뿌리, 줄기, 잎과 같은 기관이 발달했다.
④ 동물계에 속하는 생물은 여러 개의 세포로 이루어져 있으며, 운동성이 있다.
⑤ 원핵생물계에 속하는 생물은 세포에 핵이 없으며, 세포벽이 있다.

09 오답 피하기 ①, ②, ③, ④ 젖산균은 원핵생물계, 표고버섯과 효모는 균계, 짚신벌레는 원생생물계에 속하는 생물이다.

10 A는 원핵생물계, B는 원생생물계, C는 균계이다.
③ 원핵생물계(A)에 속한 생물은 대부분 1 개의 세포로 이루어져 있다.

오답 피하기 ① 원핵생물계(A)에 속하는 생물은 세포에 핵이 없고, 원생생물계(B), 균계(C), 식물계, 동물계에 속하는 생물은 세포에 핵이 있다.
② 식물계에 속하는 생물은 대부분 뿌리, 줄기, 잎과 같은 기관이 발달했고, 동물계에 속하는 생물은 위, 팔, 다리와 같이 소화 기관, 운동 기관 등이 발달했다.
④ 유글레나는 원생생물계(B)에 속하는 생물이다.
⑤ 균계(C)에 속하는 생물은 광합성을 하지 못해 대부분 죽은 생물이나 배설물을 분해하여 양분을 얻는다.

11 동물계에 대한 설명이다.
③ 동물계에는 해파리, 갈매기 등이 속한다.
오답 피하기 ① 대장균, 남세균은 원핵생물계에 속한다.
②, ④, ⑤ 소나무, 고사리, 해바라기는 식물계에 속하고, 효모, 송이버섯, 푸른곰팡이는 균계에 속한다.

12 아메바와 미역은 원생생물계에 속한다.
④ 원생생물계에 속하는 생물은 세포에 핵이 있다.
오답 피하기 ①, ③ 아메바는 광합성을 못 하지만, 미역은 광합성을 할 수 있고, 아메바와 미역은 모두 기관이 발달하지 않았다.
⑤ 아메바는 1 개의 세포로 이루어져 있고, 미역은 여러 개의 세포로 이루어져 있다.

13 ② 남세균, 진달래, 유글레나는 모두 광합성을 할 수 있고, 달팽이, 대장균, 송이버섯은 모두 광합성을 하지 못한다.
오답 피하기 ① 남세균, 대장균은 세포에 핵이 없지만, 진달래, 유글레나, 달팽이, 송이버섯은 세포에 핵이 있다.
③ 남세균, 진달래, 대장균, 송이버섯은 세포에 세포벽이 있지만, 유글레나, 달팽이는 세포에 세포벽이 없다.
④ 유글레나, 달팽이, 대장균은 운동성이 있지만, 남세균, 진달래, 송이버섯은 운동성이 없다.
⑤ 남세균, 유글레나, 대장균은 1 개의 세포로 이루어져 있지만, 진달래, 달팽이, 송이버섯은 여러 개의 세포로 이루어져 있다.

14 ①, ④ 동물계에 속하는 생물은 운동성이 있고, 먹이를 먹어 양분을 얻는다.
오답 피하기 ②, ③ 식물계에 속하는 생물은 광합성을 하고, 세포에 세포벽이 있다.
⑤ 식물계와 동물계에 속하는 생물은 모두 여러 개의 세포로 이루어져 있다.

자료 분석하기

계 수준에서의 생물 분류

핵막으로 구분된 핵이 있다.
아니요
예
균계, 원생생물계, 식물계, 동물계에 속하는 생물은 세포에 핵이 있다.
균사 구조를 가지는 생물이 있다.
예
아니요
식물계와 동물계에 속하는 생물은 모두 기관이 발달했다.
기관이 발달했다.
아니요
예
(가)
아니요
예
A
원핵생물계
B
균계
C
원생생물계
식물계
동물계

15 폐렴균, 포도상구균은 원핵생물계, 아메바는 원생생물계, 효모, 표고버섯은 균계, 우산이끼는 식물계, 해파리는 동물계에 속한다.

16 ㄷ. 더듬이의 유무를 기준으로 더듬이가 있는 (다), (마)와 더듬이가 없는 (가), (나), (라)로 분류할 수 있다.
　ㄹ. 몸의 모양을 기준으로 몸이 둥근 모양인 (가), (라)와 몸이 사각형인 (나), (다), (마)로 분류할 수 있다.
　오답 피하기 ㄱ. 여러 목에서 공통의 특징을 가진 것을 무리 지어 강으로 분류한다. (가)~(마)는 모두 같은 목에 속하므로 목보다 큰 분류 단위인 강, 문, 계에서 모두 같은 무리에 속한다.
　ㄴ. (라)만 입이 없고, (가), (나), (다), (마)에는 같은 모양의 입이 있으므로 입의 모양은 (가)~(마)를 분류하는 기준이 될 수 없다.

> **자료 분석하기** ·
>
> **가상 생물의 분류**
>
> | (가) | (나) | (다) | (라) | (마) |
> |---|---|---|---|---|
> | ·몸이 둥근 모양이다.
·입이 있다.
·더듬이가 없다. | ·몸 이 사 각 형이다.
·입이 있다.
·더듬이가 없다. | ·몸 이 사 각 형이다.
·입이 있다.
·더듬이가 있다. | ·몸이 둥근 모양이다.
·입이 없다.
·더듬이가 없다. | ·몸 이 사 각 형이다.
·입이 있다.
·더듬이가 있다. |

17 (가)는 원핵생물계, (다)는 식물계, (라)는 균계이다.
　① 원핵생물계(가), 식물계(다), 균계(라)에 속하는 생물은 모두 세포에 세포벽이 있다. 원핵생물계(가)에 속하는 생물은 세포에 핵이 없고, 식물계(다)와 균계(라)에 속하는 생물은 핵이 있으므로 (가)와 (나)의 분류 기준은 핵의 유무이다.
　오답 피하기 ②, ③ (다)는 식물계, (라)는 균계이다.
　④, ⑤ 식물계(다)에 속하는 생물과 균계(라)에 속하는 생물은 모두 세포에 핵이 있다. 균계(라)에 속하는 생물은 광합성을 하지 못한다.

단계별 문제로 서술형 꽉!잡기　53 쪽

01 **1단계** 해설 참조　**2단계** 해설 참조
02 **1단계** 개, 호랑이　**2단계** 해설 참조
03 **1단계** 해설 참조　**2단계** 해설 참조
04 **1단계** 없는, 있는　**2단계** 해설 참조

01 **1단계** 종은 자연 상태에서 짝짓기를 하여 번식 능력이 있는 자손을 낳을 수 있는 생물 무리이다.

예시 답안 수탕나귀와 암말이 자연 상태에서 짝짓기를 하여 낳은 자손인 노새가 번식 능력이 없기 때문이다.

채점 기준	배점(%)
주어진 단어를 모두 이용하여 당나귀와 말을 다른 종으로 판단하는 까닭을 옳게 설명한 경우	100
주어진 단어 중 자손과 번식 능력만 이용하여 당나귀와 말을 다른 종으로 판단하는 까닭을 설명한 경우	40

2단계 **예시 답안** 다른 종이다. 종은 자연 상태에서 짝짓기를 하여 번식 능력이 있는 자손을 낳을 수 있는 생물 무리인데 수탕나귀와 암말 사이에서 태어난 노새는 번식 능력이 없기 때문이다.

채점 기준	배점(%)
다른 종이라고 쓰고, 그렇게 판단한 까닭을 종의 개념과 관련지어 옳게 설명한 경우	100
다른 종이라고 쓰고, 종의 개념을 언급하지 않고 노새가 번식 능력이 없기 때문이라고만 설명한 경우	60
다른 종이라고만 쓴 경우	30

02 **1단계** 호랑이와 고양이는 고양이과에 속하지만, 개는 개과에 속하므로 고양이는 개보다 호랑이와 더 가까운 관계이다.
　2단계 **예시 답안** 고양이는 개보다 호랑이와 더 가까운 관계이다. 개는 개과에 속하지만, 고양이와 호랑이는 모두 고양이과에 속하기 때문이다.

채점 기준	배점(%)
고양이는 호랑이와 더 가까운 관계라고 쓰고, 그렇게 판단한 까닭을 옳게 설명한 경우	100
고양이는 호랑이와 더 가까운 관계라고만 쓴 경우	40

03 **1단계** 진달래, 소나무, 우산이끼는 모두 식물계에 속하고, 미역, 아메바, 짚신벌레는 모두 원생생물계에 속한다.
　예시 답안 (가) 무리는 식물계에 속하고, (나) 무리는 원생생물계에 속한다.

채점 기준	배점(%)
(가) 무리는 식물계에, (나) 무리는 원생생물계에 속한다고 옳게 설명한 경우	100
(가) 무리와 (나) 무리 중 하나만 속하는 계를 옳게 설명한 경우	40

2단계 진달래, 소나무는 기관이 발달했지만 우산이끼, 미역은 기관이 발달하지 않았다.
　예시 답안 기관이 발달했는가?

채점 기준	배점(%)
분류 기준을 옳게 설명한 경우	100
그렇지 못한 경우	0

04 **1단계** 폐렴균은 세포에 핵이 없어 원핵생물계에 속하고, 미역, 꿀벌, 표고버섯, 해바라기는 모두 세포에 핵이 있다.
　2단계 해바라기는 식물계에 속하는 생물로 광합성을 하고 세포에 세포벽이 있지만, 꿀벌은 동물계에 속하는 생물로 광합성을 하지 못하여 먹이를 먹어 양분을 얻고 세포에 세포벽이 없다.
　예시 답안 광합성을 하는가?, 세포에 세포벽이 있는가? 등

채점 기준	배점(%)
분류 기준을 두 가지 모두 옳게 설명한 경우	100
분류 기준을 한 가지만 옳게 설명한 경우	50

04 생물다양성의 보전

개념 콕! 짚기
55 쪽, 57 쪽

1 · 높, 복잡 · 식량, 의약품
2 · 서식지 · 외래종 · 환경오염
3 · 생태통로

01 (1) 높을수록 (2) 복잡할수록 (3) 복잡하면 **02** (나) **03** (1) ㉠
(2) ㉢ (3) ㉣ (4) ㉡ (5) ㉤ **04** (1) ○ (2) ○ (3) ○ (4) ✕ **05** (1) ✕
(2) ○ (3) ○ (4) ○ **06** 외래종 **07** (1) ㄱ, ㄷ, ㅂ (2) ㄴ, ㄹ (3) ㅁ
08 (1) ✕ (2) ○ (3) ✕ (4) ○ (5) ○

01 생물다양성이 높은 생태계는 먹이그물이 복잡하게 얽혀 있어 어떤 생물이 멸종해도 이를 대신할 수 있는 생물이 있어 멸종된 생물을 먹이로 하는 생물이 다른 생물을 먹고 살 수 있을 가능성이 높다. 따라서 생물다양성이 높은 생태계는 안정적으로 유지된다.

02 (가)보다 (나)의 먹이 관계를 구성하는 생물의 종류가 더 다양하므로 (나)의 생태계가 먹이그물이 더 복잡하게 얽혀 있어 더 안정적으로 유지된다.

03 (2) 목화는 면섬유를 만드는 데 이용하고, 누에고치는 비단을 만드는 데 이용한다.
(3) 주목나무는 항암제를 만드는 데 이용하고, 푸른곰팡이는 항생제를 만드는 데 이용한다.
(5) 도꼬마리 열매의 생김새에서 아이디어를 얻어 벨크로를 만들었다.

04 (4) 생태계로부터 휴식과 여가 활동을 위한 공간을 제공받는 것도 다양한 생물에서 얻는 자원에 해당한다.

05 (1) 기후 변화와 환경오염에 의해 서식지의 환경이 달라지거나 오염되어 생물이 살 수 있는 서식지의 면적이 감소한다.
(2) 서식지가 파괴되면 서식지를 잃은 생물이 사라져 생물다양성이 감소할 수 있다.
(3) 가시박은 자라면서 주변 식물을 뒤덮으므로 식물이 광합성을 하지 못해 잘 자라지 못한다.
(4) 특정 생물을 남획하면 그 생물이 사라질 수 있어 생물다양성이 감소할 수 있다.

06 외래종은 다른 나라에서 우리나라로 들어온 생물로, 천적이 없으면 지나치게 번성하여 토종 생물의 생존을 위협할 수 있다.

07 개인적으로도 일상생활에서 쓰레기 줍기, 재활용품 분리배출하기 등을 꾸준히 실천하면 생물다양성을 유지하는 데 도움이 된다.

08 (1) 일회용품을 사용하면 쓰레기가 늘어나므로 환경이 오염된다. 다회용품을 사용해야 환경을 보호하고 생물다양성을 유지할 수 있다.
(3) 멸종 위기의 야생 생물은 개인이 함부로 기르면 안 되며, 전문 기관에서 멸종 위기 생물로 지정하고 보호해야 한다.

꼭! 나오는 자료로 유형 연습하기
58 쪽

유형1 **01** (나) **02** ④ **03** 해설 참조
유형2 **01** (가) **02** ④

유형1

01 (가)보다 (나)에서 생태계의 먹이 관계를 구성하는 생물의 종류가 더 많으므로 (나)의 생물다양성이 더 높다.

02 ④ 개구리가 멸종되었을 때 뱀이 멸종될 가능성이 높은 것은 (가)이다. (나)에서는 개구리가 멸종되어도 뱀은 토끼와 들쥐를 먹고 살 수 있다.
오답 피하기 ② (가)에서 뱀이 멸종되면 개구리를 잡아먹는 생물이 없으므로 개구리의 수가 증가한다.
③ (나)에서 토끼는 풀을 먹고 살고 다른 먹이가 없으므로 풀이 멸종되면 토끼도 멸종될 수 있다.

03 **예시 답안** (나), (가)에서는 개구리가 멸종되면 먹이를 잃은 뱀이 멸종될 수 있지만, (나)에서는 개구리가 멸종되어도 뱀과 부엉이는 다른 생물을 먹고 살 수 있기 때문이다.

채점 기준	배점(%)
(나)라고 쓰고, 그렇게 판단한 까닭을 먹이 관계를 들어 옳게 설명한 경우	100
(나)라고만 쓴 경우	30

유형2

01 사람이 자연을 개발하면서 서식지가 파괴되면 서식지를 잃은 생물이 사라질 수 있다.

02 ④ 외래종의 유입(나)에 의한 생물다양성 감소를 예방하려면 외래종의 유입을 막거나 유입된 외래종을 제거해야 한다. 생태통로는 분리된 서식지를 이어 주는 것으로, 서식지파괴에 대한 대책이다.
오답 피하기 ⑤ 다회용품을 사용하면 일회용품을 사용할 때보다 쓰레기가 줄어들어 환경오염을 막을 수 있다.
⑥ 불법 포획을 막으려면 멸종 위기 생물을 법으로 지정하고 불법으로 포획 시 처벌하는 등의 보호 정책을 만들어야 한다.

기출 문제로 실력 꼭! 잡기
59 쪽~61 쪽

01 ㄱ, ㄴ, ㄷ **02** ③ **03** ① **04** ③ **05** ② **06** ③ **07** ②
08 (가) ㄴ, (나) ㄷ, (다) ㄱ **09** ③ **10** ⑤ **11** ⑤ **12** ④
만점 도전하기 **13** ② **14** ③

01 생물다양성이 높아야 생태계가 안정적으로 유지되고, 인간은 다양한 생물로부터 살아가는 데 필요한 자원을 제공받는다. 또, 모든 생물은 그 자체로 소중한 가치를 지니므로 생물다양성을 보전해야 한다.

02 ㄱ. (가)보다 (나)가 생태계를 이루는 생물의 종류가 많아 먹이 그물이 복잡하므로 안정된 생태계이다.
ㄴ. (가)에서는 개구리가 멸종되면 뱀은 먹이가 없어 멸종될 수 있고, (나)에서는 개구리가 멸종되면 뱀은 쥐를, 매는 토끼, 메추라기, 쥐, 뱀을 먹고 살 수 있어 멸종되지 않는다.
오답 피하기 ㄷ. (나)에서 메뚜기가 멸종되면 거미는 먹이가 없어 수가 감소하고 멸종될 수 있다.

> **자료 분석하기 ·**
>
> ### 생물다양성과 생태계 안정성
>
> 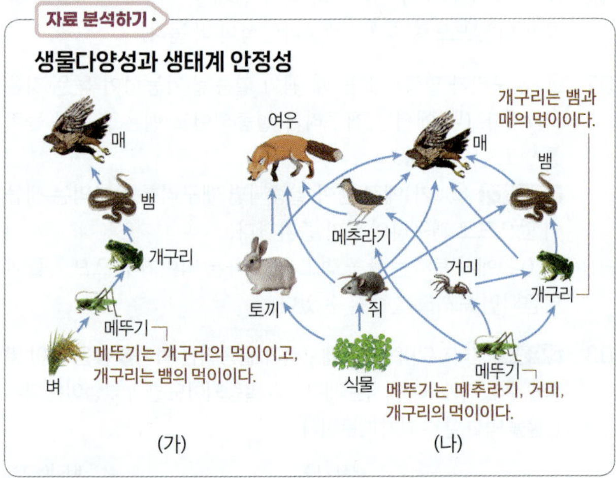
>

03 ① 벼에서 우리가 주식으로 먹는 쌀을 얻는다.
오답 피하기 ②, ④ 목화는 면섬유, 누에고치는 비단의 재료이다.
③ 도꼬마리 열매의 생김새를 보고 산업용 아이디어를 얻어 벨크로를 만들었다.
⑤ 주목나무의 껍질로부터 항암제의 원료를 얻는다.

04 ③ 생물에게서 새로운 질병을 얻는 것은 사람에게 해가 되므로 자원으로 볼 수 없다.
오답 피하기 ① 생물다양성이 보전된 생태계는 우리에게 맑은 공기와 깨끗한 물, 비옥한 토양 등을 제공한다.

05 ② 나무를 심고 식물을 보호하는 것은 생물다양성을 유지하는 방안이다.
오답 피하기 ① 갯벌에는 다양한 해양 생물이 살고 있다. 갯벌을 농경지로 바꾸면 생물다양성이 크게 감소한다.
③ 큰입배스, 가시박과 같은 외래종은 토종 생물의 생존을 위협하여 생물다양성을 감소시킨다.
④ 숲이나 습지를 없애고 도로를 건설하면 서식지가 파괴되어 생물다양성이 감소한다.
⑤ 번식으로 개체수를 회복하지 못할 만큼 생물을 많이 잡는 것을 남획이라고 한다. 생물을 남획하면 생물다양성이 감소한다.

06 사람의 개발로 서식지가 파괴되면 서식지를 잃은 생물이 사라질 수 있다. 서식지파괴는 생물다양성을 감소시키는 가장 심각한 원인이다.

07 ㄴ. 외래종은 우리나라에 천적이 없을 경우 지나치게 번성하여 토종 생물의 생존을 위협하고 생물다양성을 감소시킨다.
오답 피하기 ㄱ, ㄷ. 외래종은 토종 생물의 서식지를 차지하고 먹이 관계에 변화를 일으켜 생물다양성을 감소시킬 수 있다.

08 산호는 산호와 같이 사는 조류가 광합성을 하여 만든 유기물을 먹으며 산다. 기후 변화로 바다의 수온이 높아지면 조류가 살 수 없게 되어 산호도 죽게 된다.

09 ③ 농작물을 살리기 위해 농작물에 피해를 주는 생물을 무분별하게 없애면 생물다양성이 감소한다. 이 생물들이 농작물에 접근하지 못하도록 울타리를 만들거나 소리를 내는 등 생물을 없애지 않고 농작물을 보호하는 방법을 먼저 고려해야 한다.

10 ⑤ 자연을 개발하면 서식지가 파괴되어 그곳에 살던 생물이 사라질 수 있으므로 지나친 개발을 자제해야 한다.
오답 피하기 ① 남획을 막으려면 멸종 위기 생물을 지정하고, 야생 생물 보호 및 관리에 관한 법률을 제정해야 한다.
② 외래종의 유입에 의한 생물다양성 감소를 막으려면 외래종 발견 시 신고하고, 사회적 차원에서 외래종을 없애야 한다.
③, ④ 환경오염과 기후 변화를 막으려면 쓰레기를 줄이고 다회용품을 사용하며 재활용품을 분리배출해야 한다.

11 ⑤ 자동차는 운행할 때 연료를 사용하므로 오염 물질이 배출된다. 가까운 거리를 걸어 다니면 기후 변화와 환경오염을 줄일 수 있어 생물다양성을 유지하는 데 도움이 된다.

12 생태통로는 도로 건설 등으로 나뉜 서식지를 연결하여 동물이 안전하게 건너다닐 수 있게 한다. 서식지가 분리되면 두 서식지를 이동하면서 동물이 찻길 사고를 당할 수 있고, 한 쪽 서식지에서 특정 생물이 사라질 수 있어 생물다양성이 감소한다.

13 ② 사람이 늑대를 사냥한 결과 비버와 새들도 사라져 생태계의 생물다양성이 크게 감소했다.
오답 피하기 ③ 엘크의 수가 증가하면서 먹이인 식물이 줄어들어 비버와 새가 사라졌다.
④ 늑대는 엘크를, 엘크는 식물을 먹고 살므로 먹이 관계는 식물→엘크→늑대로 나타낼 수 있다.
⑤ 생태계에서 생물들은 먹이 관계로 연결되어 있으므로 한 생물의 수가 변하면 다른 생물의 수나 양도 변할 수 있다.

14 ㄱ. 생물들의 서식지인 숲이 도시에 의해 단절된 (가)보다 두 숲이 연결된 (나)에서 생물다양성이 더 높다.
ㄴ. (가)에서는 동물이 다른 숲으로 이동하려면 도로를 건너야 하므로 동물 찻길 사고가 일어날 수 있다.
오답 피하기 ㄷ. (나)보다 (가)의 숲에서 특정 생물의 수가 계속 감소할 가능성이 높다.

> **단계별 문제로 서술형 꽉! 잡기**   **61쪽**
>
> **01** **1단계** (가), 많으므로   **2단계** 해설 참조
> **02** **1단계** 기후 변화, 서식지   **2단계** 해설 참조

01 **1단계** (가)의 생태계를 이루는 생물의 종류가 (나)의 생태계보다 많으므로 (가)가 (나)보다 먹이그물이 복잡하여 안정적으로 유지된다.

2단계 (가)에서는 메뚜기가 멸종되어도 메뚜기를 대신할 생물이 있지만, (나)에서는 메뚜기를 대신할 생물이 없다.

예시 답안 (가), 메뚜기가 멸종될 경우 (가)에서는 메추라기와 개구리가 나비를 먹고 살 수 있지만, (나)에서는 메뚜기를 먹이로 하는 개구리와 개구리를 먹이로 하는 뱀이 멸종될 수 있기 때문이다.

채점 기준	배점(%)
(가)라고 쓰고, 그렇게 판단한 까닭을 옳게 설명한 경우	100
(가)라고만 쓴 경우	30

02 1단계 기후 변화에 의해 해빙이 녹아 북극곰의 서식지가 감소하고 있다.

2단계 **예시 답안** 북극곰은 기후 변화 때문에 수가 줄어들었다. 기후 변화를 줄이려면 다회용품을 사용하고, 가까운 거리는 걸어 다녀야 한다. 등

채점 기준	배점(%)
북극곰의 수가 줄어든 까닭을 쓰고, 그에 대한 대책을 두 가지 모두 옳게 설명한 경우	100
북극곰의 수가 줄어든 까닭을 쓰고, 그에 대한 대책을 한 가지만 옳게 설명한 경우	70
북극곰의 수가 줄어든 까닭만 옳게 쓴 경우	30

Ⅱ단원 마무리하기

62 쪽~65 쪽

01 ⑤	**02** ④	**03** ①	**04** ②	**05** ⑤	**06** ④	**07** ⑤	**08** ⑤
09 ③, ④		**10** ⑤	**11** ④	**12** ㄴ, ㄹ		**13** ③, ⑤	
14 ④	**15** ⑤	**16** ④	**17** ⑤	**18** ②	**19** ㄷ, ㄹ		**20** ④
21 ③	**22** ③	**23** ③, ⑤					

01 A는 핵, B는 마이토콘드리아, C는 엽록체, D는 세포막, E는 세포벽이다.
⑤ 세포막(D)은 세포를 둘러싸는 얇은 막이며, 세포 안팎으로 물질이 드나드는 것을 조절한다.
오답 피하기 ① (가)는 엽록체(C)와 세포벽(E)이 있으므로 식물세포이고, (나)는 동물세포이다.
②, ③ 세포의 생명활동에 필요한 에너지를 만드는 것은 마이토콘드리아(B)이다. 핵(A)은 세포의 생명활동을 조절한다.
④ 엽록체(C)와 세포벽(E)은 식물세포에만 있고, 동물세포에는 없다.

02 ④ 하나의 생물은 모양과 기능이 다른 다양한 세포로 이루어진다.
오답 피하기 ①, ⑤ 세포는 특정 기능을 하는 데 적합한 모양을 갖춰 기능에 따라 모양이 다르다.
②, ③ 세포는 생물을 구성하는 구조적 기본 단위이며, 생명활동이 일어나는 기능적 기본 단위이다.

03 ① 동물세포(가)와 식물세포(나) 모두 세포막이 있다.
오답 피하기 ② 동물세포(가)는 세포의 모양이 일정하지 않다.
③ 동물세포(가)에는 엽록체가 없고, 식물세포(나)에는 엽록체가 있다.

④ 동물세포(가)와 식물세포(나)에는 모두 핵이 있다.
⑤ 동물세포(가)는 메틸렌 블루 용액으로, 식물세포(나)는 아세트산 카민 용액으로 염색한다.

동물세포와 식물세포의 관찰

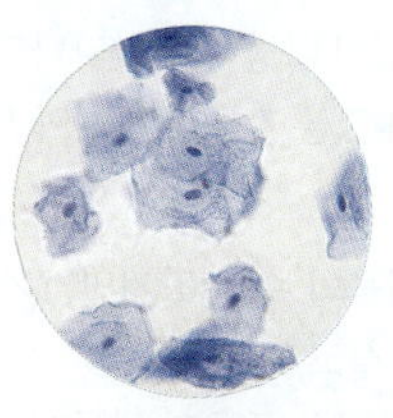

04 ㄱ. 식물에서는 여러 기관이 모여 개체를 이룬다.
ㄷ. 여러 개의 세포로 이루어진 생물은 일정한 단계를 거쳐 하나의 개체가 되어 유기적으로 구성된다.
오답 피하기 ㄴ. 조직계는 동물에는 없고 식물에만 있는 구성 단계이다. 식물에서는 여러 조직계가 모여 기관을 이루며, 동물에서는 여러 조직이 모여 기관을 이룬다.
ㄹ. 모양과 기능이 비슷한 세포들이 모여 조직을 이룬다.

05 (가)는 기관, (나)는 세포, (다)는 기관계, (라)는 조직, (마)는 개체이다.
⑤ 식물에는 없고 동물에만 있는 구성 단계는 기관계(다)이다.
오답 피하기 ① 동물은 세포(나) → 조직(라) → 기관(가) → 기관계(다) → 개체(마)의 단계로 구성된다.
② 기관(가)은 여러 조직이 모여 특정한 모양과 기능을 갖춘 단계이다.
③ 세포(나)는 생물을 이루는 구조적 · 기능적 기본 단위이다.
④ 기관계(다)에는 소화계, 순환계, 호흡계, 배설계 등이 있다.

동물의 구성 단계

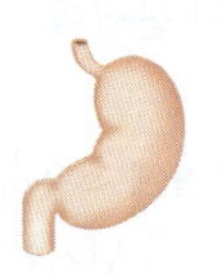
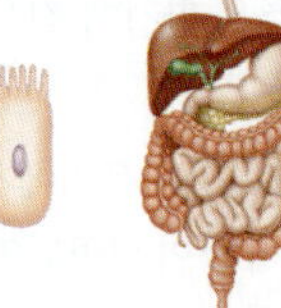
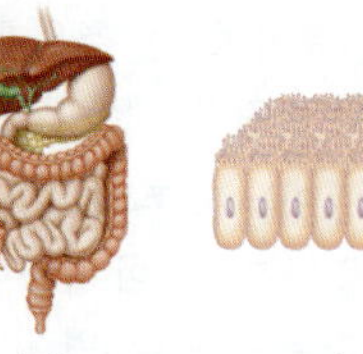
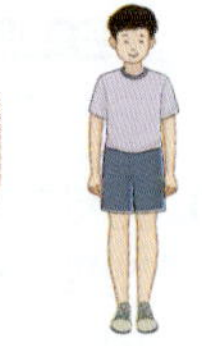

06 여러 가지 조직이 모여 특정한 모양과 기능을 갖춘 단계는 기관이다. 동물에는 위, 간, 이자, 작은창자 등의 기관이 있고, 식물에는 뿌리, 줄기, 잎, 꽃, 열매의 기관이 있다.

07 ⑤ 변이를 가진 생물 무리가 환경에 적응하는 과정을 통해 새로운 종류의 생물이 나타나 생물다양성이 높아질 수 있다.

 ① 학교 텃밭보다 숲의 생물다양성이 더 높다.
② 한 생태계에 살고 있는 생물의 종류가 많을수록 생물다양성이 높다.
③ 생태계에는 그 환경에 알맞은 다양한 종류의 생물이 살고 있으므로 어떤 지역의 생태계가 다양해지면 생물의 종류가 많아진다.
④ 같은 종류의 생물에서 특징이 다양하게 나타나면 환경이 갑자기 변해도 살아남는 생물이 있을 가능성이 높아 멸종할 가능성이 낮다.

08 ㄴ, ㄷ. (가)와 (나)에 사는 생물의 수는 같지만, (가)에는 4 종류, (나)에는 3 종류의 생물이 살고 있다.
 ㄱ. (나)보다 (가)에 많은 종류의 생물이 고르게 살고 있으므로 (나)보다 (가)의 생물다양성이 더 높다.

생물다양성의 비교

(가)	(나)
• 생물의 종류: 4 종류	• 생물의 종류: 3종류
• 생물의 수: 20 개체	• 생물의 수: 20 개체

(나)보다 (가)에 많은 종류의 생물이 살고, 각 종류가 고르게 분포한다. ➡ (나)보다 (가)의 생물다양성이 더 높다.

---

09 ③, ④ 같은 종의 생물에서 특징이 조금씩 다르게 나타나는 것이므로 변이의 예이다.
 ① 여우의 몸이 털로 덮여 있는 것은 여우에서 나타나는 공통적인 특징이다.
② 개와 고양이는 서로 다른 종이다.
⑤ 숲과 바다에는 각 환경에 알맞은 다양한 생물이 살고 있다.

10 ㄴ, ㄷ. 사막여우는 더운 환경에 적응하여 북극여우보다 몸집이 작고 귀가 커 열을 방출하기 유리하다.
 ㄱ. 북극여우는 추운 환경에 적응하여 몸집이 크고 귀가 작아 체온을 지킬 수 있다.

11 다양한 변이가 있는 한 종류의 생물 무리에서 환경에 적응하기 알맞은 변이를 가진 생물이 더 많이 살아남아 자손을 남기는 과정이 오랜 시간 동안 반복되면 원래의 생물과 다른 새로운 종류가 될 수 있다.

12 ㄴ. 한 종류의 핀치가 단단한 씨앗이 많은 섬과 선인장이 많은 섬에 떨어져 살게 되면서 각 섬의 먹이 환경에 적응하여 새로운 종류의 핀치가 되었다.
ㄹ. 다양한 변이가 있는 생물 무리가 환경에 적응하는 과정을 통해 생물의 종류가 다양해질 수 있다.
 ㄱ. 환경에 적응하기 알맞은 변이를 가진 생물이 더 많이 살아남으므로 변이는 생물의 생존에 영향을 준다.
ㄷ. 한 종류의 핀치 무리에 부리의 모양과 크기가 조금씩 다른 변이가 있었다.

생물이 다양해지는 과정

환경에 적응하기 알맞은 변이를 가진 생물이 더 많이 살아남아 자손을 남기는 과정이 오랜 시간 동안 반복되면 새로운 종류의 생물이 나타날 수 있다.

---

13 ① 속보다 과가 더 큰 분류 단위이다.
② 하나의 목에는 여러 개의 과가 속한다.
④ 여러 강에서 공통의 특징을 가진 것을 무리 지어 문으로 분류한다.

14 ④ 목이 과보다 큰 분류 단위이다. 따라서 고양이과보다 식육목에 속하는 생물의 종류가 더 많다.
 ①, ② 여러 강을 무리 지어 문으로 분류하고, 여러 문을 무리 지어 계로 분류한다. 개, 사람, 고양이는 모두 포유강에 속하므로 같은 문과 계에 속한다.
③ 고양이와 개는 식육목에 속하지만 사람은 영장목에 속하므로 고양이는 사람보다 개와 더 가까운 관계이다.
⑤ 개와 고양이는 서로 다른 종이므로 짝짓기를 하여 번식 능력이 있는 자손을 낳을 수 없다.

15 대장균, 포도상구균은 원핵생물계에 속한다. 원핵생물계에 속하는 생물은 세포에 핵이 없고, 대부분 1 개의 세포로 이루어져 있다.

16 참새, 해파리, 지렁이, 고양이는 모두 동물계에 속한다.
ㄴ. 동물계에 속하는 생물은 여러 개의 세포로 이루어져 있다.
ㄷ. 동물계에 속하는 생물은 대부분 기관이 발달했고, 운동성이 있다.
 ㄱ. 동물계에 속하는 생물은 세포에 세포벽이 없다.

17 버섯은 균계에 속하고, 옥수수는 식물계에 속한다.
ㄱ. 버섯은 기관이 발달하지 않았지만, 옥수수는 기관이 발달했다.
ㄷ. 버섯은 죽은 생물이나 배설물을 분해하여 양분을 얻지만, 옥수수는 광합성을 하여 스스로 양분을 만든다.
 ㄴ. 버섯과 옥수수는 모두 여러 개의 세포로 이루어져 있다.

18 A는 균계이고, B는 식물계이다.
② 다시마는 원생생물계에 속한다.
 ③ 원핵생물계에 속하는 생물은 세포에 핵이 없다.

---

④ 원생생물계, 균계, 식물계, 동물계에서 기관이 발달한 것은 식물계와 동물계에 속하는 생물의 특징이다. 따라서 A는 균계이고, B는 식물계이다. 균계에는 균사 구조를 가지는 생물이 속하므로 (나)는 '균사 구조를 가지는 생물이 있는가?'가 될 수 있다. ⑤ 동물계에 속하는 생물은 광합성을 하지 못하여 스스로 양분을 만들지 못하므로 (다)는 '스스로 양분을 만들 수 있는가?'가 될 수 있다.

19 ㄷ. (나)에서 메뚜기를 잡아먹는 들쥐가 멸종되면 메뚜기의 수는 늘어날 것이다.
ㄹ. (가)에서 개구리가 멸종되면 뱀은 먹이가 없어지지만, (나)에서 개구리가 멸종되면 뱀은 개구리 대신 토끼와 들쥐를 먹고 살 수 있다.
오답 피하기 ㄱ. (가)보다 (나)의 먹이그물이 복잡하고 생물다양성이 높다.
ㄴ. 생물다양성이 높을수록 생태계가 안정적으로 유지되므로 환경이 변하면 (가)보다 (나)가 안정적으로 유지된다.

20 새로운 해충이 나타나면 사람이 건강하게 생활하는 데 위협이 될 수 있으므로 새로운 해충의 출현은 다양한 생물에서 얻는 자원으로 볼 수 없다.

21 ③ 바닷가에 버려진 쓰레기를 주우면 환경오염을 줄일 수 있으므로 생물다양성이 감소하는 것을 막을 수 있다.
오답 피하기 ① 쓰레기를 태우면 오염 물질이 발생한다.
② 건물을 짓기 위해 숲을 개발하면 그 지역에 사는 생물은 서식지를 잃는다.
④ 외래종은 토종 생물의 생존을 위협한다.
⑤ 야생 생물을 무분별하게 채취하면 생물다양성이 감소한다.

22 생태통로는 도로 건설 등으로 서식지가 나뉘었을 때 동물이 안전하게 건너다닐 수 있게 만든 통로이다. 서식지가 나뉘면 동물이 두 서식지를 이동하면서 동물 찻길 사고가 발생할 수 있다.

23 오답 피하기 ① 사회적 차원, ② 개인적 차원의 생물다양성 유지 방안이다.
④ 숲이나 습지를 없애고 도로와 철도를 건설하면 생물다양성이 감소한다.

Ⅱ단원 서술형 완성하기
66 쪽~67 쪽

01 A는 핵, B는 마이토콘드리아, C는 엽록체, D는 세포벽, E는 세포막이다.
예시 답안 식물세포이다. 엽록체(C)와 세포벽(D)이 있기 때문이다.

채점 기준	배점(%)
식물세포라고 쓰고, 엽록체와 세포벽을 들어 그렇게 판단한 까닭을 옳게 설명한 경우	100
식물세포라고만 쓴 경우	30

02 (1) 답 A: 기본조직계, B: 심장, C: 순환계
(2) 예시 답안 동물의 구성 단계에는 조직계가 없고 기관계가 있지만, 식물의 구성 단계에는 기관계가 없고 조직계가 있다.

채점 기준	배점(%)
기관계와 조직계를 포함하여 동물과 식물의 구성 단계의 차이점을 옳게 설명한 경우	100
기관계와 조직계 중 하나만 포함하여 동물과 식물의 구성 단계의 차이점을 설명한 경우	40

03 예시 답안 세포는 기능에 맞는 모양을 갖춘다.

채점 기준	배점(%)
세포는 기능에 맞는 모양을 갖춘다고 설명한 경우	100
그렇지 못한 경우	0

04 숲에는 다양한 생물이 살지만, 밭에서는 특정 농작물을 재배하므로 그 농작물이 대부분을 차지한다.
예시 답안 밭에는 대부분 한 종류의 생물이 살므로 숲을 밭으로 만들면 생물다양성이 감소한다.

채점 기준	배점(%)
밭에는 대부분 한 종류의 생물이 살므로 숲을 밭으로 만들면 생물다양성이 감소한다고 옳게 설명한 경우	100
근거를 들지 않고 숲을 밭으로 만들면 생물다양성이 감소한다고만 설명한 경우	40

05 예시 답안 바닷가에 사는 쥐는 밝은 모래의 색깔에 적응한 것이고, 숲에 사는 쥐는 어두운 흙의 색깔에 적응한 것이다.

채점 기준	배점(%)
바닷가에 사는 쥐와 숲에 사는 쥐가 어떤 환경에 적응한 것인지 각각 옳게 설명한 경우	100
바닷가에 사는 쥐와 숲에 사는 쥐 중 하나만 어떤 환경에 적응한 것인지 옳게 설명한 경우	40

06 다양한 변이를 가진 생물 무리가 오랜 시간 동안 환경에 적응하면 새로운 종류가 나타나기도 한다.
(1) 답 (다)→(가)→(나)
(2) 예시 답안 다양한 변이가 있는 한 종류의 생물 무리가 서로 다른 환경에 살게 되면 그중 환경에 적응하기 알맞은 변이를 가진 생물이 더 많이 살아남아 자손을 남기고, 이 과정이 오랜 시간 동안 반복되면 새로운 종류의 생물이 될 수 있다.

채점 기준	배점(%)
생물이 다양해지는 과정을 주어진 단어를 모두 이용하여 옳게 설명한 경우	100
생물이 다양해지는 과정을 주어진 단어를 3 개만 이용하여 설명한 경우	70
생물이 다양해지는 과정을 주어진 단어를 2 개만 이용하여 설명한 경우	30

07 예시 답안 종은 자연 상태에서 짝짓기를 하여 번식 능력이 있는 자손을 낳을 수 있는 생물 무리이다.

채점 기준	배점(%)
종의 의미를 옳게 설명한 경우	100
그렇지 못한 경우	0

08 A는 균계이다. 원핵생물계에 속하는 생물은 세포에 핵이 없고, 원생생물계, 균계(A), 식물계, 동물계에 속하는 생물은 세포에 핵이 있다.

(1) **예시 답안** 세포에 핵이 있는가?

채점 기준	배점(%)
핵의 유무에 따른 분류 기준을 옳게 설명한 경우	100
그렇지 못한 경우	0

(2) **예시 답안** 균계, 버섯과 곰팡이는 균사 구조를 가진다. 세포에 핵이 있다. 광합성을 하지 못해 대부분 죽은 생물이나 배설물을 분해하여 양분을 얻는다. 대부분 여러 개의 세포로 이루어져 있다. 등

채점 기준	배점(%)
균계라고 쓰고, 특징을 두 가지 모두 옳게 설명한 경우	100
균계라고 쓰고, 특징을 한 가지만 옳게 설명한 경우	70
균계라고만 쓴 경우	30

09 남세균, 젖산균은 원핵생물계, 송이버섯, 푸른곰팡이는 균계, 달팽이는 동물계, 고사리는 식물계에 속한다.

예시 답안 (가) 세포에 핵이 있는가?, (나) 광합성을 하는가?, (다) 기관이 발달했는가?

채점 기준	배점(%)
분류 기준 (가)~(다)를 모두 옳게 설명한 경우	100
분류 기준 (가)~(다) 중 두 가지만 옳게 설명한 경우	70
분류 기준 (가)~(다) 중 한 가지만 옳게 설명한 경우	30

10 **예시 답안** 생물다양성이 높을수록 생태계를 안정적으로 유지할 수 있다. 사람은 다양한 생물로부터 식량, 섬유, 의약품 등 살아가는 데 필요한 자원을 제공받는다. 모든 생물은 그 자체로 소중한 가치가 있다.

채점 기준	배점(%)
생물다양성보전의 필요성을 세 가지 모두 옳게 설명한 경우	100
생물다양성보전의 필요성을 두 가지만 옳게 설명한 경우	70
생물다양성보전의 필요성을 한 가지만 옳게 설명한 경우	30

11 가시박과 큰입배스는 외래종이다.

예시 답안 가시박과 큰입배스는 토종 생물의 생존을 위협하여 생물다양성을 감소시킨다. 따라서 외래종을 함부로 들여오지 않아야 한다. 외래종을 발견하면 신고해야 한다. 외래종을 사회적 차원에서 제거해야 한다. 등

채점 기준	배점(%)
가시박과 큰입배스가 우리나라 생물다양성에 미치는 영향을 설명하고, 그에 대한 대책을 옳게 설명한 경우	100
가시박과 큰입배스가 우리나라 생물다양성에 미치는 영향만 옳게 설명한 경우	50

III. 열

01 온도와 열

개념 콕! 짚기

71쪽, 73쪽

1 • 온도 • 활발
2 • 열평형
3 • 전도 • 대류 • 복사

01 (1) 높을수록 (2) 둔해진다 (3) 멀다 **02** (다) **03** ㉠ 높은, ㉡ 낮은 **04** (1) ◯ (2) ◯ (3) ✕ **05** D **06** (1) ㉡ (2) ㉢ (3) ㉠ **07** (1) ◯ (2) ✕ (3) ✕ (4) ◯ **08** 구리 **09** (1) ㉠ 위쪽, ㉡ 아래쪽 (2) 대류 (3) 액체나 기체 **10** (1) 대류 (2) 복사 (3) 전도 (4) 복사 (5) 대류

01 (1), (3) 온도가 높을수록 입자 운동이 활발하고 입자 사이의 거리가 대체로 멀다.
(2) 물체의 온도를 낮추면 입자 운동이 둔해지고 입자 사이의 거리가 가까워진다.

02 물체의 온도가 높을수록 입자 운동이 활발하고 입자 사이의 거리가 대체로 멀다. 따라서 물체의 온도는 (다)가 가장 높고, (나)가 가장 낮다.

03 온도가 서로 다른 두 물체를 접촉하면 온도가 높은 물체에서 온도가 낮은 물체로 열이 이동하여 두 물체의 온도가 같아지는 열평형에 도달한다.

04 (1), (2) A, B를 접촉하면 온도가 높은 A에서 온도가 낮은 B로 열이 이동하여 A와 B의 온도가 같아진다.
(3) 열이 A에서 B로 이동하므로 A의 온도는 낮아지고 B의 온도는 높아진다. 따라서 A의 입자 운동은 둔해지고 B의 입자 운동은 활발해진다.

05 열평형에 도달하면 두 물체의 온도가 같아지고 시간이 지나도 더 이상 온도가 변하지 않는다. 따라서 열평형에 해당하는 구간은 D이다.

06 입자의 운동이 이웃한 입자에 전달되어 열이 이동하는 방식은 전도이고, 액체나 기체 물질을 구성하는 입자가 이동하며 열을 전달하는 방식은 대류이다. 열이 물질을 거치지 않고 직접 이동하는 방식은 복사이다.

07 (2) 대류는 액체나 기체 물질을 구성하는 입자가 직접 이동하며 열을 전달하는 방식으로, 액체뿐만 아니라 기체에서도 일어난다.
(3) 복사는 열이 물질을 거치지 않고 직접 이동하는 방식이므로 주변에 물질이 없어도 일어난다.
(4) 열은 전도, 대류, 복사 중 한 가지 방식으로만 이동하는 것이 아니라 동시에 여러 방식으로 이동하는 경우가 많다.

08 열화상 카메라에서 빨갛게 보일수록 온도가 높은 부분이다. 막대의 온도는 구리 막대 − 철 막대 − 유리 막대 순으로 빠르게 높아졌으므로 열이 가장 빠르게 전도되는 것은 구리이다.

09 대류는 열을 얻어 뜨거워진 액체나 기체 입자가 위로 올라가고, 상대적으로 차가운 입자가 아래로 내려오며 열이 이동하는 방식이다.

10 (1), (5) 냉방기를 켜면 차가운 공기가 아래로 내려가고, 더운 공기가 위로 올라가며 방 전체가 시원해진다. 물이 담긴 주전자 바닥을 가열하면 아래쪽의 뜨거워진 물이 위로 올라가며 물 전체가 뜨거워진다. 즉, 열은 대류에 의해 이동한다.
(2), (4) 난로 가까이에 있으면 따뜻함이 느껴지거나 열화상 카메라로 사람의 체온을 측정할 수 있는 것은 난로나 사람이 복사의 방식으로 열을 방출하기 때문이다.
(3) 숟가락의 손잡이 부분이 따뜻해지는 것은 숟가락에서 열이 전도에 의해 이동하기 때문이다.

엔픽 탐구하기 74 쪽

정리 ⊙ 낮아지고, ⓒ 높아져서, ⓒ 열평형, ② 뜨거운 물, ⑩ 찬물

탐구 확인 문제 **01** (1)✕ (2)○ (3)○ (4)✕ (5)✕

탐구 적용 문제 **02** ③

01 (1) 열은 온도가 높은 뜨거운 물에서 온도가 낮은 찬물로 이동한다.
(2) 열이 뜨거운 물에서 찬물로 이동함에 따라 뜨거운 물의 온도는 낮아지고 찬물의 온도는 높아진다. 따라서 뜨거운 물의 입자 운동은 둔해지고 찬물의 입자 운동은 활발해진다.
(3) 시간이 지남에 따라 뜨거운 물과 찬물의 온도가 같아지는 열평형에 도달한다.
(4) 약 7 분이 지났을 때 열평형에 도달한다.
(5) 시간이 지나면 뜨거운 물의 입자 사이의 거리는 가까워지고 찬물의 입자 사이의 거리는 멀어진다.

02 온도가 높은 A에서 온도가 낮은 B로 열이 이동하여 A의 온도는 낮아지고 B의 온도는 높아진다. 충분한 시간이 지나면 A와 B의 온도가 같아지는 열평형에 도달한다.

꼭! 나오는 자료로 유형 연습하기 75 쪽

유형 1 **01** 10 분 **02** ③ **03** 해설 참조
유형 2 **01** ② **02** ④ **03** 해설 참조

유형 1

01 열평형에 도달하면 두 물체의 온도가 같아지고, 물체의 온도가 더 이상 변하지 않는다.

02 ㄱ. 열은 온도가 높은 A에서 온도가 낮은 B로 이동한다.
ㄷ. 열평형에 도달하면 두 물체의 온도는 같아지므로 열평형에 도달했을 때 A와 B의 온도는 모두 30 ℃이다.
오답 피하기 ㄴ. 8 분까지 A는 열을 잃어 온도가 낮아지고 입자 운동이 둔해진다.

03 **예시 답안** 열이 A에서 B로 이동함에 따라 A는 온도가 낮아지고 입자 운동이 둔해지며, B는 온도가 높아지고 입자 운동이 활발해진다.

채점 기준	배점(%)
주어진 단어를 모두 이용하여 그림을 통해 알 수 있는 사실을 옳게 설명한 경우	100
그림을 통해 알 수 있는 사실을 설명했으나 주어진 단어를 모두 이용하지 못한 경우	40

유형 2

01 (가)는 뜨거워진 물이 직접 이동하며 열을 전달하는 대류, (나)는 모닥불에 닿은 부분의 입자 운동이 이웃한 입자로 전달되며 막대 끝까지 열이 이동하는 전도, (다)는 물질을 거치지 않고 모닥불의 열이 직접 이동하는 복사에 해당한다.

02 ㄴ. (나)에서 열은 모닥불에 닿아 있는 막대의 오른쪽에서 왼쪽으로 이동한다.
ㄷ. 햇빛 아래에 있으면 따뜻함을 느끼는 것은 태양열이 복사의 방식으로 이동하기 때문이다.
오답 피하기 ㄱ. (가)는 액체나 기체에서 일어나는 대류이다. 주로 고체에서 일어나는 열의 이동 방식은 전도이다.

03 **예시 답안** 뜨거운 국에 담가 둔 숟가락의 손잡이 부분이 따뜻해진다. 냄비의 바닥 한쪽을 가열하면 전체가 뜨거워진다. 등

채점 기준	배점(%)
전도에 의해 열이 이동하는 예를 옳게 설명한 경우	100
그렇지 못한 경우	0

기출 문제로 실력 꽉! 잡기 76 쪽~78 쪽

01 ③ **02** ⑤ **03** ② **04** ④ **05** ② **06** ⑤ **07** ③ **08** ⑤
09 ③, ④ **10** ④ **11** ④ **12** ① **13** ⑤ **14** ② **15** ④
만점 도전하기 **16** ④ **17** ④

01 ㄱ, ㄷ. 온도는 물체를 구성하는 입자 운동이 활발한 정도를 나타내는 것으로, 온도의 단위로는 ℃(섭씨도), K(켈빈) 등을 사용한다.
오답 피하기 ㄴ. 물체의 온도가 높을수록 입자 운동이 활발하다.

02 물체의 온도가 높을수록 입자 운동이 활발하며, 물체의 질량은 입자 운동과 관계가 없다.

03 ㄴ. 물의 입자 운동은 (가) – (나) – (다) 순으로 활발하므로 온도를 비교하면 (가) > (나) > (다)이다.
오답 피하기 ㄷ. 입자 운동이 활발하고 입자 사이의 거리가 멀수록 온도가 높다.

04 ④ (가)보다 (나)에서 잉크가 빠르게 퍼지므로 (가)보다 (나)에서 물의 입자 운동이 활발하다.
오답 피하기 ①, ② 물의 온도가 높을수록 입자 운동이 활발하여 잉크가 빠르게 퍼진다. 잉크는 (가)보다 (나)에서 빠르게 퍼지므로 물의 온도는 (나)가 (가)보다 높다.
③ (나)의 물 온도가 (가)보다 높으므로 물 입자 사이의 거리는 (나)가 (가)보다 멀다.
⑤ 물질을 이루는 입자는 모두 끊임없이 운동한다. 온도에 따라 물 입자의 운동 정도가 다르므로 잉크가 퍼진 정도가 다른 것이다.

05 물체가 열을 얻으면 온도가 높아지고 입자 운동이 활발해진다. 열은 온도가 높은 물체에서 온도가 낮은 물체로 이동하며, 두 물체의 온도 차이가 클수록 이동하는 열의 양이 많아진다.

06 열은 온도가 높은 물체에서 온도가 낮은 물체로 이동한다. 따라서 A~D의 온도를 비교하면 D>C>B>A이다.

> **자료 분석하기**
>
> **물체의 온도와 열의 이동**
>
> 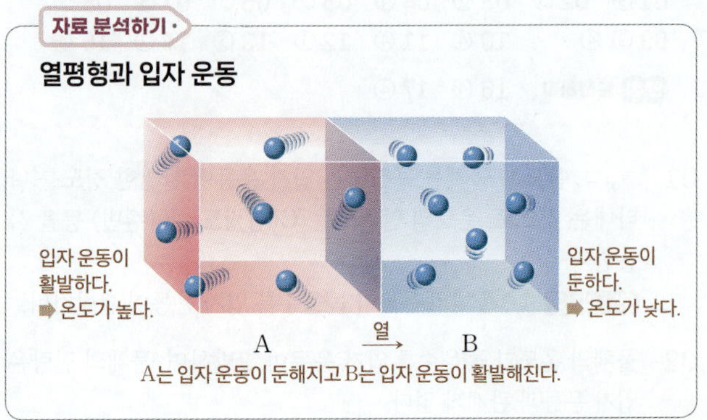
>
>
> 열은 온도가 높은 물체에서 온도가 낮은 물체로 이동한다.

07 ㄱ. 온도가 높을수록 입자 운동이 활발하다. A가 B보다 입자 운동이 활발하므로 온도는 A가 B보다 높다.
ㄷ. A와 B를 접촉하고 시간이 지나면 A는 온도가 낮아지고 B는 온도가 높아져 두 물체의 온도가 같아지는 열평형에 도달한다. 따라서 B의 온도는 처음보다 높아진다.
오답 피하기 ㄴ. 온도가 다른 두 물체를 접촉하면 열은 온도가 높은 물체에서 온도가 낮은 물체로 이동하므로 열은 A에서 B로 이동한다.

> **자료 분석하기**
>
> **열평형과 입자 운동**
>
>

08 ㄱ. 열은 처음 온도가 높은 B에서 온도가 낮은 A로 이동한다. 따라서 A는 열을 얻어 온도가 높아지고 B는 열을 잃어 온도가 낮아진다.
ㄴ. 열평형에 도달하면 A와 B의 온도가 같아지고 온도가 더 이상 변하지 않으므로 A와 B는 5 분 후 열평형에 도달했고, 열평형 온도는 40 ℃이다.
ㄷ. 1 분~3 분 동안 B는 온도가 낮아지므로 B의 입자 운동은 점점 둔해진다.

09 ③, ④ 온도계로 음식의 온도를 측정하거나 수박을 시원한 물에 넣어 차갑게 하는 것은 온도가 다른 두 물체 사이에서 열이 이동하여 온도가 서로 같아지는 열평형을 이용하는 예이다.
오답 피하기 ① 냉방기를 높은 곳에 설치하는 것은 대류로 열이 잘 이동하게 하기 위한 것이다.
②, ⑤ 국자의 손잡이를 나무로 만들거나 뜨거운 냄비를 잡을 때 주방용 장갑을 사용하는 것은 물질에 따라 열이 전도되는 정도가 다른 것을 이용하는 예이다.

10 ④ 복사는 열이 물질을 거치지 않고 직접 이동하는 방식이다.
오답 피하기 ① 전도는 주로 입자가 자유롭게 이동하기 어려운 고체에서 일어나며, 액체나 기체에서 주로 일어나는 열의 이동 방식은 대류이다.
② 태양열은 복사의 방식으로 지구에 전달된다.
③ 입자가 직접 이동하여 열을 전달하는 방식은 대류이다.
⑤ 물질을 구성하는 입자의 운동이 이웃한 입자에 전달되어 열이 이동하는 방식은 전도이다.

11 공의 이동은 열의 이동, 사람은 물질을 구성하는 입자를 비유한 것이다.
A: 중간에 물질을 거치지 않고 열이 직접 이동하므로 복사에 해당한다.
B: 입자가 이웃한 입자에 열을 차례로 전달하므로 전도에 해당한다.
C: 입자가 직접 이동하며 열을 전달하므로 대류에 해당한다.

12 ㄱ. 열은 입자 운동이 먼저 활발해진 A에서 B 방향으로 이동한다.
오답 피하기 ㄴ. 입자의 운동이 이웃한 입자에 전달되어 열이 이동하는 방식은 전도이다. 전도는 금속 막대와 같은 고체에서 주로 일어난다.
ㄷ. 금속 막대의 A 쪽을 가열하고 있으므로 이 부분의 입자 운동이 먼저 활발해지고, 이 운동이 이웃한 입자로 전달되며 열이 이동한다.

13 여러 물질로 이루어진 막대를 가열하며 온도 변화를 열화상 카메라로 촬영하여 물질의 종류에 따라 열이 전도되는 정도를 비교하는 실험이다.
ㄱ, ㄷ. 열화상 카메라 영상에서 색깔이 빠르게 변할수록 온도가 빠르게 높아지는 것이다. (나)에서 색깔은 구리 막대 – 철 막대 – 유리 막대 순으로 빠르게 변했으므로 유리보다 구리에서 열이 빠르게 전도된다는 것을 알 수 있다.
ㄴ. 실험을 통해 물질의 종류에 따라 열이 전도되는 정도가 다름을 알 수 있다.

여러 가지 물질에서 열이 전도되는 정도 비교

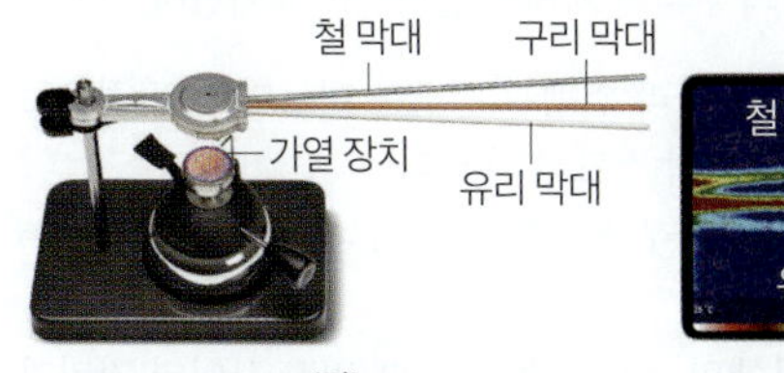

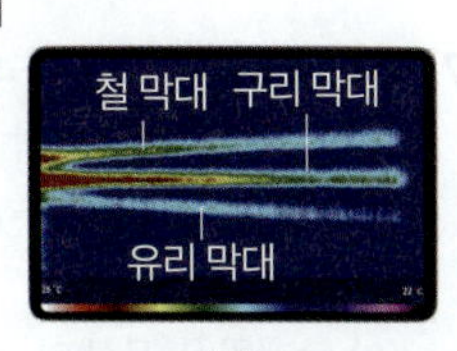

(가) 가열한 부분의 입자 운동이 활발해지고, 이 운동이 이웃한 입자에 전달되어 막대의 끝부분까지 온도가 높아진다.

(나) 열의 전도가 빠른 물질일수록 색깔이 빠르게 변한다. ➡ 전도의 빠르기: 구리 > 철 > 유리

14 난로 가까이에서 따뜻함을 느낄 수 있는 것은 난로의 열이 복사에 의해 이동하기 때문이다.

② 열화상 카메라로 사람의 체온을 측정할 수 있는 것은 사람의 몸에서 복사의 방식으로 열이 방출되기 때문이다.

오답 피하기 ①, ③ 뜨거운 돌판에 고기를 익히거나 따뜻한 물이 담긴 컵을 잡으면 손이 따뜻해지는 것은 전도의 방식으로 열이 이동하기 때문이다.

④ 물이 담긴 주전자 아래쪽을 가열하면 물 전체가 뜨거워져 끓는 것은 대류의 방식으로 열이 이동하기 때문이다.

⑤ 추운 겨울에 철봉이 나무 의자보다 차갑게 느껴지는 것은 나무보다 금속에서 열이 빠르게 전도되어 손의 열이 철봉으로 더 빠르게 이동하기 때문이다.

15 (가)는 대류, (나)는 전도, (다)는 복사에 해당한다.

④ 복사는 열이 물질을 거치지 않고 직접 이동하는 방식이다. 따라서 물질이 없는 진공 상태에서도 일어날 수 있다.

오답 피하기 ①, ② 뜨거워진 물이 위로 올라가고, 상대적으로 차가운 물이 아래로 내려오며 열을 전달하는 대류이다.

③ 전도는 주로 고체에서 일어난다.

⑤ 열은 동시에 여러 방식으로 이동하는 경우가 많다.

16 ㄴ. A는 B보다 입자 운동이 활발하므로 온도가 더 높다. 따라서 (나)에서 시간에 따라 온도가 낮아지는 ㉠은 A, 시간에 따라 온도가 높아지는 ㉡은 B의 온도 변화를 나타낸 것이다.

ㄷ. 5분 후 A와 B는 열평형에 도달했으므로 A와 B는 온도가 같고, 입자 운동이 활발한 정도도 같다.

오답 피하기 ㄱ. 입자 운동이 활발할수록 물체의 온도가 높다. 따라서 접촉하기 전의 온도는 A가 B보다 높다.

온도가 다른 두 물체를 접촉했을 때 시간에 따른 온도 변화

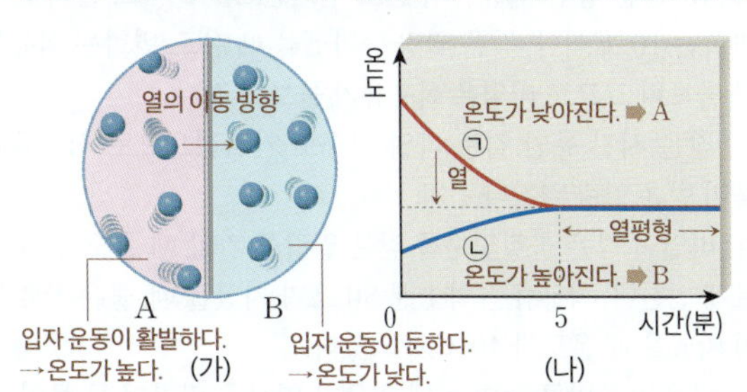

온도가 높은 물체에서 온도가 낮은 물체로 열이 이동하여 열평형에 도달한다.

17 (가)는 대류, (나)는 전도에 의해 열이 이동하는 예이다.

ㄱ. 물질을 거치지 않고 열이 이동하는 복사에 해당한다.

ㄴ. 냉방기에서 나온 차가운 공기가 직접 이동하며 열을 전달하는 대류에 해당한다.

ㄷ. 열이 빠르게 전도되는 금속을 이용하여 감자의 속 부분으로 열이 잘 이동할 수 있게 한다.

01 **1단계** 해설 참조 **2단계** 해설 참조
02 **1단계** 달걀, 물, 낮아, 높아 **2단계** 해설 참조
03 **1단계** 전도, 운동, 전달 **2단계** 해설 참조
04 **1단계** 위, 아래 **2단계** 해설 참조

01 **1단계** **예시 답안** 물의 온도가 높아지고 입자 운동이 활발해지며 입자 사이의 거리가 멀어진다.

채점 기준	배점(%)
주어진 단어를 모두 이용하여 나타나는 변화를 옳게 설명한 경우	100
나타나는 변화를 설명했으나 주어진 단어를 모두 이용하지 못한 경우	40

2단계 **예시 답안** (나), (가)보다 (나)의 입자 운동이 더 활발하기 때문이다.

채점 기준	배점(%)
(나)라고 쓰고, 잉크가 더 빠르게 퍼져 나가는 까닭을 옳게 설명한 경우	100
(나)라고만 쓴 경우	30

02 **1단계** 찬물에 갓 삶은 달걀을 넣으면 열은 온도가 높은 달걀에서 온도가 낮은 물로 이동한다. 이에 따라 달걀의 온도는 낮아지고 물의 온도는 높아진다.

2단계 **예시 답안** 달걀과 물의 온도가 서로 같아지고 온도가 더 이상 변하지 않는다. 이러한 상태를 열평형이라고 한다.

채점 기준	배점(%)
달걀과 물의 온도 변화를 옳게 설명하고, 이를 열평형이라고 쓴 경우	100
달걀과 물의 온도 변화만 옳게 설명하거나 열평형이라고만 쓴 경우	50

03 **1단계** 냄비를 가열하면 바닥 부분부터 입자의 운동이 활발해지고, 이 운동이 이웃한 입자에 전달되는 전도의 방식으로 열이 이동하여 냄비 전체가 뜨거워진다.

2단계 **예시 답안** 나무나 플라스틱은 금속보다 열이 느리게 전도되어 냄비를 가열해도 손잡이가 덜 뜨거워지기 때문이다.

채점 기준	배점(%)
나무나 플라스틱이 금속보다 열이 느리게 전도되어 손잡이가 덜 뜨겁다고 설명한 경우	100
나무나 플라스틱은 금속과 열이 전도되는 정도가 다르다고만 설명한 경우	30

04 **1단계** 냉난방기는 대류를 이용하여 집안을 골고루 시원하거나 따뜻하게 한다. 이때 냉방기에서 나온 차가운 공기는 아래쪽으로, 난방기 주변에서 따뜻해진 공기는 위쪽으로 이동한다.
2단계 **예시 답안** 냉난방기를 작동하면 따뜻해진 공기는 위로 올라가고 차가운 공기는 아래로 내려가는 대류가 일어나 열이 이동한다. 따라서 냉방기는 위쪽에, 난방기는 아래쪽에 설치하는 것이 좋다.

채점 기준	배점(%)
열이 이동하는 방식을 대류로 설명하고, 냉난방기의 설치 위치를 각각 옳게 설명한 경우	100
열의 이동 방식 또는 냉난방기의 설치 위치 중 한 가지만 옳게 설명한 경우	50

02 비열과 열팽창

개념 콕 짚기
81 쪽, 83 쪽

1 • 열량 • 비열 • 작
2 • 열팽창 • 멀어 • 바이메탈
01 (1) × (2) ○ (3) × (4) ○ **02** (1) 커서 (2) 큰 (3) 작은 **03** >
04 B **05** ㉠ 작은, ㉡ 큰, ㉢ 큰 **06** ㉠ 활발해지고, ㉡ 팽창한다
07 (1) ○ (2) × (3) × **08** 식용유 **09** ㉠ >, ㉡ > **10** (1) ×
(2) ○ (3) ○ (4) ×

01 (1) 열량은 온도가 다른 물체 사이에서 이동하는 열의 양이다.
(2), (3) 비열은 어떤 물질 1 kg의 온도를 1 ℃ 높이는 데 필요한 열량으로, 단위로는 kcal/(kg·℃) 등을 사용한다.

02 (1) 물은 대표적으로 비열이 큰 물질로, 우리 주변의 다른 물질에 비해 비열이 커서 온도가 잘 변하지 않는다.
(2) 비열이 큰 물질일수록 온도를 높이는 데 많은 열량이 필요하다.
(3) 물질의 질량이 같다면 비열이 큰 물질일수록 같은 열량을 가할 때 온도 변화가 작다.

03 물질의 질량이 같을 때 같은 온도만큼 높이기 위해 필요한 열량이 많을수록 비열이 큰 물질이다.

04 물질의 질량이 같을 때 비열이 작은 물질일수록 같은 열량을 가할 때 온도 변화가 크다.

05 온도를 빠르게 높이거나 낮추어야 할 때는 비열이 작은 물질을 활용하고, 온도가 잘 변하지 않아야 할 때는 비열이 큰 물질을 활용한다. 비열이 작은 금속은 온도가 빠르게 변하므로 프라이팬과 같은 조리 기구를 만드는 데 활용한다. 비열이 큰 물은 온도가 잘 변하지 않으므로 찜질 팩이나 자동차의 냉각수 등에 활용한다.

06 물체에 열을 가하면 온도가 높아지고 입자 운동이 활발해지며 입자 사이의 거리가 멀어진다. 이에 따라 입자가 차지하는 부피가 커지며 물체의 부피가 커지는 열팽창이 일어난다.

07 (1) 물질의 상태에 따라 열팽창 정도는 다르며, 일반적으로 액체가 고체보다 열팽창 정도가 더 크다.
(2) 고체와 액체의 경우 물질의 종류에 따라 열팽창 정도는 다르다.
(3) 열팽창은 물체의 온도가 높아질 때 입자 사이의 거리가 멀어지기 때문에 나타나는 현상이다. 온도가 높아져도 입자의 개수나 크기는 변하지 않는다.

08 액체의 높이가 처음보다 높아진 것은 액체가 열을 받아 부피가 커졌기 때문이다. 같은 열량을 가했을 때 물보다 식용유의 부피가 더 많이 커졌으므로 열팽창 정도는 식용유가 물보다 더 크다.

09 바이메탈을 가열하면 열팽창 정도가 큰 금속은 많이 팽창하고 열팽창 정도가 작은 금속은 적게 팽창하므로 열팽창 정도가 더 작은 금속 쪽으로 휘어진다. 그림에서 열팽창 정도는 A>B, B>C이므로 A~C의 열팽창 정도를 비교하면 A>B>C이다.

10 (1) 냉장고 안에 음식을 넣으면 냉장고 안의 찬 공기와 음식이 열평형을 이루어 음식을 차갑게 보관할 수 있다.
(2) 내열 유리는 일반 유리보다 열팽창 정도가 작아 가열하거나 냉각해도 잘 깨지지 않으므로 실험 기구나 조리 기구를 만드는 데 사용한다.
(3) 온도가 높은 여름철에 열팽창이 일어나 철로나 다리가 휘어지거나 갈라지는 것을 막기 위해 중간에 틈을 둔다.
(4) 물은 비열이 커서 온도가 잘 변하지 않으므로 자동차의 냉각수에 활용한다.

엔픽 탐구하기
84 쪽

정리 ㉠ 크다, ㉡ 물
탐구 확인 문제 **01** (1) × (2) ○ (3) × (4) ○ (5) ○
탐구 적용 문제 **02** ⑤

01 (1), (3) 5 분 동안 식용유의 온도 변화는 22 ℃이고, 물의 온도 변화는 10 ℃이다. 같은 열량을 가했을 때 온도 변화는 식용유가 물보다 크므로 비열은 식용유가 물보다 작다.
(2) 같은 시간 동안 같은 가열 기구로 가열했으므로 식용유와 물이 받은 열량은 같다.
(4) 비열이 작은 물질일수록 같은 열량을 가할 때 온도가 더 빠르게 변한다. 식용유는 약 1 분 30 초가 지났을 때, 물은 약 4 분이 지났을 때 온도가 40 ℃가 되었다.
(5) 같은 온도만큼 높이는 데 필요한 열량은 비열이 큰 물이 비열이 작은 식용유보다 많다.

02 질량이 같은 물질에 같은 열량을 가할 때 온도 변화가 클수록 비열이 작은 물질이다. 즉, 시간에 따른 온도 변화를 나타내는 그래프에서 기울기가 클수록 비열이 작다. 따라서 A~C의 비열을 비교하면 C>B>A이다.

꼭! 나오는 자료로 **유형 연습하기**   85 쪽

유형1   **01** ④   **02** ⑤   **03** 해설 참조
유형2   **01** ④   **02** ②   **03** ㉠ 활발, ㉡ 멀어, ㉢ 높아

유형1

01 ㄴ. 그래프에서 4 분 동안 A의 온도 변화는 20 ℃, B의 온도 변화는 30 ℃로 A의 온도 변화가 더 작다.
ㄷ. A와 B의 처음 온도와 질량이 같으므로 같은 온도까지 높이는 데 더 긴 시간이 걸리는 것은 비열이 큰 A이다.
오답 피하기 ㄱ. 같은 시간 동안 A와 B는 같은 열량을 받았고, 온도 변화는 B가 A보다 크므로 비열은 A가 B보다 크다.

02 질량이 같은 물질에 같은 열량을 가할 때 온도 변화가 클수록 비열이 작다. 즉, 비열은 온도 변화에 반비례한다. A의 온도 변화 : B의 온도 변화=2 : 3이므로 A의 비열 : B의 비열=3 : 2이다.

03 **예시 답안** 질량이 같은 물질에 같은 열량을 가할 때 온도 변화가 작을수록(클수록) 비열이 큰(작은) 물질이다.

채점 기준	배점(%)
주어진 단어를 모두 이용하여 비열과 온도 변화의 관계를 옳게 설명한 경우	100
비열과 온도 변화의 관계를 설명했으나 주어진 단어를 모두 이용하지 못한 경우	40

유형2

01 유리관 안쪽 액체의 높이가 처음보다 높아진 것은 액체의 부피가 커졌기 때문이다. 처음보다 높이가 많이 높아진 액체일수록 열팽창 정도가 큰 것이므로 열팽창 정도를 비교하면 에탄올>식용유>물이다.

02 ㄷ. 음료수 병에 음료수를 가득 채워 넣으면 온도가 높아질 때 열팽창에 의해 음료수의 부피가 커져 병이 깨질 수 있으므로 음료수를 가득 채우지 않는다.
오답 피하기 ㄱ. 액체의 종류에 따라 열팽창 정도는 다르다.
ㄴ. 액체가 열을 받으면 입자 운동이 활발해지며 입자 사이의 거리가 멀어져 입자가 차지하는 부피가 커진다. 그러나 입자의 크기나 개수는 변하지 않는다.

03 세 액체를 뜨거운 물에 넣으면 열을 받아 액체의 온도가 높아지고 액체를 이루는 입자 운동이 활발해지며 입자 사이의 거리가 멀어진다. 이에 따라 액체의 부피가 커져 액체의 높이가 높아진다.

기출 문제로 **실력 꽉! 잡기**   86 쪽~88 쪽

01 ②   **02** ②   **03** ②   **04** ④   **05** ①   **06** ③   **07** ④   **08** ②
09 ②   **10** ②   **11** ④   **12** ⑤   **13** ④   **14** ④   **15** ⑤
만점 도전하기   **16** ④   **17** ①

01 열량은 온도가 다른 물체 사이에서 이동하는 열의 양이고, 비열은 어떤 물질 1 kg의 온도를 1 ℃ 높이는 데 필요한 열량이다. 비열은 물질의 질량에 관계없이 일정하며, 비열이 큰 물질일수록 온도가 잘 변하지 않는다.

02 비열$=\dfrac{열량}{질량\times온도\ 변화}$이므로 이 물질의 비열은

$\dfrac{4\ \text{kcal}}{2\ \text{kg}\times10\ ℃}=0.2\ \text{kcal/(kg}\cdot℃)$이다.

03 물질의 질량과 가한 열량이 같을 때 비열이 큰 물질일수록 온도 변화가 작다. 온도 변화는 A가 10 ℃, B가 18 ℃, C가 13 ℃이므로 온도 변화를 비교하면 B>C>A이고, 비열을 비교하면 A>C>B이다.

04 물질의 질량이 모두 같으므로 같은 열량을 가할 때 비열이 작은 물질일수록 온도 변화가 크다. 따라서 온도 변화가 큰 것부터 순서대로 나열하면 구리 - 철 - 모래 - 콩기름 - 물이다.

05 ㄱ. 비열은 물질의 종류에 따라 다르므로 물질을 구분하는 특성이 된다.
오답 피하기 ㄴ. 물의 비열이 모래보다 크므로 여름철 한낮에 바닷가에서 바닷물이 모래보다 느리게 뜨거워진다.
ㄷ. 물질의 질량이 같을 때 비열이 큰 물질일수록 같은 온도만큼 높이는 데 필요한 열량이 많다. 따라서 온도를 10 ℃ 높이기 위해 필요한 열량이 가장 많은 것은 물이고, 가장 적은 것은 구리이다.

06 물과 액체 A를 같은 가열 기구로 가열하고 4 분이 지났을 때 물의 온도 변화는 20 ℃, A의 온도 변화는 40 ℃로 A의 온도 변화가 물의 2 배이다. 물질의 질량과 가한 열량이 같을 때 물질의 비열은 온도 변화에 반비례하므로 A의 비열은 물의 $\dfrac{1}{2}$ 배인 0.5 kcal/(kg·℃)이다.

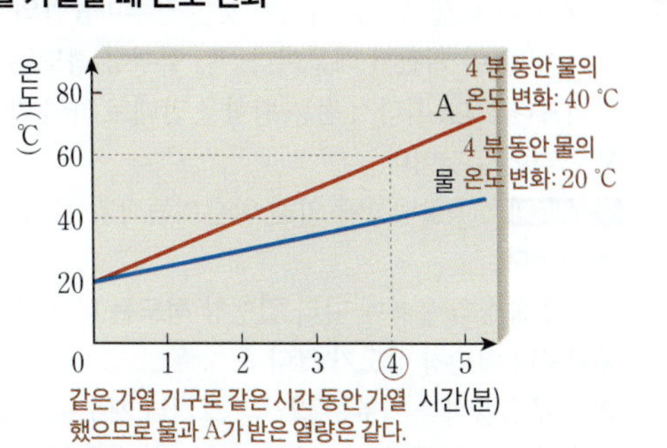

물질의 질량과 가한 열량이 같을 때 비열은 온도 변화에 반비례한다.

07 ㄴ. 같은 시간(5 분) 동안 A의 온도 변화는 16 ℃, B의 온도 변화는 8 ℃로 A의 온도 변화가 B보다 크다.
ㄷ. 같은 시간 동안 A의 온도 변화가 B보다 크므로 비열은 B가 A보다 크고, 같은 온도까지 높이는 데 필요한 열량은 비열이 큰 B가 A보다 많다.
[오답 피하기] ㄱ. 같은 가열 기구로 동시에 가열했으므로 A와 B가 받은 열량은 같다.

08 뚝배기는 비열이 큰 물질로 만들어 온도가 쉽게 변하지 않으므로 음식을 오랫동안 따뜻하게 유지할 수 있다. 알루미늄 냄비는 상대적으로 비열이 작은 물질로 만들어 뚝배기보다 빠르게 뜨거워지고 빠르게 식는다.

09 ② 전깃줄이 겨울에는 팽팽하지만 여름에는 늘어지는 것은 온도가 높아지면 열팽창에 의해 전깃줄의 길이가 길어지기 때문이다.
[오답 피하기] ① 물은 비열이 커서 자동차 엔진의 과열을 방지하는 냉각수에 활용한다.
③ 우리 몸에는 비열이 큰 물이 많이 포함되어 있어 주변의 온도가 변해도 체온이 쉽게 변하지 않는다.
④, ⑤ 음식을 조리하는 프라이팬은 비열이 작은 금속으로 만들고, 바닥을 데우는 난방용 온수관은 비열이 작은 물질로 만들어 열을 가하면 빠르게 뜨거워진다.

10 ② 물질의 상태에 따라 열팽창 정도는 다르며, 대체로 액체가 고체보다 열팽창 정도가 크다.
[오답 피하기] ① 열팽창 정도는 물질의 종류에 따라 다르며, 온도 변화가 클수록 부피 변화가 크다.
③, ⑤ 열팽창은 물체가 열을 받으면 입자 운동이 활발해지고 입자 사이의 거리가 멀어짐에 따라 물체의 부피가 커지는 현상이다.
④ 물체에 열을 가해도 입자의 개수나 크기는 변하지 않는다.

11 ㄴ. 액체의 높이가 처음보다 높아진 것은 액체의 부피가 커졌기 때문이다. A보다 B의 높이가 더 많이 높아졌으므로 B의 부피가 더 많이 커진 것이다. 따라서 열팽창 정도는 B가 A보다 더 크다.
ㄷ. A와 B는 모두 열을 얻어 온도가 높아졌으므로 처음보다 입자 운동이 활발해졌다.
[오답 피하기] ㄱ. 충분한 시간이 지나 A, B의 온도가 더 이상 변하지 않을 때 A, B와 물은 열평형을 이루어 온도가 모두 같다.

12 ⑤ 가열 후 바깥쪽으로 휘어진 것은 알루미늄박의 부피가 종이보다 더 많이 커졌기 때문이다. 즉, 열팽창 정도는 알루미늄이 종이보다 크다. 따라서 접는 방향을 반대로 하여 가열하면 안쪽으로 휘어질 것이다.
[오답 피하기] ① 열팽창에 의해 알루미늄박과 종이의 부피는 모두 커졌다.
②, ④ 물질의 종류에 따라 열팽창 정도는 다르며, 알루미늄은 종이보다 열팽창 정도가 크다.
③ 알루미늄박을 이루는 입자의 크기나 개수는 가열 후에도 변하지 않았다. 알루미늄박의 부피가 커진 것은 입자 사이의 거리가 멀어졌기 때문이다.

13 ㄴ. 열팽창 정도가 비슷한 철근과 콘크리트를 이용해 건물을 지으면 외부 온도에 따라 부피가 변하는 정도가 비슷하므로 건물에 균열이 생기거나 변형되는 것을 최소화할 수 있다.
ㄹ. 다리나 철로 사이에 틈을 두지 않으면 온도가 높은 여름철에 부피가 커져 다리나 철로가 휘어지거나 파손될 수 있다.
[오답 피하기] ㄱ. 물은 비열이 커서 온도가 쉽게 변하지 않으므로 찜질 팩이나 자동차의 냉각수에 활용한다.
ㄷ. 냄비의 손잡이를 나무나 플라스틱으로 만드는 것은 나무나 플라스틱이 금속에 비해 열이 느리게 전도되기 때문이다.

14 바이메탈을 가열하면 열팽창 정도가 큰 금속은 부피가 많이 팽창하고 열팽창 정도가 작은 금속은 부피가 적게 팽창하므로 열팽창 정도가 작은 금속 쪽(ⓒ)으로 휘어진다. 반대로 바이메탈을 냉각하면 열팽창 정도가 큰 금속의 부피가 더 많이 수축하므로 열팽창 정도가 큰 금속 쪽(㉠)으로 휘어진다.

15 ㄱ, ㄴ. 불이 나서 온도가 높아지면 바이메탈이 아래쪽으로 휘어져 화재경보기가 작동해야 한다. 바이메탈을 가열하면 열팽창 정도가 작은 금속 쪽으로 휘어지므로 열팽창 정도는 구리가 철보다 크다.
ㄷ. 주변의 온도가 높아지면 바이메탈이 휘어져 회로가 연결된다. 따라서 바이메탈은 온도에 따라 화재경보기의 전원을 자동으로 켜고 끄는 스위치 역할을 한다.

> **[자료 분석하기]**
>
> **바이메탈을 이용한 화재경보기의 구조**
>
> 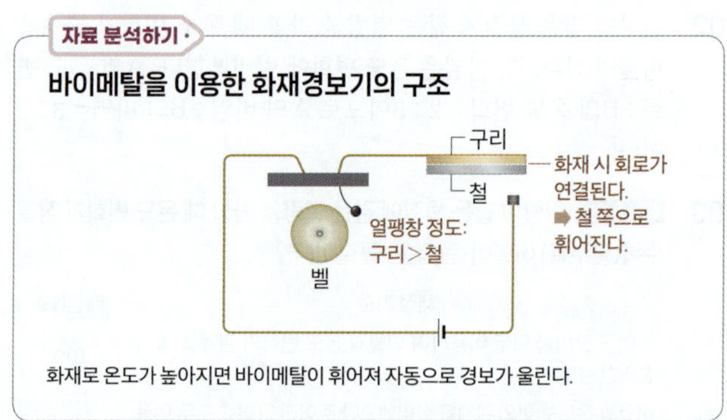
>
>
> 화재로 온도가 높아지면 바이메탈이 휘어져 자동으로 경보가 울린다.

16 열평형에 도달할 때까지 A가 잃은 열량과 B가 얻은 열량은 같다. 두 물질의 질량이 같고 잃거나 얻은 열량이 같으므로 비열은 온도 변화에 반비례한다. A와 B의 온도 변화 비가 5 : 2이므로 비열 비는 2 : 5이다.

> **[자료 분석하기]**
>
> **열평형 과정에서 물질의 온도 변화와 비열**
>
> 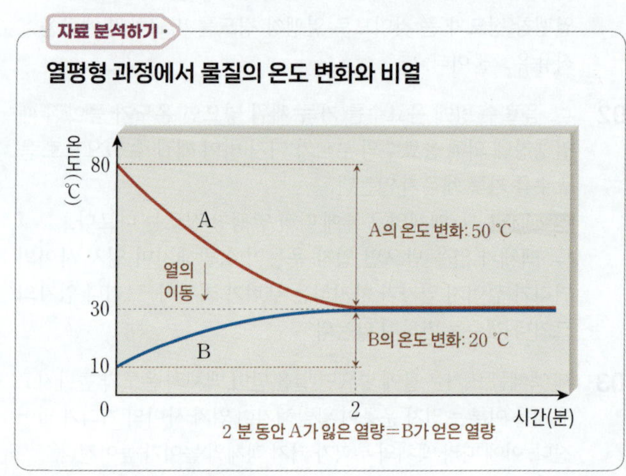
>

17 ㄱ. 두 금속의 처음 길이가 같고 온도에 따라 늘어난 길이는 A가 B보다 크므로 열팽창 정도는 A가 B보다 크다.

오답 피하기 ㄴ, ㄷ. 바이메탈을 가열하면 열팽창 정도가 큰 금속의 부피가 더 많이 팽창하므로 열팽창 정도가 작은 금속 쪽으로 휘어지고, 바이메탈을 냉각하면 열팽창 정도가 큰 금속의 부피가 더 많이 수축하므로 열팽창 정도가 큰 금속 쪽으로 휘어진다. 따라서 A와 B로 만든 바이메탈의 온도를 높이면 B 쪽으로 휘어지고, 온도를 낮추면 A 쪽으로 휘어진다.

단계별 문제로 서술형 꽉! 잡기   89 쪽

- **01** 1단계 클, C, B, A   2단계 해설 참조
- **02** 1단계 해설 참조   2단계 해설 참조
- **03** 1단계 커졌고, 에탄올, 식용유, 글리세린, 물   2단계 해설 참조
- **04** 1단계 멀어져, 열팽창   2단계 해설 참조

01 1단계 물질의 질량과 가한 열량이 같을 때 온도 변화가 클수록 비열이 작은 물질이므로 비열을 비교하면 C>B>A이다.

2단계 예시 답안 같은 열량을 가할 때 A, B, C의 온도 변화 비는 3 : 2 : 1이다. 이때 비열은 온도 변화에 반비례하므로 비열 비는 1 : 2 : 3이다.

채점 기준	배점(%)
A, B, C의 비열 비를 풀이 과정과 함께 옳게 설명한 경우	100
A, B, C의 비열 비만 쓴 경우	50

02 1단계 예시 답안 모래는 물보다 비열이 작아서 온도가 더 쉽게 변하기 때문이다.

채점 기준	배점(%)
주어진 단어를 모두 이용하여 현상이 나타나는 까닭을 옳게 설명한 경우	100
현상이 나타나는 까닭을 설명했으나 주어진 단어를 모두 이용하지 못한 경우	40

2단계 예시 답안 물은 비열이 커서 온도가 잘 변하지 않는다.

채점 기준	배점(%)
물의 비열이 크다는 내용을 포함하여 특징을 옳게 설명한 경우	100
물의 온도가 잘 변하지 않는다고만 설명한 경우	30

03 1단계 액체를 뜨거운 물에 넣으면 온도가 높아져 부피가 커지고, 이에 따라 액체의 높이가 높아진다. 모든 액체의 높이가 처음보다 높아졌으므로 부피는 모두 커졌고, 부피가 변한 정도를 비교하면 에탄올>식용유>글리세린>물이다.

2단계 예시 답안 액체가 열을 받으면 부피가 커진다. 액체의 종류에 따라 열팽창 정도가 다르다.

채점 기준	배점(%)
액체가 열팽창한다는 사실과 액체의 종류에 따라 열팽창 정도가 다르다는 사실을 모두 옳게 설명한 경우	100
액체가 열팽창한다는 사실과 액체의 종류에 따라 열팽창 정도가 다르다는 사실 중 한 가지만 옳게 설명한 경우	50

04 1단계 온도가 높은 여름에는 전선이 열을 받아 입자 사이의 거리가 멀어지며 부피가 커지고, 이에 따라 전선의 길이가 길어져 늘어지게 된다.

2단계 예시 답안 에펠탑의 높이가 겨울보다 여름에 높아진다. 여름에는 기차 철로 사이의 틈이 좁아진다. 등

채점 기준	배점(%)
열팽창에 의해 나타나는 현상을 옳게 설명한 경우	100
그렇지 못한 경우	0

Ⅲ 단원 마무리하기   90 쪽~93 쪽

01 ②   **02** ④   **03** ④   **04** A   **05** ④   **06** ③   **07** ⑤   **08** A
09 ③   **10** ①   **11** ③, ⑤   **12** ④   **13** ②   **14** ③
15 C–D–E–A–B   **16** ③   **17** ④   **18** ④   **19** ⑤   **20** ⑤
21 ①   **22** ③   **23** ②

01 온도가 높을수록 입자 운동이 활발하고 입자 사이의 거리가 멀다. 따라서 (가)~(다)의 온도를 비교하면 (가) > (다) > (나)이다.

02 ㄴ, ㄷ. 비커에 담긴 물을 가열하면 온도가 높아지고 입자 운동이 활발해지며 입자 사이의 거리가 멀어진다.

오답 피하기 ㄱ. 물을 가열하여 온도가 높아져도 입자의 크기나 개수는 변함이 없다.

03 ㄴ, ㄷ. 금속의 입자 운동이 활발해졌으므로 금속은 온도가 높아졌다. 따라서 열은 A에서 금속으로 이동했고, A의 온도는 낮아졌다.

오답 피하기 ㄱ. 금속은 열을 얻었고, A는 열을 잃었다.

04 온도가 다른 두 물체를 접촉하면 온도가 높은 물체에서 온도가 낮은 물체로 열이 이동한다. 이때 물체의 온도 차가 클수록 이동하는 열의 양이 많다. 따라서 A 구간에서 이동하는 열의 양이 가장 많고 B, C 구간으로 갈수록 이동하는 열의 양이 점점 줄어든다.

자료 분석하기 •

온도가 다른 두 물체를 접촉했을 때 시간에 따른 온도 변화

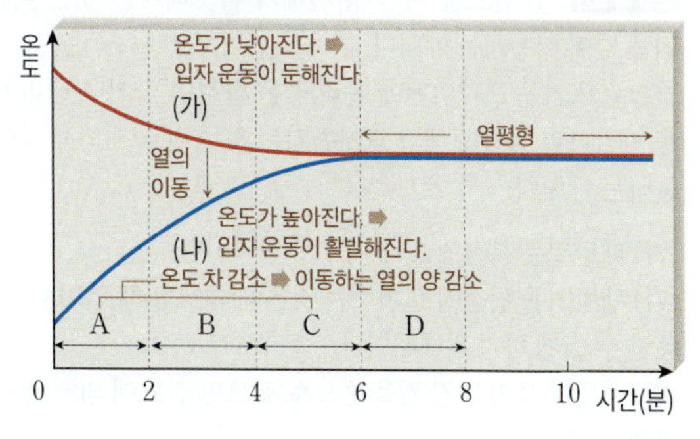

05 ㄴ. 열평형에 도달하면 두 물체의 온도가 같아지고, 더 이상 온도가 변하지 않는다. 따라서 6 분 후 (가)와 (나)는 열평형에 도달한다.
ㄷ. 2 분~4 분 동안 (나)는 온도가 높아지고 입자 운동이 활발해진다.
오답 피하기 ㄱ. (가)의 온도는 낮아지고 (나)의 온도는 높아지므로 열은 (가)에서 (나)로 이동한다.

06 ㄱ, ㄴ. A는 B보다 온도가 높으므로 열은 A에서 B로 이동한다. 따라서 A는 온도가 낮아지고 입자 운동이 둔해지며, B는 온도가 높아지고 입자 운동이 활발해진다.
오답 피하기 ㄷ. 충분한 시간이 지나면 A의 온도는 낮아지고 B의 온도는 높아져 두 물체의 온도가 같아지는 열평형에 도달한다.

07 ⑤ 전도는 주로 고체에서 일어나며, 물질을 이루는 입자의 운동이 이웃한 입자에 차례로 전달되어 열이 이동한다.
오답 피하기 ①, ② 액체나 기체 물질을 구성하는 입자가 직접 이동하며 열을 전달하는 방식은 대류이다.
③, ④ 물질을 거치지 않고 열이 직접 이동하는 방식은 복사이다. 태양열은 복사의 방식으로 우주 공간을 통과해 지구에 전달된다.

08 철판, 구리판, 유리판에서 열은 전도에 의해 이동한다. 뜨거운 물에 닿은 곳에서부터 입자 운동이 활발해지고, 이 운동이 이웃한 입자에 전달되어 A 방향으로 열이 이동한다.

09 ㄴ, ㄷ. 전도에 의해 열이 이동하여 세 판의 온도가 높아진다. 열 변색 붙임딱지의 색깔은 구리판 – 철판 – 유리판 순서로 많이 변했으므로 열이 가장 빠르게 전도되는 것은 구리이다.
오답 피하기 ㄱ, ㄹ. 세 판은 모두 같은 비커에 같은 시간 동안 담겨 있으므로 받은 열의 양은 같다. 유리판에 붙인 붙임딱지의 색깔이 가장 덜 변한 것은 유리에서 열이 가장 느리게 전도되기 때문이다.

10 ㄱ. 물이 담긴 주전자의 아래쪽을 가열할 때 물 전체가 뜨거워져 끓는 것은 대류에 의해 열이 이동하기 때문이다.
오답 피하기 ㄴ. 대류는 액체뿐만 아니라 기체에서도 일어난다.
ㄷ. 물을 가열하면 뜨거워진 물은 위로 올라가고, 차가운 물은 아래로 이동해 물 전체가 뜨거워진다.

11 열이 물질을 거치지 않고 이동하는 방식은 복사이다.
③, ⑤ 햇빛이 비치는 곳에 있으면 따뜻하게 느껴지거나 열화상 카메라로 사람의 체온을 확인할 수 있는 것은 태양열이나 사람 몸의 열이 복사의 방식으로 이동하기 때문이다.
오답 피하기 ① 난로를 켜면 방 전체가 따뜻해지는 것은 대류에 의해 열이 이동하는 예이다.
②, ④ 뜨거운 프라이팬에 올려 놓은 달걀이 익거나 냄비 바닥을 가열하면 냄비 전체가 뜨거워지는 것은 전도에 의해 열이 이동하는 예이다.

12 (가) 태양열은 복사에 의해 지구로 전달된다.
(나) 냉방기를 천장에 설치하는 것은 대류에 의해 열이 더 잘 이동할 수 있게 하기 위해서이다.
(다) 따뜻한 물이 담긴 컵을 손으로 잡으면 전도에 의해 열이 이동해 손이 따뜻해진다.

13 비열은 어떤 물질 1 kg의 온도를 1 ℃ 높이는 데 필요한 열량으로, 물질의 종류에 따라 다르기 때문에 물질을 구분하는 특성이 된다.
오답 피하기 ㄱ. 비열의 단위로는 kcal/(kg·℃) 등을 사용한다.
ㄷ. 질량이 같은 물질에 같은 열량을 가할 때 비열이 큰 물질일수록 온도 변화가 작다.

14 물질의 질량과 가한 열량이 같을 때 비열이 큰 물질일수록 온도 변화가 작고, 비열이 작은 물질일수록 온도 변화가 크다. 따라서 비열이 가장 작은 C의 온도 변화가 가장 크고, 비열이 가장 큰 B의 온도 변화가 가장 작다.

15 물질의 질량이 같을 때 비열이 큰 물질일수록 같은 온도만큼 높이는 데 필요한 열량이 많다. 따라서 같은 가열 기구로 가열할 때 걸리는 시간이 길다. A~E의 처음 온도가 모두 같으므로 같은 온도까지 높이는 데 걸리는 시간은 C가 가장 짧고, D-E-A-B 순으로 길어진다.

16 온도가 높은 식용유와 온도가 낮은 물이 접촉했을 때 열은 식용유에서 물로 이동한다. 이에 따라 식용유의 온도는 낮아지고 물의 온도는 높아진다.
ㄱ. 물이 얻은 열량과 식용유가 잃은 열량은 같다. 이때 물의 온도 변화가 식용유의 온도 변화보다 작으므로 비열은 물이 식용유보다 크다.
ㄴ. 10 분 이후 물과 식용유는 열평형에 도달하여 온도가 같고 더 이상 온도가 변하지 않는다.
오답 피하기 ㄷ. 열평형에 도달하기까지 물의 온도 변화는 20 ℃, 식용유의 온도 변화는 40 ℃로 물의 온도 변화가 식용유보다 작다.

17 ④ 같은 시간 동안 온도 변화는 A가 B보다 크므로 비열은 B가 A보다 크다.
오답 피하기 ① 비열은 물질을 구분하는 고유한 특성이다. A와 B는 비열이 다르므로 다른 물질이다.
② 비열은 A가 B보다 작다.
③ 같은 가열 기구로 가열했으므로 같은 시간 동안 받은 열량은 A와 B가 같다.
⑤ A, B의 온도가 같을 때 같은 조건에서 냉각하면 비열이 작은 A가 비열이 큰 B보다 온도가 더 빠르게 낮아진다.

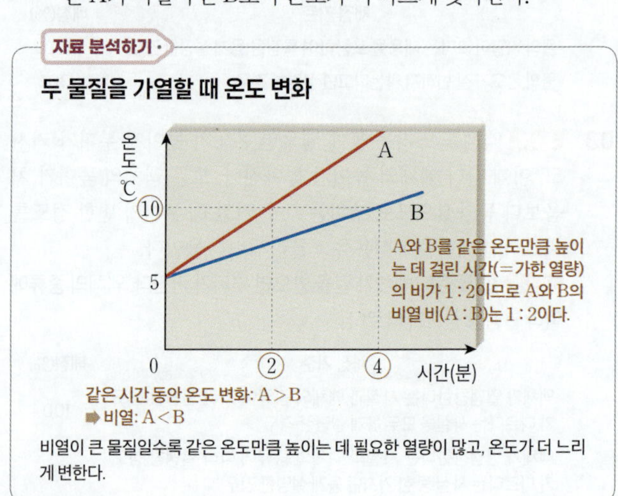

자료 분석하기
두 물질을 가열할 때 온도 변화

비열이 큰 물질일수록 같은 온도만큼 높이는 데 필요한 열량이 많고, 온도가 더 느리게 변한다.

18 ㄴ. 프라이팬은 비열이 작은 금속으로 만들어 열을 가하면 빠르게 뜨거워지므로 음식을 빠르게 조리할 수 있다.

ㄷ. 물은 비열이 커 온도가 잘 변하지 않으므로 찜질 팩 안에 따뜻한 물을 넣으면 오랫동안 따뜻하게 사용할 수 있다.

오답 피하기 ㄱ. 뚝배기는 비열이 큰 물질로 만들어 물이 느리게 끓지만 음식을 오랫동안 따뜻하게 유지할 수 있다.

19 ⑤ 물체가 열을 받으면 입자 운동이 활발해지며 입자 사이의 거리가 멀어진다. 이에 따라 입자가 차지하는 부피가 커져 물체의 부피가 커지게 된다.

오답 피하기 ①, ②, ③ 물체가 열을 받아 온도가 높아져도 입자의 크기나 개수, 질량은 변하지 않는다.

④ 물체가 열을 받으면 입자의 운동이 활발해진다.

20 ㄱ. 금속 막대를 가열하면 부피가 커지므로 길이가 길어진다.

ㄴ. 금속 막대가 열을 받아 길이가 많이 길어질수록 막대에 연결한 바늘이 영점에서 많이 돌아간다. 따라서 열팽창 정도는 알루미늄이 가장 크고 철이 가장 작다.

ㄷ. 금속이 열을 받으면 입자 운동이 활발해지며 입자 사이의 거리가 멀어져 부피가 커진다.

21 ㄱ. 삼각 플라스크 안의 물은 뜨거운 물로부터 열을 받아 입자 사이의 거리가 멀어져 부피가 커진다. 따라서 유리관 안의 물의 높이는 처음보다 높아진다.

오답 피하기 ㄴ. 삼각 플라스크 안의 물은 온도가 높아지므로 입자 운동이 활발해진다.

ㄷ. 열팽창 정도는 물질에 따라 다르므로 삼각 플라스크 안에 다른 액체를 넣으면 높이가 변하는 정도는 달라진다.

22 다리의 이음매 부분에 틈을 두는 것은 여름철에 열팽창에 의해 다리가 휘어지거나 파손되는 것을 막기 위해서이다.

③ 여름철 한낮에 모래사장이 바닷물보다 뜨거운 것은 모래의 비열이 물보다 작기 때문이다.

오답 피하기 ①, ② 철탑의 높이나 전선의 길이가 계절에 따라 달라지는 것은 열팽창에 의해 나타나는 현상이다.

④, ⑤ 조리 기구를 열팽창 정도가 작은 내열 유리로 만들거나 다리미의 과열을 방지하기 위해 바이메탈을 사용하는 것은 열팽창을 활용하는 예이다.

23 ㄷ. 열팽창 정도를 비교하면 B > A > C이다. 바이메탈은 두 금속의 열팽창 정도 차이가 클수록 가열했을 때 많이 휘어진다.

오답 피하기 ㄱ. 바이메탈을 가열하면 열팽창 정도가 작은 금속 쪽으로 휘어지므로 A는 B보다 열팽창 정도가 작다.

ㄴ. 열팽창 정도는 B가 가장 크므로 같은 온도까지 냉각했을 때 가장 많이 수축하는 것은 B이다.

자료 분석하기

바이메탈이 휘어지는 방향

바이메탈을 가열하면 열팽창 정도가 작은 금속 쪽으로 휘어진다.

---

01 예시 답안 (나), 온도가 높을수록 물 입자의 운동이 활발하여 잉크가 잘 퍼지기 때문이다.

채점 기준	배점(%)
(나)라고 쓰고, 까닭을 입자 운동과 연관지어 옳게 설명한 경우	100
(나)라고만 쓴 경우	30

02 (1) 뜨거운 물에서 찬물로 열이 이동하여 뜨거운 물의 온도는 낮아지고 찬물의 온도는 높아진다.

예시 답안 뜨거운 물의 입자 운동은 둔해지고, 찬물의 입자 운동은 활발해진다.

채점 기준	배점(%)
뜨거운 물과 찬물의 입자 운동 변화를 모두 옳게 설명한 경우	100
뜨거운 물과 찬물의 입자 운동 변화 중 한 가지만 옳게 설명한 경우	50

(2) 뜨거운 물의 열이 찬물로 이동하여 두 물이 열평형에 도달하므로 뜨거운 물이 잃은 열의 양이 곧 찬물이 얻은 열의 양이 된다.

예시 답안 뜨거운 물이 잃은 열의 양과 찬물이 얻은 열의 양은 같다.

채점 기준	배점(%)
뜨거운 물이 잃은 열의 양과 찬물이 얻은 열의 양이 같다고 설명한 경우	100
그렇지 못한 경우	0

03 유리 막대에서 열은 전도에 의해 이동하며, 열은 A에서 B 방향으로 이동한다.

예시 답안 ㉡-㉢-㉠, 열을 받은 A 부분의 입자 운동이 활발해지고 이 운동이 이웃한 입자에 전달되면서 열이 이동하여 B 부분의 입자 운동이 활발해지기 때문이다.

채점 기준	배점(%)
입자 운동을 시간 순서대로 옳게 나열하고, 그 까닭을 열의 이동 방식과 관련지어 옳게 설명한 경우	100
입자 운동만 시간 순서대로 옳게 나열한 경우	30

04 겨울철 운동장에 있는 철봉과 나무 의자의 온도는 같다. 이때 철봉이 더 차갑게 느껴지는 것은 금속과 나무에서 열이 전도되는 정도가 다르기 때문이다.

예시 답안 나무보다 금속에서 열이 빠르게 전도되어 손에서 철봉으로 열이 더 빠르게 이동하기 때문이다.

채점 기준	배점(%)
나무보다 금속에서 열이 빠르게 전도된다는 내용을 포함하여 까닭을 옳게 설명한 경우	100
금속과 나무가 열을 전도하는 정도가 다르다고만 설명한 경우	50

05 밑줄 친 내용은 대류에 의해 열이 이동함에 따라 나타나는 현상이다.

예시 답안 냉난방기를 작동하면 방이 골고루 시원하거나 따뜻해진다. 물이 담긴 주전자 아래쪽을 가열하면 물 전체가 뜨거워진다. 등

채점 기준	배점(%)
대류에 의해 열이 이동하는 예를 옳게 설명한 경우	100
그렇지 못한 경우	0

06 (1) 비열은 물질을 구분하는 특성이다.

예시 답안 비열이 다르므로 서로 다른 물질이다.

채점 기준	배점(%)
A, B의 비열이 다르므로 서로 다른 물질이라고 설명한 경우	100
A, B가 서로 다른 물질이라고만 설명한 경우	30

(2) 비열 = $\dfrac{열량}{질량 \times 온도\ 변화}$ 이다.

A의 비열 = $\dfrac{20\ \text{kcal}}{1\ \text{kg} \times 40\ ℃} = 0.5\ \text{kcal/(kg·℃)}$

B의 비열 = $\dfrac{20\ \text{kcal}}{1\ \text{kg} \times 20\ ℃} = 1\ \text{kcal/(kg·℃)}$

답 A : 0.5 kcal/(kg·℃), B : 1 kcal/(kg·℃)

07 온도를 빠르게 높이거나 낮추어야 할 때는 비열이 작은 물질을 활용하고, 온도가 잘 변하지 않아야 할 때는 비열이 큰 물질을 활용한다.

예시 답안 A, 비열이 클수록 온도가 잘 변하지 않기 때문이다.

채점 기준	배점(%)
A라고 쓰고, 그 까닭을 비열과 관련지어 옳게 설명한 경우	100
A라고만 쓴 경우	30

08 **예시 답안** 비열이 작은 금속으로 만든 프라이팬으로 음식을 빠르게 익힌다. 비열이 작은 물질로 만든 난방용 온수관으로 바닥에 빠르게 열을 전달한다. 등

채점 기준	배점(%)
비열이 작은 물질을 활용한 예를 옳게 설명한 경우	100
그렇지 못한 경우	0

09 금속 구의 부피가 수축하거나 금속 고리의 부피가 팽창해야 금속 구가 금속 고리를 통과할 수 있다. 물체를 가열하면 부피가 커지고, 냉각하면 부피가 작아진다.

예시 답안 금속 고리를 가열한다. 금속 구를 냉각시킨다.

채점 기준	배점(%)
방법 두 가지를 모두 옳게 설명한 경우	100
방법을 한 가지만 옳게 설명한 경우	50

10 액체의 열팽창을 활용하는 예이다.

예시 답안 온도가 높아지면 액체의 부피가 커지므로 음료수를 가득 채울 경우 음료수 병이 터질 수 있기 때문이다.

채점 기준	배점(%)
온도에 따른 액체의 부피 변화와 관련지어 까닭을 옳게 설명한 경우	100
액체의 열팽창 때문이라고만 설명한 경우	30

11 열팽창에 의해 가스관이 파손되는 것을 막기 위해 중간에 구부러진 부분을 만든다.

예시 답안 여름철에 다리나 철로가 휘어지거나 갈라지지 않도록 중간에 틈을 둔다. 열팽창 정도가 비슷한 콘크리트와 철근으로 건물을 짓는다. 등

채점 기준	배점(%)
열팽창을 활용하는 예를 옳게 설명한 경우	100
그렇지 못한 경우	0

Ⅳ. 물질의 상태 변화

01 입자의 운동과 물질의 상태

개념 쾈! 짚기

99 쪽, 101 쪽

1 • 확산 • 운동, 표면, 기체
2 • 고체, 액체, 기체 • 고체, 기체
3 • 상태 변화 • 고체, 액체 • 기체, 액체
4 • 배열 • 종류

01 (1) × (2) ○ (3) × (4) ○ **02** (1) 증발 (2) 확산 (3) 증발 (4) 확산 (5) 확산 **03** ㉠ 모든, ㉡ 증발 **04** (1) ㉠ (2) ㉢ (3) ㉡ **05** (1) < (2) < (3) > **06** (다) **07** (1) ㉢ (2) ㉠ (3) ㉡ **08** (1) B (2) A (3) E (4) F (5) D (6) C **09** (1) ㄴ, ㄹ, ㅂ (2) ㄱ, ㄷ, ㅁ (3) ㄴ, ㄹ, ㅂ (4) ㄱ, ㄷ, ㅁ **10** (1) × (2) ○ (3) ○ (4) ×

01 (1), (2), (4) 확산은 입자가 스스로 운동하여 모든 방향으로 퍼져 나가는 현상이다. 확산은 액체 속이나 진공 속에서도 일어난다.
(3), (4) 증발은 입자가 스스로 운동하여 액체 표면에서 기체로 변하는 현상이다.

02 (1), (3)은 증발의 예, (2), (4), (5)는 확산의 예이다.
(5) 탐지견이 냄새를 맡아 마약이나 불법 축산물을 찾는 것은 냄새를 구성하는 입자가 확산하기 때문이다.

03 물질을 구성하는 입자는 모든 방향으로 끊임없이 스스로 운동한다. 입자 운동 때문에 일어나는 현상에는 확산, 증발이 있다.

04 고체는 담는 용기에 관계없이 모양과 부피가 일정하다. 액체는 담는 용기에 따라 모양은 변하지만 부피가 일정하고, 흐르는 성질이 있다. 기체는 담는 용기에 따라 모양과 부피가 변한다.

05 물질의 세 가지 상태에서 입자 사이의 거리는 기체 > 액체 > 고체, 입자 운동이 활발한 정도는 기체 > 액체 > 고체, 입자의 배열이 규칙적인 정도는 고체 > 액체 > 기체이다.

06 기체는 입자 사이의 거리가 매우 멀기 때문에 힘을 가하면 입자 사이의 거리가 가까워지면서 쉽게 압축된다.

07 고체가 기체로 변하는 현상은 승화, 액체가 고체로 변하는 현상은 응고, 액체가 기체로 변하는 현상은 기화이다.

08 A는 응고, B는 융해, C는 승화(기체 → 고체), D는 승화(고체 → 기체), E는 기화, F는 액화이다.
(5) 드라이아이스는 승화성 물질로, 실온에서 고체가 액체를 거치지 않고 기체로 변한다.
(6) 추운 겨울 유리창에 생기는 성에는 공기 중의 수증기가 승화하여 얼음이 된 것이다.

09 (1), (3) 응고, 액화, 승화(기체 → 고체)는 입자 사이의 거리가 가까워지고, 물질의 부피가 감소하는 상태 변화이다.
(2), (4) 융해, 기화, 승화(고체 → 기체)는 입자의 배열이 불규칙적으로 변하고, 부피가 증가하는 상태 변화이다.

10 (1), (2) 물질의 상태가 변할 때 입자의 종류가 변하지 않으므로 물질의 성질은 변하지 않는다.

(3) 물질의 상태가 변할 때 입자의 배열이 변하므로 물질의 부피가 감소하거나 증가한다.

(4) 물질의 상태가 변할 때 입자의 종류와 개수가 변하지 않으므로 물질의 질량은 변하지 않는다.

엔픽 탐구하기   102 쪽

정리 ㉠ 운동, ㉡ 확산, ㉢ 운동, ㉣ 증발

탐구 확인 문제 **01** (1) ○ (2) ○ (3) ✕

탐구 적용 문제 **02** 해설 참조

01 (1) 입자가 스스로 운동하여 퍼져 나가는 현상을 확산이라고 한다.

(2) 아세트산 입자가 확산하여 BTB 용액의 색깔을 변화시킨다.

(3) 거름종이에 펴 바른 손 소독제는 표면에서 기체로 변하여 공기 중으로 날아간다.

02 입자는 모든 방향으로 끊임없이 운동하므로 향수 입자는 향수를 뿌린 곳에서부터 점점 멀리 퍼져 나간다.

예시 답안 A → B → C, 향수 입자는 향수를 뿌린 곳에서부터 모든 방향으로 확산하므로 향수를 뿌린 곳과 가까운 학생부터 차례로 냄새를 맡을 수 있다.

채점 기준	배점(%)
학생이 손을 드는 순서를 옳게 쓰고, 그 까닭을 옳게 설명한 경우	100
학생이 손을 드는 순서만 옳게 쓴 경우	40

엔픽 탐구하기   103 쪽

정리 ㉠ 성질, ㉡ 기체

탐구 확인 문제 **01** (1) 융해 (2) 변한다 (3) 승화

탐구 적용 문제 **02** 해설 참조

01 (1), (2) 시계 접시 윗면에서는 얼음이 융해하여 물이 되고, 비커 속 물은 기화하여 수증기가 되며, 시계 접시 아랫면에서는 수증기가 액화하여 물이 된다. 따라서 시계 접시 아랫면에 생긴 액체 방울에 푸른색 염화 코발트 종이를 대면 붉은색으로 변한다.

(3) 드라이아이스는 실온에서 고체에서 액체를 거치지 않고 기체가 되는 승화성 물질이다.

02 물질의 상태가 변해도 물질의 성질은 변하지 않으므로 초콜릿을 녹였다가 굳혀도 초콜릿의 맛은 변하지 않는다.

예시 답안 물질의 상태가 변해도 물질의 성질은 변하지 않는다.

채점 기준	배점(%)
녹은 초콜릿과 굳은 초콜릿의 맛이 같은 것을 통해 알 수 있는 사실을 옳게 설명한 경우	100
그렇지 못한 경우	0

엔픽 탐구하기   104 쪽

정리 ㉠ 변하지 않고, ㉡ 변하기

탐구 확인 문제 **01** (1) ✕ (2) ○ (3) ○

탐구 적용 문제 **02** 같다.

01 (1) 일반적으로 물질의 부피는 액체 상태일 때가 고체 상태일 때보다 크므로 올리브유가 응고할 때 올리브유의 부피가 감소한다.

(2) 입자 운동이 활발한 정도는 고체 < 액체 < 기체 순이므로 고체 올리브유가 융해할 때 입자 운동이 활발해진다.

(3) 물질의 상태가 변할 때 입자의 종류, 개수, 크기는 변하지 않는다.

02 물질의 상태가 변할 때 입자의 종류와 개수는 변하지 않으므로 물질의 질량과 성질은 변하지 않는다.

꼭! 나오는 자료로 **유형 연습하기**   105 쪽

유형 1   **01** ③, ⑦   **02** ⑥

유형 2   **01** C   **02** B, C, E   **03** ⑤   **04** 해설 참조

유형 1

01 ③, ⑦ 아세톤을 떨어뜨린 거름종이가 점점 마르는 것을 통해 아세톤 입자가 스스로 운동하여 증발한다는 것을 알 수 있다.

오답 피하기 ①, ② 아세톤의 상태 변화가 일어날 때 입자의 개수와 크기는 변하지 않는다.

④ 온도가 높을수록 아세톤의 증발이 잘 일어나므로 거름종이가 더 빨리 마른다.

⑤, ⑥ 저울은 아세톤을 떨어뜨린 오른쪽으로 기울었다가 서서히 수평으로 돌아온다.

02 ⑥ 물에 홍차 성분이 퍼지는 것은 확산의 예이다.

오답 피하기 ①~⑤는 증발의 예이다.

유형 2

01 A는 승화(고체 → 기체), B는 승화(기체 → 고체), C는 액화, D는 기화, E는 응고, F는 융해이다.

02 물질의 부피가 감소하는 상태 변화는 승화(기체 → 고체)(B), 액화(C), 응고(E)이다.

03 ⑤ 응고(E)가 일어나 액체가 고체로 되면 입자 운동이 둔해진다.

오답 피하기 ① A는 승화(고체 → 기체)로, 물질의 부피가 증가하는 상태 변화이다.

②, ④ 물질의 상태가 변할 때 물질의 질량과 입자의 종류는 변하지 않는다.

③ C는 액화로, 물질의 부피가 감소하는 상태 변화이다.

⑥ F는 융해로, 입자 사이의 거리가 멀어지는 상태 변화이다.

04 예시 답안 E, 녹았던 양초가 굳을 때 표면이 움푹 들어가는 까닭은 액체 양초가 고체로 상태가 변할 때 입자 사이의 거리가 가까워져서 부피가 감소하기 때문이다.

채점 기준	배점(%)
E라고 쓰고, 양초의 응고가 일어날 때의 부피 변화를 주어진 단어를 모두 이용하여 옳게 쓴 경우	100
E라고만 쓴 경우	40

기출 문제로 실력 꼭! 잡기　　　106 쪽~108 쪽

01 ④　**02** ②　**03** ㄷ　**04** ①　**05** ④　**06** ⑤　**07** ④
08 기체　　　**09** ⑤　**10** ⑤　**11** ①　**12** ①　**13** ②　**14** ①
만점 도전하기　**15** ③　**16** ⑤

---

01 ㄱ, ㄷ. 향수 입자는 스스로 운동하여 확산하며, 온도가 높을수록 확산이 잘 일어난다.
오답 피하기 ㄴ. 향수 입자는 모든 방향으로 운동하여 확산한다.

02 ② 식초 속 아세트산 입자가 확산하므로 식초에서 가까운 쪽의 BTB 용액부터 색깔이 변한다.
오답 피하기 ①, ③ 식초에서 가까운 쪽의 BTB 용액부터 색깔이 변하는 것을 통해 식초 속 아세트산 입자가 스스로 운동하여 퍼져 나간다는 것을 확인할 수 있다.
④ 식초와의 거리가 같은 BTB 용액은 모두 비슷한 시점에 색깔이 변하므로 아세트산 입자가 모든 방향으로 운동한다는 것을 확인할 수 있다.
⑤ 빵집 주변에서 빵 냄새가 나는 것은 빵 냄새를 구성하는 입자가 확산하기 때문이다.

03 ㄷ. 탐지견이 냄새를 맡아 마약을 찾는 것은 냄새를 구성하는 입자가 스스로 운동하여 사방으로 확산하기 때문이다.
오답 피하기 ㄱ. 수증기가 액화하여 물이 되는 현상이다.
ㄴ. 물이 증발하여 수증기가 되는 현상이다.

04 ① 증발은 입자가 스스로 운동하여 액체 표면에서 기체로 변하는 현상이다.
오답 피하기 ②, ③ 증발은 입자가 스스로 운동하기 때문에 일어나며, 온도가 높을수록 입자의 운동이 활발하므로 증발이 잘 일어난다.
④, ⑤ 젖은 빨래와 우산이 마르거나 오징어나 과일을 말려 보관하는 것은 증발의 예이다.

05 ④ 증발한 손 소독제 입자가 확산하므로 전자저울 근처에서 손 소독제 냄새를 맡을 수 있다.
오답 피하기 ①, ② 액체 상태의 손 소독제가 기체 상태로 변해 공기 중으로 날아가므로 전자저울에 표시되는 숫자가 점점 감소한다.
③ 손 소독제 입자는 사라지지 않고 증발하여 공기 중으로 날아간다.
⑤ 온도가 높을수록 증발이 잘 일어나 전자저울에 표시되는 숫자가 빨리 작아진다.

06 ㄱ. 아세톤 입자가 스스로 운동하여 증발한다.
ㄴ. 저울에 아세톤을 떨어뜨리면 아세톤을 떨어뜨린 쪽, 즉, 오른쪽으로 저울이 기우는데, 시간이 지나면 아세톤이 증발하여 공기 중으로 날아가므로 저울이 수평으로 돌아온다.
ㄷ. 거름종이에 있는 액체 아세톤은 증발하여 공기 중으로 날아가므로 거름종이에 있는 액체 아세톤 입자의 개수는 시간이 지나면 감소한다. 그러나 기체 아세톤과 액체 아세톤을 합한 전체 아세톤 입자의 개수는 감소하지 않는다.

07 (가), (다)는 증발에 의한 현상이고, (나), (라)는 확산에 의한 현상이다.

08 담는 용기에 따라 모양이 변하고, 물질의 세 가지 상태 중 입자 사이의 거리가 가장 먼 것은 기체이다.

09 (가)는 액체, (나)는 고체, (다)는 기체이다.
⑤ 입자 운동이 활발한 정도는 고체 < 액체 < 기체이다.
오답 피하기 ① 입자의 배열이 가장 규칙적인 것은 (나)이다.
② 흐르는 성질이 있는 것은 (가)와 (다)이다.
③ (다)는 기체이므로 힘을 가하면 압축된다.
④ 입자 사이의 거리는 (나) < (가) < (다)이다.

10 A는 응고, B는 융해, C는 승화(기체 → 고체), D는 승화(고체 → 기체), E는 기화, F는 액화이다.

11 ① 추운 겨울 유리창에 성에가 생기는 것은 기체가 고체로 변하는 승화(C)에 해당하는 예이다.

12 ㄴ. 비커에 든 물 표면에서 물이 기화해 수증기가 된다.
오답 피하기 ㄱ. 시계 접시 윗면에서 얼음이 융해하여 물이 된다.
ㄷ. 시계 접시 아랫면에 생성된 물질은 수증기가 액화하여 생긴 물이므로 푸른색 염화 코발트 종이를 대면 종이가 붉은색으로 변한다.

자료 분석하기

물의 상태 변화에 따른 성질 변화

비커에 있는 물, 비커에 있는 물이 증발하여 수증기가 되었다가 시계 접시 아래에서 액화하여 생성된 물, 시계 접시 윗면에서 얼음이 융해하여 생성된 물은 모두 푸른색 염화 코발트 종이를 붉은색으로 변하게 한다. ➡ 성질이 모두 같다. ➡ 물의 상태가 변해도 물의 성질이 변하지 않는다.

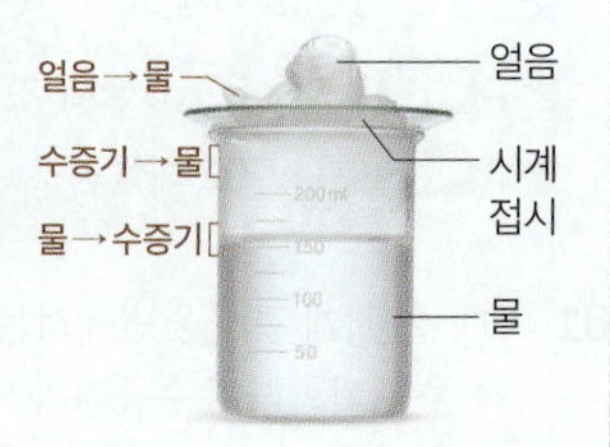

---

13 A는 승화(고체 → 기체), B는 승화(기체 → 고체), C는 액화, D는 기화, E는 응고, F는 융해이다.
② 물질의 부피가 증가하는 상태 변화는 승화(고체 → 기체)(A), 기화(D), 융해(F)이다.
오답 피하기 ① 가열할 때 일어나는 상태 변화는 승화(고체 → 기체)(A), 기화(D), 융해(F)이다.
③, ⑤ 입자의 배열이 가장 크게 불규칙해지고, 입자 운동이 가장 크게 활발해지는 상태 변화는 승화(고체 → 기체)(A)이다.
④ 물질의 상태가 변할 때 질량은 변하지 않는다.

14 ㄱ. (가)에서는 얼음이 융해하여 물이 되고, (나)에서는 드라이 아이스가 승화하여 이산화 탄소 기체가 된다.

[오답 피하기] ㄴ. 드라이아이스는 액체를 거치지 않고 기체 상태로 승화한다.

ㄷ. 물은 얼음보다 부피가 작으므로 (가)에서 얼음이 융해하여 물이 되면 부피가 감소한다.

15 ㄱ. 암모니아수에 포함된 암모니아 입자가 확산하므로 암모니아수와 가까운 C의 색깔이 가장 먼저 변한다.

ㄴ. 온도를 높이면 확산이 더 잘 일어나므로 솜의 색깔이 더 빨리 변한다.

[오답 피하기] ㄷ. 암모니아 입자는 모든 방향으로 운동하여 확산한다.

암모니아의 확산

암모니아수에 포함된 암모니아는 페놀프탈레인 용액을 붉게 변화시키는 성질이 있다. 따라서 페놀프탈레인 용액을 묻힌 솜은 암모니아 입자를 만나면 붉게 변한다. 이때 암모니아수에서 증발한 암모니아 입자가 확산하므로 암모니아수와 가까운 쪽에 있는 솜부터 색깔이 붉게 변한다.

➡ C → B → A 순서로 솜의 색깔이 변한다.

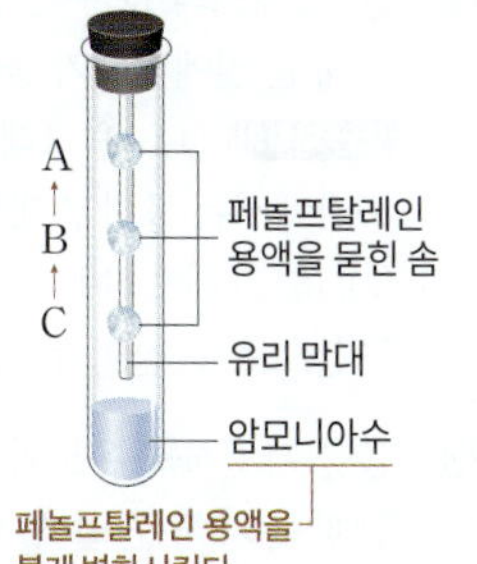

---

16 ⑤ 아이오딘이 고체에서 기체로 승화하거나 기체에서 고체로 승화해도 물질의 성질이 변하지 않으므로 A에서 생성되는 물질과 B에서 생성되는 물질은 같은 종류의 물질이다.

[오답 피하기] ① A에서 고체 아이오딘이 승화하여 기체 아이오딘이 생성된다.

② A에서 승화(고체 → 기체)가 일어나면 입자 사이의 거리가 멀어진다.

③ B에서 승화(기체 → 고체)가 일어나면 물질의 부피가 감소한다.

④ B에서 승화(기체 → 고체)가 일어나면 입자의 배열이 규칙적으로 변한다.

아이오딘의 상태 변화

아이오딘은 액체를 거치지 않고 고체에서 기체로, 기체에서 고체로 상태가 변하는 승화성 물질이다. 고체 아이오딘을 가열하면 기체로 승화하고, 기체 아이오딘을 냉각하면 고체로 승화한다.

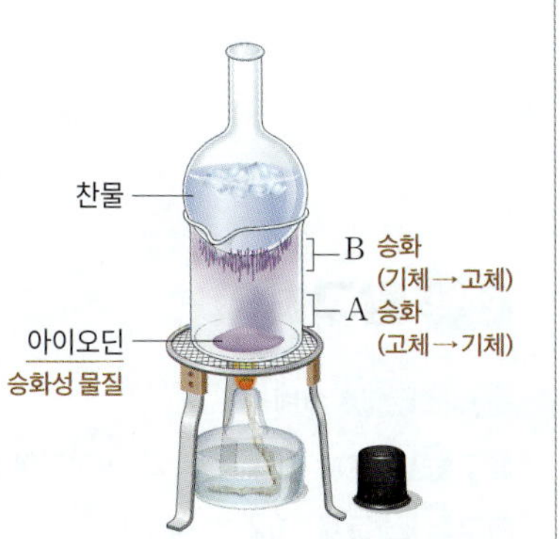

---

01 [1단계] 증발, 증발, 운동　[2단계] 해설 참조
02 [1단계] 멀어진다　[2단계] 해설 참조
03 [1단계] 응고, 응고, 가까워진다　[2단계] 해설 참조
04 [1단계] 변하지 않고, 변하지 않는다　[2단계] 해설 참조

01 [1단계] 향수 입자가 향수 표면에서 스스로 운동하여 기체로 변한다.

[2단계] 향수 입자가 스스로 운동하여 퍼져 나간다.

[예시 답안] 확산, 확산이 일어나는 까닭은 향수 입자가 스스로 운동하기 때문이다.

채점 기준	배점(%)
확산이라고 쓰고, 확산이 일어나는 까닭을 옳게 설명한 경우	100
확산이라고만 쓴 경우	30

02 [1단계] 아세톤이 기화할 때 입자 사이의 거리가 멀어진다.

[2단계] 기화가 일어날 때 입자 사이의 거리가 멀어지므로 부피가 증가한다.

[예시 답안] 아세톤이 기화할 때 입자 사이의 거리가 멀어져 아세톤의 부피가 증가하기 때문이다.

채점 기준	배점(%)
비닐봉지가 부푼 까닭을 입자의 관점에서 옳게 설명한 경우	100
비닐봉지가 부푼 까닭을 아세톤의 부피가 증가했기 때문이라고만 설명한 경우	40

03 [1단계] 금속을 녹인 액체가 주조 틀에서 응고할 때 입자 사이의 거리가 가까워진다.

[2단계] 일반적으로 액체가 응고할 때 부피가 감소한다.

[예시 답안] 금속을 녹인 액체가 응고할 때 입자 사이의 거리가 가까워지므로 부피가 감소한다. 따라서 주조 틀을 만들고자 하는 활자의 크기보다 조금 크게 만들어야 원하는 크기의 활자를 얻을 수 있다.

채점 기준	배점(%)
주조 틀의 크기를 만들고자 하는 활자의 크기보다 조금 크게 만드는 까닭을 입자의 관점에서 옳게 설명한 경우	100
금속을 녹인 액체가 응고할 때 부피가 감소하기 때문이라고만 설명한 경우	40

04 [1단계] 물질의 상태가 변할 때 입자의 종류와 개수는 변하지 않는다.

[2단계] 물질의 상태가 변할 때 질량은 변하지 않는다.

[예시 답안] 고체 올리브유의 질량은 액체 올리브유의 질량과 같다. 물질의 상태가 변할 때 입자의 종류와 개수는 변하지 않으므로 물질의 질량이 변하지 않기 때문이다.

채점 기준	배점(%)
고체 올리브유와 액체 올리브유의 질량을 옳게 비교하고, 그 까닭을 입자 관점에서 옳게 설명한 경우	100
고체 올리브유와 액체 올리브유의 질량이 같다고만 설명한 경우	30

02 상태 변화와 열에너지

개념 콕! 짚기
111 쪽, 113 쪽

1 • 융해, 기화
2 • 액화, 기체, 고체
3 • 낮아진다 • 높아진다

01 (1) 활발해진다 (2) 멀어진다 (3) 불규칙적 **02** A: 고체, B: 고체＋액체, C: 액체, D: 액체＋기체, E: 기체 **03** B, D **04** (1) 둔해진다 (2) 가까워진다 (3) 규칙적 **05** A: 액체, B: 액체＋고체, C: 고체 **06** B **07** (1) A, D, F (2) B, C, E (3) B, C, E (4) A, D, F **08** (1) C (2) E (3) A (4) D (5) F (6) E **09** (1) 방출 (2) 흡수 (3) 흡수 (4) 방출 **10** (1) 낮 (2) 높 (3) 낮 (4) 높 (5) 낮 (6) 낮

01 열에너지를 흡수하는 상태 변화가 일어날 때 입자 운동이 활발해지고, 입자 사이의 거리가 멀어지며, 입자의 배열이 불규칙적으로 변한다.

02 A 구간은 고체의 온도가 높아지는 구간이고, B 구간은 융해가 일어나는 구간으로 고체 상태와 액체 상태의 물질이 함께 존재한다. C 구간은 액체의 온도가 높아지는 구간이고, D 구간은 기화가 일어나는 구간으로 액체 상태와 기체 상태의 물질이 함께 존재한다. E 구간은 기체의 온도가 높아지는 구간이다.

03 물질의 상태가 변하는 동안에는 물질을 가열해도 온도가 일정하게 유지된다.

04 열에너지를 방출하는 상태 변화가 일어날 때 입자 운동이 둔해지고, 입자 사이의 거리가 가까워지며, 입자의 배열이 규칙적으로 변한다.

05 A 구간은 액체의 온도가 낮아지는 구간이고, B 구간은 응고가 일어나는 구간으로 액체 상태와 고체 상태의 물질이 함께 존재한다. C 구간은 고체의 온도가 낮아지는 구간이다.

06 물질의 상태가 변하는 동안에는 물질을 냉각해도 온도가 일정하게 유지된다.

07 (1), (4) 열에너지를 흡수하여 주위의 온도가 낮아지는 상태 변화에는 승화(고체 → 기체)(A), 기화(D), 융해(F)가 있다.
(2), (3) 열에너지를 방출하여 주위의 온도가 높아지는 상태 변화에는 승화(기체 → 고체)(B), 액화(C), 응고(E)가 있다.

08 (1)은 액화(C), (2)는 응고(E), (3)은 승화(고체 → 기체)(A), (4)는 기화(D), (5)는 융해(F), (6)은 응고(E)를 이용한 예이다.

09 (1) 승화(기체 → 고체)가 일어날 때 열에너지를 방출하는 예이다.
(2) 융해가 일어날 때 열에너지를 흡수하는 예이다.
(3) 기화가 일어날 때 열에너지를 흡수하는 예이다.
(4) 응고가 일어날 때 열에너지를 방출하는 예이다.

10 (1), (3), (5), (6) 상태 변화가 일어날 때 열에너지를 흡수하여 주위의 온도가 낮아지는 예이다.
(2), (4) 상태 변화가 일어날 때 열에너지를 방출하여 주위의 온도가 높아지는 예이다.

엔픽 탐구하기
114 쪽~115 쪽

결과 및 정리 일정

탐구 확인 문제 **01** (1) ○ (2) × (3) ○ (4) ○ **02** ④
03 ㉠ 높아지다가, ㉡ 일정하게 유지된다, ㉢ 흡수
탐구 적용 문제 **04** ⑤ **05** 해설 참조

01 (1) 얼음보다 찬물의 온도가 높으므로 처음에는 얼음의 온도가 서서히 높아진다.
(2) 얼음이 녹기 시작하면 얼음의 온도가 일정하게 유지된다.
(3) 액체를 가열할 때 액체가 갑자기 끓어오르는 것을 막기 위하여 넣는 것을 끓임쪽이라고 한다.
(4) 물을 가열하면 처음에는 온도가 높아지다가 상태 변화가 일어나는 동안에는 온도가 일정하게 유지된다.

02 ④ 그래프의 D 구간에서는 물의 상태 변화가 일어나지 않고, 가해 준 열에너지가 물의 온도를 높이는 데 사용된다.
오답 피하기 ①, ③ 그래프의 A 구간에서는 얼음이 존재하고, C 구간에서는 물이 존재한다.
②, ⑤ 그래프의 B 구간은 융해가, E 구간은 기화가 일어나는 구간으로, 물질이 두 가지 상태로 존재한다.

03 물을 가열하면 온도가 서서히 높아지다가 물이 수증기로 기화할 때는 가해 준 열에너지가 물의 상태 변화에 사용되므로 온도가 일정하게 유지된다.

04 ㄱ. A 구간에서 가해 준 열에너지는 에탄올의 온도를 높이는 데 사용되므로 에탄올의 온도가 높아진다.
ㄴ, ㄷ. B 구간에서 에탄올은 액체에서 기체로 상태가 변하므로 온도가 일정하게 유지되며, 에탄올 입자 사이의 거리가 멀어진다.

05 물질의 상태가 변하는 동안에는 물질을 가열하거나 냉각해도 온도가 일정하게 유지된다.
예시 답안 3 분~5 분, 물질의 상태가 변하는 동안에는 온도가 일정하게 유지되기 때문이다.

채점 기준	배점(%)
물질의 상태가 변하는 구간을 옳게 쓰고, 그 까닭을 온도 변화와 관련지어 옳게 설명한 경우	100
물질의 상태가 변하는 구간만 옳게 쓴 경우	40

엔픽 탐구하기
116 쪽

결과 및 정리 상태

탐구 확인 문제 **01** (1) × (2) ○ (3) × (4) ○
탐구 적용 문제 **02** ㄱ, ㄴ

01 (1), (2) 그래프의 A 구간에서 물이 열에너지를 잃으므로 물의 온도가 낮아진다.

(3) 그래프의 B 구간은 물의 상태가 변하는 구간으로, 물은 액체와 고체의 두 가지 상태로 존재한다.

(4) B 구간에서 온도가 일정하게 유지되는 것을 통해 액체가 응고할 때 열에너지를 방출한다는 것을 알 수 있다.

02 ㄱ. 그래프의 A 구간은 온도가 낮아지고 있으므로 상태 변화가 일어나는 구간이 아니며, 액체 상태의 물질만 존재한다.

ㄴ. 그래프의 B 구간은 온도가 일정하게 유지되므로 상태 변화가 일어나는 구간이다.

오답 피하기 ㄷ. 상태 변화가 일어나는 구간은 B이며, C 구간에서 온도가 낮아지는 까닭은 고체 물질이 열에너지를 잃기 때문이다.

유형 1　**01** B　**02** ④　**03** 해설 참조
유형 2　**01** C　**02** ②, ③　**03** ㉠ 낮아지다가, ㉡ 고체, ㉢ 방출

유형 1

01 B 구간에서는 물질이 흡수한 열에너지가 상태 변화에 사용되므로 온도가 일정하게 유지된다.

02 ④ B 구간에서 물질은 열에너지를 흡수하여 고체에서 액체로 융해한다.

오답 피하기 ① A 구간에서는 물질이 흡수한 열에너지가 온도 변화에 사용되어 온도가 높아진다.

②, ③, ⑤, ⑥ A 구간에서는 고체, B 구간에서는 고체와 액체, C 구간에서는 액체 상태의 물질이 존재하므로 입자 운동이 활발한 정도는 A<B<C이다.

03 물질을 가열하거나 냉각할 때 물질의 상태가 변하는 동안에는 온도가 일정하게 유지된다.

예시 답안 B 구간에서는 물질이 흡수한 열에너지가 상태 변화에 사용되므로 온도가 일정하게 유지된다.

채점 기준	배점(%)
B 구간에서 온도가 일정한 까닭을 주어진 단어를 모두 이용하여 옳게 설명한 경우	100
B 구간에서 온도가 일정한 까닭을 설명했으나 주어진 단어를 모두 이용하지 못한 경우	40

유형 2

01 A 구간에서는 액체, B 구간에서는 액체와 고체, C 구간에서는 고체 상태의 물질이 존재한다.

02 ②, ③ B 구간은 액체 상태의 물질이 고체로 응고하는 구간으로, 응고가 일어나면서 열에너지를 방출하므로 냉각해도 물질의 온도가 낮아지지 않는다.

오답 피하기 ①, ④ A 구간에서는 액체, B 구간에서는 액체와 고체, C 구간에서는 고체 상태의 물질이 존재한다.

⑤, ⑥ 입자 운동이 가장 활발하고 입자의 배열이 가장 불규칙한 구간은 A이다.

03 액체 상태의 물질을 냉각하면 처음에는 온도가 낮아지다가 물질의 상태가 변하는 동안에는 온도가 일정하게 유지되는데, 이는 물질이 액체에서 고체로 응고하는 동안 열에너지를 방출하기 때문이다.

01 ⑤　**02** ③　**03** ①　**04** ㄱ, ㄷ　**05** ③　**06** A: (가), C: (다)
07 ②　**08** ⑤　**09** ①, ②　**10** ②　**11** ③　**12** ㄱ　**13** ②
14 ①　**15** ⑤
만점 도전하기　**16** ③　**17** ④

01 ⑤ E 구간에서 물은 기체 상태인 수증기로 존재하므로 입자 사이의 거리가 가장 먼 구간은 E이다.

오답 피하기 ①, ③ A 구간에서는 얼음이 존재하고, B 구간에서는 얼음과 물이 함께 존재하며, C 구간에서는 물이 존재한다.

②, ④ B 구간에서는 융해가, D 구간에서는 기화가 일어나며 융해와 기화는 열에너지를 흡수하는 상태 변화이다.

자료 분석하기

얼음의 가열 곡선

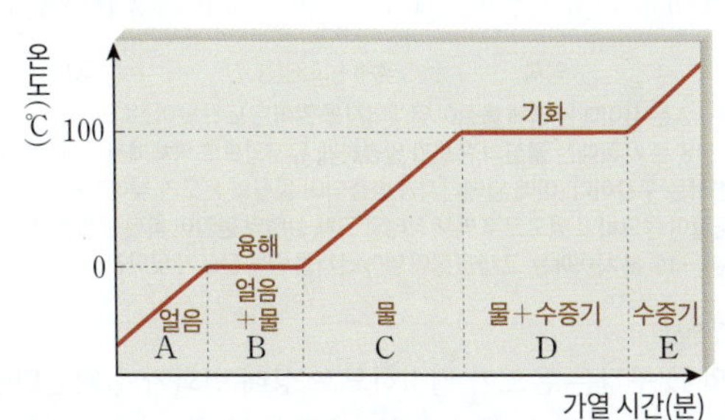

· B 구간에서 융해, D 구간에서 기화가 일어난다. ➡ 물질이 흡수한 열에너지를 상태 변화에 사용하므로 온도가 일정하게 유지된다.
· B 구간과 D 구간에서는 물이 두 가지 상태로 존재한다.

02 B 구간과 D 구간은 물질의 상태가 변하는 구간으로, 상태 변화가 일어나는 동안에는 물질의 온도가 일정하게 유지된다.

03 A는 승화(고체 → 기체), B는 융해, C는 기화, D는 응고, E는 액화, F는 승화(기체 → 고체)이다. 열에너지를 흡수하는 상태 변화는 승화(고체 → 기체)(A), 융해(B), 기화(C)이다.

04 ㄱ. 0 분~3 분 사이에는 액체 물질의 온도가 높아지며, 이때 물질이 흡수한 열에너지는 물질의 온도를 높이는 데 사용된다.

ㄷ. 4 분~7 분 사이에는 물질의 온도가 일정하므로 물질이 기화한다는 것을 알 수 있다. 이때 물질이 흡수한 열에너지가 물질의 상태 변화에 사용되므로 온도가 일정하게 유지된다.

오답 피하기 ㄴ. 4 분~7 분 사이에 물질이 기화한다.

액체 물질을 가열할 때의 온도 변화

시간(분)	0	1	2	3	4	5	6	7
온도(℃)	25.0	34.7	45.1	56.8	78.0	78.0	78.0	78.0

액체 — 액체＋기체(기화)

- 0 분~3 분 사이에는 물질의 온도가 높아지며, 이때 물질이 흡수한 열에너지는 물질의 온도를 높이는 데 사용된다. ➡ 물질은 액체 상태로 존재한다.
- 4 분~7 분 사이에는 물질의 온도가 일정하게 유지되므로 액체에서 기체로 상태가 변하는 구간이다. 이때 물질이 흡수한 열에너지는 물질의 상태 변화에 사용된다. ➡ 물질이 기화하고 있으므로 액체 상태와 기체 상태의 물질이 함께 존재한다.

05 ㄱ. A 구간은 액체 물질의 온도가 낮아지는 구간으로, 물질은 액체 상태로 존재한다.
ㄴ. B 구간에서는 물질의 상태가 액체에서 고체로 변하므로 물질은 액체와 고체의 두 가지 상태로 존재한다.
오답 피하기 ㄷ. 액체가 고체로 상태가 변하는 구간은 B 구간이며, C 구간에서는 물질이 고체 상태로 존재한다.

06 (가)는 액체, (나)는 기체, (다)는 고체를 나타내는 입자 모형이다. 물질은 A 구간에서 액체 상태로, C 구간에서 고체 상태로 존재한다.

07 ② 0 분~2 분 사이에는 물질이 열에너지를 잃어 물질의 온도가 점점 낮아진다.

액체 물질을 냉각할 때의 온도 변화

시간(분)	0	2	4	6	8	10	12
온도(℃)	12.0	7.9	4.0	4.0	4.0	3.7	1.3

액체 — 액체＋고체(응고) — 고체

- 0 분~2 분 사이에는 액체 물질이 열에너지를 잃어 온도가 낮아진다.
- 4 분~8 분 사이에는 물질의 온도가 일정하게 유지되므로 액체에서 고체로 상태가 변하는 구간이다. 이때 열에너지가 방출되어 물질의 온도가 낮아지지 않는다. ➡ 물질이 응고하고 있으므로 액체 상태와 고체 상태의 물질이 함께 존재한다.
- 10 분~12 분 사이에는 고체 물질이 열에너지를 잃어 온도가 낮아진다.

08 B와 E 구간은 온도가 일정하므로 상태 변화가 일어난다는 것을 알 수 있는데, B 구간에서는 물질이 열에너지를 흡수하여 융해가 일어나므로 물질의 온도가 일정하고, E 구간에서는 응고가 일어나 열에너지를 방출하므로 물질의 온도가 일정하다.

고체 물질을 가열한 후 다시 냉각할 때의 온도 변화

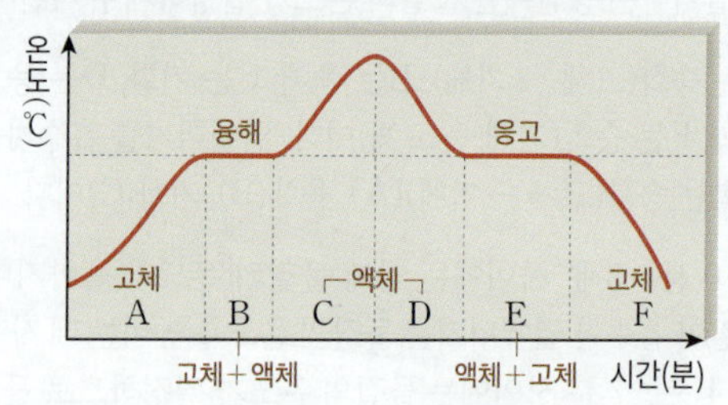

- 입자의 배열이 규칙적인 정도: C<B<A이고, D<E<F이다.
- 입자 운동이 활발한 정도: A<B<C이고, F<E<D이다.
- 입자 사이의 거리: A<B<C이고, F<E<D이다.

09 ① A 구간과 F 구간에서 물질은 고체 상태로 존재한다.
② B 구간에서 물질은 액체 상태와 고체 상태의 두 가지 상태로 존재한다.
오답 피하기 ③ D 구간에서 물질은 액체 상태로 존재한다.
④ 입자 운동이 활발한 정도는 F<E<D이다.
⑤ 입자의 배열이 규칙적인 정도는 C<B<A이다.

10 A 구간에서 일어나는 상태 변화는 기화이다.
ㄱ, ㄹ. 물의 기화를 이용한 예이다.
오답 피하기 ㄴ. 수증기의 액화를 이용한 예이다.
ㄷ. 물의 응고를 이용한 예이다.

11 ③ 주어진 예는 응고를 이용한 예로, 응고가 일어날 때 입자 운동이 둔해진다.
오답 피하기 ①, ② 응고가 일어날 때 열에너지를 방출하므로 주위의 온도가 높아진다.
④, ⑤ 응고가 일어날 때 물질의 상태가 액체에서 고체로 변하므로 입자의 배열이 규칙적으로 변한다.

12 기화, 융해, 승화(고체 → 기체)가 일어날 때 열에너지를 흡수하여 주위의 온도가 낮아진다.

13 A는 기화, B는 액화이다.
② 여름에 도로에 물을 뿌리는 것은 물의 기화를 이용한 예이다.
오답 피하기 ① 겨울에 눈이 내릴 때 날씨가 포근해지는 것은 수증기가 승화해 얼음이 될 때 열에너지를 방출하기 때문이다.
③ 겨울에 과일 창고에 물이 담긴 그릇을 놓아두는 것은 물의 응고를 이용한 예이다.
④ 음료에 얼음을 넣는 것은 얼음의 융해를 이용한 예이다.
⑤ 백신을 수송할 때 드라이아이스를 이용하는 것은 드라이아이스의 승화를 이용한 예이다.

14 응고(①)는 열에너지를 방출하는 상태 변화이고, 융해(②), 기화(③, ④), 승화(고체 → 기체)(⑤)는 열에너지를 흡수하는 상태 변화이다.

15 ㄱ. 증기 난방기의 보일러에서는 물의 기화가 일어나며, 방열기에서는 수증기의 액화가 일어난다. 수증기가 액화할 때 방출하는 열에너지로 실내 온도를 높인다.
ㄴ. 증기 난방기의 방열기에서는 수증기가 액화하여 물이 되며, 이때 입자 사이의 거리는 가까워진다.
ㄷ. 겨울에 눈이 내릴 때 날씨가 포근해지는 까닭은 수증기가 얼음(눈)으로 승화하면서 열에너지를 방출하기 때문이며, 방열기에서도 열에너지를 방출하는 상태 변화가 일어난다.

16 ㄱ. A는 약 80 ℃, B는 약 60 ℃에서 온도가 일정하므로 물질이 끓기 시작하는 온도는 B<A이다.
ㄴ. 0 분~10 분 사이에서는 액체 물질의 온도가 높아진다.
오답 피하기 ㄷ. 10 분 이후 A와 B가 기화한다. 이때 흡수한 열에너지를 상태 변화에 사용하므로 온도가 일정하게 유지된다.

17 ④ (가)에서 물질 A는 5 분일 때 액체 상태, 20 분일 때 고체 상태로 존재하므로 입자 운동은 5 분일 때가 20 분일 때보다 더 활발하다.

오답 피하기 ① (가)에서 물질 A가 얼기 시작하는 온도는 5.5 ℃ 이므로 물질은 10 ℃에서 액체 상태로 존재한다.

② (나)에서 100 ℃일 때 물질 B의 온도가 일정하게 유지되므로 B가 끓기 시작하는 온도는 100 ℃이다.

⑤ (나)의 15분~20분 사이에 온도가 일정하게 유지되므로 액체의 기화가 일어나는 구간임을 알 수 있다. 이때 물질 B는 액체 상태와 기체 상태의 두 가지 상태로 존재한다.

자료 분석하기

물질을 냉각하거나 가열할 때의 온도 변화

물질이 얼기 시작하는 온도

(가)	시간(분)	0	5	10	15	20
	온도(℃)	25.0	12.7	5.5	5.5	3.7
	물질의 상태	액체		액체+고체		고체

물질이 끓기 시작하는 온도

(나)	시간(분)	0	5	10	15	20
	온도(℃)	25.0	51.3	77.9	100.0	100.0
	물질의 상태	액체			액체+기체	

- 액체 물질을 냉각할 때 온도가 일정하게 유지되는 구간에서는 응고가 일어나며, 이때 물질은 액체 상태와 고체 상태의 두 가지 상태로 존재한다.
- 액체 물질을 가열할 때 온도가 일정하게 유지되는 구간에서는 기화가 일어나며, 이때 물질은 액체 상태와 기체 상태의 두 가지 상태로 존재한다.

단계별 문제로 서술형 꽉! 잡기 · 121쪽

	1단계	2단계
01	융해, 흡수	해설 참조
02	해설 참조	해설 참조
03	기화, 흡수	해설 참조
04	액화, 방출	해설 참조

01 **1단계** B 구간에서는 융해가 일어나며, 이때 물질이 흡수한 열에너지는 상태 변화에 사용되므로 물질의 온도가 일정하게 유지된다.

2단계 E 구간에서는 응고가 일어나며, 응고가 일어날 때는 열에너지를 방출한다.

예시 답안 E 구간에서 응고가 일어날 때 열에너지를 방출하기 때문이다.

채점 기준	배점(%)
물질이 응고할 때 열에너지를 방출하기 때문이라고 옳게 설명한 경우	100
응고가 일어나기 때문이라고만 설명한 경우	40

02 **1단계** A는 고체에서 기체로의 승화이며, 이때 열에너지를 흡수한다.

예시 답안 고체에서 기체로의 승화가 일어날 때 열에너지를 흡수하므로 주위의 온도가 낮아진다.

채점 기준	배점(%)
고체에서 기체로의 승화가 일어날 때의 온도 변화를 주어진 단어를 모두 이용하여 옳게 설명한 경우	100
고체에서 기체로의 승화가 일어날 때의 온도 변화를 옳게 설명했으나 주어진 단어를 모두 이용하지 못한 경우	40

2단계 B는 기체에서 고체로의 승화이며, 이때 열에너지를 방출한다.

예시 답안 기체에서 고체로의 승화가 일어날 때 열에너지를 방출하므로 주위의 온도가 높아진다.

채점 기준	배점(%)
고체에서 기체로의 승화가 일어날 때의 열에너지 출입 방향과 주위의 온도 변화를 옳게 설명한 경우	100
고체에서 기체로의 승화가 일어날 때의 열에너지 출입 방향과 주위의 온도 변화 중 한 가지만 옳게 설명한 경우	40

03 **1단계** 기화가 일어날 때는 열에너지를 흡수하므로 주위의 온도가 낮아진다.

2단계 (나)의 물을 적신 휴지에서 물이 기화하면서 열에너지를 흡수하므로 음료수 캔의 온도가 낮아진다.

예시 답안 (나)의 온도가 (가)보다 낮다. (나)의 물을 적신 휴지에서 기화가 일어날 때 열에너지를 흡수하므로 주위의 온도가 낮아지기 때문이다.

채점 기준	배점(%)
(가)와 (나)의 나중 온도를 옳게 비교하고, 그 까닭을 상태 변화가 일어날 때의 열에너지 출입과 관련지어 설명한 경우	100
(가)와 (나)의 나중 온도를 옳게 비교했으나 그 까닭을 상태 변화가 일어날 때의 열에너지 출입과 관련지어 설명하지 못한 경우	40

04 **1단계** 액화가 일어날 때는 열에너지를 방출한다.

2단계 기화가 일어날 때는 열에너지를 흡수한다.

예시 답안 에어컨 실내기에서 액체 냉매의 기화가 일어날 때 열에너지를 흡수하므로 실내 온도가 낮아진다.

채점 기준	배점(%)
에어컨 실내기에서 일어나는 상태 변화의 종류와 열에너지의 출입 방향을 옳게 설명한 경우	100
에어컨 실내기에서 일어나는 상태 변화의 종류를 옳게 썼으나 열에너지의 출입 방향을 옳게 설명하지 못한 경우	40

Ⅳ단원 마무리하기 · 122쪽~125쪽

01 ③	02 ③	03 ①	04 ②	05 ⑤	06 ③	07 ②	08 (다)
09 ②	10 ⑤	11 ③	12 ④	13 ①	14 ③	15 (다)→(나)
16 ②	17 ①, ⑤	18 ①	19 ④	20 B: 융해, D: 기화
21 ②, ⑤	22 ①	23 ④	24 ④

01 ㄱ. 입자는 모든 방향으로 끊임없이 스스로 운동한다.

ㄷ. 확산과 증발은 입자가 스스로 운동하기 때문에 일어나는 현상이다.

오답 피하기 ㄴ. 입자는 모든 방향으로 운동한다.

02 ㄱ, ㄴ. 식초에 녹아 있는 아세트산 입자가 모든 방향으로 스스로 운동하여 증발, 확산하므로 BTB 용액이 노란색으로 변한다.

오답 피하기 ㄷ. 온도가 높아지면 증발과 확산이 더 빠르게 일어나므로 BTB 용액의 색깔이 변하는 데 걸리는 시간이 짧아진다.

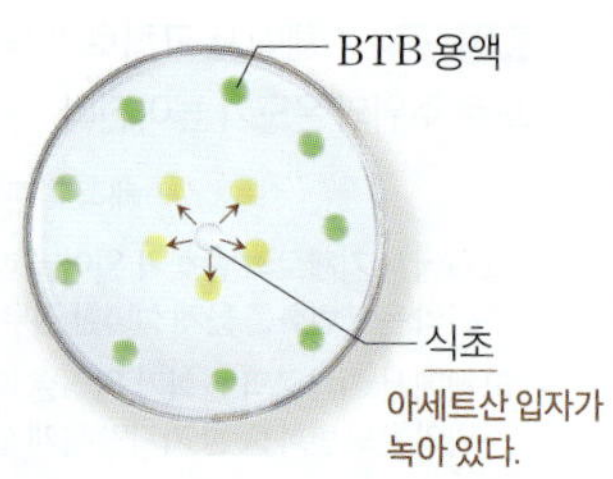

자료 분석하기 ·

아세트산 입자의 확산

아세트산 입자가 BTB 용액을 만나면 용액이 노란색으로 변하는데, 식초를 떨어뜨린 가운데와 가까운 곳의 BTB 용액부터 노란색으로 변한다. 따라서 식초 속 아세트산 입자가 가운데로부터 모든 방향으로 확산한다는 것을 알 수 있다.

03 ① 잉크의 확산을 알아보는 실험이다.

오답 피하기 ②, ③, ⑤ 잉크 입자가 스스로 운동하여 물 전체로 퍼지므로 시간이 지나면 물 전체가 파란색으로 변한다.
④ 온도가 높아지면 입자 운동이 빨라지므로 확산이 더 잘 일어난다.

04 주어진 모형은 액체의 증발을 나타낸 것이다.
② 증발은 온도가 높을수록 잘 일어난다.

오답 피하기 ① 증발은 입자가 스스로 운동하여 액체 표면에서 기체로 변하는 현상이다.
③, ④ 증발이 잘 일어나는 조건은 빨래가 잘 마르는 조건과 같다. 증발은 습도가 낮고 바람이 많이 불수록 잘 일어난다.
⑤ 증발은 입자가 스스로 운동하기 때문에 일어나는 현상이다.

05 입자는 모든 방향으로 끊임없이 스스로 운동한다.
⑤ 온도가 높을수록 입자 운동이 활발하게 일어나므로 확산과 증발이 모두 활발해진다.

오답 피하기 ① 증발은 액체의 표면에서 일어나는 현상이다.
② 액체 속이나 진공 속에서도 확산이 일어난다.
③ 온도가 높을수록 증발이 잘 일어나지만, 낮은 온도에서도 증발이 일어난다.
④ 기체의 확산은 모든 방향으로 일어난다.

06 A는 고체, B는 기체, C는 액체이다. 고체는 모양과 부피가 일정하고 단단하다. 액체는 용기에 따라 모양이 변하지만 부피는 일정하고, 흐르는 성질이 있다. 기체는 용기에 따라 모양과 부피가 변하고, 흐르는 성질과 퍼지는 성질이 있다.
③ C는 액체로, 흐르는 성질이 있다.

오답 피하기 ① 단단한 것은 고체(A)의 특징이다.
② 모양이 일정한 것은 고체(A)의 특징이다.
④ 용기에 따라 부피가 변하는 것은 기체(B)의 특징이다.
⑤ 용기를 가득 채우는 성질이 있는 것은 기체(B)이다.

07 ㄷ. 기체는 입자 사이의 거리가 매우 멀기 때문에 피스톤을 누르면 입자 사이의 거리가 가까워져 부피가 감소하므로 피스톤이 아래로 움직인다.

오답 피하기 ㄱ, ㄴ. 주사기 속 공기 입자의 개수와 크기는 변하지 않는다.

08 (가)는 고체, (나)는 액체, (다)는 기체를 나타낸 모형이다. 입자 운동이 활발한 정도는 고체＜액체＜기체 순이다.

09 (가)는 기화, (나)는 융해의 예이다.

10 드라이아이스가 기체로 승화하면 입자 사이의 거리가 멀어지므로 물질의 부피가 증가하여 비누막이 부풀어 오른다.

오답 피하기 ①, ② 물질의 상태가 변해도 물질의 성질과 질량은 변하지 않는다.

11 비커 속 물의 표면에서는 기화가 일어난다.
③ 젖은 머리카락을 바람으로 말리면 물이 기화한다.

오답 피하기 ① 새벽에 풀잎에 이슬이 맺히는 것은 공기 중의 수증기가 액화하여 생기는 현상이다.
② 겨울철에 유리창에 성에가 생기는 것은 공기 중의 수증기가 얼음으로 승화하여 생기는 현상이다.
④ 뜨거운 고깃국이 식으면 기름이 굳는 것은 응고의 예이다.
⑤ 뜨거운 프라이팬 위에서 버터가 녹는 것은 융해의 예이다.

12 비커 속의 물은 표면에서 기화하여 수증기가 된다. 이 수증기는 얼음이 담긴 시계 접시 아랫면에서 액화하여 다시 물이 된다.
ㄴ. 시계 접시 아랫면에 생성된 액체에 푸른색 염화 코발트 종이를 대어 보면 붉은색으로 변하므로 시계 접시 아랫면에서 생성된 액체가 물임을 알 수 있다.
ㄷ. 상태 변화가 일어나도 입자의 종류는 변하지 않으므로 물의 성질은 변하지 않는다.

오답 피하기 ㄱ. 시계 접시 아랫면에서 수증기가 물로 액화한다.

13 ㄴ. A의 상태 변화는 승화(고체 → 기체)이므로 입자 사이의 거리가 멀어진다.

오답 피하기 ㄱ. 상태 변화가 일어날 때 입자의 개수는 변하지 않는다.
ㄷ. B의 상태 변화는 승화(기체 → 고체)이므로 입자 운동이 둔해진다.

14 (가)는 액체, (나)는 기체, (다)는 고체 상태를 나타내는 입자 모형이다. 얼음물이 담긴 유리컵 표면에 물방울이 맺히는 것은 공기 중의 수증기가 액화하는 현상이므로 (나) → (가)이다.

15 나프탈렌의 크기가 작아지는 것은 실온에서 나프탈렌 고체가 액체를 거치지 않고 기체로 승화하는 현상이므로 (다) → (나)이다. 나프탈렌 외에 실온에서 승화하는 물질로는 아이오딘, 드라이아이스 등이 있다.

16 ㄷ. 찬물이 얼음보다 온도가 높으므로 찬물에 넣은 얼음은 열에너지를 흡수하여 온도가 높아지다가, 녹기 시작하면 온도가 일정하게 유지된다. 이때 얼음이 흡수한 열에너지는 상태 변화에 사용된다.

오답 피하기 ㄱ. 얼음이 녹을 때 열에너지를 흡수한다.
ㄴ. 얼음이 녹는 동안 입자 운동이 활발해진다.

17 A 구간은 물질의 상태가 고체에서 액체로 변하는 구간으로, 흡수한 열에너지가 상태 변화에 사용되므로 온도가 일정하게 유지된다.
① 고체가 융해할 때 입자 운동이 활발해진다.
⑤ 고체가 융해할 때 흡수한 열에너지는 상태 변화에 사용되므로 온도가 일정하게 유지된다.

오답 피하기 ② 고체가 융해할 때 입자의 배열이 불규칙적으로 변한다.

고체 물질의 가열 곡선

고체를 가열하면 열에너지가 온도 변화에 사용되므로 온도가 높아지다가, 고체가 액체로 상태가 변하는 동안에는 흡수한 열에너지가 상태 변화에 사용되므로 온도가 일정하게 유지된다. 고체가 모두 액체로 상태가 변하면 열에너지는 다시 온도 변화에 사용되므로 온도가 높아진다.

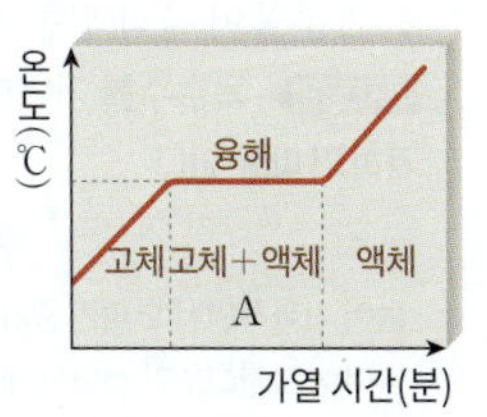

18 ① 액체가 기체로 상태가 변할 때 온도가 일정한 까닭은 흡수한 열에너지가 상태 변화에 사용되기 때문이다.

오답 피하기 ②, ④, ⑤ 액체가 기체로 상태가 변할 때 입자 사이의 거리는 멀어지고, 입자의 개수와 크기는 변하지 않는다.
③ 액체가 기체로 상태가 변할 때 열에너지를 흡수한다.

19 A 구간은 액체 물질이 응고하면서 열에너지를 방출하는 구간이므로 온도가 일정하게 유지된다.
ㄴ. 액체가 응고할 때 입자의 배열이 규칙적으로 변한다.
ㄷ. 응고는 열에너지를 방출하는 상태 변화이다.
오답 피하기 ㄱ. 액체가 응고할 때 입자 운동이 둔해진다.

액체 물질의 냉각 곡선

액체를 냉각하면 물질은 열에너지를 잃어 온도가 낮아지고, 액체가 고체로 상태가 변하는 동안에는 열에너지를 방출하므로 냉각해도 온도가 일정하게 유지된다. 액체가 모두 고체로 상태가 변하면 물질은 다시 열에너지를 잃어 온도가 낮아진다.

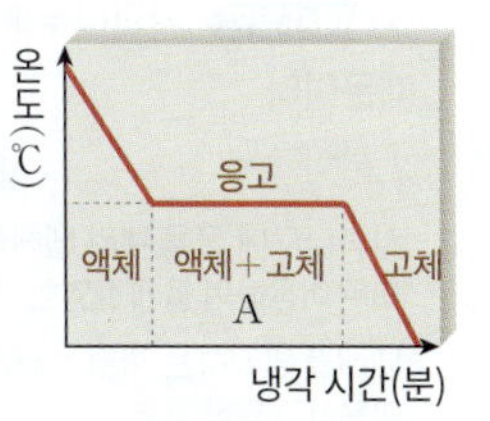

20 물질을 가열할 때 온도가 일정하게 유지되는 구간은 상태 변화가 일어나는 구간이다. B 구간에서는 고체가 액체로 상태가 변하므로 온도가 일정하게 유지되고, D 구간에서는 액체가 기체로 상태가 변하므로 온도가 일정하게 유지된다.

21 ② 고체가 융해하는 B 구간과 액체가 기화하는 D 구간에서는 열에너지를 흡수하므로 입자의 배열이 불규칙적으로 변한다.
⑤ E 구간에서 물질은 기체 상태로 존재하므로 입자 운동이 매우 활발하다.
오답 피하기 ① A 구간에서 열에너지가 물질의 온도 변화에 사용되므로 물질의 온도가 높아진다.
③ C 구간에서 물질은 액체 상태로 존재한다.
④ D 구간에서는 열에너지를 흡수하는 상태 변화가 일어난다.

22 ㄱ. 얼음 조각을 실내에 설치해 두면 얼음이 녹을 때 주위의 열에너지를 흡수하므로 주위의 온도가 낮아진다.
오답 피하기 ㄴ. 얼음 조각이 녹는 동안 열에너지를 흡수한다.
ㄷ. 얼음 조각이 녹는 동안 얼음의 온도는 일정하게 유지된다.

23 B, C, E는 각각 승화(기체 → 고체), 액화, 응고로, 열에너지를 방출하는 상태 변화이다.

④ B, C, E의 상태 변화가 일어날 때 열에너지를 방출하므로 주위의 온도가 높아진다.
오답 피하기 ② 열에너지를 방출하는 상태 변화가 일어날 때는 입자 운동이 둔해진다.
③ 상태 변화가 일어나도 입자의 개수는 변하지 않는다.
⑤ B, C, E의 상태 변화가 일어날 때는 입자 사이의 거리가 가까워진다.

상태 변화를 나타내는 입자 모형

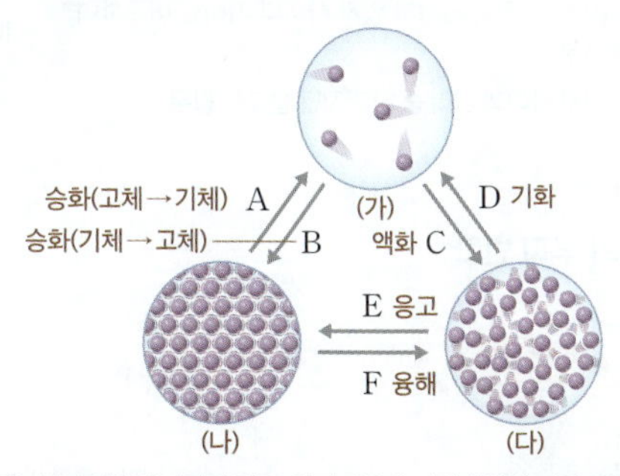

• (가): 입자 사이의 거리가 멀고, 입자 운동이 가장 활발한 기체 상태를 나타내는 모형이다.
• (나): 입자 사이의 거리가 가깝고, 입자가 제자리에서 진동 운동만 하는 고체 상태를 나타내는 모형이다.
• (다): 입자 사이의 거리가 고체보다 멀고, 입자 운동이 고체보다 활발한 액체 상태를 나타내는 모형이다.

24 A는 승화(고체 → 기체)로, 열에너지를 흡수하는 상태 변화이다.
④ 드라이아이스는 승화하면서 열에너지를 흡수하여 주위의 온도를 낮추므로 아이스크림이 녹는 것을 막아 준다.
오답 피하기 ① 여름철 산책길 옆에 인공 안개를 설치하는 것은 물이 기화할 때 열에너지를 흡수하는 것을 이용한 예이다.
② 몸에 열이 날 때 미지근한 물로 몸을 닦는 것은 물이 기화할 때 열에너지를 흡수하는 것을 이용한 예이다.
③ 아이스박스에 얼음과 음료수를 함께 보관하는 것은 얼음이 융해할 때 열에너지를 흡수하는 것을 이용한 예이다.
⑤ 사과꽃이 필 때 갑자기 추워지면 냉해 방지를 위해 사과나무에 물을 뿌리는 것은 물이 응고할 때 열에너지를 방출하는 것을 이용한 예이다.

Ⅳ단원 서술형 완성하기　126쪽~127쪽

01 전자저울 위에 거름종이를 올려놓고 영점을 맞춘 다음 거름종이 위에 아세톤을 몇 방울 떨어뜨리면 아세톤의 질량이 전자저울에 표시된다. 시간이 지나면 아세톤이 증발하여 공기 중으로 날아가므로 질량이 점점 감소하다가 0이 된다.
(1) 답 감소한다.
(2) 예시 답안 거름종이 위에 떨어뜨린 아세톤 입자가 증발하여 공기 중으로 날아가기 때문이다.

채점 기준	배점(%)
아세톤 입자가 증발하여 공기 중으로 날아간다고 옳게 설명한 경우	100
그렇지 못한 경우	0

02 예시 답안) 물은 입자 사이의 거리가 가까워 부피가 거의 감소하지 않지만, 공기는 입자 사이의 거리가 매우 멀어 힘을 가하면 입자 사이의 거리가 가까워지면서 부피가 감소하기 때문이다.

채점 기준	배점(%)
물의 입자 사이의 거리와 공기의 입자 사이의 거리를 비교하여 옳게 설명한 경우	100
물과 공기의 입자 사이의 거리 중 한 가지만 설명한 경우	40

자료 분석하기 ·

액체와 기체의 부피 변화

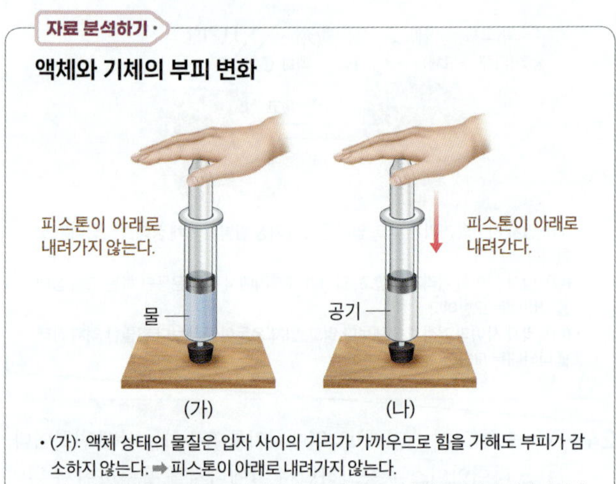

- (가): 액체 상태의 물질은 입자 사이의 거리가 가까우므로 힘을 가해도 부피가 감소하지 않는다. ➡ 피스톤이 아래로 내려가지 않는다.
- (나): 기체 상태의 물질은 입자 사이의 거리가 매우 멀어 힘을 가하면 입자 사이의 거리가 가까워지므로 부피가 감소한다. ➡ 피스톤이 아래로 내려간다.

03 예시 답안) 아세톤이 기화할 때 입자 사이의 거리가 멀어져서 부피가 증가하기 때문이다.

채점 기준	배점(%)
비닐봉지가 부푼 까닭을 주어진 단어를 모두 이용하여 옳게 설명한 경우	100
비닐봉지가 부푼 까닭을 옳게 설명했으나 주어진 단어를 모두 이용하지 못한 경우	40

04 주어진 모형은 기체가 고체로 승화하는 것을 나타낸 것이다.
(1) 예시 답안) 기체가 고체로 승화할 때 입자의 배열이 규칙적으로 변하고, 입자 운동이 둔해진다.

채점 기준	배점(%)
입자 배열의 규칙성과 입자의 운동성 변화를 모두 옳게 설명한 경우	100
입자 배열의 규칙성과 입자의 운동성 변화 중 한 가지만 옳게 설명한 경우	40

(2) 예시 답안) 겨울철 유리창에 성에가 생긴다. 겨울철 높은 산이나 호수 근처의 나무에 상고대가 생긴다. 등

채점 기준	배점(%)
기체에서 고체로 승화하는 예를 두 가지 설명한 경우	100
기체에서 고체로 승화하는 예를 한 가지 설명한 경우	40

05 팝콘용 옥수수 속에는 수분(물)이 있는데, 옥수수를 높은 온도에서 가열하면 옥수수 속 물이 기화하면서 부피가 크게 증가하므로 부풀어 올라 팝콘이 된다.
예시 답안) 옥수수를 가열할 때 옥수수 속 물이 기화하면서 부피가 증가하기 때문이다.

채점 기준	배점(%)
물이 기화하면서 부피가 증가한다고 옳게 설명한 경우	100
물이 기화한다고만 설명하거나 물의 기화를 언급하지 않고 부피가 증가한다고만 설명한 경우	40

06 (1) 답) A: 액체, B: 액체＋고체, C: 고체, D: 액체, E: 액체＋기체
(2) 예시 답안) B 구간에서 물질의 상태가 변하는 동안 열에너지를 방출하므로 물질의 온도가 낮아지지 않고 일정하게 유지된다. E 구간에서 물질이 흡수한 열에너지가 상태 변화에 사용되므로 온도가 높아지지 않고 일정하게 유지된다.

채점 기준	배점(%)
B 구간과 E 구간에서 온도가 일정한 까닭을 각각 옳게 설명한 경우	100
B 구간과 E 구간 중 한 구간의 온도가 일정한 까닭만 옳게 설명한 경우	40

07 봄에 사과꽃이 필 무렵은 보통 날씨가 따뜻하지만 갑자기 추워지는 경우가 있는데 이때 사과나무에 물을 뿌리면 물이 얼면서 열에너지를 방출하므로 사과꽃의 냉해를 방지할 수 있다.
(1) 예시 답안) 사과나무에 뿌린 물이 응고할 때 열에너지를 방출하기 때문이다.

채점 기준	배점(%)
사과나무에 물을 뿌려 냉해를 방지하는 까닭을 주어진 단어를 모두 이용하여 옳게 설명한 경우	100
냉해를 방지하는 까닭을 옳게 설명했으나 주어진 단어를 모두 이용하지 못한 경우	40

(2) 예시 답안) 이글루 내부에 물을 뿌려 이글루 내부를 따뜻하게 한다. 등

채점 기준	배점(%)
응고를 이용한 예를 한 가지 설명한 경우	100
그렇지 못한 경우	0

08 두 개의 항아리 사이에 모래를 넣은 후 모래에 물을 뿌리면 항아리의 미세한 구멍 사이로 물이 스며 나오면서 기화할 때 열에너지를 흡수하여 내부에 들어 있는 음식물을 시원하게 한다.
예시 답안) 모래에 뿌린 물이 기화할 때 열에너지를 흡수하여 주위 온도가 낮아지기 때문이다.

채점 기준	배점(%)
물이 기화할 때 열에너지를 흡수하기 때문이라고 옳게 설명한 경우	100
물이 기화하기 때문 또는 열에너지를 흡수하기 때문이라고만 설명한 경우	40

Ⅰ. 과학과 인류의 지속가능한 삶

01 과학과 인류 문명~
02 과학과 지속가능한 삶

핵심 정리   2쪽

① 탐구 설계 ② 자료 해석 ③ 기술 ④ 예술 ⑤ 의학
⑥ 사물 인터넷 ⑦ 유전정보 ⑧ 미래 세대 ⑨ 생태계
⑩ 기상 ⑪ 분리배출 ⑫ 캠페인

5분 핵심 퀴즈   3쪽

1 계획, 결론 2 변인 3 설계 4 기술, 기기 5 공학, 융합
6 첨단 과학기술, 침해 7 ⊙ 에너지, ⓒ 오염 8 신재생 에너지
9 이산화 탄소 10 개인

1 과학적 탐구를 수행할 때에는 자연 현상을 관찰하면서 생기는 의문을 탐구 문제로 나타내고, 이에 대한 잠정적 결론인 가설을 세운다. 가설을 확인하기 위한 실험 준비물과 실험 과정, 변인 통제 등의 탐구 계획을 세우고, 탐구 계획에 따라 변인을 통제하면서 실험한다. 실험 결과를 표나 그래프로 나타내고 자료 사이의 관계나 규칙을 찾아 분석한 뒤 해석한 자료로부터 가설이 맞는지 판단하고 탐구 결론을 내린다.

2 탐구를 수행할 때에는 실험에 영향을 미칠 수 있는 조건인 변인을 통제하면서 실험해야 가설을 확인하기 위한 정확한 실험 결과를 얻을 수 있다.

3 해석한 실험 결과로부터 가설이 맞는지 판단했을 때 가설과 실험 결과가 다르면 가설을 수정하여 탐구 설계를 다시 해야 한다.

4 과학적 탐구를 통해 발견한 과학적 원리를 바탕으로 기술이 발달하고 기기가 발명되면서 과학이 발전했고, 이는 인류 문명이 발달하는 데 영향을 미쳤다.

5 과학적 원리와 기술, 공학, 예술, 수학, 의학 등 다양한 분야의 융합으로 인류 문명과 문화는 더욱 발달하고 있다.

6 인공지능, 사물 인터넷, 첨단 바이오와 같은 첨단 과학기술의 발달로 우리 삶은 편리해지지만, 산업과 직업에 변화가 생기거나 환경 문제가 나타날 수 있다. 기술의 악용, 사생활이나 자율성, 저작권의 침해와 같은 여러 가지 새로운 문제도 생길 수 있다.

7 인류 문명의 발달로 화석 연료, 지하자원 사용량이 급격하게 증가하면서 자원이 고갈되어 에너지가 부족해진다. 또 화석 연료의 지나친 사용과 플라스틱, 일회용품 등의 사용으로 발생한 폐기물로 인해 대기, 수질, 토양오염이 발생한다.

8 신재생 에너지는 태양 빛, 바람, 물, 지열, 수소 연료 전지와 같이 고갈될 염려가 적고 재생이 가능하며 화석 연료를 사용할 때보다 이산화 탄소가 적게 발생하는 에너지원이다.

9 탄소 포집 장치는 온실 기체인 이산화 탄소를 포집한 뒤 제거하는 장치로, 이를 이용하면 지구 온난화와 기후 변화를 막는 데 도움이 된다.

10 인류의 지속가능한 삶을 위해서는 개인뿐만 아니라 사회 차원의 활동 방안을 실천하는 노력도 필요하다.

실력 확인
내신 대비 문제 1회   4쪽~5쪽

01 ④ 02 ⑤ 03 ④ 04 ④ 05 ③ 06 ② 07 ②
08 ⑤ 09 ④
서술형 문제 10 해설 참조 11 해설 참조 12 해설 참조

01 ④ 탐구를 수행할 때 실험하면서 관찰하거나 측정한 내용이 예상과 다르더라도 고치거나 빼지 않고 그대로 기록한다.
오답 피하기 ① 탐구 문제는 누구나 알아볼 수 있도록 명확하고 간결한 질문 형식으로 나타낸다.
②, ③ 탐구를 계획할 때에는 실험 준비물과 실험 과정, 실험 결과에 영향을 미치는 다양한 변인을 고려하고, 탐구를 수행할 때에는 탐구 계획에 따라 실험해야 한다.
⑤ 실험 결과를 한눈에 알아보기 쉽도록 표나 그래프로 나타내고, 자료 사이의 관계나 규칙을 찾아 분석한다.

02 가설은 어떤 현상을 설명하기 위해 설정한 가정으로, 가설 설정은 이미 알고 있는 지식이나 경험을 바탕으로 탐구 문제의 결과를 예상하여 탐구 문제에 대한 잠정적 결론인 가설을 세우는 단계이다.

03 ㄴ, ㄷ. 음료수의 종류에 따라 얼음이 녹는 데 걸리는 시간을 비교하는 실험을 해야 하므로 음료수의 종류만 다르게 하고, 얼음을 넣기 전 음료수의 온도나 양, 음료수에 넣는 얼음의 모양, 크기, 개수 등의 나머지 조건은 모두 같게 해야 한다.
오답 피하기 ㄱ. 음료수의 종류는 실험에서 다르게 해야 할 조건이다.

04 인류는 과학적 탐구를 통해 새로운 과학적 원리를 계속 발견해 오면서 과학을 발전시켰고, 이는 인류 문명의 발달에 큰 영향을 미치며 우리 삶을 편리하게 변화시켰다. 과학과 기술, 공학, 예술, 수학 등 다른 분야의 융합으로 인류 문명과 문화는 더욱 발달하고 있다.
오답 피하기 ④ 과학적 탐구로 발견한 원리를 바탕으로 기술이 발달하고 기기가 발명되면서 과학이 발전했다. 이는 인류 문명이 발달하는 데 영향을 미쳤다. 따라서 수많은 과학적 원리와 기술, 기기는 서로 영향을 주고받으며 발전해 왔다.

05 X선을 발견하고 이를 이용하여 몸의 내부 구조를 알아내어 질병을 진단하고 치료하는 것은 과학과 의학이 융합한 사례이다. 발전기, 전동기 등의 발명으로 다양한 전기 제품을 개발하여 사용하는 것은 과학과 기술, 공학이 융합한 사례이다.

06 ② 인공지능은 컴퓨터가 인간처럼 학습하고 일을 처리할 수 있게 하는 기술이다. 인공지능을 활용한 로봇이 물건을 옮기거나 길을 안내하게 할 수 있다.
[오답 피하기] ①, ③ 나노 의료 로봇으로 필요한 곳만 치료하는 것과, 개인의 유전적 특성을 분석하여 질병 발생을 예측하는 것은 첨단 바이오를 활용한 사례이다.
④ 스마트 기기로 집 안의 가전제품을 집 밖에서 제어하는 것은 사물 인터넷을 활용한 사례이다.
⑤ 애플리케이션으로 실제 공간에 가상으로 가구들을 배치하여 하나의 영상으로 보는 것은 증강 현실을 활용한 사례이다.

07 공장, 자동차 등에서 배출되는 온실 기체와 과도한 개발로 인해 지구 온난화가 심해지면 땅이 사막화되면서 농작물의 생산량과 품질이 떨어지게 된다.

08 ㄴ. 전기 자동차를 개발하여 사용하면 화석 연료 사용과 이산화 탄소 배출량을 줄일 수 있다.
ㄷ. 탄소 포집 장치로 온실 기체인 이산화 탄소를 포집한 뒤 제거하여 지구 온난화를 막을 수 있다.
ㄹ. 폐플라스틱 재활용 기술로 폐플라스틱을 새로운 자원으로 이용하면 폐기물의 양을 줄일 수 있다.
[오답 피하기] ㄱ. 스마트팜 기술은 농작물이 자라는 환경을 자동으로 관리하는 기술로, 기후 변화로 인한 땅의 사막화에 대비하여 농작물의 생산량과 품질을 높일 수 있다.

09 ④ 재생 가능 에너지원을 개발하고 보급하는 것은 개인이 실천하기 어려운 사회 차원의 활동 방안이다.
[오답 피하기] ①, ②, ③, ⑤ 재활용품을 분리배출하거나 사용하지 않는 물건을 나누어 쓰고, 에너지 효율이 높은 전기 제품을 사용하거나 자전거와 같은 친환경 운송 수단을 이용하는 것은 모두 우리 생활에서 실천할 수 있는 개인 차원의 활동 방안이다.

10 제시된 내용은 가설을 세우고 탐구를 수행하여 실험 결과를 얻게 되기까지의 과정이므로, 이후에는 실험 결과로부터 가설이 맞는지 판단하여 탐구 결론을 내려야 한다.
[예시 답안] 탐구 결론을 도출한다. 처음 설정한 가설과 실험 결과가 같기 때문이다.

채점 기준	배점(%)
결론 도출 단계를 그렇게 생각한 까닭과 함께 설명한 경우	100
결론 도출 단계만 쓴 경우	40

11 [예시 답안] 증기 기관을 이용한 기계로 제품을 대량 생산할 수 있게 되었다. 증기 기관차 등의 교통수단이 발달하여 많은 물건을 먼 곳까지 옮길 수 있게 되었다. 등

채점 기준	배점(%)
증기 기관의 발명으로 제품의 대량 생산과 교통수단의 발달이 이루어졌다는 것 중 한 가지를 구체적으로 설명한 경우	100
증기 기관의 발명이 산업의 발달이나 인류 문명의 발달에 영향을 미쳤다는 정도로만 설명한 경우	30

12 [예시 답안] 화석 연료를 대체할 수 있고 고갈될 염려가 적은 신재생 에너지를 개발한다. 이산화 탄소를 포집하여 제거하는 장치로 기후 변화를 막는다. 전기 자동차를 개발하여 화석 연료 사용과 이산화 탄소 배출량을 줄인다. 등

채점 기준	배점(%)
에너지 부족과 기후 변화를 해결하는 방안을 모두 옳게 설명한 경우	100
에너지 부족과 기후 변화를 해결하는 방안 중 한 가지만 옳게 설명한 경우	50

실력 확인
내신 대비 문제 2회

6쪽~7쪽

01 ⑤　　**02** ⑤　　**03** ②　　**04** ④　　**05** ㄱ, ㄷ　　**06** ③　　**07** ③
08 ③　　**09** ㄱ, ㄴ, ㄷ
[서술형 문제] **10** 해설 참조　　**11** 해설 참조　　**12** 해설 참조

01 탐구 설계 및 수행은 가설을 확인하기 위한 실험 준비물과 실험 과정, 변인 통제 등의 탐구 계획을 세운 뒤, 계획에 따라 변인을 통제하면서 실험하는 단계이다.

02 ㄴ. 탐구를 설계할 때에는 실험 준비물과 실험 과정, 실험 결과에 영향을 미칠 수 있는 변인 통제 등의 계획을 세워야 한다.
ㄷ. 탐구를 수행한 뒤 실험 결과를 한눈에 알아보기 쉽도록 표나 그래프로 나타내고, 자료 사이의 관계나 규칙을 찾아 분석한다.
[오답 피하기] ㄱ. 탐구 문제는 누구나 이해하기 쉽도록 명확하고 간결한 질문 형식으로 나타내야 한다.

03 ㉠은 탐구 문제에 대한 잠정적 결론인 가설을 세우는 과정이며, ㉡은 가설을 확인하기 위해 변인을 통제하면서 탐구를 수행하는 과정이다.

04 과학적 탐구로 빛이 굴절하는 원리를 발견한 뒤 렌즈를 이용하여 물체를 확대해 볼 수 있는 기술이 발달했다. 이 기술을 활용하여 발명한 현미경으로 아주 작은 물체를 확대해 볼 수 있게 되었다.

05 ㄱ, ㄷ. 건물 구조의 설계와 고강도 콘크리트와 같은 건축 재료의 발전으로 초고층 건물을 지을 수 있게 된 것과, 인터넷, 인공위성 등 정보 통신 기술의 발달로 세계 여러 나라의 정보를 쉽고 빠르게 접하는 것은 과학과 기술, 공학이 융합한 사례이다.
[오답 피하기] ㄴ. 과학적 원리를 수식으로 표현하여 과학 현상을 분석하는 데 이용하는 것은 과학과 수학이 융합한 사례이다.
ㄹ. 각기 다른 물질이 다양한 색깔의 빛을 내는 원리를 이용하여 불꽃놀이를 만드는 것은 과학과 예술이 융합한 사례이다.

06 ③ 첨단 바이오를 활용하여 유전정보로 질병의 발생을 예측하거나 개인 맞춤형 치료제를 개발할 수 있다. 또 나노 백신을 개발하여 몸에 더 효과적으로 작용하게 하거나 나노 의료 로봇으로 필요한 곳만 치료하고, 인공 장기나 뼈를 만들어 치료에 활용할 수 있다.

 ① 인공지능은 컴퓨터가 인간처럼 학습하고 일을 처리할 수 있게 하는 기술이다.
② 증강 현실은 실제 현실 사진이나 영상에 가상의 정보를 겹쳐 하나의 영상으로 만드는 기술이다.
④ 사물 인터넷은 각종 사물을 무선 통신으로 연결하여 정보를 교환하는 기술이다.
⑤ 양자 컴퓨터는 에너지의 최소량의 단위인 양자의 특성을 이용하여 복잡한 문제를 기존 컴퓨터보다 빠르게 해결하는 컴퓨터이다.

07 지속가능한 삶은 현재의 인류가 더 나은 환경을 유지하며 풍요로운 사회를 이루고, 미래 세대까지 지속되도록 환경과 자연을 보전하기 위해 고민하고 실천하는 삶이다. 과학의 발전으로 인류의 지속가능한 삶을 위협하는 문제가 발생하며, 지구 환경을 보전해야 인류의 지속가능한 삶이 가능하므로 이를 위해 개인과 사회 차원의 노력이 필요하다. 인류의 지속가능한 삶을 위협하는 문제를 해결하는 데 과학기술이 활용된다.

08 ③ 전기로 주행하는 자동차를 개발하여 사용하면 화석 연료 사용과 이산화 탄소 배출량을 줄일 수 있다.
 ① 목적지까지 스스로 주행하는 자동차는 인공지능을 활용한 자율주행 자동차이다.
② 폐플라스틱 재활용 기술을 활용하여 자원을 순환시키고 폐기물의 양을 줄일 수 있다.
④ 토양 사막화에 대비하여 농작물의 생산량을 높일 수 있는 기술은 스마트팜이다.
⑤ 이산화 탄소를 포집한 뒤 제거하여 지구 온난화를 막는 기술은 탄소 포집 장치이다.

09 ㄱ, ㄴ, ㄷ. 인류의 지속가능한 삶을 위해 친환경 제품을 개발하여 사용하고, 폐기물의 양을 줄이도록 노력해야 한다. 또 물이나 자원, 에너지를 절약하고, 환경 보전 캠페인에 참여한다.
 ㄹ. 에너지 효율이 높은 전기 제품을 사용해야 전기 에너지를 절약할 수 있다.

10 모래시계 속 모래의 양에 따라 모래시계가 측정할 수 있는 시간이 다른지를 알아보는 실험을 해야 하므로 모래의 양만 다르게 해야 한다.
 모래시계 속 모래의 양만 다르게 하고, 모래시계의 크기나 모양, 모래의 종류 등 나머지 조건은 모두 같게 해야 한다.

채점 기준	배점(%)
실험에서 다르게 해야 할 조건과 같게 해야 할 조건을 모두 옳게 설명한 경우	100
실험에서 다르게 해야 할 조건만 옳게 설명한 경우	50

11 푸른곰팡이 주변에서 세균이 자라지 못하는 현상으로부터 개발된 약물은 최초의 항생제인 페니실린으로, 항생제는 세균에 감염되는 질병을 치료할 수 있는 약물이다.
 폐렴과 같이 세균에 감염되는 질병을 치료할 수 있는 항생제의 개발로 인류의 평균 수명이 크게 늘어났다.

채점 기준	배점(%)
항생제의 작용이 인류의 수명에 미친 영향을 옳게 설명한 경우	100
항생제의 작용과 관련된 내용만 설명한 경우	50

12 인류의 지속가능한 삶을 위해 바람과 같이 친환경적이며 지속가능한 에너지를 변환시켜 사용해야 한다.
 (나), 전기를 생산할 때 석탄과 같은 화석 연료를 사용하는 것과 달리 바람을 사용하면 고갈될 염려가 적고 이산화 탄소가 적게 발생하기 때문이다.

채점 기준	배점(%)
인류의 지속가능한 삶에 더 적합한 방법의 기호와 그렇게 생각한 까닭을 모두 옳게 설명한 경우	100
인류의 지속가능한 삶에 더 적합한 방법의 기호만 옳게 쓴 경우	30

수행 평가 대비 문제
8쪽~9쪽

01 (1) 자료 해석 (2) 해설 참조 (3) 해설 참조
02 (1) 해설 참조 (2) 해설 참조
03 해설 참조
04 (1) 해설 참조 (2) 해설 참조

01 (1) 과학적 탐구 방법에서 실험 결과를 한눈에 알아보기 쉽도록 표나 그래프로 나타내고, 자료 사이의 관계나 규칙을 찾아 분석하는 단계는 자료 해석이다.
(2) 큰 얼음을 넣었을 때보다 작은 얼음을 넣었을 때 물의 온도가 더 빨리 낮아진다.

채점 기준	배점(%)
작은 얼음을 넣었을 때와 큰 얼음을 넣었을 때 물의 온도 변화 결과를 비교하여 옳게 설명한 경우	100
작은 얼음을 넣었을 때 물의 온도가 더 낮다고만 설명한 경우	50

(3) 실험 결과로부터 물에 넣는 얼음의 크기만 다르게 했다는 것을 알 수 있으므로, 얼음의 크기에 따라 물의 온도가 낮아지는 정도가 다르다는 것이 이 탐구의 결론이다.
 얼음의 크기에 따라 물이 차가워지는 빠르기가 다르다.

채점 기준	배점(%)
얼음의 크기에 따라 물이 차가워지는 빠르기가 다르다는 내용으로 결론을 옳게 설명한 경우	100
얼음의 유무에 따라 물이 차가워지는 정도가 다르다는 내용으로 결론을 설명한 경우	30

자료 분석하기

실험 결과 분석

온도(°C) \ 시간(분)	0	3	6	9	12	15	물의 온도 변화
얼음을 넣지 않았을 때	19	19	19	19	19	19	➡ −0 °C
작은 얼음을 넣었을 때	19	14	10	7	7	5	➡ −14 °C
큰 얼음을 넣었을 때	19	15	12	11	10	10	➡ −9 °C

물에 얼음을 넣지 않았을 때에는 시간에 따른 물의 온도 변화가 없다. 작은 얼음을 넣었을 때 물의 온도는 15분 동안 14 °C가 낮아졌고, 큰 얼음을 넣었을 때 물의 온도는 15분 동안 9 °C가 낮아졌다. 따라서 큰 얼음을 넣었을 때보다 작은 얼음을 넣었을 때 물의 온도가 더 빨리 낮아진다.

02 (1) 인공지능은 컴퓨터가 인간처럼 학습하고 일을 처리할 수 있게 하는 기술로, 예술, 농업, 산업 등 다양한 분야에서 활용되고 있는 첨단 과학기술이다.

예시 답안 인공지능은 예술, 농업, 산업 등 다양한 분야에서 활용되어 사람이 할 일을 대신하는 등 우리 생활을 더욱 편리하게 변화시킨다.

채점 기준	배점(%)
인공지능이 사람의 역할을 대신하여 우리 생활이 편리해진다는 내용으로 설명한 경우	100
우리 생활이 편리해진다고만 간단하게 설명한 경우	40

(2) **예시 답안** 인공지능을 악용하거나 저작권의 침해와 같은 문제가 나타날 수 있다. 많은 일자리가 인공지능으로 대체되어 사람들이 일자리를 잃을 수 있다. 등

채점 기준	배점(%)
인공지능의 발달로 발생할 수 있는 문제점을 두 가지 모두 옳게 설명한 경우	100
인공지능의 발달로 발생할 수 있는 문제점을 한 가지만 옳게 설명한 경우	50

03 **예시 답안** 플라스틱은 다양한 용도로 쓰이며 플라스틱을 사용한 제품이 많이 생산되므로 폐기물의 양도 함께 많아지는 문제점이 있다. 플라스틱은 분해되는 데 오랜 시간이 걸리므로 환경 문제를 일으키고 생태계에 악영향을 미칠 수 있다. 이러한 문제를 해결하기 위해서는 우리 생활에서 플라스틱 제품이나 일회용품, 일회용 포장재의 사용을 줄여야 한다. 또 플라스틱 재활용품은 분리배출하여 자원을 순환시킬 수 있도록 노력해야 한다.

채점 기준	배점(%)
플라스틱의 사용이 인류의 지속가능한 삶에 미치는 부정적인 영향과 이를 해결하기 위한 활동 방안을 모두 옳게 설명한 경우	100
플라스틱의 사용이 인류의 지속가능한 삶에 미치는 부정적인 영향과 이를 해결하기 위한 활동 방안 중 하나만 옳게 설명한 경우	50

04 (1) 종이비행기가 크면 더 잘 날 수 있을지에 대한 가설이므로 종이비행기의 크기와 비행시간에 대한 가설을 세워야 한다.

예시 답안 종이비행기의 크기가 클수록 비행시간이 길어질 것이다.

채점 기준	배점(%)
종이비행기의 크기와 비행시간을 바탕으로 가설을 쓴 경우	100
종이비행기의 크기 이외의 내용으로 가설을 쓴 경우	0

(2) 실험 결과로부터 가설이 맞는지 판단하여 실험 결과와 가설이 같을 때에는 탐구 결론을 도출하고 탐구 보고서를 작성하지만, 실험 결과와 가설이 다를 때에는 가설을 수정한 뒤 탐구 설계부터 다시 해야 한다.

예시 답안 가설, 처음 설정한 가설을 수정하여 탐구 설계를 다시 한다.

채점 기준	배점(%)
ⓒ과 ⓒ에 들어갈 내용을 모두 옳게 설명한 경우	100
ⓒ에 들어갈 말만 옳게 쓴 경우	30

Ⅱ. 생물의 구성과 다양성

01 생물의 구성

핵심 정리   10 쪽

❶ 핵   ❷ 마이토콘드리아   ❸ 엽록체   ❹ 생명활동
❺ 에너지   ❻ 세포막   ❼ 광합성   ❽ 세포벽   ❾ 있다   ❿ 있다
⓫ 없다   ⓬ 기능   ⓭ 기관계   ⓮ 조직계

5분 핵심 퀴즈   11 쪽

1 세포   **2** A   **3** C   **4** B   **5** ㉠ 메틸렌 블루 용액, ㉡ 아세트산 카민 용액   **6** ㉠ 일정하지 않고, ㉡ 일정하다   **7** ㉠ 다양한, ㉡ 모양   **8** ㉠ 조직, ㉡ 기관   **9** ㉠ 기관계, ㉡ 조직계   **10** ㉠ B, ㉡ A, ㉢ C

1 세포는 생물을 이루는 구조적 기본 단위이며, 생명활동이 일어나는 기능적 기본 단위이다.

2~4 A는 핵, B는 마이토콘드리아, C는 엽록체, D는 세포막, E는 세포벽이다. 엽록체와 세포벽은 식물세포에만 있는 구조이다.

5 동물세포인 입안 상피세포의 핵은 메틸렌 블루 용액으로, 식물세포인 검정말잎 세포의 핵은 아세트산 카민 용액으로 염색한다.

6 동물세포인 입안 상피세포는 세포벽이 없어 세포의 모양이 일정하지 않고, 식물세포인 검정말잎 세포는 세포벽이 있어 세포의 모양이 일정하게 유지된다.

7 생물은 모양과 기능이 다른 다양한 세포로 이루어지며, 세포의 모양은 기능에 따라 다르다.

8 생물은 세포 → 조직 → 기관 → 개체의 단계로 구성된다.

9 생물의 구성 단계 중 동물에만 있는 구성 단계는 기관계이고, 식물에만 있는 구성 단계는 조직계이다.

10 A는 조직계, B는 조직, C는 기관이다.

실력 확인
내신 대비 문제 1회   12 쪽~13 쪽

01 ③   **02** ③   **03** ⑤   **04** ③   **05** ⑤   **06** ④   **07** ②
08 ⑤   **09** ③
서술형 문제   **10** 해설 참조   **11** 해설 참조   **12** 해설 참조

01 A: 지구에 사는 모든 생물은 세포로 이루어져 있다.
B: 생물의 생명을 유지하기 위한 다양한 생명활동이 세포에서 일어나므로 세포는 생명활동이 일어나는 기본 단위이다.
오답 피하기 C: 모든 세포는 세포막으로 둘러싸여 있다.

02 (가)는 세포막이고, (나)는 핵이다.

③ 세포의 모양을 유지하는 두껍고 단단한 벽은 식물세포에만 있는 세포벽이다.

[오답 피하기] ② 세포막(가)은 세포 안을 보호한다.

⑤ 핵(나)은 유전물질을 가져 세포의 생명활동을 조절한다.

03 A는 핵, B는 마이토콘드리아, C는 세포막이다.

⑤ 세포막(C)은 세포를 보호하고, 물질이 세포 안과 밖으로 이동하는 것을 조절한다.

[오답 피하기] ① A는 둥근 모양의 핵이다.

② 핵(A)은 동물세포와 식물세포에 모두 있다.

③ 광합성은 식물세포에 있는 엽록체에서 일어난다. 마이토콘드리아(B)는 세포의 생명활동에 필요한 에너지를 만든다.

④ 식물세포에서 세포막(C)은 세포벽 안쪽에 있다.

04 염색액은 핵을 염색하여 뚜렷하게 관찰하기 위해 사용한다. 검정말잎 세포는 식물세포이며, 식물세포의 핵을 염색할 때에는 아세트산 카민 용액을 사용할 수 있다.

05 ⑤ 이 세포는 신경세포이다. 신경세포는 여러 방향으로 길쭉하게 뻗은 모양이며, 우리 몸이 자극에 대해 반응할 수 있도록 신호를 받고 몸 여기저기로 전달하기 적합하다.

[오답 피하기] ①, ④ 몸의 표면이나 기관 안쪽을 덮어서 보호하는 상피세포는 주로 납작하고 넓게 퍼져 있는 모양이다.

②, ③ 혈액을 구성하며 온몸으로 산소를 운반하는 적혈구는 가운데가 오목한 원반 모양이다.

06 모양과 기능이 비슷한 여러 세포가 모여 조직을 이루고, 여러 조직이 모여 특정한 모양과 기능을 갖춘 기관을 이룬다. 여러 기관이 모여 독립적인 생명활동을 하는 개체를 이룬다.

07 동물의 구성 단계에서 관련된 기능을 하는 여러 기관이 모여 기관계를 이루고, 여러 기관계가 모여 개체를 이룬다.

08 [오답 피하기] ① 기관계에는 소화계, 순환계, 호흡계, 배설계, 신경계 등이 있다.

② 모든 생물을 구성하는 기본 단위는 세포이다.

③ 기관계는 식물에는 없고 동물에만 있는 구성 단계이다.

④ 입, 위, 소장 등은 기관에 해당된다.

09 ㉠은 조직, ㉡은 조직계, ㉢은 기관이다.

ㄷ. 식물의 기관(㉢)에는 뿌리, 줄기, 잎, 꽃, 열매가 있다.

[오답 피하기] ㄱ. ㉠은 모양과 기능이 비슷한 여러 세포로 이루어진 조직이다.

ㄴ. 조직계(㉡)는 여러 조직(㉠)으로 이루어지므로 모양과 기능이 다양한 여러 종류의 세포로 이루어진다.

10 A는 핵, B는 마이토콘드리아, C는 엽록체, D는 세포막이다. 이 중 핵, 마이토콘드리아, 세포막은 동물세포와 식물세포에 모두 있으며, 엽록체는 식물세포에만 있다.

[예시 답안] C, 엽록체, 광합성을 하여 양분을 만든다.

채점 기준	배점(%)
C, 엽록체라고 쓰고, 광합성을 하여 양분을 만든다고 설명한 경우	100
C, 엽록체라고만 쓴 경우	30

11 입안 상피세포는 동물세포이며 세포벽이 없어 모양이 일정하지 않고, 검정말잎 세포는 식물세포이며 세포벽이 있어 모양이 일정하다.

[예시 답안] (가)에는 세포벽이 없지만 (나)에는 세포벽이 있어 (나)의 세포 모양이 일정하다.

채점 기준	배점(%)
(가)에는 세포벽이 없지만 (나)에는 세포벽이 있어 (나)의 세포 모양이 일정하다고 설명한 경우	100
(나)에는 세포벽이 있어 세포 모양이 일정하다고만 설명한 경우	60

12 (가)는 세포, (나)는 조직, (다)는 기관, (라)는 기관계이다. 기관계는 동물에는 있지만, 식물에는 없는 구성 단계이다.

[예시 답안] (라), 기관계, 관련된 기능을 하는 여러 기관이 모여 이루어진다.

채점 기준	배점(%)
(라), 기관계라고 쓰고, 관련된 기능을 하는 여러 기관으로 이루어진다고 옳게 설명한 경우	100
(라), 기관계라고 쓰고, 여러 기관으로 이루어진다고만 설명한 경우	60
(라), 기관계라고만 쓴 경우	30

[자료 분석하기]

동물의 구성 단계

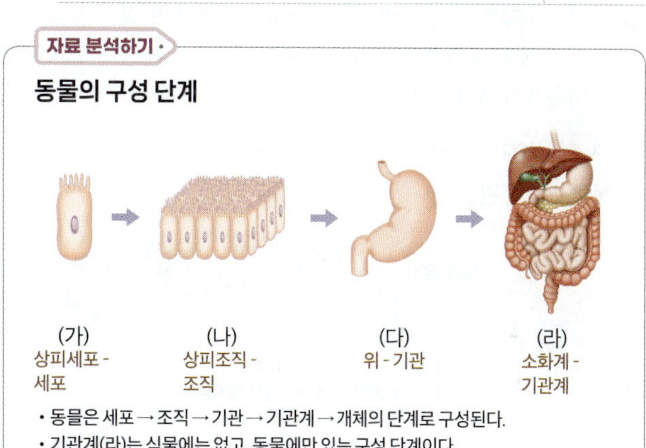

- 동물은 세포 → 조직 → 기관 → 기관계 → 개체의 단계로 구성된다.
- 기관계(라)는 식물에는 없고, 동물에만 있는 구성 단계이다.

[실력 확인]

내신 대비 문제 2회

14 쪽~15 쪽

01 ④　02 ③　03 ⑤　04 ②　05 ②, ④　06 ②　07 ⑤　08 ③　09 ⑤

[서술형 문제] 10 해설 참조　11 해설 참조　12 해설 참조

01 A는 핵, B는 마이토콘드리아, C는 엽록체, D는 세포막, E는 세포벽이고, (가)는 동물세포, (나)는 식물세포이다.

④ 세포막(D)은 세포를 보호하고 세포 안팎으로의 물질 출입을 조절한다. 세포의 모양을 유지하는 것은 세포벽(E)이다.

[오답 피하기] ① 핵(A)은 유전물질이 들어 있어 세포의 생명활동을 조절한다.

② 마이토콘드리아(B)는 양분을 이용하여 세포의 생명활동에 필요한 에너지를 만든다.

③ 엽록체(C)와 세포벽(E)은 동물세포에는 없고 식물세포에만 있는 구조이다.
⑤ 세포벽(E)은 세포막(D) 바깥쪽에 있으며, 두껍고 단단하여 세포의 모양을 유지한다.

02 세포의 구조 중 핵, 세포막, 마이토콘드리아는 동물세포와 식물세포에 모두 있고, 엽록체와 세포벽은 동물세포에는 없고 식물세포에만 있다.

03 ⑤ (가)는 세포이다. 사람의 몸을 구성하는 세포(가)는 모양과 기능이 다양하다.
오답 피하기 ② 세포(가)에서는 생명을 유지하기 위해 필요한 다양한 생명활동이 일어난다.
③ 세포(가)는 생물의 몸을 구성하는 구조적 기본 단위이며, 생명활동이 일어나는 기능적 기본 단위이다.
④ 세포의 생명활동에 필요한 에너지를 만드는 것은 마이토콘드리아이다.

04 입안 상피세포로 현미경표본을 만들 때에는 입 안쪽의 볼을 문지른 면봉을 받침 유리 위에 문지른 후(가) 물을 1 방울 떨어뜨려(라) 덮개 유리를 비스듬히 기울여서 천천히 덮는다(나). 이후 덮개 유리 한쪽에 메틸렌 블루 용액을 1 방울 떨어뜨리고 반대쪽에서 거름종이로 여분의 염색액을 흡수한다(다).

> 자료 분석하기 ·
> **동물세포의 관찰** 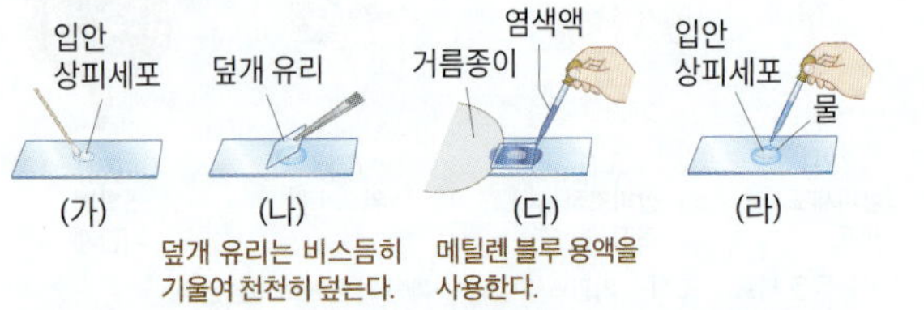
>
>
>
> • 현미경표본을 만들 때에는 기포가 생기지 않도록 덮개 유리를 비스듬히 기울여 천천히 덮는다.
> • 입안 상피세포는 동물세포이므로 메틸렌 블루 용액을 사용하여 핵을 염색한다.

05 ② 동물세포인 입안 상피세포를 염색할 때에는 메틸렌 블루 용액을 사용할 수 있다.
④ 입안 상피세포를 염색하여 현미경으로 관찰하면 핵을 뚜렷하게 관찰할 수 있다.
오답 피하기 ① 덮개 유리는 기포가 생기지 않도록 비스듬히 기울여서 천천히 덮어야 한다.
③ 세포를 염색하는 과정(다)은 핵을 뚜렷하게 관찰하기 위해서 거친다.
⑤ 동물세포는 세포의 모양이 일정하지 않고, 여러 개의 세포가 모여 있거나 흩어져 있다.

06 ㄱ. (가)는 여러 방향으로 길쭉하게 뻗어 있는 모양의 신경세포이며, 자극에 대해 반응할 수 있도록 신호를 받고 전달한다.
ㄹ. 세포는 종류에 따라 모양이 다양하며, 기능을 하는 데 적합한 모양을 갖춘다.
오답 피하기 ㄴ. (나)는 가운데가 오목한 원반 모양의 적혈구이며, 온몸에 산소를 운반한다.

ㄷ. (다)는 납작하고 넓게 퍼진 모양의 상피세포이며, 몸의 표면이나 몸속 기관의 안쪽 표면을 덮어서 보호한다.

07 (가)는 개체, (나)는 기관, (다)는 조직이다.
⑤ 식물의 기본조직계는 조직계의 예이다. 식물에서 조직의 예로는 표피조직, 울타리조직 등이 있다.
오답 피하기 ② 개체(가)는 여러 종류의 기관(나)으로 구성된다.
③ 사람의 심장은 특정한 모양과 기능을 가지므로 기관(나)의 예이다.
④ 기관(나)은 여러 종류의 조직(다)으로 구성된다.

08 식물은 세포 → 조직 → 조직계 → 기관 → 개체의 단계로 구성된다. 잎은 식물의 기관에 속한다.

09 A와 C는 조직, B는 기관계이다.
ㄴ. 기관계(B)는 식물에는 없고 동물에만 있는 구성 단계이다.
ㄷ. 조직(C)은 모양과 기능이 비슷한 세포들이 모여 이루어진다.
오답 피하기 ㄱ. 소화계는 동물의 기관계(B)에 해당된다.

> 자료 분석하기 ·
> **동물과 식물의 구성 단계** 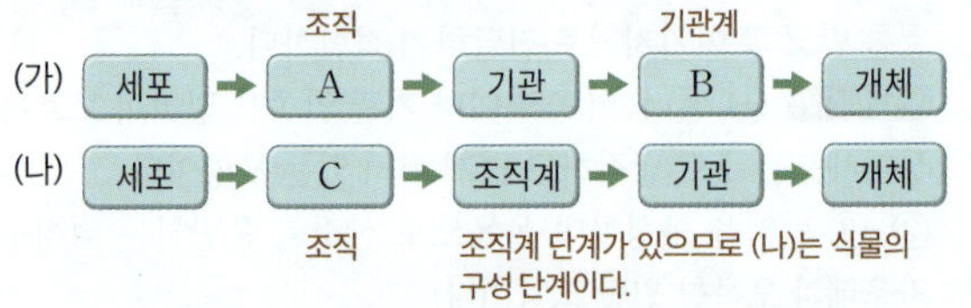
>
>
>
> • 동물은 관련된 기능을 하는 여러 기관이 모여 기관계를 이룬다. ➡ 동물은 세포 → 조직 → 기관 → 기관계 → 개체의 단계로 구성된다.
> • 식물은 몇 가지 조직이 모여 일정한 기능을 담당하는 조직계를 이룬다. ➡ 식물은 세포 → 조직 → 조직계 → 기관 → 개체의 단계로 구성된다.
> • 기관계는 동물의 구성 단계에만 있고, 조직계는 식물의 구성 단계에만 있다.

10 A는 광합성을 하여 양분을 만드는 엽록체, B는 세포의 생명활동에 필요한 에너지를 만드는 마이토콘드리아이므로 C는 세포벽이다.
예시 답안 A: 엽록체, B: 마이토콘드리아, C: 세포벽, 세포벽(C)은 두껍고 단단한 벽으로, 세포의 모양을 유지하고 세포를 보호한다.

채점 기준	배점(%)
A~C의 이름을 모두 쓰고, 세포벽(C)의 기능을 세포의 모양 유지 또는 세포의 보호로 옳게 설명한 경우	100
A~C의 이름만 쓴 경우	40

11 위, 작은창자는 동물의 기관이고, 잎, 뿌리, 줄기는 식물의 기관이다.
예시 답안 기관, 여러 조직이 모여 특정한 모양과 기능을 갖춘 구성 단계이다.

채점 기준	배점(%)
기관이라고 쓰고, 특징을 옳게 설명한 경우	100
기관이라고만 쓴 경우	30

12 식물은 세포 → 조직(A) → 조직계(B) → 기관(C) → 개체의 단계로 구성된다.
예시 답안 A: 조직, B: 조직계, C: 기관, 조직계(B)는 몇 가지 조직(A)이 모여 일정한 기능을 담당하는 구성 단계이다.

채점 기준	배점(%)
A~C의 이름을 쓰고, 조직계(B)가 몇 가지 조직(A)이 모여 있는 것과 일정한 기능을 담당하는 것을 모두 옳게 설명한 경우	100
A~C의 이름을 쓰고, 조직계(B)가 몇 가지 조직(A)이 모여 있는 것과 일정한 기능을 담당하는 것 중 하나만 옳게 설명한 경우	60
A~C의 이름만 쓴 경우	30

수행 평가 대비 문제　16 쪽

01 해설 참조
02 (1) A: 핵, B: 마이토콘드리아, C: 엽록체 (2) (나) (3) 해설 참조

01 A는 세포의 생명활동을 조절하는 핵, B는 세포의 생명활동에 필요한 에너지를 만드는 마이토콘드리아, C는 광합성을 하여 양분을 만드는 엽록체, D는 세포 안팎으로 물질이 드나드는 것을 조절하는 세포막이다.

예시 답안 A는 세포의 생명활동을 조절하므로 제품의 생산 과정을 조절하는 중앙 통제실에 비유할 수 있고, B는 세포의 생명활동에 필요한 에너지를 만들므로 공장의 기계가 작동하는 데 필요한 전기를 만드는 발전기에 비유할 수 있다. 또, C는 광합성을 하여 양분을 만들므로 재료를 이용하여 빵을 만드는 빵 생산 장소에 비유할 수 있고, D는 세포 안팎으로 물질이 드나드는 것을 조절하므로 재료가 들어가고 빵이 나가는 출입문에 비유할 수 있다.

채점 기준	배점(%)
A를 중앙 통제실, B를 발전기, C를 빵 생산 장소, D를 출입문에 비유하고 세포의 기능을 근거로 든 경우	100
A~D 중 3 개만 공장의 구조에 옳게 비유하고 세포의 기능을 근거로 든 경우	70
A~D 중 2 개만 공장의 구조에 옳게 비유하고 세포의 기능을 근거로 든 경우	50
A~D 중 1 개만 공장의 구조에 옳게 비유하고 세포의 기능을 근거로 든 경우	30

02 (1), (2) 핵과 마이토콘드리아는 사람의 입안 상피세포와 검정말잎 세포에 모두 있고, 엽록체는 검정말잎 세포에만 있다. (나)에는 없는 C는 엽록체이고, (나)는 엽록체가 없으므로 입안 상피세포, (가)는 검정말잎 세포이다. A와 B는 핵과 마이토콘드리아 중 하나이므로 (가)와 (나)에 모두 있다. 그림의 세포에서 A는 푸른색으로 염색된 핵이므로 B는 마이토콘드리아이다.
(3) 예시 답안 (가)를 가지는 생물인 검정말은 식물이므로 구성 단계에 조직계가 있고 기관계는 없지만, (나)를 가지는 생물인 사람은 동물이므로 구성 단계에 기관계가 있고 조직계는 없다.

채점 기준	배점(%)
(가)에 조직계가 있고 기관계는 없는 것과 (나)에 기관계가 있고 조직계는 없는 것을 모두 옳게 설명한 경우	100
(가)에 조직계가 있고 기관계는 없는 것과 (나)에 기관계가 있고 조직계는 없는 것 중 하나만 옳게 설명한 경우	50

02 생물다양성

핵심 정리　17 쪽

① 종류　**②** 높다　**③** 특징　**④** 변이　**⑤** 적응　**⑥** 높다
⑦ 생물다양성　**⑧** 변이　**⑨** 환경　**⑩** 적응

5분 핵심 퀴즈　18 쪽

1 생물다양성　**2** ㉠ 생태계, ㉡ 종류, ㉢ 높다　**3** ㉠ 많고, ㉡ 높다
4 특징　**5** 변이　**6** 환경　**7** 다양한　**8** 온도　**9** ㉠ 변이, ㉡ 적응　**10** ㉠ 적응, ㉡ 다른

1 생물다양성은 어떤 지역에 살고 있는 생물의 다양한 정도이다.

2 생물다양성은 어떤 지역의 생태계가 다양할수록, 한 생태계에 살고 있는 생물의 종류가 다양할수록, 같은 종류의 생물 사이에서 나타나는 특징이 다양할수록 높다.

3 어떤 두 지역에 같은 수의 생물이 살더라도 생물의 종류가 많고, 여러 종류의 생물이 고르게 분포하는 곳의 생물다양성이 더 높다.

4~5 같은 종류의 생물 사이에서 특징이 다르게 나타나는 것을 변이라고 한다. 사람마다 생김새가 다르고, 바지락 껍데기의 무늬와 색깔이 조금씩 다른 것은 변이의 예이다.

6 변이는 생물이 특정 환경에 적응하면서 크게 차이 날 수 있다.

7 변이가 다양한 생물 무리는 환경이 급격하게 변해도 살아남는 생물이 있을 가능성이 높아 멸종할 가능성이 낮다.

8 북극여우와 사막여우는 한 종류였던 여우가 각각 추운 환경과 더운 환경에 적응하여 생김새가 달라진 결과 나타났다.

9 다양한 변이가 있는 한 종류의 생물 무리가 오랜 시간 동안 환경에 적응하면 새로운 종류가 나타나기도 한다.

10 부리의 모양과 크기가 다양한 한 종류의 새 무리 중 일부가 먹이의 종류가 다른 섬에 적응하면 부리의 모양과 크기가 다른 새로운 종류의 새가 될 수 있다.

실력 확인 내신 대비 문제 1회　19 쪽~20 쪽

01 ③　**02** ⑤　**03** ④　**04** ④　**05** ①, ⑤　**06** ④　**07** ④
08 ①

서술형 문제 **09** 해설 참조　**10** 해설 참조　**11** 해설 참조

01 ㄱ. 생물다양성은 어떤 지역에 살고 있는 생물의 다양한 정도이다.

ㄴ. 어떤 지역의 생태계가 다양할수록, 한 생태계에 살고 있는 생물의 종류가 많을수록 생물다양성이 높다.

오답 피하기 ㄷ. 같은 종류의 생물에서 크기, 생김새 등의 특징이 다르게 나타날수록 생물다양성이 높다.

02 ㄱ, ㄷ. 생태계는 생물이 일정한 장소에서 환경 및 다른 생물과 영향을 주고받으며 살아가는 체계이므로 각 생태계에는 그 환경에 알맞은 생물이 살고 있다.

ㄴ. 연못, 학교 화단과 같이 사람이 인공적으로 만든 것도 생태계이다.

03 ㄴ. (가)에는 4 종류의 생물이, (나)에는 3 종류의 생물이 살고 있다.

ㄷ. (가)에는 (나)보다 많은 종류의 생물이 고르게 분포하므로 (나)보다 (가)의 생물다양성이 더 높다.

오답 피하기 ㄱ. (가)와 (나)에 살고 있는 생물의 수는 20 개체로 같다.

자료 분석하기 ·

생물다양성 비교

(가) · (나)

- · 나무, 물고기, 도마뱀, 새의 4 종류의 생물이 산다.
- · 나무 6 개체, 물고기 4 개체, 도마뱀 5 개체, 새 4 개체가 산다.
- · 총 20 개체의 생물이 산다.

- · 나무, 새, 물고기의 3 종류의 생물이 산다.
- · 나무 14 개체, 새 4 개체, 물고기 2 개체가 산다.
- · 총 20 개체의 생물이 산다.

- · (가)에는 4 종류, (나)에는 3 종류의 생물이 산다.
- · (나)보다 (가)에 생물이 고르게 분포한다.
  ➡ (나)보다 (가)의 생물다양성이 더 높다.

04 ㄴ. 변이가 다양하게 나타나는 생물 무리는 환경이 변했을 때 살아남아 자손을 남기는 생물이 있을 가능성이 높으므로 멸종될 가능성이 낮다.

ㄷ. 변이는 같은 종류의 생물 사이에서 나타나는 서로 다른 특징이다.

오답 피하기 ㄱ. 같은 부모에서 태어난 자손도 부모로부터 물려받은 유전자가 다르면 다른 특징을 가질 수 있다.

05 ①, ⑤ 한 종류의 생물 사이에서 특징이 다르게 나타나는 것이므로 변이의 예이다.

오답 피하기 ②, ④ 호랑이와 얼룩말, 은행나무와 소나무는 서로 다른 종류이다.

06 ㄱ. 생물은 물, 빛, 온도, 바람 등의 환경에 적응한다.

ㄷ. 변이가 다양한 한 종류의 생물 무리가 환경에 적응하면 새로운 종류가 나타날 수 있으며 이 과정을 통해 생물다양성이 높아진다.

오답 피하기 ㄴ. 변이는 같은 종류의 생물 사이에서 나타나는 서로 다른 특징이다.

07 목이 긴 거북이 키가 큰 선인장을 먹기에 알맞아 더 많이 살아남았고, 이 거북이 자손을 남기는 과정이 오랜 시간 동안 반복되면서 목이 긴 새로운 종류의 거북이 될 수 있었다.

08 ① 한 종류의 새 무리에 부리의 모양과 크기가 조금씩 다른 변이가 있었다.

오답 피하기 ②, ③ 한 종류의 새 무리가 서로 다른 섬에 나누어 살게 되면서 각 섬에 풍부한 먹이의 종류에 적응하여 부리 모양이 서로 다른 새로운 종류가 되었다.

④ 크고 단단한 씨앗을 먹기에 알맞은 크고 두꺼운 부리를 가진 새가 더 많이 살아남아 자손을 남겨 크고 두꺼운 부리를 가진 새로운 종류의 새가 되었다.

⑤ 나무 속 작은 곤충을 먹기에 알맞은 길고 단단한 부리를 가진 새가 더 많이 살아남아 자손을 남겨 길고 단단한 부리를 가진 새로운 종류의 새가 되었다.

자료 분석하기 ·

생물이 다양해지는 과정

크고 단단한 씨앗을 먹기에 알맞은 크고 두꺼운 부리를 가진 새가 더 많이 살아남아 자손을 남기는 과정이 오랜 시간 동안 반복되었다.

나무 속 작은 곤충을 먹기에 알맞은 길고 단단한 부리를 가진 새가 더 많이 살아남아 자손을 남기는 과정이 오랜 시간 동안 반복되었다.

각 섬에 풍부한 먹이를 먹기에 알맞은 부리를 가진 새가 더 많이 살아남아 자손을 남기는 과정이 오랜 시간 동안 반복되어 두 섬에 새로운 종류의 새가 살게 되었다.

09 예시 답안 숲, 배추밭에는 주로 배추가 살고 있지만, 숲에는 다양한 종류의 식물과 동물 등이 살고 있기 때문이다.

채점 기준	배점(%)
숲이라고 쓰고, 그 까닭을 옳게 설명한 경우	100
숲이라고만 쓴 경우	30

10 북극여우는 추운 환경에 적응하여 몸집에 비해 귀가 작지만, 사막여우는 더운 환경에 적응하여 북극여우보다 몸집이 작고 귀가 크다.

예시 답안 (가), 추운 지역에 적응하여 체온을 유지하기 유리하도록 몸집에 비해 귀가 작기 때문이다.

채점 기준	배점(%)
(가)라고 쓰고, 추운 지역에 적응한 생김새를 들어 옳게 설명한 경우	100
(가)라고만 쓴 경우	30

11 변이가 다양한 한 종류의 생물 중 환경에 적응하기 알맞은 변이를 가진 생물이 더 많이 살아남아 자손을 남긴다. 선인장이 많은 섬에서는 선인장을 먹기에 알맞은 길고 뾰족한 부리를 가진 핀치가 더 많이 살아남아 자손을 남기는 과정이 오랜 시간 동안 반복되어 길고 뾰족한 부리를 가진 핀치가 살게 되었다.

예시답안 환경에 적응하기 알맞은 길고 뾰족한 부리를 가진 핀치가 더 많이 살아남아 자손을 남겼다.

채점 기준	배점(%)
주어진 단어를 모두 이용하여 ㉠에 알맞은 과정을 옳게 설명한 경우	100
㉠에 알맞은 과정을 설명했지만 주어진 단어를 모두 이용하지 못한 경우	40

01 ⑤ 02 ④ 03 ④ 04 ② 05 ⑤ 06 ③
서술형 문제 07 해설 참조 08 해설 참조 09 해설 참조

01 (가)는 생태계의 다양함, (나)는 생물 종류의 다양함, (다)는 같은 종류의 생물 사이에서 나타나는 특징의 다양함을 나타낸 것이다.
ㄱ. 어떤 지역의 생태계가 다양하면 살아가는 생물의 종류가 다양해져 생물다양성이 높아진다.
ㄷ. 한 종류의 생물 무리에서 특징이 다양하게 나타나면 환경이 급격하게 변해도 살아남는 생물이 있을 가능성이 높아 멸종할 가능성이 낮다.

02 ④ 갯벌을 개간하여 논으로 만들면 생물다양성이 낮아진다.
오답 피하기 ① 생태계에는 각 환경에 알맞은 다양한 생물이 살고 있으므로 생물다양성은 생태계에 따라 차이가 있다.
② 논은 물에 잠긴 채로 벼를 기르는 곳이고, 갯벌은 바다나 강에 진흙이 쌓인 습지로 환경이 서로 다르다.
③ 논에는 주로 벼를 기르고 갯벌에는 다양한 해양 생물이 살므로 논보다 갯벌에 사는 생물의 종류가 더 다양하다.
⑤ 논에는 한 종류의 벼만 기르므로 급격하게 날씨가 변하거나 병충해가 생기면 피해를 크게 입을 수 있다.

03 ㄱ, ㄴ. 무궁화의 꽃잎 색깔이 다양한 것과 얼룩말 줄무늬의 색깔과 간격이 조금씩 다른 것은 같은 종류의 생물 사이에서 나타나는 서로 다른 특징이므로 변이의 예이다.
오답 피하기 ㄷ. 무궁화의 꽃잎 색깔이 다양한 것과 얼룩말 줄무늬의 색깔과 간격이 조금씩 다른 것은 생물다양성을 결정하는 기준 중 같은 종류의 생물 사이에서 나타나는 특징의 다양함과 가장 관련이 깊다.

04 ② 올드필드쥐는 한 종류이지만 털 색깔이 주변과 비슷하면 천적의 눈에 띄지 않아 살아남을 가능성이 높기 때문에 대부분 주변과 털 색깔이 비슷해졌다.
오답 피하기 ①, ③, ④, ⑤ 올드필드쥐 무리에는 털 색깔에 변이가 있었고, 밝은색 모래가 많은 곳에서는 털 색깔이 밝은 올드필드쥐가, 어두운색 흙이 많은 곳에서는 털 색깔이 어두운 올드필드쥐가 천적의 눈에 띄지 않아 서로 다른 환경에 적응하여 변이의 차이가 커졌다. 이처럼 각 환경에서 살아남기에 알맞은 변이가 다르고, 환경에 적응하면서 변이가 크게 차이 날 수 있다.

05 ㄴ, ㄷ. 핀치가 살고 있는 환경에 따라 먹이의 종류가 다르며, 먹이의 종류에 따라 먹이를 먹기에 알맞은 부리 모양이 다르다. 따라서 서식지와 먹이의 종류에 따라 핀치의 부리 모양이 다양하게 변했다.
오답 피하기 ㄱ. 먹이 종류에 따라 먹이를 먹기에 알맞은 모양의 부리를 가진 핀치가 더 많이 살아남았다.

06 변이가 있어 털 색깔이 다양한(㉠) 한 종류의 토끼 무리 중 일부가 풀 색깔이 밝은 서식지에 살게 되었다. 털 색깔이 밝은 토끼가 풀 색깔이 밝은 서식지에 적응(㉡)하여 더 많이(㉢) 살아남아 자손을 남겼다. 이러한 과정이 오랜 시간 동안 반복되어 털 색깔이 밝은 새로운 종류의 토끼가 되었다.

07 예시답안 어떤 지역의 생태계가 다양할수록, 한 생태계에 살고 있는 생물의 종류가 다양할수록, 같은 종류의 생물 사이에서 나타나는 특징이 다양할수록 생물다양성이 높다.

채점 기준	배점(%)
주어진 단어를 모두 이용하여 옳게 설명한 경우	100
주어진 단어를 2개만 이용하여 설명한 경우	60
주어진 단어를 1개만 이용하여 설명한 경우	30

08 변이가 다양한 생물 무리는 환경이 급격하게 변해도 살아남는 생물이 있을 가능성이 높다.
예시답안 (나), 감자의 종류가 다양하여 전염병에 살아남는 감자가 있을 가능성이 높기 때문이다.

채점 기준	배점(%)
(나)라고 쓰고, 그렇게 판단한 까닭을 옳게 설명한 경우	100
(나)라고만 쓴 경우	30

09 변이가 다양한 생물 무리가 오랜 시간 동안 환경에 적응하면 원래의 종류와 다른 새로운 종류가 될 수 있다.
예시답안 (가), 갈라파고스땅거북 무리는 목의 길이가 다양했다.

채점 기준	배점(%)
(가)라고 쓰고, 틀린 과정을 옳게 바꾸어 설명한 경우	100
(가)라고만 쓴 경우	30

01 (1) ㉠, ㉢ (2) 해설 참조
02 (1) 크고 두꺼운 부리 (2) 해설 참조

01 (1) 무궁화의 꽃 색깔이 다양한 것(㉠)과 바지락 껍데기 무늬와 색깔이 다른 것(㉢)은 모두 같은 종류의 생물 사이에서 나타나는 서로 다른 특징이므로 변이에 해당한다. 고양이와 호랑이는 서로 다른 종류의 생물이므로 이 두 생물의 털 무늬가 서로 다른 것은 변이에 해당하지 않는다.
(3) 예시답안 ⓐ에서 부모와 다른 털 색깔과 무늬가 나타났고, ⓑ에서 크기가 큰 꽃이 나타났다. ⓐ와 ⓑ는 모두 같은 종류의 생물에서 더 다양한 특징이 나타난 것이므로 변이를 증가시키는 현상이다.

채점 기준	배점(%)
ⓐ에서 부모와 다른 털 색깔과 무늬가 나타난 것, ⓑ에서 크기가 큰 꽃이 나타난 것, ⓐ와 ⓑ는 모두 변이를 증가시키는 현상이라는 것을 모두 옳게 설명한 경우	100
ⓐ에서 부모와 다른 털 색깔과 무늬가 나타난 것, ⓑ에서 크기가 큰 꽃이 나타난 것 중 하나만 포함하여 변이를 증가시키는 현상이라고 옳게 설명한 경우	50
ⓐ와 ⓑ는 모두 변이를 증가시키는 현상이라고만 설명한 경우	30

02 (1) 섬 (가)에서는 크고 두꺼운 부리를 가진 새로운 종류의 핀치가 되었으므로 (가)에서 환경에 적응하기 알맞은 부리 모양과 크기의 변이는 단단한 씨앗을 먹기에 알맞은 크고 두꺼운 부리이다.

(2) **예시 답안** 섬 (나)에 풍부한 먹이인 선인장을 먹기에 알맞은 길고 뾰족한 부리를 가진 핀치가 더 많이 생존하여 자손을 남겼다.

채점 기준	배점(%)
길고 뾰족한 부리가 먹이를 먹기에 알맞다는 것, 이 부리를 가진 핀치가 더 많이 생존했다는 것, 생존한 핀치가 자손을 남겼다는 것을 모두 옳게 설명한 경우	100
길고 뾰족한 부리가 먹이를 먹기에 알맞다는 것, 이 부리를 가진 핀치가 더 많이 생존했다는 것, 생존한 핀치가 자손을 남겼다는 것 중 두 가지를 옳게 설명한 경우	60
길고 뾰족한 부리를 가진 핀치가 생존했다고만 설명한 경우	30

03 생물의 분류

핵심 정리   24 쪽

❶ 생물분류   ❷ 속   ❸ 계   ❹ 원핵생물계
❺ 있다   ❻ 균사   ❼ 광합성   ❽ 있다   ❾ 있다
❿ 못 한다

5분 핵심 퀴즈   25 쪽

1 기준   **2** 종   **3** 같은   **4** 속   **5** 작은   **6** 핵   **7** 원생생물계
8 ㉠균계, ㉡식물계   **9** 여러 개   **10** ㉠있고, ㉡없으며

1 생물분류는 다양한 생물을 일정한 기준을 세워 공통의 특징을 가지는 것끼리 무리 지어 나누는 것이다.

2 생물을 분류하는 가장 기본이 되는 단위는 종이다.

3 진돗개와 풍산개 사이에서 태어난 풍진개는 번식 능력이 있으므로 진돗개와 풍산개는 같은 종이다.

4 서로 다른 여러 종에서 공통의 특징을 가진 것을 무리 지어 속으로 분류한다.

5 생물의 분류 단계에서 작은 분류 단위에 같이 속할수록 공통점이 많으므로 가까운 관계이다.

6 생물의 5계에서 원핵생물계와 나머지 계를 구분하는 분류 기준은 핵의 유무이다.

7 핵이 있는 생물 중 균계, 식물계, 동물계에 속하지 않는 생물을 원생생물계로 분류한다.

8 생물을 5가지 계로 분류할 때 표고버섯, 푸른곰팡이는 균계에 속하고, 우산이끼, 해바라기는 식물계에 속한다.

9 식물계와 동물계에 속하는 생물은 모두 여러 개의 세포로 이루어져 있으며, 기관이 발달했다.

10 호랑이는 세포에 핵이 있고 세포벽은 없으며, 광합성을 하지 못해 먹이를 먹어 양분을 얻는다.

실력 확인
내신 대비 문제 1회   26 쪽~27 쪽

01 ⑤   **02** ④   **03** ④   **04** ⑤   **05** ③   **06** ②   **07** ①
08 ③   **09** ②
서술형 문제   **10** 해설 참조   **11** 해설 참조   **12** 해설 참조

01 A: 생물분류는 지구에 사는 다양한 생물을 일정한 기준을 세워 공통의 특징을 가지는 것끼리 무리 지어 나누는 것이며, 이러한 생물분류를 통해 생물 사이의 멀고 가까운 관계를 알 수 있다.
B: 생물을 체계적으로 분류하면 새로운 생물을 발견했을 때 어느 무리에 속하는지 판단할 수 있다.
C: 생물을 분류할 때에는 몸의 생김새, 번식 방법 등 생물이 가진 고유한 특징을 기준으로 삼는다.

02 ④ 자연 상태에서 짝짓기를 하여 번식 능력이 있는 자손을 낳을 수 있는 무리를 종이라고 한다.
오답 피하기 ① 종은 생물을 분류하는 가장 작은 단위이다.
② 목은 종보다 큰 분류 단위이므로 같은 종에 속하는 생물은 같은 목에 속한다.
③ 같은 종에 속하는 생물은 형태적 특징이 비슷하다.
⑤ 종은 가장 작은 분류 단위이므로 같은 속에 속하는 생물보다 같은 종에 속하는 생물이 더 가까운 관계이다.

03 ㄱ, ㄴ. 생물의 분류 단계는 종<속<과(A)<목<강<문<계(B)의 순서로 가면서 점점 커진다.
오답 피하기 ㄷ. 과(A)는 계(B)보다 작은 분류 단위이므로 같은 과(A)에 속하는 두 생물은 항상 같은 계(B)에 속한다.

04 원핵생물계에 속한 생물은 세포에 핵이 없고(㉠), 원생생물계에 속한 생물은 세포에 핵이 있다(㉡). 균계에 속한 생물은 세포에 세포벽이 있고(㉢), 동물계에 속한 생물은 광합성을 하지 못해(㉣) 먹이를 먹어 양분을 얻는다.

05 ③ (가)에 속한 생물은 모두 광합성을 하지 못하는 동물이고, (나)에 속하는 생물은 모두 광합성을 하는 식물이다.

오답 피하기 ① (가)와 (나)에 속한 생물은 모두 기관이 발달했다.
②, ⑤ (가)와 (나)에 속한 생물은 모두 몸을 구성하는 세포에 핵이 있으며, 몸이 여러 개의 세포로 이루어져 있다.
④ 균사 구조를 가지는 것은 균계에 속하는 생물의 특징이다.

06 ② 효모는 균계에 속하는 생물이다.

07 (가) 대장균은 핵이 없고 원핵생물계에 속하며, (나) 짚신벌레는 핵이 있고 원생생물계에 속한다.
ㄱ. 원핵생물계에 속한 생물은 세포벽을 가지므로 (가)에는 세포벽이 있다.
오답 피하기 ㄷ. 아메바는 원생생물계에 속하므로 (가)와 (나) 중 (나)와 더 가까운 관계이다.

08 생물의 5계 중 핵이 없는 (가)는 원핵생물계이다. 미역과 다시마가 속한 (나)는 원생생물계이고, 죽은 생물이나 배설물을 분해하여 양분을 얻는 (다)는 버섯과 곰팡이가 속한 균계이다.

09 ② 엽록체가 있어 광합성을 하며, 여러 개의 세포로 이루어져 있고 기관이 발달한 것은 모두 식물계에 속한 생물의 특징이다. 고사리, 소나무, 우산이끼는 모두 식물계에 속한다.
오답 피하기 ① 아메바와 유글레나는 원생생물계에, 해파리는 동물계에 속한다.
③ 효모와 푸른곰팡이는 모두 균계에 속한다.
④ 진달래는 식물계에, 송이버섯은 균계에 속한다.
⑤ 남세균은 원핵생물계에 속한다.

10 고양이속＜고양이과＜식육목의 순서로 분류 단위가 커지므로 속한 종의 수가 가장 적은 (나)는 고양이속이고, (가)는 고양이과, (다)는 식육목이다.
예시 답안 (나), 고양이속, A는 B와 함께 가장 작은 분류 단위인 고양이속(나)에 속하므로 B와 가장 가까운 관계이다.

채점 기준	배점(%)
(나), 고양이속이라고 쓰고, A가 B와 같은 고양이속(나)에 속하는 것과 A가 B와 가장 가까운 관계라는 것을 모두 옳게 설명한 경우	100
(나), 고양이속이라고 쓰고, A가 B와 가장 가까운 관계라는 것만 옳게 설명한 경우	60
(나), 고양이속이라고만 쓴 경우	30

11 생물의 5계는 원핵생물계, 원생생물계(A), 식물계, 균계(B), 동물계이다.
예시 답안 A: 원생생물계, B: 균계, 세포에 핵이 있다.

채점 기준	배점(%)
A와 B의 이름을 쓰고, 공통점을 옳게 설명한 경우	100
A와 B의 이름만 옳게 쓴 경우	30

12 (가)는 원생생물계에 속한 아메바, (나)는 균계에 속한 푸른곰팡이, (다)는 원핵생물계에 속한 대장균이다.
예시 답안 (다), 대장균, 핵이 없다. 세포벽이 있다. 대부분 1 개의 세포로 이루어져 있다. 등

채점 기준	배점(%)
(다), 대장균이라고 쓰고, 특징 두 가지를 모두 옳게 설명한 경우	100
(다), 대장균이라고 쓰고, 특징을 한 가지만 옳게 설명한 경우	60
(다), 대장균이라고만 쓴 경우	30

01 ④　02 ②　03 ③　04 ②　05 ②　06 ②　07 ②
08 ③　09 A: 표고버섯, B: 젖산균, C: 아메바
서술형 문제　10 해설 참조　11 해설 참조　12 해설 참조

01 ㄱ, ㄷ. 새끼를 낳는지의 여부와 광합성을 하는지의 여부는 모두 생물을 분류하는 데 이용하는 생물의 고유한 특징이다.
오답 피하기 ㄴ. 사람이 먹을 수 있는지의 여부는 생물의 고유한 특징이 아니므로 생물을 분류하는 데 이용하지 않는다.

02 ㄷ. A와 B 사이에서 태어난 C는 번식 능력이 있어 D와의 사이에서 E를 낳았으므로 A, B, C는 모두 같은 종이다. 그러나 C와 D 사이에서 태어난 E는 번식 능력이 없으므로 C와 D는 서로 다른 종이다. 따라서 B는 C와 D 중 같은 종인 C와 더 가까운 관계이다.
오답 피하기 ㄱ. A와 B는 자연 상태에서 짝짓기를 하여 번식 능력이 있는 자손을 낳을 수 있으므로 같은 종이다.
ㄴ. C와 D는 짝짓기를 하여 낳은 자손이 번식 능력이 없으므로 서로 다른 종이다.

03 A는 가장 작은 분류 단위인 종이고, B는 속, C는 과, D는 목, E는 강, F는 문, G는 계이다.
③ 과(C)는 속(B)보다 큰 분류 단위이므로 같은 과(C)에 속하는 두 생물이 서로 다른 속(B)에 속할 수 있다.
오답 피하기 ② 같은 종(A)에 속하는 두 생물 사이에서 태어나는 자손은 번식 능력이 있다.
④ 강(E)은 문(F)보다 작은 분류 단위이므로 같은 강(E)에 속하는 두 생물은 항상 같은 문(F)에 속한다.
⑤ 사람은 동물계에 속하고 무궁화는 식물계에 속하므로, 이 두 생물을 분류하는 가장 큰 단위는 계(G)이다.

04 속한 동물의 수가 가장 적은 (나)는 과, 그 다음으로 많은 (가)는 목, 가장 많은 (다)는 강이다.
② B와 D는 같은 과(나)에 속한다.
오답 피하기 ① (가)는 목이고, (다)가 강이다.
③ F와 G는 서로 다른 목(가)에 속하며, 같은 강(다)에 속한다.
④ E와 F는 같은 목(가)과 강(다)에 속하지만, E와 G는 같은 강(다)에만 속한다. 따라서 E는 G보다 F와 더 가까운 관계이다.
⑤ 공통된 특징을 가지는 여러 강(다)이 모여 문을 이룬다. 속은 강보다 작은 분류 단위이다.

05 대장균, 폐렴균, 남세균은 모두 원핵생물계에 속한다. 따라서 세포에 핵이 없고, 유전물질과 세포벽을 가지고 있으며, 1 개의 세포로 이루어져 있다.

06 (가)는 균사 구조를 가지는 균계, (나)는 세포에 세포벽이 없으며, 먹이를 먹어 양분을 얻는 동물계, (다)는 핵이 있으며, 균계, 식물계, 동물계에 속하지 않는 생물의 무리인 원생생물계이다. 포도상구균은 원핵생물계에, 아메바는 원생생물계에, 우산이끼는 식물계에, 효모, 송이버섯, 푸른곰팡이는 균계에, 꿀벌과 해파리는 동물계에 속한다.

시험대비편

07 (가)는 동물계, (나)는 식물계, (다)는 균계이다.
② 동물계(가)에 속하는 생물의 세포에는 세포벽이 없고, 식물계(나)에 속하는 생물의 세포에는 세포벽이 있다.
오답 피하기 ① 거미, 해파리, 도마뱀, 코끼리는 모두 동물계(가)에 속한 동물이다.
③ 동물계(가), 식물계(나), 균계(다)에 속하는 생물은 모두 세포에 핵막으로 둘러싸인 핵이 있다.
④ 동물계(가)에 속하는 생물은 다른 생물을 먹이로 먹어 양분을 얻고, 식물계(나)에 속하는 생물은 광합성을 하여 스스로 양분을 만든다. 균계(다)에 속하는 생물은 죽은 생물이나 배설물을 분해하여 양분을 얻는다.
⑤ 식물계(나)에 속하는 생물은 세포에 엽록체가 있고, 균계(다)에 속하는 생물은 세포에 엽록체가 없으므로 '엽록체가 있는가?'의 기준으로 식물계와 균계를 구분할 수 있다.

08 ③ C는 대장균, 푸른곰팡이, 고사리가 공통적으로 가지는 특징으로, '세포에 세포벽이 있다.'를 예로 들 수 있다.
오답 피하기 ① A는 대장균만 가지는 특징으로, 대장균은 1개의 세포로 이루어져 있다.
② '세포에 핵이 있다.'는 푸른곰팡이와 고사리에만 해당하는 특징이므로 D에 해당한다.
④ '엽록체가 있어 광합성을 한다.'는 고사리만의 특징이다.
⑤ '균사 구조를 가진다.'는 푸른곰팡이만의 특징이다.

자료 분석하기
생물의 분류 기준

대장균만의 특징: 세포에 핵이 없다. 1개의 세포로 이루어져 있다.
대장균

대장균과 푸른곰팡이의 공통점: 기관이 발달하지 않았다.

대장균, 푸른곰팡이, 고사리의 공통점: 세포에 세포벽이 있다.

A
B
C
D

푸른곰팡이
고사리

푸른곰팡이와 고사리의 공통점: 여러 개의 세포로 이루어져 있다. 세포에 핵이 있다.

09 젖산균과 아메바는 1개의 세포로 이루어져 있는 단세포생물이며, 아메바와 표고버섯은 핵막으로 둘러싸인 뚜렷한 핵을 가진다.

10 종은 자연 상태에서 짝짓기를 하여 번식 능력이 있는 자손을 낳을 수 있는 생물 무리이다.
예시 답안 불테리어와 불도그, 이 두 동물 사이에서 태어난 자손(보스턴테리어)이 번식 능력이 있기 때문이다.

채점 기준	배점(%)
불테리어와 불도그라고 쓰고, 이 둘 사이에서 태어난 자손이 번식 능력이 있기 때문이라고 옳게 설명한 경우	100
불테리어와 불도그라고만 쓴 경우	30

11 벼, 고사리, 민들레는 식물계에 속하고, 송이버섯과 표고버섯은 균계에 속한다.
예시 답안 (가) 식물계, (나) 균계, (가)는 광합성을 하여 스스로 양분을 만들고, (나)는 죽은 생물이나 배설물을 분해하여 양분을 얻는다.

채점 기준	배점(%)
(가)와 (나)의 계 이름을 쓰고, (가)와 (나)의 양분을 얻는 방식을 모두 옳게 설명한 경우	100
(가)와 (나)의 계 이름을 쓰고, (가)와 (나) 중 하나만 양분을 얻는 방식을 옳게 설명한 경우	60
(가)와 (나)의 계 이름만 쓴 경우	30

12 (가)는 동물계에 속하는 달팽이, (나)는 원핵생물계에 속하는 포도상구균, (다)는 원생생물계에 속하는 미역이다.
예시 답안 (가)와 (다)는 핵이 있고, (나)는 핵이 없으므로 (가)와 (다)를 한 무리로, (나)를 다른 한 무리로 분류할 수 있다.

채점 기준	배점(%)
(가)~(다)를 (가)와 (다) / (나)의 두 무리로 분류하고 핵의 유무를 들어 분류한 까닭을 옳게 설명한 경우	100
(가)~(다)를 (가)와 (다) / (나)의 두 무리로 분류한 것만 설명한 경우	40

수행 평가 대비 문제
30쪽~31쪽

01 (1) 해설 참조 (2) 해설 참조
02 (1) (가) 과, (나) 목, (다) 강 (2) 해설 참조
03 (1) A: 폐렴균, B: 송이버섯 (2) 해설 참조 (3) 해설 참조
04 해설 참조

01 (1) **예시 답안** ⓐ~ⓔ 중 ⓐ만 몸이 둥근 모양이므로 ⓐ는 C에 속하고, ⓑ~ⓔ 중 ⓓ만 팔이 없으므로 ⓑ와 ⓒ는 A에, ⓓ는 B에 속한다.

채점 기준	배점(%)
ⓐ~ⓓ가 A~C 중 어느 무리에 속하는지 그렇게 판단한 까닭과 함께 옳게 설명한 경우	100
ⓐ~ⓓ가 A~C 중 어느 무리에 속하는지만 옳게 설명한 경우	40

(2) **예시 답안** 몸이 사각형이고 팔이 없으므로 B에 속한다.

채점 기준	배점(%)
몸통이 사각형이고 팔이 없어 B에 속한다고 옳게 설명한 경우	100
몸통이 사각형인 것과 팔이 없는 것 중 한 가지만 들어 B에 속한다고 설명한 경우	60
B에 속한다고만 설명한 경우	30

02 (1) 속한 동물이 가장 많은 (다)가 가장 큰 단위인 강, 그 다음으로 많은 (나)는 목, 가장 적은 (가)는 과이다.
(2) **예시 답안** F, B는 D, E와 같은 목에 속하지만, F와는 다른 목에 속하기 때문이다.

채점 기준	배점(%)
F라고 쓰고, B는 D, E와 같은 목에 속하지만, F와는 다른 목에 속하기 때문이라고 옳게 설명한 경우	100
F라고 쓰고, B는 F와 다른 목에 속하기 때문이라고 설명한 경우	70
F라고만 쓴 경우	30

03 (1) A는 핵이 없으므로 원핵생물계에 속한 폐렴균이고, B는 송이버섯이다. 우산이끼는 식물계에 속하고, 송이버섯은 균계에 속한다.

(2) **예시 답안** 광합성을 하여 스스로 양분을 만드는가? 등

채점 기준	배점(%)
엽록체가 있는지, 광합성을 할 수 있는지 등 우산이끼에는 있고, 송이버섯에는 없는 특징을 분류 기준으로 옳게 설명한 경우	100
우산이끼에는 있고, 송이버섯에는 없는 특징이지만 과학적인 분류 기준이 아닌 것을 분류 기준으로 설명한 경우	30

(3) (나)는 엽록체와 세포벽이 있으므로 식물세포이다.

예시 답안 우산이끼, 우산이끼와 (나)의 생물은 모두 세포에 엽록체가 있어 광합성을 하기 때문이다.

채점 기준	배점(%)
우산이끼라고 쓰고, 두 생물의 세포에 모두 엽록체가 있기 때문이라고 옳게 설명한 경우	100
우산이끼라고만 쓴 경우	30

04 대장균이 속한 A는 원핵생물계이다. '핵을 가지며, 균계, 식물계, 동물계에 속하지 않는가?'는 원생생물계만 '예'가 되는 분류 기준이므로 (나)이고, 동물계에 속하는 생물은 광합성을 하지 못하므로 '광합성을 하는가?'는 (다)이다. 따라서 B는 식물계이고, C는 균계이다.

예시 답안 (가) '핵을 가지지 않는가?'에 따라 핵을 가지지 않는 A, 원핵생물계를 분류하고, (나) '핵을 가지며, 균계, 식물계, 동물계에 속하지 않는가?'에 따라 핵을 가지지만 균계, 식물계, 동물계에 속하지 않는 생물 무리인 원생생물계를 분류한다. (다) '광합성을 하는가?'에 따라 광합성을 하는 B, 식물계를 분류하고, (라) '먹이를 먹어 양분을 얻는가?'에 따라 먹이를 먹어 양분을 얻는 동물계를 분류하며, 먹이를 먹어 양분을 얻지 않는 C, 균계를 분류한다.

채점 기준	배점(%)
(가)~(라)에 해당하는 분류 기준과 A~C에 해당하는 계의 이름을 모두 포함하여 분류 과정을 옳게 설명한 경우	100
(가)~(라)에 해당하는 분류 기준과 A~C에 해당하는 계의 이름 중 일부만 옳게 설명한 경우	60
A~C에 해당하는 계의 이름만 옳게 쓴 경우	30

04 생물다양성의 보전

핵심 정리   32 쪽

❶ 단순하다   ❷ 줄어든다   ❸ 목화
❹ 의약품   ❺ 서식지   ❻ 천적   ❼ 기후 변화   ❽ 국제적

5분 핵심 퀴즈   33 쪽

1 ㉠단순, ㉡복잡   2 복잡   3 복잡   4 생물   5 서식지
6 외래종   7 감소   8 생태통로   9 개인적   10 협약

1 생물의 종류가 다양하여 생물다양성이 높은 생태계는 먹이그물이 복잡하게 얽혀 있다.

2 생태계를 구성하는 생물의 종류가 다양하여 먹이그물이 복잡할수록 생태계가 안정적으로 유지된다.

3 먹이그물이 단순하면 어떤 생물이 멸종할 때 그 생물을 먹이로 하는 다른 생물도 멸종할 수 있다.

4 생물에서 식량, 섬유, 의약품 등을 얻을 수 있으므로 생물다양성을 보전해야 한다.

5 사람이 자연을 개발하면서 서식지가 파괴되면 서식지를 잃은 생물이 사라질 수 있다.

6 가시박이나 큰입배스와 같은 외래종은 천적이 없으면 지나치게 번성하여 토종 생물의 생존을 위협한다.

7 개체수를 회복하지 못할 정도로 특정 생물을 남획하면 생물다양성이 감소할 수 있다.

8 도로 건설 등으로 서식지가 나뉘면 생태통로를 건설하여 동물이 안전하게 건너다닐 수 있도록 돕는다.

9 나무 심기, 다회용품 사용하기 등은 생물다양성 유지를 위한 개인적 차원의 방안이다.

10 생물다양성을 유지하기 위해 국가 간에 생물다양성협약, 람사르협약 등을 맺어 실천한다.

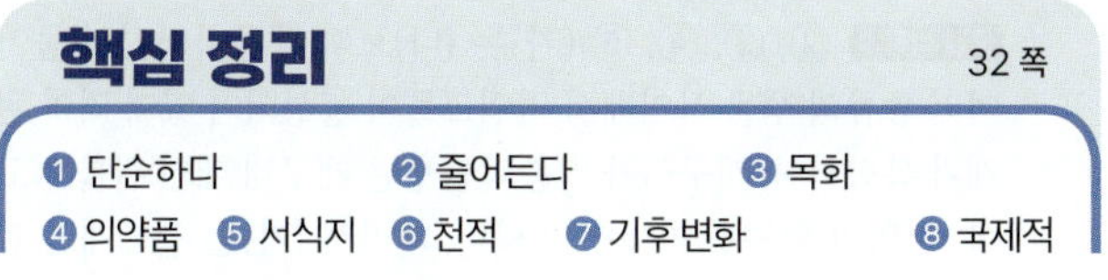

01 ㄴ, ㄷ   **02** ③   **03** ⑤   **04** ①   **05** ③   **06** ②   **07** ⑤
08 ⑤   **09** ⑤
서술형 문제   **10** 해설 참조   **11** 해설 참조   **12** 해설 참조

01 ㄴ, ㄷ. 생명은 그 자체로 소중하며, 우리는 다양한 생물로부터 식량, 섬유, 의약품, 목재 등 다양한 자원을 얻을 수 있으므로 생물다양성을 보전해야 한다.
오답 피하기 ㄱ. 생물다양성을 감소시키는 원인은 대부분 사람의 활동과 관련이 있다.

02 생물다양성이 낮은(㉠) 생태계는 살고 있는 생물의 종류가 적으므로 먹이 관계가 단순하다. 따라서 어떤 생물이 멸종하면 그 생물을 먹고 살아가는 생물도 멸종할 위험이 높다(㉡). 반면에 생물다양성이 높은(㉢) 생태계는 살고 있는 생물의 종류가 많으므로 먹이 관계가 복잡하다. 따라서 어떤 생물이 멸종해도 이를 대신할 수 있는 생물이 있을 가능성이 높아 안정적으로 유지(㉣)될 수 있다.

03 생물다양성이 높을수록 생태계에 더 많은 종류의 생물이 살고 있으므로 먹이 관계가 복잡하게 형성된다. 따라서 한 생물이 멸종해도 이 생물을 대신할 수 있는 다른 생물이 있을 가능성이 높아 생태계가 안정적으로 유지될 수 있다.

04 ㄱ. (가)에는 4 종의 생물이 살고 있고, (나)에는 9 종의 생물이 살고 있으므로 생물다양성은 (나)가 (가)보다 더 높다.

오답 피하기 ㄴ. (가)에는 먹이사슬만 형성되어 있고, (나)에는 여러 개의 먹이사슬이 얽혀 먹이그물이 형성되어 있으므로 먹이 관계는 (나)가 (가)보다 더 복잡하다.

ㄷ. 한 종이 멸종되었을 때 먹이사슬만 형성되어 있는 (가)에서는 이 종을 먹이로 하는 다른 종도 멸종될 가능성이 높지만, 먹이그물이 형성된 (나)에서는 이 종을 대신할 수 있는 생물이 있어 다른 종이 멸종될 가능성이 낮다. 따라서 생태계가 안정적으로 유지될 가능성은 (나)가 (가)보다 더 높다.

05 ③ 울창한 숲은 우리에게 신선한 공기를 제공하고, 공기 중의 이산화 탄소를 흡수한다.

오답 피하기 ①, ②, ④, ⑤ 우리는 다양한 생물로부터 섬유, 식량, 휴식과 여가 활동을 위한 공간, 의약품의 원료와 같이 살아가는 데 필요한 다양한 자원을 제공받는다.

06 ② 나도풍란은 우리나라에 분포했으나 현재 멸종 위기 생물로 지정되었다.

오답 피하기 ① 생물의 서식지가 파괴되면 생물이 살 수 있는 서식지의 면적이 감소한다.

③ 외래종은 천적이 없는 경우 지나치게 번성하여 기존에 살고 있던 토종 생물의 생존을 위협할 수 있다.

④ 기후 변화와 환경오염에 의해 서식 환경이 달라지면 생물이 사라질 수 있다.

⑤ 서식지파괴, 천적이 없는 외래종, 기후 변화와 환경오염은 모두 생물의 생존을 어렵게 만들고, 멸종 가능성을 높여 생물다양성을 감소시킬 수 있다.

07 ㄱ. 생물다양성을 감소시키는 요인은 생태계에 살고 있는 생물의 수를 줄여 생태계를 파괴하는 요인이 될 수 있다.

ㄷ. 특정 생물을 남획하면 개체수가 회복되지 못해 생물다양성이 감소할 수 있다.

오답 피하기 ㄴ. 인공적으로 만든 도시 숲과 옥상 공원은 다양한 생물에게 서식지를 제공하고 도시의 생태적 기능을 높여 생물다양성을 보전하는 역할을 할 수 있다.

08 ⑤ 사람의 필요에 의해 숲을 개간하면 서식지가 파괴되어 생물다양성이 감소한다.

09 ㄴ. 생물다양성을 유지하기 위해 국가 간에 협약을 맺는 것은 국제적 차원의 생물다양성 유지 방안이다.

10 (가)에서는 뱀이 멸종되면 먹이가 없어진 독수리도 멸종될 가능성이 높다. (나)에서는 뱀이 멸종되면 호랑이는 사슴과 토끼를, 독수리는 쥐, 참새를 먹고 살 수 있다.

예시 답안 (나), (가)에서는 뱀이 멸종되면 먹이가 없어 독수리도 멸종될 수 있지만, (나)에서는 뱀이 멸종되어도 호랑이와 독수리는 다른 생물을 먹고 살 수 있기 때문이다.

채점 기준	배점(%)
(나)라고 쓰고, 뱀이 멸종될 때 (가)에서는 먹이가 없어 독수리도 멸종되는 것, (나)에서는 대신할 생물이 있어 호랑이와 독수리가 멸종되지 않는 것을 모두 설명한 경우	100
(나)라고 쓰고, 뱀이 멸종될 때 (가)에서는 독수리도 멸종되기 때문이라고만 설명한 경우	70
(나)라고만 쓴 경우	30

11 도로 건설, 작물 재배 등을 위해 숲의 나무를 베면 숲에서 살아가는 생물의 서식지가 파괴될 수 있으며, 큰입배스와 같은 외래종이 다른 생물을 무분별하게 잡아먹으면 토종 생물의 생존을 위협할 수 있다.

예시 답안 생물다양성을 감소시켜 먹이 관계를 단순하게 만들 수 있다.

채점 기준	배점(%)
주어진 단어를 모두 이용하여 옳게 설명한 경우	100
주어진 단어를 1 개만 이용하여 설명한 경우	40

12 생태통로는 도로나 철도 등으로 분리된 두 서식지 사이를 동물이 안전하게 이동할 수 있도록 연결함으로써 서식지 사이의 단절을 막고 동물 찻길 사고가 발생하는 것을 막는 역할을 한다.

예시 답안 분리된 서식지 사이를 동물이 안전하게 건너다닐 수 있게 하여 생물다양성을 유지할 수 있다.

채점 기준	배점(%)
분리된 서식지의 연결, 동물의 안전한 이동, 생물다양성의 유지를 모두 옳게 설명한 경우	100
분리된 서식지의 연결, 동물의 안전한 이동, 생물다양성의 유지 중 두 가지만 설명한 경우	60
분리된 서식지의 연결, 동물의 안전한 이동, 생물다양성의 유지 중 한 가지만 설명한 경우	30

실력 확인
내신 대비 문제 2회   36 쪽~37 쪽

01 ②   **02** ①   **03** ⑤   **04** ②   **05** ⑤   **06** ⑤   **07** ⑤
08 ②

서술형 문제 **09** 해설 참조   **10** 해설 참조   **11** 해설 참조

01 모든 생물은 생태계 구성원으로서 살아갈 권리가 있고, 그 자체로 소중한 가치를 지닌다.

02 ① (가)는 (나)보다 많은 종류의 생물이 복잡한 먹이 관계를 형성하고 있으므로 생물다양성이 더 높다.

오답 피하기 ②, ③, ④, ⑤ (가)는 (나)보다 생물다양성이 높이 여러 종류의 생물 사이에서 먹이그물이 형성되어 있어 먹이 관계가 복잡하며, 개구리가 멸종되면 뱀은 개구리 대신 쥐를 먹고 살 수 있어 멸종될 가능성이 낮다. 따라서 (가)는 생태계가 안정적으로 유지될 가능성이 더 높다.

03 ㄱ. 생물다양성이 보전되어 사람과 다른 생물이 조화롭게 살아갈 때 사람은 지속가능한 삶을 살 수 있다.

ㄷ. 생물다양성이 보전되면 맑은 공기, 깨끗한 물, 비옥한 토양 등 환경이 생물이 살아가기 알맞게 조절된다.

오답 피하기 ㄴ. 생물다양성이 낮은 생태계는 먹이 관계가 단순하므로 한 생물이 멸종하면 이 생물을 먹이로 하는 다른 생물도 멸종할 위험이 높아진다.

04 사람은 벼로부터 식량인 쌀을, 편백나무로부터 목재를, 누에고 치로부터 비단과 같은 섬유를, 푸른곰팡이로부터 세균을 죽이는 항생제와 같은 의약품의 원료를 얻는다.

05 ㄱ, ㄷ. 벨크로는 생물의 특징을 모방하여 만든 것으로 생물로 부터 산업용 아이디어를 제공받은 예에 해당한다.

오답 피하기 ㄴ. 벨크로는 도꼬마리 열매의 생김새를 보고 만든 것이다.

06 ㄱ. 불법으로 생물을 잡거나 번식으로 개체수를 회복하지 못할 정도로 특정 생물을 남획하면 그 생물이 사라질 수 있다.

ㄴ, ㄷ. 서식지가 파괴되거나 서식지의 환경이 달라지면 그곳 에 살던 생물이 사라질 수 있다.

07 (가)는 서식지파괴, (나)는 불법 포획, (다)는 기후 변화의 사례 이다.

ㄱ. 산을 가로질러 도로가 건설되면 생물의 서식지 면적이 줄어 들고 서식지가 분절된다.

ㄷ. 기후 변화를 예방하려면 다회용품을 사용하고, 가까운 거 리는 걸어가는 등 탄소 배출을 줄이기 위해 노력해야 한다.

오답 피하기 ㄴ. 특정 생물이 멸종되면 생물다양성이 낮아지고 생태계의 먹이 관계가 단순해진다.

08 ② 생태통로 건설과 국립 공원 지정은 사회적 차원의 생물다양 성 유지 방안이다.

오답 피하기 ①, ③ 국제 협약 체결은 국제적 차원(가)의 생물다 양성 유지 방안이며, 이러한 국제 협약에는 생물다양성협약, 람사르협약 등이 있다.

④ 멸종 위기 생물의 복원은 사회와 국가의 노력으로 이루어질 수 있으므로 사회적 차원(나)에 해당하는 방안이다.

⑤ (다)는 개인적 차원의 방안이다. 재활용품 분리배출은 일상 생활에서 개인적으로 실천할 수 있으므로 (다)에 해당하는 방 안이다.

09 A는 생물다양성이 낮아 부엉이의 먹이가 뱀 한 종류이므로 뱀 이 멸종되면 부엉이도 먹이가 없어 멸종될 가능성이 높다. 그러 나 B는 생물다양성이 높아 부엉이의 먹이가 여러 종류이므로 뱀이 멸종되어도 부엉이가 멸종될 가능성이 낮다.

예시 답안 B, A에서는 생물다양성이 낮아 뱀이 멸종되면 먹이가 없 어진 부엉이도 멸종될 가능성이 높지만, B에서는 생물다양성이 높아 뱀이 멸종되어도 부엉이에게 다른 먹이가 있어 멸종될 가능성이 낮기 때문이다.

채점 기준	배점(%)
B라고 쓰고, 그렇게 판단한 까닭을 주어진 단어를 모두 이용하여 옳게 설명한 경우	100
B라고 쓰고, 그렇게 판단한 까닭을 주어진 단어를 3 개만 이용하여 설명한 경우	80
B라고 쓰고, 그렇게 판단한 까닭을 주어진 단어를 2 개만 이용하여 설명한 경우	60
B라고 쓰고, 그렇게 판단한 까닭을 주어진 단어를 1 개만 이용하여 설명한 경우	40
B라고만 쓴 경우	20

10 붉은귀거북과 같이 기존 생태계에 살고 있던 토종 생물을 무분 별하게 잡아먹으며 왕성하게 번식하는 외래종은 토종 생물의 개체수를 감소시키고 멸종 가능성을 높여 우리나라의 생물다 양성을 감소시킨다.

예시 답안 붉은귀거북은 우리나라 토종 생물을 마구 잡아먹어 개체 수를 줄이므로 생물다양성을 감소시킨다.

채점 기준	배점(%)
토종 생물을 잡아먹는 것, 토종 생물의 수를 감소시키는 것, 생물 다양성을 감소시키는 것을 모두 옳게 설명한 경우	100
토종 생물을 잡아먹는 것, 토종 생물의 수를 감소시키는 것 중 한 가지와 생물다양성을 감소시키는 것을 옳게 설명한 경우	60
생물다양성을 감소시킨다고만 설명한 경우	30

11 국립 공원의 지정과 관리, 국제 협약의 체결과 실천은 모두 생 물다양성을 유지하기 위한 노력이다.

예시 답안 생물다양성을 유지하여 생태계를 안정적으로 유지할 수 있다.

채점 기준	배점(%)
주어진 단어를 모두 이용하여 설명한 경우	100
주어진 단어를 1 개만 이용하여 설명한 경우	50

수행 평가 대비 문제   38 쪽~39 쪽

01 (1) 해설 참조 (2) 해설 참조
02 (1) 해설 참조 (2) 해설 참조
03 (1) 해설 참조 (2) 해설 참조
04 (1) 해설 참조 (2) 해설 참조

01 (1) **예시 답안** (나), (가)에서는 뒤쥐가 멸종되면 수리부엉이가 먹이 가 없어 멸종될 수 있지만, (나)에서는 뒤쥐가 멸종되어도 수리부엉이 가 생쥐, 오리, 참새, 도요새 등을 먹고 살 수 있기 때문이다.

채점 기준	배점(%)
(나)라고 쓰고, 뒤쥐가 멸종되었을 경우 (가)에서의 수리부엉이 멸종과 (나)에서의 수리부엉이의 먹이 변화를 모두 포함하여 옳게 설명한 경우	100
(나)라고 쓰고, 뒤쥐가 멸종되었을 경우 (가)에서의 수리부엉이 멸종과 (나)에서의 수리부엉이의 먹이 변화 중 한 가지만 포함하여 설명한 경우	60
(나)라고만 쓴 경우	30

(2) **예시 답안** 생물다양성이 높은 생태계는 먹이그물이 복잡하게 얽혀 있어 안정적으로 유지되기 때문이다.

채점 기준	배점(%)
생물다양성이 높은 생태계가 먹이그물이 복잡하여 안정적으로 유지되기 때문이라고 옳게 설명한 경우	100
생물다양성이 높은 생태계가 안정적으로 유지되기 때문이라고 만 설명한 경우	50

02 그림에서 아마존 열대우림은 사람들의 무분별한 개발에 의해 많이 파괴되어 2000 년에 비해 2019 년에 면적이 크게 줄어들었다.

(1) **예시 답안** 과도하게 열대우림을 개발하여 2000 년보다 2019 년의 열대우림의 면적이 작아졌다. 따라서 열대우림에서 살던 생물이 서식지를 잃고 사라져 생물다양성이 감소했을 것이다.

채점 기준	배점(%)
열대우림의 면적이 작아짐에 따라 생물이 서식지를 잃고 사라져 생물다양성이 감소했다고 옳게 설명한 경우	100
열대우림의 면적 감소와 서식지파괴 중 한 가지만 언급하여 생물다양성이 감소했다고 설명한 경우	60
생물다양성이 감소했다고만 설명한 경우	30

(2) **예시 답안** 무분별한 개발을 막는 법을 제정한다. 생물다양성을 유지하기 위해 국가 간에 협약을 맺는다. 생물다양성보전의 중요성을 알린다. 등

채점 기준	배점(%)
서식지파괴를 예방할 수 있는 방안을 옳게 설명한 경우	100
그렇지 못한 경우	0

03 (가) → (나) 과정에서 서식지의 면적이 감소했으며, 그 결과 이 생태계에 사는 생물의 종 수가 감소했다. 이러한 서식지의 파괴를 가져올 수 있는 사람의 활동에는 도로나 철도의 건설 등이 있다.

(1) **예시 답안** 서식지 면적이 감소했다.

채점 기준	배점(%)
서식지 면적이 감소했다고 옳게 설명한 경우	100
서식지가 분리됐다고만 설명한 경우	40

(2) **예시 답안** 생태통로, 분리된 서식지를 연결하고 동물이 안전하게 건너다닐 수 있게 하여 생물다양성이 감소하는 것을 막는다.

채점 기준	배점(%)
생태통로라고 쓰고, 서식지의 연결, 동물의 안전한 이동, 생물다양성의 유지 세 가지를 모두 포함하여 옳게 설명한 경우	100
생태통로라고 쓰고, 서식지의 연결, 동물의 안전한 이동 중 한 가지와 생물다양성의 유지를 설명한 경우	70
생태통로라고 쓰고, 생물다양성의 유지만 설명한 경우	50
생태통로라고만 쓴 경우	30

04 (1) **예시 답안** 야생 생물을 함부로 기르지 않는다. 등

채점 기준	배점(%)
야생 생물의 불법 포획이나 남획을 예방하는 개인적 차원의 방안을 옳게 설명한 경우	100
개인적 차원의 방안으로 설명이 부족한 경우	30

(2) **예시 답안** 야생 생물 보호 및 관리에 관한 법률을 제정한다. 멸종 위기 생물을 지정하고 복원한다. 등

채점 기준	배점(%)
사회적 차원의 방안을 구체적으로 두 가지 모두 옳게 설명한 경우	100
사회적 차원의 방안을 구체적으로 한 가지만 옳게 설명한 경우	60
야생 생물을 불법 포획하거나 남획하지 않는다고만 설명한 경우	30

Ⅲ. 열

01 온도와 열

핵심 정리   40 쪽

❶ 높을 ❷ 낮을 ❸ 열평형 ❹ 같다 ❺ 운동 ❻ 아래 ❼ 위 ❽ 열화상 카메라

5분 핵심 퀴즈   41 쪽

1 온도   **2** 활발하다   **3** 가깝다   **4** ㉠ 열, ㉡ 열평형
5 ㉠ 낮아지고, ㉡ 높아진다   **6** 전도   **7** 느리게   **8** 대류   **9** 복사
10 ㉠ 대류, ㉡ 위쪽

1 물체를 구성하는 입자의 운동이 활발한 정도를 나타낸 것을 온도라고 한다.

2 물체의 온도가 높을수록 물체를 구성하는 입자의 운동이 활발하다.

3 물체의 온도가 낮을수록 물체를 구성하는 입자 사이의 거리가 가깝다.

4 온도가 다른 두 물체가 서로 접촉하면 온도가 높은 물체에서 낮은 물체로 열이 이동하고, 충분한 시간이 지나면 두 물체의 온도가 같아지는 열평형에 도달한다.

5 뜨거운 물과 찬물이 접촉하면 뜨거운 물에서 찬물로 열이 이동하여 뜨거운 물은 온도가 낮아지고, 찬물은 온도가 높아진다.

6 전도는 물질을 구성하는 입자의 운동이 이웃한 입자에 차례로 전달되어 열이 이동하는 방식이다.

7 플라스틱이나 나무는 금속에 비해 열이 느리게 전도되기 때문에 냄비 같은 조리 기구의 손잡이를 만드는 데 사용한다.

8 대류는 액체나 기체 물질을 구성하는 입자가 직접 이동하면서 열을 전달하는 방식이다.

9 복사는 물질의 도움 없이 열이 직접 이동하는 방식이다.

10 냉방기에서 나온 차가운 공기는 대류에 의해 아래쪽으로 내려간다. 이에 따라 공기가 순환하며 방 전체를 시원하게 한다. 따라서 냉방기는 방의 위쪽에 설치하는 것이 효과적이다.

실력 확인
내신 대비 문제 1회   42 쪽~43 쪽

01 ④   **02** ④   **03** ②   **04** ③   **05** ①   **06** ③   **07** ②
08 ④   **09** (가) 대류, (나) 복사, (다) 전도
서술형 문제 **10** 해설 참조   **11** 해설 참조   **12** 해설 참조

01 ㄴ, ㄷ. 잉크는 (가)보다 (나)에서 빠르게 퍼진다. 이는 (나)가 (가)보다 물의 입자 운동이 활발하기 때문이다.
오답 피하기 ㄱ. 물의 입자 운동은 (나)가 (가)보다 활발하므로 물의 온도는 (나)가 (가)보다 높다.

02 ④ 열은 온도가 높은 물체에서 온도가 낮은 물체로 이동한다.
오답 피하기 ①, ②, ③ 물체가 열을 얻으면 온도가 높아지고 입자 운동이 활발해진다. 반대로 물체가 열을 잃으면 온도가 낮아지고 입자 운동이 둔해진다.

03 ㄴ. 충분한 시간이 지나면 A와 B의 온도가 같아지는 열평형에 도달한다.
오답 피하기 ㄱ. A에서 B로 열이 이동했으므로 접촉 전 온도는 A가 B보다 높다.
ㄷ. 열이 A에서 B로 이동함에 따라 A의 입자 운동은 둔해지고, B의 입자 운동은 활발해진다.

04 A는 뜨거운 물, B는 찬물이다.
③ 열평형에 도달하면 두 물체의 온도가 같아지고, 온도가 더 이상 변하지 않는다. A와 B는 8 분일 때 열평형에 도달했고, 열평형 온도는 40 ℃이다.
오답 피하기 ① 열은 온도가 높은 A에서 온도가 낮은 B로 이동한다.
④ B는 열을 얻어 온도가 높아지므로 입자 사이의 거리가 멀어진다.
⑤ 열평형에 도달할 때까지 A가 잃은 열의 양은 B가 얻은 열의 양과 같다.

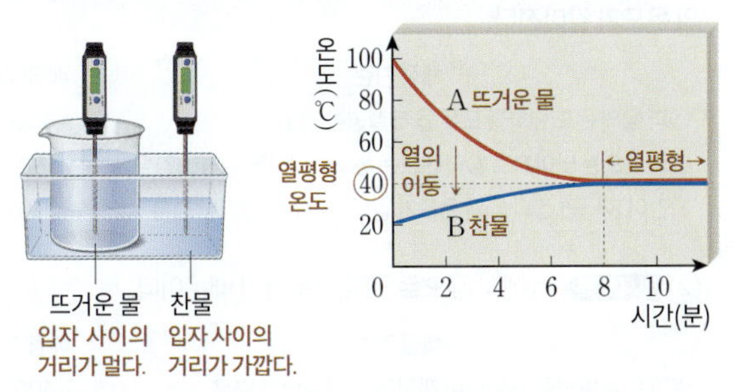

자료 분석하기

온도가 다른 두 물을 접촉했을 때 시간에 따른 온도 변화

열평형에 도달하면 두 물의 온도가 같아지고 더 이상 온도가 변하지 않는다.

05 처음에는 온도가 높은 A의 입자 운동이 B보다 활발하다. 시간이 지나면서 A는 열을 잃어 입자 운동이 둔해지고 B는 열을 얻어 입자 운동이 활발해진다. 열평형에 도달한 8 분 이후에는 A와 B의 입자 운동이 활발한 정도가 같다.

06 ㄱ, ㄴ. 냉장고에 음식을 넣으면 냉장고 속의 찬 공기와 음식이 열평형을 이루어 차갑게 보관할 수 있고, 접촉식 온도계를 물체에 접촉하고 기다리면 온도계와 물체가 열평형을 이루어 물체의 온도를 측정할 수 있다.
오답 피하기 ㄷ. 겨울철에 같은 장소에 있는 철봉과 나무 의자의 온도는 같다. 이때 철봉이 나무 의자보다 차갑게 느껴지는 것은 나무보다 금속에서 열이 빠르게 전도되어 손의 열이 철봉으로 더 빠르게 이동하기 때문이다.

07 ㄷ. 금속 막대를 가열하면 열은 전도에 의해 이동한다. 금속의 종류에 따라 열이 전도되는 정도가 다르므로 막대를 이루는 금속의 종류가 달라지면 막대 끝까지 열이 이동하는 데 걸리는 시간이 달라진다.
오답 피하기 ㄱ, ㄴ. 액체나 기체 입자가 직접 이동하며 열을 전달하는 방식은 대류이다.

08 물이 담긴 냄비의 아래쪽을 가열하면 대류에 의해 열이 이동하여 물 전체가 뜨거워진다.
오답 피하기 ①, ② 태양열은 복사에 의해 우주 공간을 통과하여 지구에 전달된다.
③ 프라이팬의 바닥을 가열하면 전도에 의해 열이 이동해 전체가 뜨거워진다.
⑤ 사람의 몸에서 복사의 방식으로 열이 방출되므로 열화상 카메라를 이용하여 사람의 체온을 측정할 수 있다.

09 (가) 아래쪽에 설치된 난방기 근처에서 뜨거워진 공기는 대류에 의해 위로 올라가 방 전체를 따뜻하게 한다.
(나) 난로의 열은 물질을 거치지 않고 복사의 방식으로 이동하므로 난로에서 조금 떨어져 앉으면 따뜻함이 느껴진다.
(다) 뜨거운 국에 넣은 부분부터 입자의 운동이 활발해지고, 이 운동이 차례로 전달되며 손잡이 부분까지 열이 이동한다. 즉, 숟가락에서 열은 전도에 의해 이동한다.

10 예시 답안 열은 생선에서 얼음으로 이동하며, 시간에 따라 생선의 온도는 점점 낮아진다.

채점 기준	배점(%)
열의 이동 방향과 생선의 온도 변화를 모두 옳게 설명한 경우	100
열의 이동 방향과 생선의 온도 변화 중 한 가지만 옳게 설명한 경우	50

11 예시 답안 뜨거운 국에 담가 둔 숟가락의 손잡이 부분이 따뜻해진다. 냄비의 바닥 한쪽을 가열하면 전체가 뜨거워진다. 등

채점 기준	배점(%)
전도에 의해 열이 이동하는 예를 옳게 설명한 경우	100
그렇지 못한 경우	0

12 예시 답안 대류에 의해 냉방기에서 나온 차가운 공기는 아래로 내려가고, 난방기 주변에서 따뜻해진 공기는 위로 올라가기 때문이다.

채점 기준	배점(%)
대류에 의해 따뜻한 공기와 차가운 공기가 이동하는 방향을 포함하여 까닭을 옳게 설명한 경우	100
대류에 의해 열이 이동하기 때문이라고만 설명한 경우	30

실력 확인

내신 대비 문제 2회

44 쪽~45 쪽

01 ④　　**02** ⑤　　**03** ㉠ 40, ㉡ 40　　**04** ②　　**05** ①　　**06** ③
07 ③　　**08** ③

서술형 문제　**09** 해설 참조　　**10** 해설 참조　　**11** 해설 참조

01 입자 운동이 활발할수록 물체의 온도가 높다.
오답 피하기 ①, ②, ⑤ (가)의 입자 운동이 (나)보다 활발하므로 (가)의 온도가 (나)의 온도보다 높다. 따라서 두 물을 접촉하면 (가)에서 (나)로 열이 이동한다.
③ (가)를 냉각하여 온도를 낮추면 (나)와 같이 변한다.

02 열은 온도가 높은 물체에서 낮은 물체로 이동한다. 물체가 열을 얻으면 입자 운동이 활발해지고, 온도가 높아진다.

03 열평형에 도달하면 물체의 온도는 더 이상 변하지 않는다. 5 분 후 A와 B는 온도가 같아져 열평형에 도달했고, 6 분일 때 A와 B의 온도는 40 ℃로 같다.

04 A의 입자 운동이 B보다 활발하므로 A의 온도가 B보다 높다. 따라서 A와 B를 접촉하면 A에서 B로 열이 이동하며 A의 온도는 낮아지고, B의 온도는 높아진다. 충분한 시간이 지나면 두 물체의 온도가 같아지는 열평형에 도달한다.

05 접촉식 온도계를 이용하여 물체의 온도를 측정할 수 있는 것은 온도계와 물체가 열평형을 이루어 온도계의 온도가 물체의 온도를 나타내기 때문이다.
① 냉장고에 음식을 넣어 차갑게 보관할 수 있는 것은 냉장고 속 찬 공기와 음식이 열평형을 이루기 때문이다.
오답 피하기 ② 사람의 몸에서 복사의 방식으로 열이 방출되어 열화상 카메라로 체온을 측정할 수 있다.
③ 음료수의 열팽창에 의해 음료수 병이 깨지는 것을 막기 위해 음료수를 가득 채우지 않는다.
④ 나무나 플라스틱은 금속보다 열이 느리게 전도되므로 금속 냄비의 손잡이를 만드는 데 활용한다.
⑤ 모래의 비열이 물의 비열보다 작기 때문에 여름철 한낮에 바닷가에서 모래의 온도가 바닷물보다 높다.

06 전도는 입자의 운동이 이웃한 입자에 전달되어 열이 이동하는 방식이고, 대류는 입자가 직접 이동하며 열을 전달하는 방식이다. 복사는 열이 물질을 거치지 않고 직접 이동하는 방식이다.

07 ㄱ, ㄷ. 냉방기에서 나오는 찬 공기는 아래로 내려가고, 상대적으로 따뜻한 방 안의 공기는 위로 올라간다. 즉, 대류에 의해 공기가 직접 이동하며 방 안을 전체적으로 시원하게 한다.
오답 피하기 ㄴ. 냉방기에서 나오는 찬 공기는 아래로 내려가므로 냉방기는 위쪽에 설치하는 것이 효과적이다. 냉방기를 아래쪽에 설치하면 냉방기에서 나오는 공기보다 따뜻한 방 안의 공기가 위쪽에 있게 되어 대류가 잘 일어나지 않는다.

08 (가)는 대류, (나)는 전도, (다)는 복사에 의해 열이 이동한다.
③ 따뜻한 물이 담긴 컵을 잡으면 전도에 의해 컵에서 손으로 열이 이동한다.
오답 피하기 ①, ④는 복사, ②, ⑤는 대류에 의해 열이 이동하는 예이다.

09 **예시 답안** (가)>(다)>(나), 온도가 높을수록 물질을 구성하는 입자 운동이 활발하고 입자 사이의 거리가 멀기 때문이다.

채점 기준	배점(%)
(가)~(다)의 온도를 옳게 비교하고, 까닭을 옳게 설명한 경우	100
(가)~(다)의 온도만 옳게 비교한 경우	30

10 **예시 답안** 처음 5 분 동안 달걀의 입자 운동은 물의 입자 운동보다 활발하다. 5 분 이후 달걀과 물의 온도가 같아져 달걀과 물의 입자 운동이 같아진다.

채점 기준	배점(%)
처음 5 분 동안과 5 분 이후의 입자 운동을 옳게 비교하여 설명한 경우	100
처음 5 분 동안과 5 분 이후의 입자 운동 중 한 가지만 옳게 설명한 경우	50

11 **예시 답안** 나무보다 금속에서 열이 더 빠르게 전도되기 때문이다.

채점 기준	배점(%)
나무와 금속에서 열이 전도되는 빠르기를 포함하여 까닭을 옳게 설명한 경우	100
나무와 금속은 열이 전도되는 정도가 다르다고만 설명한 경우	30

수행 평가 대비 문제　46 쪽~47 쪽

01 (1) 해설 참조 (2) 해설 참조 (3) 해설 참조
02 (1) 해설 참조 (2) 해설 참조
03 (1) 해설 참조 (2) 해설 참조
04 해설 참조

01 (1) **예시 답안** ㉠의 온도는 낮아지고 ㉡의 온도는 높아지다가 ㉠과 ㉡의 온도가 같아진다.

채점 기준	배점(%)
㉠과 ㉡의 온도 변화를 모두 옳게 설명한 경우	100
㉠의 온도는 낮아지고 ㉡의 온도는 높아진다고만 설명한 경우	50
시간이 지나면 ㉠과 ㉡의 온도가 같아진다고만 설명한 경우	50

(2) **예시 답안** ㉠에서 ㉡으로 열이 이동하기 때문이다.

채점 기준	배점(%)
열의 이동 방향을 포함하여 까닭을 옳게 설명한 경우	100
열이 이동하기 때문이라고만 설명한 경우	30

(3) **예시 답안** 냉장고에 음식을 넣어 차갑게 보관한다. 접촉식 온도계를 이용하여 물체의 온도를 측정한다. 등

채점 기준	배점(%)
열평형을 이용하는 예를 옳게 설명한 경우	100
그렇지 못한 경우	0

02 (1) **예시 답안** 금속 냄비 두 개 사이에 냉동된 고기를 끼워 둔다.

채점 기준	배점(%)
해결 방법을 옳게 설명한 경우	100
그렇지 못한 경우	0

(2) **예시 답안** 금속은 열이 빠르게 전도되는 물질이므로 냄비에서 고기로 열이 빠르게 이동하기 때문이다.

채점 기준	배점(%)
금속에서 열이 전도되는 빠르기를 포함하여 까닭을 옳게 설명한 경우	100
냄비에서 고기로 열이 전도된다고만 설명한 경우	30

03 (1) **예시 답안** (가)에서는 따뜻한 물이 위로 올라가고 찬물이 아래로 내려와 섞인다. (나)에서는 찬물과 따뜻한 물이 잘 섞이지 않는다.

채점 기준	배점(%)
(가)와 (나)에서 나타나는 변화를 모두 옳게 설명한 경우	100
(가)에서 나타나는 변화만 옳게 설명한 경우	50

(2) **예시 답안** 따뜻한 공기는 위로 올라가고 차가운 공기는 아래로 내려가므로 난방기는 아래쪽에, 냉방기는 위쪽에 설치하는 것이 좋다.

채점 기준	배점(%)
대류에 의한 공기의 이동 방향을 포함하여 냉난방기의 설치 위치를 옳게 설명한 경우	100
냉난방기의 설치 위치만 옳게 설명한 경우	50

04 **예시 답안** 아궁이에 불을 지피면 뜨거워진 구들장이 전도에 의해 방바닥을 데운다. 방바닥으로부터 전달된 열이 대류, 복사에 의해 이동하여 방 전체가 따뜻해진다.

채점 기준	배점(%)
전도, 대류, 복사를 모두 이용하여 방이 따뜻해지는 과정을 옳게 설명한 경우	100
방이 따뜻해지는 과정을 설명했으나 전도, 대류, 복사를 모두 이용하지 못한 경우	40

02 비열과 열팽창

핵심 정리 48 쪽

❶ 비열　❷ 작다　❸ 큰　❹ 높다　❺ 열팽창　❻ 멀어
❼ <　❽ 바이메탈

5분 핵심 퀴즈 49 쪽

1 열량　**2** 1　**3** ㉠ 식용유, ㉡ 작기　**4** 많다　**5** 작은
6 ㉠ 열, ㉡ 커지는　**7** 거리　**8** ㉠ 고체, 액체, 기체, ㉡ 작다
9 ㉠ 위쪽, ㉡ 아래쪽　**10** 팽창

1 온도가 다른 물체 사이에서 이동하는 열의 양을 열량이라고 한다.

2 비열은 어떤 물질 1 kg의 온도를 1 ℃ 높이는 데 필요한 열량이다.

3 같은 시간 동안 온도 변화는 식용유가 더 크다. 물질의 질량과 가한 열량이 같을 때 비열이 작은 물질일수록 온도 변화가 크다.

4 물질의 질량이 같을 때 비열이 큰 물질일수록 같은 온도만큼 높이기 위해 필요한 열량이 많다.

5 비열이 작은 금속은 열을 가하면 온도가 빠르게 높아지므로 프라이팬 같은 조리 기구를 만드는 데 활용한다.

6 물체가 열을 받아 부피가 커지는 현상을 열팽창이라고 한다.

7 물체가 열을 받으면 입자 운동이 활발해지며 입자 사이의 거리가 멀어져 부피가 커진다.

8 열팽창은 고체, 액체, 기체에서 모두 일어나며, 일반적으로 액체가 고체보다 열팽창 정도가 크다.

9 바이메탈을 가열하면 열팽창 정도가 작은 금속 쪽으로 휘어지고, 냉각하면 열팽창 정도가 큰 금속 쪽으로 휘어진다.

10 알코올 온도계나 수은 온도계는 액체의 열팽창을 이용하는 예이다.

실력 확인
내신 대비 문제 1회 50 쪽~51 쪽

01 ④　**02** ③　**03** ③　**04** ⑤　**05** ②　**06** ④　**07** ④
08 ③　**09** ③

서술형 문제　**10** 해설 참조　**11** 해설 참조　**12** 해설 참조

01 ④ 비열은 물질을 구별하는 특성이다.
오답 피하기 ① 같은 물질이면 질량에 관계없이 비열이 일정하다.
② 물은 비열이 1 kcal/(kg·℃)로 매우 크며, 금속은 대체로 비열이 작다.
③, ⑤ 비열은 물질 1 kg의 온도를 1 ℃ 높이는 데 필요한 열량으로, 비열이 클수록 온도가 쉽게 변하지 않는다.

02 물질의 질량과 가한 열량이 같을 때 비열이 작은 물질일수록 온도 변화가 크다.

03 ㄱ, ㄴ. 같은 가열 기구로 같은 시간 동안 가열했으므로 A와 B가 받은 열량은 같다. 물질의 질량과 가한 열량이 같을 때 비열은 온도 변화에 반비례한다. 온도 변화는 A가 B의 3 배이므로 비열은 B가 A의 3 배이다.
오답 피하기 ㄷ. 4 분까지 A의 온도 변화는 60 ℃이고, B의 온도 변화는 20 ℃이다. 즉, A의 온도 변화는 B의 3 배이다.

자료 분석하기 ·

두 물질을 가열할 때 온도 변화

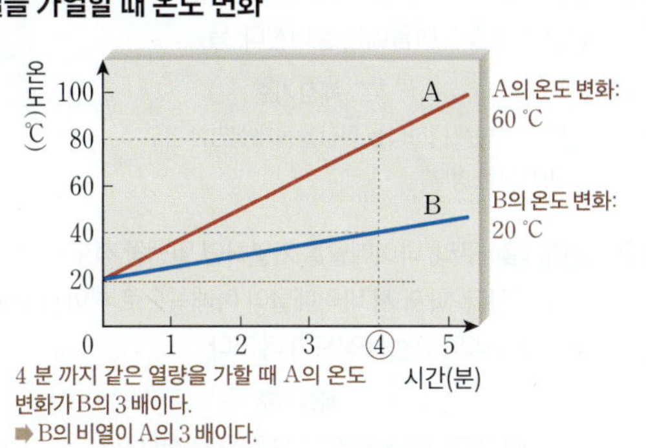

물질의 질량과 가한 열량이 같을 때 비열은 온도 변화에 반비례한다.

04 처음과 나중 온도 차가 A는 12 ℃, B는 6 ℃, C는 16 ℃이다. 물질의 질량과 가한 열량이 같을 때 비열은 온도 변화에 반비례하므로 비열은 C가 가장 작고 B가 가장 크다.
⑤ 같은 조건에서 온도가 가장 천천히 낮아지는 것은 비열이 가장 큰 B이다.
[오답 피하기] ② A와 C의 비열이 다르므로 서로 다른 물질이다.
③, ④ 비열이 큰 물질일수록 같은 온도만큼 높이는 데 필요한 열량이 많고, 걸리는 시간이 길다. 따라서 온도를 10 ℃ 높이는 데 필요한 열량이 가장 많고, 걸리는 시간이 가장 긴 것은 B이다.

05 물은 비열이 커서 온도가 쉽게 변하지 않으므로 찜질 팩이나 자동차 냉각수에 활용한다.

06 물체가 열을 받으면 입자의 크기나 개수는 변하지 않지만 입자 운동이 활발해지며 입자 사이의 거리가 멀어져 부피가 커진다.

07 ㄴ, ㄷ. 종이와 알루미늄박 모두 열을 받아 입자 사이의 거리가 멀어졌고, 이에 따라 부피가 커졌다.
[오답 피하기] ㄱ. 열을 받았을 때 알루미늄박은 종이에 비해 부피가 더 많이 커지기 때문에 가열 후 종이 쪽으로 휘어진다. 즉, 열팽창 정도는 알루미늄이 종이보다 크다.

08 ③ 온도가 낮은 겨울에는 온도가 높은 여름보다 철로의 부피가 작아지고 틈이 넓어진다.
[오답 피하기] ①, ④, ⑤ 여름에는 철로의 부피가 팽창하여 철로가 휘어지거나 파손될 수 있으므로 중간에 틈을 둔다. 가스관을 구부러지게 만들거나 다리의 이음매에 틈을 두는 것도 고체의 열팽창을 고려한 것이다.

09 ㄱ. 철탑의 높이가 계절에 따라 변하는 것은 열팽창에 의해 나타나는 현상이다.
ㄴ. 음료수 병에 음료수를 가득 채우지 않는 것은 음료수의 열팽창에 의해 병이 깨지는 것을 막기 위해서이다.
[오답 피하기] ㄷ. 물은 비열이 커서 온도가 잘 변하지 않으므로 여름철 한낮에 바닷가에서 모래가 바닷물보다 뜨겁다.

10 [예시 답안] 뚝배기는 알루미늄 냄비보다 비열이 큰 물질로 만들어 온도가 잘 변하지 않기 때문이다.

채점 기준	배점(%)
뚝배기의 비열과 이에 따른 온도 변화를 모두 포함하여 까닭을 옳게 설명한 경우	100
뚝배기의 비열이 크다고만 설명한 경우	50

11 [예시 답안] 철탑의 높이가 겨울보다 여름에 더 높아진다. 겨울에는 팽팽한 전깃줄이 여름에는 늘어진다. 등

채점 기준	배점(%)
열팽창에 의해 나타나는 현상을 옳게 설명한 경우	100
그렇지 못한 경우	0

12 [예시 답안] 구리, 바이메탈을 가열하면 열팽창 정도가 작은 금속 쪽으로 휘어진다. 화재 시 바이메탈이 아래쪽으로 휘어져 경보가 울려야 하므로 구리의 열팽창 정도가 더 크다.

채점 기준	배점(%)
구리라고 쓰고, 그렇게 판단한 까닭을 옳게 서술한 경우	100
구리라고만 쓴 경우	30

내신 대비 문제 2회　　52 쪽~53 쪽

01 ②　**02** ②　**03** ③　**04** ①　**05** ③　**06** ③　**07** ③
08 ④　**09** ⑤
[서술형 문제] **10** 해설 참조　**11** 해설 참조　**12** 해설 참조

01 ㄷ. 비열은 물질 1 kg의 온도를 1 ℃ 높이는 데 필요한 열량이다.
[오답 피하기] ㄱ. 비열의 단위로는 kcal/(kg·℃) 등을 사용한다. C, K은 온도의 단위이다.
ㄴ. 비열은 물질의 고유한 특성으로 질량에 관계없이 일정하다.

02 비열 $=\dfrac{열량}{질량 \times 온도\ 변화}$ 이므로 온도 변화가 같을 때 비열은 가한 열량에 비례하고 질량에 반비례한다. 따라서 A의 비열 : B의 비열 : C의 비열 $=\dfrac{5}{1} : \dfrac{10}{1} : \dfrac{20}{2} = 1 : 2 : 2$ 이다.

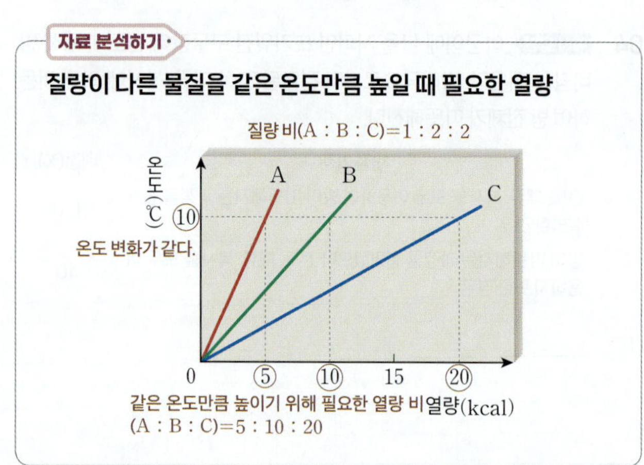

03 ㄱ, ㄷ. 뚝배기나 자동차 냉각수는 모두 비열이 커서 온도가 잘 변하지 않는 물질을 활용하는 예이다.
[오답 피하기] ㄴ. 비열이 작은 구리로 만든 프라이팬은 온도가 빠르게 높아져 음식을 빠르게 조리할 수 있다.

04 물은 모래보다 비열이 커서 온도가 잘 변하지 않는다. 따라서 낮에는 모래가 더 빠르게 뜨거워져 온도가 더 높고, 밤에는 모래가 더 빠르게 식어 온도가 더 낮다.

05 ㄱ, ㄴ. 입자 운동이 활발해지고 입자 사이의 거리가 멀어지므로 금속의 온도는 높아지고, 전체 부피는 커진다.
[오답 피하기] ㄷ. 금속을 이루는 입자 사이의 거리는 멀어진다.

06 ㄱ. 물질의 상태에 따라 열팽창 정도가 다르다. 일반적으로 열팽창 정도는 고체＜액체이다.
ㄷ. 음료수의 열팽창으로 병이 깨지는 것을 막기 위해 음료수를 병에 가득 채우지 않는다.
[오답 피하기] ㄴ. 열팽창은 고체, 액체, 기체에서 모두 일어난다.

07 ㄱ, ㄷ. 물과 에탄올은 모두 열을 받아 부피가 커졌다. 이때 물과 에탄올의 높이가 변한 정도가 다르므로 두 액체의 열팽창 정도는 다르다.
[오답 피하기] ㄴ. 에탄올의 나중 높이가 물보다 높으므로 열팽창 정도는 에탄올이 물보다 크다.

08 ① 철탑의 높이가 계절에 따라 다른 것은 고체의 열팽창 때문에 나타나는 현상이다.

②, ③, ⑤ 철근과 콘크리트를 이용하여 건물을 짓거나 가스관을 구부러지게 만드는 것, 바이메탈을 화재경보기에 사용하는 것은 고체의 열팽창을 활용하는 예이다.

오답 피하기 ④ 사람의 몸은 약 70 %가 비열이 큰 물로 이루어져 있어 체온이 잘 변하지 않는다.

09 바이메탈을 가열하면 열팽창 정도가 작은 금속 쪽으로 휘어지므로 열팽창 정도는 B가 A보다 크다. 바이메탈을 냉각하면 열팽창 정도가 큰 금속 쪽으로 휘어지므로 B 쪽, 즉 아래쪽으로 휘어진다.

10 **예시 답안** 물은 비열이 커서 온도가 잘 변하지 않으므로 찜질 팩을 오랫동안 따뜻하게 사용할 수 있기 때문이다.

채점 기준	배점(%)
물의 비열과 온도 변화를 포함하여 까닭을 옳게 설명한 경우	100
물의 비열이 크다고만 설명한 경우	50

11 **예시 답안** 여름에는 겨울보다 온도가 높아 에펠탑을 이루는 입자의 운동이 활발해지며 입자 사이의 거리가 멀어져 부피가 커지기 때문이다.

채점 기준	배점(%)
입자 운동과 입자 사이의 거리 변화를 포함하여 까닭을 옳게 설명한 경우	100
열팽창 때문이라고만 설명한 경우	30

12 막대를 가열하면 열팽창에 의해 막대의 길이가 늘어나 바늘이 돌아간다. 이때 바늘이 많이 돌아갈수록 열팽창 정도가 큰 것이다.

예시 답안 고체를 가열하면 부피가 커진다. 열팽창 정도는 고체의 종류에 따라 다르다.

채점 기준	배점(%)
실험으로 알 수 있는 것 두 가지를 모두 옳게 설명한 경우	100
실험으로 알 수 있는 것을 한 가지만 옳게 설명한 경우	50

수행 평가 대비 문제

54 쪽~55 쪽

01 (1) 해설 참조 (2) 납 (3) 물 (4) 해설 참조 (5) 해설 참조
02 해설 참조
03 해설 참조
04 (1) 해설 참조 (2) 해설 참조

01 (1) **예시 답안** 어떤 물질 1 kg의 온도를 1 ℃ 높이는 데 필요한 열량이다.

채점 기준	배점(%)
비열의 뜻을 옳게 설명한 경우	100
그렇지 못한 경우	0

(2) 물질의 질량과 가한 열량이 같을 때 비열이 작은 물질일수록 온도가 많이 변한다.

(3) 물질의 질량이 같을 때 비열이 큰 물질일수록 같은 온도만큼 높이는 데 많은 열량이 필요하다.

(4) **예시 답안** 구리 냄비, 구리가 비열이 더 작아 빠르게 뜨거워지므로 음식을 빠르게 익힐 수 있기 때문이다.

채점 기준	배점(%)
구리 냄비라고 쓰고, 까닭을 옳게 설명한 경우	100
구리 냄비라고만 쓴 경우	30

(5) **예시 답안** 찜질 팩에 따뜻한 물을 넣어 오랫동안 따뜻하게 사용한다. 뚝배기에 음식을 담아 음식을 오랫동안 따뜻하게 유지한다. 물이 많이 포함된 냉각수를 이용하여 자동차 엔진이 지나치게 뜨거워지는 것을 막는다. 등

채점 기준	배점(%)
비열이 큰 물질을 활용하는 예를 옳게 설명한 경우	100
그렇지 못한 경우	0

02 **예시 답안** 바다의 면적이 줄어들면 낮의 온도는 더 높아지고 밤의 온도는 더 낮아져 낮과 밤의 기온 차가 지금보다 커질 것이다. 바다를 이루는 물은 비열이 큰 물질로 낮에는 육지나 대기에 비해 천천히 뜨거워지고, 밤에는 천천히 식어 낮과 밤의 평균 기온 차를 줄여 주는 역할을 하기 때문이다.

채점 기준	배점(%)
낮과 밤의 평균 기온 변화와 그 까닭을 모두 옳게 설명한 경우	100
낮과 밤의 평균 기온 변화만 옳게 설명한 경우	50

03 **예시 답안**

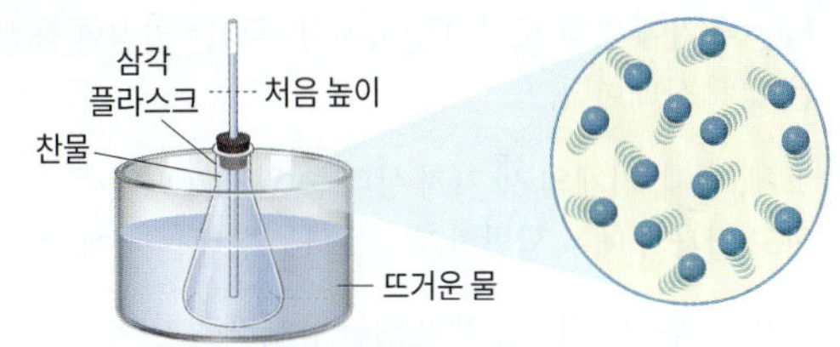

채점 기준	배점(%)
물 높이와 입자 운동을 모두 옳게 표현한 경우	100
물 높이와 입자 운동 중 한 가지만 옳게 표현한 경우	50

04 (1) **예시 답안** 위쪽 그릇의 안쪽에 찬물을 넣고, 아래쪽 그릇을 따뜻한 물에 담근다.

채점 기준	배점(%)
따뜻한 물과 찬물을 이용하는 방법을 모두 옳게 설명한 경우	100
따뜻한 물과 찬물을 이용하는 방법 중 한 가지만 옳게 설명한 경우	50

(2) **예시 답안** 위쪽 그릇의 안쪽에 찬물을 넣으면 그릇의 온도가 낮아져 부피가 작아지고, 아래쪽 그릇을 따뜻한 물에 넣으면 그릇의 온도가 높아져 부피가 커지므로 위아래 그릇의 크기 차가 커지기 때문이다.

채점 기준	배점(%)
위쪽 그릇과 아래쪽 그릇의 부피 변화를 모두 포함하여 까닭을 옳게 설명한 경우	100
위쪽 그릇과 아래쪽 그릇의 부피 변화 중 한 가지만 포함하여 까닭을 설명한 경우	50

IV. 물질의 상태 변화

01 입자 운동과 물질의 상태

핵심 정리　56 쪽

❶ 확산　❷ 증발　❸ 기체　❹ 일정하다
❺ 불규칙적이다　❻ 융해　❼ 액화　❽ 둔해진다
❾ 멀어진다

5분 핵심 퀴즈　57 쪽

1 확산　**2** 확산　**3** 표면　**4** 운동　**5** 액체　**6** ㉠ 불규칙적이고, ㉡ 활발하게　**7** 융해　**8** ㉠ 수증기, ㉡ 기화　**9** ㉠ 활발해지고, ㉡ 불규칙적으로　**10** ㉠ 변하지 않고, ㉡ 변한다

1 확산은 물질을 구성하는 입자가 스스로 운동하여 퍼져 나가는 현상을 말한다. 확산 현상은 입자 운동의 증거이다.

2 향수병 뚜껑을 열면 향수 냄새가 퍼지는 까닭은 향수 입자가 확산하기 때문이다.

3 입자가 스스로 운동하여 액체 표면에서 기체로 변하는 현상을 증발이라고 한다. 증발 현상은 입자 운동의 증거이다.

4 물질을 구성하는 입자는 모든 방향으로 끊임없이 스스로 운동한다. 이로 인해 나타나는 현상에는 확산, 증발이 있다.

5 담는 용기에 따라 모양이 변하지만 부피는 일정한 물질의 상태는 액체 상태이다.

6 고체, 액체, 기체의 세 가지 상태 중 입자의 배열이 매우 불규칙하고 입자가 매우 활발하게 운동하는 상태는 기체 상태이다.

7 고체가 액체로 되는 상태 변화를 융해라고 한다.

8 액체가 기체로 되는 상태 변화를 기화라고 한다.

9 융해, 기화, 승화(고체 → 기체)가 일어나면 입자 운동이 활발해지고, 입자의 배열이 불규칙적으로 변하며, 입자 사이의 거리가 멀어진다.

10 물질의 상태가 변할 때 입자의 종류, 개수, 크기는 변하지 않고, 입자 운동과 입자의 배열은 변한다.

실력 확인
내신 대비 문제 1회　58 쪽~59 쪽

01 ⑤　**02** ⑤　**03** ③　**04** ①　**05** ①　**06** ②　**07** ①
08 ④　**09** ④　**10** ③

서술형 문제　**11** 해설 참조　**12** 해설 참조　**13** 해설 참조

---

01 ⑤ 잉크 입자와 물 입자 모두 스스로 운동한다.
오답 피하기 ①, ②, ③ 잉크를 떨어뜨렸을 때 물 전체가 파란색으로 변하는 것을 통해 잉크 입자가 모든 방향으로 스스로 운동하여 확산한다는 것을 알 수 있다.
④ 온도를 높이면 입자 운동이 활발해지므로 확산이 더 빨리 일어난다. 따라서 물 전체가 파란색으로 변하는 데 걸리는 시간이 짧아진다.

02 주어진 모형은 증발 현상을 나타낸 것이다.
ㄱ. 온도가 높을수록 입자 운동이 활발하므로 증발이 더 잘 일어난다.
ㄴ, ㄷ. 증발은 입자가 스스로 운동하여 액체 표면에서 기체로 변하는 현상이다.

03 ㄱ. 입자는 모든 방향으로 스스로 끊임없이 운동한다.
ㄴ. 고체, 액체, 기체의 세 가지 상태 중 입자 사이의 거리가 가장 먼 상태는 기체 상태이다.
오답 피하기 ㄷ. 입자 운동은 온도가 높을수록 활발하다.

04 ㄱ. 기체는 힘을 가하면 쉽게 압축되고 흐르는 성질이 있다.
오답 피하기 ㄴ. 액체는 부피는 일정하지만 흐르는 성질이 있어 담는 용기에 따라 모양이 변한다.
ㄷ. 고체는 단단하며 모양과 부피가 일정하고, 흐르는 성질이 없다.

05 담는 용기에 따라 모양은 변하지만, 부피는 변하지 않는 물질은 액체 상태의 물질이다.
ㄱ, ㅁ. 물과 주스는 액체 상태의 물질이다.
오답 피하기 ㄴ, ㄹ. 돌과 얼음은 고체 상태의 물질이다.
ㄷ, ㅂ. 공기와 수증기는 기체 상태의 물질이다.

06 액체 파라핀에 담근 손을 밖으로 빼면 액체 파라핀이 응고하여 고체로 변한다.

07 ① 액체 파라핀이 굳는 것은 응고이므로 이와 같은 상태 변화가 일어나는 예는 물이 얼어 고드름이 되는 것이다.
오답 피하기 ② 물이 끓어서 수증기가 된다. ➡ 기화
③ 프라이팬 위의 버터가 녹는다. ➡ 융해
④ 옷장 속 나프탈렌이 점점 작아진다. ➡ 승화(고체 → 기체)
⑤ 추운 겨울철 유리창에 성에가 생긴다. ➡ 승화(기체 → 고체)

08 (가)에서 초콜릿이 융해하고, (다)에서 초콜릿이 응고한다.
④ 물질의 상태가 변할 때 입자의 크기는 변하지 않는다. 또, (다)에서는 초콜릿이 응고하여 입자 사이의 거리가 가까워지므로 초콜릿의 부피가 감소한다.
오답 피하기 ①, ② (가)에서 고체 초콜릿이 융해하여 액체가 되므로 초콜릿 입자 사이의 거리가 멀어진다.
③ 물질의 상태가 변할 때 입자의 개수는 변하지 않고 일정하다.
⑤ 물질의 상태가 변할 때 물질의 성질은 변하지 않으므로 (나)와 (라)에서 초콜릿의 맛은 같다.

09 ㄴ. 드라이아이스가 기체인 이산화 탄소로 승화하면 입자 사이의 거리가 멀어지므로 비닐봉지가 부풀어 오른다.
ㄷ. 드라이아이스는 실온에서 액체를 거치지 않고 기체로 변하는 승화성 물질이다.

오답 피하기 ㄱ. 상태 변화가 일어날 때 입자의 배열은 변하지만 입자의 개수는 변하지 않는다.

10 주어진 모형은 기체가 액체로 변하는 액화를 나타낸 것이다.
③ 겨울에 유리창에 성에가 생기는 것은 기체인 수증기가 고체인 얼음으로 승화하여 발생하는 현상이다.
오답 피하기 ①, ②, ④, ⑤ 기체가 액체로 액화하는 예이다.

11 식초 속 아세트산이 증발하여 주위로 확산하므로 BTB 용액의 색깔이 변한다.
예시 답안 A→B→C, 식초 속 아세트산이 확산하기 때문에 식초를 떨어뜨린 곳과 가까운 곳부터 순차적으로 색깔이 변한다.

채점 기준	배점(%)
색깔이 변하는 순서를 옳게 쓰고, 그 까닭을 옳게 설명한 경우	100
색깔이 변하는 순서만 옳게 쓴 경우	30

아세트산의 확산

아세트산은 BTB 용액의 색깔을 변화시키는데, 식초가 증발하면 식초 속 아세트산 입자가 스스로 운동하여 주위로 확산하면서 BTB 용액에 도달한다. 따라서 식초에서 가까운 곳부터 BTB 용액의 색깔이 변한다. ➡ A→B→C 순으로 색깔이 변한다.

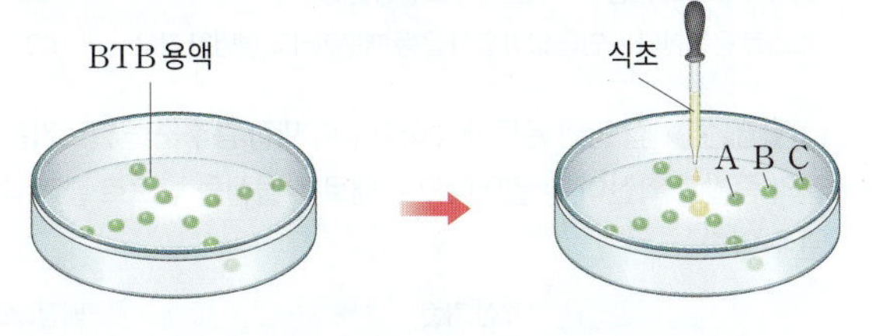

12 실내에 있는 수증기가 차가운 안경 표면에 닿으면 액화하여 물방울이 되므로 안경이 뿌옇게 흐려진다.
예시 답안 액화, 이른 새벽 풀잎에 이슬이 맺힌다. 등

채점 기준	배점(%)
액화를 쓰고, 액화의 예를 한 가지 설명한 경우	100
액화의 예만 설명한 경우	60
액화라고만 쓴 경우	30

13 아이오딘 기체가 둥근바닥 플라스크 아랫면에 닿아 냉각되면 고체로 상태가 변한다.
예시 답안 아이오딘 기체가 고체로 승화하므로 입자의 배열이 규칙적으로 변하고 입자 운동이 둔해진다.

채점 기준	배점(%)
고체에서 기체로의 승화가 일어날 때 입자의 배열과 입자 운동의 변화를 옳게 설명한 경우	100
입자의 배열과 입자 운동의 변화 중 한 가지만 옳게 설명한 경우	40

실력 확인
내신 대비 문제 2회

60 쪽~61 쪽

01 ③ **02** ② **03** ⑤ **04** ④ **05** ① **06** ⑤ **07** ④
08 ④ **09** ②
서술형 문제 **10** 해설 참조 **11** 해설 참조 **12** 해설 참조

01 ㄱ, ㄴ. 식초 속 아세트산 입자가 확산하여 BTB 용액의 색깔을 변화시키므로 식초와 가까운 쪽의 BTB 용액부터 색깔이 변한다.
오답 피하기 ㄷ. 온도가 낮아질수록 입자 운동이 둔해지므로 확산이 느리게 일어난다.

02 어항 속의 물이 조금씩 줄어드는 것은 증발의 예이고, 꽃향기가 주위로 퍼지는 것은 확산의 예이다. 증발과 확산은 입자가 스스로 운동하기 때문에 일어난다.

03 ㄱ, ㄴ. 주스는 액체이므로 흐르는 성질이 있고, 담는 용기에 따라 모양이 변하지만 부피는 일정하다.
ㄷ. 액체는 담는 용기에 관계없이 부피가 일정하므로 두 컵에 같은 양의 주스가 들어 있다면 주스의 부피는 서로 같다.

04 (가)는 고체, (나)는 액체, (다)는 기체 상태를 나타낸 입자 모형이다.
④ 주스는 액체 상태의 물질이므로 (나)에 해당한다.
오답 피하기 ① 물은 액체 상태의 물질이므로 (나)에 해당한다.
②, ③ 수증기와 공기는 기체 상태의 물질이므로 (다)에 해당한다.
⑤ 드라이아이스는 고체 상태의 물질이므로 (가)에 해당한다.

05 A에서는 기화, B에서는 액화, C에서는 융해가 일어난다.

물의 상태 변화

• A: 뜨거운 물의 표면에서는 기화가 일어나 물이 수증기가 된다.
• B: 얼음이 담긴 시계 접시 아랫면에서는 액화가 일어나 수증기가 물이 된다. ➡ 푸른색 염화 코발트 종이를 대면 붉은색으로 변한다.
• C: 얼음이 담긴 시계 접시에서는 융해가 일어나 얼음이 물이 된다.

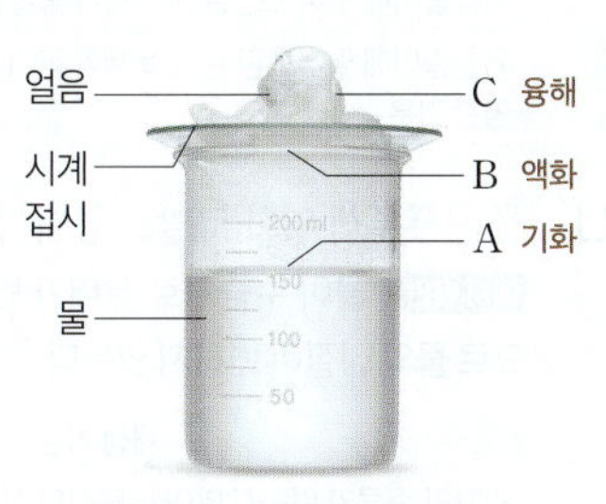

06 A에서는 기화, B에서는 액화, C에서는 융해가 일어난다.
⑤ 상태 변화가 일어날 때 물질의 질량은 변하지 않는다.
오답 피하기 ①, ② A에서는 기화가 일어나므로 입자 사이의 거리가 멀어지고, 입자의 배열이 불규칙적으로 변한다.
③, ④ B에서는 액화가 일어나므로 입자 운동이 둔해지고, 입자 사이의 거리가 가까워져 물질의 부피가 감소한다.

07 ㄱ. 풀잎에 있는 이슬이 점점 사라지는 현상은 액체인 물이 기체인 수증기로 되는 기화이다.
ㄷ. 실온에 둔 드라이아이스가 점점 작아지는 현상은 고체인 드라이아이스가 기체인 이산화 탄소로 되는 승화이다.
오답 피하기 ㄴ. 물에 넣은 설탕 알갱이가 점점 녹는 것은 용해이므로 상태 변화가 아니다.

08 ④ 액체 아세톤이 기화하여 기체가 되면 입자 사이의 거리가 멀어지고 입자 운동이 활발해진다.
오답 피하기 ①, ③ 아세톤의 상태가 변해도 입자의 종류나 개수는 변하지 않는다.
②, ⑤ 아세톤이 기화하면 입자 운동이 활발해지고, 입자 사이의 거리가 멀어지며, 입자의 배열이 불규칙적으로 변한다.

자료 분석하기 •

아세톤의 기화

아세톤이 든 비닐봉지에 뜨거운 물을 부으면 아세톤이 기화하여 기체 상태가 되므로 입자 운동이 활발해지고 입자 사이의 거리가 멀어진다.

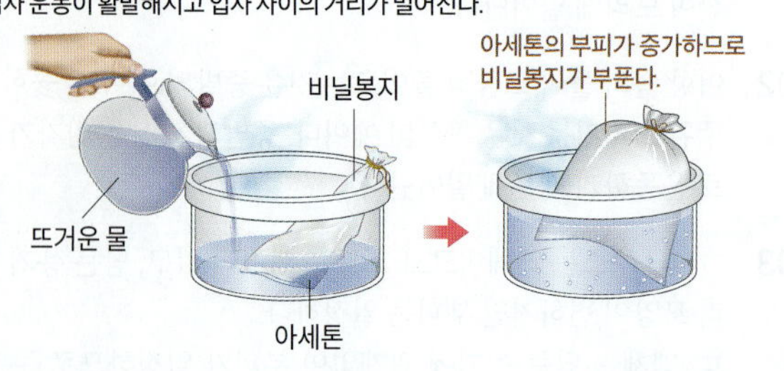

09 A는 승화(고체 → 기체), B는 승화(기체 → 고체), C는 액화, D는 기화, E는 응고, F는 융해이다.

② 공기 중의 수증기가 얼음으로 승화하여 성에가 된다. ➡ B

오답 피하기 ① 물이 응고하여 고드름이 점점 커진다. ➡ E

③ 버터가 액체 상태로 융해한다. ➡ F

④ 공기 중의 수증기가 액화하여 풀잎에 이슬이 맺힌다. ➡ C

⑤ 냉동실 속의 얼음이 수증기로 승화하여 점점 작아진다. ➡ A

10 **예시 답안** 거름종이에 떨어뜨린 손 소독제가 증발하여 공기 중으로 날아갔기 때문이다.

채점 기준	배점(%)
거름종이에 떨어뜨린 손 소독제가 증발했다고 설명한 경우	100
거름종이에 떨어뜨린 손 소독제가 공기 중으로 날아갔다고만 설명한 경우	40

11 물은 푸른색 염화 코발트 종이의 색깔을 붉게 변화시킨다.

예시 답안 물이 수증기로 상태가 변해도 입자의 종류가 변하지 않으므로 물의 성질이 변하지 않는다.

채점 기준	배점(%)
입자의 종류가 변하지 않아서 물질의 성질이 변하지 않는다고 옳게 설명한 경우	100
입자의 종류가 변하지 않는 것과 물질의 성질이 변하지 않는 것 중 한 가지만 설명한 경우	50

12 **예시 답안** 고체인 드라이아이스가 승화하여 기체가 되면 입자 사이의 거리가 멀어져 부피가 증가하기 때문이다.

채점 기준	배점(%)
드라이아이스가 승화할 때 입자 사이의 거리가 멀어져 부피가 증가한다고 옳게 설명한 경우	100
드라이아이스가 승화할 때 부피가 증가하기 때문이라고만 설명한 경우	50

수행 평가 대비 문제

62쪽~63쪽

01 (1) 해설 참조 (2) 따뜻한

02 (1) 해설 참조 (2) 해설 참조 (3) 해설 참조

03 (1) 융해, 응고 (2) 해설 참조 (3) 해설 참조

04 해설 참조

---

01 (1) **예시 답안** 1. 비커 2개에 따뜻한 물과 차가운 물을 각각 넣는다.

2. 스포이트 2개로 같은 양의 잉크를 1의 비커에 동시에 각각 넣는다.

3. 어느 비커에서 잉크가 더 빨리 확산되는지 관찰한다.

채점 기준	배점(%)
주어진 준비물을 모두 활용하여 실험 과정을 옳게 설계한 경우	100
실험 과정을 옳게 설계했으나, 주어진 준비물을 모두 활용하지 못한 경우	60

(2) 온도가 높을수록 확산이 잘 일어난다.

02 (1) **예시 답안** ㉠ 풀잎에 맺힌 이슬이 낮이 되면 사라진다. ㉡ 모기향을 피워 모기를 쫓는다.

채점 기준	배점(%)
㉠과 ㉡에 알맞은 예를 각각 옳게 설명한 경우	100
㉠과 ㉡ 중 한 가지 예만 옳게 설명한 경우	40

(2) 확산과 증발은 입자 운동의 증거이다.

예시 답안 입자가 스스로 운동하기 때문에 증발과 확산이 일어난다.

채점 기준	배점(%)
입자가 스스로 운동하기 때문이라고 설명한 경우	100
스스로 운동한다는 언급 없이 입자 운동 때문이라고 설명한 경우	60

(3) **예시 답안** 집 안의 온도가 높아질수록 새집 증후군을 일으키는 물질의 증발과 확산이 잘 일어나므로 해로운 물질을 밖으로 빨리 내보낼 수 있다.

채점 기준	배점(%)
온도를 높이면 증발과 확산이 잘 일어나기 때문이라고 설명한 경우	100
온도를 높이면 증발과 확산 중 한 가지 현상이 잘 일어나기 때문이라고 설명한 경우	50

03 (1) 양초를 태워 촛농이 생기는 것은 융해, 촛농이 다시 굳는 것은 응고이다.

(2) **예시 답안** 주전자 속 물이 기화하여 생성된 수증기가 주전자 밖에서 찬 공기를 만나 냉각되면 다시 액화하여 김이 되기 때문이다.

채점 기준	배점(%)
물이 기화하여 생성된 수증기가 주전자 밖에서 액화하여 김이 되었기 때문이라고 설명한 경우	100
수증기가 액화하기 때문이라고만 설명한 경우	50

(3) 성에가 생기는 것은 공기 중의 수증기가 차가운 물체의 표면에서 승화하여 얼음이 되기 때문이다.

예시 답안 겨울철 호수 근처 나무에 상고대가 생긴다. 등

채점 기준	배점(%)
기체가 고체로 승화하는 예를 옳게 설명한 경우	100
그렇지 못한 경우	0

04 **예시 답안** (가)에서 유리병 속 물이 얼면 부피가 증가하므로 유리병이 깨진다. (나)에서 암석 틈에 스며든 물이 얼면 부피가 증가하므로 암석의 틈이 커지고, 이러한 과정이 반복되면 (가)의 유리병이 깨지는 것과 같이 암석이 잘게 부서진다.

채점 기준	배점(%)
(가)와 (나)의 현상을 물이 응고할 때 부피가 증가하는 것과 관련 지어 옳게 설명한 경우	100
(가)와 (나)의 현상을 물이 응고하기 때문이라고만 설명한 경우	30

02 상태 변화와 열에너지

핵심 정리   64 쪽

❶ 흡수   ❷ 상태 변화   ❸ 융해   ❹ 낮아진다
❺ 방출   ❻ 액화   ❼ 낮아진다   ❽ 높아진다
❾ 기화   ❿ 응고

5분 핵심 퀴즈   65 쪽

1 ㉠ 가열, ㉡ 상태 변화   2 기화   3 ㉠ 냉각, ㉡ 방출   4 액화
5 높아진다   6 낮아진다   7 흡수   8 기화   9 ㉠ 응고, ㉡ 방출
10 승화

1 물질을 가열하면 온도가 높아지다가 상태 변화가 일어나는 동안에는 온도가 일정하게 유지되는데, 이는 물질이 흡수한 열에너지가 상태 변화에 사용되기 때문이다.

2 열에너지를 흡수하는 상태 변화에는 융해, 기화, 승화(고체 → 기체)가 있다.

3 물질을 냉각하면 온도가 낮아지다가 상태 변화가 일어나는 동안에는 온도가 일정하게 유지되는데, 이는 물질의 상태 변화가 일어나면서 열에너지를 방출하기 때문이다.

4 열에너지를 방출하는 상태 변화에는 응고, 액화, 승화(기체 → 고체)가 있다.

5 액체인 물이 고체인 얼음으로 응고할 때는 열에너지를 방출하므로 주위의 온도가 높아진다.

6 고체인 드라이아이스가 이산화 탄소 기체로 승화할 때는 열에너지를 흡수하므로 주위의 온도가 낮아진다.

7 음료에 얼음을 넣으면 얼음이 융해하면서 열에너지를 흡수하여 음료가 시원해지고, 백신을 수송할 때 드라이아이스를 이용하면 드라이아이스가 승화하면서 열에너지를 흡수하여 백신의 온도를 낮게 유지한다.

8 여름철 도로나 선로에 물을 뿌리면 물이 기화하면서 열에너지를 흡수하므로 주위가 시원해진다.

9 이글루 내부에 물을 뿌리면 물이 응고하면서 열에너지를 방출하므로 이글루 내부가 따뜻해진다.

10 겨울에 눈이 내릴 때 공기 중의 수증기가 얼음(눈)으로 승화하면서 열에너지를 방출하므로 주위의 온도가 높아져 날씨가 포근해진다.

내신 대비 문제 1회   66 쪽~67 쪽

01 ③   02 ④   03 ③   04 ②   05 ④   06 ⑤   07 ③
08 ②   09 ④
서술형 문제 10 해설 참조   11 해설 참조   12 해설 참조

01 ㄱ, ㄴ. 처음에는 얼음이 흡수한 열에너지가 온도 변화에 사용되므로 온도가 높아진다. 얼음이 녹기 시작하면 흡수한 열에너지가 상태 변화에 사용되므로 온도가 일정하게 유지된다.
오답 피하기 ㄷ. 얼음이 녹을 때 열에너지를 흡수한다.

02 ④ 일반적으로 부피는 액체 상태일 때가 고체 상태일 때보다 크므로 물질의 부피는 A<B<C이다.
오답 피하기 ①, ③ A와 C 구간에서는 물질이 각각 고체와 액체 상태로 존재하며, 열에너지가 물질의 온도 변화에 사용된다.
② B 구간에서는 융해가 일어나면서 열에너지를 흡수한다.
⑤ 입자 운동은 액체 상태일 때가 고체 상태일 때보다 활발하므로 입자 운동이 활발한 정도는 A<B<C이다.

03 주어진 표에서 물질의 온도가 높아지다가, 43 °C가 되면 온도가 일정하게 유지되므로 이 온도에서 고체가 액체로 상태가 변한다.

04 ② 0 °C에서 물질의 온도가 일정하게 유지되므로 물질의 응고가 일어나는 온도는 0 °C이다.
오답 피하기 ① 물질의 상태가 변해도 질량은 변하지 않으므로 물질의 질량은 A=B=C이다.
③ C 구간에서 물질은 고체 상태로 존재하므로 흐르는 성질이 없다.
④ 입자의 배열은 액체 상태일 때가 고체 상태일 때보다 불규칙적이므로 입자의 배열이 불규칙적인 정도는 C<B<A이다.
⑤ B 구간에서 온도가 일정한 까닭은 상태 변화가 일어나 열에너지를 방출하기 때문이다. 물질의 상태가 변할 때 입자의 크기는 변하지 않는다.

05 그래프에서 온도가 일정하게 유지되는 BC 구간에서는 융해가, EF 구간에서는 응고가 일어난다.

자료 분석하기

고체를 가열했다가 냉각할 때의 온도 변화

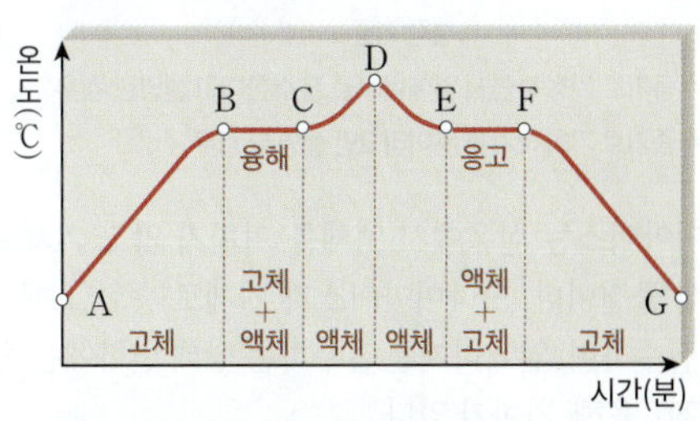

- AB 구간: 물질이 고체 상태로 존재하며, 열에너지가 온도 변화에 사용된다.
- BC 구간: 융해가 일어나며, 열에너지가 상태 변화에 사용된다.
- CD 구간: 물질이 액체 상태로 존재하며, 열에너지가 온도 변화에 사용된다.
- DE 구간: 물질이 액체 상태로 존재하며, 열에너지를 잃고 온도가 낮아진다.
- EF 구간: 응고가 일어나며, 상태 변화가 일어날 때 열에너지를 방출한다.
- FG 구간: 물질이 고체 상태로 존재하며, 열에너지를 잃고 온도가 낮아진다.

06 ⑤ EF 구간에서는 액체 물질이 고체로 상태가 변하면서 열에너지를 방출한다.

오답 피하기 ① AB 구간에서는 열에너지가 온도 변화에 사용된다.

② BC 구간에서는 고체가 액체로 상태가 변하므로 입자의 사이의 거리가 멀어진다.

③ CD 구간에서는 물질이 액체 상태로 존재한다.

④ DE 구간에서는 온도가 낮아지므로 입자 운동이 둔해진다.

07 ㄱ, ㄴ. 주어진 모형은 액체가 기체로 변하는 상태 변화인 기화를 나타낸 것이다. 기화가 일어날 때는 물질이 열에너지를 흡수하여 입자 운동이 활발해진다.

오답 피하기 ㄷ. 기화가 일어날 때 열에너지를 흡수하므로 주위의 온도가 낮아진다.

08 기능성 조끼에 고체 상태의 냉매를 넣어 두면 냉매가 액체로 변할 때 열에너지를 흡수하므로 체온을 낮출 수 있다.

09 ④ 사막에서 양가죽 물주머니에 물을 보관하는 것은 기화가 일어날 때 열에너지를 흡수하는 것을 이용한 예이다.

오답 피하기 ① 꽃에 물을 뿌려 냉해를 막는 것은 응고가 일어날 때 열에너지를 방출하는 것을 이용한 예이다.

② 액체 파라핀으로 손을 찜질하는 것은 응고가 일어날 때 열에너지를 방출하는 것을 이용한 예이다.

③ 증기 난방기로 실내를 따뜻하게 하는 것은 액화가 일어날 때 열에너지를 방출하는 것을 이용한 예이다.

⑤ 겨울에 과일 창고에 물이 담긴 그릇을 놓아두는 것은 응고가 일어날 때 열에너지를 방출하는 것을 이용한 예이다.

10 **예시 답안** C, 수증기가 얼음(눈)으로 승화하면서 열에너지를 방출하기 때문이다.

채점 기준	배점(%)
기호를 옳게 쓰고, 수증기가 얼음으로 승화할 때 열에너지를 방출한다고 설명한 경우	100
수증기가 얼음으로 승화할 때 열에너지를 방출한다고 설명했으나, 기호를 옳게 쓰지 못한 경우	60
기호만 옳게 쓴 경우	30

11 인공 안개 장치에서 분사된 작은 물방울은 기화하여 수증기로 변하면서 열에너지를 흡수한다.

예시 답안 장치에서 분사된 물이 수증기로 기화하면서 열에너지를 흡수하므로 주위 온도가 낮아지기 때문이다.

채점 기준	배점(%)
물이 수증기로 기화하면서 열에너지를 흡수한다고 설명한 경우	100
물이 수증기로 기화하기 때문이라고만 설명한 경우	30

12 드라이아이스는 실온에서 액체를 거치지 않고 기체로 변하는 승화성 물질이다. 드라이아이스가 기체로 승화할 때는 열에너지를 흡수하며, 열에너지를 흡수하는 상태 변화에는 승화(고체→기체), 융해, 기화가 있다.

예시 답안 음료에 얼음을 넣으면 음료가 시원해진다. 등

채점 기준	배점(%)
승화(고체→기체), 융해, 기화가 일어나면서 열에너지를 흡수하는 예를 한 가지 설명한 경우	100
그렇지 못한 경우	0

내신 대비 문제 2회

68 쪽~69 쪽

01 ④   02 ②   03 ⑤   04 ①   05 ③   06 ④   07 ③
08 ⑤   09 ②

서술형 문제 10 해설 참조   11 해설 참조   12 해설 참조

01 고체 물질을 가열하면 온도가 높아지다가 상태가 변하는 동안에는 온도가 일정하게 유지된다.

ㄱ. A 구간에서 물질은 고체 상태로 존재하므로 입자들이 규칙적으로 배열되어 있다.

ㄷ. B 구간에서 융해가 일어나고, D 구간에서 기화가 일어나므로 E 구간에서 물질은 기체 상태로 존재한다.

오답 피하기 ㄴ. B 구간에서는 고체가 액체로 변하는 융해가 일어난다.

자료 분석하기

고체 물질의 가열 곡선

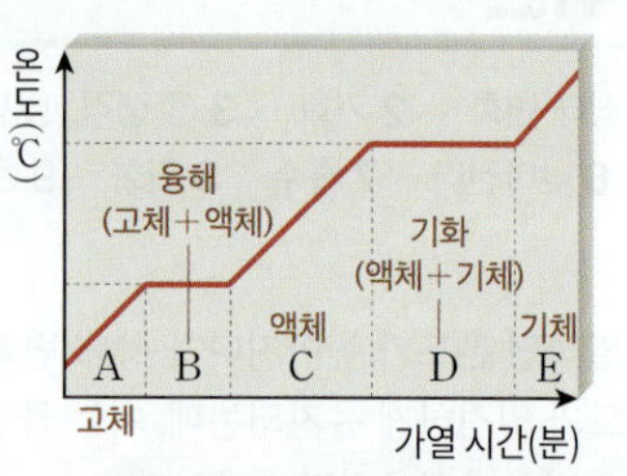

- A 구간: 물질이 고체 상태로 존재하며, 열에너지가 온도 변화에 사용된다.
- B 구간: 융해가 일어나며, 열에너지가 상태 변화에 사용된다.
- C 구간: 물질이 액체 상태로 존재하며, 열에너지가 온도 변화에 사용된다.
- D 구간: 기화가 일어나며, 열에너지가 상태 변화에 사용된다.
- E 구간: 물질이 기체 상태로 존재하며, 열에너지가 온도 변화에 사용된다.

---

02 B 구간에서는 융해가, D 구간에서는 기화가 일어난다.

② 아이스크림을 포장할 때 드라이아이스를 함께 넣는 것은 드라이아이스가 고체에서 기체로 승화할 때 열에너지를 흡수하는 것을 이용한 예이다.

오답 피하기 ① 융해를 이용한 예이다.

③~⑤ 기화를 이용한 예이다.

03 5.5 ℃일 때 온도가 일정하게 유지되는 것은 응고가 일어나면서 열에너지를 방출하기 때문이다.

ㄱ. 물질의 상태 변화는 온도가 일정하게 유지되는 3 분~5 분 사이에 일어난다.

ㄴ. 물질은 0 분일 때 액체 상태로 존재하고, 6 분일 때 고체 상태로 존재하므로 물질의 부피는 0 분일 때가 6 분일 때보다 크다.

ㄷ. 입자의 배열은 액체 상태일 때가 고체 상태일 때보다 불규칙적이므로 0 분일 때가 6 분일 때보다 입자의 배열이 불규칙적이다.

04 B 구간에서 물질은 액체에서 고체로 응고한다.

① A 구간에서는 물질이 액체 상태로 존재하므로 입자들이 불규칙적으로 배열되어 있다.

 ② 물질의 상태가 변할 때 입자의 개수는 변하지 않는다.
③ B 구간에서 응고가 일어나므로 입자 운동이 둔해진다.
④ B 구간에서 열에너지를 방출하는 상태 변화가 일어나므로 온도가 낮아지지 않고 일정하게 유지된다.
⑤ C 구간에서는 고체 상태의 물질이 열에너지를 잃으므로 온도가 낮아진다.

05 B 구간에서 응고가 일어날 때 열에너지를 방출하여 입자 운동이 둔해지고, 물질의 부피가 감소한다.

06 (가)는 고체, (나)는 액체, (다)는 기체 상태를 나타낸 모형이다.
④ 기체에서 액체로 상태가 변할 때 입자 사이의 거리가 가까워진다.
 ① 액체에서 고체로 응고할 때는 열에너지를 방출한다.
② 고체에서 액체로 융해할 때는 입자 운동이 활발해진다.
③ 고체에서 기체로 승화할 때는 물질의 부피가 증가한다.
⑤ 액체에서 기체로 기화할 때는 입자의 배열이 불규칙적으로 변한다.

07 A는 기화, B는 액화, C는 승화(기체 → 고체), D는 승화(고체 → 기체), E는 융해, F는 응고이다.
③ 열에너지를 방출하는 상태 변화는 액화(B), 승화(기체 → 고체)(C), 응고(F)이다.

자료 분석하기 ·

물질의 상태 변화와 열에너지 출입

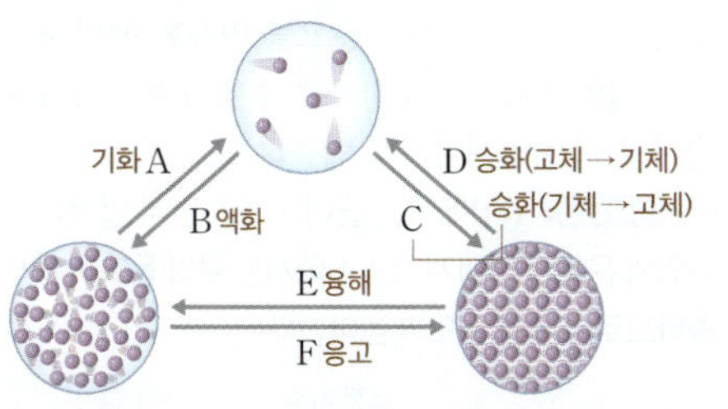

• 열에너지를 흡수하는 상태 변화: A, D, E ➡ 상태 변화가 일어날 때 주위의 온도가 낮아진다.
• 열에너지를 방출하는 상태 변화: B, C, F ➡ 상태 변화가 일어날 때 주위의 온도가 높아진다.

08 F는 응고로, 열에너지를 방출하는 상태 변화이다.
⑤ 사과나무에 물을 뿌리면 물이 얼면서 열에너지를 방출하므로 냉해를 방지할 수 있다.
 ① 여름철 분수 주변이 시원해진다. ➡ 기화(열에너지 흡수)
② 여름철 실내에 얼음 조각을 설치한다. ➡ 융해(열에너지 흡수)
③ 등산할 때 젖은 수건으로 물통을 감싼다. ➡ 기화(열에너지 흡수)
④ 아이스크림을 포장할 때 드라이아이스를 함께 넣는다. ➡ 승화(고체 → 기체)(열에너지 흡수)

09 냉장고의 내부에서는 냉매가 순환하는데, 증발기에서는 액체 상태의 냉매가 기체로 변하면서 열에너지를 흡수하고, 기체 상태의 냉매는 응축기에서 액체로 변하면서 열에너지를 방출한다.

자료 분석하기 ·

냉장고의 원리

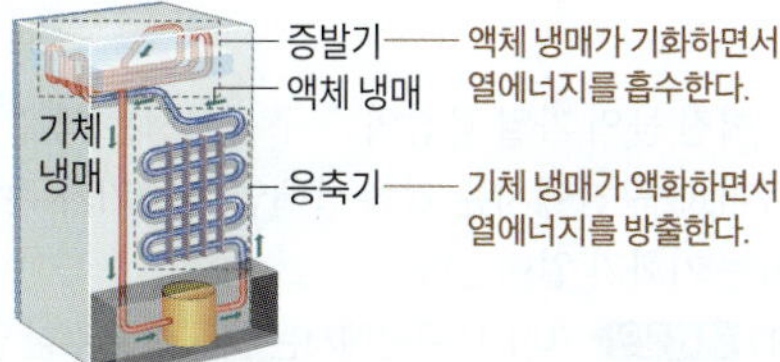

• 냉장고 내부의 증발기에서 액체 냉매가 기화하면서 열에너지를 흡수한다. ➡ 냉장고 내부의 온도가 낮게 유지된다.
• 액체 냉매가 기화하여 생성된 기체 냉매가 냉장고 뒤쪽의 응축기에서 액화하면서 열에너지를 방출한다. ➡ 냉장고 뒤쪽이 뜨거워진다.

10 액체를 가열하면 온도가 높아지다가 기화하는 동안에는 온도가 일정하게 유지된다.
 물이 끓기 전까지 온도가 서서히 높아지다가, 물이 끓기 시작하면 온도가 일정하게 유지된다. 물이 끓기 전까지는 가해 준 열에너지가 물질의 온도 변화에 사용되지만, 물이 기화할 때는 가해 준 열에너지가 물질의 상태 변화에 사용되기 때문이다.

채점 기준	배점(%)
물이 끓기 전과 끓기 시작한 후의 온도 변화를 옳게 설명하고, 그 까닭을 상태 변화가 일어날 때의 열에너지 출입과 관련지어 옳게 설명한 경우	100
물이 끓기 전과 끓기 시작한 후의 온도 변화만 옳게 설명한 경우	30

11 얼음 조각을 실내에 설치하면 얼음이 녹아 물로 상태가 변하면서 열에너지를 흡수하므로 주위의 온도가 낮아진다.
 얼음이 융해할 때 열에너지를 흡수하므로 주위의 온도가 낮아지기 때문이다.

채점 기준	배점(%)
얼음의 상태 변화가 일어날 때의 열에너지 출입과 온도 변화를 주어진 단어를 모두 이용하여 옳게 설명한 경우	100
얼음의 상태 변화가 일어날 때의 열에너지 출입과 온도 변화를 옳게 설명했으나, 주어진 단어를 모두 이용하지 못한 경우	40

12 양가죽 물주머니에는 미세한 구멍이 있는데, 물이 이 구멍으로 스며 나오면서 기화할 때 열에너지를 흡수하므로 주머니 속 물이 시원해진다.
 양가죽 물주머니의 작은 구멍으로 물이 스며 나와 기화할 때 열에너지를 흡수하기 때문이다.

채점 기준	배점(%)
물이 기화할 때 열에너지를 흡수하기 때문이라고 설명한 경우	100
물이 기화하기 때문이라고만 설명한 경우	30

수행 평가 대비 문제 70쪽~71쪽

01 (1) 해설 참조 (2) 해설 참조
02 (1) 기화 (2) 해설 참조
03 (1) 해설 참조 (2) 해설 참조
04 (1) (가) 낮아진다. (나) 높아진다. (2) 해설 참조

---

01 주어진 물의 가열 곡선의 A 구간에서는 액체 상태인 물이 존재하며, C 구간에서는 기체 상태인 수증기가 존재한다. B 구간에서는 기화가 일어난다.

(1) 예시 답안 (나), B 구간에서는 물질이 흡수한 열에너지가 상태 변화에 사용되므로 물질의 온도가 일정하게 유지돼.

채점 기준	배점(%)
잘못 말한 학생을 옳게 쓰고, 잘못된 내용을 옳게 고친 경우	100
잘못 말한 학생만 옳게 쓴 경우	40

(2) 예시 답안 기화, 여름철 선로에 물을 뿌려 선로가 늘어나는 것을 방지한다. 사막에서 양가죽 물주머니를 이용한다. 등

채점 기준	배점(%)
기화라고 쓰고, 예를 옳게 설명한 경우	100
상태 변화의 예만 옳게 설명한 경우	60
기화만 옳게 쓴 경우	30

02 증기 난방기의 보일러에서는 물이 기화하여 수증기로 변한다. 이 수증기는 방열기에서 액화하여 열에너지를 방출하므로 실내 온도가 높아진다.

(1) 증기 난방기의 보일러에서는 액체 상태의 물이 기체 상태인 수증기로 변하는 기화가 일어난다.

(2) 예시 답안 보일러에서 만들어진 수증기가 방열기에서 액화할 때 열에너지를 방출하므로 실내 온도가 높아진다.

채점 기준	배점(%)
수증기가 방열기에서 액화하면서 열에너지를 방출한다고 설명한 경우	100
수증기가 방열기에서 액화한다고만 설명한 경우	40

자료 분석하기 ·

증기 난방기의 원리

- 보일러에서 물을 가열하면 물이 열에너지를 흡수하여 수증기로 기화한다.
- 수증기는 방열기로 이동하여 물로 액화하면서 열에너지를 방출하여 실내를 따뜻하게 한다.

03 (1) 항아리 냉장고는 두 개의 항아리 사이에 모래를 넣은 후 물을 부어 만든다.

예시 답안 항아리 냉장고의 모래에 뿌린 물이 기화하면서 열에너지를 흡수하기 때문이다.

채점 기준	배점(%)
물이 기화할 때 열에너지를 흡수하기 때문이라고 설명한 경우	100
물이 기화하기 때문이라고만 설명한 경우	40

자료 분석하기 ·

항아리 냉장고의 원리

항아리 냉장고는 큰 항아리 안에 작은 항아리를 넣은 다음, 두 개의 항아리 사이에 모래를 넣고 모래에 물을 부어 만든다. 젖은 모래의 물이 항아리의 미세한 구멍으로 스며 나오면서 기화할 때 열에너지를 흡수하므로 작은 항아리 안의 음식물이 시원하게 유지된다.

(2) 액체 파라핀에 담갔던 손을 빼면 손에 묻은 액체 파라핀이 응고하면서 열에너지를 방출하여 손의 온도가 높아진다.

예시 답안 손에 묻은 액체 파라핀이 응고할 때 열에너지를 방출하기 때문이다.

채점 기준	배점(%)
액체 파라핀이 응고할 때 열에너지를 방출하기 때문이라고 설명한 경우	100
액체 파라핀이 응고하기 때문이라고만 설명한 경우	40

04 (1) (가)는 기화, (나)는 응고를 이용한 예이다. 기화가 일어날 때는 열에너지를 흡수하므로 주위의 온도가 낮아지고, 응고가 일어날 때는 열에너지를 방출하므로 주위의 온도가 높아진다.

(2) 예시 답안 (가)에서는 물이 기화하면서 열에너지를 흡수하므로 주위의 온도가 낮아지고, (나)에서는 물이 응고하면서 열에너지를 방출하므로 주위의 온도가 높아진다.

채점 기준	배점(%)
(가)와 (나)에서 물의 상태가 변할 때의 열에너지 출입을 모두 옳게 설명한 경우	100
(가)와 (나) 중 한 가지만 옳게 설명한 경우	50

MEMO

MEMO

www.mirae-n.com

학습하다가 이해되지 않는 부분이나 정오표 등의 궁금한 사항이 있나요?
미래엔 홈페이지에서 해결해 드립니다.

○ **교재 내용 문의**
　나의 교재 문의 ｜ 자주하는 질문 ｜ 기타 질문

○ **교재 정답 및 정오표**
　정답과 해설 ｜ 정오표

○ **교재 학습 자료**
　MP3

Contact Mirae-N

www.mirae-n.com

(우)06532 서울시 서초구 신반포로 321

1800-8890